JN040159

塾よりわかる
中学数学

河合塾講師
ZEN Study・N高等学校・S高等学校数学担当
小倉 悠司

河合塾講師
田村 高之

はじめに

はじめまして！　小倉悠司と田村高之です。
この本を手にとってくれて，ほんとうにありがとうございます。
この本には，中学で学習する内容が，あますところなく書いてあります。
ときには「むずかしい〜」と思うこともあるかもしれません。しかし，それはあなたの，

成長のチャンス

です。脳が汗をかいて，必死に理解しようとしているのです。そんなときでも，読者であるあなたにできるかぎり寄りそえるように執筆しました。この本とともにあなたが成長していけることを，心から願っています。

おもに数式分野・関数分野を小倉が，図形分野・データの活用分野を田村が執筆しています。担当は以下のとおりです。

	小　倉	田　村
中学1年	第1〜4章	第5〜7章
中学2年	第1〜3章	第4〜7章
中学3年	第1〜4章	第5〜8章

この本は，日常学習から高校入試対策まで1冊で学びたいという方に向けて，ていねいに書いています。「安易な暗記」に走らず，内容をしっかり「理解」して，1つずつていねいに進めてください。
数学ができるようになるためには，

「なぜ」（Why）

をしっかりと言語化する（言葉で説明できるようにする）ことが大切です。「なぜそのようにしているのか」をしっかり考え，定着させながらこの本を読み進めることをオススメします。
「なぜ」（Why）がわかってくると，数学が楽しくなってきます。楽しくなると，もっとやりたくなってきます。そうなってくれば，どんどん成長していけます。
「なぜ」を考えるのは最初はたいへんかもしれませんが，「数が苦」の人も途中からは「数楽」に変わっていきますので，ぜひこだわってやっていきましょう！

KADOKAWA の山川徹さん，本書を企画して僕たちに任せてくださって，ほんとうにありがとうございました。企画の段階など，白熱した議論もありましたね！　いろいろと相談に乗ってもらえて，ほんとうに助かりました。激励のおかげで，執筆がたいへんなときも乗り越えて，最後まで書き上げることができました。

滝中学校・高等学校の近藤帝嘉先生，河合塾講師の米津明人先生，神谷建先生，アドバイスやご意見をいただき，たいへん参考になりました。おかげで，内容がより洗練されたものになりました。また，近藤先生，米津先生，神谷先生とのお話を通じて，熱心にご指導なさっているようすを知ることができ，励(はげ)みになりました。ほんとうにありがとうございます。

ユニバーサル・パブリシングの清末浩平さん，僕たちが書いた原稿を読者により伝わりやすい形に整えてくださって，ありがとうございました。たいへんな作業だったと思いますが，最後までていねいに仕上げてくださったこと，ほんとうに感謝しています。

また，僕たちにかかわってくださったすべての人のおかげでいまの僕たちがあり，この本も完成しました。ほんとうにいつもありがとうございます。
そして，「読者あってこその本」です。この本を手にして読んでくれるあなたに，ほんとうに感謝しています。

この本を手にして読んでくれたあなたが夢を見つけそしてかなえることを，心から願っています。そして，あなたをとことん応援しています。
それでは，いっしょに「数学」を楽しみながらも実力をつける旅へと出かけましょう！

小倉悠司・田村高之

目　次

第２部　中学2年

第1章　式の計算

第2章　連立方程式

第3章　１次関数

第3部 中学3年

第1章 式の展開と因数分解

第2章 平方根

第3章 2次方程式

第4章 関数$y=ax^2$

本文デザイン：玉井　真琴，ユニバーサル・パブリシング
本文組版・本文イラスト・編集：ユニバーサル・パブリシング

この本の特長

- この本は，中学3年間で習うすべての範囲を一冊で扱います。全体は，
  学年ごとの内容（「部」）➡ 単元ごとの内容（「章」）➡ 項目ごとの内容（「節」）
  に体系化されています。一冊全体が一編のストーリーとして構成されていますので，最初から最後まで順を追って読めます。また，必要な内容だけを拾って読むという使い方も可能です。
- 「節」内には，おもに以下の要素が収録されています。
  - 地の文：小倉・田村による，現場での指導経験にもとづいた解説が展開されており，指導の臨場感と数学の楽しさが伝わるよう工夫されています。教科書に記載されている基本事項はもちろんのこと，入試につながるような内容もちゃんとカバーしています。ところどころに入る中学生キャラの「合いの手」は，実際に学習者がよく発言する内容になっていて，共感しながら読み進めることができます。また，重要な内容が何度もくり返し出てくるので，理解が確実に定着していきます。
  - 「例題」：どの教科書にも載っているような基本問題と，少しひねった応用問題をバランスよく扱っています。
  - 「ポイント」：その手前までに扱われた内容の重要事項をまとめています。
- 多くの中学生がつまずきやすい内容も，スモール・ステップによって，段階的に，いくつかの工程に分けて説明しているので，無理なく理解できます。
- たくさんの図表によって視覚的にもわかりやすくなるように工夫しています。
- 公式・定義・定理は、きちんと言語化し，問題などを通して身につきやすいようにしています。
- 授業の予習・復習，定期テスト対策，高校入試対策の基礎がために使えます。
- 数学が不得意な方も理解できて，数学をさらに得意にしたい学習者も成長できるように，工夫してかいてあります。
- 中学生だけでなく，その保護者が読んでも役に立つ内容が盛り込まれています。また，中学数学を基礎から学び直したい大人の方にも適しています。
- この本で取り上げられている内容は，2021年度からの学習指導要領にもとづいています。

第1部

中学1年

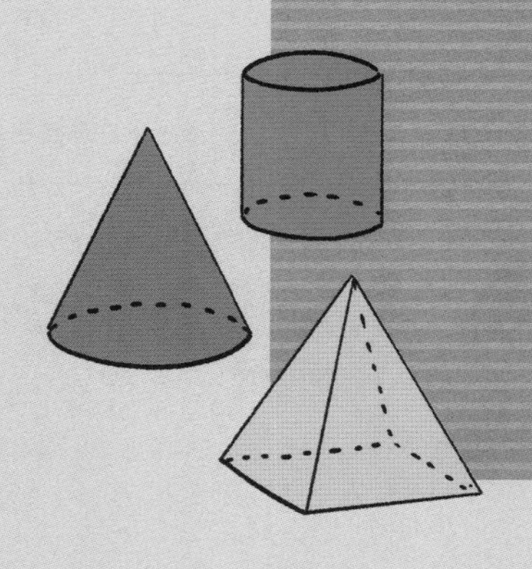

第1節　正の数・負の数

1 符号のついた数

この第1章では，小学校では習わなかった，新しい種類の「数」を学習するよ。それは，「マイナスのついた数」なんだ。そんな「数」を学習することで，僕たちがあつかうことのできる「数」の世界は，ぐんとひろがるよ。

まずは，次の言葉を覚えよう!!

> 0より大きい数：**正**(せい)**の数**　➡　「＋」(**プラス**)をつけて表すことがある。
> 0より小さい数：**負**(ふ)**の数**　➡　「－」(**マイナス**)をつけて表す。

そして，**正**であるか**負**であるか（0よりも大きいか小さいか）を表す，「＋」と「－」の記号のことを，**符号**(ふごう)というよ！

例　＋6　……0より6だけ大きい数
　　－3　……0より3だけ小さい数

正の数の場合は，正の符号「＋」を省略してかく場合も多いよ！

0は，「0より大きい」わけでも，「0より小さい」わけでもないから，0自体には「＋」の符号も「－」の符号もつかないよ。

これまでは，「数」というと，正の数か0だったね。でもこれからは，「数」の範囲をひろげて，負の数も含(ふく)めて考えるんだ。たとえば**整数**(せいすう)には，正の整数（**自然数**(しぜんすう)ともいう），0，そして負の整数があるということだね。

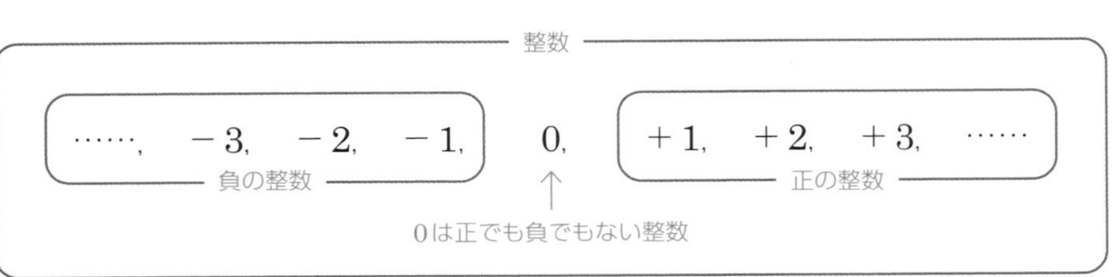

先生！　「負の数」が何なのかはわかったけれど，それが何の役に立つの？

たとえば，「自分のテストの点数が，平均点より何点高いか低いか」が気になったことはないかな？　平均点が60点のテストだったとして，

70点を取ったら，平均点「＋10点」
40点を取ったら，平均点「−20点」

と表すことができるね。このように，負の数は，「基準(くらべるもととなるところ)からどれくらい下か」などを表すのに便利なんだよ。

わかりやすい例は，「温度」だね！　0℃(水が氷になる温度)を基準として，0℃よりも高ければ「＋」で，0℃よりも低ければ「−」で表すよね。

このように，負の数を利用することで，基準からの増減(どれだけ増えたり減ったりしているか)や過不足(どれだけ多かったり少なかったりするか)を表現することができるんだ。

また，互いに反対の性質をもつ数量は，「どちらを正の方向とするか」を定めると，一方を正の数，他方を負の数で表せるんだ。具体例で説明するね。

例1　「利益」と「損失」

「利益」と「損失」は，反対の意味をもっているね。これらのうち，「利益」のほうを正の数で表すことにしよう。そうすると，

5000円の利益 ➡ ＋5000円
3000円の損失 ➡ −3000円

と表すことができるんだ！

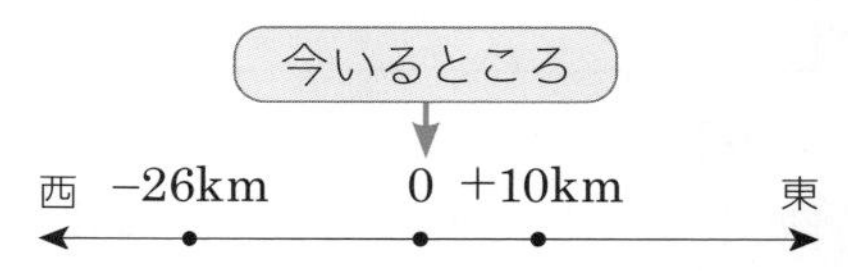

例2　「東」と「西」

「東」と「西」は反対だね。「今いるところ」を基準として，「東」のほうを正の数で表すことにすると，

今いるところから東に10kmの場所 ➡ ＋10km
今いるところから西に26kmの場所 ➡ −26km

と表せるね。

例3　「高い」と「低い」

たとえば，2000mを基準として，「高い」ほうを正の数で表すとすると，

2015m ➡ 基準よりも15m高い ➡ ＋15m
1980m ➡ 基準よりも20m低い ➡ −20m

と表せるね。

反対の性質をもつ数量は，ふつうは右のように，セットになる2つの言葉を使って表すよね。だけど，負の数を知っていると，「20m低い」ことは「－20m高い」と表せたりするよ。

利益	↔	損失
東	↔	西
高い	↔	低い

負の数を使えば，「高い」「低い」っていう2つの言葉のうち，一方の言葉だけに統一して表現することができるんだね♪

そのとおり！　だからこそ，注意も必要なんだ。たとえば問題文に「増加する」とかいてあっても，ほんとうに増えるとはかぎらないよ。「－3増加する」みたいに，実際には減少することもあるんだ！

例題 1

次の問いに答えよ。

(1) **7kg重いことを「＋7kg」と表すことにすれば，4kg軽いことはどのように表せるか。**

(2) **次の［　　］にあてはまる数を答えよ。**

「300円もらう」は「［　　］円あげる」である。

解答と解説

(1) 「軽い」と「重い」は互いに反対の性質をもつので，

「4kg軽い」は，「－4kg重い」と表せる。 答

(2) 「もらう」と「あげる」は互いに反対の性質をもつので，

「300円もらう」は「－300円あげる」である。 答

ポイント 符号のついた数

❶ 正の数：0より大きい数（「＋」をつけて表すことがある）

❷ 負の数：0より小さい数（「－」をつけて表す）

メリット1　基準からの増減・過不足が表現しやすい。

メリット2　互いに反対の性質をもつ数量を表現できる。

メリット3　言葉を統一して表現できる。

2 数の大小

負の数を知って,「数」の世界がひろがったよね。その「数」の世界を, 目で見てとらえられるようにしてくれる, とても便利なものが**数直線**だよ。

1本の直線の上に, 基準となる点を1つとって, そこを0とするよ。そして, 0より右側には正の数, 0より左側には負の数を対応させていくんだ。数直線において, 0を表す点を**原点**, 数直線の右の方向を**正の方向**, 左の方向を**負の方向**というよ。

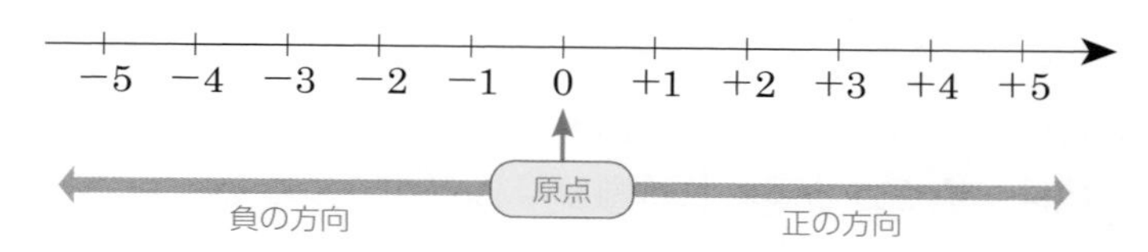

数直線を使うと, 数を視覚的にとらえられるようになり, 数の大小(どちらのほうが大きく, どちらのほうが小さいか)も判断しやすくなるね。

数直線上で,

右側にある数ほど大きく, 左側にある数ほど小さい

ということになるよ！

例 −4と+3の大小

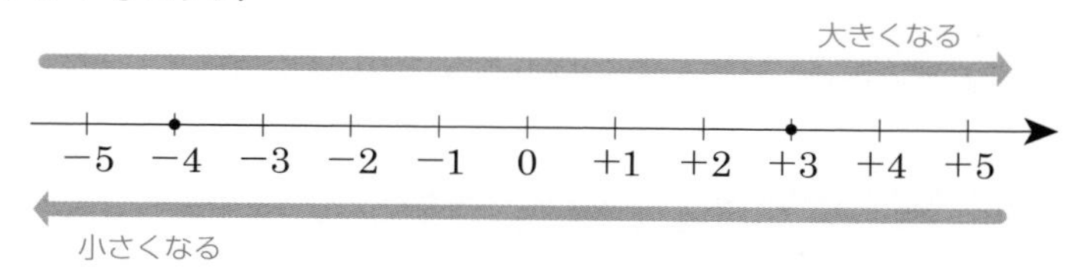

数直線上では−4が左側, +3が右側にあるから, +3は−4より大きい(−4は+3より小さい)。

これを, 大小関係を表す**不等号**という記号を使って表すと,

$+3>-4$ ← 「+3大なり−4」と読むよ！

または,

$-4<+3$ ← 不等号の右と左を変えて, それにともなって, 不等号の向きも入れ替えているね。「−4小なり+3」と読むよ！

正の数と負の数をくらべたら，正の数のほうが大きいっていうのはわかったけれど，負の数どうしをくらべたらどうなるの？　たとえば-4と-5だと，-5のほうが大きいような気がしちゃうんだけど……。

うーん，気持ちはわかるけど，それは「数の大きさ」を，「原点からの距離(きょり)（原点からどれだけ離れているか）」と勘違(かんちが)いしているんじゃないかな？

あくまで，数は，数直線の右側にいくほど大きく，左側にいくほど小さくなるよ！　だから，

正の数は，原点から離れれば離れるほど大きくなる

負の数は，原点から離れれば離れるほど小さくなる

となるんだ。だから、-4 と -5 では，-4 のほうが大きいんだよ。

例題 2

次の6つの数を，小さい順に左から並べよ。

$$\frac{5}{3},\ -\frac{3}{2},\ -3,\ -6.5,\ 5,\ \frac{1}{2}$$

解答と解説

6つの数を数直線上に並べると，次のようになる。

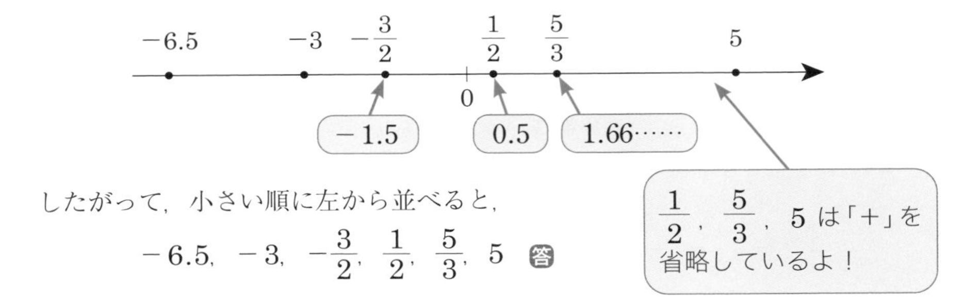

したがって，小さい順に左から並べると，

$$-6.5,\ -3,\ -\frac{3}{2},\ \frac{1}{2},\ \frac{5}{3},\ 5$$ 答

ポイント 数の大小

❶ 数直線：直線上に基準となる点（原点）を1つとり，そこを0として，そこから右へ順に$+1$，$+2$，$+3$，……，左へ順に-1，-2，-3，……，を対応させたもの。

❷ 数の大小：数直線上で右側にある数ほど大きく，左側にある数ほど小さくなる。

3 絶対値

さっき，「原点からの距離（原点からどれだけ離れているか）」にちょっとふれたよね。この「原点からの距離」のことを，**絶対値**（ぜったいち）というんだ。

絶対値：数直線上での，原点からその数を表す点までの距離。

例 -5の絶対値 ➡ 5　　$+5$の絶対値 ➡ 5

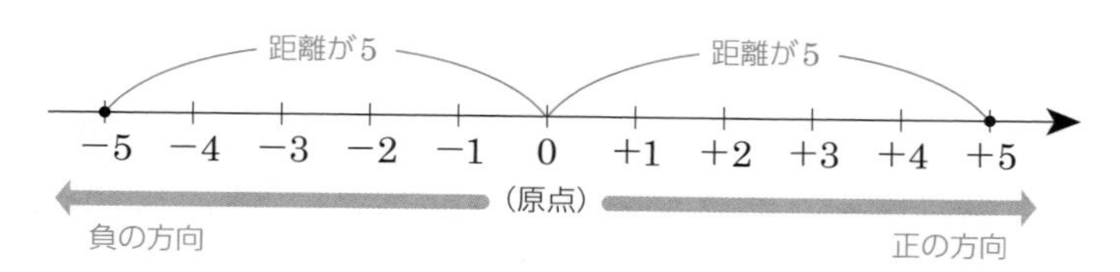

数の大小を，この「絶対値」という言葉を使って表すと，次のようになるよ。

数の大小

❶ 正の数と負の数では，正の数のほうが大きい。

例 $+2>-5$

❷ 正の数と正の数では，絶対値が大きいほど大きい。

例 $+2<+5$

❸ 負の数と負の数では，絶対値が大きいほど小さい。

例 $-5<-2$

上の**例**の数直線で，それぞれの数が表す点をくらべてみてね！

中学1年　中学2年　中学3年

「絶対値」って，簡単にいうと，「＋」とか「－」とかの符号をとった数ってこと？

今やっているように，数が具体的にわかっているときは，そう考えても問題ないよ！　だけどこれから先，「数が具体的にわかっていない場合」の絶対値もあつかうことがあって，そういうとき，「原点からの距離」という本来の意味を押さえていないと，うまく考えることができなくなるんだ。数学を学習するうえで，「その言葉が表す意味」はほんとうに大切なんだよ！

例題 3

絶対値が3より大きく7より小さい整数を，小さい順に左から並べよ。

解答と解説

「絶対値が3より大きく7より小さい整数」とは，「数直線上で，原点からの距離が3より大きく7より小さい整数」のことだから，

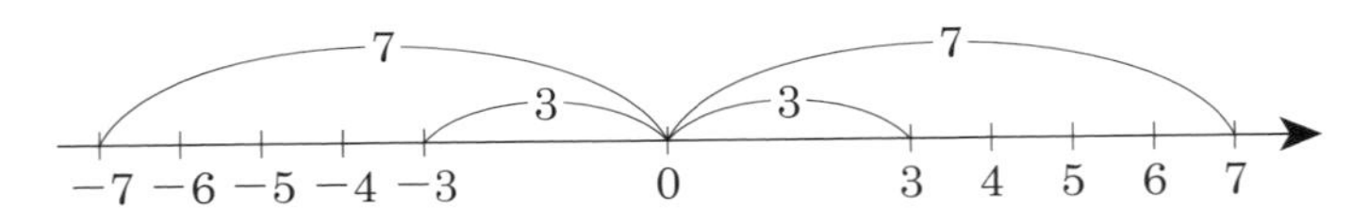

上の図より，小さい順に左から並べると，

$-6,\ -5,\ -4,\ 4,\ 5,\ 6$ 答

もし問題が「絶対値が3以上7以下の整数」だったら，
$-7,\ -3,\ 3,\ 7$
も答えに含まれるよ！

ポイント　**絶対値**

❶ **絶対値**：数直線上での，原点からある数を表す点までの距離。

❷ 数の大小

- ❶ 正の数と負の数では，正の数のほうが大きい。
- ❷ 正の数と正の数では，絶対値が大きいほど大きい。
- ❸ 負の数と負の数では，絶対値が大きいほど小さい。

第 2 節　加法と減法

1 加　法

ここからは，正の数と負の数を使った計算を学習していこう！　最初は足し算だ。足し算のことを**加法**(かほう)ともいうよ。そして，加法の結果を**和**(わ)というんだ。まずはイメージをつかんでいこう！

パターン1　同じ符号(**同符号**(どうふごう))，つまり，「正の数どうし」または「負の数どうし」の2つの数をたすときは，それぞれの数がもっている「プラスパワー」どうし，または「マイナスパワー」どうしを合計するイメージだよ！

❶ 正の数と正の数の和

例 1　$(+3)+(+2)=+5$

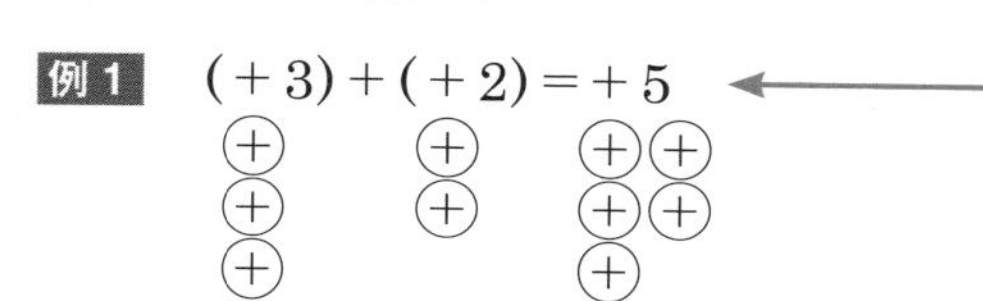

「プラスパワー」3と「プラスパワー」2を合計すると，「プラスパワー」5，というイメージだよ！

❷ 負の数と負の数の和

例 2　$(-5)+(-3)=-8$

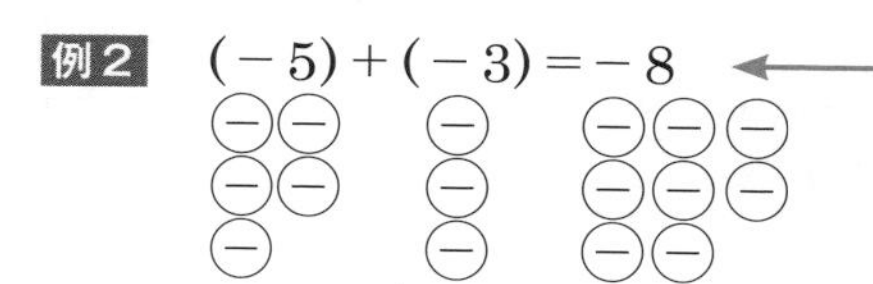

「マイナスパワー」どうしで，5と3を合わせるから，合計すると「マイナスパワー」8！

同符号の数どうしの加法では，符号を抜いてたしあわせた結果(**絶対値**の和)に，共通の符号をつければいいんだ！

例 2 でいうと，-5から符号を抜いた「5」(-5の絶対値)と，-3から符号を抜いた「3」(-3の絶対値)をたして「8」，これに共通の符号「$-$」をつけて「-8」だよ。

パターン2　異なる符号(**異符号**(いふごう))の2つの数，つまり，正の数と負の数をたすときは，次のように「プラスパワー」と「マイナスパワー」が打ち消しあうようなイメージをもとう！

❸ 正の数のほうが絶対値が大きい場合

例 3　$(-2)+(+6)=+4$

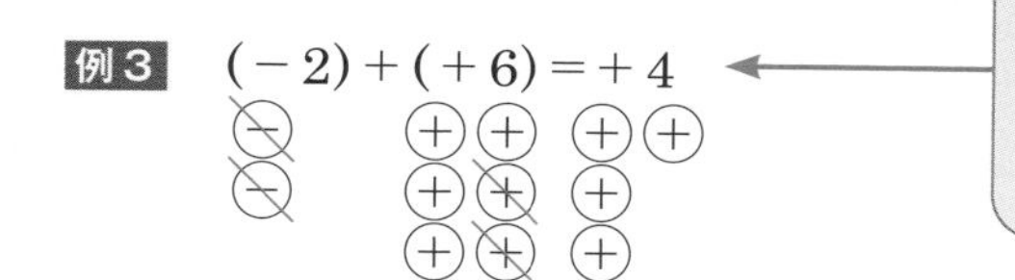

「マイナスパワー」2が，「プラスパワー」6のうち2を打ち消して，「プラスパワー」が4だけ残るイメージ！

❹ 負の数のほうが絶対値が大きい場合

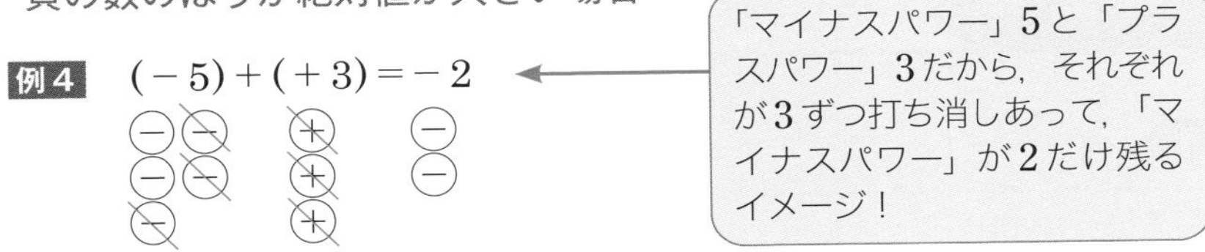

イメージはつかめたかな？　じゃあ同じことを，別のやり方で考えてみよう。いろいろな方向から考えることで，理解が深まり，楽しくなるよ！

正の数と負の数は，反対の性質をもつ数量を表すことができたよね（第1節 1 ）。だから，正の数が「**正の方向**（数直線の右方向）への移動」，負の数が「**負の方向**（数直線の左方向）への移動」を表すと考えることにするよ。

パターン1　同符号の2つの数の和では，同じ方向への移動がたしあわされるね！　正の数どうしなら，正の方向へだけ進んで，符号が「＋」。負の数どうしなら，負の方向へだけ進んで，符号が「－」になるよ。

❶ 正の数と正の数の和

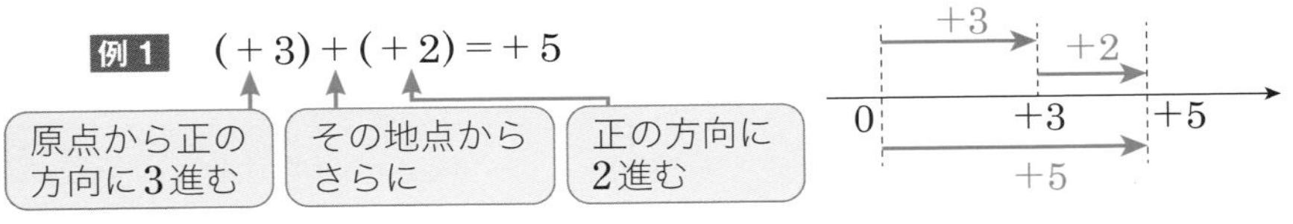

❷ 負の数と負の数の和

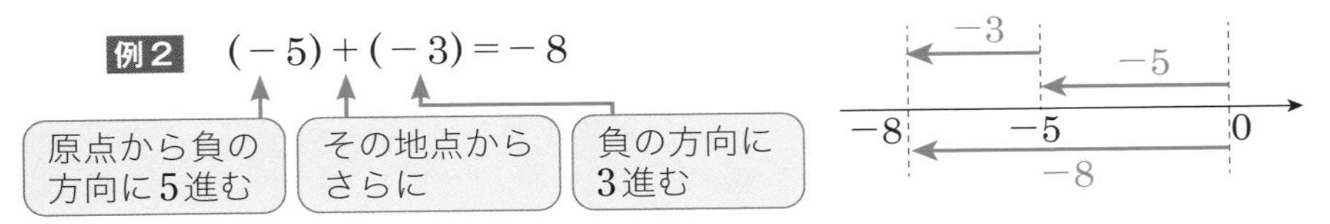

このように計算すればいいんだけれど，❶ 正の数どうしの和であれば，進む方向は正の方向と決まるから符号は「＋」（共通の符号），「どれだけ進むか」は絶対値の和として計算することもできるね！

例1　$(+3)+(+2)=+(3+2)=+5$

共通の符号 → 絶対値の和

❷ も同じように考えて，負の数どうしの和であれば，方向は負の方向と決まるから符号は「−」(共通の符号)，「どれだけ進むか」は絶対値の和として計算できるね！

例2　$(-5)+(-3)=-(5+3)=-8$

（共通の符号）　（絶対値の和）

パターン2　異符号の2つの数の加法では，正の方向へ進んだあとに負の方向へ戻ったり，負の方向へ進んだあとに正の方向へ戻ったりするよ！加法の結果(和)の符号は，どちらの絶対値(原点からの距離)が大きいかによってちがってくるね。

❸　正の数のほうが絶対値が大きい場合

例3　$(-2)+(+6)=+4$

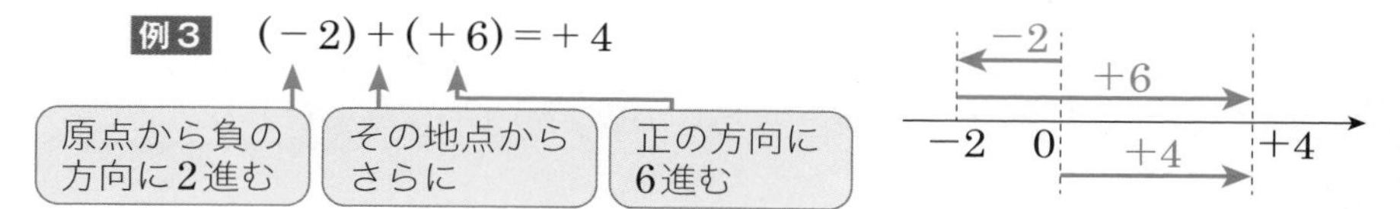

❹　負の数のほうが絶対値が大きい場合

例4　$(-5)+(+3)=-2$

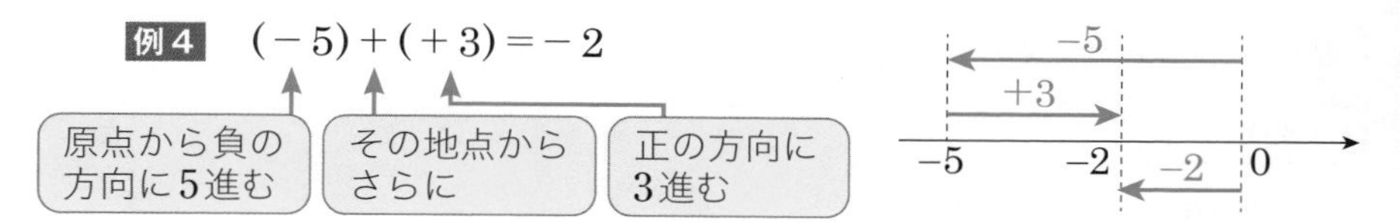

このように計算すればいいんだけれど，❸ 正の数のほうが絶対値が大きい場合は，最終的には正の方向に進むから符号は「＋」とし，「どれだけ進むか」は絶対値の差(さ)として計算することもできるね！

差というのは，次の **2** に出てくるけれど，引き算の結果のことだよ。でもここでは，「2つのものをくらべて，どれだけちがうか」，つまり (大きい数) − (小さい数) という意味で使うね。

例3　$(-2)+(+6)=+(6-2)=+4$

（絶対値が大きいほうの符号）　（絶対値の差）

❹ も同じように考えよう。負の数のほうが絶対値が大きい場合は，最終的には負の方向に進むから符号は「－」，「どれだけ進むか」は絶対値の差として計算できるね！

例4 $(-5)+(+3)=-(5-3)=-2$

絶対値の差

絶対値が大きいほうの符号

－5の絶対値のほうが＋3の絶対値より大きいから「マイナスパワー」が勝って，「どれだけ進んだか」は絶対値の差で5－3，とも考えられるね！

正の数と負の数の計算では，第1節の ❸ で学習した絶対値の考え方が大事になってくるんだね。

ここでもう1つ，大事なことを押さえておこう。何かの数に0をたしても，その足し算の結果は，もとの数と変わらない。つまり，ある数と0の和は，その数自体に等しいんだ。

例5 $(+3)+0=+3$

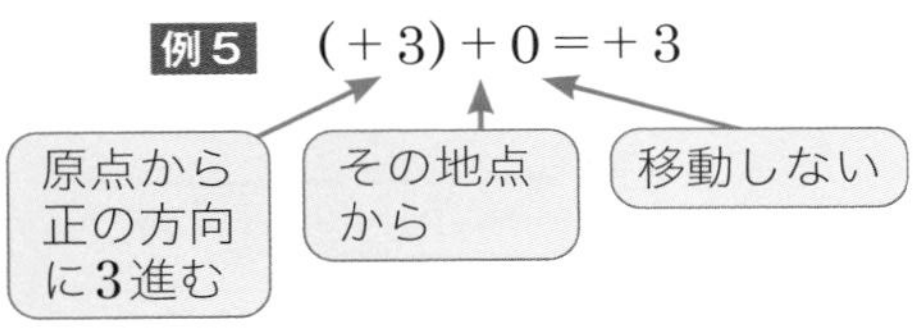

例6 $0+(-7)=-7$

原点から移動しない

その地点から

負の方向に7進む

例題 1

次の計算をせよ。

(1) $\left(-\dfrac{1}{2}\right)+\left(-\dfrac{1}{3}\right)$　(2) $(+6.8)+(-8.5)$

考え方

分数の計算について，少し復習をしておこう。

タイプ1 分母が同じとき

➡ 分母はそのままにして，分子どうしを計算する。

例 $\frac{4}{5}-\frac{1}{5}=\frac{4-1}{5}=\frac{3}{5}$

タイプ2 分母が異なるとき

➡ 分母を同じにして（**通分**(つうぶん)して）から計算する。

分母3と分母4を，同じ分母にそろえたい！

3と4の最小公倍数12に分母をそろえる！

例 $\frac{2}{3}+\frac{1}{4}=\frac{2\times4}{3\times4}+\frac{1\times3}{4\times3}=\frac{8}{12}+\frac{3}{12}=\frac{8+3}{12}=\frac{11}{12}$

分母と分子に4をかける

分母と分子に3をかける

解答と解説

(1) $\left(-\frac{1}{2}\right)+\left(-\frac{1}{3}\right)$ ← **タイプ1** 同符号，❷負の数どうしの和

$=\left(-\frac{3}{6}\right)+\left(-\frac{2}{6}\right)$ ← 分母をそろえた！

$=-\left(\frac{3}{6}+\frac{2}{6}\right)$ ← 共通の符号「－」を（　　）の前にかき，（　　）の中は絶対値の和！

$=-\frac{5}{6}$ **答**

(2) $(+6.8)+(-8.5)$ ← **タイプ2** 異符号，❹負の数のほうが絶対値が大きい

$=-(8.5-6.8)$ ← 絶対値が大きいほうの符号「－」を（　　）の前にかき，（　　）の中は絶対値の差！

$=-1.7$ **答**

ポイント 加　法

❶ 同符号の2数の和 ➡ 2数の絶対値の和に，共通の符号をつける。

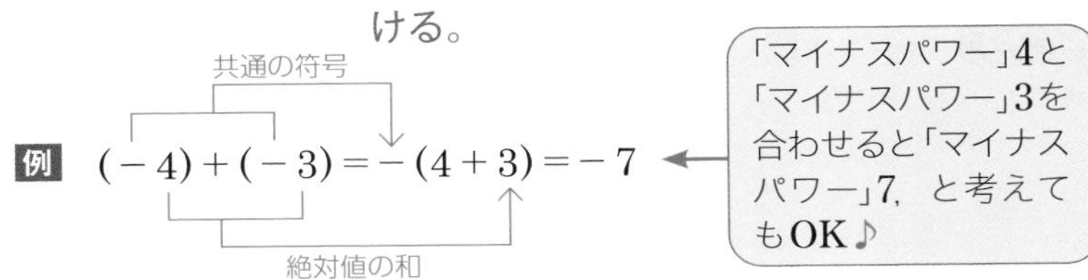

❷ 異符号の2数の和 ➡ 2数の絶対値の差に，絶対値の大きい数の符号をつける。

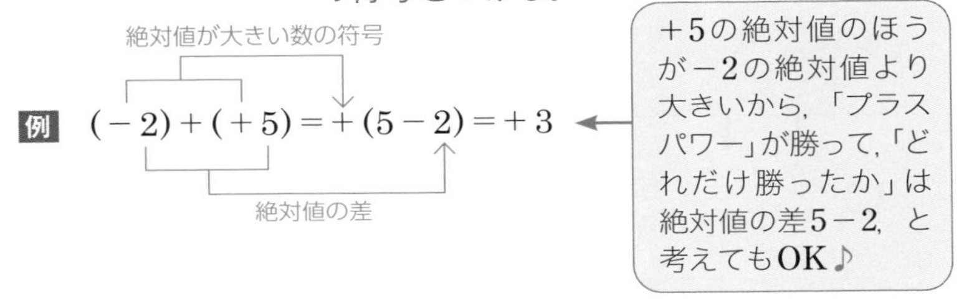

2 減　法

先生〜。「+」って，❶「たす」の意味の「+」と，❷正の数の符号としての「+」と，2つの使い方があるからゴチャゴチャするよ〜。

たしかにそうだね。ふつうは，❶計算としての「+」(加法)も，❷符号としての「+」(プラス)も，同じ「+」で表すんだ。でも，いったんわかりやすいように，

❶ 計算としての「+」 ➡ 「たす」

❷ 符号としての「+」 ➡ 「+」

というふうに使い分けて表すことにしようか。

さて，前の **1** では足し算(加法)をやったから，今度は引き算のしかたについて学習していこう！　引き算のことは**減法**(げんぽう)というよ。そして，減法の結果を，**差**(さ)というんだ。

引き算（減法）の記号は「－」だね（❶）。でも，この「－」は，負の数の符号（マイナス）でもあるよね（❷）。この「－」についても，いったん，

❶　計算としての「－」　➡　「ひく」

❷　符号としての「－」　➡　「－」

と使い分けることにしよう！　では，次の2つの計算について考えてみるよ。

例1　(＋3)ひく(＋5)

例2　(＋3)たす(－5)

これまでも，数をイメージするために，**数直線**を使ってきたよね。ここでも数直線を使って，これらの計算を目に見えるようにしよう。

まず，「＋」と「－」は反対の性質を表すよね。それを数直線にあてはめて，

「＋」　➡　右方向に進む

「－」　➡　左方向に進む

互いに反対の性質だね！

という意味だと考えることにするよ。また，「たす」と「ひく」も反対の性質を表しているよね。それを数直線にあてはめて，

「たす」　➡　そのままの方向

「ひく」　➡　逆の方向

とするよ。どういうことか，**例1**を使って確認しよう。

例1　**(＋3)ひく(＋5)　➡　右方向に3進んだあと，右方向とは逆向きに5進む**

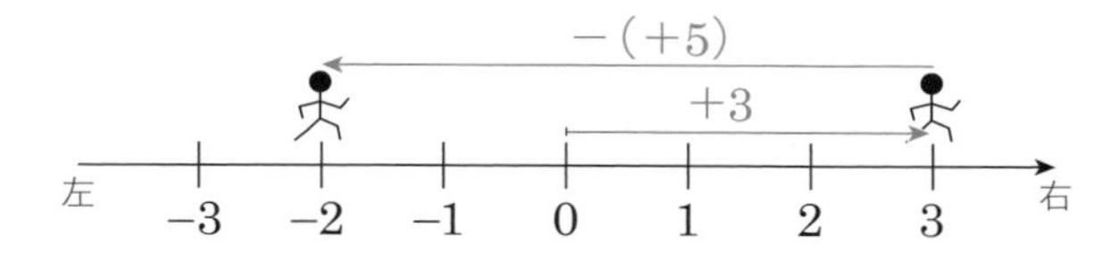

最初は0から出発するよ。「＋3」は，右方向に3進むことを意味するね。そのあとの「ひく」は，直後にある符号の方向を逆にするんだ。「ひく」の直後にある「＋5」の符号は「＋」だね。「＋」は右方向に進むことを意味するから，「ひく(＋5)」は，「右方向とは逆向きに5進む」という意味になるね！

結局，右に3進んでから左に5進むから，「－2」に到着するね。これが「(＋3)ひく(＋5)」，つまり「(＋3)－(＋5)」という計算の結果だよ！

同じように，**例2**も考えてみよう。

例2 $(+3)$たす(-5) ➡ 右方向に3進んだあと，左方向にそのまま5進む

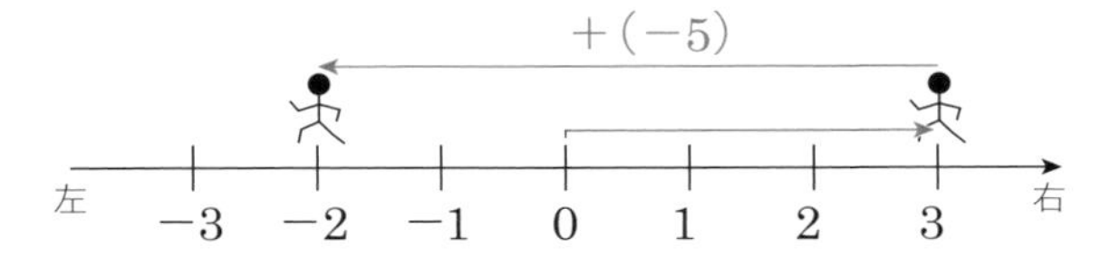

図を見てわかるとおり，「$(+3)$たす(-5)」つまり「$(+3)+(-5)$」の結果も，「-2」になるね！

例1 と **例2** を見くらべてみて。「右方向とは逆向きに5進む」ことと，「左方向にそのまま5進む」ことは，同じだとわかるね。つまり，

「$(+5)$をひくこと」と，「(-5)をたすこと」は，同じ

だといえるよ。だから，減法は次のように，符号を逆にして加法に直して計算することができるんだ！

$$(+3)-(+5)=(+3)+(-5)=-(5-3)=-2$$

右方向とは逆向きに5進む

左方向にそのまま5進む

あとは，**1** の加法の考え方で計算！

「$(+5)$をひくこと」と，「(-5)をたすこと」は同じ！

考え方はわかったかな？　じゃあ，そろそろ「たす」「ひく」も「+」「−」で表すことにして，同じような減法の計算を練習してみよう。

例3 $(-3)-(-7)=(-3)+(+7)=+(7-3)=+4$

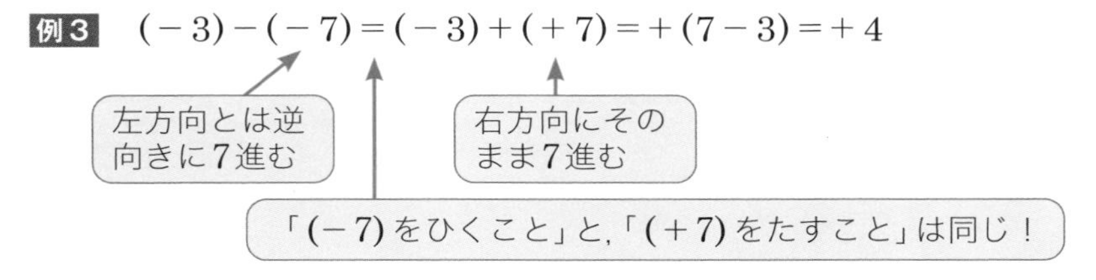

「(-7)をひく」ってことは，「(-7)だけ減らす」ってことだね。「−」は反対の性質を表していて，「減らす」の反対は「増やす」だから，「$(+7)$だけ増やす」ことになる，と考えてもいいよ！

例題 2

次の減法を加法に直して計算せよ。

(1) $(-8)-(-17)$　　(2) $-1.2-4.5$

解答と解説

(1) $(-8)-(-17)=(-8)+(+17)=+(17-8)=9$ 答

(2) $-1.2-4.5=-1.2+(-4.5)=-(1.2+4.5)=-5.7$ 答

ポイント　減　法

ある数をひくことは，ひく数の符号を変えた数をたすことと同じ。

例　$(-7)-(+3)=(-7)+(-3)=-(7+3)=-10$

$(-6)-(-11)=(-6)+(+11)=+(11-6)=+5$

3 加法と減法のまじった計算

じゃあ，1と2で学習したことを応用しみよう！

例1　$(+5)+(-3)-(-8)+(-6)$　を計算せよ。

これまでは2つの数の足し算と引き算だったのに，たくさんの数が出てきたよ～！　しかも，同じ式の中に，足し算と引き算がまじってる！

だいじょうぶ！　2で，**減法**（引き算）は**加法**（足し算）に直せることを学習したよね。加法と減法のまじった式は，加法に直して計算しよう。

$$(+5)+(-3)-(-8)+(-6)=\underbrace{(+5)}_{項}+\underbrace{(-3)}_{項}+\underbrace{(+8)}_{項}+\underbrace{(-6)}_{項}$$

加法だけの式に直したとき，加法の記号「＋」でつながれた1つひとつの数を，**項**（こう）というよ。上の式の「＝」の右側（右辺（うへん））でいうと，

$+5,\ -3,\ +8,\ -6$

の4つが項だよ。とくに，正の数となっている項を**正の項**，負の数となっている項を**負の項**というよ。上の式の右辺だと，次のようになるね！

正の項：$+5,\ +8$　←　こちらは，「＋」を省略して5，8でもOK♪

負の項：$-3,\ -6$

項が4つもあると，「＋」を何回もかくのがめんどうだなあ……。

気持ちはわかるよ。じつは，加法だけの式は，加法の記号「＋」と（　　　）を省いて，項を並べた式で表せるんだ。さらに，最初の項が正の項である場合は，その符号「＋」も省略できる。どういうことか，実際にやってみるよ。

最初の項が正の項の場合，その符号「＋」は省略できる！

$$(+5)+(-3)+(+8)+(-6)=5-3+8-6$$

加法の記号「＋」は省略できる！

ずいぶんスッキリしたね♪　これって，前のほうから順番に計算しなきゃいけないの？

加法に関しては，前から順番に計算する必要はないんだ。加法では，次のような法則（ほうそく）が成り立つよ。

> ❶ **加法の交換法則**（こうかんほうそく）：数を入れかえて計算してもよい。
>
> ■＋●＝●＋■
>
> ❷ **加法の結合法則**（けつごうほうそく）：（　　　）をつけかえて計算の順序をかえてもよい。
>
> （■＋●）＋▲＝■＋（●＋▲）

このように，計算の順序を入れかえたり，計算の組み合わせをかえたりすることができるんだ。おススメは，次のような手順だよ！

step 1　正の項どうし，負の項どうしを先に計算

step 2　最後に正の項と負の項を計算

それでは，**例 1** の問題を解いてみよう！

$$(+5)+(-3)-(-8)+(-6)$$

加法と減法がまじった式は，すべて加法に直す

$$=(+5)+(-3)+(+8)+(-6)$$

最初の項の符号「＋」と，加法の記号「＋」は省略できる

$$=5-3+8-6$$

❶ 加法の交換法則で順番を入れかえ，前側に正の項を，後ろ側に負の項を集める！

$$=5+8-3-6$$

$=(5+8)+(-3-6)$ ← ❷ 加法の結合法則で(　　)をつけかえ，正の項どうし，負の項どうしを先に計算！

$=13-9$ ← 最後に正の項と負の項を計算！

$=4$ 答

慣れるまでは，次のように計算してもOKだよ♪

$(+5)+(-3)-(-8)+(-6)$
$=(+5)+(-3)+(+8)+(-6)$
$=(+5)+(+8)+(-3)+(-6)$
$=(+13)+(-9)$
$=+(13-9)$
$=4$ ← 符号の「＋」は省略してOK

分数や小数でも，同じように計算できるよ。

例2 $\dfrac{3}{4}+\left(-\dfrac{9}{8}\right)-\left(-\dfrac{1}{6}\right)$ **を，かっこのない式に直して計算せよ。**

$\dfrac{3}{4}+\left(-\dfrac{9}{8}\right)-\left(-\dfrac{1}{6}\right)$ ← 加法と減法がまじった式は，すべて加法に直す。「$-\dfrac{1}{6}$をひくこと」は，「$\dfrac{1}{6}$をたすこと」と同じ！

$=\dfrac{3}{4}+\left(-\dfrac{9}{8}\right)+\left(+\dfrac{1}{6}\right)$

加法の記号「＋」は省略できる

$=\dfrac{3}{4}-\dfrac{9}{8}+\dfrac{1}{6}$ ← 分母を4，8，6の最小公倍数の24にそろえたい！

$=\dfrac{18}{24}-\dfrac{27}{24}+\dfrac{4}{24}$

❶ 加法の交換法則で順番を入れかえ，正の項を前に集める！
$-\dfrac{27}{24}+\dfrac{4}{24}=\dfrac{4}{24}-\dfrac{27}{24}$

$=\dfrac{18}{24}+\dfrac{4}{24}-\dfrac{27}{24}$

❷ 加法の結合法則で(　　)をつけかえ，正の項どうしを先に計算！
$\dfrac{18}{24}+\dfrac{4}{24}-\dfrac{27}{24}=\left(\dfrac{18}{24}+\dfrac{4}{24}\right)-\dfrac{27}{24}$

$=\dfrac{22}{24}-\dfrac{27}{24}$

$=-\left(\dfrac{27}{24}-\dfrac{22}{24}\right)=-\dfrac{5}{24}$ 答

例題 3

$15-9-26-10+29$ について，

(1) 加法だけの式に直せ。

(2) 正の項と負の項をいえ。

(3) 計算した答えを求めよ。

解答と解説

(1) $15-9-26-10+29$

$=(+15)+(-9)+(-26)+(-10)+(+29)$ 答

(2) 正の項：$+15$，$+29$
負の項：-9，-26，-10 答

正の項は，「＋」を省いて15，29と表してもいいよ！

(3) $15-9-26-10+29$

$=15+29-9-26-10$

$=44-45$

$=-(45-44)$

$=-1$ 答

❶ 加法の交換法則で順番を入れかえ，正の項を前に，負の項を後ろに集める！

❷ 加法の結合法則で（　　　）をつけかえ，正の項どうし，負の項どうしを先に計算！
$(15+29)-(9+26+10)$

ポイント　加法と減法のまじった計算

❶ 項：加法の記号「＋」でつながれた1つひとつの数。
➡ 加法だけの式は，加法の記号「＋」と（　　　）を省いて，項を並べた式で表すことができる。

❷ 計算法則
- ❶ 加法の交換法則：■＋●＝●＋■
- ❷ 加法の結合法則：(■＋●)＋▲＝■＋(●＋▲)

第3節　乗法と除法

1 乗　法

正の数と負の数について，第2節で足し算（加法）と引き算（減法）を学習したから，今度は掛け算と割り算を学習していこう。まず，掛け算のことを**乗法**ともいうよ。そして，乗法の結果を**積**というんだ。

例1　**東西にのびる数直線上を，Y君は東に向かって秒速2mで走っている。東の方向を正の方向，西の方向を負の方向とする。**
(1)　**今，ちょうど原点Oを通過したとすると，3秒後にはどの地点にいるか。**
(2)　**今，ちょうど原点Oを通過したとすると，3秒前にはどの地点にいたか。**

(1)「秒速2m」とは，1秒間に2mずつ進むっていうことだね。Y君は東（正の方向）に向かっているから，1秒ごとに＋2m（正の方向に2m）ずつ進むわけだ。その「＋2」に，時間（ここでは「何秒分か」）をかけると，■秒後の地点がわかるね！

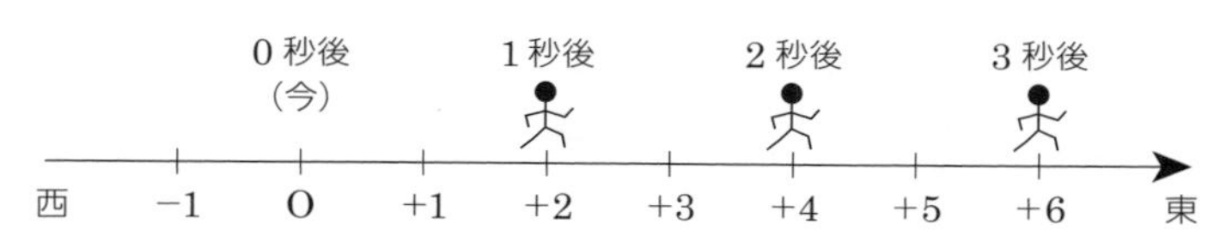

1秒後　$(+2)\times(+1)=+2$
2秒後　$(+2)\times(+2)=+4$
3秒後　$(+2)\times(+3)=+6$

3秒後は，「東（正の方向）に2m進む移動」（＋2）を3回分だね！

これらは，「正の数×正の数」の乗法（掛け算）だね。小学校でもやっていた計算で，積（掛け算の結果）は正の数になるね。問題の答えは，

原点から東に6mの地点　答

(2)　1秒ごとに＋2mずつ進むことは変わらないけれど，時間が変わっているね。「3秒前」は，どういうふうに表したらいいかな？

僕たちは時間を，「過去➡現在➡未来」という方向に流れるものとしてとらえているよね。その方向が，いってみれば時間の「正の方向」だ。だから(1)で，「現在」から見て「未来」の方向にある「3秒後」を，「＋3」と表現できた。そのように考えると，逆方向（「現在」から見て「過去」の方向）にある「3秒前」は，負の数を使って，「−3」と表せるよね！

だから，■秒前の位置は，次のような掛け算（乗法）で計算できるはずだね！

1秒前　$(+2)\times(-1)$

2秒前　$(+2)\times(-2)$

3秒前　$(+2)\times(-3)$

1秒前＝－1秒後
2秒前＝－2秒後
3秒前＝－3秒後

これらは，「正の数×負の数」の乗法で，今までやったことのない新しい形だね。どのように計算すればいいのかな？　数直線を見てみよう。

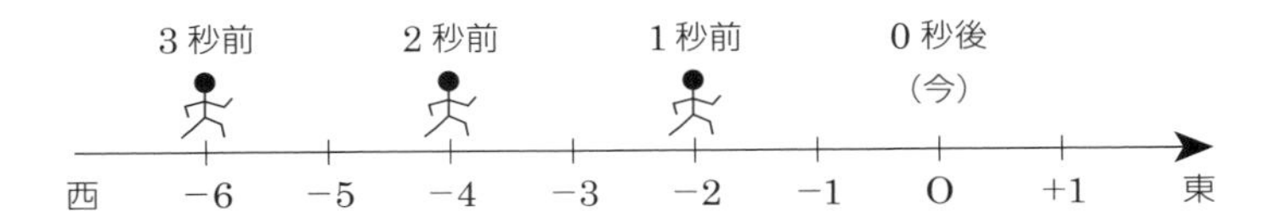

Y君は西から東へ秒速2mで走ってきて，今ちょうど原点Oにいるんだから，たとえば1秒前（－1秒後）には，原点Oから西に2m，つまり「－2」の位置にいたはずだよね。2秒前（－2秒後）には「－4」の位置，3秒前（－3秒後）には「－6」の位置。したがって，

1秒前　$(+2)\times(-1)=-2$

2秒前　$(+2)\times(-2)=-4$

3秒前　$(+2)\times(-3)=-6$

それぞれの時間の位置は，上の数直線のように，原点O（基準となる0）よりも西側（マイナス側）にあるね！

と計算できるんだ。 1つの正の数と1つの負の数をかけあわせると，積は負の数になるんだ！　問題の答えは，

原点から西に6mの地点　答

例2　**東西にのびる数直線上を，Y君は西に向かって秒速2mで走っている。東の方向を正の方向，西の方向を負の方向とする。**

(1)　**今，ちょうど原点Oを通過したとすると，3秒後にはどの地点にいるか。**

(2)　**今，ちょうど原点Oを通過したとすると，3秒前にはどの地点にいたか。**

(1)　**例1**では東（正の方向）に向かって秒速2mで走っていたから，速さは「＋2」だったけれど，この問題では西（負の方向）に向かっているから，速さは負の数になって「－2」だね！

時間は「3秒後」だから，正の数だね。今度の計算は，「負の数×正の数」の乗法になるね！　どう計算すればいいのか，また数直線で考えてみよう。

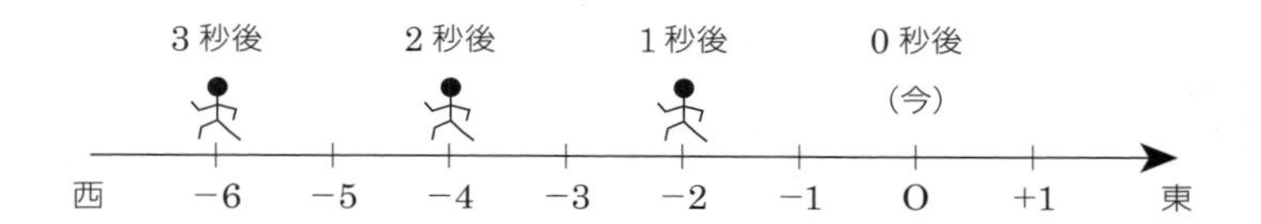

たとえば1秒後には，原点Oよりも西に2m進んで，「−2」の位置にいるはずだね。2秒後には「−4」の位置，3秒後には「−6」の位置。したがって，

1秒後　$(-2)\times(+1)=-2$

2秒後　$(-2)\times(+2)=-4$

3秒後　$(-2)\times(+3)=-6$

3秒後は，「西（負の方向）に2m進む移動」（−2）を＋3回分だね！　その位置は，上の数直線のように，原点Oよりも西側（マイナス側）にあるね！

例1の(2)では，「正の数×負の数」の積が負の数になったけれど，順番を入れかえて「負の数×正の数」の計算をしても，積の符号は「−」になるんだ！　問題の答えは，

原点から西に6mの地点　**答**

(2)　さて，ここでは速さも時間も負の数になるよ！　「負の数×負の数」の乗法は，どうなるのかな？　同じように数直線で考えてみよう！

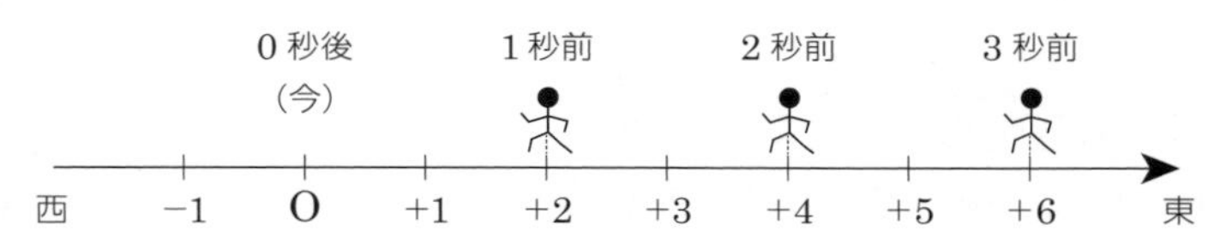

Y君は，東から西へ秒速2mで走ってきて，今ちょうど原点Oにいるんだから，たとえば1秒前（−1秒後）には，原点Oから東に2mの「＋2」にいたはずだよね。2秒前（−2秒後）には「＋4」の位置，3秒前（−3秒後）には「＋6」の位置だね。したがって，

1秒前　$(-2)\times(-1)=+2$

2秒前　$(-2)\times(-2)=+4$

3秒前　$(-2)\times(-3)=+6$

3秒前は，「西（負の方向）に2m進む移動」（−2）を−3回分だね！　その位置は，上の数直線のように，原点Oよりも東側（＋側）にあるね！

つまり，負の数どうしを2つかけあわせると，積は正の数になるんだよ！　問題の答えは，

原点から東に6mの地点　**答**

マイナスとマイナスをかけると，プラスになるんだね！

ここまで **例1** と **例2** で，2つの数の乗法を，「正の数×正の数」「正の数×負の数」「負の数×正の数」「負の数×負の数」という4通りの組み合わせで見てきたね。まとめると，次のようになるよ。

2つの数の積

❶ **同符号の2数の積 ➡ 絶対値の積に，＋の符号をつける。**

$(+)\times(+)=(+)$，$(-)\times(-)=(+)$

❷ **異符号の2数の積 ➡ 絶対値の積に，−の符号をつける。**

$(+)\times(-)=(-)$，$(-)\times(+)=(-)$

「正の数をかけること」と「負の数をかけること」の意味を，数直線上で見てみよう。

ある数に「正の数をかけること」は，原点を基準として，

かけられる数の符号と同じ方向に，

「かける数の絶対値」倍に拡大すること

を意味するよ！

ある数●に別の数■をかける，

●×■

という計算をするとき，●をかけられる数，■をかける数というよ！

「かけられる数」は「＋2」で符号は＋だから，正の方向に拡大！　「かける数」は「＋3」で，絶対値は3。したがって，＋2を正の方向に3倍拡大する！

正の方向に3倍に拡大

例1 (1)　$(+2)\times(+3)=+6$

−6　−4　−2　0　+2　+4　+6

例2 (1)　$(-2)\times(+3)=-6$

負の方向に3倍に拡大

「かけられる数」は「−2」で符号は−だから，負の方向に拡大！　「かける数」は「＋3」で，絶対値は3。したがって，−2を負の方向に3倍拡大する！

ある数に「負の数をかけること」は，原点を基準として，

かけられる数の符号とは反対方向に，

「かける数の絶対値」倍に拡大すること

を意味するよ！

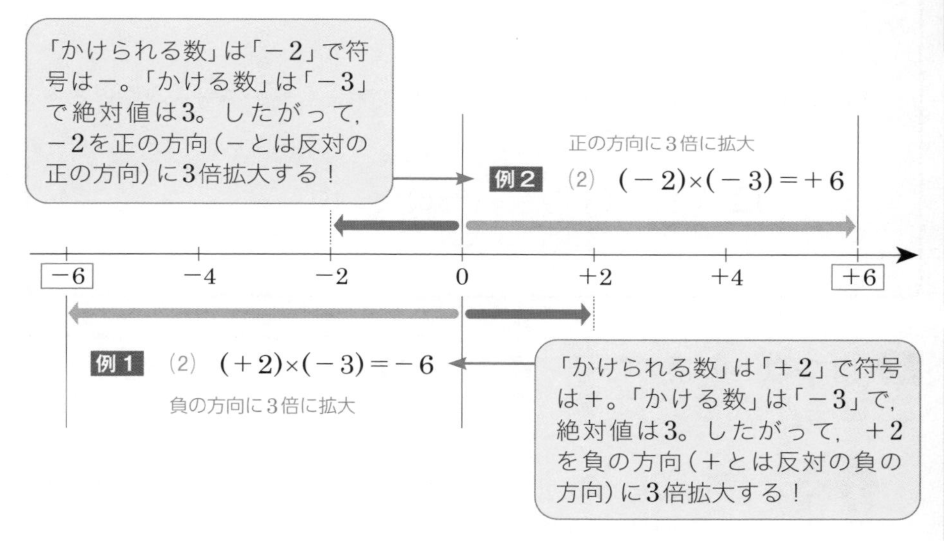

例題 1

次の計算をせよ。

(1) $(+7)\times(+3)$　　(2) $(-3)\times(-5)$

(3) $(+2)\times(-8)$　　(4) $(-6)\times(+4)$

解答と解説

(1) $(+7)\times(+3)=+(7\times3)=+21$ 答

(2) $(-3)\times(-5)=+(3\times5)=+15$ 答

← 同符号の2数の積 ➡ 絶対値の積に，正の符号をつける！

(3) $(+2)\times(-8)=-(2\times8)=-16$ 答

(4) $(-6)\times(+4)=-(6\times4)=-24$ 答

← 異符号の2数の積 ➡ 絶対値の積に，負の符号をつける！

(1)と(2)の答えは，正の符号「＋」を省略してもOKだよ！

ポイント　**2つの数の積**

❶ 同符号の2数の積 ➡ 2数の絶対値の積に，正の符号＋をつける。

正の符号

例　$(-4)\times(-3)=+(4\times3)=+12$

絶対値の積

❷ 異符号の2数の積 ➡ 2数の絶対値の積に，負の符号－をつける。

負の符号

例　$(-2)\times(+5)=-(2\times5)=-10$

絶対値の積

2　3つ以上の積の符号・累乗と指数

2つの数の乗法についてはわかったけれど，3つ以上の数の乗法はどうなるの？

実際に，3つ以上の数の乗法をやりながらたしかめよう。まずは，負の数3つの掛け算を見てみるよ。

例1　$(-1)\times(-2)\times(-3)$

$=+(1\times2)\times(-3)=(+2)\times(-3)$ ← $(-1)\times(-2)$ から計算。「－」と「－」の積だから「＋」になる！

$=-(2\times3)$ ← 「＋」と「－」の積は「－」になる！

$=-6$

負の数3つをかけあわせると，**積**は負の数になったね！　「－」どうしを2つかけて「＋」になり，そこにもう1つ「－」をかけるから「－」になるんだ。

次に，負の数4つの掛け算をやってみよう。

例2 $(-1)\times(-2)\times(-3)\times(-4)$ ← **例1** の計算結果を使うよ！

$=(-6)\times(-4)$

$=+(6\times4)$ ← 「－」と「－」の積は「＋」になる！

$=24$ ← 符号の「＋」は省略してOK！

負の数4つをかけあわせると，積は正の数になったね！　さらに，ここにもう1つ負の数をかけて，負の数5つの乗法にすると，積の符号はまたひっくり返って，負の数になるよ。
「－」と「－」をかけると「＋」，つまり「－」は2個セットで「＋」なんだね。だから，次のようになるよ！

積の符号

❶　負の数の個数が偶数　➡　積の符号は＋

❷　負の数の個数が奇数　➡　積の符号は－

正の数をかけても，符号は変わらないから，符号の変化にかかわるのは，かけあわされる負の数の個数だけだよ！

かけあわされる数の中に，負の数は3つある。
負の数が奇数個の積だから，符号は－だね！

例3 $(-3)\times(-1)\times(+2)\times(-4)=-(3\times1\times2\times4)=-24$

それぞれの数の絶対値の積

さあこれで，どんなに多くの数でも掛け算できるようになったよ。ここで，乗法の便利なかき方を教えるね。
たとえば，-5を4個かけあわせたいとき，$(-5)\times(-5)\times(-5)\times(-5)$とかくのはたいへんだよね。これを，

$$(-5)\times(-5)\times(-5)\times(-5)=(-5)^4$$

と表すことができるんだ！　この $(-5)^4$ は，「-5の4乗（じょう）」と読むよ。「同じ数（ここでは-5）を4個かけあわせていること」を「4乗」といって，同じ数を「何個かけあわせたか」を，右肩に小さくかいて表すんだ。この右肩の小さな数を，**指数（しすう）**というよ！

「同じ数」を何回もかけあわせるときは,「かけあわせる個数」を,「指数」として右肩に乗せればいいんだね！「同じ数」を何回もかかなくてすんで,とっても便利♪

例4　$10\times10=10^{②}$
$8\times8\times8=8^{③}$

指数：同じ数をかけあわせた個数を表す

このように,2乗,3乗,4乗……など,同じ数をいくつもかけあわせたもののことを,**累乗**（るいじょう）というんだ！　その中でもとくに,2乗（同じ数を2個かけあわせること）のことを**平方**（へいほう）,3乗（同じ数を3個かけあわせること）のことを**立方**（りっぽう）といったりもするよ。

もう1つ,注意しなければいけないことがあるんだ。次の**例5**と**例6**を見てくれるかな？

例5　$-5^2=-(5\times5)=-25$

「5を2個かけたもの」に「－」をつけたもの

例6　$(-5)^2=(-5)\times(-5)=+(5\times5)=25$

(-5) を2個かけたもの

指数がついているとき,累乗される（何度もかけあわされる）のは,指数のすぐ前にある数だけなんだ。**例5**だと,指数2のすぐ前にあるのは5だから,5だけが2乗されて,「－」は2乗されない。「－」も含めて2乗したいときは,**例6**のように（　　）に入れてあげる必要があるんだ。「-5^2」と「$(-5)^2$」は,異なるから気をつけよう。

例題 2

次の計算をせよ。

(1)　2^6　　(2)　$\left(-\dfrac{5}{3}\right)^3$　　(3)　$(-2)^4$　　(4)　-2^4

(5)　$-(-2)^4$　　(6)　$(-4)\times2\times(-3)\times(-5)$　　(7)　$(-7)\times3\times(-2)$

解答と解説

(1)　$2^6=2\times2\times2\times2\times2\times2=64$　答

「2の6乗」は,2を6個かけあわせる！

(2) $\left(-\frac{5}{3}\right)^3$

$=\left(-\frac{5}{3}\right)\times\left(-\frac{5}{3}\right)\times\left(-\frac{5}{3}\right)$

負の数が奇数個の積だから，積の符号は－

$=-\left(\frac{5}{3}\times\frac{5}{3}\times\frac{5}{3}\right)=-\frac{125}{27}$ 答

例6 と同じパターン！ (－2) を4個かけたもの

(3) $(-2)^4$

$=(-2)\times(-2)\times(-2)\times(-2)$

負の数が偶数個の積だから，積の符号は＋

$=+(2\times2\times2\times2)=16$ 答

例5 と同じパターン！ 「2を4個かけたもの」に「－」をつけたもの

(4) -2^4

$=-(2\times2\times2\times2)=-16$ 答

(3)でやった $(-2)^4$ に，さらに「－」がついたもの

(5) $-(-2)^4$

$=-\{(-2)\times(-2)\times(-2)\times(-2)\}$

$=-(+16)$

$=-16$ 答

(6) $(-4)\times2\times(-3)\times(-5)$

この乗法の中に，負の数は3つで奇数個だから，積の符号は－になる！

$=-(4\times2\times3\times5)=-120$ 答

(7) $(-7)\times3\times(-2)$

この乗法の中に，負の数は2つで偶数個だから，積の符号は＋になる！

$=+(7\times3\times2)=42$ 答

ポイント **3つ以上の積の符号・累乗と指数**

❶ 3つ以上の数の乗法について，

積の符号は，{ 負の数が偶数個のとき ➡ ＋ / 負の数が奇数個のとき ➡ － }

積の絶対値は，それぞれの数の絶対値の積

❷ 累乗：同じ数をいくつかかけあわせたもの。

例 $(-7)\times(-7)\times(-7)=(-7)^{③}$ ← **指数**（何個かけたか）

3 除　法

足し算(加法)，引き算(減法)，掛け算(乗法)ときたから，残るは割り算だ！　割り算のことを**除法**ともいうよ。除法の結果(割り算の答え)は，**商**というんだ。

僕，割り算って苦手だなあ……計算がめんどうくさいんだもん。

だいじょうぶ！　じつは，除法はすべて，乗法に直して考えることができるんだよ!!　そこで使うのが，**逆数**という数だ！

例1　$\frac{2}{3}\times\frac{3}{2}=+1$

$\frac{2}{3}$ に $\frac{3}{2}$ をかけたら，積が$+1$になるね。このように，かけると積が$+1$になる数を，もとの数の逆数というよ。$\frac{3}{2}$ は $\frac{2}{3}$ の逆数だし，$\frac{2}{3}$ は $\frac{3}{2}$ の逆数だ。

例2　$\left(-\frac{5}{2}\right)\times\left(-\frac{2}{5}\right)=+1$

ここでも，積が$+1$になっているね。だから，$-\frac{2}{5}$ は $-\frac{5}{2}$ の逆数で，$-\frac{5}{2}$ は$-\frac{2}{5}$ の逆数だよ。

例1 と **例2** から，逆数とは，もとの数の分母と分子を入れかえた数だとわかるね。また，もとの数が正の数だったら逆数も正の数，もとの数が負の数だったら逆数も負の数，つまり，もとの数と逆数は同符号だね！

例3　$3\times\frac{1}{3}=\frac{3}{1}\times\frac{1}{3}=+1$

3は $\frac{3}{1}$ だから，その逆数は $\frac{1}{3}$ だね。逆数に慣れてきたところで，次のような計算を見てみよう。

$12 \div 3 = 4$ ……①

$12 \times \frac{1}{3} = 4$ ……②

①は，12という数を3という数でわっている（除法）。②は，同じ12という数に，3の逆数をかけている（乗法）。そして，①の結果（商）と，②の結果（積）は，まったく同じになっているね！　このことから，

ある数でわることは，その数の逆数をかけることと同じ

だとわかる！　このことを利用して，除法は乗法に直して計算すればいいんだ。つまり，「ある数でわる」という計算を，「わる数の逆数をかける」という計算に置きかえればいいんだ。具体的にやってみよう！

例4　$(-15) \div (-5)$ を計算せよ。

除法は，逆数を使って乗法に直せばいいんだ。わる数である-5の逆数は，$-\frac{1}{5}$ だよね。

$(-5) \times \left(-\frac{1}{5}\right) = +1$

$(-15) \div (-5)$ ← 除法（-5：わる数）

$= (-15) \times \left(-\frac{1}{5}\right)$ ← 乗法に直した！（$-\frac{1}{5}$：わる数の逆数）

あとはふつうの乗法として計算。「－」と「－」をかけると「＋」

$= +\left(15 \times \frac{1}{5}\right) = +3$ 答

わる数の符号と，わる数の逆数の符号は，必ず同じになるね。だから，除法でのわる数の符号と，乗法に直した逆数の符号は一致するんだ。だから，除法の商の符号は，乗法の積の符号と同じように考えることができるよ！

2つの数の商の符号

❶ **同符号の2数の商 ➡ 絶対値の商に，＋の符号をつける。**

$(+) \div (+) = (+)$，$(-) \div (-) = (+)$

❷ **異符号の2数の商 ➡ 絶対値の商に，－の符号をつける。**

$(+) \div (-) = (-)$，$(-) \div (+) = (-)$

例5 $(-4)\div 7$ ← 異符号の2数の商

$=-(4\div 7)$ ← 2数の絶対値の商に，－の符号をつける

$=-\left(4\times\frac{1}{7}\right)$ ← 7の逆数は $\frac{1}{7}$

$=-\frac{4}{7}$

例6 $\left(-\frac{16}{5}\right)\div\left(-\frac{24}{35}\right)$ ← 同符号の2数の商

$=+\left(\frac{16}{5}\div\frac{24}{35}\right)$ ← 2数の絶対値の商に，＋の符号をつける

$=+\left(\frac{\overset{2}{\cancel{16}}}{\underset{1}{\cancel{5}}}\times\frac{\overset{7}{\cancel{35}}}{\underset{3}{\cancel{24}}}\right)$ ← $\frac{24}{35}$ の逆数は $\frac{35}{24}$

$=\frac{14}{3}$

慣れてきたら，最初から除法を乗法に直してもいいよ！　たとえば**例5**は，

$$(-4)\div 7=(-4)\times\frac{1}{7}=-\frac{4}{7}$$

と計算できるね！

例題 3

(1) **次の数の逆数をいえ。**

① 6　② -7　③ 0.6　④ $-\frac{5}{3}$

(2) **次の計算をせよ。**

① $(-24)\div(+8)$　② $\left(+\frac{4}{5}\right)\div(-28)$　③ $\left(-\frac{8}{3}\right)\div\left(-\frac{4}{7}\right)$

解答と解説

(1) ① $\frac{1}{6}$ 答

② $-\frac{1}{7}$ 答

← 逆数の符号は，もとの数の符号と同じ！

③ $0.6=\frac{6}{10}=\frac{3}{5}$ だから，逆数は $\frac{5}{3}$ 答

④ $-\frac{3}{5}$ 答

(2) ① $(-24)\div(+8)=-(24\div8)=-3$ 答

② $\left(+\frac{4}{5}\right)\div(-28)=\left(+\frac{4}{5}\right)\times\left(-\frac{1}{28}\right)=-\left(\frac{4}{5}\times\frac{1}{28}\right)=-\frac{1}{35}$ 答

③ $\left(-\frac{8}{3}\right)\div\left(-\frac{4}{7}\right)=\left(-\frac{8}{3}\right)\times\left(-\frac{7}{4}\right)=+\left(\frac{8}{3}\times\frac{7}{4}\right)=\frac{14}{3}$ 答

ポイント 除　法

❶ **逆数**：積の値が＋1になる2つの数の一方。

❷ **除法**：正の数・負の数でわることは，その逆数をかけることと同じ。

➡ すべての除法は乗法に直すことができる。

➡ 符号の決め方は乗法と同じ。

4 乗法と除法がまじった計算

乗法と**除法**がまじった計算でも，基本的には除法を乗法に直して計算すればいいよ！

例1 $(-25)\div\left(-\frac{5}{2}\right)\times(-4)$

$=(-25)\times\left(-\frac{2}{5}\right)\times(-4)$

$=-\left(25\times\frac{2}{5}\times4\right)$

$=-40$

乗法だけの式に直す

積の符号を決める

積の絶対値を決める

また，**累乗**がある場合，累乗の計算は最初に行うという決まりがあるんだ。

例2 $-4^2\times(-3)^2$

$=-(4\times4)\times\{(-3)\times(-3)\}$

$=-16\times9$

$=-144$

累乗を先に計算する

中学1年　中学2年　中学3年

掛け算って，好きなところから計算していいの？

そうだね，だいじょうぶだよ！　乗法には，次の法則が成り立つんだ。

> ❶ **乗法の交換法則**：数を入れかえて計算してもよい。
>
> ■×●＝●×■
>
> ❷ **乗法の結合法則**：(　　) をつけかえて計算の順序をかえてもよい。
>
> (■×●)×▲＝■×(●×▲)

例3　$(-25)\times(-17)\times(+4)$ を計算せよ。

まずは積の符号を決めよう。負の数が2つ（偶数個）だから，

$$(-25)\times(-17)\times(+4)=+(25\times17\times4)$$

そして，この乗法について，

$$\begin{aligned}25\times17\times4&=(25\times17)\times4\\&=25\times(17\times4)\\&=25\times4\times17\\&=(25\times4)\times17\end{aligned}$$

乗法の交換法則

乗法の結合法則

というふうに，計算しやすいところから計算してOKなんだ。「25×4」はちょうど100になって計算しやすいから，ここからがいいね！

$$\begin{aligned}&(-25)\times(-17)\times(+4)\\&=+(25\times17\times4)\\&=+(25\times4\times17)\\&=+(100\times17)\\&=1700\end{aligned}$$

＋1700の「＋」は省略

このように，乗法の交換法則と結合法則を使って工夫すると，効率よく答えを求めることができるんだよ！　できるだけ，計算しやすい値が出るところを先に計算するようにしよう。

例題 4

次の計算をせよ。

(1) $8\div\left(-\frac{1}{3}\right)\times 2$　　(2) $5\div(-2)\times 6\div(-3)$

(3) $(-24)\div(-2)^2\div(-3^2)$

解答と解説

(1) $8\div\left(-\frac{1}{3}\right)\times 2$ 　← 乗法だけの式に直す

$=8\times(-3)\times 2$ 　← 負の数は1個（奇数）だから，積の符号は－

$=-(8\times 3\times 2)$ 　← 8×3×2 で計算する

$=-48$ 答

(2) $5\div(-2)\times 6\div(-3)$ 　← 除法のところは逆数をかける

$=5\times\left(-\frac{1}{2}\right)\times 6\times\left(-\frac{1}{3}\right)$ 　← 負の数は2個（偶数）だから，積の符号は＋

$=+\left(5\times\frac{1}{2}\times 6\times\frac{1}{3}\right)$

$=5$ 答

(3) $(-24)\div(-2)^2\div(-3^2)$ 　← 累乗を先に計算

$=(-24)\div\{(-2)\times(-2)\}\div\{-(3\times 3)\}$

$=(-24)\div 4\div(-9)=(-24)\times\frac{1}{4}\times\left(-\frac{1}{9}\right)$

$=+\left(24\times\frac{1}{4}\times\frac{1}{9}\right)=\frac{2}{3}$ 答

ポイント　乗法と除法がまじった計算

❶ 基本的には，除法を乗法に直して計算すればよい。

❷ 累乗があれば，累乗の計算は最初に行う。

❸ 計算法則
- ❶ 乗法の交換法則：■×●＝●×■
- ❷ 乗法の結合法則：（■×●）×▲＝■×（●×▲）

第 4 節 四則混合計算，正の数・負の数の利用

1 四則混合計算

加法（足し算），**減法**（引き算），**乗法**（掛け算），**除法**（割り算）の4つの計算をまとめて**四則**（しそく）というよ。

四則混合計算では，次のようなルールがあるから覚えておこう。

> ❶ 累乗があれば，累乗の計算を先に行う。
> ❷ 乗法や除法は，加法や減法よりも先に計算する。
> ❸ 計算を含んだかっこがあれば，このかっこの中を先に計算する。
> （　）➡ ｛　｝➡〔　〕の順に計算する。
> 小かっこ　中かっこ　大かっこ

例 1 $(-3)^2-(-2^2)\div(-0.5)$

$=9-(-4)\div(-0.5)$

$=9-(-4)\div\left(-\dfrac{1}{2}\right)$

$=9-(-4)\times(-2)$

$=9-8$

$=1$ 答

累乗があるから，累乗の計算を先に行う

掛け算・割り算を，足し算・引き算よりも先に行う

例 2 $(-27)\div(-3)\times\{7+(-6)\div3\}$

$=(-27)\div(-3)\times\{7+(-2)\}$

$=(-27)\div(-3)\times5$

$=(-27)\times\left(-\dfrac{1}{3}\right)\times5$

$=27\times\dfrac{1}{3}\times5$

$=45$ 答

かっこの中の計算を先に行う。
その中でも，掛け算・割り算を，足し算・引き算よりも先に行う

例3 $5-(-2)^3\times\{(-3^2)+12\div4\}$

$=5-(-8)\times\{(-9)+12\div4\}$

$=5-(-8)\times\{(-9)+3\}$

$=5-(-8)\times(-6)$

$=5-48$

$=-43$ 答

累乗があるので，累乗の計算を先に行う

かっこの中の計算を先に行う。その中でも，掛け算・割り算を足し算・引き算よりも先に行う

掛け算・割り算を足し算・引き算よりも先に行う

例題 1

次の計算をせよ。

(1) $(-15)\div(-3)\times\{7+(-6)\div2\}$　(2) $(-2^2)\div(-0.5)-(-5)^2$

解答と解説

(1) $(-15)\div(-3)\times\{7+(-6)\div2\}$

$=(-15)\div(-3)\times\{7+(-3)\}$

$=(-15)\div(-3)\times4$

$=(-15)\times\left(-\frac{1}{3}\right)\times4$

$=15\times\frac{1}{3}\times4$

$=20$ 答

(2) $(-2^2)\div(-0.5)-(-5)^2$

$=(-4)\div\left(-\frac{1}{2}\right)-25$

$=(-4)\times(-2)-25$

$=8-25$

$=-17$ 答

ポイント 計算の順序

❶ 累乗があれば，累乗の計算を先に行う。

❷ 乗法や除法は，加法や減法よりも先に計算する。

❸ 計算を含んだかっこがあれば，このかっこの中を先に計算する。

の順に計算する。

2 分配法則

次に，**分配法則**（ぶんぱいほうそく）について学習するよ。

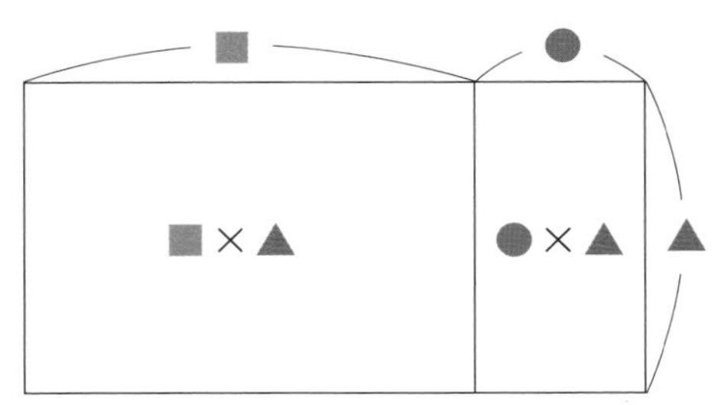

上図のような長方形の面積は，

❶ 横が■＋●，縦が▲の長方形の面積

として求めることもできるし，

❷ 横が■，縦が▲の長方形の面積と
横が●，縦が▲の長方形の面積の和

として求めることもできるね！　ここから，次が成り立つことがわかるね！

分配法則：かっこをはずすことができる。
また，逆にかっこでくくることができる。

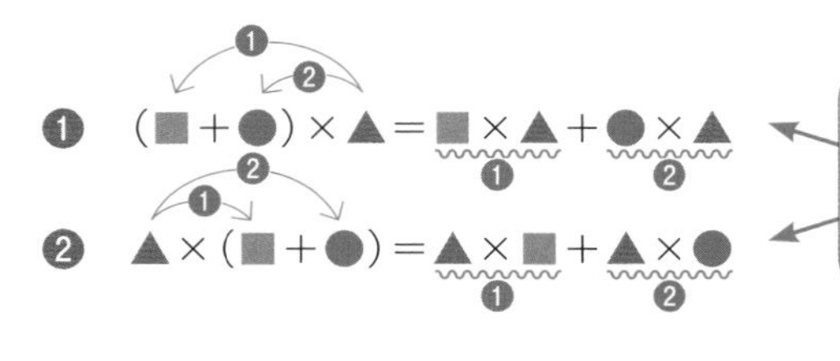

左から右の変形がかっこをはずす変形，
右から左の変形がかっこでくくる変形だよ！

この分配法則は，負の数を含む計算においても成り立つことが知られているよ。

例 1 $(-15)\times\left(-\dfrac{4}{5}+\dfrac{1}{3}\right)$

$=(-15)\times\left(-\dfrac{4}{5}\right)+(-15)\times\dfrac{1}{3}$

$=12+(-5)$

$=7$

(　　)の中を先に計算してもいいのだけれど，分配法則を使うほうが，分数がなくなって楽に計算できるね！

例2 $(-7)\times\frac{3}{4}+(-9)\times\frac{3}{4}$

$=\{(-7)+(-9)\}\times\frac{3}{4}$

$=-16\times\frac{3}{4}$

$=-12$

■＝－7，●＝－9，▲＝$\frac{3}{4}$として，
■×▲＋●×▲
＝(■＋●)×▲
を使ったよ！

このように，状況に応じて分配法則を使って，計算を効率的に行おう！

例題 2

次の式を，分配法則を用いて計算せよ。

$\left(\frac{2}{3}-\frac{3}{7}\right)\times 21$

解答と解説

$\left(\frac{2}{3}-\frac{3}{7}\right)\times 21=\frac{2}{3}\times 21-\frac{3}{7}\times 21$

$=14-9$

$=5$ 答

ポイント **分配法則**

分配法則：かっこをはずしたり，かっこでくくったりすることができる。

❶ (■＋●)×▲＝■×▲＋●×▲

❷ ▲×(■＋●)＝▲×■＋▲×●

3 数の世界のひろがりと計算

たとえば「7－3」のような計算は，「負の数」を学習しなくてもできたけれど，「3－7」の計算は，「負の数」を学習してはじめてできるようになったね。

また，小学校で小数や分数を学んだね。そのおかげで，「2÷5」のような計算もできるようになったね！

このように，数の世界をひろげることで，それまでできなかった計算ができるようになるんだよ。数の関係をまとめておくと，次のようになるよ。

実数とは，数直線上に表されるすべての数のことだよ

実数

-3.2,　$-\frac{3}{2}$,　$\frac{8}{7}$,　3.14,　178.9,　……

整数

負の整数

……，　-3,　-2,　-1

0,

正の整数

1,　2,　3,　4,　5,　……

正の整数，つまり，1，2，3，……のことを，**自然数**という。そして，自然数全体の集まりを，自然数の集合(しゅうごう)というよ（ものの集まりのことを，数学では**集合**というんだ）。

上の図を見ると，自然数は，**整数**全体の中の一部だとわかるね。自然数（正の整数），0，負の整数のすべてを合わせると，整数の全体になる。その整数全体の集まりを，整数の集合というよ。

例題 3

「自然数の集合」と「負の数の集合」それぞれの中で，加法，減法，乗法，除法を行うことを考える。下の表の(1)～(6)について，計算結果が必ずその集合の中にあるときは○を，そうはかぎらないときは×をかき入れよ。

たとえば上の段の左端は，自然数と自然数をたすと必ず自然数（正の整数）になるから，○となっている。上の段の左から2番目は，$2-5=-3$ のように，自然数から自然数をひいたとき自然数になるとはかぎらないので，×となっている。

	加法	減法	乗法	除法
自然数	○	×	(1)	(2)
負の数	(3)	(4)	(5)	(6)

解答と解説

(1)　自然数どうしの積は自然数なので，○

(2) たとえば，$3\div5=\dfrac{3}{5}$ （自然数ではない） ×

(3) 負の数どうしの和は負の数なので，○

(4) たとえば，$(-3)-(-9)=6$ （負の数ではない） ×

(5) たとえば，$(-2)\times(-5)=10$ （負の数ではない） ×

(6) たとえば，$(-3)\div(-7)=\dfrac{3}{7}$ （負の数ではない） ×

	加法	減法	乗法	除法
自然数	○	×	○	×
負の数	○	×	×	×

ポイント　数の世界のひろがりと計算

数の世界をひろげることで，できる計算が増える。

4 素因数分解

自然数の中でも，2，3，5，7，……のように，

正の約数を2個だけもつ自然数
（1とその数自身しか正の約数をもたない自然数）

のことを，**素数**（そすう）というよ。

約数とは，その整数をわりきる整数だよ！
例　6の正の約数は，1，2，3，6

例1　素数の例

2 ← 正の約数は，1と2（その数自身）の2個だけ

3 ← 正の約数は，1と3（その数自身）の2個だけ

5 ← 正の約数は，1と5（その数自身）の2個だけ

ここで注意してもらいたいのは，1は素数ではないということ。1は正の約数を1個（「1」自身）しかもたないから，「正の約数を2個だけもつ」という素数の条件を満たさないんだ。

また，素数ではない2以上の自然数のことを，**合成数**（ごうせいすう）というよ。

例2　合成数の例

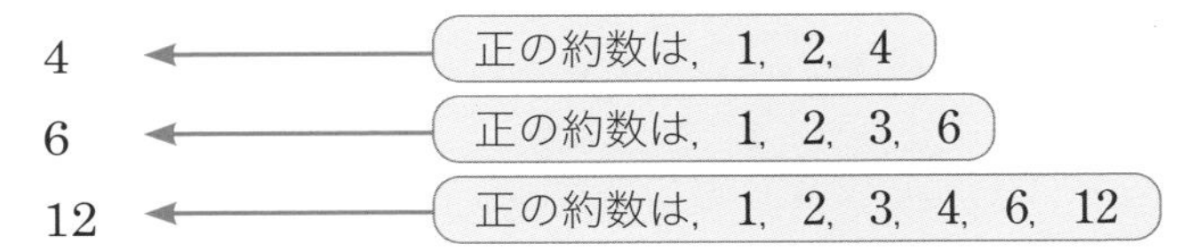

ある整数をいくつかの整数の積で表したとき，かけあわされている1つひとつの数を，**因数**(いんすう)というんだ。また，素数である因数を，**素因数**(そいんすう)というよ。

例3　$24 = 3 \times 8$

（3，8 それぞれ：因数）

3は素因数だけれど，
8は素因数ではないね

そして，合成数を素因数の積で表すことを，**素因数分解**(そいんすうぶんかい)というよ。

ある数を素因数分解すれば，「その数が，どんな素数のかけあわせによってできているか」がわかるんだ。そのやり方を知っていると，これからいろいろなことに応用できて便利なんだよ！

素因数分解の手順

- **step1**　わりきれる素数で順にわっていく。
- **step2**　商が素数になったらストップする。
- **step3**　わった数と最後の商の積で表す。
（同じ数の積は，ふつうは累乗を使って表す）

例4　180の素因数分解

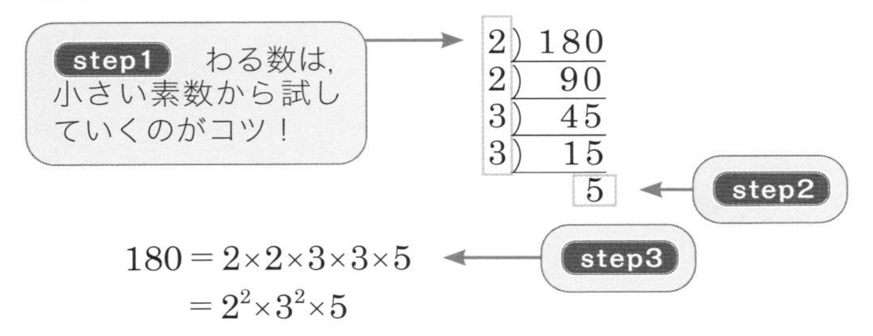

$180 = 2 \times 2 \times 3 \times 3 \times 5$
$= 2^2 \times 3^2 \times 5$

かけあわせる数の並び方のちがいを除けば，1つの合成数を素因数分解するしかたは，ただ1通りだけだよ！

例題 4

次の数を素因数分解せよ。

(1) 30　　(2) 294

解答と解説

(1)

$$
\begin{array}{r|l}
2 & 30 \\
3 & 15 \\
 & 5
\end{array}
$$

したがって，

$30 = 2 \times 3 \times 5$ 答

(2)

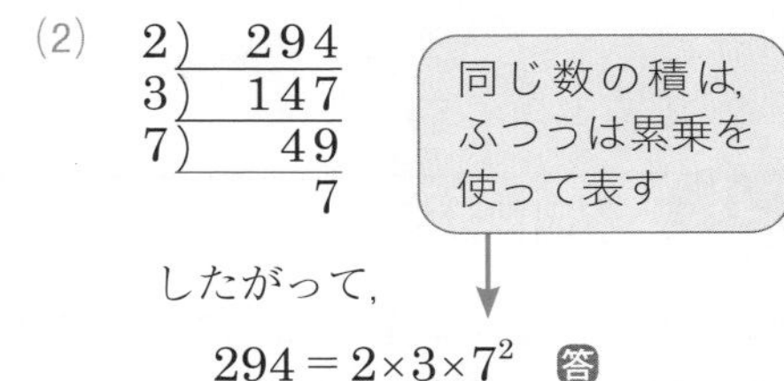

したがって，

$294 = 2 \times 3 \times 7^2$ 答

素因数分解をすると，その数がどんな数の組み合わせでできているのかがわかりやすいね♪

この素因数分解を利用すれば，整数についてのいろいろな問題を解くことができるよ。

例題 5

120に，できるだけ小さい自然数をかけて，ある整数の2乗にしたい。どのような数をかければよいか。

考え方

「ある整数の2乗」を，具体的に考えてみよう。たとえば，10^2とか，60^2とかは，「ある整数の2乗」だよね。これらを素因数分解してみるよ。

$$10^2 = (2 \times 5)^2 = (2 \times 5) \times (2 \times 5) = 2^2 \times 5^2$$

$$60^2 = (2^2 \times 3 \times 5)^2 = (2^2 \times 3 \times 5) \times (2^2 \times 3 \times 5) = 2^4 \times 3^2 \times 5^2$$

かけあわされる素因数それぞれの指数が，偶数になっているね！

ということは，与えられた数にできるだけ小さい数をかけて「ある整数の2乗」にするためには，

それぞれの素因数の指数を偶数にするような自然数をかける

ことを考えればいいんだ！

解答と解説

120を素因数分解して，それぞれの素因数の指数が偶数になるように，できるだけ小さい自然をかければよい。

$120 = 2^3 \times 3 \times 5$

$$\begin{array}{r|r} 2 & 120 \\ \hline 2 & 60 \\ \hline 2 & 30 \\ \hline 3 & 15 \\ \hline & 5 \end{array}$$

それぞれの素因数の指数を偶数にするためには，

$2 \times 3 \times 5$

をかければよい。したがって，求める自然数は，

$2 \times 3 \times 5 = 30$ 答

ポイント 素因数分解

❶ **素数**：正の約数を2個だけもつ自然数。
❷ **合成数**：素数ではない2以上の自然数。
❸ **因数**：ある整数をいくつかの整数の積で表したとき，そこでかけあわされている1つひとつの数。
❹ **素因数**：素数である因数。
❺ **素因数分解**：合成数を，素因数の積で表すこと。

5 基準の値の利用

基準の値を利用して，効率よく問題を解決する方法を学習していこう。

例 あるクラスの生徒の身長は，平均が150cmである。次の表は，クラス5人の生徒の身長が，クラス平均の150cmを基準にしたとき，どれだけ高いかをまとめたものである。

生徒	A	B	C	D	E
基準とのちがい	$+14$	-18	-5	$+11$	$+13$

まず，Aさんの身長はCさんよりも何cm高いかな？

そんなの簡単！
Aさんの身長は，$150+14=164$ (cm)
Cさんの身長は，$150-5=145$ (cm)
だから，$164-145=19$ (cm)

正解！　もちろんそのように求めてもいいんだけれど，Aさんと C さんの実際の身長を求めなくても，

$$(+14)-(-5)=19\,(\text{cm})$$

$(150+14)-(150-5)$
$=150+(+14)-150-(-5)$
$=(+14)-(-5)$
というふうに，基準の150は消えるね！

というように，基準とのちがいの差をとることで，Aさんと C さんの身長がどれくらいちがうかを求めることができるんだ。

では次に，「5人の身長の合計」を求めてみよう！

これも，それぞれの実際の身長を計算してたしてもいいけれど，「基準とのちがい」を利用して，効率よく求めることができるよ！

150cm とのちがいの合計は，

$$(+14)+(-18)+(-5)+(+11)+(+13)$$
$$=+15\,(\text{cm})$$

したがって，身長の合計は，

$$150\times5+(+15)$$
$$=765\,(\text{cm})$$

$(150+14)+(150-18)+(150-5)+(150+11)+(150+13)$
$=150\times5+\{(+14)+(-18)+(-5)+(+11)+(+13)\}$

じゃあ最後に，「5人の身長の平均」を求めよう！

平均は，合計を人数でわって出せばいいから，5人の身長の平均は，

$$\frac{765}{5}=153\,(\text{cm})$$

$$(\text{身長の平均})=\frac{(\text{身長の合計})}{(\text{人数})}$$

となるけれど，

$$(\text{平均})=(\text{基準の値})+\boxed{\frac{(\text{基準の値とのちがいの合計})}{(\text{人数})}}$$

基準とのちがいの平均

と考えることもできるよ。

$$\frac{(150+14)+(150-18)+(150-5)+(150+11)+(150+13)}{5}$$
$$=\frac{150\times5+\{(+14)+(-18)+(-5)+(+11)+(+13)\}}{5}$$
$$=150+\boxed{\frac{(+14)+(-18)+(-5)+(+11)+(+13)}{5}}$$

基準とのちがいの平均は，

$$\frac{(+14)+(-18)+(-5)+(+11)+(+13)}{5}=3$$

したがって，５人の身長の平均は，

$150+3=153$ (cm)

例題 6

次の表は，A～Fの６人のテストの点数を，60点を基準として表したものである。

生徒	A	B	C	D	E	F
点数	51	63	68	60	55	54
基準とのちがい	-9	(ア)	$+8$	0	(イ)	-6

(1) 表の(ア)・(イ)にあてはまる数を答えよ。

(2) ６人のテストの点数の平均を求めよ。

解答と解説

(1) Bの点数は63点であるから，基準である60点とのちがいは，

$63-60=+3$ ……(ア)の 答

Eの点数は55点であるから，基準である60点とのちがいは，

$55-60=-5$ ……(イ)の 答

(2) 基準の値とのちがいの平均は，

$$\frac{(-9)+(+3)+(+8)+0+(-5)+(-6)}{6}=-1.5\text{(点)}$$

したがって，６人のテストの点数の平均は，基準の60点よりも1.5点低いから，

$60+(-1.5)=58.5$ (点) 答

ポイント 基準の値の利用

❶ (AとBの差) = (Aと基準の値とのちがい) − (Bと基準の値とのちがい)

❷ $(\text{平均})=(\text{基準の値})+\dfrac{(\text{基準の値とのちがいの合計})}{(\text{個数})}$

第 1 節　文字を使った式

1 文字の利用

ここからは第２章。**文字**を使った式について学習していくよ！

たとえば，１本120円のジュースを何本か買うときの代金は，

１本のとき，$120\times1=120$（円）

２本のとき，$120\times2=240$（円）

３本のとき，$120\times3=360$（円）

となって，代金は「120×（買った本数）」という形で計算できるね！

この「（買った本数）」という言葉の代わりに，「x」という文字を使ってみよう。いちいち言葉をかかなくても，

「x」のところにどんな本数を入れてもいい

ということにするんだ。すると，ジュースをx本買ったときの代金は，

$120\times x$（円）　←　単位には（　　）をつけて表そう！

と表すことができるね！

このように，xやaなどの文字を用いて表した式を，**文字式**というよ。

例1　**１種類の文字を用いた例**

x円のものを買うため，500円出したときのおつりは，

$500-x$（円）　←　（おつり）＝500－（使った金額）

例2　**２種類の文字を用いた例**

１個50円のお菓子をa個と，１本120円のお茶をb本買ったときの代金の合計は，

$50\times a+120\times b$（円）　←　（代金の合計）＝50×（お菓子の個数）＋120×（お茶の本数）

例1でのおつりは，具体的(ぐたい)には，

100円の買い物をすれば，400円

200円の買い物をすれば，300円

と，買ったものの金額によって変わるけれど，どんな場合であっても（つまり，一般的(いっぱん)には），「$500-x$（円）」という１つの式で表すことができるんだ。

この式は，おつりの求め方を表していると考えることもできるし，おつりそのものを表していると考えることもできるよ！

たとえば，**例1**で100円の買い物をしたときは，xのところに100をあてはめれば，おつりが求められるってことかあ。たしかにこの式は,「おつりの求め方」を表しているともいえるし,「おつりそのもの」を表しているともいえるね♪

　このように，文字の式を用いると，いろいろな数量や，数量どうしの関係などを，一般的に表すことができるんだ。

例題 1

次の数量を文字の式で表せ。

(1)　**長さamのひもを5等分したときの1本のひもの長さ**

(2)　**底辺が$x$cm，高さが$y$cmの三角形の面積**

(3)　**体重がそれぞれ$p$kg，$q$kg，$r$kgである3人の体重の平均**

解答と解説

(1)　ひもを何等分かしたときの1本の長さは，

（1本の長さ）＝（全体の長さ）÷（「何等分したか」の数）

という式によって表される。したがって，

$a \div 5$ (m)　答

(2)　（三角形の面積）＝（底辺）×（高さ）÷2 であるから，

$x \times y \div 2$ (cm^2)　答

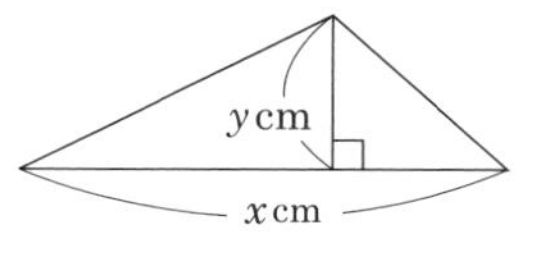

(3)　（体重の平均）＝（体重の合計）÷（人数）であるから，

$(p+q+r) \div 3$ (kg)　答

ポイント　文字式

文字式：文字を用いて表した式。

➡　いろいろな数量や，数量どうしの関係などを，一般的に表すことができる。

例　50円硬貨a枚と，10円硬貨b枚の金額の合計

$50 \times a + 10 \times b$ (円)

2 文字式の表し方

文字式を表すときには，次のようなルールがあるんだ。

❶ 乗法の記号「×」は省略する。

例 $x \times y = xy$

❷ 数と文字の積や，数と（　　　）の積は，数のほうを文字や（　　　）の前にかく。

例 $a \times 3 = 3a$

例 $(a+b) \times 5 = 5(a+b)$

「$a3$」とか「$(a \times b)5$」とはかかないってことだよ！

❸ 同じ文字の積は，指数を用いて累乗の形で表す。
文字はふつう，アルファベット順に並べる。

例 $x \times x \times x = x^3$

例 $z \times x \times y = xyz$

❹ 1または－1と文字の積は，1を省略する。
「－」の符号は前にかく。

例 $1 \times a = a$

例 $a \times (-1) = -a$

❺ 除法の記号「÷」は使わずに，分数の形で表す。

例 $x \div y = \dfrac{x}{y}$

例 $a \div 4 = \dfrac{a}{4} = \dfrac{1}{4}a$

❺の**例**について，「$\div 4$」は「$\times \dfrac{1}{4}$」と同じだから，$\dfrac{a}{4}$は$\dfrac{1}{4}a$とかいてもいいんだよ（数のほうを文字より前にかく）。ただし，$\dfrac{x}{y}$はふつうは「$\dfrac{1}{y}x$」とはかかないから，注意してね。

こ……このルール……全部覚えなきゃいけないの？

これはルールだから，しっかり覚えよう！　たいへんそうに見えるかもしれないけれど，だいじょうぶ。ルールにしたがってかくように気をつけていれば，自然と慣れてくるよ！

例題 2

(1) **次の式を，文字式の決まりにしたがって表せ。**

① $b\times a\times c\times\frac{5}{3}$　② $-1\times x+y\times y\times(-3)$

③ $(a+b)\times(a+b)\times(-2)$　④ $(x-y)\div 7$　⑤ $a\div b\div c$

(2) **次の式を×，÷の記号を用いた式で表せ。**

① $4x^5$　② $\frac{a-b}{a+b}$　③ $\frac{5x^2-y}{(x+y)^2}$

解答と解説

(1) ① $b\times a\times c\times\frac{5}{3}=\frac{5}{3}abc$ 答

乗法の記号を省略，数を文字の前にかく。文字はアルファベット順！

② $-1\times x+y\times y\times(-3)$

$=-x-3y^2$ 答

1は省略，－は前にかく。同じ文字の積は累乗で表す！

③ $(a+b)\times(a+b)\times(-2)$

$=-2(a+b)^2$ 答

$(a+b)$ という同じものを2個かけているから，これも累乗で表せるよ！

④ $(x-y)\div 7$

$=\frac{x-y}{7}$ 答

「÷」は分数で表す。分子や分母の全体につく（　　）は，なくてもだいじょうぶだから省略するよ！

⑤ $a\div b\div c$

$=a\times\frac{1}{b}\times\frac{1}{c}=\frac{a}{bc}$ 答

除法は，逆数の乗法に直して計算すると簡単だよ！

(2) ① $4x^5=4\times x\times x\times x\times x\times x$ 答

② $\frac{a-b}{a+b}=(a-b)\div(a+b)$ 答

ちゃんと（　　）をつけること!!（　　）をつけないと，

$a-b\div a+b$

$=a-\frac{b}{a}+b$

となり，異なる式を意味することになってしまうよ！

③ $\frac{5x^2-y}{(x+y)^2}$

$=(5\times x\times x-y)\div(x+y)\div(x+y)$ 答

ポイント 文字式を表すときのルール

❶ 乗法の記号「×」は省略する。
❷ 数と文字の積や，数と（　　）の積は，数のほうを文字や（　　）の前にかく。
❸ 同じ文字の積は，指数を用いて累乗の形で表す。文字はふつう，アルファベット順に並べる。
❹ 1または－1と文字の積は，1を省略。「－」の符号は前にかく。
❺ 除法の記号「÷」は使わずに，分数の形で表す。

3 いろいろな数量と文字式

文字式の表し方にしたがって，いろいろな数量を式に表してみよう。

例1 代金とおつり

「3000円を出して，1個150円のお菓子をa個買ったときのおつり」は，

（おつり）＝（出したお金）－（買った代金）

であるから，

$3000-150a$（円）

（買った代金）$=150\times a$
$=150a$

例2 速さ・時間・道のり

「x kmの道のりを，5時間かかって歩くときの速さ」は，

（速さ）＝（道のり）÷（時間）

であるから，

$x\div5=\dfrac{x}{5}$（km/h）

「km/h」という速さの単位は「時速」，つまり，「1時間あたりに進む道のり（距離）」を表すよ！「km」は道のり（距離）の単位，「h」は時間の単位で，「/」は「÷」のこと（分数の線と同じ）だよ。「（速さ）＝（道のり）÷（時間）」という計算のしかたが，そのまま速さの単位になっているんだ！

例3 割合

「p円の3割の金額」は，p円を10等分したときの3つ分にあたる金額であるから，

$p\times\dfrac{3}{10}=\dfrac{3}{10}p$（円）

例4 整数

「百の位がa，十の位がb，一の位がcの整数」は，

（3けたの整数）＝100×（百の位の数）＋10×（十の位の数）＋（一の位の数）

であるから，

$100\times a+10\times b+c=100a+10b+c$

たとえば「358」なら，
$358=100\times3+10\times5+8$

例5　体積

「1辺が y cm である立方体の体積」は，

（立方体の体積）＝（1辺の長さ）×（1辺の長さ）×（1辺の長さ）

であるから，

$y\times y\times y=y^3\ (\text{cm}^3)$

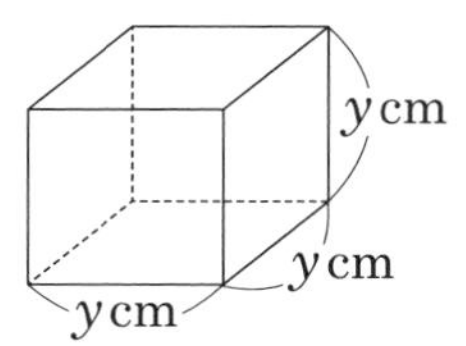

次に，文字式がかかれているとき，それがどんな数量を表しているかを考えてみよう。

例6　家を出てから，分速50mで a 分間歩き，さらに分速120mで b 分間走って学校に着いた。

家　a（分）　分速 50m　b（分）　分速 120m　学校

(1)　$a+b$（分）が表しているのは，
　　家から学校までにかかった時間。

(2)　$50a+120b$（m）が表しているのは，
　　家から学校までの道のり。

（道のり）＝（速さ）×（時間）
a 分間歩いて進んだ道のりは $50a$（m），
b 分間走って進んだ道のりは $120b$（m）

例7　縦が a cm，横が b cm の長方形がある。

(1)　$ab\ (\text{cm}^2)$ が表しているのは，
　　この長方形の面積。

(2)　$2(a+b)$（cm）が表しているのは，
　　この長方形の周の長さ。

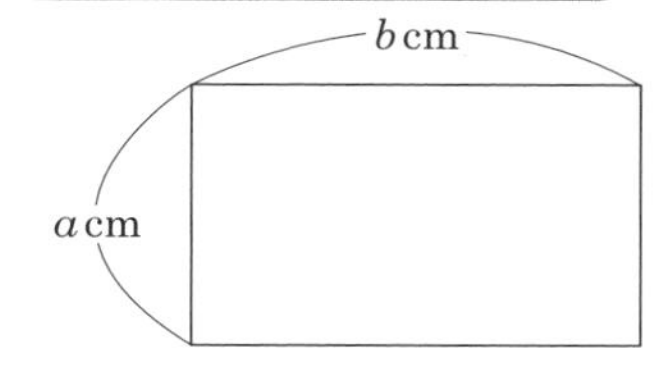

例題 3

(1)　**1個120円の消しゴムを x 個買い，1000円出したときのおつりを，x を用いて表せ。**

(2)　**ある美術館の入館料は，大人が1人 a 円，子どもも1人が b 円である。このとき，$3a+7b$（円）は何を表しているかを答えよ。**

解答と解説

(1)　（おつり）＝（支払った金額）－（代金）であるから，

$1000-120x$（円）　答

(2) $3a$は，大人1人の入館料の3倍。
$7b$は，子ども1人の入館料の7倍。
したがって，$3a+7b$ (円) は，
大人3人と子ども7人の入館料の合計 答

ポイント いろいろな数量と文字式

文字式を使うことで，さまざまな数量を一般的に表すことができる。

4 式の値

文字式を使うと，さまざまな数量を一般的に表すことができて便利だということがわかったね。たとえば，「1000円を出して，1個100円のお菓子をa個買ったときのおつり」は，

$1000-100a$ (円) ……①

と表せるね。さて，このように一般的に表したところから，具体的に，たとえば「お菓子を4個買ったとき」のおつりを知りたくなったときには，どうすればいいかな？

そうだなあ……「a」にあたるのが「4」だってことだから，①の式の「a」のところに，「4」をあてはめてみればいいんじゃない？

そのとおり！ ①の「a」を「4」に変えると，

$1000-100\times4=1000-400=600$ (円)

となって，お菓子を4個買ったときのおつりは600円だとわかるね！

このように，式の中の文字に，具体的な数をあてはめることを，文字にその数を「**代入**(だいにゅう)する」といい，代入して計算した結果を，**式の値**(あたい)というよ。

負の数を代入するときは，(　　) をつけて代入しなければいけない場合が多いから注意してね！

例1 $-p$の値

(1) $p=25$のとき，$-p=-25$ ←「p」に「25」を代入するよ！

(2) $p=-23$のとき，$-p=-(-23)=23$ ←pに負の数を代入するので，(　　) をつけて代入する！

例2 $\dfrac{3}{a}$ の値

(1) $a=2$ のとき，$\dfrac{3}{a}=\dfrac{3}{2}$

(2) $a=-3$ のとき，$\dfrac{3}{a}=\dfrac{3}{-3}=-1$

> 「$a=-3$」(負の数)を代入するけれど，分母には a しかないから，(　　) は省略できるよ

例3 $3-7x$ の値

(1) $x=5$ のとき，

$$
\begin{aligned}
3-7x &= 3-7\times5 \\
&= 3-35 \\
&= -32
\end{aligned}
$$

(2) $x=-2$ のとき，

$$
\begin{aligned}
3-7x &= 3-7\times(-2) \\
&= 3+14 \\
&= 17
\end{aligned}
$$

> 「$3-7x$」は「$3-7\times x$」の「×」が省略されたものだから，「$x=-2$」(負の数)を代入するとき，
> $3-7-2$
> とするのは間違いだよ！ 「×」を使って表してから，(　　) をつけて代入すると，ミスが減るよ♪

例4 a^2 と $-a^2$ の値

$a=-5$ のとき，

$$
\begin{aligned}
a^2 &= a\times a \\
&= (-5)\times(-5)=25 \\
-a^2 &= -a\times a \\
&= -(-5)\times(-5) \\
&= -25
\end{aligned}
$$

> 「a^2」は「$a\times a$」の「×」が省略されたものだから，
> $a^2=-5^2$
> は間違いだよ。「×」を使って表してから (　　) をつけて代入すると，ミスが減るよ♪

例5 $5x+3y$ の値

$x=7$，$y=1$ のとき，

$$
\begin{aligned}
5x+3y &= 5\times7+3\times1 \\
&= 35+3 \\
&= 38
\end{aligned}
$$

例6 $-3s-4t$

$s=5$，$t=-2$ のとき，

$$
\begin{aligned}
-3s-4t &= -3\times5-4\times(-2) \\
&= -15+8 \\
&= -7
\end{aligned}
$$

例題 4

$a=\frac{1}{2}$ のとき，次の式の値を求めよ。

(1)　$-4a+3$　　(2)　$\frac{1}{a}$

解答と解説

(1)　$-4a+3=-4\times\frac{1}{2}+3$

$=-2+3$

$=1$ 答

(2)　$\frac{1}{a}=1\div a$

$=1\div\frac{1}{2}$

$=1\times 2$

$=2$ 答

分数のときは,「÷」を使って表したあとに代入すると，ミスが減るよ！

割り算は，逆数の掛け算にする！

ポイント　代入と式の値

❶ 代入：文字に具体的な数をあてはめること。

❷ 式の値：文字に数を代入して計算した結果。

➡　負の数を代入するときは，基本的には（　　　）をつけて代入する。

中学1年 中学2年 中学3年

第2節　文字式の計算

1 項と係数

文字 x を使った「$2x-7$」という式があるとしよう。この式は**減法**（引き算）の形になっているけれど，**加法**（足し算）の形で表すこともできるね！

$2x-7=2x+(-7)$

加法だけの式で表したとき，記号「＋」でつながれた1つひとつの数を，**項**と呼んだのは覚えているかな（27ページ）？　この場合も，$2x$ や -7 のように，加法の記号「＋」で結ばれた1つひとつの部分を項というよ。

また，文字を含む項 $2x$ をよく見てごらん。この項は，数 2 が，文字 x にかけられてできているね。このときの 2 のように，文字にかけられている数のことを，**係数**（けいすう）というよ！

例1　$a-3b+8$

これを加法の式で表すと，$a+(-3b)+8$ となるから，

項は，a，$-3b$，8

a の係数は，1 ← a は $1\times a$ だね。1が省略されているよ！

b の係数は，-3

例2　$\dfrac{x}{5}-y$

これを加法の式で表すと，$\dfrac{x}{5}+(-y)$ となるから，

項は，$\dfrac{x}{5}$，$-y$

x の係数は，$\dfrac{1}{5}$ ← $\dfrac{x}{5}=\dfrac{1}{5}\times x$

y の係数は，-1 ← $-y=(-1)\times y$

では $2x-7$ という式に戻って，$2x$ の項に着目しよう。この項でかけられている「文字」は，何個かな？

えっ？　かけられている「文字」は，x が1つだけだから……1個だよね？

正解。このように，「文字がかけられている個数」が1個の項を，**1次の項**というよ。そして，1次の項だけでできている式か，1次の項と数（文字が1つもかけられていない項）との和で表される式のことを，**1次式**というんだ。
例を見ながらつかんでいこう。

例3　1次式　➡　$5x+11$，$-8x$，$2x-3y+7$

（1次の項）＋（数）　　1次の項だけでできている

$2x+(-3y)+7$
1次　1次　数

$2x-3y+7$は，文字が2種類（xとy）あるけれど，$2x$は1次の項で，$-3y$も1次の項だから，「1次の項と数との和で表される式」になり，1次式だといえるね！

次は逆に，「1次式ではないもの」の例を見てみよう。「何が1次式ではないのか」を知ることで，「1次式とはどういうものか」という理解が深まるよ！

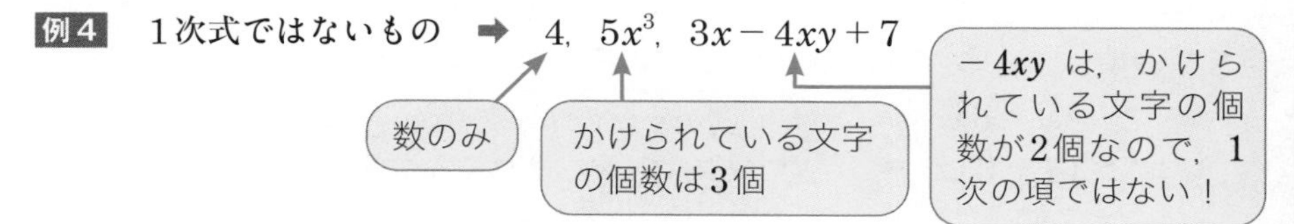

$5x^3$は，かけられている文字はxの1個だけで，1次式なんじゃないの？

じつはそうじゃないんだ。文字の種類は1種類だけれど，

$$5x^3=5\times x\times x\times x$$

となり，xという文字が3個かけられているから，1次式ではないんだよ！

例題 1

次の式の項と係数をいえ。

(1)　$a+3$　　(2)　$\frac{4}{3}x-5y+2$

解答と解説

(1)　項はa，3　答
　　aの係数は1　答

(2) 項は $\frac{4}{3}x$, $-5y$, 2 答

xの係数は $\frac{4}{3}$, yの係数は-5 答

$\frac{4}{3}x-5y+2=\frac{4}{3}x+(-5y)+2$

ポイント　項と係数

❶ 項：加法の記号「＋」で結ばれた1つひとつの部分。

❷ 係数：文字にかけられている数。

2 1次式の加法と減法

たとえば,「$4x+3x$」という式があったとする。

この式の1つ目の項は, 文字がxで係数が4だね。

この式の2つ目の項は, 文字がxで係数が3だね。

2つの項は, 係数がちがうけれど, 文字は同じxだよね。こういうとき,

$$4x+3x$$
$$=(4+3)x$$
$$=7x$$

共通の文字は(　　)の後ろにくくり出して, それぞれの係数を(　　)の中でたしあわせる！

というふうにまとめることができるんだ！

この形, 何だか見たことある……。48ページでやった,

(■＋●)×▲＝■×▲＋●×▲

を逆にすると, この形,

■×▲＋●×▲＝(■＋●)×▲

になるんじゃない!?

おおっ!! よく気づいたね！ そのとおり!!

(■＋●)×▲＝■×▲＋●×▲

は, **分配法則**といったね。48ページで分配法則を説明したとき, 面積を使ってイメージしたけれど, 分配法則を利用した文字式の計算も, 同じように図を使ってイメージすることができるよ。次の図を見てごらん。

4, x, $4x$ ＋ 3, x, $3x$ ＝ 7, x, $7x$

共通の文字 x が，共通の「縦の長さ」で，係数が「横の長さ」に対応しているんだね。こんなふうに図で示してくれるとわかりやすい♪

以前は■●▲を使って表したけれど，今は文字式を知っているから，文字を使って一般的な法則を表現することができるよ！

分配法則

❶ （　　）をはずす変形：$(a+b)x=ax+bx$

❷ （　　）でくくる変形：$ax+bx=(a+b)x$

$4x+3x=7x$ としたのは，❷の（　　）でくくる変形だね。今度は，❶の（　　）をはずす方法を学習しよう。

パターン1　（　　）の前に「＋」があるとき

➡ （　　）内の各項の符号をそのままにして（　　）をはずす。

例1　$+(3a-7)=3a-7$

$$+(3a-7)=(+1)\times\{3a+(-7)\}$$
$$=(+1)\times 3a+(+1)\times(-7)$$

のように，（　　）の前の「＋」は，「＋1」の1が省略されていて，分配法則を使ったと考えよう！

パターン2　（　　）の前に「－」があるとき

➡ （　　）内の各項の符号を変えて（　　）をはずす。

例2　$-(3a-7)=-3a+7$

$$-(3a-7)=(-1)\times\{3a+(-7)\}$$
$$=(-1)\times 3a+(-1)\times(-7)$$

のように，（　　）の前の「－」は，「－1」の1が省略されていて，分配法則を使ったと考えよう！

分配法則を利用すると，**1次式**どうしをたしたり（**加法**），ひいたり（**減法**）することができるようになるよ！

例3　$2x-5$ に $6x+4$ をたす

$$(2x-5)+(6x+4)$$
$$=2x-5+6x+4$$
$$=2x+6x-5+4$$
$$=(2+6)x-1$$
$$=8x-1$$

まずは，たしあわせるそれぞれの式に，（　　　）をつけて計算を始めるよ！

（　　　）の前は「＋」なので，（　　　）内の各項の符号はそのままにして（　　　）をはずす

同じ文字を含む項どうしを集め，文字を含まない数どうしを集める

文字 x を含む項を，分配法則を使ってまとめる！

例4　$2x-5$ から $6x+4$ をひく

$$(2x-5)-(6x+4)$$
$$=2x-5-6x-4$$
$$=2x-6x-5-4$$
$$=(2-6)x-9$$
$$=-4x-9$$

それぞれの式に（　　　）をつけて計算を始めるよ！

（　　　）の前が「－」のときは，（　　　）内の各項の符号を変えて（　　　）をはずす

同じ文字を含む項どうしを集め，文字を含まない数どうしを集める

文字 x を含む項を，分配法則を使ってまとめる！

例題 2

(1)　次の式を簡単にせよ。

①　$3a-4-4a+3+7a$　　②　$-(-5x+7)+(3x-13)$

(2)　次の2つの式について，左の式から右の式をひけ。

$5y+6$，$8y-5$

解答と解説

(1)　①　$3a-4-4a+3+7a$

$$=3a-4a+7a-4+3$$
$$=(3-4+7)a-1$$
$$=6a-1$$ 答

同じ文字を含む項どうしを集め，文字を含まない数どうしを集める

文字 a を含む項を，分配法則を使ってまとめる！

② $-(-5x+7)+(3x-13)$
$=5x-7+3x-13$
$=5x+3x-7-13$
$=(5+3)x-20$
$=8x-20$ 答

最初の（　　）の前は「－」なので，（　　）内の各項の符号を変えて（　　）をはずす。2番目の（　）の前は「＋」なので，（　）内の各項の符号はそのまま！

(2) $(5y+6)-(8y-5)$
$=5y+6-8y+5$
$=5y-8y+6+5$
$=(5-8)y+11$
$=-3y+11$ 答

それぞれの式に（　　）をつける
符号に気をつけて（　　）をはずす
同じ文字を含む項どうしを集める
分配法則を使って文字をくくり出す

ポイント　1次式の加法と減法

❶ 文字の部分がまったく同じ項は，分配法則を用いてまとめることができる。
❷ （　　）の前に「＋」
➡ （　　）の中の各項の符号はそのままで（　　）をはずす。
❸ （　　）の前に「－」
➡ （　　）の中の各項の符号を変えて（　　）をはずす。

3 1次式と数の乗法・除法

今度は**1次式**の**乗法**（掛け算）と**除法**（割り算）について学習していくよ！まずは，文字の項と数との乗法・除法からだ。

パターン1　（文字の項）×（数）
➡ 数どうしの積を求め，それに文字をかける。

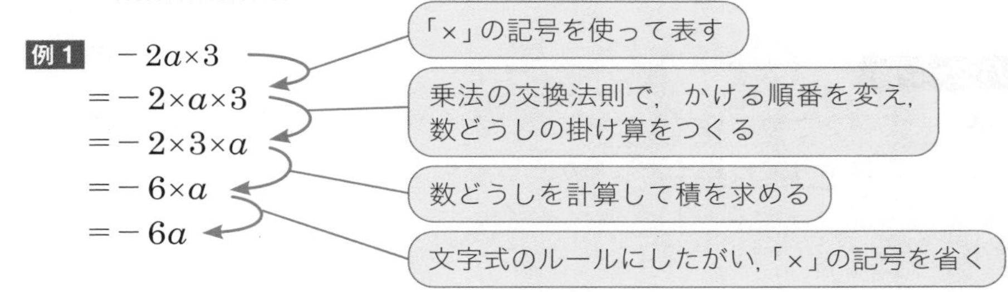

パターン2　（文字の項）÷（数）

➡ 分数の形にして，約分できるときは，数どうしで約分する。
または，わる数を逆数にしてかけることにより計算する。

例2　$15x \div 5$

$= \dfrac{\overset{3}{\cancel{15}}x}{\underset{1}{\cancel{5}}}$

$= 3x$

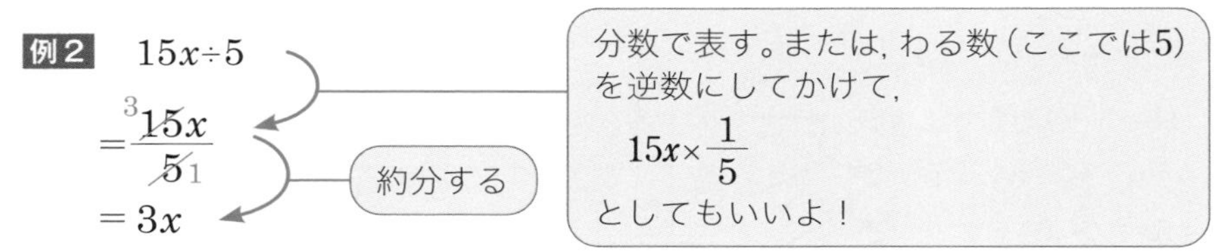

次に，数と1次式との乗法・除法を学習するよ。

パターン3　（数）×（1次式）

➡ 分配法則 $m(a+b)=ma+mb$ を利用して計算する。

69ページの分配法則と同じ意味だよ！
$(a+b)x=ax+bx$
で，x を m にして，かける順番を入れかえただけだね！

例3　$2(3x+4)=2\times3x+2\times4=6x+8$

例4　$-2(3x+4)=(-2)\times3x+(-2)\times4=-6x-8$

例5　$-2(3x-4)$

$=-2\{3x+(-4)\}$

$=(-2)\times3x+(-2)\times(-4)$

$=-6x+8$

（　　）内に「－」がある場合

（　　）内を加法だけの式にすれば，わかりやすいね

あとは同じように分配法則

1次式に負の数をかける場合も，基本は同じなんだ。だんだん慣れてきて，正確に計算できるようになったら、頭の中で計算して一気に答えを出してもいいよ！

パターン4　（1次式）÷（数）

➡ わる数を逆数にしてかけることにより，分配法則を利用して計算する。
または，分数の式で表してから計算する。

例6

$(14x-8)\div 2$ ← 逆数にしてかける

$=(14x-8)\times\dfrac{1}{2}$ ← 分配法則を利用して（　　）をはずす

$=\overset{7}{\cancel{14}}x\times\dfrac{1}{\underset{1}{\cancel{2}}}-\overset{4}{\cancel{8}}\times\dfrac{1}{\underset{1}{\cancel{2}}}$ ← 約分する

$=7x-4$

分数の式で表してから計算するなら，次のようになるよ。

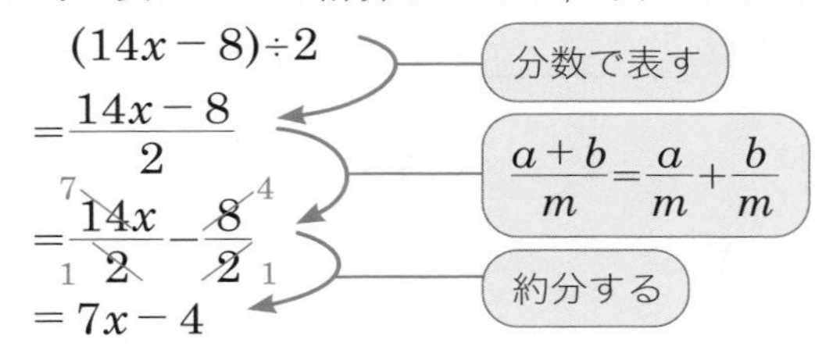

例題 3

次の計算をせよ。

(1) $5\times 3a$　　(2) $21x\times\left(-\dfrac{3}{7}\right)$　　(3) $9x\div 3$

(4) $\left(-\dfrac{5}{9}x\right)\div(-10)$　　(5) $-\dfrac{1}{2}(6x-4)$　　(6) $12\left(\dfrac{3}{4}x-2\right)$

(7) $(6x-12)\div 3$　　(8) $(2x-3)\div\left(-\dfrac{4}{5}\right)$

解答と解説

(1) $5\times 3a=5\times 3\times a$ ← 数どうしの積を求め，それに文字をかける

$=15a$ 答

(2) $21x\times\left(-\dfrac{3}{7}\right)=21\times x\times\left(-\dfrac{3}{7}\right)$ ← 乗法の交換法則

$=\overset{3}{\cancel{21}}\times\left(-\dfrac{3}{\underset{1}{\cancel{7}}}\right)\times x$ ← 数どうしの積で約分

$=-9x$ 答

(3) $9x\div 3=\dfrac{\overset{3}{\cancel{9}}x}{\underset{1}{\cancel{3}}}=3x$ 答 ← 分数の形にして約分

(4) $\left(-\dfrac{5}{9}x\right)\div(-10)=\left(-\dfrac{\overset{1}{\cancel{5}}}{9}x\right)\times\left(-\dfrac{1}{\underset{2}{\cancel{10}}}\right)$ ← わる数の逆数をかけて約分

$=\dfrac{1}{18}x$ 答

(5) $-\dfrac{1}{2}(6x-4)$

$=-\dfrac{1}{2}\{6x+(-4)\}$

$=\left(-\dfrac{1}{2}\right)\times 6x+\left(-\dfrac{1}{2}\right)\times(-4)$

$=-3x+2$ 答

( ) 内の1次式を加法だけにしておく（符号のあつかいに慣れたら，これはとばしてもいいよ！）

分配法則

(6) $12\left(\dfrac{3}{4}x-2\right)=12\times\dfrac{3}{4}x-12\times 2=9x-24$ 答

(7) $(6x-12)\div 3=\dfrac{6x-12}{3}$

$=\dfrac{6x}{3}-\dfrac{12}{3}$

$=2x-4$ 答

除法は分数の形に。$\times\dfrac{1}{3}$ にして，分配法則でもいいよ！

(8) $(2x-3)\div\left(-\dfrac{4}{5}\right)=(2x-3)\times\left(-\dfrac{5}{4}\right)$

$=2x\times\left(-\dfrac{5}{4}\right)-3\times\left(-\dfrac{5}{4}\right)$

$=-\dfrac{5}{2}x+\dfrac{15}{4}$ 答

逆数をかけて，分配法則

ポイント　1次式と数の乗法・除法

❶ （文字の項）×（数） ➡ 数どうしの積を求め，それに文字をかける。

❷ （文字の項）÷（数） ➡ 分数の形にして，数どうしで約分する。または，わる数を逆数にしてかける。

❸ （数）×（1次式） ➡ 分配法則 $m(a+b)=ma+mb$ を利用する。

❹ （1次式）÷（数） ➡ わる数を逆数にしてかけ，分配法則を利用。または，分数の式で表してから計算する。

4 文字式を含む四則混合計算

ここまでをふまえて，**文字式**を含む**四則混合計算**を学習しよう。( ) がある場合は ( ) をはずして，項をまとめて簡単にすればいいんだ。

例 $-3(2x+1)+\boxed{(10x-5)\div 5}$

（分配法則）（除法を分数で表す）

$=(-3)\times 2x+(-3)\times 1+\boxed{\dfrac{10x-5}{5}}$

$=-6x-3+\dfrac{10x}{5}-\dfrac{5}{5}$

$=-6x-3+2x-1$

$=(-6+2)x-3-1$

$=-4x-4$

$\dfrac{10x-5}{5}$ から $2x-5$ としないように注意しよう！　分子にいくつかの項があるときに約分したい場合は，1つの項だけで約分を終わらせてはいけないよ！

同じ文字を含む項を集める

最初は「何だよ，この複雑な計算!!」って思ったけど，これまで学習したことを使ったら，ちゃんと解けた♪

やったね！　数学って，積み重ねの学問だから，1つひとつていねいに理解していけば，必ずできるようになっていくよ！

例題 4

次の計算をせよ。

(1) $2(x-7)-5(2x-3)$　　(2) $6\left(x+\dfrac{1}{3}\right)+8\left(\dfrac{3}{4}x-\dfrac{5}{8}\right)$

(3) $15\left(\dfrac{x}{5}-\dfrac{2x-1}{3}\right)$　　(4) $\dfrac{a+3}{4}-\dfrac{2a-1}{3}$

(5) $-5x-3\{7-2(x+2)\}$

解答と解説

(1) $2(x-7)-5(2x-3)=2x-14-10x+15$ ← それぞれの（　　）で分配法則

$=(2-10)x-14+15$ ← 同じ文字をくくり出す

$=-8x+1$ 答

(2) $6\left(x+\dfrac{1}{3}\right)+8\left(\dfrac{3}{4}x-\dfrac{5}{8}\right)=6\times x+6\times\dfrac{1}{3}+8\times\dfrac{3}{4}x-8\times\dfrac{5}{8}$ ← それぞれの（　　）で分配法則

$=6x+2+6x-5$

$=(6+6)x+2-5$ ← 同じ文字をくくり出す

$=12x-3$ 答

中学1年　中学2年　中学3年

(3) $15\left(\frac{x}{5}-\frac{2x-1}{3}\right)=15\times\frac{x}{5}-15\times\left(\frac{2x-1}{3}\right)$ ← 分配法則

$=3x-5(2x-1)$

約分したあとも(　　　)はつける！

$=3x-10x+5$

$=-7x+5$ 答

(4) $\frac{a+3}{4}-\frac{2a-1}{3}$

$=\frac{3(a+3)}{12}-\frac{4(2a-1)}{12}$

分母のちがう分数を引き算するために，4と3の最小公倍数である12に分母をそろえる(通分)。$a+3$ と $2a-1$ に(　　　)をつけるのを忘れないように！

$=\frac{3(a+3)-4(2a-1)}{12}=\frac{3a+9-8a+4}{12}$

$=\frac{-5a+13}{12}$ 答

(5) $-5x-3\{7-2(x+2)\}$

$=-5x-3(7-2x-4)$

(　　　)や{　　　}がたくさんあるときは，一番内側の(　　　)からはずしていくんだよ！

$=-5x-3(-2x+3)$

分配法則

$=-5x+6x-9$

$=x-9$ 答

ポイント　文字式を含む四則混合計算

(　　　)がある場合は，分配法則を利用したり，割り算を分数で表したりして(　　　)をはずし，項をまとめて簡単にする。

第3節 文字式の利用

1 いろいろな数量と文字式

文字を用いて数量を表すときは，**文字式**のルールにしたがって表すんだったね。単位がある場合は，単位もつけて表そう！

例1 1本50円の鉛筆 x 本と，1個80円の消しゴム y 個の代金の合計

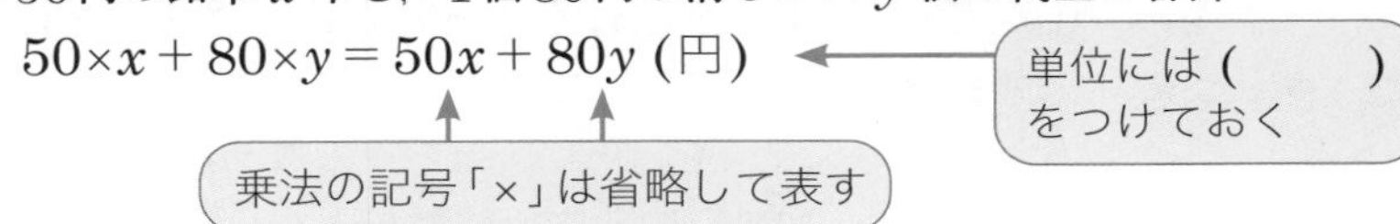

次に，文字式がどんな数量を表しているのかを考えてみよう。

例2 右のような1辺が a cmの正方形において，次の式はどんな数量を表しているか。また，それぞれの単位をいえ。

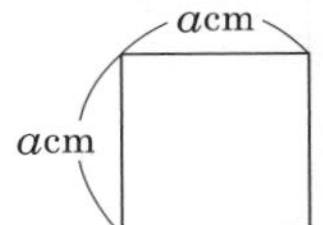

(1)　$4a$　　(2)　a^2

(1)　$4a=a+a+a+a$

であるから，正方形の周の長さを表しているね。単位は「cm」だね。答

(2)　$a^2=a\times a$

であるから，正方形の面積を表しているね。単位は「cm^2」だよ。答

また，これからよく使うことになる π(パイ)という文字についても，ここで押さえておこう。

小学校で学習しているけれど，円の周の長さや面積を計算するには，**円周率**(えんしゅうりつ)という決まった値を使うんだ。円周率とは，「円周が，直径の何倍になっているか」を表す値のこと！　どんな円であっても，「円周の長さを，直径の長さでわると，どういう値になるか」を計算してみると，同じ値になることが知られているよ。ただし，これはわりきれず，

$$\frac{(\text{円周})}{(\text{直径})}=3.14159265\cdots\cdots$$

と，小数点以下が限りなく続く数になるんだ。この数を，「π」の文字で表すんだよ。

$$\frac{(\text{円周})}{(\text{直径})}=\pi$$

円周率 π は,「円周が直径の何倍になるか」を表すから,

直径1cmの円の周の長さは, πcm
直径2cmの円の周の長さは, 2πcm
直径3cmの円の周の長さは, 3πcm
⋮
直径10cmの円の周の長さは, 10πcm

というふうに, 円周の長さなどを簡単に表すことができるよ! さらに, 円の半径を一般的に r という文字で表すと, 直径は半径の2倍だから,

半径 r cmの円の直径は $2r$ cmで, 円周の長さは $2\pi r$ cm

というふうに, 一般的な関係を文字で表現することができるんだ!

π は,「3.14159265……」という決まった1つの数を表している文字だから, ふつう数のあと, ほかの文字の前にかくんだよ。

例題 1

次の数量を表す式をかけ。

(1) **a 円の3割の金額**
(2) **百の位が x, 十の位が y, 一の位が z の整数**
(3) **底面の半径が r cm, 高さが h cmの円柱の体積**

解答と解説

(1) a 円の3割の金額とは, a 円を10等分したときの3つ分に当たる金額なので,

$$a\times\frac{3}{10}=\frac{3}{10}a\ (円)$$ 答

(2) 3けたの整数は, 次のように表すことができる。

100×(百の位の数)+10×(十の位の数)+(一の位の数)

したがって, 求める3けたの整数は,

$100\times x+10\times y+z$
$=100x+10y+z$ 答

たとえば, 527という3けたの整数は,
100×5+10×2+7

(3) (円柱の体積)=(底面積)×(高さ)
であるから, 求める円柱の体積は,

$(r\times r\times\pi)\times h=\pi hr^2\ (\mathrm{cm}^3)$ 答

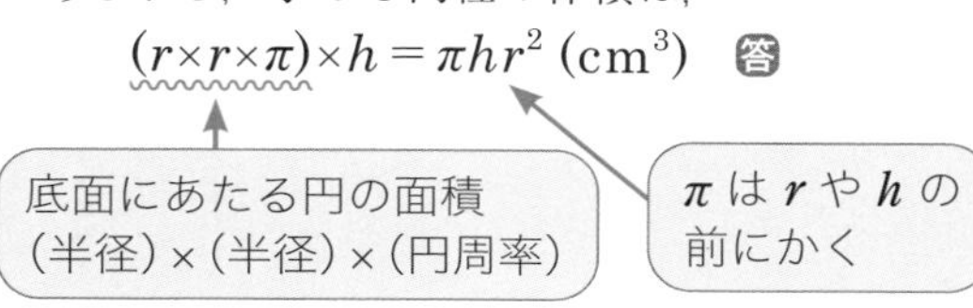

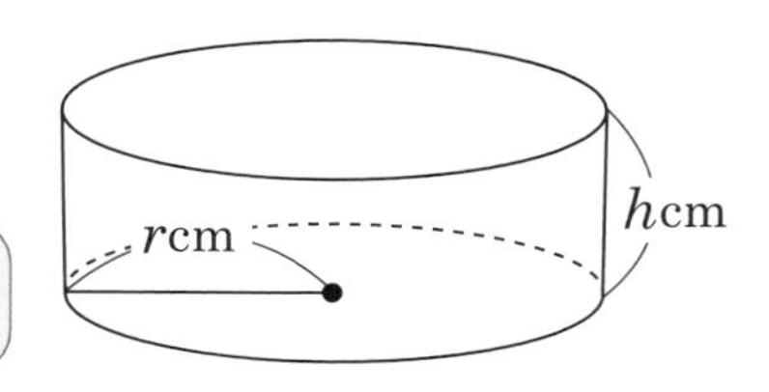

ここで，(2)について注意してもらいたいことがあるよ！

例3　十の位が「2」，一の位が「6」の 整数 ➡ 「26」と表せる。
例4　十の位が「a」，一の位が「b」の 整数 ➡ 「ab」とは表せない。

例4を表すつもりで「ab」とかくと，「$a \times b$」のことになってしまうから，気をつけてね！　十の位が「a」で一の位が「b」の整数は，

$$10 \times a + b = 10a + b$$

と表されるよ。

ポイント　**いろいろな数量と文字式**

❶ 文字を用いて数量を表すときは，文字式のルールにしたがう。単位がある場合は単位もつけて表す。

❷ 「π」は円周率のことで，「円周が直径の何倍か」を表す値。

2 等　式

次に，数量の関係を式で表すことについて考えていくよ。

2つの数量AとBが等しいことを，**等号**（とうごう）「＝」を用いて，

$$A = B$$

と表したものを，**等式**（とうしき）というよ。等号の左側を**左辺**（さへん），右側を**右辺**（うへん），その両方を合わせて**両辺**（りょうへん）と呼ぶことも覚えておいてね！

例1　$200 - 80a = b + 7c$

左辺　右辺　両辺

「200から$80a$をひいた数」は，「bに$7c$をたした数」と，まったく同じ値になる，という意味だよ！

等式のつくり方

step 1　文章から，「2通りに表せるもの」を読み取る。

step 2　2通りの表し方を，「＝」で結ぶ。

➡ 単位がある場合は単位をそろえて等式をつくり，単位はかかない。

例2 長さ300cmのひもから，x cmのひもを5本切り取った残りの長さは $y$cmである。この数量の関係を等式で表せ。

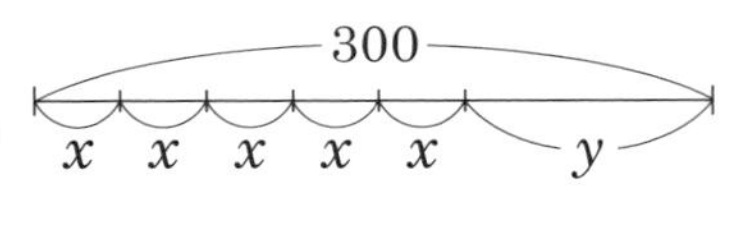

まずは，「2通りに表せるものは何かな？」と考えてみよう。それは，「長さ300cmのひもから，x cmのひもを5本切り取った残りの長さ」だよ。まずはこの文章を，そのまま文字式にしてみて！

$x$cmのひもを5本切り取るとき，切り取る長さは，

$x\times5=5x$ (cm)

だから，これを切り取った「残りの長さ」は，

$300-5x$ (cm) ……①

そのとおり！　それが，「2通りに表せるもの」の「1通り目の表し方」だよ。そして，その「残りの長さ」は「$y$cmである」といっているよね。だから，「残りの長さ」の2通り目の表し方は，

y (cm) ……②

だね！　①・②より，「残りの長さ」について等式をつくると，

$300-5x=y$ 答

例題 2

次の数量の関係を等式で表せ。

(1) xの3倍は，yとzの和の9倍に等しい。

(2) a時間b分は，c分である。

(3) 妹は毎月s円，兄は毎月700円ずつお金を貯めた結果，2人が貯めた金額の合計は5か月後，t円になった。

(4) mと17の平均はnである。

解答と解説

(1) (xの3倍)＝(yとzの和)×9

$3x=(y+z)\times9$

$3x=9(y+z)$ 答

文字式のルールにしたがって，数字は(　　)の前に出し，「×」を省略

(2) 1時間は60分であるから，a時間は$60\times a=60a$ (分)である。

(a時間b分)＝(c分)

$60a+b=c$ 答

単位を「分」にそろえた

(3)　1か月で貯まる金額は，$s+700$（円）である。

$$(1か月で貯まる金額)\times 5=t$$
$$(s+700)\times 5=t$$
$$5(s+700)=t$$ 答

「2通りに表せるもの」は，「5か月後に貯まった金額」

(4)　$(m と 17 の和)\div 2=(m と 17 の平均)$

$$(m+17)\div 2=n$$
$$\frac{m+17}{2}=n$$ 答

ポイント　等　式

❶　等式：等号「＝」を使って，2つの数量が等しいという関係を表した式。

　等号の左側の式を左辺，等号の右側の式を右辺，その両方を合わせて両辺という。

❷　2通りに表せるものを読み取り，「＝」で結ぶことで等式をつくる。

3　不等式

2 で学習した「等式」は，「数量Aと数量Bが等しい」ということを表した式だったよね。じゃあ，「等しい」場合以外は，式の形に表せないのかというと，そんなことはないよ！

「等しい」場合以外って，たとえば？

Aという数量と，Bという数量について，「AのほうがBよりも大きい」とか，「AのほうがBよりも小さい」とか，そういう大小関係がある場合だよ。また，「AはB**以上**である（AはBより大きいか，あるいはBと等しい）」や，「AはB**以下**である（AはBより小さいか，あるいはBと等しい）」といった場合も，等式ではない形の式で表すことができるんだ。

数量Aと数量Bの大小関係を，**不等号**（ふとうごう）と呼ばれる記号「＞」「＜」「≧」「≦」を用いて次のように表した式を，**不等式**（ふとうしき）というよ！

中学1年　中学2年　中学3年

不等式

❶ $A > B$：AはBより大きい（A大なりB）

❷ $A < B$：AはBより小さい（A小なりB，AはB未満（みまん））

❸ $A \geqq B$：AはB以上（AはBより大きいか，あるいはBと等しい）

❹ $A \leqq B$：AはB以下（AはBより小さいか，あるいはBと等しい）

不等号の左側を「左辺」，右側を「右辺」，両方合わせて「両辺」と呼ぶのは，等式のときと同じだよ！

例1 $3x - 2y \leqq 50$

左辺　右辺

両辺

「$3x$ から $2y$ をひいた数」は，50以下になる（50と等しいか，それより小さい），という意味だよ！

不等式のつくり方

step 1 文章から，2つの数量の間の大小関係を読み取る。

step 2 数量どうしを不等号でつなぐ。

➡ 単位がある場合は単位をそろえて不等式をつくり，単位はかかない。

例2 **1個 a gのおもり5個と，1個7gのおもり b 個の合計の重さは，400g以上であった。この数量の関係を不等式で表せ。**

まずは，大小関係のある2つの数量は何か，読み取ってね！

2つの数量かあ……「1個 a gのおもり5個」の重さと，「1個7gのおもり b 個」の重さかな？

そうかな？　その2つの数量の大小関係は，文章にかかれていないよね。

そうか～。じゃあ，直接かかれているのは……わかった！おもりの「合計の重さ」と，「400g」っていう数量との間の大小関係だ！

そうだね！　これらについて不等式をつくると，

$$a \times 5 + 7 \times b \geqq 400$$
$$5a + 7b \geqq 400$$ 答

例題 3

次の数量の関係を不等式で表せ。

(1) aの3倍はbの$\frac{1}{5}$よりも大きい。

(2) 1個xgの商品300個を$y$kgの箱に詰めて全体の重さをはかり，zg以上になるようにする。

(3) $p$kmの道のりを，自転車で時速7kmの速さで走ったら，かかった時間は2時間以下であった。

解答と解説

(1) $3a > \frac{b}{5}$ 答

(2) (商品全体の重さ)＋(箱の重さ)$\geqq z$

$$x \times 300 + y \times 1000 \geqq z$$

単位をgにそろえる。$y$kgは$y \times 1000$ (g)

$$300x + 1000y \geqq z$$ 答

(3) (かかった時間)$\leqq 2$

$$p \div 7 \leqq 2$$

(かかった時間)＝(道のり)÷(速さ)

$$\frac{p}{7} \leqq 2$$ 答

ポイント　不等式

数量の大小関係を読み取り，不等号を用いて表す。

中学1年　中学2年　中学3年

第 1 節　方程式とその解

1　方程式とその解

ここから新しい章に入るよ。この章で学習するのは，「方程式（ほうていしき）」というものだ！　方程式は，使い方を身につけると，とても便利なものなんだ。

例　**ある数を2倍して1をひいた数は，もとの数に2を加えた数と等しい。このとき，ある数を求めよ。**

問題文を，第2章／第3節で学習した**等式**の形で表現してみよう。

（「ある数」を2倍して1をひいた数）＝（「ある数」に2を加えた数）　……①

が成り立つね。ここで，求めたい「ある数」は，1なのか2なのか3なのか，もっと大きい数なのかわからないけれど，この「まだわからない数」を，xという文字で表すことにしよう！　すると①は，

$2x-1=x+2$　……①′

というふうに表すことができるね！

さて，この等式①′は，たとえば x が0のとき，成り立つかな？　左辺と右辺，それぞれどんな値になるか，調べてみよう。

はーい！　$x=0$ のとき，
（左辺）$=2x-1=2\times0-1=-1$
（右辺）$=x+2=0+2=2$
左辺と右辺で，ちがう値が出たよ！

それぞれのxに0を代入する

うん，x が0のときは，①′の左辺の値と右辺の値が一致しないから，等号（＝）が成り立たないね。「$x=0$」のとき，①′は成り立たないことがわかったね。

x とは，求める「ある数」のことであり，僕たちは今，等式①′の等号（＝）が成り立つような「ある数」x を求めたいんだ。等式①′を満たす（成立させる）x の値は何かな？　いろんな値を代入して調べると，右ページの表のようになるよ。

右ページの表より，$x=3$ のときには，①′の「＝」が成り立つことがわかるね！　だから，求める数は 3　答

x	$2x-1$	大小関係	$x+2$
0	-1	$<$	2
1	1	$<$	3
2	3	$<$	4
3	5	$=$	5
4	7	$>$	6

たとえば, $x=1$のときは,
$2x-1=2\times1-1=1$
$x+2=1+2=3$
となり，左辺の値は右辺の値より小さい

$x=3$のとき,
$2x-1=2\times3-1=5$
$x+2=3+2=5$
となり，左辺と右辺の値が等しくなった！

①′という等式は，xの値がどんな数のときでも成り立つわけではなく，「$x=3$」という限られた場合にのみ成立する等式なんだ。

このように，「まだわからない数」を文字として含んでおり，その文字がある特別な値のときにのみ成り立つ等式のことを，**方程式**というんだよ！　そして，方程式に含まれる「まだわからない数」（を表す文字）のことを，**未知数**（みちすう）というんだ。

方程式①′の未知数は，xだね！　だから，①′を「xについての方程式」と呼んだりもするよ！　未知数には「x」を使うことが多いけれど，ほかの文字が使われることもあって, たとえば「$2a-1=a+2$」だったら，未知数はaで,「aについての方程式」になるよ。

方程式①′は, $x=3$のときに「=」が成り立ったね！　このように方程式を成り立たせる文字の値のことを，その方程式の**解**（かい）というよ。また，その解を求めることを,「方程式を解く」というんだ。

例題 1

(1) $x=-2,\ -1,\ 0,\ 1,\ 2$の中から，方程式$6+x=-5x$の解であるものを選べ。

(2) 次の方程式のうち，3を解にもつものはどれか。

① $3x=5$　② $4x+1=5x-2$　③ $\dfrac{5x-3}{6}=\dfrac{3x+5}{7}$

解答と解説

(1) xのそれぞれの値を，与えられた方程式の左辺と右辺に代入して調べると，次ページの表のようになる。

x	$6+x$	大小関係	$-5x$
-2	4	$<$	10
-1	5	$=$	5
0	6	$>$	0
1	7	$>$	-5
2	8	$>$	-10

たとえば$x=-2$のとき，
(左辺) $=6+x$
$=6+(-2)$
$=4$
(右辺) $=-5x$
$=(-5)\times(-2)$
$=10$
となり，左辺の値は右辺の値より小さい

上の表より，方程式 $6+x=-5x$ の等号が成立するのは，$x=-1$ のとき。
したがって，方程式 $6+x=-5x$ の解は，$x=-1$ 答

(2) 方程式①の左辺に，$x=3$ を代入すると，

(左辺) $=3\times3=9$

これは方程式①の右辺と一致しない。
したがって，$x=3$ は①の解ではない。

もし $x=3$ が①の解なら，$x=3$ を代入したときの左辺と右辺の値が同じになり，等号が成立するはず！

次に，方程式②の左辺と右辺それぞれに，$x=3$ を代入すると，

同様に，②について調べる

(左辺) $=4\times3+1=13$

(右辺) $=5\times3-2=13$

両辺が同じ値になり，等号が成立するので，$x=3$ は②の解である。
さらに，方程式③の左辺と右辺それぞれに，$x=3$ を代入すると，

同様に，③について調べる

(左辺) $=\dfrac{5\times3-3}{6}=\dfrac{12}{6}=2$

(右辺) $=\dfrac{3\times3+5}{7}=\dfrac{14}{7}=2$

両辺が同じ値になり，等号が成立するので，$x=3$ は③の解である。
以上より，3 を解にもつ方程式は，②・③ 答

ポイント　方程式と解

❶ **方程式**：文字の値が，ある特別な値のときにのみ成り立つ等式。
❷ **方程式の解**：方程式の等号 (＝) を成り立たせる文字の値。
➡ 方程式の解を求めることを，「方程式を解く」という。

2 等式の性質

1 の 例 では，方程式「$2x-1=x+2$」に値を代入していって解を見つけたね！　今度は，**等式の性質**を利用して，方程式の解を求めてみよう。まずは次の式を見てごらん。

$3=3$

左辺と右辺が同じ数だから，当然，「＝」が成り立っているよね。じゃあこの両辺に，同じ「2」という数をたしてみるよ。

例1　足し算　$3+2=3+2$

左辺も右辺も5という値になって，やっぱり「＝」が成立するよね。つまり，

等式の両辺に同じ数をたしても，等号が成立する

ということだよ！　足し算だけでなく，引き算・掛け算・割り算も試してみよう！

例2　引き算　$3-2=3-2$ ← 両辺ともに1になる

例3　掛け算　$3\times2=3\times2$ ← 両辺ともに6になる

例4　割り算　$3\div2=3\div2$ ← 両辺ともに$\frac{3}{2}$になる

足し算と同様，等式の両辺から同じ数をひいたり，同じ数をかけたり，同じ数でわったりしても,「＝」は成り立つね！　まとめると，次のようになるよ！

等式の性質

$A=B$ のとき,

❶ $A+C=B+C$　（両辺に同じ数をたしても,「＝」が成り立つ）
❷ $A-C=B-C$　（両辺から同じ数をひいても,「＝」が成り立つ）
❸ $A\times C=B\times C$　（両辺に同じ数をかけても,「＝」が成り立つ）
❹ $A\div C=B\div C$ $(C\neq0)$　（両辺を0以外の同じ数でわっても,「＝」が成り立つ）
❺ $B=A$　（左辺と右辺を入れかえてもよい）

ここではくわしくは説明しないけれど，数学には,「0でわってはいけない」という絶対のルールがあるんだ。「≠」は「イコールではない」という記号だよ！

このような等式の性質を利用すれば，方程式は解きやすくなるんだ！

「方程式を解く」とは，未知数の値（解）を求めることだよね。たとえば x についての方程式であれば，「$x=$●」の形にして解を求めるわけだ。だから，等式の性質を使って方程式を変形して，「$x=$●」の形をつくればいいんだよ！

例5　両辺に同じ数をたす

$$x-3=2$$
$$x-3+3=2+3$$
$$x=5$$

左辺を「x」だけにしたいんだけれど，今の左辺は「$x-3$」で，-3 がじゃまだね。$x-3$ に 3 をたすことで左辺は x だけになるね。左辺だけにたすと「＝」が成立しなくなるので，右辺にも3をたすよ！

これが，方程式 $x-3=2$ の解だ！　これで方程式 $x-3=2$ が解けたよ！

例6　両辺から同じ数をひく

$$x+12=5$$
$$x+12-12=5-12$$
$$x=-7$$

左辺を x だけにするには，両辺から12をひけばいいね！

例7　両辺に同じ数をかける

$$\frac{x}{5}=2$$
$$\frac{x}{5}\times5=2\times5$$
$$x=10$$

左辺を x だけにするために，両辺を5倍する！

例8　両辺を同じ数でわる

$$-7x=14$$
$$(-7x)\div(-7)=14\div(-7)$$
$$x=-2$$

左辺は「x の -7 倍」だから，左辺を x だけにするためには，両辺を -7 でわればいいね！

例9　左辺と右辺を入れかえる

$$6=\frac{2}{3}x$$
$$\frac{2}{3}x=6$$
$$\frac{2}{3}x\times3=6\times3$$
$$2x=18$$
$$2x\div2=18\div2$$
$$x=9$$

「$x=$●」の形にしたいので，まずは左辺と右辺を入れかえる！

両辺を3倍して分数をなくす

左辺を x だけにするために，両辺を2でわる！

わかってきた！　方程式を解くには，等式の性質を使って，左辺を x だけにすればいいんだね♪

例7～**例9**については，別の解き方もあるから紹介しておこう。未知数に**係数**がついているときは，係数の**逆数**を両辺にかけるという解法だよ！

例7　$\frac{x}{5}=2$

$\frac{1}{5}x=2$

$\frac{x}{5}$ は $\frac{1}{5}x$ と同じ

$\frac{1}{5}$ は 5 倍すれば 1 になり，左辺は x だけになるね。だから両辺を5倍して，

$$\frac{1}{5}x\times5=2\times5$$

$$x=10$$

左辺だけ5倍すると「＝」が成り立たないから，右辺も5倍するよ！

このように，xの係数が 1 でない場合は，その係数の逆数を両辺にかけると，x の係数が 1 になり，「$x=$●」の形になってくれるよ！

例8　$-7x=14$

$$(-7x)\times\left(-\frac{1}{7}\right)=14\times\left(-\frac{1}{7}\right)$$

$$x=-2$$

xの係数を1にするために，係数-7の逆数である$-\frac{1}{7}$を両辺にかける！

例9　$6=\frac{2}{3}x$

$\frac{2}{3}x=6$

$$\frac{2}{3}x\times\frac{3}{2}=6\times\frac{3}{2}$$

$$x=9$$

左辺のxの係数を1にするために，係数$\frac{2}{3}$の逆数である$\frac{3}{2}$を両辺にかける！

次の **例題2** では，等式の性質をいくつも組み合わせて使う必要があるよ。

例題2

次の方程式を，等式の性質を使って解け。

(1)　$2x+3=-1$　　(2)　$-2-\frac{x}{3}=5$

(1) $2x+3=-1$

$2x+3-3=-1-3$

$2x=-4$

$\frac{2x}{2}=\frac{-4}{2}$

$x=-2$ 答

「$x=$●」の形にすることをめざすよ！　まずは左辺を，xを含む項だけにするため，両辺から3をひこう

両辺を簡単にした！

左辺をxだけにするため，両辺を2でわる

(2) $-2-\frac{x}{3}=5$

$-2-\frac{x}{3}+2=5+2$

$-\frac{x}{3}=7$

$-\frac{x}{3}\times(-3)=7\times(-3)$

$x=-21$ 答

まずは左辺を，xを含む項だけにするため，両辺に2をたす

xの係数を1にするため，係数$-\frac{1}{3}$の逆数-3を両辺にかける！

ポイント　等式の性質

$A=B$ のとき，

❶ $A+C=B+C$　（両辺に同じ数をたしても，「＝」が成り立つ）

❷ $A-C=B-C$　（両辺から同じ数をひいても，「＝」が成り立つ）

❸ $A\times C=B\times C$　（両辺に同じ数をかけても，「＝」が成り立つ）

❹ $A\div C=B\div C$　$(C\neq 0)$　（両辺を0以外の同じ数でわっても，「＝」が成り立つ）

❺ $B=A$　（左辺と右辺を入れかえてもよい）

3　1次方程式の解き方

等式の性質を使って，方程式 $2x+5=13$ を解いてみるよ。その際，式の形がどのように変わっていくかに着目しよう！

例1　$2x+5=13$　……①

$2x+5-5=13-5$

$2x=13-5$　……②

両辺から5をひく（等式の性質❷）

$$2x = 8$$
$$x = 4$$
両辺を2でわる（等式の性質❹）

$x = 4$ がこの方程式の解だね。ここで，ちょっと注目してもらいたい式変形があるんだ。

$2x + 5 = 13$ ……①

の両辺から 5 をひいた結果，

$2x = 13 - 5$ ……②

となったね。これを結果だけ見ると，式②の右辺にある「-5」は，式①の左辺の「$+5$」が，符号が変わって右辺に移っていると思わない？

もちろん本来は，①の両辺から 5 をひいたのであって，「$+5$」を「移した」のではないけれど，結果的に，

符号を変えて左辺から右辺に移した

ことと同じことになっているね。

> **等式では，一方の辺の項を，符号を変えて，他方の辺に移すことができる。このことを「移項（いこう）する」という。**

この「移項」を使えば，より少ない行数で方程式を解くことができるんだ！

例2　$11x = 8x - 21$

まずは x を含む項を左辺に集めよう！　右辺の $8x$ を左辺に移項して，

$$11x - 8x = -21$$
$$3x = -21$$
$$x = -7$$ 答

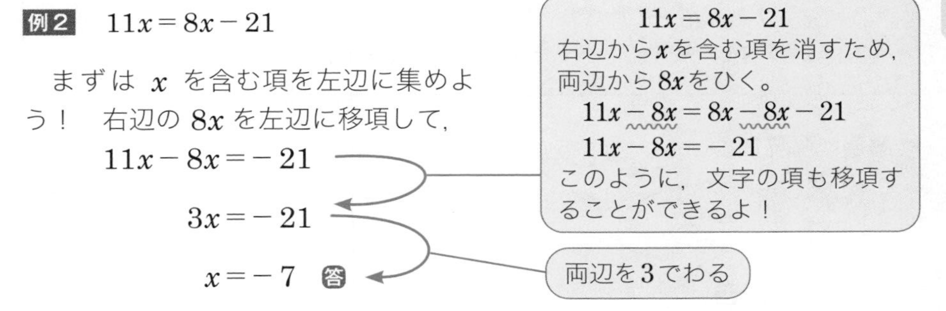

さて，ここまで出てきた方程式はじつはどれも，移項して整理すると，

$ax = b$ （$a \neq 0$）

という形に変形できるものだったんだ。

例1　$2x+5=13$　➡　$2x=8$

例2　$11x=8x-21$　➡　$3x=-21$

整理した結果が「$ax=b$　$(a \fallingdotseq 0)$」の形になる方程式を，**1次方程式**というよ！　1次方程式を解く手順をまとめると，次のようになるよ。

1次方程式を解く手順

- **step1**　文字を含む項を左辺に，数の項を右辺に移項する。
- **step2**　両辺をそれぞれ計算し，$ax=b$　$(a \fallingdotseq 0)$ の形にする。
- **step3**　両辺をxの係数aでわる。（xの係数aの逆数をかける）

わかってきた！　文字を含む項を左辺に，数の項を右辺に集めて，両辺を x の係数でわればいいんだね♪

例題 3

次の方程式を解け。

(1)　$x-7=-5$　　(2)　$7x=3x-24$

(3)　$2x+35=-5x$　　(4)　$2x-15=4x+27$

解答と解説

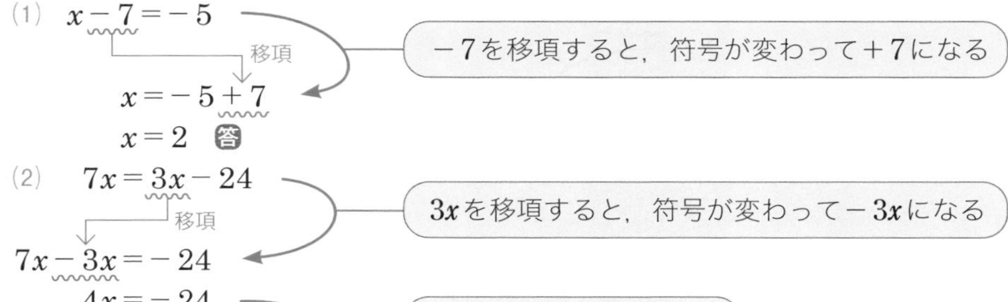

(3)

$$2x+35=-5x$$

移項

$$2x+5x=-35$$

$$7x=-35$$

$$x=-5$$ 答

xを含む項を左辺に集めるため，$-5x$を右辺から左辺へ移項すると，符号が変わって$+5x$になる。数の項を右辺に集めるため，$+35$を左辺から右辺に移項すると，符号が変わって-35になる

両辺をxの係数7でわる

(4)

$$2x-15=4x+27$$

移項

$$2x-4x=27+15$$

$$-2x=42$$

$$x=-21$$ 答

xを含む項を左辺に，数の項を右辺に集める。$4x$を右辺から左辺に移項すると$-4x$になり，-15を左辺から右辺に移項すると$+15$になる

両辺をxの係数-2でわる

ポイント **方程式の解き方**

❶ **移項**：等式において，一方の辺の項を，符号を変えて，他方の辺に移すこと。

❷ **1次方程式を解く手順**

- **step1** 文字を含む項を左辺に，数の項を右辺に移項する。
- **step2** 両辺をそれぞれ計算し，$ax=b$　$(a \neq 0)$ の形にする。
- **step3** 両辺をxの係数aでわる。（xの係数aの逆数をかける）

第 2 節　いろいろな1次方程式

1　(　　　)を含む1次方程式

第1節では**1次方程式**の基本を押さえたから，この第2節では，さまざまな形の1次方程式を学習していくよ。まずは，(　　　)を含む1次方程式の解き方を学習しよう。

(　　　)を含む1次方程式は，

分配法則　$m(a+b)=ma+mb$

を利用して，(　　　)をはずしてから解けばいいんだ。

例　方程式 $5x-2(x-1)=8$ を解け。

(　　　)をはずすと，

$$5x-2x+2=8$$
$$5x-2x=8-2$$
$$3x=6$$
$$x=2 \quad \text{答}$$

$-2(x-1)=(-2)\times x+(-2)\times(-1)$
$=-2x+2$

分配法則を利用して(　　　)をはずしたあとは，今までどおり，文字の項を左辺に，数の項を右辺に移項して解けばいいんだね♪

例題 1

次の方程式を解け。

$$2(x-3)-3(2x+7)=5$$

解答と解説

$$2(x-3)-3(2x+7)=5$$
$$2x-6-6x-21=5$$
$$-4x-27=5$$
$$-4x=5+27$$

分配法則を利用して(　　　)をはずす！

-27を移項すると，$+27$になる

$$-4x=32$$
$$x=-8 \quad 答$$

両辺をxの係数-4でわる

ポイント　(　　　)を含む1次方程式

(　　　)を含む1次方程式は，分配法則を利用して(　　　)をはずして解く。

2　小数を含む1次方程式

例　方程式 $0.1x-0.12=0.16x$ を解け。

この**1次方程式**は，**小数**が登場しているのがいやだよね。こういう場合は，

　　両辺に10，100，……などをかける

ことによって**整数**にし，小数を含まない方程式にしてから解けばいいんだ。

えっ？　勝手に10倍とか100倍とかにしていいの？

等式の性質(87ページ)に，「両辺に同じ数をかけても，『＝』が成り立つ」とあったでしょ！　これまでも，方程式を解くために，両辺に同じ数をかけたりしているよね。片方の辺だけを勝手に10倍にしたりするのはダメだけれど，両辺を同時に10倍しても，等号(＝)は成り立つんだから問題ないね！

例の方程式は，小数第2位までの数や係数があるから，10倍ではまだ整数にならないね。そこで，両辺に100をかけて整数にするよ。

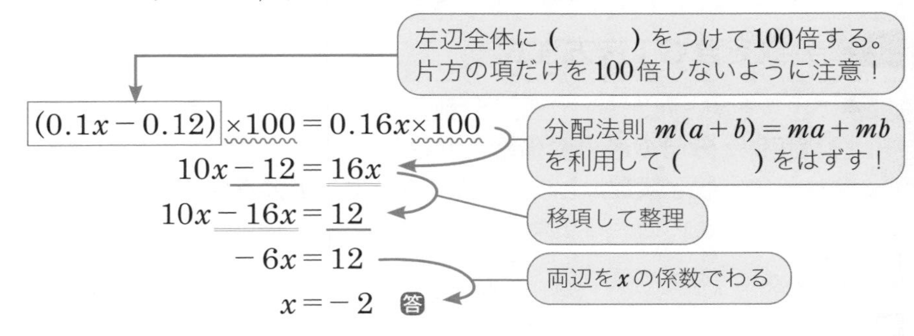

$$(0.1x-0.12)\times100=0.16x\times100$$
$$10x-12=16x$$
$$10x-16x=12$$
$$-6x=12$$
$$x=-2 \quad 答$$

例題 2

次の方程式を解け。

(1) $-1.3x+0.9=-0.4x$　　(2) $0.03(x-5)=0.12$

解答と解説

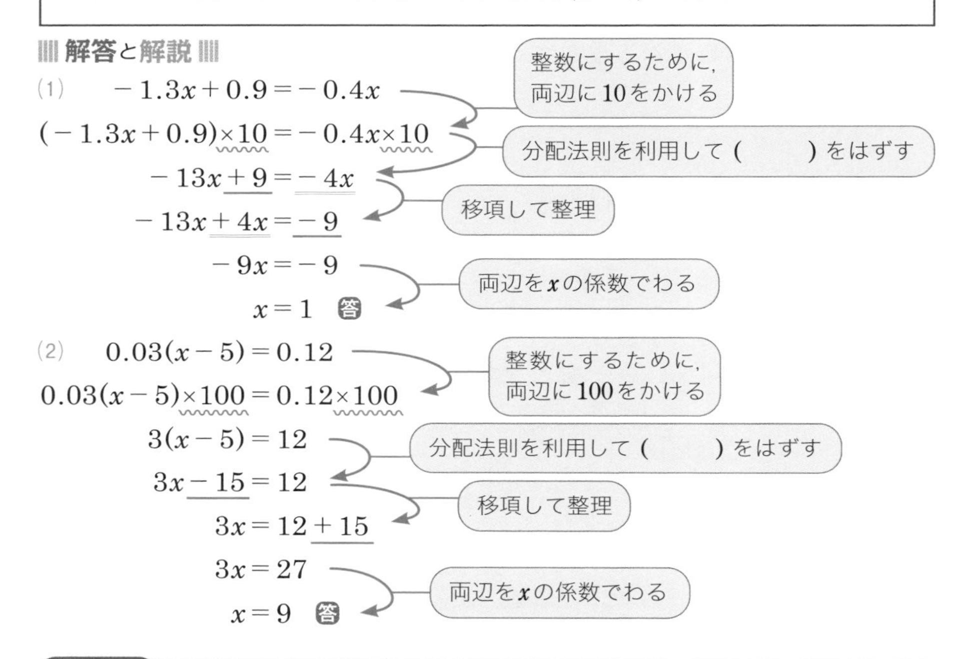

ポイント 小数を含む1次方程式

小数を含む方程式は，両辺を10倍，100倍，……して，整数にしてから解く。

3 分数を含む1次方程式

2 で小数をやったから，今度は**分数**だ！　分数を含む場合は，

両辺に，分母の最小公倍数をかける

ことによって，数を**整数**にして，分数を含まない**1次方程式**にしてから解くといいよ！　分母の公倍数を両辺にかけて，分数を含まない形にすることを「分母をはらう」というよ。

例 方程式 $\dfrac{1}{2}x+3=\dfrac{2}{3}x-1$ を解け。

この方程式には，$\frac{1}{2}$と$\frac{2}{3}$という2つの分数が出てきているね。これらを整数にするためには，$\frac{1}{2}$の分母2と，$\frac{2}{3}$の分母3との最小公倍数，つまり6を両辺にかけるんだ。

左辺全体，右辺全体にそれぞれ（　　）をつけてからかける！

$$\left(\frac{1}{2}x+3\right)\times 6=\left(\frac{2}{3}x-1\right)\times 6$$

分配法則を利用

$$\frac{1}{2}x\times 6+3\times 6=\frac{2}{3}x\times 6-1\times 6$$

$$3x+18=4x-6$$

移項して整理

$$3x-4x=-6-18$$

$$-x=-24$$

両辺をxの係数でわる

$$x=24$$ 答

分数の場合も，小数のときと同じように，整数にすればいいんだね。そのときに使うのが，最小公倍数ってことだね♪

例題 3

次の方程式を解け。

(1) $\frac{3}{4}x-\frac{3}{2}=\frac{5}{3}x-2$　　(2) $\frac{2x-1}{5}-\frac{x-3}{2}=3$

解答と解説

(1)

$$\frac{3}{4}x-\frac{3}{2}=\frac{5}{3}x-2$$

この方程式に出てくる分数の分母は，4，2，3だよね。だからこれらの最小公倍数である12を両辺にかけて，分母をはらえばいいよ！

$$\left(\frac{3}{4}x-\frac{3}{2}\right)\times 12=\left(\frac{5}{3}x-2\right)\times 12$$

$$\frac{3}{4}x\times 12-\frac{3}{2}\times 12=\frac{5}{3}x\times 12-2\times 12$$

$$9x-18=20x-24$$

移項して整理

$$9x-20x=-24+18$$

$$-11x=-6$$

両辺をxの係数-11でわる

$$x=\frac{6}{11}$$ 答

(2)
$$\frac{2x-1}{5}-\frac{x-3}{2}=3$$
$$\left(\frac{2x-1}{5}-\frac{x-3}{2}\right)\times 10=3\times 10$$
$$\frac{2x-1}{5}\times 10-\frac{x-3}{2}\times 10=30$$
$$2(2x-1)-5(x-3)=30$$
$$4x-2-5x+15=30$$
$$-x+13=30$$
$$-x=30-13$$
$$-x=17$$
$$x=-17$$ 答

分母をはらうには，5と2の最小公倍数である10を両辺にかければいいね！

分配法則を利用

$\frac{2x-1}{5}\times 10=2(2x-1)$

$-\frac{x-3}{2}\times 10=-5(x-3)$

分子は必ず（　　）でまとめよう！

分配法則を利用

移項して整理

両辺をxの係数でわる

ポイント　分数を含む1次方程式

分数を含む場合は，両辺に分母の**最小公倍数**をかけて分母をはらい，整数にしてから解く。

4　絶対値が大きい数を含む1次方程式

例　方程式 $60x-24=36x+72$ を解け。

絶対値（17ページ）が大きい数を含む**1次方程式**は，

両辺を，すべての項の係数の最大公約数（さいだいこうやくすう）でわる

ことで，数の絶対値を小さくしてから解くといいよ！

いくつかの整数に共通する約数のことを**公約数**といい，その中で最も大きいものを，最大公約数というんだったね。この**例**では，60，24，36，72の最大公約数を調べればいいね。

60の約数は，[1]，[2]，[3]，[4]，5，[6]，10，[12]，15，20，30，60
24の約数は，[1]，[2]，[3]，[4]，[6]，8，[12]，24
36の約数は，[1]，[2]，[3]，[4]，[6]，9，[12]，18，36
72の約数は，[1]，[2]，[3]，[4]，[6]，8，9，[12]，18，24，36，72

これらの数の最大公約数は12だね！　この12で，両辺をわるんだよ。

$$(60x-24)\div12=(36x+72)\div12$$

$$(60x-24)\times\frac{1}{12}=(36x+72)\times\frac{1}{12}$$

$$\frac{60x}{12}-\frac{24}{12}=\frac{36x}{12}+\frac{72}{12}$$

$$5x-2=3x+6$$

$$2x=8$$

$$x=4 \quad \text{答}$$

除法は乗法で表す（逆数をかける）

分配法則

分母は公約数だから，約分すると，どの項の係数もわりきれる！

方程式で出てくる数は，絶対値を小さくできるなら小さくしたほうが，計算しやすいしミスも減るよ。絶対値の大きな数が出てきたら，「最大公約数は何かな？」と考えよう！

例題 4

次の方程式を解け。

$$200x-700=-300x+500$$

解答と解説

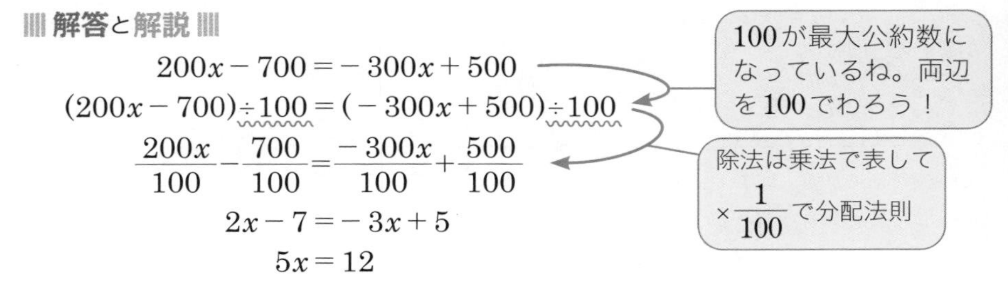

$$200x-700=-300x+500$$

$$(200x-700)\div100=(-300x+500)\div100$$

$$\frac{200x}{100}-\frac{700}{100}=\frac{-300x}{100}+\frac{500}{100}$$

$$2x-7=-3x+5$$

$$5x=12$$

$$x=\frac{12}{5} \quad \text{答}$$

ポイント　絶対値が大きい数を含む1次方程式

絶対値が大きい数が含まれる場合は，両辺をすべての項の係数の最大公約数でわって，絶対値を小さくしてから解く。

5 解から文字の値を求める

例題 5

xについての方程式 $7x+3a=5x-2$ の解が5であるとき，aの値を求めよ。

考え方

方程式の**解**とは，「方程式に**代入**したときに，方程式の等号が成り立つようなxの値」だったよね。だから，方程式の解が与えられていて，他の**文字**の値を求めるときは，解を代入すればいいんだ！

解答と解説

$$7x+3a=5x-2$$

に，$x=5$を代入して，

$$7\times5+3a=5\times5-2$$

与えられた解をxのところに代入

$$35+3a=25-2$$

$$3a=23-35$$

$$3a=-12$$

$$a=-4$$ 答

aの値を求めたいのだから，「aを未知数とする方程式」を解くように進めていく。aを含む項を左辺に，数の項を右辺に集める

この答えがほんとうに正しいのか，たしかめてみよう。$a=-4$ のとき，方程式 $7x+3a=5x-2$ は，

$$7x+3\times(-4)=5x-2$$

aのところに-4を代入

$$7x-12=5x-2$$

となるね。これを解くと，

$$7x-5x=-2+12$$

$$2x=10$$

$$x=5$$

となり，$a=-4$のとき，たしかに解は$x=5$であることがわかるね！

ポイント 解から文字の値を求める

方程式の解がわかっていて，ほかにわからない文字があるときは，与えられた方程式に解を代入してから，わからない文字について解く。

6 比例式

方程式をうまく応用できるものとして,「比例式(ひれいしき)」があるよ。
「$1:2$」とか「$3:8$」といった形で表される**比**(ひ)については，小学校でも学習しているよね。中学ではこのような比は，文字を使って一般的に,

$a:b$

という形で表すことを学習しよう。この比を構成しているa, bを**項**(こう)といい，とくにaを**前項**(ぜんこう), bを**後項**(こうこう)と呼ぶんだ。そして，前項aを後項bでわった,

$$\frac{a}{b}$$

の値のことを，**比の値**というよ。

今,「$1:2$」と「$3:6$」という2つの比があるとしよう。これらについて,

$1:2$の比の値は，$\frac{1}{2}$

$3:6$の比の値は，$\frac{3}{6}=\frac{1}{2}$ ← 分数だから約分できるね！

となるね。つまり，これら2つの比は，比の値が等しいんだ。このとき,

$1:2=3:6$

というように，比と比を等号でつないで表すことができるよ！

一般に，比$a:b$と比$c:d$において，比の値$\frac{a}{b}$と$\frac{c}{d}$が等しいことを,

$a:b=c:d$

と表し，このような式を**比例式**というよ。

比例式には，次のような性質があるんだ。

外項の積と内項の積

比例式においては，外側の項（外項(がいこう)）どうしの積と，内側の項（内項(ないこう)）どうしの積の値は等しい。

$a:b=c:d$ ならば $ad=bc$

（外項：aとd　内項：bとc　外項の積：ad　内項の積：bc）

これが正しいことを，ちょっと**証明**(しょうめい)してみるよ。「証明」とは，あることがらが正しいことを，すでに正しいとわかっていることを根拠(こんきょ)にして示すことなんだ。これは中２／第４章／第５節でくわしく学習するよ！

証　明　$a:b=c:d$ のとき，比の値が等しいので，

$$\frac{a}{b}=\frac{c}{d}$$

両辺に bd をかけて，　←　分数はいやだから分母をはらうよ！

$$\frac{a}{b}\times bd=\frac{c}{d}\times bd$$

約分

$$ad=bc$$ **証明終わり**

「$a:b=c:d$」という条件から始めると，たしかに「$ad=bc$」という結論にたどり着くことが示されたね！

ただ，厳密(げんみつ)にいうと，a，b，c，d のうちどれか１つでも０だったらこれは成り立たないんだけれど，それは今は気にしなくていいよ。

比例式

a も b も c も d も 0 ではないとき，次の❶〜❸は同じことを表す。

❶ $a:b=c:d$　　❷ $\frac{a}{b}=\frac{c}{d}$　　❸ $ad=bc$

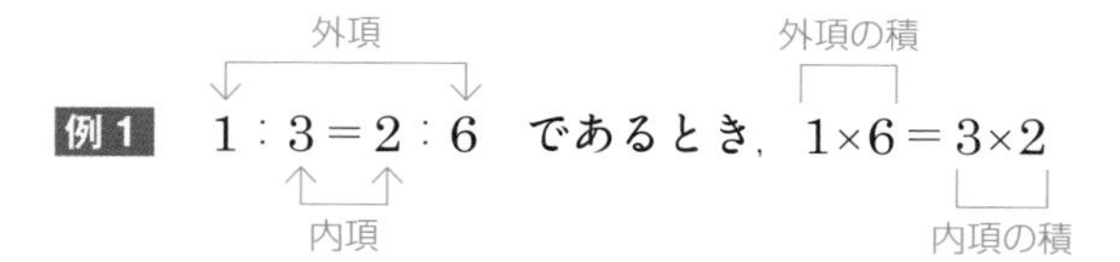

さて，比例式の中に，値がわかっていない文字があるとき，その文字の値を求めることを，「比例式を解く」というよ。比例式を解くには，方程式の考え方を使って，「$x=$●」のような形をつくればいいんだ。

例2　$x:4=6:3$ を解け。

外項の積と内項の積は等しいので，

$x\times3=4\times6$　←　この x の値を求めればいいんだね！

$3x=24$

$x=8$ **答**　←　両辺を x の係数３でわる

比の性質を利用して，次のように，計算をより簡潔（かんけつ）にすることもできるよ。

別　解

$6:3=2:1$ となるので，$x:4=6:3$ は，

$$x:4=2:1$$

と表すことができる。外項の積と内項の積は等しいので，

$$x\times1=4\times2$$

$$x=8$$ 答

例題 6

次の比例式を解け。

(1)　$x:12=3:4$　　(2)　$(2x-3):x=7:5$

解答と解説

(1)　外項　内項

$$x:12=3:4$$

$$x\times4=12\times3$$

（外項の積）（内項の積）

$$4x=36$$

$$x=9$$ 答

(2)　外項　内項

$$(2x-3):x=7:5$$

$$(2x-3)\times5=x\times7$$

（外項の積）（内項の積）

$$10x-15=7x$$

$$10x-7x=15$$

$$3x=15$$

$$x=5$$ 答

ポイント　**比例式**

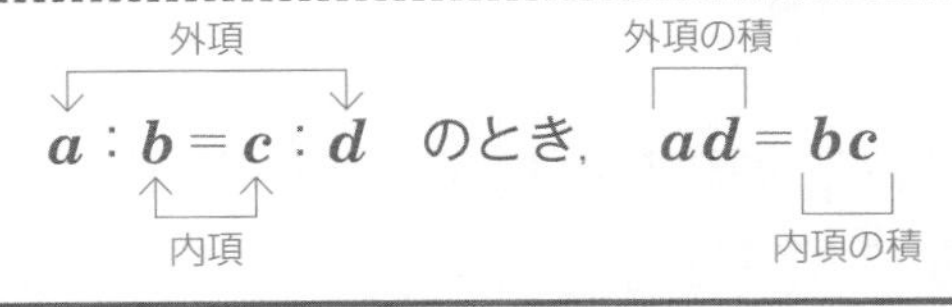

第 3 節　1次方程式の利用

1 文章題を方程式で解く基本

この節では，**方程式**を利用する文章題をあつかっていくよ。じつは，方程式を利用すると，文章題を解くのがとても楽になるんだ!!

文章題では，求めたい数量があるよね。その数量を**未知数**（「まだわからない数」）として，「x」などとおくと，方程式がつくれるね！　その方程式を「$x=$●」の形に変形すると，未知数の値を知ることができて，問題が解けるっていうのが，基本的な考え方だよ。方程式は，文章題で威力（いりょく）を発揮（はっき）する，超強力な道具なんだ。

ということで，文章題で方程式を利用する手順を確認していこう！

step 1：未知数の設定

「どの数量をxで表すか」を決める。ふつうは求めるものをxとおくが，方程式が立てにくい場合は，求めるものとは別のものをxとおくほうがよいこともある。

step 2：等しい数量関係を見つける

問題文をよく読み，2通りに表すことができる数量を見つける。

step 3：方程式を立てる

2通りに表した等しい数量を，「＝」でつなぐ。

step 4：方程式を解く

第1・2節で学習したように方程式を解く。

step 5：解を検討する

方程式を解いて得られた解が，問題の条件に適しているかどうかを調べる（このことを「解の吟味（ぎんみ）」という）。

例　個数，人数，金額などを求める問題で，解が分数などになってしまった場合は，条件に適さない。

step 6：答えをかく

例 ある整数を3倍して6をたした数が，その整数から2をひいて5倍した数に等しいとき，ある整数を求めよ。

step 1：未知数の設定 求める「ある**整数**」をxとおく。

step 2：等しい数量関係を見つける

（ある整数を3倍して6をたした数）＝（ある整数から2をひいて5倍した数）

step 3：方程式を立てる

$x \times 3 + 6 = (x - 2) \times 5$

等しい数量（2通りに表すことができる数量）は，「ある整数を3倍して6をたした数」と，「その整数から2をひいて5倍した数」だね！

step 4：方程式を解く

$$3x + 6 = 5(x - 2)$$
$$3x + 6 = 5x - 10$$
$$3x - 5x = -10 - 6$$
$$-2x = -16$$
$$x = 8$$

step 5：解を検討する

8は整数であるため，問題の条件に適する。

step 6：答えをかく

したがって，求める整数は8 答

例題 1

一の位が7である2けたの整数がある。その一の位と十の位を入れかえてできる整数は，もとの整数よりも27大きい。もとの整数の十の位の数をxとするとき，次の問いに答えよ。

(1) もとの整数を，xを用いて表せ。
(2) もとの整数の一の位と十の位を入れかえてできる整数を，xを用いて表せ。
(3) xについて成り立つ方程式を求めよ。
(4) もとの整数を求めよ。

解答と解説

(1) もとの整数は，
十の位がx
一の位が7
であるから，
$10x + 7$ 答

step 1：未知数の設定は，すでに問題文の中で行われているね！

十の位がaで，一の位がbである2けたの整数は，
$10 \times a + b = 10a + b$
と表される（62ページ）

中学1年 中学2年 中学3年

(2)　もとの整数の一の位と十の位を入れかえてできる整数は,

十の位が7

一の位がx

であるから,

step 2：等しい数量関係を見つける

$10\times7+x=70+x$　答

(3)　(もとの整数の一の位と十の位を入れかえてできる整数) = (もとの整数) + 27

であるから,

$70+x=(10x+7)+27$　答　←　step 3：方程式を立てる

(4)　(3)の方程式を解けばよい。

step 4：方程式を解く

$$70+x=10x+34$$
$$x-10x=34-70$$
$$-9x=-36$$
$$x=4$$

したがって, もとの整数の十の位は, 4

もとの整数は,

十の位が4

一の位が7

であるから47となり, 問題の条件に適する。

以上より, 求めるもとの整数は, 47　答

step 5：解を検討する
47は, 問題文で指定されている「2けたの整数」という条件を満たす。また, その一の位と十の位を入れかえてできる整数は74であり, 47よりも27大きい

ポイント　**文章題を方程式で解く基本**

求めるものをxとおき, 等しい数量関係を見つけて, 方程式を立てる。

2　代金に関する問題

例題 2

50円の鉛筆と70円のボールペンを合わせて25本買ったところ, 代金の合計が1510円であった。このとき, 買った50円の鉛筆と70円のボールペンの本数をそれぞれ求めよ。

解答と解説

50円の鉛筆をx本買ったとすると,　←　step 1：未知数の設定

70円のボールペンを買った本数は, $25-x$(本)　←　合わせて25本なので

50円の鉛筆をx本買った代金は，$50x$（円）
70円のボールペンを$(25-x)$本買った代金は，$70(25-x)$（円）

	50円の鉛筆	70円のボールペン	合計
1本の値段（円）	50	70	
本数（本）	x	$25-x$	25
代金（円）	$50x$	$70(25-x)$	1510

（鉛筆x本の代金）＋（ボールペン$(25-x)$本の代金）＝（代金の合計）
であるから，

step 2：等しい数量関係を見つける

$$50x+70(25-x)=1510$$
$$5x+7(25-x)=151$$
$$5x+175-7x=151$$
$$-2x=-24$$
$$x=12$$

step 3：方程式を立てる

step 4：方程式を解く
各項の係数の絶対値が大きいので，両辺を公倍数でわる。この場合，10でわれるよね！

50円の鉛筆を買った本数は12本であるから，
70円のボールペンを買った本数は，$25-12=13$（本）
これらの本数はともに25以下の自然数であり，問題の条件に適する。
以上より，求める本数は，
50円の鉛筆12本 答
70円のボールペン13本 答

step 5：解を検討する
本数が整数ではない数や，負の数になるとおかしいね。また，合わせて25本だから，どちらかが26本以上になることもないね！

今は，「50円の鉛筆をx本買った」として方程式を立てたよね。でも，「70円のボールペンをx本買った」として，50円の鉛筆は$(25-x)$本買ったことにしても，方程式を立てられるんじゃない？

そのとおりだよ！　君が今言ったように未知数をおいたら，方程式は，

$$50(25-x)+70x=1510$$

となるよ。解くのは自分でやってみてもらいたいんだけれど，これを解くと$x=13$となり，「鉛筆は12本，ボールペンは13本」と，同じ答えが出るよ！

ポイント 代金に関する問題

代金の合計を2通りに表して方程式を立てる。

3 年齢に関する問題

年齢(ねんれい)に関する文章題も，方程式を使って解くことができるよ！

例題 3

今年，父の年齢は37歳(さい)，子の年齢は13歳である。この親子で，父の年齢が子の年齢の3倍であるのはいつか。

解答と解説

「いつか」を求めるために，「何年後か」を未知数にする！

今年から見てx年後に，父の年齢が子の年齢の3倍であるとする。

x年後の父の年齢は，$37+x$（歳）

x年後の子の年齢は，$13+x$（歳）

父も子も，1年ごとに1歳ずつ年齢が増加するから，x年後にはどちらもx歳増加するね！

（x年後の父の年齢）＝（x年後の子の年齢）×3

であるから，

$$37+x=(13+x)\times3$$

これがこの問題の方程式だ！

$$37+x=39+3x$$
$$-2x=2$$
$$x=-1$$

したがって，今年から見て－1年後に，父の年齢が子の年齢の3倍である。

－1年後とは，1年前のことであり，問題の条件に適する。

step 5：解を検討する

「x年後」のxが負の数になったとしても，そのときの父の年齢や子の年齢がマイナスになったりしないかぎり，この問題の答えとしてはOKだよね！

したがって，父の年齢が子の年齢の3倍であるのは，1年前 答

ポイント 年齢に関する問題

x年後の年齢について方程式を立てる。

4 過不足に関する問題

たとえばお菓子などがたくさんあって，それを何人かで同じ数ずつ分ける，という場面を想像してみて。このとき，

少ない数ずつ分けようとしたら，お菓子は●個余るけれど，

多い数ずつ分けようとしたら，お菓子は■個足りない

ということがあるよね。そんな場面に関する文章題を，「過不足に関する問題」と呼ぶことにするよ。「過不足に関する問題」でも，方程式が大活躍（だいかつやく）するんだ！

例題 4

お菓子を何人かの子どもに分けるのに，1人に7個ずつ配ると15個余り，1人に10個ずつ配ろうとすると9個不足する。子どもの人数とお菓子の個数を求めよ。

考え方

「子どもの人数」と「お菓子の個数」という2つの数がわかっていないから，どちらかを未知数にしよう。どちらを未知数にしても解けるんだけれど，まずは，「子どもの人数」を未知数にして，「お菓子の個数」についての方程式を立ててみるよ！

解答と解説

子どもの人数をx人とおく。

お菓子を7個ずつx人に配ると15個余るので，お菓子の個数は，

$7x+15$（個）……①

と表すことができる。

子 子 子 … 子 余り
7個 7個 7個 … 7個 15個
x人

また，お菓子を10個ずつx人に配ろうとすると9個不足するので，お菓子の個数は，

$10x-9$（個）……②

子 子 子 … 子 余り
10個 10個 10個 … 10個 −9個
x人

①と②は同じ個数なので，

$$7x+15=10x-9$$
$$-3x=-24$$
$$x=8$$

2通りに表した数量から方程式を立てる！

子どもの人数は自然数なので，$x=8$は問題の条件に適する。

step 5：解を検討する
xが負の数や分数などではないから，「子どもの人数」として適しているね！

このとき，お菓子の個数は，$x=8$

中学1年 中学2年 中学3年

を①に代入して,

$$7 \times 8 + 15 = 71\ (個)$$

以上より,

求める子どもの人数は8人 答

お菓子の個数は71個 答

②に $x = 8$ を代入してもいいよ。2通りで計算して，どちらも同じになることを確認するのがベスト！

「まだわからない数」が2つあるときは，1つを未知数にして，もう1つについての方程式をつくればいいんだね♪ でもこの場合,「お菓子の個数」を x 個として,「子どもの人数」についての方程式を立ててもいいんじゃないの？

するどい!! そうなんだよ！ その解き方を 別解 で見てみよう。

別解

お菓子の個数を x 個とおく。

x 個のお菓子を子どもたちに7個ずつ配ったとき，お菓子は15個余ったので，子どもたちに配られたお菓子の個数は,

$$x - 15\ (個)$$

したがって，子どもの人数は,

$$\frac{x-15}{7}\ (人) \quad \cdots\cdots ③$$

子 子 子 … 子
7個 7個 7個 … 7個
合計 $(x-15)$ 個

7個ずつ配っているから，$x-15$ を7でわれば，子どもの人数が出るね！

また，x 個のお菓子を子どもたちに10個ずつ配ろうとすると，お菓子は9個不足するので，10個ずつ配るのに必要なお菓子の個数は,

$$x + 9\ (個)$$

したがって，子どもの人数は,

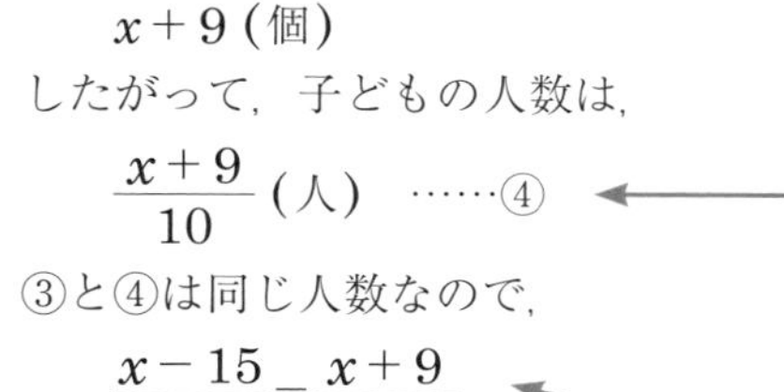

$$\frac{x+9}{10}\ (人) \quad \cdots\cdots ④$$

子 子 子 … 子
10個 10個 10個 … 10個
合計 $(x+9)$ 個

10個ずつ配っているから，$x+9$ を10でわれば，子どもの人数が出るね！

③と④は同じ人数なので,

$$\frac{x-15}{7} = \frac{x+9}{10}$$

2通りに表した数量から方程式を立てる！

$$10(x-15) = 7(x+9)$$

両辺を70倍して分母をはらう

$$10x - 150 = 7x + 63$$

$$3x = 213$$

$$x = 71$$

お菓子の個数は自然数なので，$x = 71$ は問題の条件に適する。

このとき，子どもの人数は，$x = 71$ を③に代入して，

$$\frac{71-15}{7}=\frac{56}{7}=8\ (人)$$

以上より，

求める子どもの人数は8人 答

お菓子の個数は71個 答

step 5：解を検討する

xが負の数や分数などではないから，「お菓子の個数」として適しているね！

④に $x = 71$ を代入して，

$$\frac{x+9}{10}=\frac{80}{10}=8\ (人)$$

と求めてもいいよ！

ポイント　過不足に関する問題

「まだわからない数」のどちらかをxとおき，もう片方についての方程式を立てる。

解法1　分ける人数をx人とする

➡　分けられるものの個数について方程式を立てる。

解法2　分けられるものの個数をx個とする

➡　分ける人数について方程式を立てる。

5 道のり・速さ・時間に関する問題

道のり・速さ・時間に関する文章題も，方程式を使って解くことができるよ！　問題に挑戦（ちょうせん）する前に，少し復習をしておこう。

60分＝1時間，1分＝$\frac{1}{60}$時間，x分＝$\frac{x}{60}$時間

1000m＝1km，1m＝$\frac{1}{1000}$km，$x$km＝1000xm

（道のり）＝（速さ）×（時間）

たとえば「毎時4.2km」は，「速さ」の表現であり，「毎時4200m」とかいても同じことだね。これは，「時速4200m」とも「4200m/時」とも「4200m/h」ともかくことができるよ（「/h」については61ページ）。「1時間で4200m進む」という意味だから，

中学1年　中学2年　中学3年

2時間に進む距離は，4200×2 (m)

x分間に進む距離は，$4200\times\frac{x}{60}$ (m) ← x分間は$\frac{x}{60}$時間

となるね！　じゃあ，**例題5**をやってみよう！

例題 5

池のまわりをめぐる1周4400mの道があり，AさんとBさんが，同じ地点を同時に出発する。Aさんは毎時4.2kmの速さで歩き，BさんはAさんと反対向きに毎時9kmの速さで走るとき，2人が出会うのは何分後か。また，出会うまでにAさんが歩いた道のりは何mか。

考え方

道のり・速さ・時間の中で，「まだわかっていない数」は何かな？

2人の「速さ」は，それぞれ与えられているよね。「わかっていない数」は，2人が出会うまでの「時間」と，出会うまでにそれぞれが進んだ「道のり」だ。

そこで，2人が出会うまでの時間を未知数として，「x分後」とおこう。そのうえで，このxと，2人の「速さ」を使って，「道のり」についての方程式をつくってみるよ！　方程式をつくる際には，単位を合わせるように気をつけよう。

解答と解説

2人はx分後に出会うとする。

出会うまでにAさんは，毎時4200mの速さで$\frac{x}{60}$時間進むから，Aさんが進んだ道のりは，

$$4200\times\frac{x}{60}=70x\ (\text{m})\quad\cdots\cdots①$$

出会うまでにBさんは，毎時9000mの速さで$\frac{x}{60}$時間進むから，Bさんが進んだ道のりは，

$$9000\times\frac{x}{60}=150x\ (\text{m})\quad\cdots\cdots②$$

出発地点
Aさん 70x (m)
出会う地点
x分後に出会う
1周4400m
Bさん 150x (m)

2人が進んだ距離を合わせると，この道1周分になるので，

（Aさんが進んだ道のり）＋（Bさんが進んだ道のり）＝（道1周分の道のり）

①・②より，

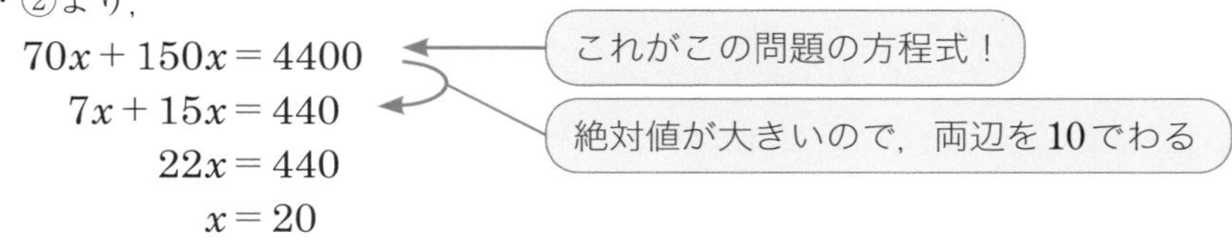

$$70x+150x=4400$$
$$7x+15x=440$$
$$22x=440$$
$$x=20$$

xは正の数であるから，問題の条件に適する。

2人が出会うのは，出発したあと（未来）なので，xが負の数だったらおかしいよね！

20分後までにAさんが歩いた道のりは，①に$x=20$ を代入して，

$$70\times20=1400\ (\mathrm{m})$$

以上より，

2人が出会うのは20分後 答

出会うまでにAさんが歩いた道のりは1400m 答

「まだわからない数」2つのうち，1つを未知数にして，もう1つについての方程式を立てたんだね。もしかして，「出会うまでにAさんが歩いた道のり」を x mとして「2人が出会うのは何分後か」についての方程式を立ててもいいの？

そうなんだ！　わかってきたね～♪　そのやり方，簡単に説明するよ。

Aさんは1時間に4200m進む。

$$4200\div60=70$$

だから，これは1分に70mの速さだ。

2人が出会うまでにAさんが歩いた道のりをx mとおくと，Aさんがこの道のりを進むのにかかった時間（つまり，出会うまでにかかった時間）は，

$$(\text{時間})=\frac{(\text{道のり})}{(\text{速さ})}=\frac{x}{70}\ (\text{分})\quad\cdots\cdots③$$

また，Bさんは1時間に9000m進む。

$$9000\div60=150$$

だから，これは1分に150mの速さだ。

2人が出会うまでにBさんが進んだ道のりは，$(4400-x)$ mで，Bさんがこの道のりを進むのにかかった時間は，

$$(\text{時間})=\frac{(\text{道のり})}{(\text{速さ})}=\frac{4400-x}{150}\ (\text{分})\quad\cdots\cdots④$$

③と④は等しいので，「＝」で結んで方程式にして解けばいいよ！　ここからはぜひ自分でやってみてね！

ポイント　**道のり・速さ・時間に関する問題**

単位をそろえて，「（道のり）＝（速さ）×（時間）」などを利用する。

6 売買に関する問題

次は売買(ばいばい)に関する問題だ。ここには,「3割増(わりま)し」とか「20%引き」といった**割合**(わりあい)もからんでくるよ。先に復習しておこう。
「●割」というのは,「全体を10等分したときの●個分」のことだ。

例1 1000円の3割 ➡ $1000\times\frac{3}{10}=300$ (円)

じゃあ,「1000円の3割増し」といったときは何円かというと,「1000円があって, そこにさらに,『1000円の3割』をたす」ということだから,

例2 1000円の3割増し ➡ $1000+1000\times\frac{3}{10}=1000\times\left(1+\frac{3}{10}\right)$
$=1300$ (円)

となるよ。また, 逆に「1000円の3割引(わりび)き」といったら,「1000円があって, そこから,『1000円の3割』をひく」ということだから,

例3 1000円の3割引き ➡ $1000-1000\times\frac{3}{10}=1000\times\left(1-\frac{3}{10}\right)$
$=700$ (円)

となるよ! 「●%」のほうは, **百分率**(ひゃくぶんりつ)といって,「全体を100等分したときの●個分」のことだ。

例4 1800円の20% ➡ $1800\times\frac{20}{100}=360$ (円)

例5 1800円の20%増し ➡ $1800\times\left(1+\frac{20}{100}\right)=2160$ (円)

例6 1800円の20%引き ➡ $1800\times\left(1-\frac{20}{100}\right)=1440$ (円)

割合に苦手意識をもっている人は多いけれど, 基本を押さえて, 落ち着いて計算すれば, 何も怖くないからね。では, 問題をやってみよう。

例7 **商店Aでは, ある原価(げんか)で仕入れた商品に3割増しの定価(ていか)をつけたが, 売れなかったため, 200円引きのセールを行った。その結果, 商品は売れて, 利益は400円であった。この商品を仕入れた原価を求めよ。**

商品をお客さんに売っているお店は，商品をできるだけ安く仕入れて，できるだけ高く売ると，たくさんもうかるよね。商品を仕入れるときにお店が払う値段が**原価**で，お店が「この値段でお客さんに売りたい」と思って商品につける値段が**定価**だよ。

仕入れ → 商店A → 売る → 客
原価　定価（売りたい値段）　売価

この場合，商店Aでは，商品を「ある原価」で仕入れたんだね。「この商品を仕入れた原価を求めよ」という問題だから，この原価をx円とおいてみよう。

そしてこの原価に，「3割増し」の定価をつけた。x円の3割増しは，

$$x\times\left(1+\frac{3}{10}\right)\ (円)$$

だね。でも，この定価では売れなかったので，200円引きして売った。実際に売った値段は，

$$x\times\left(1+\frac{3}{10}\right)-200\ (円)$$

だよね！　実際に売った値段のことを，**売価**（ばいか）というよ。そして，

（売価）－（原価）＝（利益）

という関係が成り立つんだ！「実際に売って手に入れた金額」から，「仕入れに使った金額」をひくと，「もうけ」になるということだよ！

この**例7**では，利益は400円だったといっているね。だから，

$$\left\{x\times\left(1+\frac{3}{10}\right)-200\right\}-x=400$$ ← これが解くべき方程式！

$$\left(x\times\frac{13}{10}-200\right)-x=400$$ 両辺10倍で分母をはらう

$$13x-2000-10x=4000$$

$$3x=6000$$

$$x=2000$$

xは自然数であるから，問題の条件に適する。

したがって，求める原価は，2000円 答

例題 6

原価に700円の利益を見込んで定価をつけた商品を，定価の20%引きで売ったところ，原価に対して5%の利益があった。この商品の原価はいくらか。

解答と解説

求める商品の原価をx円とおくと，

定価は，$x+700$ (円)

売価は，$(x+700)\times\left(1-\dfrac{20}{100}\right)=\dfrac{80}{100}(x+700)$ (円)

利益は，$x\times\dfrac{5}{100}=\dfrac{5}{100}x$ (円)

と表せる。「(売価) − (原価) = (利益)」であるから，

$$\frac{80}{100}(x+700)-x=\frac{5}{100}x$$
$$80(x+700)-100x=5x$$
$$80x+56000-100x=5x$$
$$80x-100x-5x=-56000$$
$$-25x=-56000$$
$$x=2240$$

両辺100倍して分母をはらう

登場する数の絶対値が大きいから，
両辺を5でわって，
$16(x+700)-20x=x$
としてから解いてもいいよ！

xは自然数であるから，問題の条件に適する。

したがって，商品の原価は2240円 答

ポイント **売買に関する問題**

「(**売価**) − (**原価**) = (**利益**)」から方程式を立てる。

7 比例式の利用

比に着目して，第2節で学習した**比例式**を利用して解く問題もあるよ！

例題 7

Aの容器には紅茶が300mL，Bの容器には牛乳が何mLか入っている。Bの容器から牛乳を150mL取り出して，Aの容器に入れたところ，Aの容器のミルクティーとBの容器の牛乳の量の比が5：3になった。はじめにBの容器には何mLの牛乳が入っていたか。

解答と解説

はじめにBの容器にxmLの牛乳が入っていたとする。

Bの容器に入っていた牛乳のうち150mLをAの容器に移したあと，

Aの容器に入っているミルクティーの量は，

$$300+150=450\ (\text{mL})$$

Bの容器に残っている牛乳の量は，

$$x-150\ (\text{mL})$$

Aの容器のミルクティーとBの容器の牛乳の量の比が5：3なので，

$$450:(x-150)=5:3$$
$$450\times3=(x-150)\times5$$
$$90\times3=x-150$$
$$x=270+150$$
$$=420$$

$a:b=c:d$ ならば $ad=bc$

両辺を5でわる

xは150以上であるから，問題の条件に適する。

xが150より少ないと，Bから牛乳を150mL取り出してAに移すことができない

したがって，はじめにBの容器に入っていた牛乳は，420mL 答

ポイント　比例式の利用

比の式を立てたあとは，「$a:b=c:d$　ならば　$ad=bc$」を利用。

第 1 節　関　数

1　変数と関数

ここから，新しい章に入るよ！　この第４章では，まず「関数（かんすう）」という考え方を紹介して，その代表的な例として，**比例**や**反比例（はんぴれい）**を学習していくよ。

まずは「関数」とはどんなものかをつかむため，例 1 を見てみよう。

例 1　**20kmの道のりを，時速4kmで歩いた。出発してからx時間後までに歩いた道のりを$y$kmとする。このとき，xとyとの間には，どのような関係が成り立っているか。**

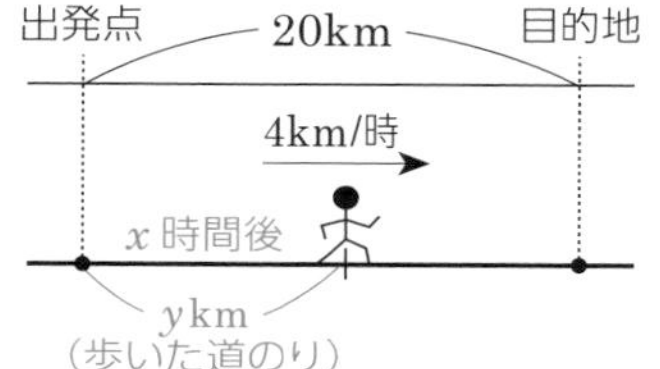

たとえば，$x=1$，つまり出発してから1時間後について考えてみよう。このとき，yはどういう値になるかな？

「（道のり）＝（速さ）×（時間）」で，時速4kmで1時間歩いた道のりだから，そのときのyの値は，

$4\times1=4$ (km)

そのとおり！　次に，$x=2$，つまり出発してから2時間後を考えると，そのときのyの値は，

$4\times2=8$ (km)

となるね！　同じように，$x=0$，3，4，5の場合も考えて，表にしてみよう。

x	0	1	2	3	4	5
y	0	4	8	12	16	20

この表の中で，x と y は，それぞれの場合で変化していろいろな値をとっているね。このように，いろいろな値をとる文字（ x や y で表すことが多い）のことを，**変数（へんすう）**というよ。この 例 1 では，時間 x と進んだ道のり y が変数となっているんだね。

表を見て，x と y の間にどんな「関係」があるか，見当がつかないかな？

y の値は，x の値の4倍になっているよ。y（道のり）は，時速4 kmっていう速さに，時間xをかけて求めるからだね。

そうだよね！

「（道のり）＝（速さ）×（時間）」だから，

（道のり）＝y (km)，（時間）＝x (時間)，（速さ）＝4 (km/時)

$y=4x$ 答

これが，求める x と y の間の「関係」になっているね！

この「$y=4x$」では，$x=1$のとき$y=4$，$x=2$のとき$y=8$，……というふうに，x の値を1つ決めれば，そのときの y の値も，1つだけに決まってくるよね。このように，

x の値を決めると，それに対応する yの値がただ1つに決まる

という関係があるとき，

y は x の関数である

というよ。

例2 **半径$x$cmの円の周の長さが$y$cmであるとき，yはxの関数であるか。**

（円周）＝（直径）×（円周率）

が成り立ったね。

（円周）＝y (cm)，（直径）＝$2x$ (cm)，（円周率）＝π

であるから，

$y=2\pi x$

と，yをxの式で表せるね。この式で，

$x=1$ のとき，$y=2\pi$

$x=2$ のとき，$y=4\pi$

$x=3$ のとき，$y=6\pi$

⋮

というふうに，x の値を決めると，それに対応する y の値がただ1つに決まるね！

したがって，y は x の関数である。 答

$y=4x$ のように，「$y=$(x の式)」で表されるときは，「y は x の関数である」といえるよ。

中学1年 中学2年 中学3年

「関数ではない」ときって，たとえばどんな場合なの？

いい質問だね！　いろんな場合があるよ。たとえば，

例3　年齢 x 歳の人の身長は，y cmである。

ここでの y は，x の関数だといえるかな？

たとえば，x の値（年齢）を12と決めても，y の値（身長）は人によってさまざまだから，1つには決まらないよね。だからこの場合は，y は x の関数ではないんだよ。

例題 1

次のうち，yがxの関数であるものはどれか。

① 体重が$x$kgである人の身長$y$cm
② 分速70mでx時間歩いたときの道のり$y$km
③ 1辺の長さが$x$cmである正方形の面積$y$cm^2
④ 底辺の長さが$x$cmである三角形の面積$y$cm^2
⑤ 絶対値がxである数y
⑥ 絶対値がx以下である整数の個数y

解答と解説

① たとえば，x の値（体重）を「60kg」と1つに決めても，それに対応する y の値（身長）は，ただ1つには決まらない。
　したがって，yはxの関数ではない。

② 分速70mは，時速に直すと，

$$70\times60=4200\ (\text{m/時})$$

となるので，時速4.2km　←単位をxの「時間」とyの「km」にそろえておく

　したがって，$y=4.2x$ が成り立つ。

たとえば，xの値を $x=2$（時間）と1つに決めたとき，

$$y=4.2\times2=8.4\ (\text{km})$$

←（道のり）＝（速さ）×（時間）

と，yの値もただ1つに決まる。

　このように，xの値（歩いた時間）を決めると，それに対応するyの値（道のり）がただ1つに決まるので，yはxの関数である。

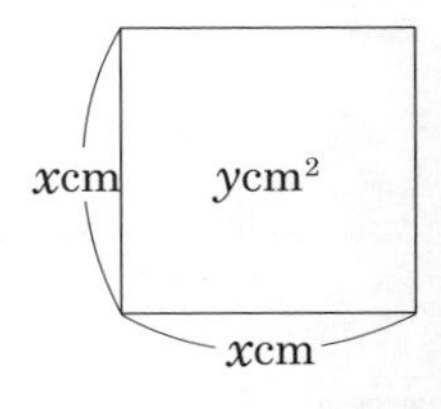

③　$y=x\times x=x^2$が成り立つ。

たとえば，$x=3$とすると，$y=3\times3=9\ (\mathrm{cm}^2)$

このように，xの値（1辺の長さ）を決めると，それに対応するyの値（正方形の面積）がただ1つに決まるので，yはxの関数である。

④　「（三角形の面積）＝（底辺）×（高さ）×$\frac{1}{2}$」であるから，x の値（底辺の長さ）を決めても，高さが決まらなければ，y の値（面積）はただ1つには決まらない。

たとえば$x=6$としても，下の図のように，高さが異なれば面積は異なる。

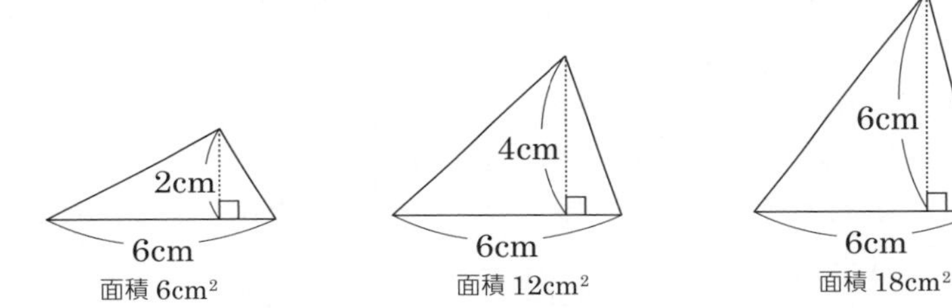

このように，xの値（底辺の長さ）を決めても，それに対応するyの値（面積）はただ1つには決まらないので，yはxの関数ではない。

⑤　たとえば，「絶対値が7である数」は，7と-7であるから，

$x=7$のとき，$y=7,\ -7$

このように，xの値を決めても，それに対応するyの値はただ1つには決まらないので，yはxの関数ではない。

⑥　たとえば，「絶対値が3以下の整数」は，

$-3,\ -2,\ -1,\ 0,\ 1,\ 2,\ 3$

の7個。したがって，

$x=3$のとき，$y=7$

このように，xの値を決めると，それに対応するyの値がただ1つに決まるので，yはxの関数である。

以上より，yがxの関数であるのは，②・③・⑥　答

ポイント　**変数と関数**

❶　変数：いろいろな値をとる文字（xやyで表すことが多い）。

❷　関数：xの値を決めると，それに対応するyの値がただ1つに決まる，という関係があるとき，「yはxの関数である」という。

中学1年　中学2年　中学3年

2 変　域

変数は変化していろいろな値をとれるんだけれど，それぞれの問題にかかれている条件によっては，変数のとれる値の範囲が定められていることがあるよ。変数のとれる値の範囲を，**変域**というんだ。

例1　**20kmの道のりを，時速4kmで歩いた。出発してからx時間後までに歩いた道のりを$y$kmとする。このとき，変数xとyはそれぞれ，どのような範囲の値をとることができるか。**

まずはxの変域を考えよう。この問題では，歩く道のりが全部で20kmと決められているから，歩く時間xは，「歩き始める瞬間」から，「20kmを歩ききる瞬間」までの間だね。

「歩き始める瞬間」は，0時間後だから，$x=0$　……①

じゃあ，「20kmを歩ききる瞬間」はどうかな？　20kmを時速4kmで歩くのにかかる時間は，

$20\div4=5$ (時間) ←（時間）＝（道のり）÷（速さ）

だね！　だから「20kmを歩ききる瞬間」は5時間後だから，$x=5$　……②

①・②より，xのとりうる範囲は，0以上5以下だね！　この変域は，**不等号**（81ページ）を用いて，次のように表せるね！

$0\leqq x\leqq 5$ 答

（数直線：0から5までの区間，x）
数直線ではこのように表すよ！

じゃあ，yの変域はどうかな？

そっちは簡単！　歩いた道のりは，0km以上20km以下だよね。それを，今教えてもらった不等号を使って表すと，

$0\leqq y\leqq 20$ 答

すばらしい！　正解だよ。

例1のyはxの関数であり，「$y=4x$」だったけれど，このxとyには，

$0\leqq x\leqq 5$，$0\leqq y\leqq 20$

という変域があるんだね。一般に，関数の関係を式に表すとき，変数xの変域に制限がある場合は，

$y=4x\quad(0\leqq x\leqq 5)$

というふうに，変域をつけて表すよ。

例2　xの変域が，3以上10未満であることを，不等号を用いて表せ。

不等号は，「≦」「≧」だけとはかぎらないから注意してね。

xは●より大きい ➡ $x>$●
xは■未満 ➡ $x<$■

$3 \leqq x < 10$ 答

この変域を数直線で表すと，右のようになるよ！

変域が端(はし)の値を含むとき(つまり，「以上」や「以下」のとき)は，その値を「•」(黒丸)で表すよ。

3　10　x

また，端の値を含まないとき(つまり，「より大きい」や「より小さい(未満)」のとき)は，その値を「∘」(白丸)で表すよ。

例題 2

容積が40Lである空(から)の水槽(すいそう)に，毎分8Lの割合で，水槽がいっぱいになるまで水を入れる。水を入れ始めてからx分後の水槽の中の水の量をyLとするとき，x，yの変域をそれぞれ求めよ。

解答と解説

毎分8Lずつ水を入れるので，40Lたまるのにかかる時間は，

$40 \div 8 = 5$ (分)

したがって，xの変域は，

$0 \leqq x \leqq 5$ 答

また，水の量が一番少ないときは空，一番多いときは40Lなので，yの変域は，

$0 \leqq y \leqq 40$ 答

「空」は0Lだね！

ポイント　変　域

変域：変数がとることのできる値の範囲。

中学1年　中学2年　中学3年

第2節　比　例

1 比例とその性質

関数の中でも代表的なものの1つに,「比例」があるよ！

例1　1本50円の鉛筆をx本買ったとき，代金の合計はy円。

このようなxとyの間には,

$y=50x$　……①　←（代金の合計）＝（鉛筆1本の値段）×（買う本数）

という関係が成り立つね！　①では，xの値を決めると，それに対応するyの値がただ1つ決まるので，yはxの関数だといえるよね。

①では，xは1，2，3，……など，いろいろな値をとることができるし，yもxの値の変化に対応して変化していくね。そのような「変化する数」を表す文字のことを，**変数**というんだったね。

それに対して，①の式の中で「変化しない数」があるね。「50」のことだよ。これは「50」という決まった値を表しているから，xやyの変化とともにちがう値に変わったりすることはないね！　このような，決まった値を表す，変化しない数のことを，**定数**(ていすう)というんだ。そして，この$y=50x$は,「比例」の関係になっているよ。

> 2つの変数xとyの関係が,
>
> $y=ax$　（ただし，aは0ではない定数）
>
> で表されるとき,「**yはxに比例する**」という。
>
> またこのとき，定数aを**比例定数**(ひれいていすう)という。

xとyは変数だっていうのは，第1節でも学習したからわかっているし，「$y=50x$」の「50」が定数だっていうのもわかるけれど，「$y=ax$」の「a」も定数なの？　文字で表されているから，変数みたいに見える……

文字で表されていたら変数だ，というわけではないんだよ。いくつか比例の例を見てみようか。

例2　$y=5.2x$　（比例定数は5.2）

例3　$y=x$　（比例定数は1）　←「x」は「$1\times x$」だね！

例4　$y=-3x$　（比例定数は-3）　← 比例定数は負の数でもOK

例5　$y=-\dfrac{5}{2}x$　$\left(比例定数は-\dfrac{5}{2}\right)$

例2～**例5**はすべて比例の関係だね。どの例でも，

$y=(0ではない定数)\times x$

という形になっているよね。その「0ではない定数」を，「a」の文字で一般的に表しているだけなんだ。それぞれの例では，「a」にあたる部分は，5.2とか-3とか，決まった値を表していて，変化しないから，変数ではないよ。

ちなみに，もしaが0だったら，「$y=0\times x$」になるから，単に$y=0$だよね。これは比例ではないよ。だから，比例定数aは「0ではない定数」とされるんだ。

なるほど。「yがxに比例する」っていうのは，つまり，「yは，xに（0ではない）定数をかけた値になる」っていうことなのかな？

そういう理解で正しいよ！「定数をかける」ということを，**定数倍**（ていすうばい）といったりもするよ。「y が x に比例する」ということは、「y が x の定数倍になっている（ただし、定数は 0 ではない）」ということだよ。

「比例とはどういうことか」がわかったところで，「比例にはどんな性質があるのか」を見ていこう。**例1**「1本50円の鉛筆をx本買ったとき，代金の合計はy円」のxとyの関係「$y=50x$」を，表で表してみよう♪

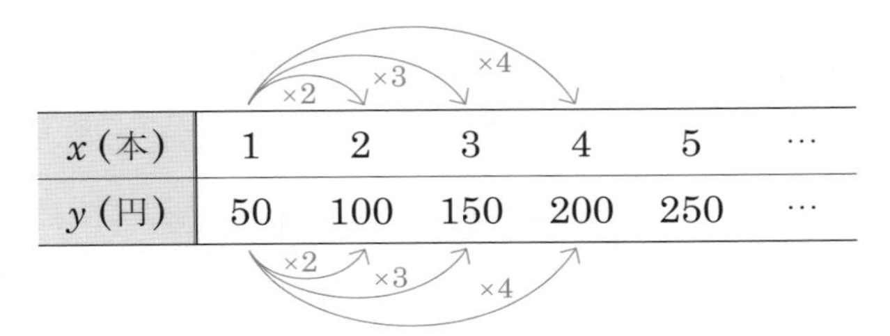

x（本）	1	2	3	4	5	…
y（円）	50	100	150	200	250	…

この表から，次の性質❶がわかるね。

比例の性質❶

xの値が2倍，3倍，4倍，……になると，
yの値も2倍，3倍，4倍，……になる。

また，xが0ではない（$x \neq 0$）とき，$y = 50x$ の両辺をxでわると，

$$\frac{y}{x} = 50$$

もしxが0だと，「0でわる」ことになるからダメ！

となるね。つまり，yをxでわった商はつねに50であるということだよ。

実際，表の値で調べてみると，

$$\frac{50}{1} = 50,\quad \frac{100}{2} = 50,\quad \frac{150}{3} = 50,\quad \cdots\cdots$$

だね。このことから，次の性質❷もわかるよ。

比例の性質❷

対応するxとyの値（ただし，$x \neq 0$）について，
yをxでわった商 $\frac{y}{x}$ の値は一定で，比例定数aに等しい。

この❶・❷は，比例のとても大切な性質だから，きちんと覚えておこう！

例題 1

(1) 次のそれぞれの場合について，yをxの式で表せ。また，yがxに比例するものを選び，その比例定数を答えよ。

① 250ページの本をxページ読んだときの，残りのページ数yページ
② 1個110円の消しゴムをx個買ったときの，代金の合計y円
③ 30kmの道のりを，時速$x$kmで歩くときにかかる時間y時間

(2) 次の表は，yがxに比例する関係を表している。□ にあてはまる数を求めよ。

x	…	−5	…	1	2	3	4	…
y	…	□	…	4	8	12	16	…

解答と解説

(1) ① (残りのページ数)＝(全体のページ数)－(読んだページ数)

であるから，$y=250-x$ 答 ← $y=ax$の形ではないね！

この関係において，yはxに比例しない。

② (代金の合計)＝(1個の消しゴムの値段)×(買った消しゴムの個数)

であるから，$y=110x$ 答 ← $y=ax$の形だね！

この関係において，yはxに比例し，比例定数は110。

③ (時間)＝(道のり)÷(速さ)

であるから，$y=\dfrac{30}{x}$ 答 ← $y=ax$の形ではないね！

この関係において，yはxに比例しない。

以上より，yがxに比例するものは②で，比例定数は110 答

(2) $x=1$のときと，$x=-5$のときの，xの値とyの値をくらべる。 ← 比例の性質❶「xの値が2倍，3倍，4倍，……になると，yの値も2倍，3倍，4倍，……になる」を利用！

$x=1$のとき，$y=4$ ……①

$x=-5$のとき，$y=\square$ ……②

①と②をくらべると，xの値は-5倍になっている。 ← $1\times(-5)=-5$

したがって，yの値も-5倍になるので，

$\square=4\times(-5)=-20$ 答

別解

yはxに比例しているので，対応するxとyの値について，yをxでわった商$\dfrac{y}{x}$の値は一定である。 ← 比例の性質❷を利用！

$x=1$のとき，$y=4$であるから，$\dfrac{y}{x}=\dfrac{4}{1}=4$ ……③

$x=-5$のとき，$y=\square$であるから，$\dfrac{y}{x}=\dfrac{\square}{-5}$ ……④

③と④の値は等しいので， ← ③から比例定数が4だとわかり，④の値も4になるはず，と考えてもいいよ！

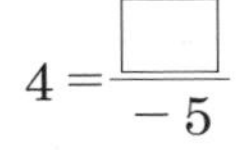

$4=\dfrac{\square}{-5}$

$\square=4\times(-5)=-20$ 答

ポイント 比例とその性質

2つの変数xとyの関係が,

$y=ax$　(ただし,aは0ではない定数)

で表されるとき,「yはxに**比例する**」という。

またこのとき,定数aを**比例定数**という。

比例の性質❶　xの値が2倍,3倍,4倍,……になると,yの値も2倍,3倍,4倍,……となる。

比例の性質❷　対応するxとyの値(ただし,$x \neq 0$)について,yをxでわった商$\dfrac{y}{x}$の値は一定で,比例定数aに等しい。

2 比例の式の求め方

条件が与えられて,その条件から**比例定数**を求め,**比例**の式を答える問題をやってみよう。

例　yはxに比例し,$x=3$のとき,$y=9$である。yをxの式で表せ。

まず,「yはxに比例」するという条件から,求める式は,

$y=ax$　$(a \neq 0)$　……①

という形で表すことができるね。

さらに,「$x=3$のとき,$y=9$」なので,$x=3$,$y=9$を①に代入して「$=$」が成り立つね。$x=3$,$y=9$を①に代入すると,

$9=a \times 3$

$a=3$

(これを「aを未知数とする方程式」と考え,aについて解く(「$a=$●」の形にする)と,比例定数がわかるね!)

したがって,求める式は①より,$y=3x$　**答**

例題 2

yはxに比例し,$x=-4$のとき,$y=40$である。次の問いに答えよ。

(1) yをxの式で表せ。

(2) $x=6$のときのyの値を求めよ。

(3) $y=50$のときのxの値を求めよ。

解答と解説

(1) yはxに比例するので，求める式を$y=ax$ $(a \neq 0)$とおくことができる。
$x=-4$のとき，$y=40$であるから，

$$40=-4a$$
$$a=-10$$

したがって，求める式は，$y=-10x$ 答

(2) $y=-10x$ に$x=6$を代入すると，

$$y=-10\times6=-60$$ 答

(3) $y=-10x$ に$y=50$を代入すると，

$$50=-10x$$
$$x=-5$$ 答

このときのxの値を求めたいのだから，これを「xを未知数とする方程式」だと考え，xについて解けばいい！

ポイント　比例の式の求め方

y が x に比例するとき，$y=ax$ $(a \neq 0)$ と表すことができるので，そこに与えられた x，y の値を代入することで，比例定数 a を求める。

3 座　標

さて，これまでいろいろなことを，**数直線**を用いて目に見えるように表現してきたよね。比例も，目に見える形に表現したいんだけれど，これまで使ってきたような数直線だけでは，比例をうまく表現することはできないんだ。そこで，数直線をパワーアップさせた，新しい道具を手に入れよう。

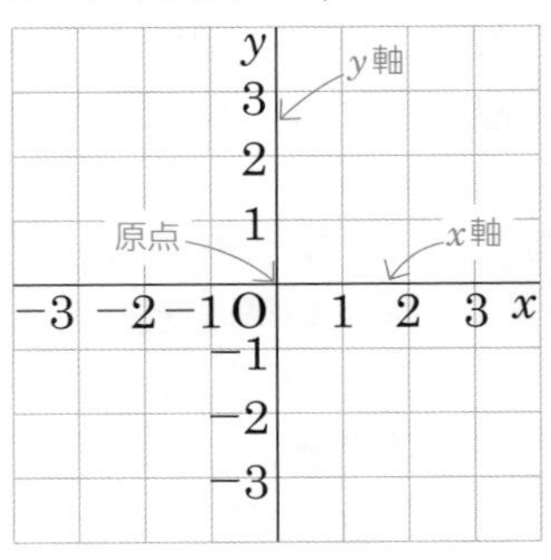

平面(へいめん)（平(たい)らな面）の上で，2本の数直線を，1本は横方向，1本は縦方向に，直角に交わらせてひいてみよう。交わっている点を，それぞれの数直線の「0」の点とするよ。このとき，

❶ 横の数直線：x**軸**(じく)
❷ 縦の数直線：y**軸**
} 両方を合わせて**座標軸**(ざひょうじく)
❸ 座標軸が交わる点O：**原点**(げんてん)

というんだ。

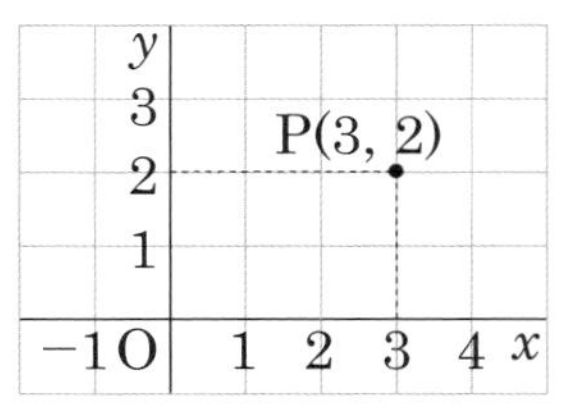

このように座標軸を定めると，たとえば，「xの値が3で，yの値が2」といった，xとyの値の組を，図の中の点として表すことができるんだ。

「$x=3$, $y=2$」というxとyの値の組は，右図の点Pに対応するよ。この点Pは，

点Pからx軸に垂直（すいちょく）にひいた直線と，x軸とが交わる点の目もりが3
点Pからy軸に垂直にひいた直線と，y軸とが交わる点の目もりが2

となっているね。このように，点Pと「$x=3$, $y=2$」とが対応していることを，

P(3, 2)

と表すよ！　そしてこのとき，xとyの値の組 (3, 2) を，点Pの**座標**（ざひょう）というんだ。

> 「$x=3$，$y=2$」という値の組と，点Pとが対応しているとき，
> ❶ 点Pを表すxとyの値の組 (3, 2)：点Pの座標
> ❷ (3, 2) の3：点Pのx座標
> ❸ (3, 2) の2：点Pのy座標
>
> P(3, 2)
> x座標　y座標

点P(3, 2) は，原点Oからx軸方向（右向き）に3，y軸方向（上向き）に2だけ移動した位置を表しているよ！　また，原点Oの座標は，(0, 0) だよ。

このような座標軸の定められた平面のことを，**座標平面**（ざひょうへいめん）というんだ。

座標平面は，2本の座標軸によって，4つの部分に分けられているね。この各部分を，右の図のように，「第1象限（しょうげん）」から「第4象限」と呼ぶよ。

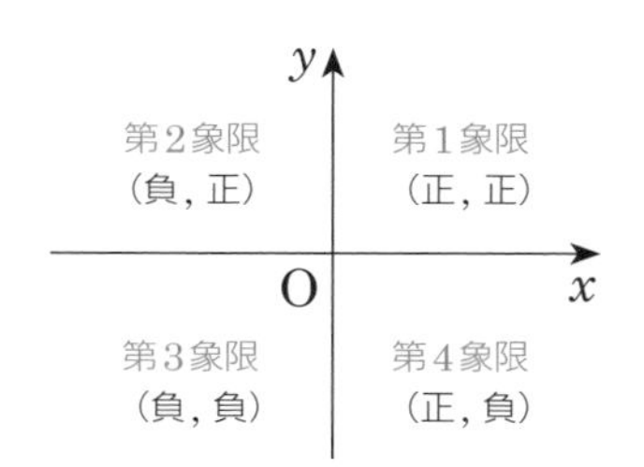

第1象限：x座標は正，y座標も正
第2象限：x座標は負，y座標は正
第3象限：x座標は負，y座標も負
第4象限：x座標は正，y座標は負

ただし，座標軸上の点（x軸の上にある点や，y軸の上にある点）は，どの象限にも属さないものとされるよ。

例題 3

次の各点を，右の座標平面にかき入れよ。

A$(-4, -3)$

B$(1, 0)$

C$(-3, 1)$

D$(2, -2)$

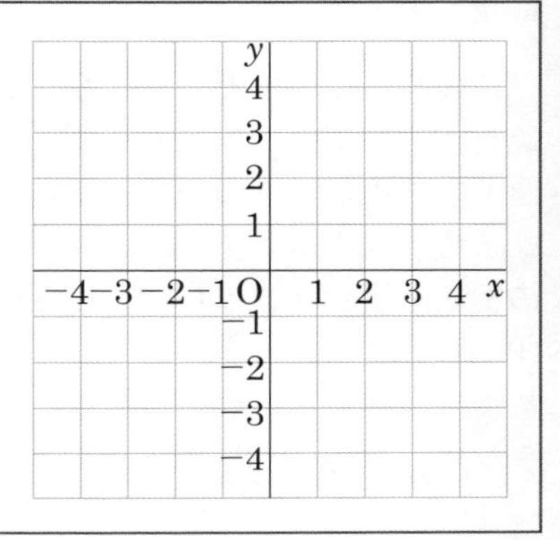

解答と解説

A$(-4, -3)$ は，原点から左に4，下に3の位置。

B$(1, 0)$ は，原点から右に1の位置。

C$(-3, 1)$ は，原点から左に3，上に1の位置。

D$(2, -2)$ は，原点から右に2，下に2の位置。

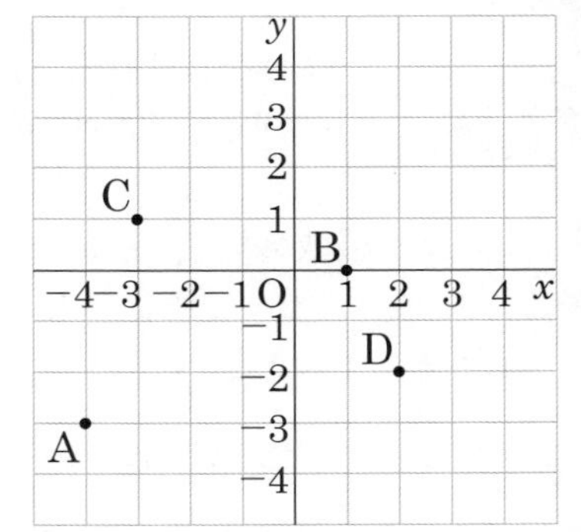

答

ポイント　座標と座標平面

点$\mathbf{P}(\boldsymbol{a}, \boldsymbol{b})$ は，原点$\mathbf{O}(0, 0)$ から，

$\boldsymbol{x}$軸方向（右）に$\boldsymbol{a}$

$\boldsymbol{y}$軸方向（上）に$\boldsymbol{b}$

だけ移動した位置を表す。

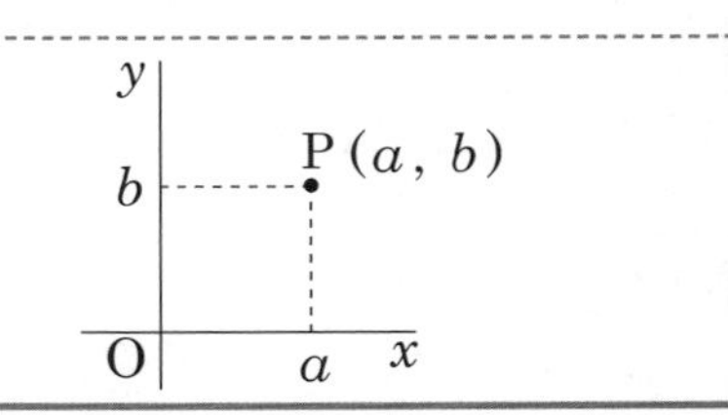

4 比例のグラフ

座標平面という強力な道具を手に入れたので，これを使って，比例を目に見える形で表すことを考えよう！

例 1　$y=3x$

この式のxに-2，-1，0，1，2と値を代入して，それぞれの場合のyの値を求めると，右の表のようになるね。

x	…	-2	-1	0	1	2	…
y	…	-6	-3	0	3	6	…

この表を見ながら，対応する(x, y)の値の組を座標とする点$(-2, -6)$，$(-1, -3)$，$(0, 0)$，$(1, 3)$，$(2, 6)$を座標平面にかき入れよう。それらの点をつなぐと，右の図のような，原点O(0, 0)を通る直線になるよ。

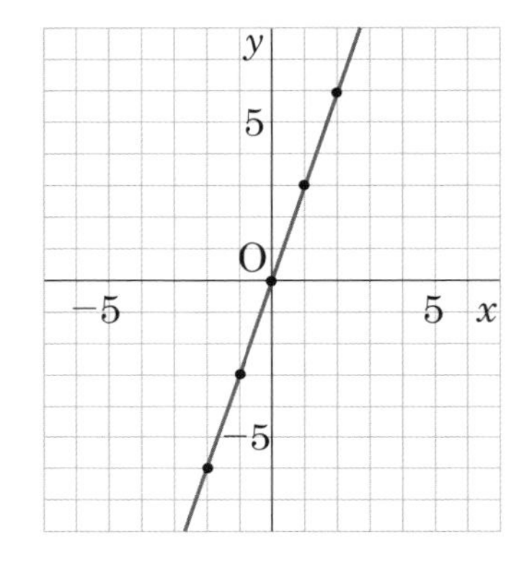

「•」の点が，表の(x, y)の値の組を表しているのはわかるけれど，点と点との間の線は何なの？

表には「xが整数の場合」しかかかれていないよね。でも，xが小数や分数の場合も，対応するyの値は，ただ1つに決まるんだ。たとえば，

$x=-0.1$のとき，$y=3\times(-0.1)=-0.3$ ➡ 座標$(-0.1, -0.3)$

$x=\dfrac{2}{5}$のとき，$y=3\times\dfrac{2}{5}=\dfrac{6}{5}$ ➡ 座標$\left(\dfrac{2}{5}, \dfrac{6}{5}\right)$

こういう小数や分数は，いくらでも細かくとることができる。そして，$y=3x$を満たすどんな(x, y)の座標も，座標平面の上に表すと，右上図の直線の上にあるんだよ。

だから，右上の図の直線は，$y=3x$を満たす，小数も分数も整数も含めたすべての(x, y)の値の組を，座標平面の上に点としてかき入れたときに，現れる図形だと考えることができるよ。$y=3x$を満たす点を，細かくびっしりかき入れていったら，直線状に並んでいたということなんだ。

このように，比例を示す式$y=ax$を満たす点(x, y)の集まりとして，座標平面の上にかかれた直線のことを，比例の**グラフ**というよ。

比例のグラフ

比例の関係 $y=ax$ $(a \neq 0)$ のグラフ

➡ 原点 $\mathrm{O}(0, 0)$ を通る直線

❶ 比例定数 a が正 $(a>0)$ のとき，
グラフは右上がりの直線。
点 $(1, a)$ を通る。
x が増加すると，y も増加する。

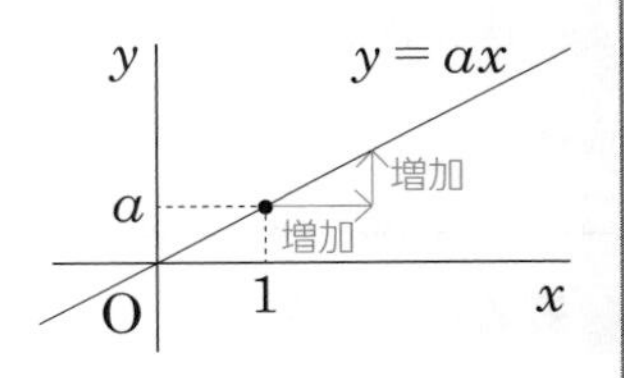

❷ 比例定数 a が負 $(a<0)$ のとき，
グラフは右下がりの直線。
点 $(1, a)$ を通る。
x が増加すると，y は減少する。

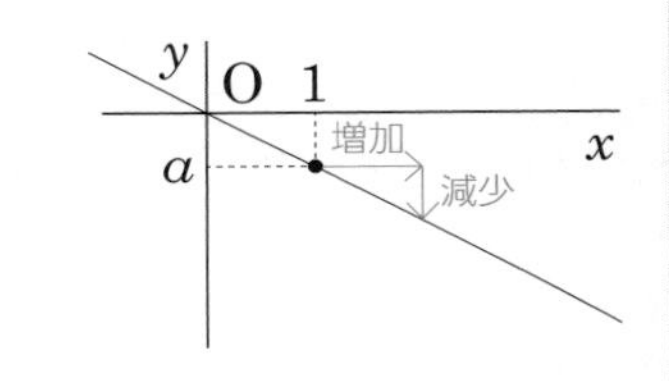

次に，比例のグラフのかき方を見ていこう。

比例のグラフは，直線になるよね。直線は，その直線が通る点が2つわかれば，その2つの点を結ぶことで，正しくひけるんだ。

特に，比例のグラフは，原点 $\mathrm{O}(0, 0)$ を通ることがわかっているよね。だから，原点以外にもう1つ，その比例の関係式を満たす点がわかればいいね！

比例のグラフをかく手順

step 1 原点以外にもう1つ，比例の式を満たす点を求める。

step 2 その点と原点を通る直線をひく。

step 1 は，比例定数が整数のときは，x 座標が1の点を求めるのがおススメだよ。

例2 $y=2x$ のグラフ

$x=1$ のとき，

$y=2\times1=2$

したがって，$y=2x$ のグラフは点 $(1, 2)$ と原点 O の2点を通る直線となるので，グラフは右の図のとおり。

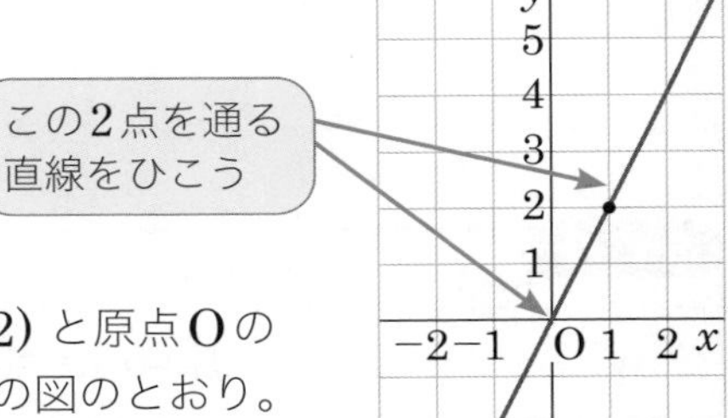

中学1年 中学2年 中学3年

例題 4

次の比例のグラフをかけ。

(1) $y=-3x$　　(2) $y=\dfrac{2}{3}x$

解答と解説

(1) $x=1$のとき，

$$y=-3\times1=-3$$

　したがって，$y=-3x$のグラフは，点$(1,\ -3)$と原点Oを通る直線となる。

(2) $x=3$のとき，

$$y=\frac{2}{3}\times3=2$$

　したがって，$y=\dfrac{2}{3}x$のグラフは，点$(3,\ 2)$と原点Oを通る直線となる。

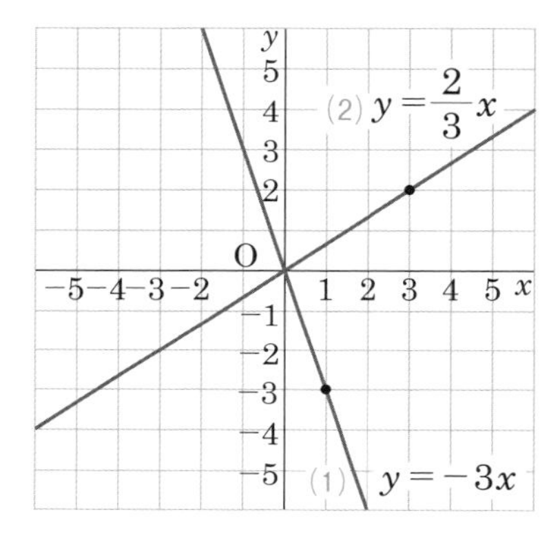

答

先生！　どうして(2)では，$x=1$じゃなくて$x=3$で点をとったの？

$$x=1のとき，y=\frac{2}{3}\times1=\frac{2}{3}$$

となって，通る点の座標が$\left(1,\ \dfrac{2}{3}\right)$と，分数が出てくるね。分数の座標はとりにくいから，整数の座標を出す必要があるんだ。そこで，$y=\dfrac{2}{3}x$でxにかかっている$\dfrac{2}{3}$の分母に注目して，$x=3$のときを考えたんだよ。

ポイント　$y=ax$ のグラフ

$y=ax$ のグラフは，原点Oと点$(1,\ a)$を通る直線。

5 グラフからの比例の式の求め方

4では，**比例**の式が与えられているときに，その式を表す**グラフ**をかく方法を学習したね。今度は，比例のグラフが与えられているときに，そのグラフから比例の式を求める方法を学習するよ。

> **グラフから比例の式を求める**
>
> **step 1**　原点**O**以外に**1**つ，グラフが通っている点の座標を読み取る。
>
> **step 2**　その座標を，$\boldsymbol{y=ax}$ に代入し，$\boldsymbol{a}$ の値を求める。

step 1 は，x座標，y座標ともに整数になる点を探すよ！

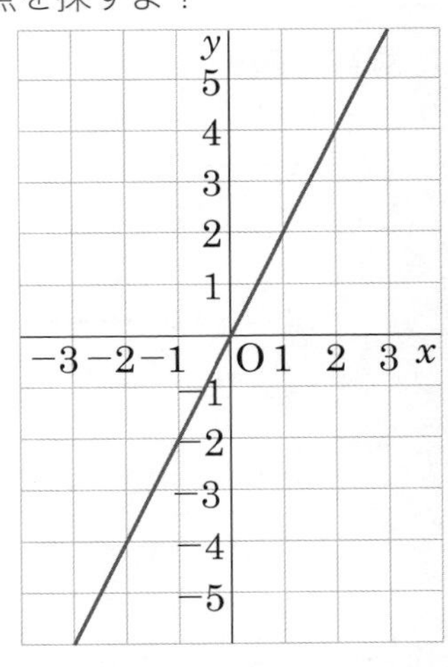

例　**右の図のグラフの式を求めよ。**

まず，右の図は原点を通る直線だから，比例のグラフだとわかり，求める式は，

$y=ax\quad(a \neq 0)$　……①

とおけるね。

もし直線じゃなかったり，原点を通っていなかったりしたら，比例を表すグラフではないから，①のようにはおけないよ。「原点を通る直線だから，比例だな」と，最初にしっかり確認しておこう！

次に，このグラフが点$(1, 2)$を通っていることが読み取れるね。この座標を①に代入して，

$2=a\times1$

$a=2$

したがって，求める式は，

$y=2x$　答

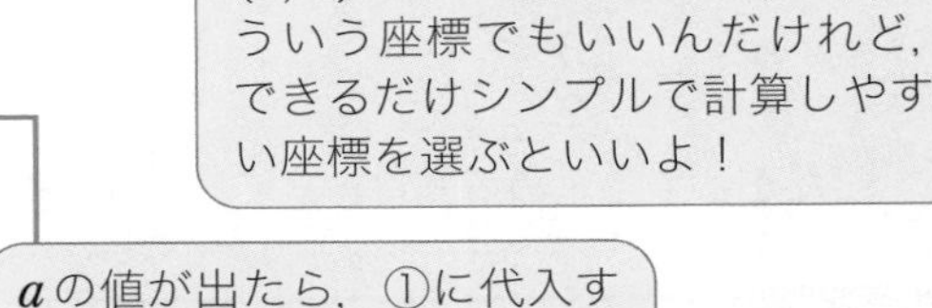

例題 5

右図の①・②のグラフの式を求めよ。

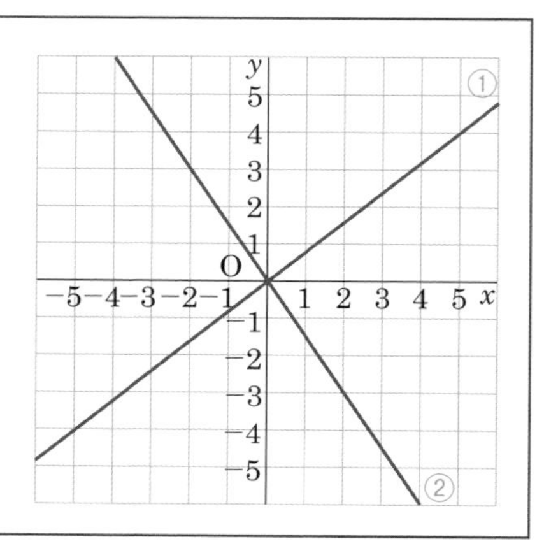

解答と解説

① グラフは原点を通る直線であるから，求める式は，

$y=ax$ ……①

とおくことができる。

さらに，グラフは点(5, 4)を通っているので，①に $x=5$，$y=4$ を代入して，

$4=a\times5$

$a=\frac{4}{5}$

「aについての方程式」と考えて，aについて解こう！

したがって，求める式は，$y=\frac{4}{5}x$ 答

② グラフは原点を通る直線であるから，求める式は，

$y=ax$ ……②

とおくことができる。

さらに，グラフは点(2, −3)を通っているので，②に $x=2$，$y=-3$ を代入して，

$-3=a\times2$

$a=-\frac{3}{2}$

したがって，求める式は，$y=-\frac{3}{2}x$ 答

ポイント グラフからの比例の式の求め方

step 1 原点O以外に1つ，グラフが通っている点の座標を読み取る。

step 2 その座標を，$y=ax$ に代入し，a の値を求める。

第3節 反比例

1 反比例とその性質

第2節では，**関数**の例の1つとして，**比例**をあつかったね。この節では，「反比例」をあつかうよ。反比例も関数の例なんだ。

例1　縦の長さが$x$cm，横の長さが$y$cmの長方形の面積は，24cm^2

この場合は，xとyの間に，

$xy=24$　……①　←（長方形の面積）＝（縦の長さ）×（横の長さ）

という関係が成り立っているね。xが0のときは，①の両辺をxでわることはできないけれど，この場合はxとyをかけて24だから，xは0ではないね。そこで①の両辺をxでわると，

$$y=\frac{24}{x}$$

となるね。これが「反比例」の形だよ！

> **2**つの変数xとyの関係が，
>
> $y=\dfrac{a}{x}$　（ただし，aは**0**ではない定数）
>
> で表されるとき，「**yはxに反比例する**」という。
>
> またこのとき，定数aを**比例定数**という。

$y=ax$ の a は，比例の定数だから「比例定数」だったよね。$y=\dfrac{a}{x}$ の a は，反比例の定数だから「反比例定数」なんじゃないの？

いや，「反比例定数」とはいわないんだよ。この場合も「比例定数」なんだ。

$y=\dfrac{a}{x}$ を変形すると，

$$y=a\times\frac{1}{x}$$

の形になるよね。これは，比例の式 $y=ax$の「x」のところが，xの逆数であ

る「$\dfrac{1}{x}$」に変わった形だよね。だからいいかえると，反比例 $y=\dfrac{a}{x}$ っていうのは，

yが，$\dfrac{1}{x}$（xの逆数）に比例していて，その比例定数がa

というふうにとらえることができるんだよ。これは，

yが，$\dfrac{1}{x}$（xの逆数）の定数倍になっている

ともいえるよね。比例定数aは，0になってはいけないけれど，負の数でも分数でもだいじょうぶだよ！　次の**例2**も**例3**も反比例だよ。

例2　$y=-\dfrac{3}{x}$　（比例定数は-3）

例3　$y=\dfrac{2}{5x}$　$\left(\text{比例定数は }\dfrac{2}{5}\right)$ ←

$y=\dfrac{2}{5}\times\dfrac{1}{x}$ と表すことができて，yが$\dfrac{1}{x}$の定数倍になっているね！

反比例には，どんな性質があるのかな？　**例1**「縦の長さが$x$cm，横の長さが$y$cmの長方形の面積は，24cm^2」のxとyの関係を，表で表してみよう♪

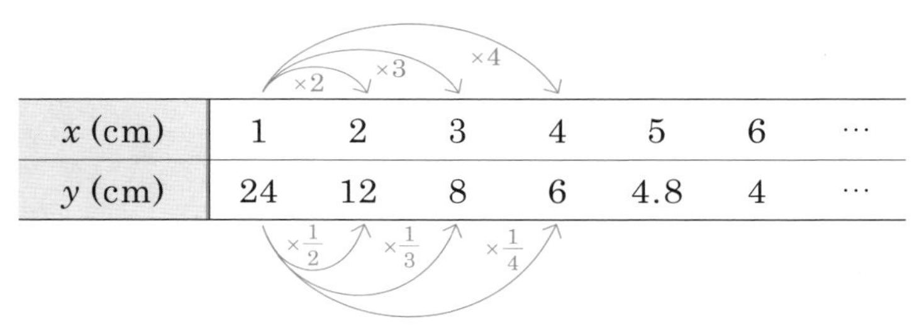

x (cm)	1	2	3	4	5	6	…
y (cm)	24	12	8	6	4.8	4	…

この表から，次の性質❶がわかるね。

反比例の性質❶

xの値が2倍，3倍，4倍，……になると，

yの値は$\dfrac{1}{2}$倍，$\dfrac{1}{3}$倍，$\dfrac{1}{4}$倍，……になる。

また，$y=\dfrac{24}{x}$ はもともと，

$xy=24$

という式だったよね。つまり，xとyの積はつねに24であるということだよ。

実際，表の値で調べてみると，

$1\times24=24,\ \ 2\times12=24,\ \ 3\times8=24,\ \ \cdots\cdots$

だね。このことから，次の性質❷もわかるよ。

反比例の性質❷

対応するxとyの値について，
その積xyの値は一定で，比例定数aに等しい。

この性質❶・❷はとても大切だよ！　覚えて使いこなそうね。

例題 1

(1) 次の①～⑥の中から，yがxに反比例するものを選び，その比例定数を答えよ。

① $y=\dfrac{7}{x}$　② $\dfrac{y}{x}=12$　③ $y=-5x+3$

④ $y=\dfrac{x}{3}$　⑤ $\dfrac{x}{y}=8$　⑥ $xy=14$

(2) 次の表は，yがxに反比例する関係を表している。□にあてはまる数を求めよ。

x	…	-2	-1	0	1	2	3	…
y	…	-9	-18	×	18	9	□	…

解答と解説

(1) ① $y=\dfrac{7}{x}$ は反比例　（比例定数は7）　←　$y=\dfrac{a}{x}$ の形だね！

② $\dfrac{y}{x}=12$ は，両辺にxをかけると，　←　「$y=$●」の形にする

$y=12x$　（比例，比例定数は12）

③ $y=-5x+3$　（比例でも反比例でもない関数）

④ $y=\dfrac{x}{3}$ は，$y=\dfrac{1}{3}x$　$\left(比例，比例定数は\dfrac{1}{3}\right)$

⑤ $\dfrac{x}{y}=8$ は，両辺にyをかけて8でわり，左辺と右辺を入れかえると，

$y=\dfrac{1}{8}x$　$\left(比例，比例定数は\dfrac{1}{8}\right)$

⑥ $xy=14$ は，両辺を x でわると，

「$y=$●」の形にする

$$y=\frac{14}{x}$$ （反比例，比例定数は14）

以上より，y が x に反比例するものは，

① 比例定数は7
⑥ 比例定数は14 } 答

(2) $x=1$ のときと，$x=3$ のときの，y の値をくらべる。

反比例の性質❶「x の値が2倍，3倍，4倍，……になると，y の値は $\frac{1}{2}$ 倍，$\frac{1}{3}$ 倍，$\frac{1}{4}$ 倍，……になる」を利用！

$x=1$ のとき，$y=18$ ……①

$x=3$ のとき，$y=$□ ……②

①と②をくらべると，x の値は3倍になっている。

したがって，y の値は $\frac{1}{3}$ 倍になるので，

$$\square=18\times\frac{1}{3}=6$$ 答

別 解

y は x に反比例しているので，対応する x と y の値について，その積 xy の値は一定である。

反比例の性質❷を利用！

$x=1$ のとき，$y=18$ であるから，$xy=18$ ……③

$x=3$ のとき，$y=$□ であるから，$xy=3\times$□ ……④

③と④の値は等しいので，

$18=3\times$□

③から比例定数が18だとわかり，④の値も18になる，と考えてもいいよ！

□$=6$ 答

ポイント 反比例とその性質

2つの変数 x と y の関係が，

$$y=\frac{a}{x}$$ （ただし，a は0ではない定数）

で表されるとき，「**y は x に反比例する**」，定数 a を**比例定数**という。

反比例の性質❶ x の値が2倍，3倍，4倍，……になると，y の値は $\frac{1}{2}$ 倍，$\frac{1}{3}$ 倍，$\frac{1}{4}$ 倍，……になる。

反比例の性質❷ 対応する x と y の値について，その積 xy の値は一定で，比例定数 a に等しい。

2 反比例の式を求める

条件が与えられて，その条件から比例定数を求め，**反比例**の式を答える問題をやってみよう。

例 yはxに反比例し，$x=3$のとき，$y=9$である。yをxの式で表せ。

yはxに反比例するから，

$$y=\frac{a}{x}\quad(a\neq0)\quad\cdots\cdots①$$

と表すことができるね。さらに，「$x=3$ のとき，$y=9$」であるから，このxとyの値を，①の式に代入すると，

$$9=\frac{a}{3}$$

$$a=27$$

両辺に3をかけて分母をはらい，
左辺と右辺を入れかえる！

したがって，求める式は，$y=\dfrac{27}{x}$ 答

例題 2

yはxに反比例し，$x=3$のとき，$y=-4$である。次の問いに答えよ。

(1) yをxの式で表せ。

(2) $x=-6$のときのyの値を求めよ。

(3) $y=3$のときのxの値を求めよ。

解答と解説

(1) yはxに反比例するので，$y=\dfrac{a}{x}$ $(a\neq0)$ とおくことができる。

$x=3$ のとき，$y=-4$ であるから，

$$-4=\frac{a}{3}$$

$$a=-12$$

$x=3$，$y=-4$を$y=\dfrac{a}{x}$に
代入して，「＝」が成り立つ

したがって，求める式は，$y=-\dfrac{12}{x}$ 答

(2) $y=-\dfrac{12}{x}$ に $x=-6$ を代入すると，

$$y=-\frac{12}{-6}=2$$ 答

中学1年
中学2年
中学3年

(3)　$y=-\dfrac{12}{x}$ に $y=3$ を代入すると，

$$3=-\frac{12}{x}$$

$$3x=-12$$

$$x=-4$$ 答

（両辺に x をかけて分母をはらう）

ポイント　反比例の式の求め方

y が x に反比例するとき，$y=\dfrac{a}{x}$　$(a \neq 0)$ と表すことができるので，そこに与えられた x，y の値を代入することで，比例定数 a の値を求める。

3 反比例のグラフ

次に，**反比例のグラフ**について考えていこう。

例1　$y=\dfrac{8}{x}$

x の値と y の値がどのように対応するのか，表をつくってみよう。y が整数の値になるように，x のところに8の約数を代入して，それぞれの場合の y の値を出すと，次のようになるね。

x	…	-8	-4	-2	-1	0	1	2	4	8	…
y	…	-1	-2	-4	-8	×	8	4	2	1	…

この表の $(x,\ y)$ の値の組を座標とする点を，座標平面上にとっていくと，右の図のようになるよ。

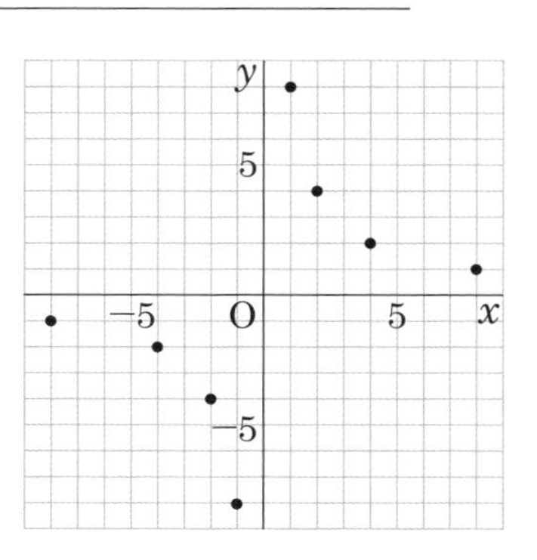

これらの点を，直線でつないでいけば，反比例のグラフになるの？

そうかな？　比例のときは，すべての点が1本の直線上に並んでいたけれど，右上の図では，各点は直線上に並んではいないよね。

xもyも整数にならないものも含めて，座標平面上にもっとたくさん点をとると，なめらかにつながった，右図のような曲線になるんだ！

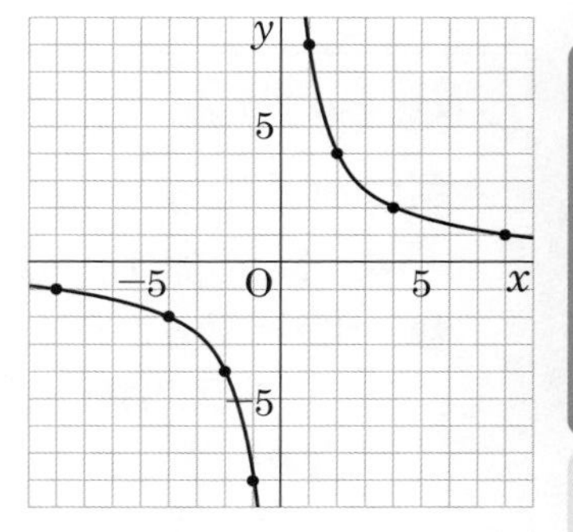

この曲線が，$y=\dfrac{8}{x}$ という反比例の関係を満たす点 $(x,\ y)$ の集まり，つまり，反比例 $y=\dfrac{8}{x}$ のグラフだよ。

反比例のグラフは，このように，2つの部分からなるなめらかな曲線になるんだ。このような曲線を，**双曲線**というよ！

この曲線の端っこのほう，どうなっているのかよくわからないんだけど……。

グラフの右端のほうでは，xの値が大きくなればなるほど，yの値は小さくなり，0に近づいているね。同じように，グラフの左端のほうでは，xの値が小さくなればなるほど，yは0に近づいているね。でも，yが0になることはないんだ。

このグラフが表すxとyの関係は $y=\dfrac{8}{x}$ だから，もしyが0になるとしたら，

$$0=\frac{8}{x}$$

を満たすようなxの値がある，ということになるね。でも，x にどんな数を代入しても，$\dfrac{8}{x}$ が 0 になることはないね。だから，$y=\dfrac{8}{x}$ で $y=0$ になることはないよ。

今度は，グラフの上のほうを見てごらん。xの値が正の側から0に近づけば近づくほど，yは限りなく大きくなっていくね。また，グラフの下のほうを見ると，xの値が負の側から0に近づくほど，yは限りなく小さくなっているね。でも，x が 0 になることはないよ。

反比例では，$y=0$となることも，$x=0$となることもないんだ。それは，反比例の双曲線は，x軸ともy軸とも交わらないということだよ。反比例のグラフをかくとき，この特徴には気をつけよう！

反比例のグラフ

反比例の関係 $y=\dfrac{a}{x}$　$(a \neq 0)$ のグラフ

➡ 2つの部分からなるなめらかな曲線（**双曲線**）

❶ 比例定数 a が正 $(a>0)$ のとき，

グラフは第1象限と第3象限にある曲線。

それぞれの象限の中では，x が増加すると，y は減少する。

❷ 比例定数 a が負 $(a<0)$ のとき，

グラフは第2象限と第4象限にある曲線。

それぞれの象限の中では，x が増加すると，y も増加する。

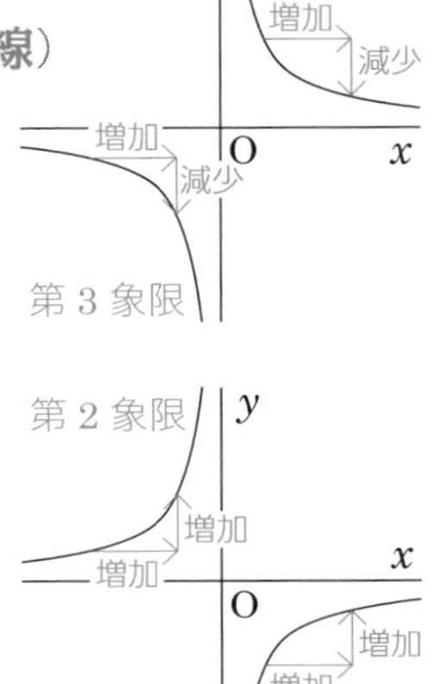

反比例のグラフは，次のような手順でかくことができるよ！

反比例のグラフをかく手順

step 1 いくつかの対応する x，y の値を求めて表をつくる。

step 2 表の値の組を座標とする点をとる。

step 3 とった点をなめらかな曲線で結ぶ。

例2 $y=-\dfrac{6}{x}$ のグラフ

step 1 まずは，x も y も整数になるような値の組を表にしよう。

x	…	-6	-3	-2	-1	0	1	2	3	6	…
y	…	1	2	3	6	×	-6	-3	-2	-1	…

step 2 比例定数が負の値だから，第２象限と第４象限に点が並ぶよ。

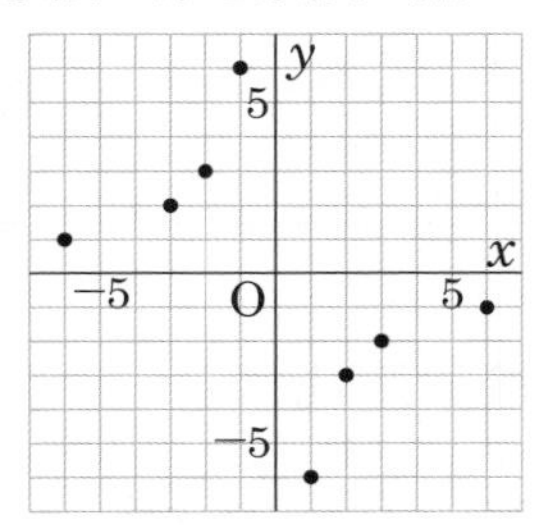

step 3 点をなめらかに結ぼう！

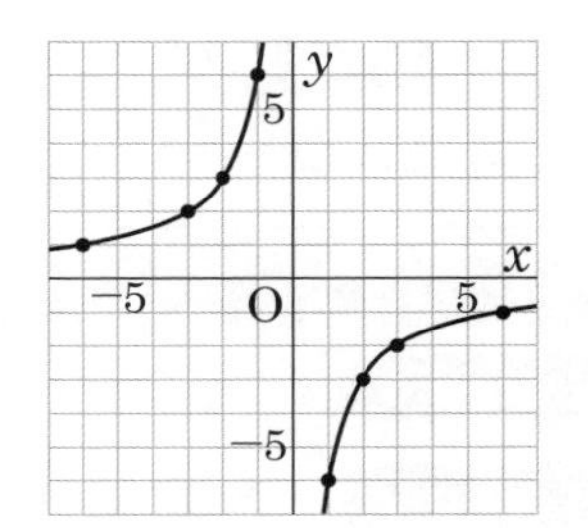

例題 3

関数 $y=\dfrac{12}{x}$ のグラフをかけ。

解答と解説

関数 $y=\dfrac{12}{x}$ は，反比例だよね！

x	…	−12	−6	−4	−3	−2	−1	0	1	2	3	4	6	12	…
y	…	−1	−2	−3	−4	−6	−12	×	12	6	4	3	2	1	…

これらの x，y の組を点にとって，なめらかに結ぶ！

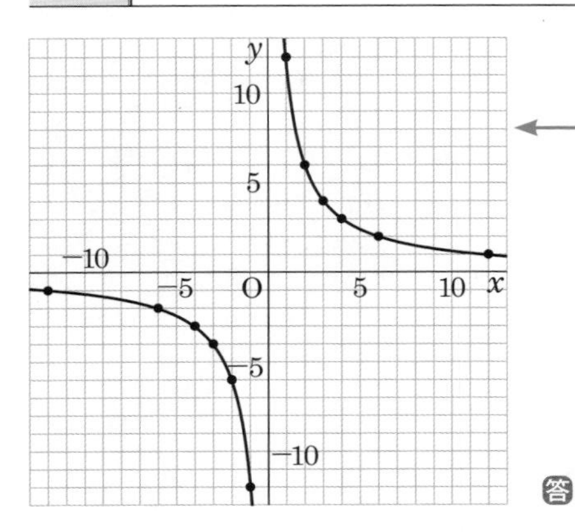

答

ポイント $y=\dfrac{a}{x}$ のグラフ

$y=\dfrac{a}{x}$ のグラフは，**双曲線**。

4 グラフから反比例の式を求める

今度は，反比例のグラフが与えられているときに，そのグラフから反比例の式を求める方法をまとめておくよ。

グラフから反比例の式を求める

step 1 グラフが通っている1点の座標を読み取る。

step 2 その点の座標を $y=\dfrac{a}{x}$ に代入し，a の値を求める。

step 1 は，x 座標，y 座標ともに整数になる点が望ましいよ！

例 右の図のグラフの式を求めよ。

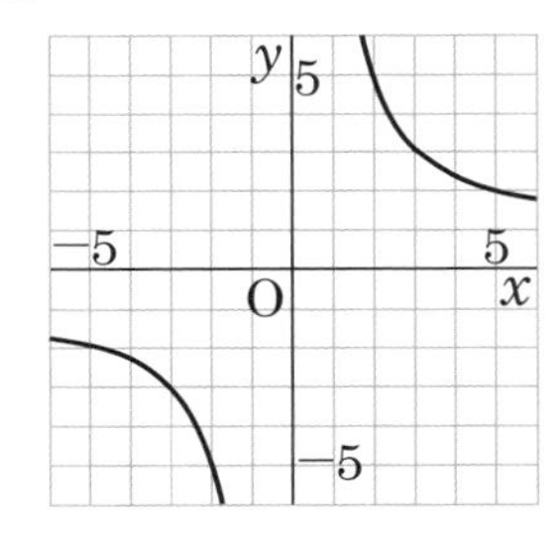

まず，グラフが第1象限と第3象限の双曲線になっているね。だから，このグラフは反比例（比例定数は正）を表していることがわかり，求める式は，

$$y=\frac{a}{x}\quad (a>0)\quad \cdots\cdots①$$

とおけるね。

次に，このグラフが点 $(5,\ 2)$ を通っているので，$x=5$，$y=2$ を①に代入して，

他に，$(2, 5)$ でもいいね。$(-5,\ -2)$，$(-2,\ -5)$ も悪くないけれど，「−」がからまないほうがシンプルに計算できるよ！

$$2=\frac{a}{5}$$

$$a=2\times5$$

$$=10\quad (a>0\text{という条件に適する})$$

したがって，求める式は，$y=\dfrac{10}{x}$ 答

例題 4

右の図のグラフの式を求めよ。

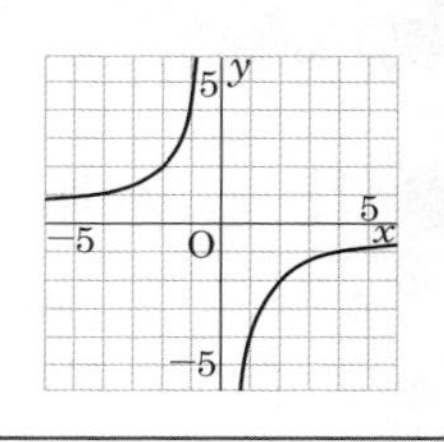

解答と解説

このグラフは双曲線であるから，求める式は，

$$y=\frac{a}{x} \quad \cdots\cdots ①$$

← 146ページでやった a の符号の確認は，自分でわかれば，答案にはかかなくてもいいよ

とおくことができる。

さらに，グラフは点$(1, -4)$を通っているので，①に $x=1$，$y=-4$ を代入して，

$$-4=\frac{a}{1}$$

$$a=-4$$

したがって，求める式は，$y=-\frac{4}{x}$ 答

双曲線の形だったら，求める式を $y=\frac{a}{x}$ とおいて，通る点から比例定数 a の値を求めればいいんだね♪　双曲線の形は特殊(とくしゅ)だから，グラフが双曲線かどうかは見分けやすいね！

ポイント グラフから反比例の式を求める

step 1　グラフが通っている1点の座標を読み取る。

step 2　その点の座標を $y=\frac{a}{x}$ に代入し，a の値を求める。

第 4 節　比例と反比例の利用

1　比例の利用

この節では，**比例・反比例**の関係を利用して解く応用問題を見ていくよ。比例の関係を利用して解く問題には，次のようなものがあるよ。

例題 1

右の図の三角形ABCは，底辺8cm，高さ6cmの三角形である。点Pは，点Bを出発して辺BC上を点Cまで動く。点Pが点Bから$x$cm進んだときの三角形ABPの面積を$y\text{cm}^2$とするとき，次の問いに答えよ。

(1)　yをxの式で表せ。
(2)　xの変域を求めよ。
(3)　xとyの関係をグラフに表せ。

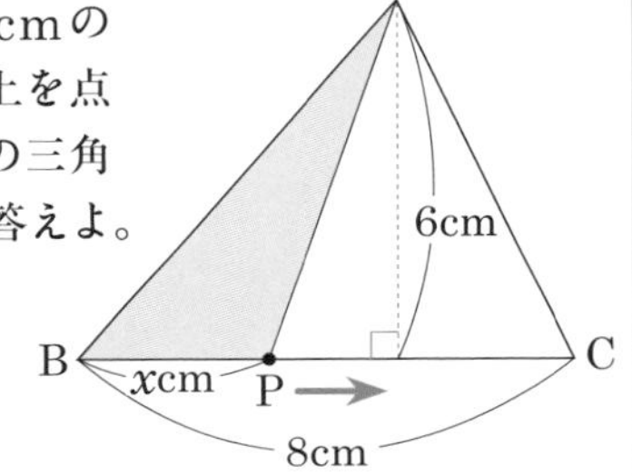

考え方

(1)　「yをxの式で表せ」とは，「三角形ABPの面積を，BPの長さを用いて，式で表せ」ということだね！　これは，

$$(\text{三角形の面積})=(\text{底辺})\times(\text{高さ})\times\frac{1}{2}$$

を利用すればいいよ。

(2)　文章題で**変域**（122ページ）を調べるときは，「一番小さくなるのはどんなときか」と，「一番大きくなるのはどんなときか」を考えてみるといいよ！

(3)　(1)で求めた式を表すグラフを，(2)で求めた変域の範囲内でかけばいいよ。変域の外は，グラフをかかないか，または点線にしよう！

解答と解説

(1)　$(\text{三角形ABPの面積})=\text{BP}\times(\text{高さ})\times\frac{1}{2}$ であるから，

$$y=x\times6\times\frac{1}{2}$$

$$y=3x$$ 答

(2)　点Pは点Bから点Cまで動くから，
xの変域は，

$0 \leqq x \leqq 8$ 答

x(＝BP)が一番小さくなるのは，点Pが点Bからまったく離れていないとき(BP＝0)だね。一番大きくなるのは，点Pが点Cに到着したとき(BP＝BC＝8)だね！

(3)　(1)より，xとyは $y=3x$ の関係であり，そのグラフは原点を通る直線となる。

$y=ax$ の形だから，比例だとわかるね！

xの変域は，(2)より $0 \leqq x \leqq 8$

$x=0$のとき，$y=0$ ← xが一番小さいときのyの値

$x=8$のとき，$y=24$ ← xが一番大きいときのyの値

したがって，xとyの関係を表すグラフは，原点O(0, 0) と点(8, 24) を通る直線のうち，$0 \leqq x \leqq 8$ の部分となる。そのグラフは次の図のようになる。

グラフの一方の端は原点O(0, 0) で，もう一方の端は点(8, 24) だとわかったね。その2点を結ぼう！

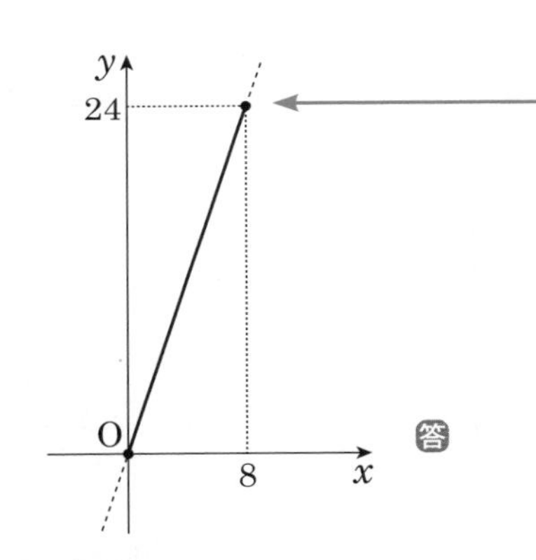

答

変域の両端(りょうたん)の点を調べることで，「どこからどこまでのグラフをかくか」という範囲がわかるだけでなく，直線が通る点もわかるから，グラフをかくことができるね。この問題では，変域の不等号が「≦」だから，端の点を含むということで，端の点を「•」で表すよ！

ポイント　**比例を利用する問題**

問題文から，比例の関係を読み取り，変域に注意してグラフをかく。

2　反比例の利用

反比例の関係を利用して解く問題には，次のようなものがあるよ！

例題 2

右の図は，関数 $y=\frac{a}{x}$ のグラフであり，2点 P(2, 6)，Q(4, 3) はその関数のグラフ上の点である。このとき，次の問いに答えよ。

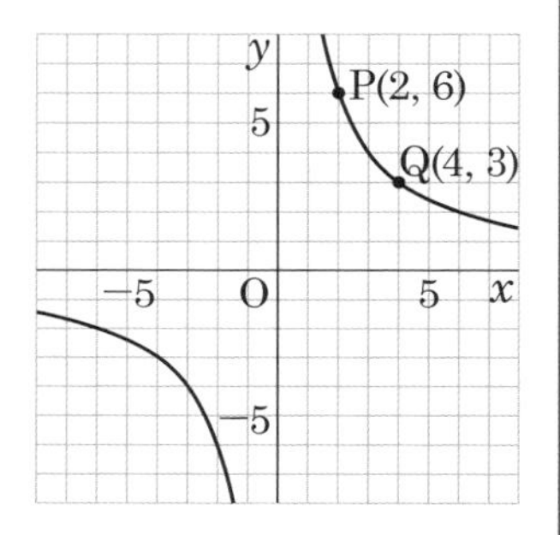

(1) aの値を求めよ。

(2) グラフ上の点で，x座標，y座標がともに整数である点は何個あるか。

(3) 点Pから，x軸と直角に交わる直線をひき，その直線とx軸とが交わる点をAとする。また，同じ点Pからy軸と直角に交わる直線をひき，その直線とy軸とが交わる点をBとする。同じように点Qからも，x軸と直角に交わる直線と，y軸と直角に交わる直線をそれぞれひき，x軸と交わる点をC，y軸と交わる点をDとする。このとき，長方形OAPBの面積と，長方形OCQDの面積を求めよ。

考え方

(1) 関数 $y=\frac{a}{x}$ は，反比例を表しているよね。通る点の座標を代入すれば，比例定数aはわかるよね。

(2) 第3節の **3** で，反比例のグラフをかくために，xとyの値が整数になるような(x, y)の値の組を見つけて表にしたよね（142ページ）。xのところに，比例定数の約数を代入すると，yが整数になるんだよね！ 負の整数もあることに気をつければ求められるよ。ただ，解答ではちょっとちがう解き方を紹介してみるよ。

(3) 実際に，問題文の指定どおりにていねいに図をかいてみよう。この問題の場合，単位は問題文で特に指定されていないので，単位なしで答えればいいよ。

解答と解説

(1) $y=\frac{a}{x}$ のグラフは，点P(2, 6) を通っているので，

$$6=\frac{a}{2}$$ ← $x=2$，$y=6$ を $y=\frac{a}{x}$ に代入

$a=12$ 答

(2) グラフが表す関数は，(1)より，

$$y=\frac{12}{x} \quad \cdots\cdots①$$

①の両辺にxをかけて，$xy=12$

かけて12になる整数 $(x,\ y)$ の値の組は，

①の式で，yを整数にするxの値は，
$x=1,\ 2,\ 3,\ 4,\ 6,\ 12,$
$-1,\ -2,\ -3,\ -4,\ -6,\ -12$
として，それぞれのときのyの値を求める，という方法でももちろんOK♪

$(x,\ y)=(1,\ 12),\ (2,\ 6),\ (3,\ 4),\ (4,\ 3),\ (6,\ 2),\ (12,\ 1),$
$(-1,\ -12),\ (-2,\ -6),\ (-3,\ -4),\ (-4,\ -3),\ (-6,\ -2),$
$(-12,\ -1)$

したがって，求める個数は12個　答

(3) 右の図において，

(長方形OAPBの面積)
$=\mathrm{OA}\times\mathrm{OB}$
$=$(点Pのx座標)×(点Pのy座標)
$=2\times6$
$=12$　答

(長方形OCQDの面積)
$=\mathrm{OC}\times\mathrm{OD}$
$=$(点Qのx座標)×(点Qのy座標)
$=4\times3$
$=12$　答

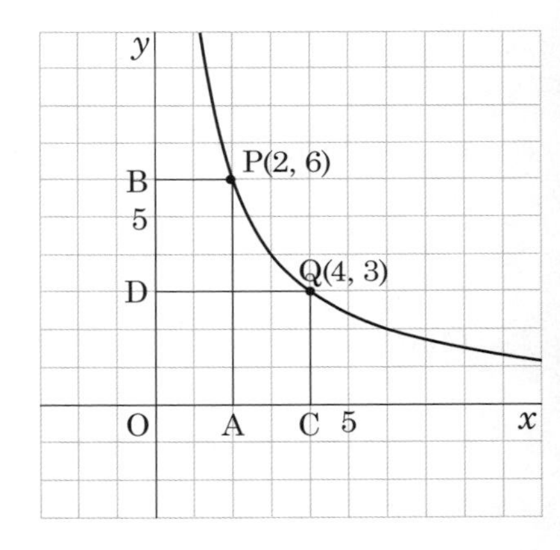

あれ？ (3)は，ちがう形の長方形なのに，同じ面積になった。これって偶然？

これは偶然じゃないんだ。反比例の性質にもとづく，おもしろいところだよ。

(3)の2つの長方形の面積は，どちらも次の形で表されたね。

(長方形の面積)＝(グラフ上の点のx座標)×(グラフ上の点のy座標)

ここで，第3節の1で学習した，反比例の性質❷（139ページ）を思い出してみよう。反比例 $y=\frac{a}{x}$ は，分母をはらうと $xy=a$ に変形できるから，対応するxとyの積xyの値は一定で，比例定数aに等しいんだよね！　この **例題2** だと，比例定数は12だから，

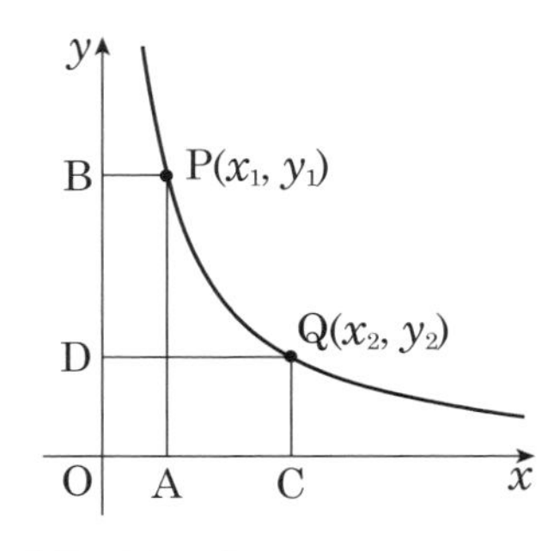

（グラフ上の点のx座標）×（グラフ上の点のy座標）はすべて12になるんだよ。

式で説明してみるよ。一般に，$y=\frac{a}{x}$という反比例のグラフ上に，右図のように点Pと点Qをとって長方形をつくることを考えてみよう。

点P(x_1, y_1)とすると，

（長方形OAPBの面積）$=x_1y_1$ ← 「$x_1 \times y_1$」のこと

点Q(x_2, y_2)とすると，

（長方形OCQDの面積）$=x_2y_2$ ← 「$x_2 \times y_2$」のこと

そして，点P(x_1, y_1)は$y=\frac{a}{x}$のグラフ上にあるので，

$y_1=\frac{a}{x_1}$　すなわち，$x_1y_1=a$

点Q(x_2, y_2)も$y=\frac{a}{x}$のグラフ上にあるので，

$y_2=\frac{a}{x_2}$　すなわち，$x_2y_2=a$

長方形OAPBの面積も，長方形OCQDの面積も，比例定数aの値と同じになるんだ。これはつまり，反比例のグラフ上にどんな点をとって長方形をつくっても，面積は一定になるということを意味しているよ。長方形の面積が同じになるのは，偶然ではないんだね！

ちなみに，今は比例定数$a>0$のグラフで，第1象限だけを考えたから，aもx座標もy座標も正の数だったけれど，$a<0$だったり，x座標やy座標が負の数になったりする場合もあるよ。そのときは，長さや面積が負の数になるのはおかしいから，**比例定数の絶対値**で考えればいいからね！

ポイント　反比例を利用する問題

1つの反比例のグラフ上にあるどの点を用いて長方形をつくっても，面積はつねに比例定数の絶対値に等しく，一定である。

第 1 節　直線と角

1　直線・線分・半直線

ここからは新しい章だ。**平面図形**（へいめんずけい），つまり，平面（平らな面）の上にある図形の考え方を身につけていくよ！　まずは，いろいろな言葉を覚えて，使いこなせるようになろう。

図形の中でも，最も基本的なものに，**直線**がある。直線とは，限りなくのびている，まっすぐな線のことだよ。

直線が2点A，Bを通っているとき，その直線を「直線AB」と呼ぶよ。

また，直線の横に「ℓ」などの名前をかきこんで，「直線ℓ」と呼ぶこともあるよ。

直線ABがあるとき，その中でも点Aから点Bまでの部分は，**線分**（せんぶん）ABというよ。また，直線ABのうち，点Aを出発点にして，点Bの方向に限りなくのびた部分のことを，**半直線**（はんちょくせん）ABと呼ぶんだ。

どこまでものびているものが「直線」，両端が限られている場合は「線分」，片方の端だけが限られている場合が「半直線」と覚えればいいよ！

A　B
直線AB

ℓ
直線ℓ

A　B
線分AB

A　B
半直線AB

例題 1

右の図のように，3点A，B，Cがある。次の問いに答えよ。

(1)　**これらの点のうち2点を通る直線は，全部で何本ひけるか。**

(2)　**線分BCをかけ。**

(3)　**半直線CAをかけ。**

A
B
C

考え方

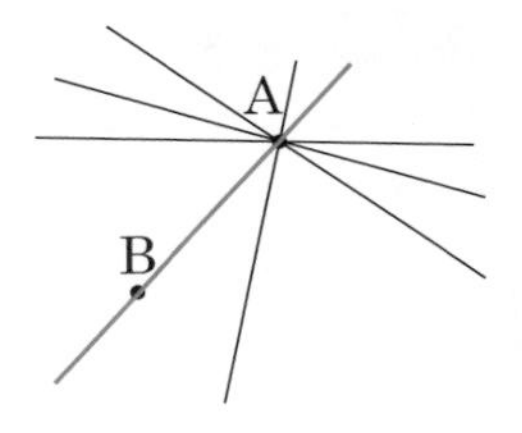

たとえば，「点Aを通る直線をかけ」といわれたら，右の図のように，いくらでもかくことができる。でも，「点Aと点Bを通る直線をかけ」といわれたら，そんな直線は1本しかないよね！

解答と解説

(1)　2点を通る直線は，直線AB，直線BC，直線CAの3本　答

(2)　　　　　　　　　　　　　(3)

ポイント　直線・線分・半直線

❶ **直線**：まっすぐに限りなくのびている線。

❷ **線分**：直線の一部分で，両端のあるもの。

❸ **半直線**：直線の一部分で，一方の点を端として，もう一方に限りなくのびたもの。

2　2本の直線の関係

2本の直線があるとき，その直線どうしの位置関係として，とても特徴的なものが2パターンあるよ。「垂直(すいちょく)」と「平行(へいこう)」だ。

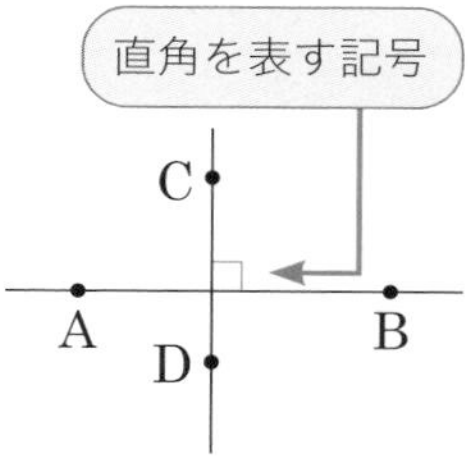

直角を表す記号

C　A　B　D

パターン1　直線ABと直線CDが交わってできる角が直角であるとき

➡「直線ABと直線CDは**垂直**である」といい，次のように表す。

$$AB \perp CD$$

また，2本の直線が垂直であるとき，その一方を，もう一方の**垂線**(すいせん)というんだ。つまり，直線ABと直線CDが垂直であるとき，直線ABは直線CDの垂線であり，逆に，直線CDが直線ABの垂線でもある，ということだよ。

パターン2　直線ABと直線CDが交わらないとき

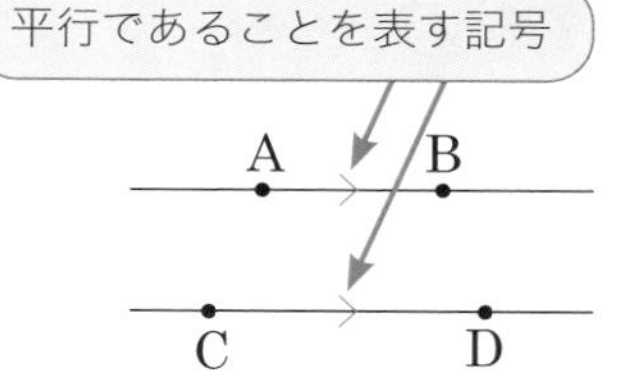

➡「直線ABと直線CDは**平行**である」といい，次のように表す。

$$AB \,//\, CD$$

さて，右の図のように，直線ℓと，その直線上にない点Pがあるとしよう。直線ℓの上にいろいろな点をとって，それらの点と，点Pを線分で結んでごらん。できる線分のうち，一番短いものはどれかな？

一番短い線分は，右の図のように，点Pから直線ℓに垂線をひいて，その交点をHとしたときの線分PHだよね！ このときの線分PHの長さを，点Pと直線ℓとの距離というよ。また，このときの点Hのように，垂線が直線と交わる点のことを，垂線の足（あし）と呼んだりもするよ！

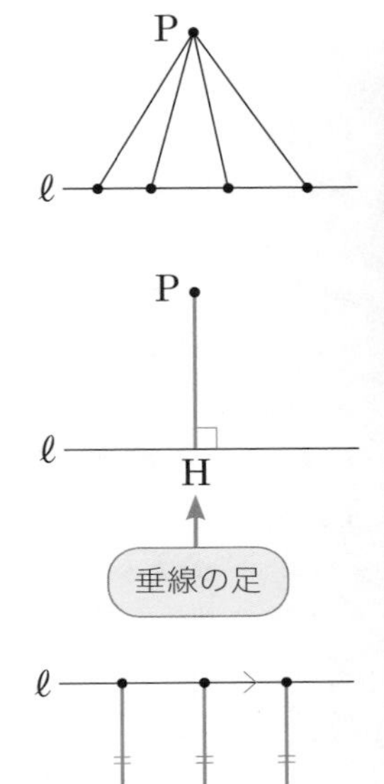

今，点と直線との距離について学習したけれど，今度は，直線と直線との距離を見てみるよ。

右の図のように，2直線ℓ，mが平行のとき，直線ℓ上のいろいろな点から，直線mに垂線をひいて，線分の長さをくらべてみよう。どの点からでも，直線mとの距離が一定になっていることがわかるよね。

この一定の距離を，平行な2直線ℓ，mの距離というよ！

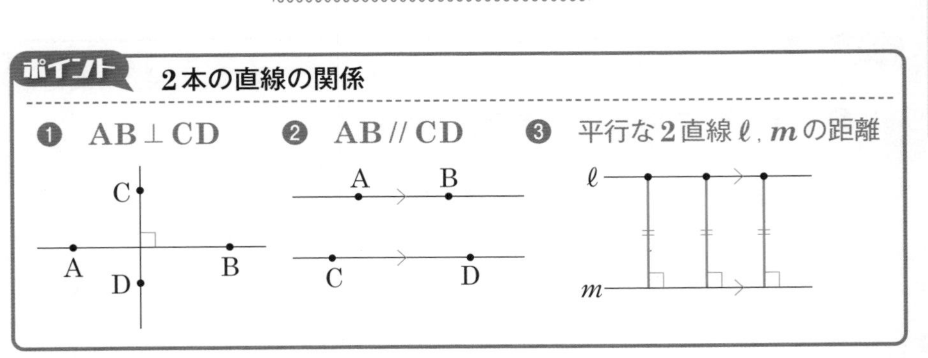

3 角と三角形

右下の図のように，1つの点Bから，半直線BAと，別の半直線BCをひいてみよう。このようなとき，1つの点からひいた2本の半直線のつくる図形を，**角**（かく）というよ。右の図のような角は，

$\angle$ABC（「角ABC」と読む）

または，

$\angle$CBA（「角CBA」と読む）

と表すよ！

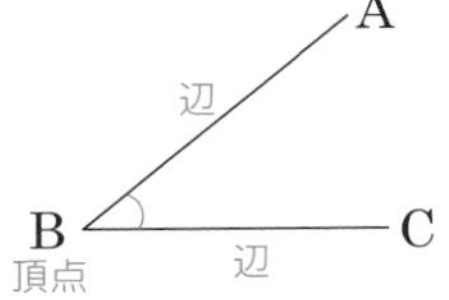

まぎらわしくならないのであれば「∠B」でもOKだけれど，たとえば右の図のような場合だと，「∠B」では∠ABDを表すのか，∠CBDを表すのか，∠ABCを表すのか，わからないね。こんなときは，「∠B」と表すのはよくないよ。

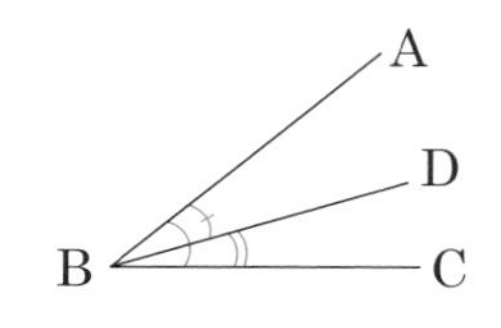

次に，BAとBCを，半直線ではなく線分にしてみよう。AとCを点としてとって，それぞれを線分でつなぐと，**三角形**ができるね！　このような，3点A，B，Cを**頂点**（ちょうてん）とする三角形は，次のように表すよ！

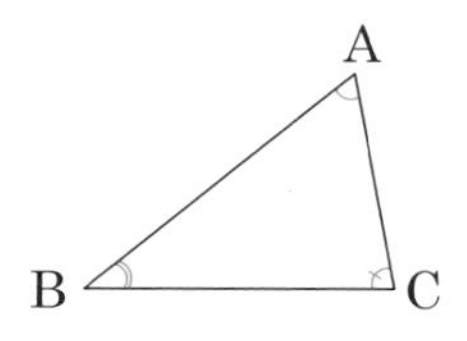

△ABC

いくつかの線分で囲まれた図形のことを，一般に**多角形**（たかくけい）というんだけれど，三角形は，多角形の中で最も簡単な図形なんだよ。その分，いろいろな性質が知られていて，図形について考えるときの基本になるんだ。

三角形の内側には，3つの角があるね。この3つの角の大きさをたすと，180°になり，そのことは次のように表すよ！

$$\angle A + \angle B + \angle C = 180^\circ$$

ポイント　**角と三角形**

❶ **角** ➡ 右図のような角を，∠ABCまたは∠CBAと表す。

❷ **三角形** ➡ 3点A，B，Cを頂点とする三角形を，△ABCと表す。

3つの角の和は180°である。

$$\angle A + \angle B + \angle C = 180^\circ$$

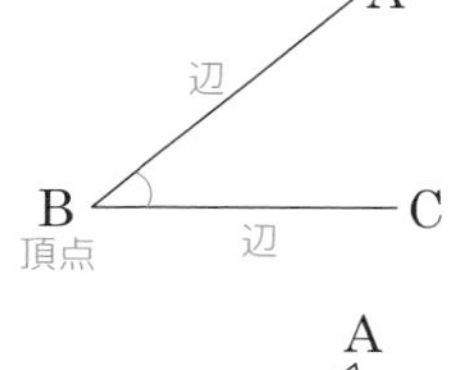

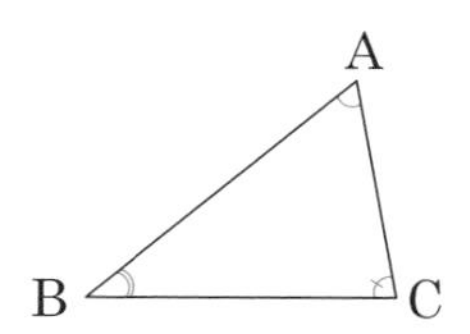

第2節 図形の移動

1 平行移動

ある図形を，形や大きさを変えずに，他の位置に移すことを，**移動**（いどう）というよ。この節では，平面の上での図形の移動について学習しよう。

移動の大原則として，ある図形と，その図形を移動させただけの図形は，**合同**（ごうどう）だよ。合同とは，ぴったりと重ね合わせることができる図形であるということ。つまり，図形を移動させても，対応する辺の長さや角の大きさは変わらないんだ。

さて，図形の移動にはいくつかの種類があるんだけれど，その中でも，平面上で，図形を一定の方向に，一定の長さだけずらして移すことを，**平行移動**（へいこういどう）というんだ。三角形を使って平行移動を見てみると，次のことがいえるよ！

△ABCと，これを矢印の方向に$a$cmだけ平行移動させた△A′B′C′について，

❶ 対応する2点を結ぶ線分は，平行で，長さが等しい。

AA′ // BB′ // CC′

AA′ = BB′ = CC′ = a (cm)

❷ 対応する図形の辺は，平行で，長さが等しい。

AB // A′B′，BC // B′C′，CA // C′A′

AB = A′B′，BC = B′C′，CA = C′A′

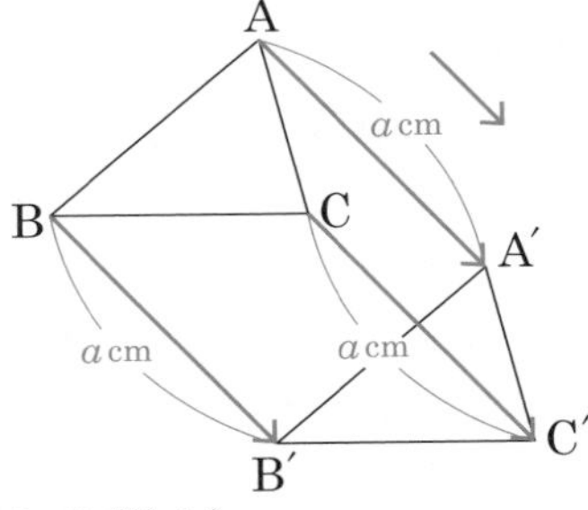

これは，△ABCと△A′B′C′が合同だからだね

例 右の図の直角三角形PQRは，直角三角形ABCを平行移動させたものである。AB＝5cm，BC＝4cm，CA＝3cm，AP＝5cmのとき，4つの頂点A，B，Q，Pがつくる図形の名称を答えよ。

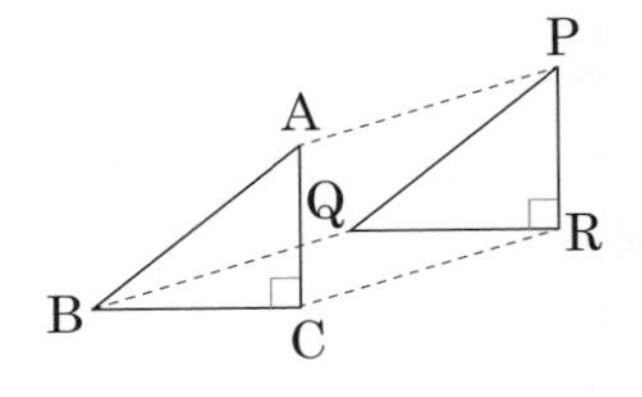

四角形ABQPを見てみよう。平行移動によってできる図形だから，

AP // BQ，AB // PQ

わかった！　四角形ABQPは平行四辺形(へいこうしへんけい)だ！　だって，2組の向かい合う辺が，それぞれ平行になっているもん！

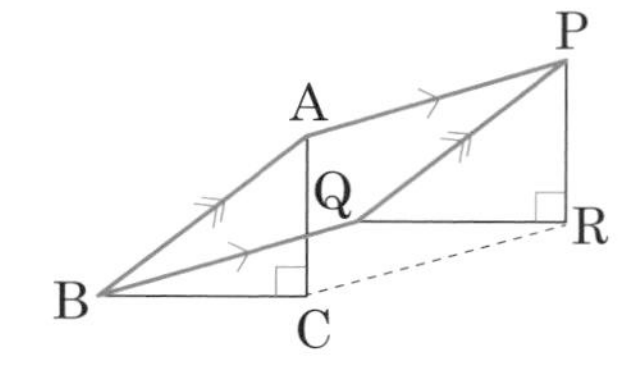

おお，平行四辺形がどういう図形なのか理解していて，なかなかいいね！でも，それだけかな？　辺の長さはどうなっているか，考えてごらん。

まず，向かいあう1組の辺，ABとPQに注目しよう。△PQRは，△ABCを移動させた図形だから，△ABCと合同だね。ということは辺PQの長さは，対応する辺ABと等しく，

AB＝PQ＝5 cm　……①

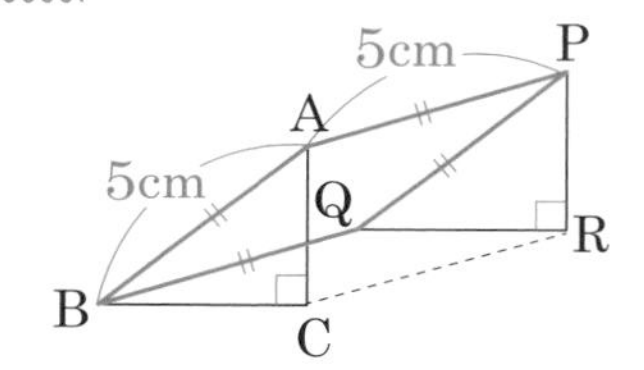

次に，向かいあうもう1組の辺，APとBQに注目しよう。△ABCの頂点Aは，△PQRの頂点Pに対応していて，△ABCの頂点Bは，△PQRの頂点Qに対応しているね。だから，辺APは対応する2点A，Pを結ぶ線分であり，辺BQも，対応する2点B，Qを結ぶ線分だね。平行移動では，対応する2点を結ぶ線分は，(平行であるだけでなく)長さが等しいから，

AP＝BQ＝5 cm　……②

①・②より，四角形ABQPは，4辺の長さがすべて等しい。そんな四角形のことを，**ひし形**というよね！

さっき「平行四辺形」と答えてくれたけれど，平行四辺形の中でも，4辺すべての長さが等しいものが「ひし形」だ。「平行四辺形」よりも「ひし形」のほうが，正確な答えになるんだね。できるだけ正確に答えたほうがいいから，ここでの答えは「ひし形」だよ。 答

例題 1

右の図は，合同な(ア)〜(ク)の8個の直角二等辺三角形を並べて，正方形ABCDをつくったものである。

(ア)の三角形を1回の平行移動でぴったり重ねることのできる三角形は(イ)〜(ク)のどれか答えよ。

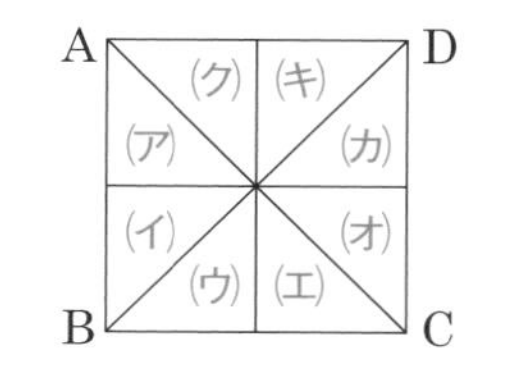

解答と解説

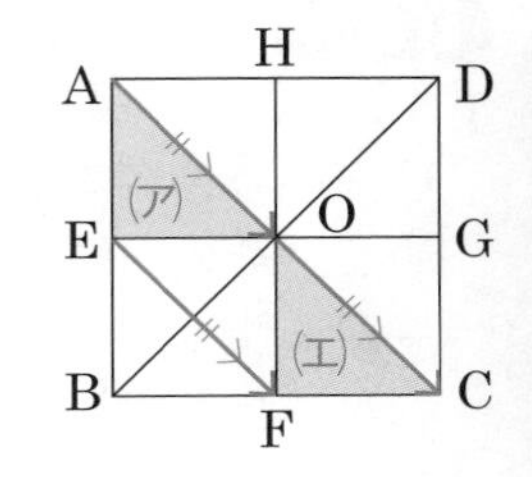

右の図のように，各点に記号を定める。

(ア)の△AEOと，(エ)の△OFCに着目すると，

AO // EF // OC

AO = EF = OC

△AEOと△OFCで，対応する2点AとO，EとF，OとCを結ぶ線分AO，EF，OCは，それぞれ平行で，長さが等しくなっている。

したがって，(ア)を平行移動させて重ねることができる図形は，(エ) 答

平行移動では，対応する2点を結ぶ線分は平行で，長さが等しい

ポイント 平行移動

△ABCと，これを平行移動させた△A′B′C′について，

❶ 対応する2点を結ぶ線分は，平行で，長さが等しい。

AA′ // BB′ // CC′

AA′ = BB′ = CC′

❷ 対応する図形の辺は，平行で，長さが等しい。

AB // A′B′，BC // B′C′，CA // C′A′

AB = A′B′，BC = B′C′，CA = C′A′

2 回転移動

別の移動のしかたを見てみよう。平面上で図形を，1つの点を中心として，一定の角度だけ回して移すことを，**回転移動**（かいてんいどう）というよ。このとき，中心とした点は，**回転の中心**というんだ。図をかきながら理解していこう！

例1 右の図の△ABCを点Oを中心として矢印の方向に60°回転移動させてできる△A′B′C′を，定規とコンパスを使ってかけ。ただし，60°は分度器を使ってはかってよいものとする。

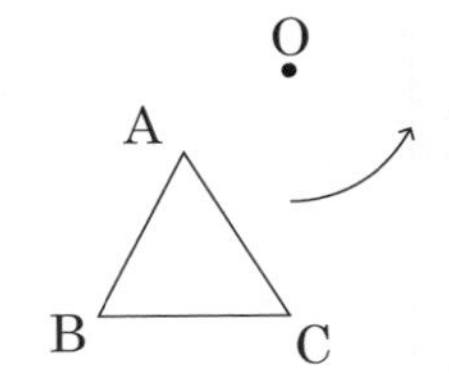

step 1　まず，点Oと点Aを結ぶよ。次に，コンパスで線分OAの長さをとり，点Oを中心として，OAを半径とする円をかこう。その円周上に，∠AOA′＝60°（分度器を使う）となるような点A′をとるね。これが，△ABCの頂点Aを60°回転させた点だよ！

step 2　同様にして，線分OBの長さをとり，点Oを中心に，OBを半径とする円をかこう。その円周上に，∠BOB′＝60°となるような点B′をとると，この点B′が，△ABCの頂点Bを60°回転させた点になるよ！

step 3　頂点Cについても，同様に，点Oを中心に線分OCを半径とする円をかき，その円周上に，∠COC′＝60°となるような点C′をとろう。この点C′が，△ABCの頂点Cを60°回転させた点だ。

step 4　最後に，3点A′，B′，C′を結んでできあがりだ!!

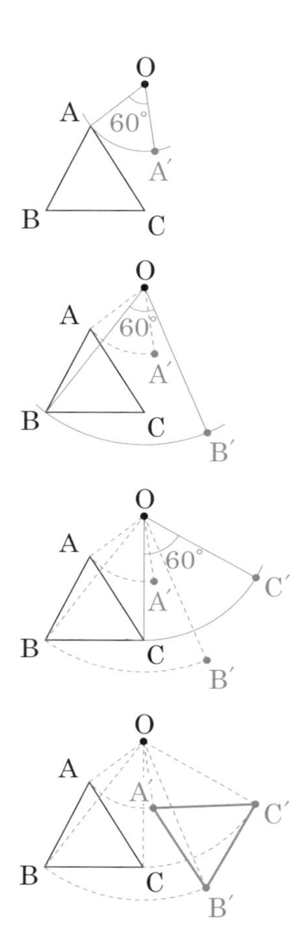

この**例1**では60°の回転だったけれど，ほかの角度の回転でも，同じように図をかくことができるからね！　回転移動については，一般に次のことがいえるよ。

△ABCと，これを点Oを中心に**回転移動**させた△A′B′C′について，

❶　対応する2点は，回転の中心から等しい距離にある。

OA＝OA′，OB＝OB′，
OC＝OC′

❷　対応する点と，**回転の中心**とを結んでできる角（**回転角**（かいてんかく））は，すべて等しい。

∠AOA′＝∠BOB′＝∠COC′

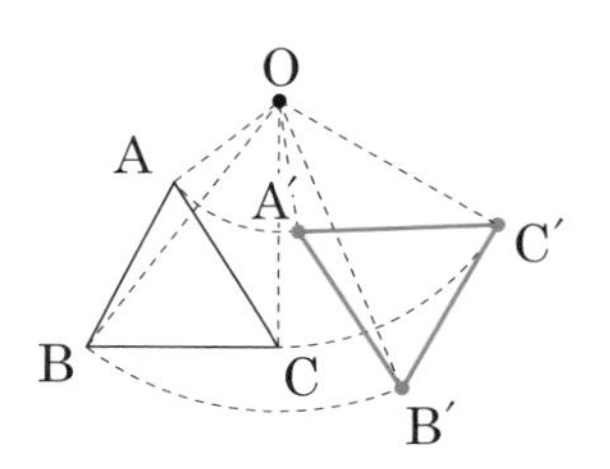

例2　△ABCを，点Oを中心に180°回転移動させた△PQRを，定規とコンパスを使ってかけ。

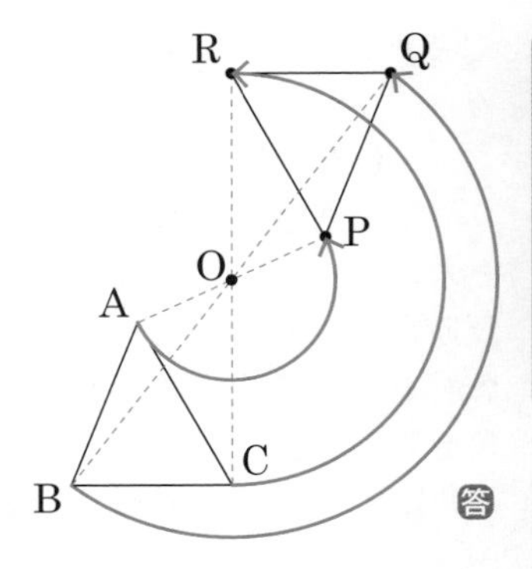

△ABCと△PQRは，回転の中心である点Oをはさんで向きあい，真逆（まぎゃく）になっているね。このように180°回転移動させることを，特に**点対称移動**（てんたいしょういどう）というよ！「対称（たいしょう）」とは，対応しながら向きあっていることだと思ってくればいいよ。

例題 2

右の図は，合同な(ア)〜(ク)の８個の直角二等辺三角形を並べて，正方形ABCDをつくったものである。

(ア)の三角形を，点Oを回転の中心とする１回の回転移動でぴったり重ねることのできる三角形は(イ)〜(ク)のどれか，すべて答えよ。

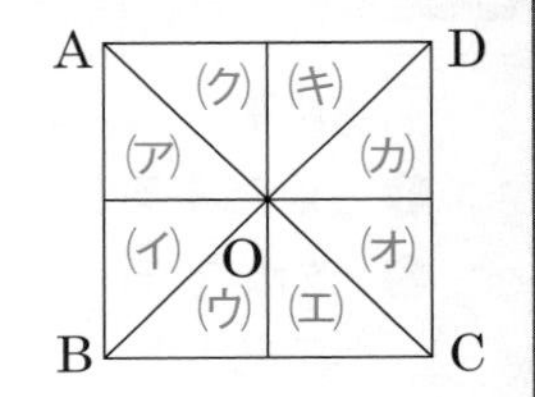

解答と解説

右の図のように，各点に記号を定める。

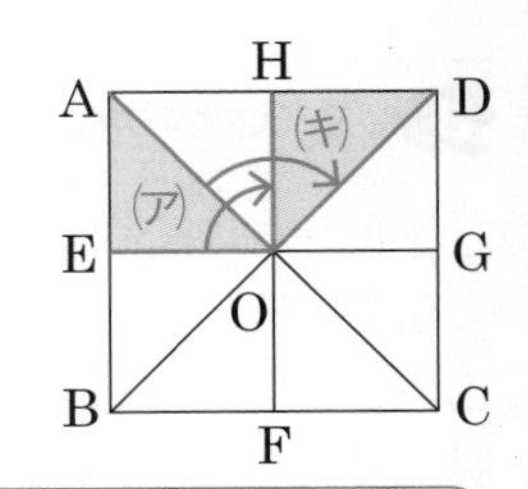

(ア)の△AEOと，(キ)の△DHOに着目すると，

$OA=OD,\ OE=OH$

$\angle AOD=\angle EOH=90°$

なので，△AEOは，点Oを中心として時計回り（時計の針の回転と同じ向き）に90°回転移動させると，△DHOにぴったり重ねることができる。

回転移動では，対応する2点は，回転の中心から等しい距離にあり，回転角は等しい

次に，(ア)の△AEOと，(オ)の△CGOに着目すると，

$OA=OC,\ OE=OG$

$\angle AOC=\angle EOG=180°$

なので，△AEOは，点Oを中心として時計回りに180°回転移動させると，△CGOにぴったり重ねることができる。

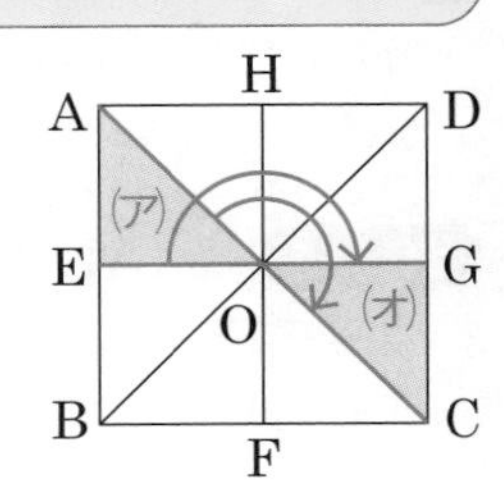

さらに，(ア)の△AEOと，(ウ)の△BFOに着目すると，

$$OA = OB,\ \ OE = OF$$
$$\angle AOB = \angle EOF = 90^\circ$$

となっているので，△AEOは，点Oを中心として反時計回り（時計の針の回転と反対の向き）に90°回転移動させると，△BFOにぴったり重ねることができる。

以上より，(ウ)・(オ)・(キ) **答**

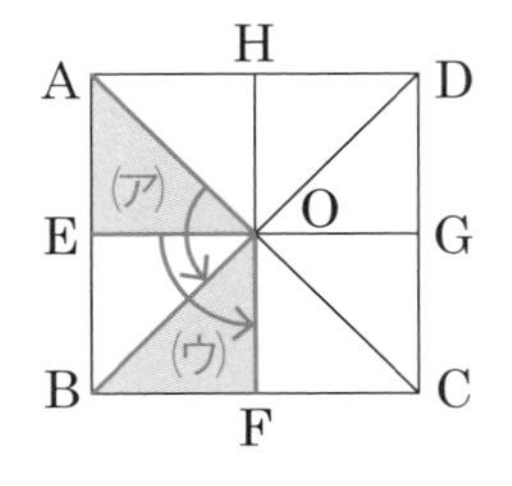

ポイント　回転移動

ある図形と，これを**回転移動**させた図形について，

❶ 対応する2点は，回転の中心から等しい距離にある。

❷ 対応する点と，**回転の中心**とを結んでできる角（**回転角**）は，すべて等しい。

3 対称移動

平面上で図形を，1つの直線を折り目として折り返して移すことを，**対称移動**（たいしょういどう）というよ。このときの折り目とした直線を，**対称の軸**という。どういうことか，いっしょにかきながら理解していこう！

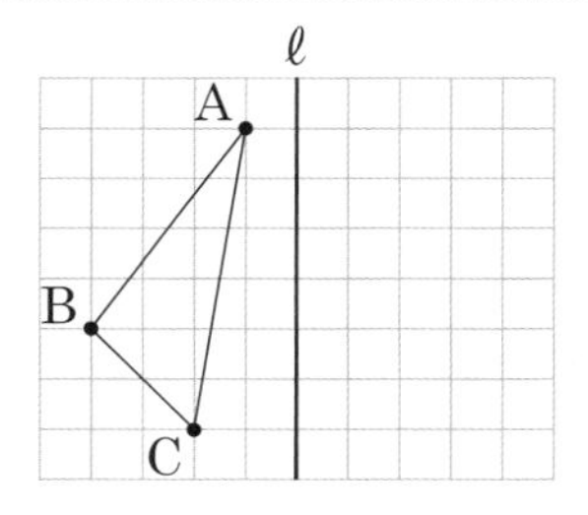

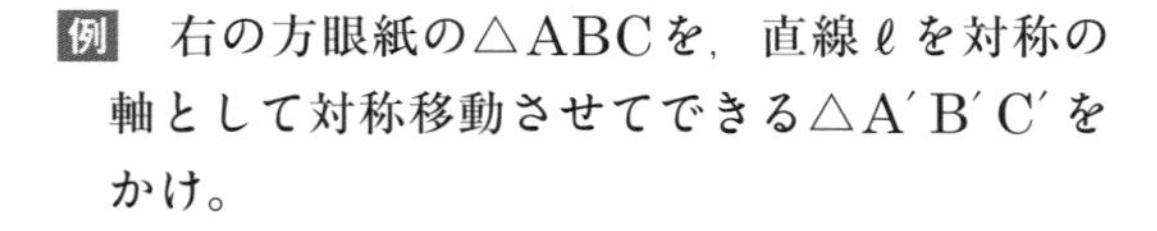

例　右の方眼紙の△ABCを，直線ℓを対称の軸として対称移動させてできる△A′B′C′をかけ。

step 1　△ABCの頂点Aから，直線ℓに垂線をひくよ。この垂線と直線ℓとの交点をPとしよう。そして，この垂線上に，AP＝A′Pとなる点A′をとると，これが，直線ℓに関して点Aと対称な位置にある点となるよ！

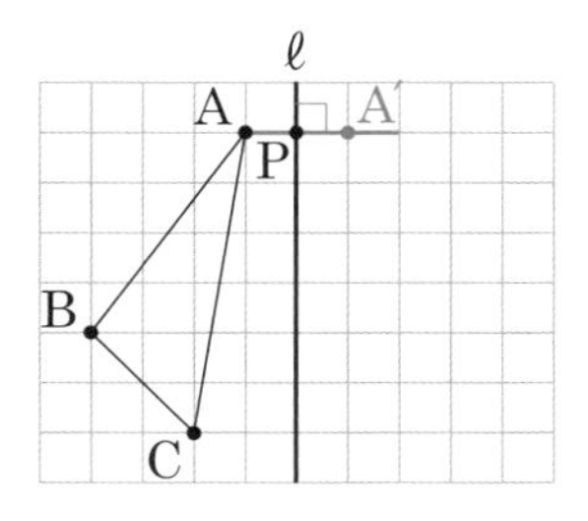

step 2 同様にして，頂点Bから直線ℓに垂線をひき，直線ℓとの交点をQとする。この垂線上に，BQ＝B′Qとなる点B′をとると，この点が，直線ℓに関して点Bと対称な位置にある点だよ！

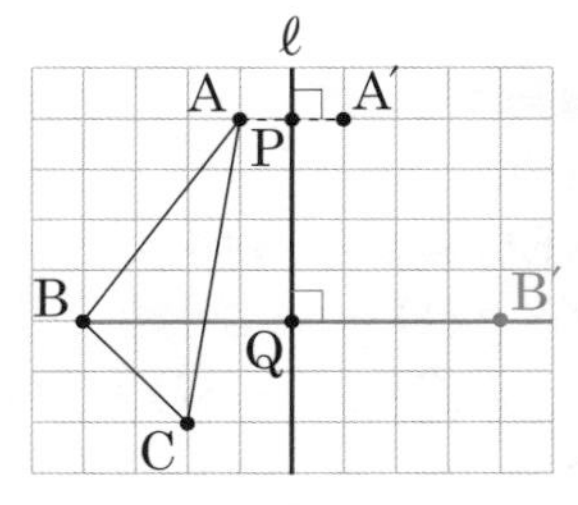

step 3 頂点Cについても，同様に，点Cから直線ℓに垂線をひき，直線ℓとの交点をRとして，垂線上にCR＝C′Rとなる点C′をとる。この点C′が，直線ℓに関して点Cと対称な位置にある点だ。

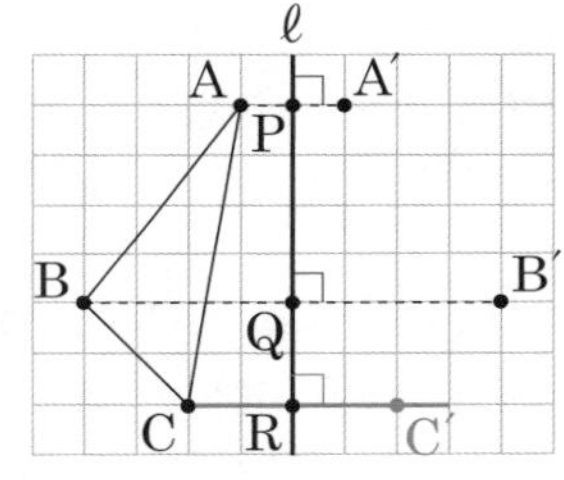

step 4 最後に，3点A′，B′，C′を結んでできあがりだよ。

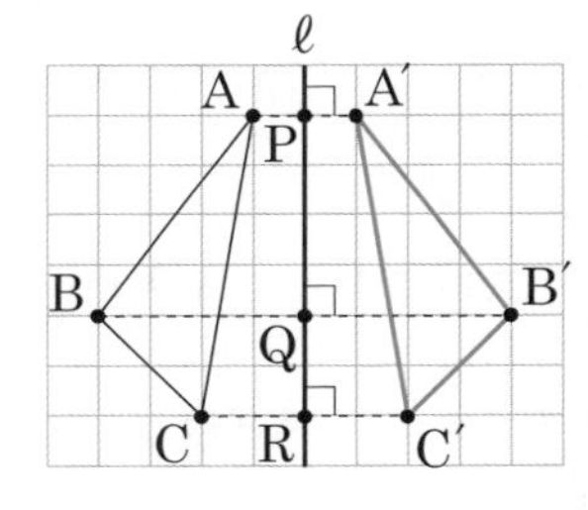

「対称移動」は，点をはさんだ「点対称」ではなく，直線をはさんだ**線対称**（せんたいしょう）だと思ってもらえばいいよ。1本の直線をはさんで，向こう側に，図形をひっくり返して移動させるんだ。

対称移動については，一般に次のことがいえるよ。

対称移動の対称の軸は，対応する2点を結ぶ線分を，垂直に2等分する。

AA′⊥ℓ，AP＝A′P

BB′⊥ℓ，BQ＝B′Q

CC′⊥ℓ，CR＝C′R

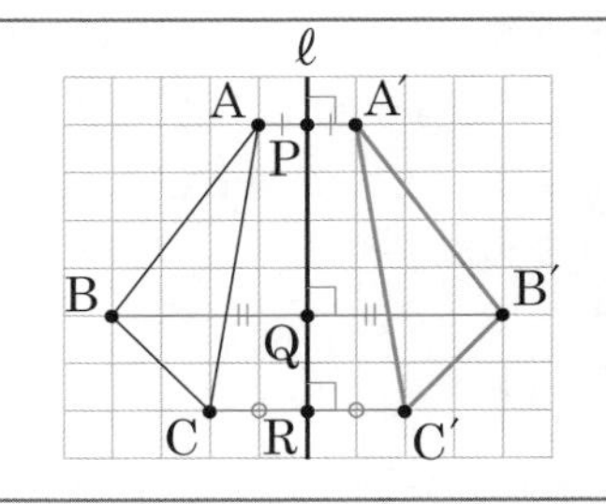

例題 3

右の図は，合同な㋐～㋗の8個の直角二等辺三角形を並べて，正方形ABCDをつくったものである。

㋐の三角形を1回の対称移動でぴったり重ねることのできる三角形は㋑～㋗のどれか，すべて答えよ。

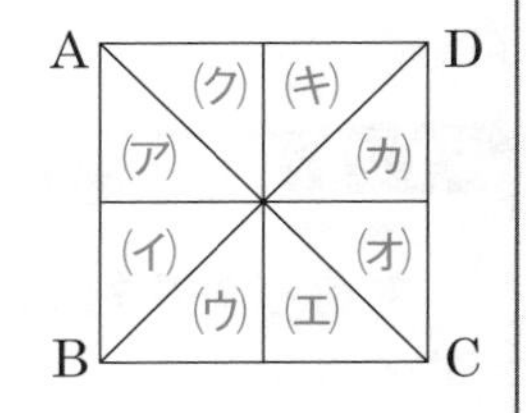

中学1年
中学2年
中学3年

解答と解説

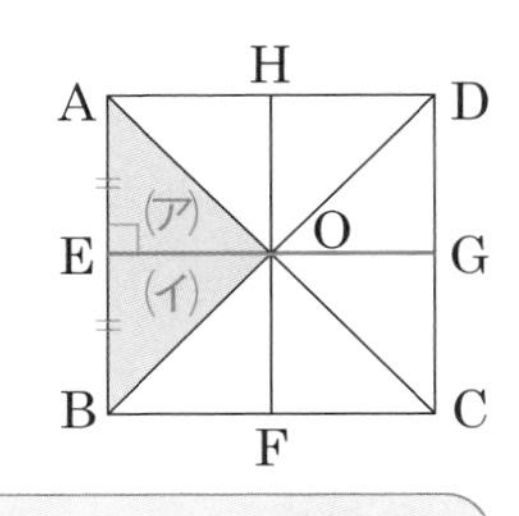

右の図のように，各点に記号を定めたうえで，(ア)の△AEOを対称移動させる対称の軸のとり方を考える。

直線EGについて，

AE＝BE，AB⊥EG

であるから，△AEOは，直線EGを対称の軸として対称移動させると，(イ)の△BEOにぴったり重ねることができる。

対称移動では，対称の軸は，対応する2点を結ぶ線分を，垂直に2等分する！

直線BDについて，直線EFとの交点をIとして，

AO＝CO，AC⊥BD

EI＝FI，EF⊥BD

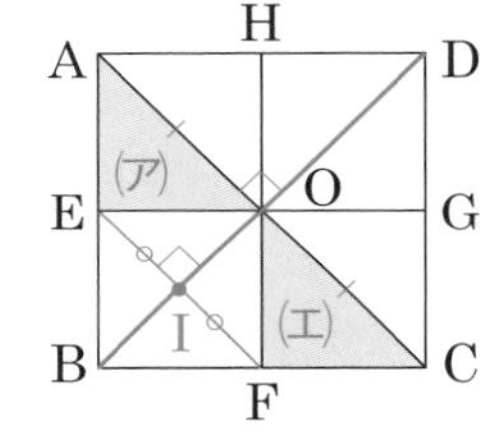

であるから，△AEOは，直線BDを対称の軸として対称移動させると，(エ)の△CFOにぴったり重ねることができる。

直線FHについて，

AH＝DH，AD⊥FH

EO＝GO，EG⊥FH

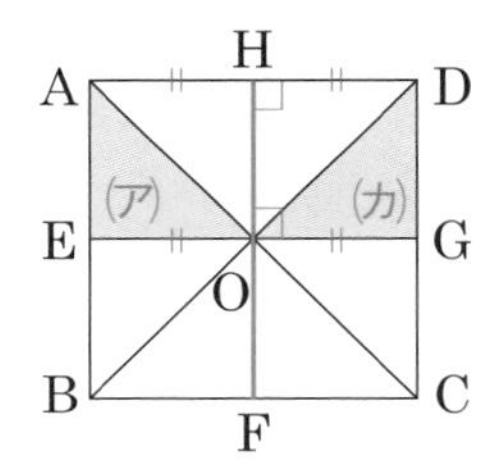

であるから，△AEOは，直線FHを対称の軸として対称移動させると，(カ)の△DGOにぴったり重ねることができる。

直線CAについて，直線EHとの交点をJとして，

EJ＝HJ，EH⊥CA

であるから，△AEOは，直線CAを対称の軸として対称移動させると，(ク)の△AHOにぴったり重ねることができる。

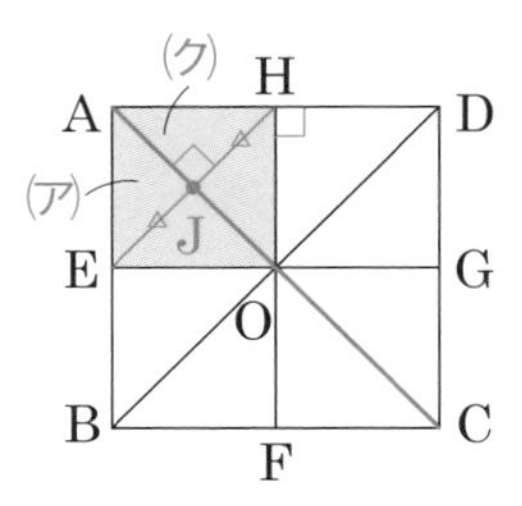

以上より，(イ)・(エ)・(カ)・(ク) 答

図形の移動は，「点A ➡ 点A′，点B ➡ 点B′，点C ➡ 点C′」って感じで，対応する点の移動に着目すると，わかりやすくなるよ！

ポイント 対称移動

対称移動の対称の軸は，対応する2点を結ぶ線分を，垂直に2等分する。

第3節 作　図

1 作図の基本

この節では，作図のしかたを学習しよう。じつは，図をかくことを，何でも「作図」というわけじゃないんだ。**作図**とは，**定規**(じょうぎ)と**コンパス**だけを使って図形をかくことを意味しているんだよ！　また，作図では定規とコンパスを次のように使うよ。定規で長さをはかったりはできないんだ。

> ❶ 定規　➡　直線をひく，線分を延長(えんちょう)する。
> ❷ コンパス　➡　円をかく，与えられた線分と同じ長さの線分をつくる。

例　右の図の線分ABを1辺とする正三角形ABCを作図せよ。　A────B

作図では，さまざまな図形の性質を利用していくよ。**正三角形**とは，3辺の長さがすべて等しい三角形のことだね！　その中の1辺の長さが，線分ABという形で与えられているのだから，同じ長さの線分をつくればいいね。そのとき使うのは，コンパスだよ！

step 1　コンパスで，線分ABの長さをとる。

step 2　そのコンパスの針を点Aに置いて，Aを中心に，線分ABを半径とする円(の一部)をかく。

step 3　そのコンパスの針を点Bに置いて，Bを中心に，線分ABを半径とする円(の一部)をかく。

step 4　**step 2** の円と **step 3** の円の交点の1つをCとし，点Aと点C，点Bと点Cを，それぞれ定規を使って線分で結ぶ。

> **step 2** と **step 3** の円の交点は，線分ABの上側に1つと下側に1つ，合計2つできるよ。ここでは，そのうちの1つがあれば作図できるんだ。円はそれぞれ，交わりそうなあたりを一部だけかけばOK！

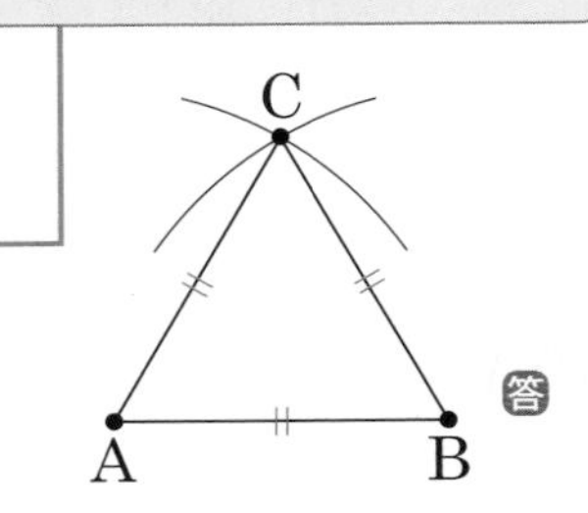

こうしてできた△ABCについて，辺CAは，**step 2** でかいた円の半径だから，長さは線分ABと同じだね。また，辺BCは，**step 3** でかいた円の半径だから，これも長さは線分ABと同じだね。

したがって，

$$AB=BC=CA$$

となり，3辺の長さがすべて等しくなるので，正三角形ABCを作図することができたね！

例題 1

右の図において，点Pを通り，直線ℓに平行な直線を作図せよ。

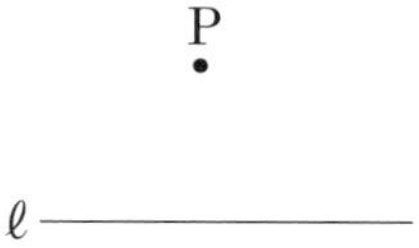

P

ℓ

考え方

平行線を作図する方法はいくつかあるんだけれど，そのうちの1つのやり方を紹介するから，よく読んで理解して覚えてくれたらいいよ！

最終的にどういう図形をつくれば，直線ℓに平行な直線を作図できたことになるのか，考えてみよう。右の図のように，直線ℓの上に2点A，Bをもつ**平行四辺形**PABCをつくることができれば，平行四辺形の向かいあう辺どうしは平行だから，PC // ABだね。だから，線分PCを定規で延長すれば，直線ℓに平行な直線を作図できたことになるね。

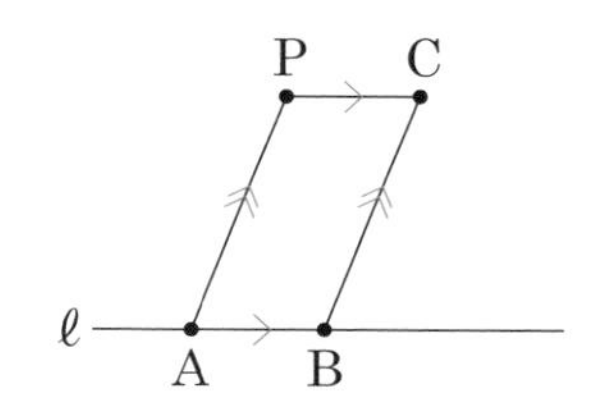

ここで作図しやすいのが，平行四辺形の中でも，4辺すべての長さが等しい**ひし形**だよ！　ひし形は平行四辺形の一種だから，4辺の長さがすべて等しい四角形を作図すれば，そのひし形は平行四辺形でもあるね。

右の図のようなひし形PABCでは，

$$AP=AB=BC=PC$$

となっているから，線分APの長さをコンパスにとれば，ひし形PABCのどの辺の長さも，コンパスにとった長さと一致するね。

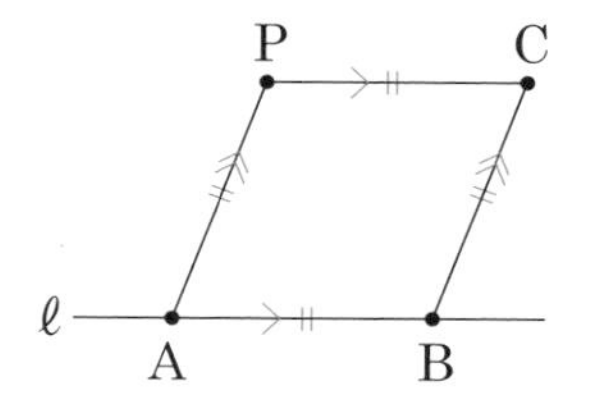

AP＝ABに注目すると，点Bは，「点Aを中心とし，線分APを半径とする円」の上にあることがわかるね。

また，点Cは，「点Pを中心とし，線分APを半径とする円」と，「点Bを中心とし，線分APを半径とする円」との交点だね！

解答と解説

直線ℓ上の好きなところに点Aをとる。

その点Aを中心に，線分APを半径とする円をかき，その円と直線ℓとの交点をBとする。

次に，点Bを中心に，線分APを半径とする円をかく。また，点Pを中心に，線分APを半径とする円をかく。これら2つの円の交点のうち，点Aではないほうを，点Cとする。

$$AP = AB = BC = PC$$

であるから，四角形PABCはひし形であり，

$$PC \parallel AB$$

したがって，直線PCをひけば，直線ℓに平行な直線を作図できたことになる。

ここが一番難しいかもしれないけれど，点Aは好きなところにとっていいんだよ！

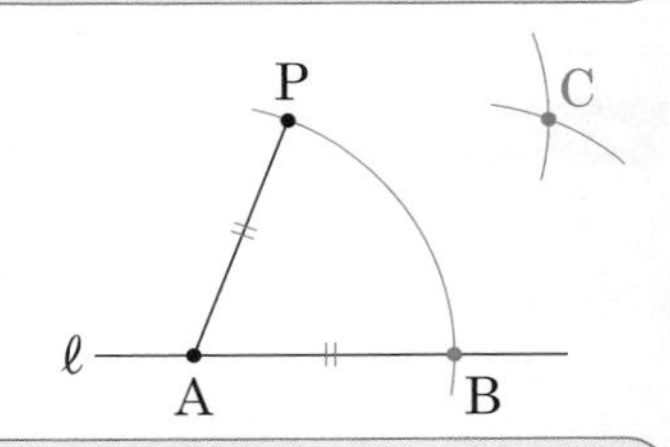

2つの円は，それぞれ大きくかくと，2点A，Cで交わるよ

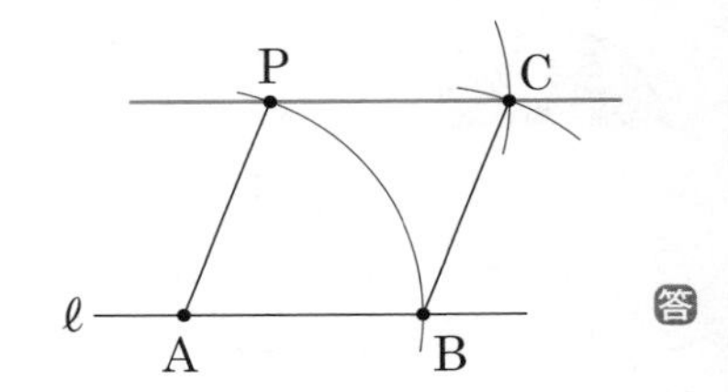

答

ポイント　作図の基本

作図：定規とコンパスだけを使って図形をかくこと。

❶ 定規 ➡ 直線をひく，線分を延長する。

❷ コンパス ➡ 円をかく，与えられた線分と同じ長さの線分をつくる。

2 線分の垂直二等分線

今，2点A，Bが与えられているとしよう。この2点を結んだ**線分**の上で，両端（点Aと点B）から等しい距離にある点を，線分ABの**中点**（ちゅうてん）というよ。

そして，この中点を通り，線分ABと垂直に交わる直線のことを，線分ABの**垂直二等分線**（すいちょくにとうぶんせん）というんだ。垂直二等分線の作図の方法を見ていこう！

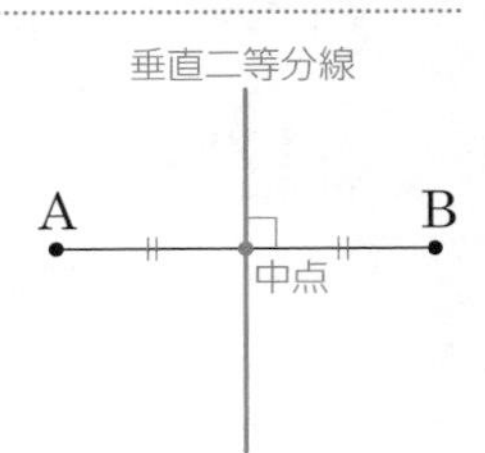

step 1 線分の両端のA，Bそれぞれを中心として，等しい半径の円をかく。このとき，2つの円が交わるような半径にしておこう。

step 2 これらの円は，2つの点で交わる。その2つの交点を，それぞれP，Qとして，点Pと点Qを結ぶ直線をひく。この直線PQが，線分ABの垂直二等分線である。

形を見れば，そうかなあとは思うけれど，どうしてこの直線PQが，線分ABの垂直二等分線になるの？

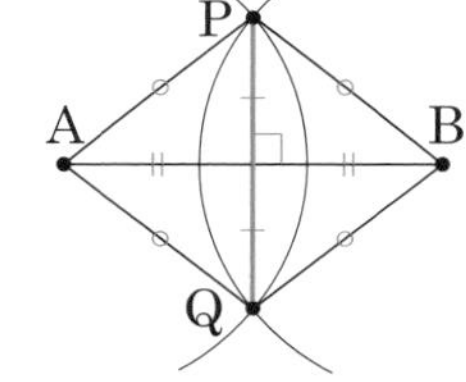

今ある4つの点，P，A，Q，Bを結んで，四角形をつくってみよう。四角形PAQBの辺PAと辺QAは左側の円の半径，辺PBと辺QBは右側の円の半径だね。そして，2つの円の半径は等しくしてあるので，

$$PA = QA = PB = QB$$

したがって，四角形PAQBはひし形だね！　ここで，ひし形がもっている性質が重要になってくるんだ。ひし形の2本の対角線は，それぞれの中点で，垂直に交わるんだよ！

だから，ひし形PAQBの対角線PQは，もう1本の対角線ABの中点を通っているはずだね。また，$PQ \perp AB$だね。だから，直線PQは，線分ABの垂直二等分線だといえるんだよ。

なるほど！　線分の垂直二等分線の作図には，ひし形の性質を利用しているんだね♪

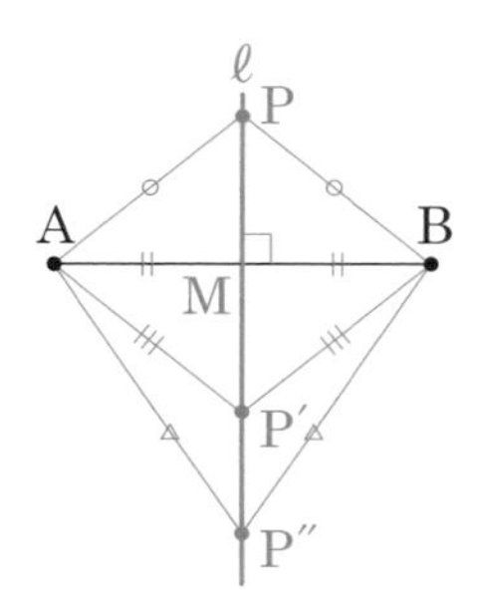

作図のしかたがわかったところで，線分の垂直二等分線がどんな性質をもっているかを押さえておこう。

右の図のように，線分ABの垂直二等分線をℓ，線分ABと直線ℓとの交点をMとしよう。そして，直線ℓ上の好きなところに点Pをとってみるよ。

このとき，△PABは，直線ℓを**対称の軸**とする**線対称**な図形になっているね。つまり，直線ℓを対称の軸として△PAMを**対称移動**させると，△PBMにぴったり重なるね。点Pを直線ℓ上のどんなところにとったとしても，△PABは線対称になるんだ。

だから，対応する辺PAと辺PBをくらべると，

PA＝PB

となるよ。このことは，

線分ABの垂直二等分線上のどの点も，2点A，Bから同じ長さだけ離れている（等しい距離にある）

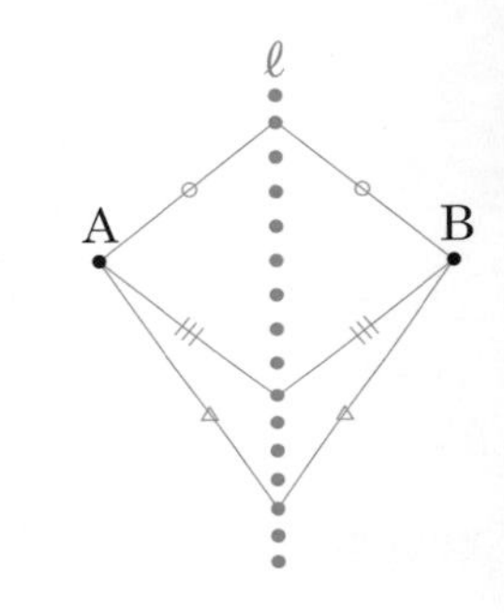

ということを意味しているよ！　逆にいうと，点Aからも点Bからも同じ長さだけ離れている（等しい距離にある）点を集めると，線分ABの垂直二等分線となるともいえるね！　つまり，次のことがいえるよ。

線分の垂直二等分線は，線分の両端の2点から等しい距離にある点の集合（しゅうごう）（集まり）

例題 2

右の図の3点A，B，Cを通る円を作図せよ。

B
C
A

考え方

「この問題，垂直二等分線と関係あるの？」と思うかもしれないけれど，垂直二等分線を利用して作図する問題なんだよ。問題を読んで，自分で「垂直二等分線の作図を利用できる！」と気づくことが必要なんだ。

「作図せよ」といわれている円を作図できたら，どういう状態になっているか考えてみよう。右の図のように，点Oを中心とする1つの円周上に，3点A，B，Cがあることになるね。このとき，線分OA，線分OB，線分OCはどれも同じ円の半径だから，

OA＝OB＝OC

が成り立つよね。だから点Oは，点Aからも点Bからも点Cからも，同じ長さだけ離れている（等しい距離にある）点だね！

3点A，B，Cから等しい距離にあるということは，垂直二等分線を利用できるね。点Oは，

2点A，Bから等しい距離 ➡ 線分ABの垂直二等分線上にある
2点B，Cから等しい距離 ➡ 線分BCの垂直二等分線上にある
2点C，Aから等しい距離 ➡ 線分CAの垂直二等分線上にある

となるはずだね。3本の直線すべての上にあるということは，点Oは，3本の直線が交わる点だね。じつは，三角形の3辺それぞれの垂直二等分線は，必ず1点で交わるんだけれど，その交点がOなんだ。作図のときは，3本のうち2本の垂直二等分線をかいて交点を示せば，3本目はかかなくても同じ点で交わるよ。

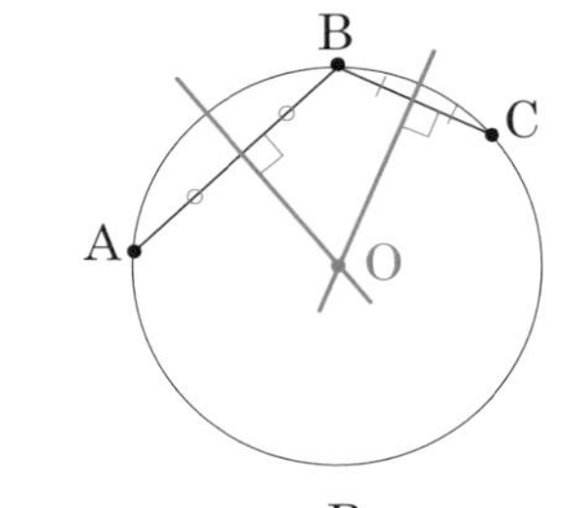

解答と解説

点Aと点Bそれぞれを中心として，等しい半径の円をかき，その2つの交点を直線で結んで，線分ABの垂直二等分線ℓをひく。

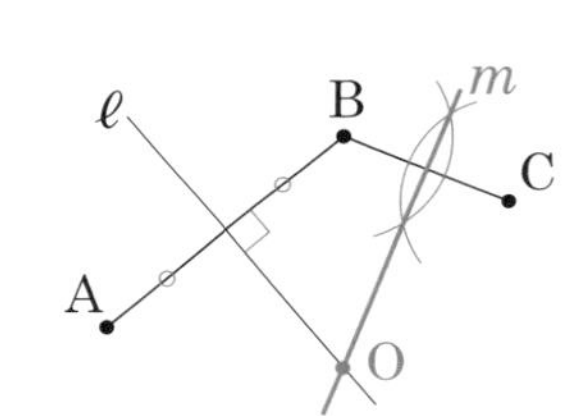

次に，点Bと点Cそれぞれを中心として，等しい半径の円をかき，その2つの交点を直線で結んで，線分BCの垂直二等分線mをひく。

こうしてできた2本の直線ℓ，mの交点をOとする。

点Oを中心に，線分OAを半径とする円をかくと，この円が3点A，B，Cを通る円となる。

点Oにコンパスの針を置き，点Oから点Aまでの長さをコンパスでとって半径とする。半径は，OBやOCでも同じ長さになるよ！

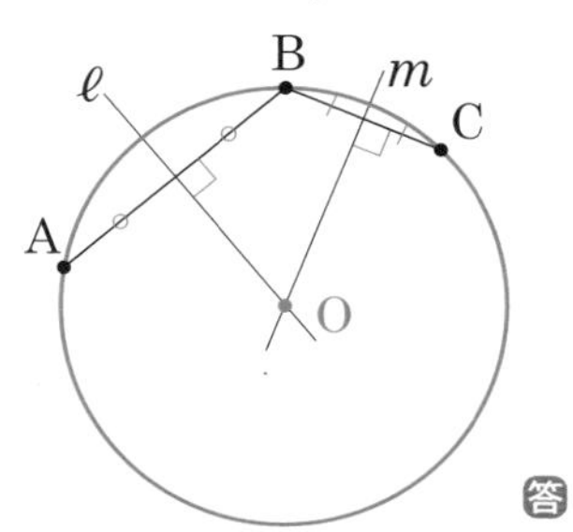

答

ポイント　線分の垂直二等分線

線分の垂直二等分線：2点から等しい距離にある点の集合。

3 角の二等分線

今度は，与えられた角の大きさを2等分する，**角の二等分線**について学習するよ。

今，右の図のような∠XOYが与えられているとして，この角の二等分線OPがひけたら，

$$\angle XOP = \angle YOP = \frac{1}{2}\angle XOY$$

となるよ。じゃあ，その作図の方法を見ていこう！

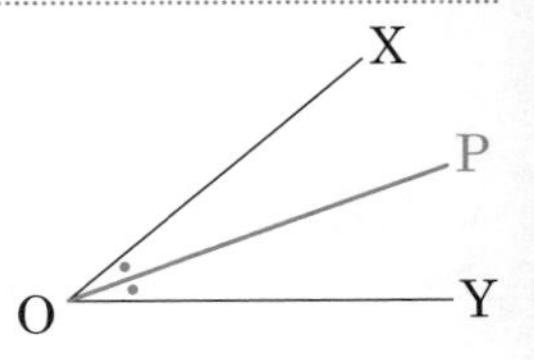

step 1 点Oを中心に，適当な半径の円をかき，その円と半直線OXとの交点をA，半直線OYとの交点をBとする。

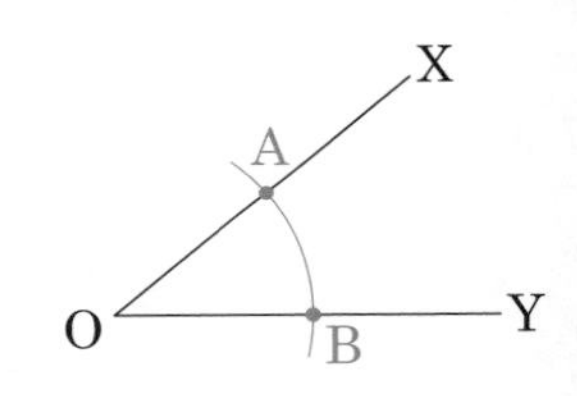

step 2 点Aと点Bそれぞれを中心として，等しい半径の円をかき，その2つの円の交点の1つをPとする。

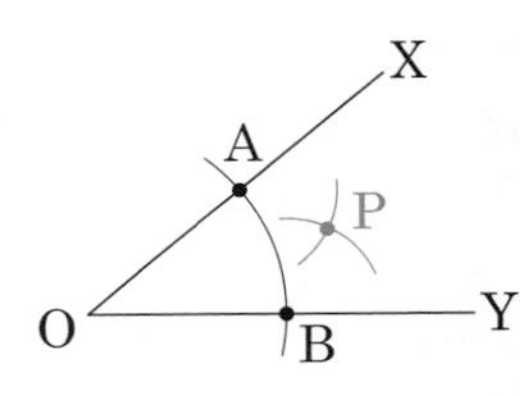

step 3 点Oと点Pを結ぶ半直線をひく。この半直線OPが，∠XOYの二等分線である。

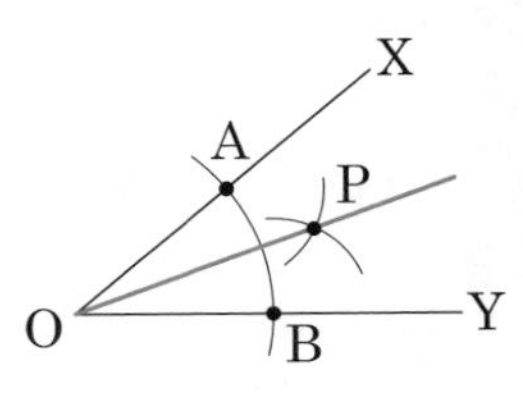

四角形PAOBを見ると，半直線OPを**対称の軸**として，**線対称**になっているね。だから，対応する∠AOPと∠BOPは，大きさが等しいよ。

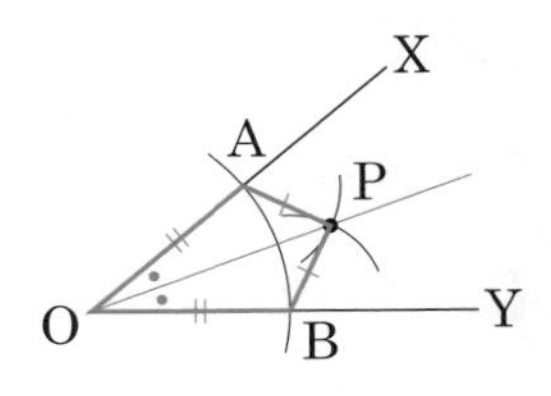

それでは，角の二等分線がどんな性質をもっているかを見てみよう。

右の図のように，$\angle$XOYの二等分線をℓとして，半直線ℓ上の好きなところに点Pをとろう。そして，点Pから半直線OXに垂線をひき，その**足**（半直線とその垂線が交わる点）をAとする。また，点Pから半直線OYにも垂線をおろし，その足をBとするよ。

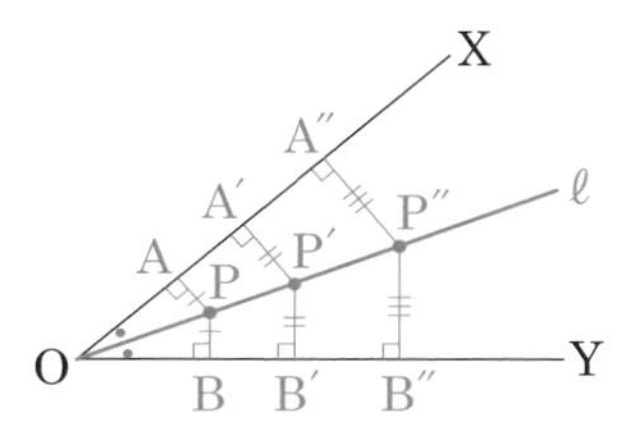

点Pを，直線ℓ上のどんなところにとったとしても，四角形PAOBは，半直線OPを対称の軸として線対称な図形になるんだ。だから，

PA＝PB

がつねに成り立つね！

ここで，第1節の**2**で学習した，点と直線との距離を思い出そう（155ページ）。点から直線に垂線をひいたとき，点と垂線の足を結んだ線分の長さを，「点と直線との距離」というんだったね。するとこの場合，

PA＝(点Pと半直線OXとの距離)

PB＝(点Pと半直線OYとの距離)

だといえるね！　そして，直線ℓ上のどんな点PについてもつねにPA＝PBなのだから，

$\angle$XOYの二等分線上のどの点も，半直線OXからの距離と，半直線OYからの距離が等しい

ということになる。半直線OXからの距離と，半直線OYからの距離が等しい点を集めると，$\angle$XOYの二等分線となるともいえるね！

角の二等分線は，角をつくる2本の半直線から等しい距離にある点の集合

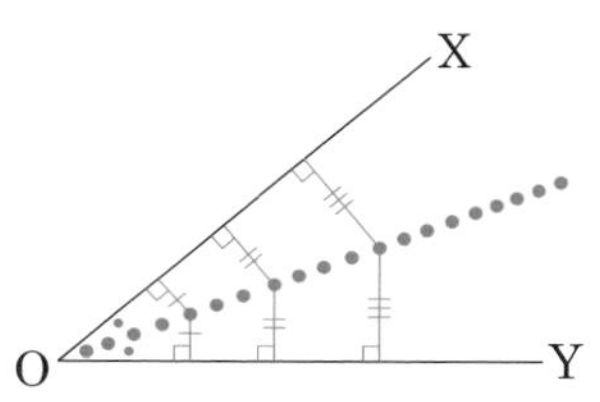

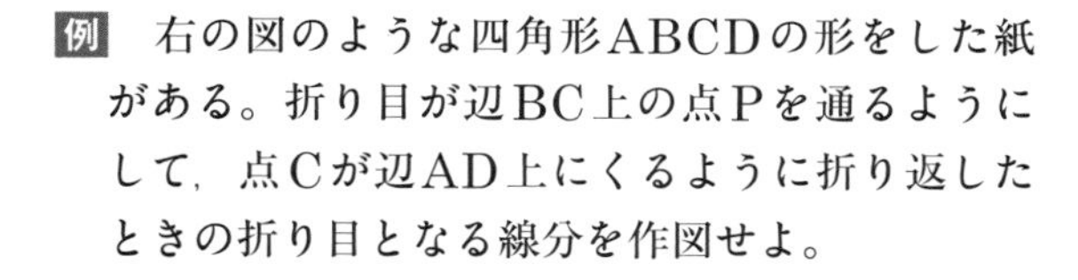
例　**右の図のような四角形ABCDの形をした紙がある。折り目が辺BC上の点Pを通るようにして，点Cが辺AD上にくるように折り返したときの折り目となる線分を作図せよ。**

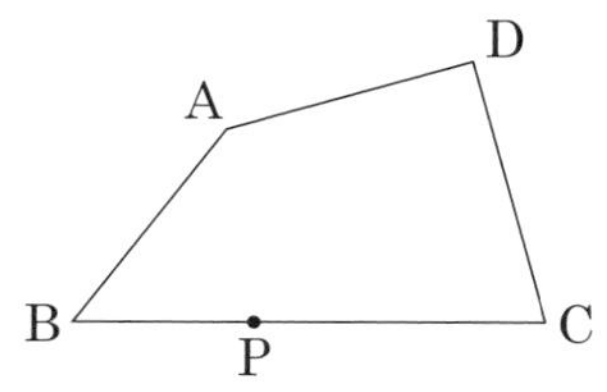

「問題の指示どおりに作図できたら，どういう状態になっているか」を考えることが大事だよ。おおよそでいいからかいてみよう。

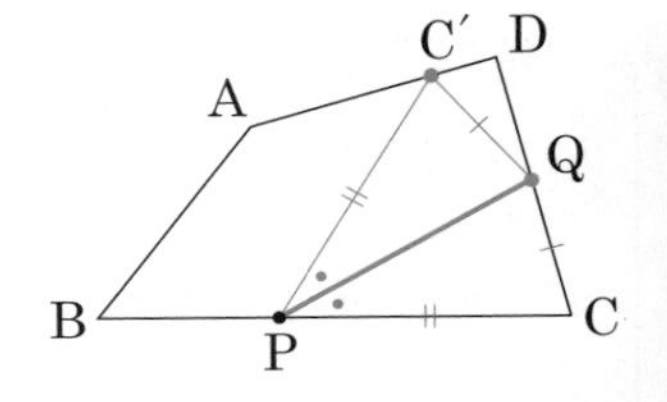

点Cが辺AD上の点C′にくるように折り返したときの，折り目となる線分をPQとすると，右の図のようになるね。△CPQを線分PQで折り返すと，△C′PQにぴったり重なるというのは，**対称移動**そのものだね！

移動する前の図形とあとの図形は**合同**だから，△CPQと△C′PQは合同だ。したがって，対応する∠CPQと∠C′PQについて，

$$\angle CPQ = \angle C'PQ$$

になるはずだね。これって，見方を変えると，線分PQが，∠C′PCを2等分しているってことになるんじゃないかな？

つまり，∠C′PCの二等分線をかけばいいってことだね！
でも，点Cと点Pは与えられているけれど，点C′は与えられていないよ？

△CPQと△C′PQは合同（四角形C′PCQは線分PQを対称の軸として線対称）だから，対応する辺PCと辺PC′は長さが等しいよね。等しい長さは，コンパスでつくれるよ。ではやってみよう！

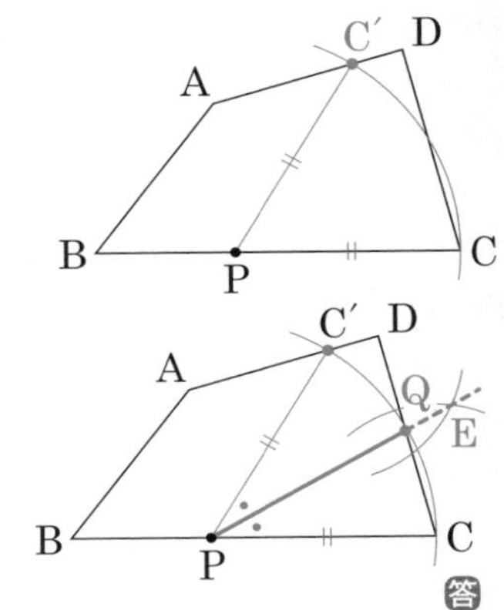

まず，点Pを中心に，線分PCを半径とする円をかき，この円と辺ADとの交点をC′として，点C′と点Pとを結ぶ。

次に，点Cと点C′それぞれを中心として，等しい半径の円をかき，その2つの円の交点の1つをEとする。

点Pと点Eを結ぶ半直線をひき，この半直線PEと辺CDとの交点をQとする。線分PQが，折り目となる線である。

それでは，ここまで学習してきたことを利用して，有名な問題にチャレンジしてみよう！

例題 3

右の図のように，2点A，Bと半直線OX，OYがある。2点A，Bから等しい距離にあり，さらに半直線OX，OYから等しい距離にある点Pを作図せよ。

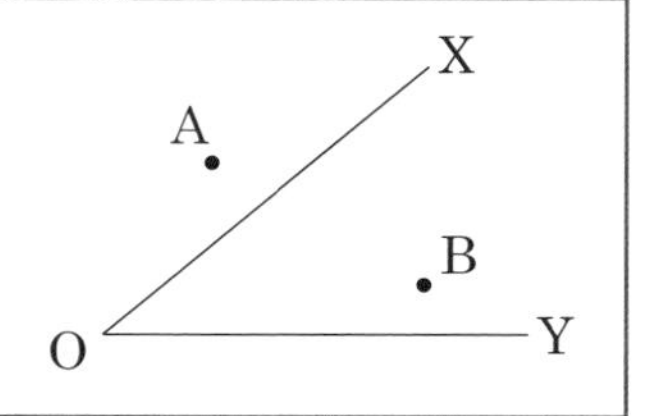

考え方

2点A，Bから等しい距離にある点Pは，線分ABの垂直二等分線上にあるはずだね。また，半直線OX，OYから等しい距離にある点Pは，∠XOYの二等分線上にあるはずだよね。

解答と解説

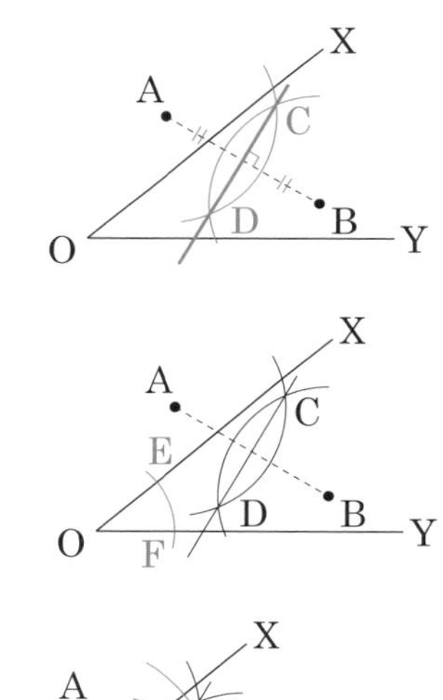

2点A，Bそれぞれを中心として，等しい半径の円をかく。これらの円の2つの交点を，それぞれC，Dとして，2点C，Dを結ぶ直線をひく。

この直線CDは，線分ABの垂直二等分線であり，2点A，Bから等しい距離にある点の集合なので，点Pは直線CD上にある。

次に，点Oを中心とする円をかき，半直線OX，OYとの交点を，それぞれE，Fとする。

2点E，Fそれぞれを中心として，等しい半径の円をかき，その2つの円の交点の1つをGとして，2点O，Gを結ぶ半直線をひく。

この半直線OGは，∠XOYの二等分線であり，2本の半直線OX，OYから等しい距離にある点の集合なので，点Pは半直線OG上にある。

したがって，直線CDと半直線OGとの交点が，点Pである。

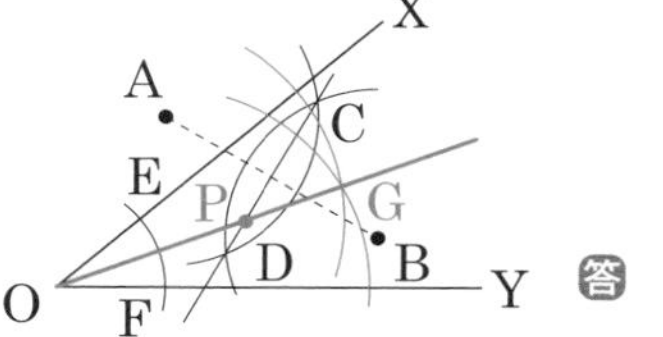

ポイント 角の二等分線

角の二等分線：角をつくる2本の半直線から等しい距離にある点の集合。

4 垂　　線

ここでは，1つの点から直線に**垂線**をひく作図方法を考えていこう。

例1　直線XY上にある点Pを通る，直線XYの垂線

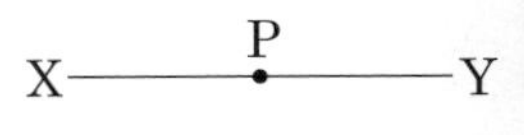

step 1　点Pを中心に，適当な半径の円をかき，直線XYとの2つの交点をA，Bとする。

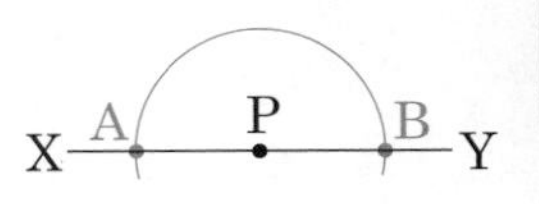

step 2　2点A，Bそれぞれを中心として，等しい半径の円をかき，その2つの円の交点の1つをQとする（step 1の円より半径を大きくする）。

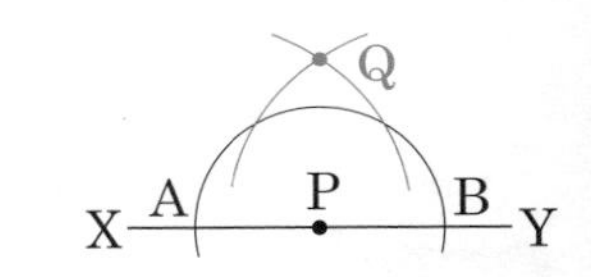

step 3　点Pと点Qを結ぶ直線をひくと，この直線PQが，直線XYの垂線となる。

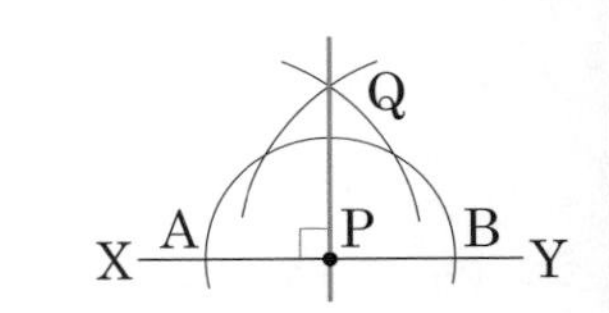

よく気がついたね！　角の二等分線のときは，∠XOYを2等分する線をひいたよね。それに対してこの「直線XY上にある点Pを通る，直線XYの垂線」では，直線XYを，

$$\angle XPY = 180^\circ$$

であるような角だとみなして，その∠XPYの二等分線をかくと考えればいいよ。180°の角を2等分すると，

$$\angle XPQ = \angle YPQ = \frac{1}{2}\angle XPY = 90^\circ$$

となるよね。だから直線PQは，直線XYの垂線になるんだよ。

例2　直線XY上にない点Pを通る，直線XYの垂線

step 1　点Pを中心に，適当な半径の円をかき，直線XYとの2つの交点をA，Bとする。

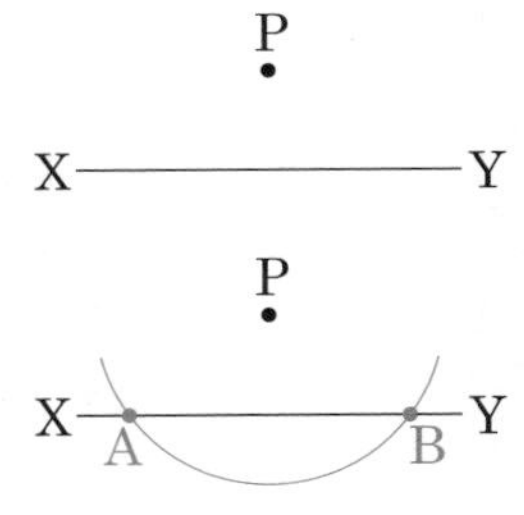

step 2　2点A，Bそれぞれを中心として，等しい半径の円をかき，その2つの円の交点の1つをQとする。

step 3　点Pと点Qを結ぶ直線をひくと，この直線PQが，直線XYの垂線となる。

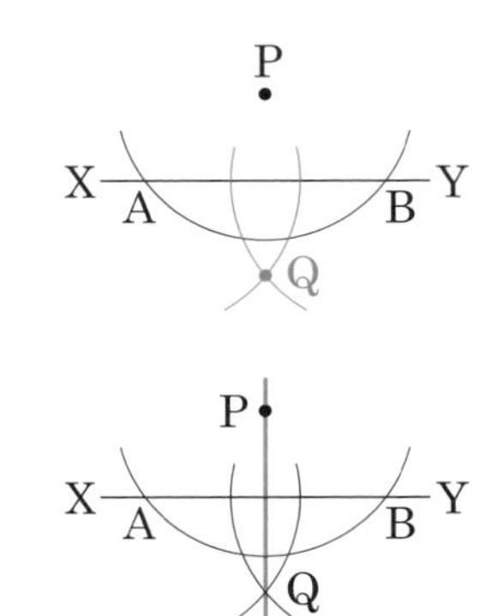

これも，やってることはほとんど同じだね。**例1** もそうだったけれど，直線PQは，**step 1** でできた線分ABの垂直二等分線になっているんじゃない？

おおっ，するどいね!!　そうなんだ。垂直二等分線の作図の手順どおり，**step 2** で2つの円の交点を2つつくって，その2点を結んでもいいんだよ。だけど，作図したい直線は点Pを通ることがわかっているわけだから，交点を2つつくらなくても，1つの交点と点Pを結べばOKなんだ。

では最後に，発想力（はっそうりょく）が必要な問題にチャレンジしよう。

例題 4

右の図のような川があり，直線ℓは川岸である。A地点から川まで行って，直線ℓ上の点Pで水をくみ，B地点に向かうとする。このとき，進む距離AP＋PBが最も短くなるように，点Pを作図せよ。

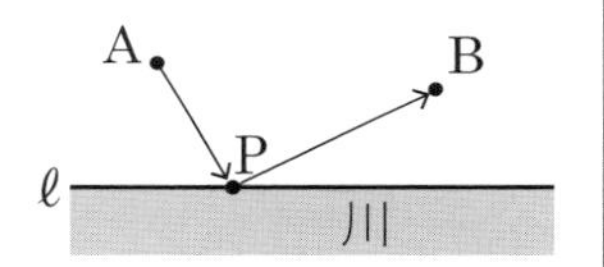

考え方

こういう最短距離のルートを求める問題では，対称移動を考えるといいよ。

右の図のように，直線ℓを対称の軸として，点Bを対称移動させた点をB′とすると，△PBB′は直線ℓを対称の軸として線対称になるから，

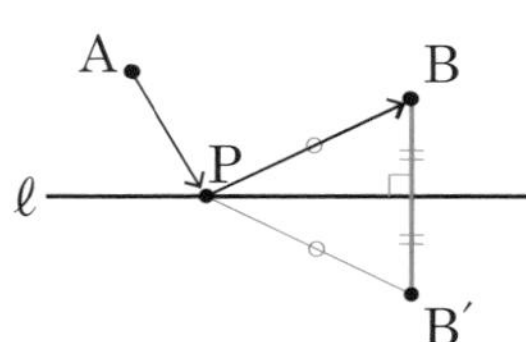

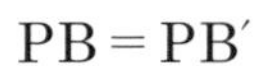

$$PB = PB'$$

だね。したがって，進んだ距離について，

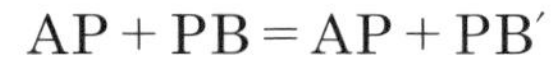

$$AP + PB = AP + PB'$$

となるよ。ということは，AP＋PBを最短にするためには，AP＋PB′を最短にすればいいんじゃないかな。

点A，点B′は位置が決まっていて，動かせるのは点Pだけだね。点Pがどこにあれば，AP＋PB′が最短になるかな？　点Pが線分AB′上にあれば，まっすぐのルートになって，最短距離になるね！

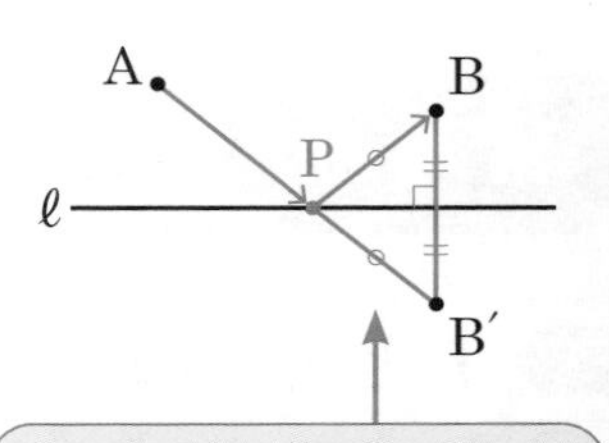

解答と解説

点Bを中心に，適当な半径の円をかき，この円と直線ℓとの2つの交点をC，Dとする。

2点C，Dそれぞれを中心として，等しい半径の円をかき，その2つの円の交点の1つをEとする。

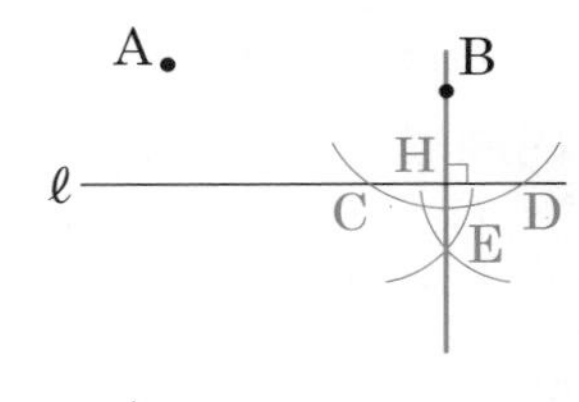

点Bと点Eを結ぶ直線BEは，直線ℓの垂線となる。この直線BEが直線ℓと交わる点をHとする。

点Hを中心に，線分BHを半径とする円をかき，この円と直線BEとが交わる点のうち，点Bでないほうを点B′とする。点B′は，直線ℓを対称の軸として点Bを対称移動させた点となる。　2点A，B′を線分で結ぶ。この線分AB′が直線ℓと交わる点が，AP＋PBが最も短くなるときの点Pである。

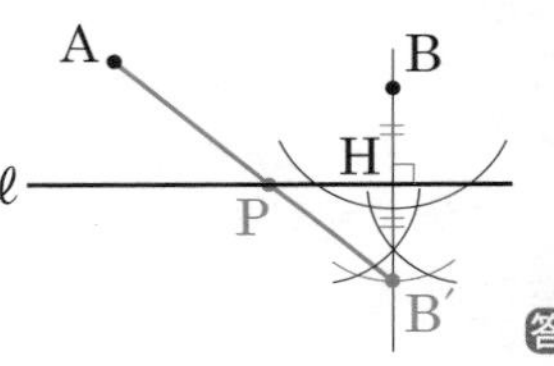

ちなみに、点Aを対称移動させた点A′をとって考えても、同じ結果になるよ！

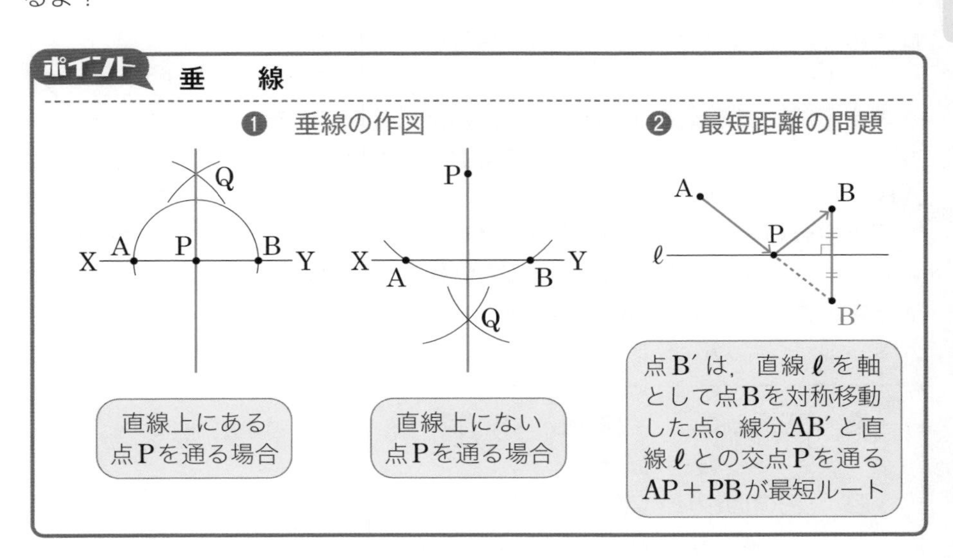

第 4 節　円とおうぎ形

1　円と円の接線

平面図形の最後に，**円**について学習するよ。小学校の算数では，**円周**の長さや面積を求めたよね。

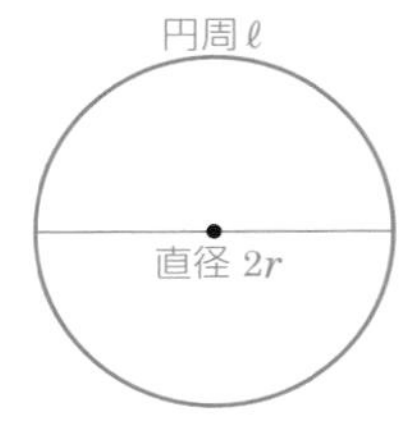

（円周の長さ）＝（直径）×（円周率）　……①

（円の面積）＝（半径）×（半径）×（円周率）　……②

円周率は，第2章／第3節でも学習したけれど（77ページ），「円周の長さが，直径の長さの何倍になっているか」を表す数で，πで表すんだったね。円の半径をr，円周の長さをℓの文字で表すと，①は $\ell=2\times r\times\pi$ となり，これを整理すると次のようになるね。

$\ell=2\pi r$　……①′

また，面積をSの文字で表すと，②は $S=r\times r\times\pi$ で，整理すると次のようになるね！

$S=\pi r^2$　……②′

ではここから，いくつか新しい言葉を学んでいこう。

円周の一部のことを，**弧**（こ）というよ。右の図のように円周上の2点A，Bを両端とする弧は「弧AB」と呼び，

$\overset{\frown}{AB}$

と表すんだ。また，弧の両端の点を結んだ線分のことを，**弦**（げん）というよ。右の図のように両端がA, Bである弦は，「弦AB」というんだよ。

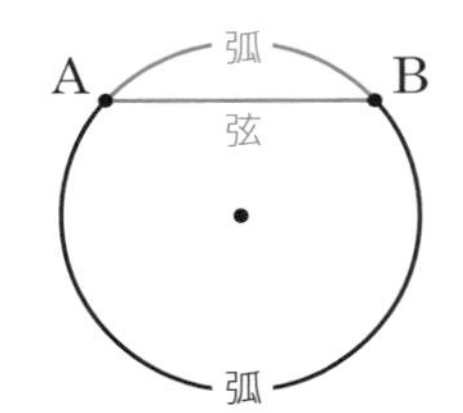

円の中心Oと，円周上の2点A，Bを結ぶと，右図のように∠AOBができるね。この∠AOBを，「$\overset{\frown}{AB}$に対する**中心角**（ちゅうしんかく）」というよ。また，$\overset{\frown}{AB}$を，「中心角∠AOBに対する弧」というんだ。

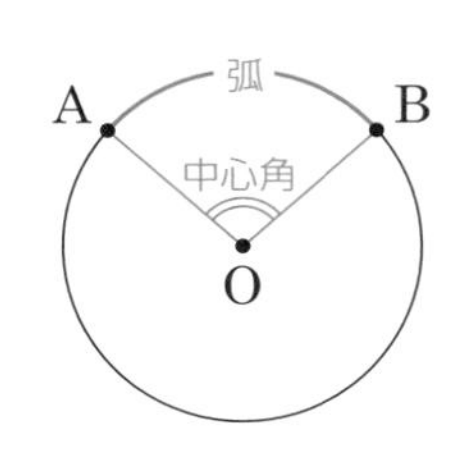

❶ （円周の長さ）＝（直径）×（円周率）

　➡ $\ell=2\pi r$

❷ （円の面積）＝（半径）×（半径）×（円周率）

　➡ $S=\pi r^2$

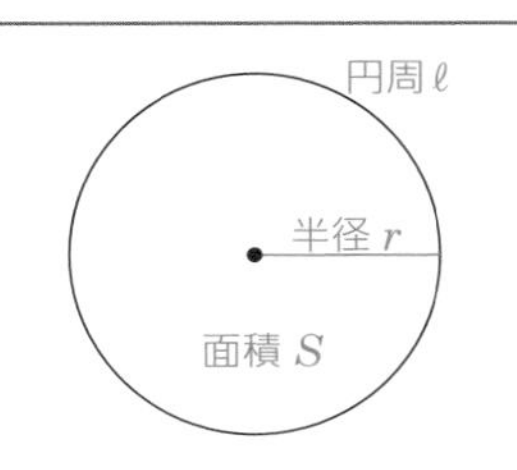

❸　弧AB（$\overset{\frown}{AB}$）：円周上の2点A，Bを両端とする，円周の一部。
❹　弦AB：円周上の2点A，Bを両端とする線分。
❺　右の図において，∠AOBは，「$\overset{\frown}{AB}$に対する中心角」。
$\overset{\frown}{AB}$は，「中心角∠AOBに対する弧」。

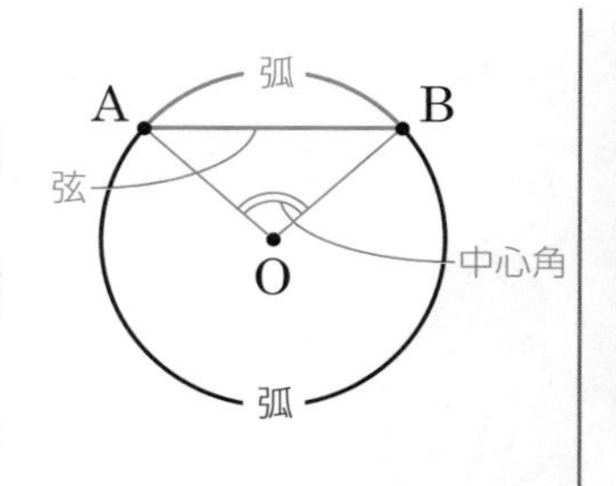

次に，円と直線が交わる点について考えてみよう。

右の図のように，円の中心Oと，円周上の点Aとを線分で結ぶと，その線分は円の半径になるね。この半径OAに垂直な直線ℓをひき，直線ℓと円周とが交わる2つの交点をP，Qとするよ。

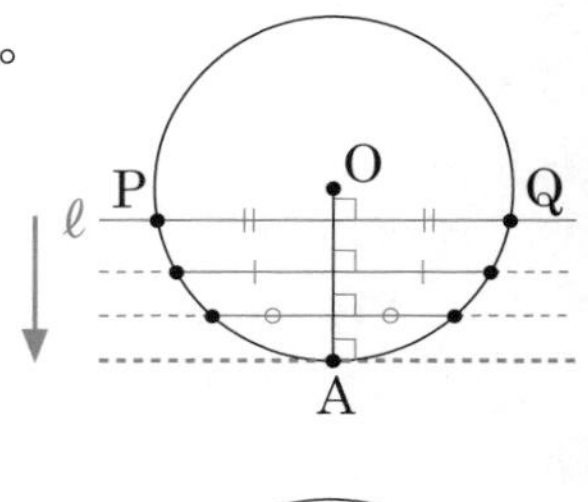

この直線ℓを，矢印の方向に平行移動していこう。2つの交点P，Qは，いつか点Aのところで，ぴったり1つに重なるのが図からわかるね！

直線ℓと円との2つの交点が1つに重なるとき，いいかえると，直線ℓと円とがただ1点だけで交わるとき，「直線ℓは円に接する」というよ。この直線ℓは円の**接線**，直線ℓが円と接する点Aは**接点**と呼ばれるんだ。そして，

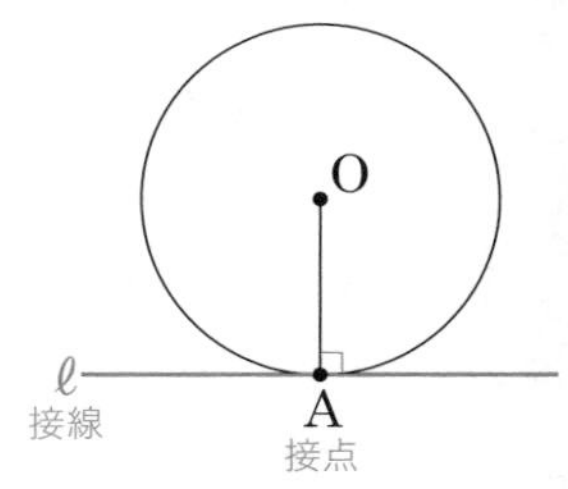

円の接線は，その接点を通る半径に垂直である

という性質があって，これがとても大切なポイントだよ。円と接線に関する問題に取り組むときには，円の中心と接点とを結ぶ線分（半径）をつくってみると，解き方が見えてくることが多いんだ！

例　右の図のように，点Oを中心とする円に，線分ABが点Pで接している。点Oを中心とする円の半径が6cmで，AB＝15cmのとき，△OABの面積を求めよ。

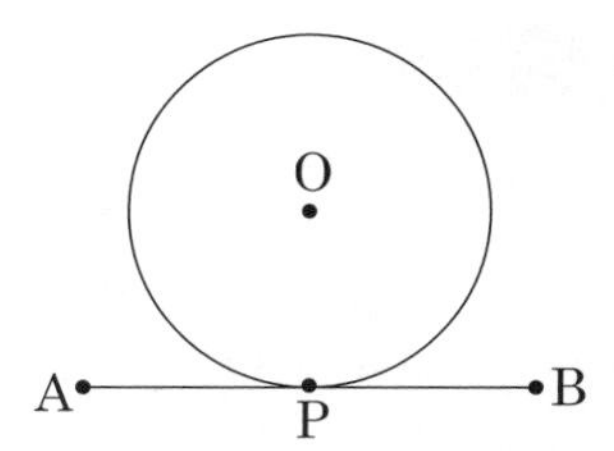

△OABは，次ページの図のような三角形になるね。

三角形の面積は，「(底辺)×(高さ)×$\frac{1}{2}$」で求められるから，辺AB（15cm）を底辺とすると……

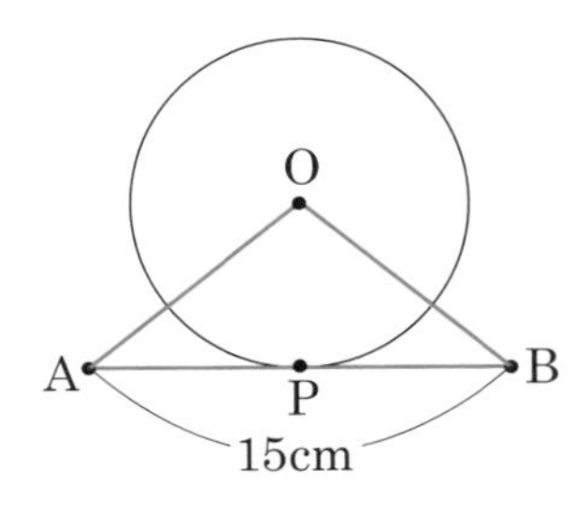

でも先生，高さがわかんないよ？

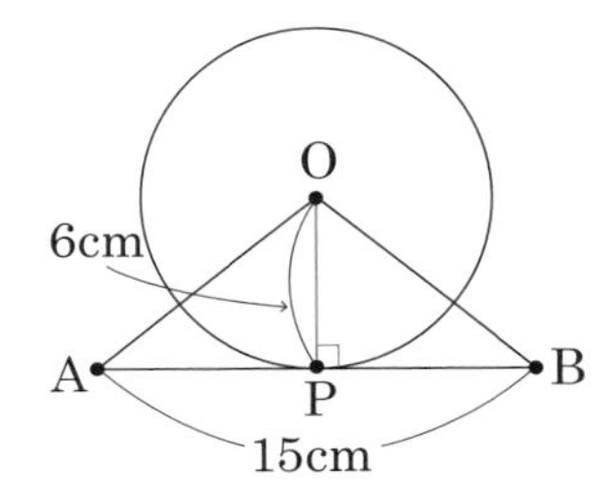

「円と接線に関する問題に取り組むときには，円の中心と接点とを結ぶ線分（半径）をつくってみる」っていったよね。円の中心Oと接点Pとを結ぶと，この線分OPは，点Oを中心とする円の半径になるよね。そして，円の接線は，その接点を通る半径に垂直だから，

$AB \perp OP$

となる。線分OPは，△OABの底辺に垂直だから，△OABの高さになるね！　したがって，求める面積は，

$$(\triangle OAB\text{の面積}) = AB \times OP \times \frac{1}{2} = 15 \times 6 \times \frac{1}{2} = 45\ (cm^2)$$ 答

円の半径（線分OP）は6cm

それでは，第3節の作図の知識を利用する，円の接線の問題を解いてみよう。テストにもよく出るぞ！

例題 1

右の図のような点Oを中心とする円について，円周上の点Aにおける，円の接線を作図せよ。

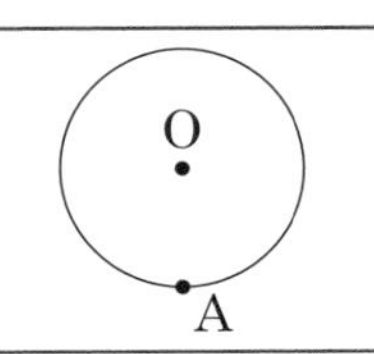

考え方

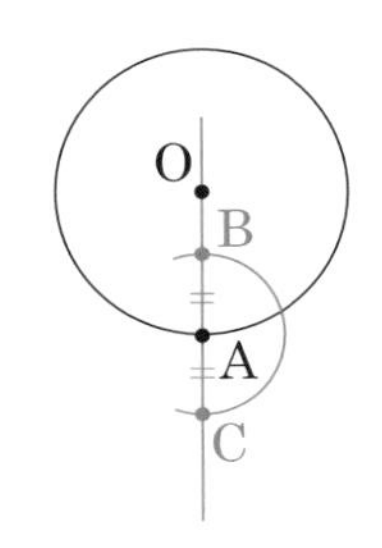

点Oを中心とする円（単に「円O」と呼ぶこともあるよ）の，点Aにおける接線は，半径OAに垂直になる，ということを利用して作図するんだ。手順としては，まず点Oと点Aを直線で結んでから，「点Aを通る，直線OAの垂線」(第3節 4，175ページ）をひこう。

解答と解説

点Oと点Aを直線で結ぶ。

点Aを中心に，適当な長さを半径とする円をかき，その円と直線OAとの2つの交点をそれぞれB，Cとする。

2点B，Cそれぞれを中心として，等しい半径の円をかき，その交点の1つをDとする。

点Aと点Dを結ぶ直線をひくと，この直線ADが，点Aにおける円Oの接線である。

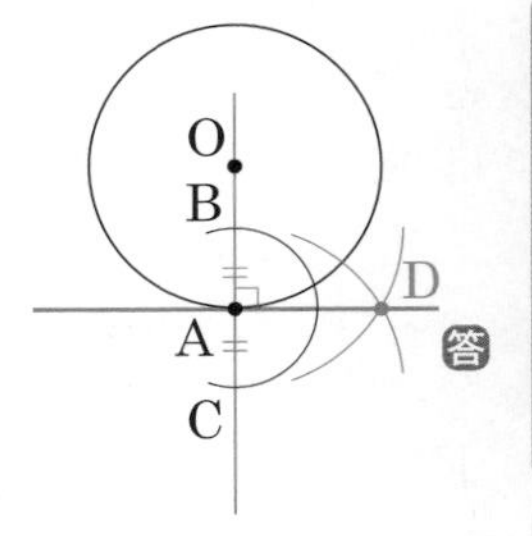

ポイント　円と円の接線

❶ **弧AB**（$\overset{\frown}{AB}$）：円周上の2点A，Bを両端とする，円周の一部。

❷ **弦AB**：円周上の2点A，Bを両端とする線分。

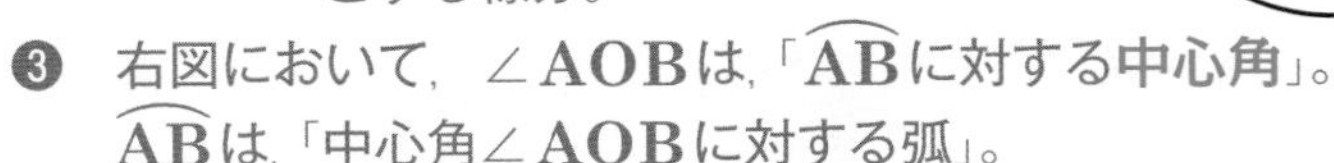

❸ 右図において，∠AOBは，「$\overset{\frown}{AB}$に対する**中心角**」。
$\overset{\frown}{AB}$は，「中心角∠AOBに対する**弧**」。

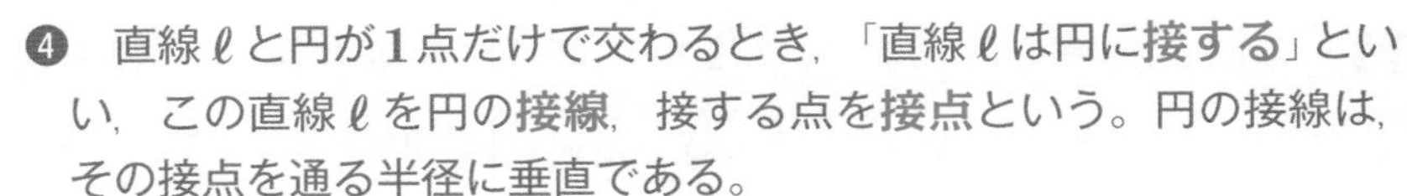

❹ 直線ℓと円が1点だけで交わるとき，「直線ℓは円に**接する**」といい，この直線ℓを円の**接線**，接する点を**接点**という。円の接線は，その接点を通る半径に垂直である。

2 おうぎ形の中心角，弧の長さ，面積

右の図のように，円Oの2つの半径OA，OBと弧ABで囲まれた図形を，**おうぎ形**（がた）というよ。丸いケーキを何人かで分けるために切ったような形だね。右の図のおうぎ形の∠AOBは，おうぎ形の**中心角**というよ。

たとえば右の図のように，点Oを中心とする1つの円を，中心角60°のおうぎ形に分けてみよう。円は1周が360°だから，中心角60°のおうぎ形6つに分けられるね。

㋐のおうぎ形は，点Oを中心として**回転移動**させると，ほかのどのおうぎ形にもぴったり重ねることができるね。つまり，

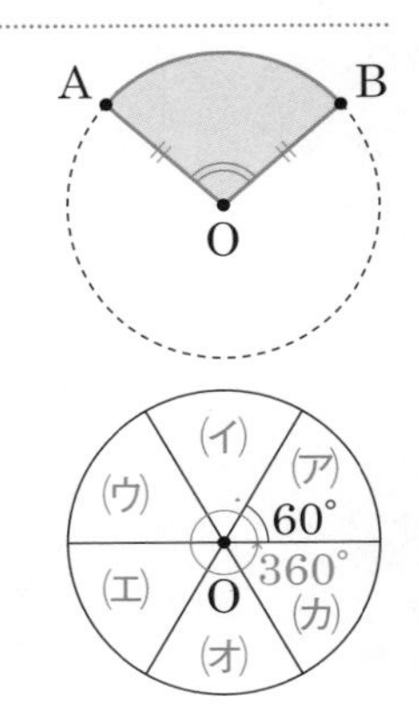

1つの円では，中心角が等しいおうぎ形どうしは，合同になる

ということだよ。そして，合同ならば弧の長さや面積はまったく同じになるはずだから，一般に，

1つの円では，中心角の等しいおうぎ形の，弧の長さや面積は等しい

ということがいえるよ！

次に，(ア)のおうぎ形と，(ア)と(イ)を合わせた大きなおうぎ形とをくらべてみよう。(ア)と(イ)を合わせた大きなおうぎ形は，

中心角　➡　(ア)の2倍（$60°\times2=120°$）

弧の長さ　➡　(ア)の2倍

面積　➡　(ア)の2倍

となっているね！　中心角が2倍になると，弧の長さも，面積も2倍になるんだ。(ア)の3倍の中心角をもつ(ア)＋(イ)＋(ウ)のおうぎ形は，弧の長さも，面積も3倍だよ。「一方が2倍，3倍，……になると，もう一方も2倍，3倍，……になる」という関係は，第4章で学習した**比例**だね！　一般に，

1つの円では，おうぎ形の弧の長さも，面積も，中心角の大きさに比例する

という法則があるんだ！

例1　半径5cm，中心角144°のおうぎ形の弧の長さを求めよ。

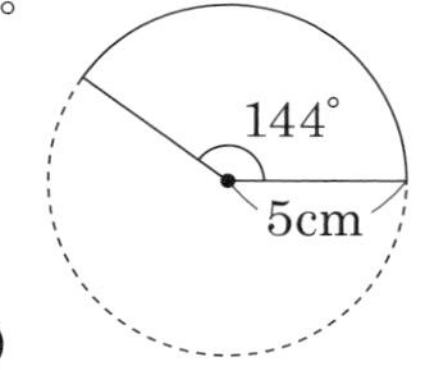

ここで長さを問われているおうぎ形の弧は，半径5cmの円の円周の一部だよね。そこでまず，144°の中心角で切り取る前の，円周全体の長さを求めよう。

（半径5cmの円の円周の長さ）$=2\pi\times5=10\pi$ (cm)

ところで，半径5cmの円全体は，「中心角360°のおうぎ形」と考えることができるね。そして，おうぎ形の弧の長さは，中心角の大きさに比例するんだよね。

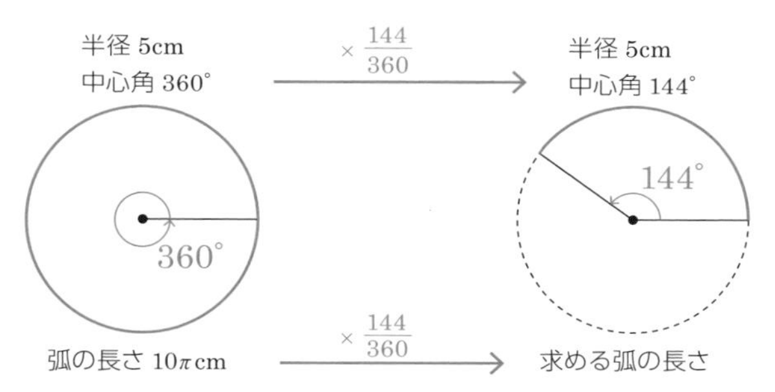

中心角をくらべると，144° は 360° の $\dfrac{144}{360}$ 倍だ。だから，中心角 144° のおうぎ形の弧の長さも，円周全体の $\dfrac{144}{360}$ 倍だね！　したがって，

$$(\text{求める弧の長さ}) = 10\pi \times \frac{144}{360} = 10\pi \times \frac{2}{5} = 4\pi\ (\text{cm})$$ 答

これを公式として整理すると，次のようになるよ！

おうぎ形の弧の長さ

半径 r，中心角の大きさ x° のおうぎ形の弧の長さを ℓ とすると，

$$\ell = 2\pi r \times \frac{x}{360}$$

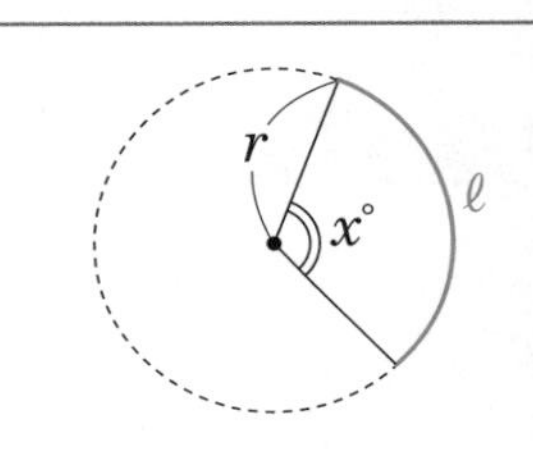

この公式は，「円全体を360等分したうちの，x 個（中心角）分」を出すという意味になっているよ。これを使って 例1 をいきなり，

$$(\text{求める弧の長さ}) = 2\pi \times 5 \times \frac{144}{360} = 4\pi\ (\text{cm})$$

円周全体を360等分したうちの，144個分

と解いてもいいからね！

例2　半径6cm，中心角150°のおうぎ形の面積を求めよ。

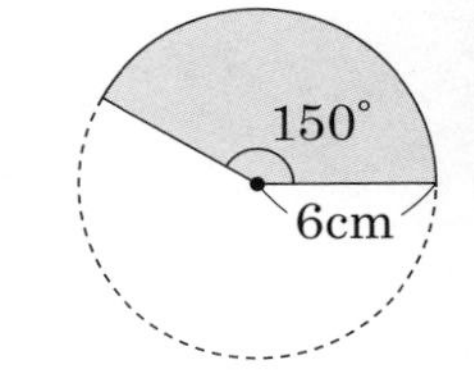

おうぎ形の面積も，中心角に比例するんだよね。円全体（中心角 360° のおうぎ形）の面積は，

$$(\text{半径 } 6\text{cm の円の面積}) = \pi \times 6^2 = 36\pi\ (\text{cm}^2)$$

中心角 150° のおうぎ形の面積は，この $\dfrac{150}{360}$ 倍になるはずだから，

$$(\text{求める面積}) = 36\pi \times \frac{150}{360} = 15\pi\ (\text{cm}^2)$$ 答

理屈がわかったら，下の公式をいきなり使ってもいいからね！

おうぎ形の面積

半径 r，中心角の大きさ x° のおうぎ形の面積を S とすると，

$$S = \pi r^2 \times \frac{x}{360}$$

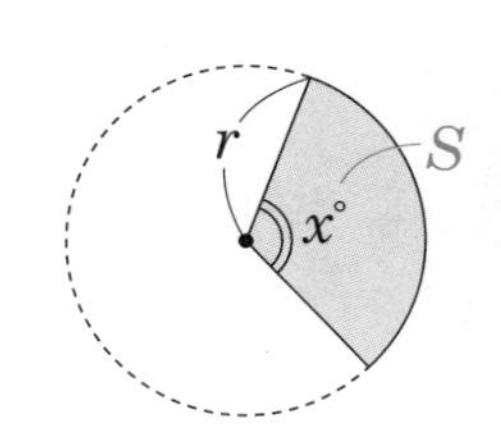

じつは，おうぎ形の面積の求め方はもう1つあるんだ。**例3** で説明するよ。

例3　**半径2cm，弧の長さがπcmのおうぎ形の面積を求めよ。**

えっ？　中心角の大きさがわからないよ！　これじゃあどうしようもないじゃん……。

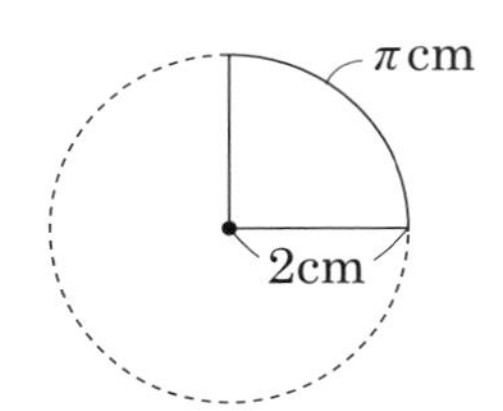

簡単にあきらめないで！　ここでもやっぱり，「円全体のうち，どれくらいの割合になっているか」を考えればいいんだよ。

半径が2cmとわかっているから，円周は，

$$(\text{半径2cmの円の円周の長さ}) = 2\pi \times 2 = 4\pi \text{ (cm)}$$

だね。これに対して，おうぎ形の弧の長さはπcmだといわれているね。

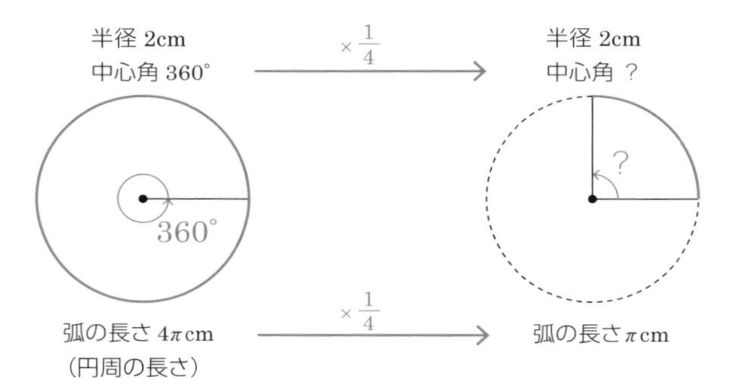

おうぎ形の弧は，円周の $\frac{\pi}{4\pi}$ 倍，つまり $\frac{1}{4}$ 倍になっている。おうぎ形の弧の長さは，中心角の大きさに比例するから，おうぎ形の中心角も，円全体の360°の $\frac{1}{4}$ 倍になっているはずだ！

そして，おうぎ形の面積も，中心角の大きさに比例するんだよね。ということは，半径2cmの円全体の面積を計算して，それを $\frac{1}{4}$ 倍すれば，求める面積が出るはずだよ！

$$(\text{求める面積}) = \pi \times 2^2 \times \frac{1}{4}$$
$$= \pi \text{ (cm}^2) \quad \text{答}$$

ちなみに，360°の $\frac{1}{4}$ 倍を計算すると90°なので，中心角の大きさを求めることもできるけれど，結局，使う数字は90°ではなく $\frac{1}{4}$ だから，わざわざ角度を求めなくていいよ！

一般的にいってみよう。おうぎ形の半径rと，弧の長さℓがわかっているとき，そのおうぎ形の面積Sは，

$$S = (\text{半径}\,r\,\text{の円全体の面積}) \times \boxed{\frac{(\text{おうぎ形の弧の長さ})}{(\text{半径}\,r\,\text{の円の円周の長さ})}}$$

$$= \pi r^2 \times \boxed{\frac{\ell}{2\pi r}}$$

これが，360°に対する中心角の割合と同じになる！

$$= \frac{1}{2}\ell r$$

おうぎ形の面積

半径r，弧の長さℓのおうぎ形の面積をSとすると，

$$S = \frac{1}{2}\ell r$$

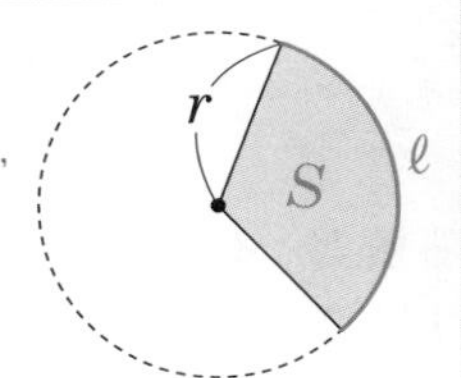

この公式を使えば，おうぎ形の弧の長さがわかっているときには面積が，おうぎ形の面積がわかっているときには弧の長さが，簡単に求められるよ！

例4 **半径10cm，面積が35πcm^{2}のおうぎ形の弧の長さを求めよ。**

面積がわかっていて，弧の長さがわからないんだね。わからないものは文字でおき，わかっているものを公式に代入してみよう！　求める弧の長さをℓcmとおき，公式$S = \frac{1}{2}\ell r$に，$r = 10$，$S = 35\pi$を代入すると，

$$35\pi = \frac{1}{2}\ell \times 10$$

$$5\ell = 35\pi$$

$$\ell = 7\pi$$

方程式を解くようにℓの値を求める

したがって，求める弧の長さは，7π cm 答

例題 2

(1) **半径9cm，弧の長さ8πcmのおうぎ形の中心角の大きさを求めよ。**

(2) **右の図で，四角形ABCDは正方形である。斜線部分の面積を求めよ。**

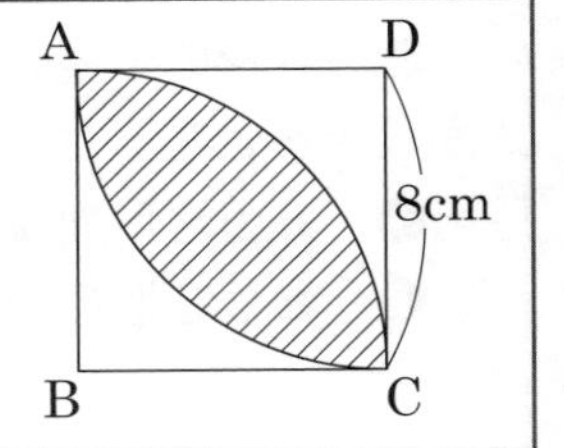

考え方

(1) 「円周全体に対して，弧の長さがどれくらいの割合になっているか」を調べれば，その割合が「360°に対する中心角の割合」と同じになるよ。

$$\frac{(弧の長さ)}{(円周全体の長さ)}=\frac{(中心角の大きさ)}{360°}$$

でも，「おうぎ形の弧の長さの公式 $\ell=2\pi r\times\frac{x}{360}$ にわかっている数字を代入し，中心角の大きさ x を求める」という考え方でも，結局は同じ式になるよ。

(2) 斜線のない部分のうち，右上のほうの面積は，

(正方形ABCDの面積)－(∠ABCを中心角とするおうぎ形の面積)

だよね。斜線のない部分のうち，左下のほうの面積は，

(正方形ABCDの面積)－(∠ADCを中心角とするおうぎ形の面積)

だね。そして，これらは同じ面積になるはずだね。

解答と解説

(1) 求める中心角を $x°$ とおくと，

$$8\pi=2\pi\times9\times\frac{x}{360}$$ ← $\ell=2\pi r\times\frac{x}{360}$ に，$\ell=8\pi$，$r=9$ を代入

$$\frac{1}{20}x=8$$

$x=160$　　したがって，求める中心角の大きさは，160°　答

(2) 斜線のない部分のうち，右上のほうの面積は，

(正方形ABCDの面積)－(∠ABCを中心角とするおうぎ形の面積)

$$=8\times8-\pi\times8^2\times\frac{90}{360}$$ ← おうぎ形の中心角は90°になっているね！

$$=64-16\pi\ (\mathrm{cm}^2)$$

斜線のない部分のうち，左下のほうも同じ面積になる。したがって，

(斜線部分の面積)＝(正方形ABCDの面積)－(斜線のない部分の面積)

$$=8\times8-(64-16\pi)\times2$$

$$=64-64\times2+32\pi=32\pi-64\ (\mathrm{cm}^2)$$　答

ポイント　おうぎ形

おうぎ形の半径を r，弧の長さを ℓ，中心角を $x°$，面積を S とすると，

❶ おうぎ形の弧の長さ　$\ell=2\pi r\times\frac{x}{360}$

❷ おうぎ形の面積　$S=\pi r^2\times\frac{x}{360}$

$S=\frac{1}{2}\ell r$

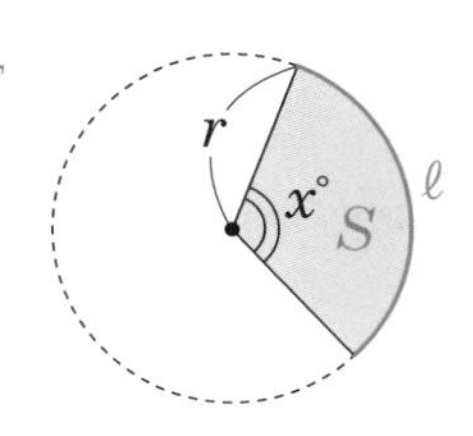

第1節 いろいろな立体

1 角錐と円錐

第5章では，平面上での図形を学習したよね。ここからの第6章では，空間の中の図形について学習するよ。平面上の図形が平面図形と呼ばれるのに対して，空間の中の図形（立体）は，**空間図形**と呼ばれるよ。

まずは，小学校の算数の復習だ。下の㋐は，平面図形の三角形に，立体的な厚みをもたせた空間図形で，**三角柱**（さんかくちゅう）というんだったね。このように，多角形を**底面**（ていめん）とする柱のような空間図形を，一般に**角柱**（かくちゅう）というんだよね！

また，下の㋑のように，多角形ではなくて円を底面とする柱のような空間図形は，**円柱**（えんちゅう）といったね。

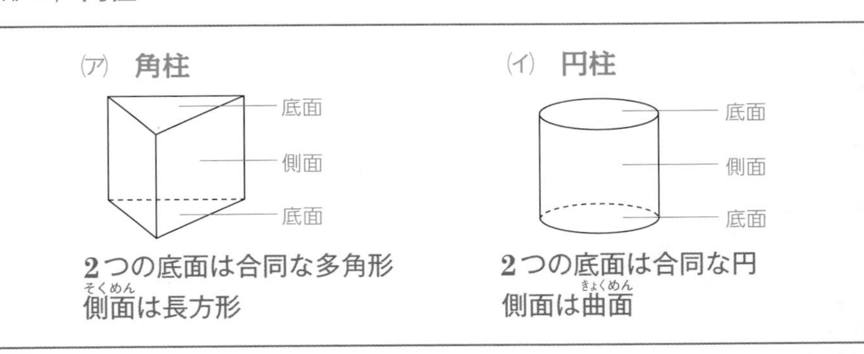

底面の形が三角形なら三角柱，四角形なら四角柱，五角形なら五角柱，そして円なら円柱って感じで，底面の形によって「●●柱」の名前が決まるんだよね♪

そうそう！　さて，ここから新しい空間図形について学習するよ。

「●●柱」は上と下が同じ図形（合同）だったけれど，底面が1つで1つの頂点に向かってとがっていく，「●●錐（すい）」という空間図形もあるんだ。

次ページの㋒は，四角形を底面として，1つの頂点に向かってとがっているね。このような空間図形を，**四角錐**（しかくすい）というよ。そして一般に，多角形を底面として，1つの頂点に向かってとがっていく立体を，**角錐**（かくすい）というんだ！

また，次ページの㋓のように，多角形ではなく円を底面として，1つの頂点に向かってとがっていく空間図形は，**円錐**（えんすい）というんだよ。

㈦ 角錐	㈣ 円錐
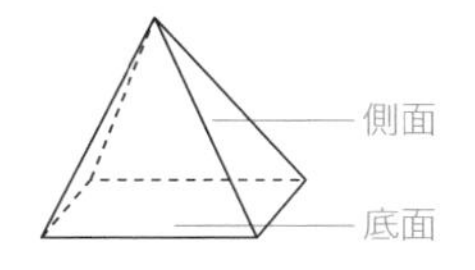 	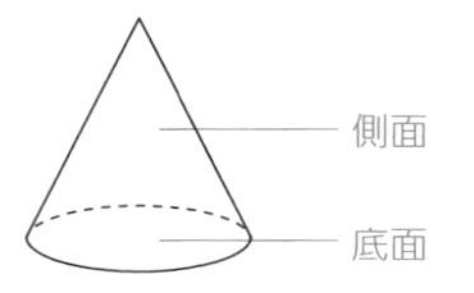
底面は多角形（1つだけ） 側面は三角形	底面は円（1つだけ） 側面は曲面

そのとおりだよ！　さあ，もう少しくわしく見ていこう。次の表は，三角柱，四角柱，三角錐，四角錐の頂点・辺・面の数を調べたものだよ。

	三角柱	四角柱	三角錐	四角錐
見取図（みとりず） (190ページ)				
❶ 底面の形	三角形	四角形	三角形	四角形
❷ 頂点の数	6	8	4	5
❸ 辺の数	9	12	6	8
❹ 面の数	5	6	4	5

まずは角柱を見ていこう。❶ 頂点の数は，

三角柱　➡　$3 \times 2 = 6$（個）

四角柱　➡　$4 \times 2 = 8$（個）

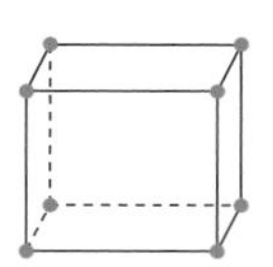

となっているね。つまり，

（角柱の頂点の数）＝（1つの底面がもつ頂点の数）×2

❷ 辺の数は，たとえば三角柱なら右の図のように，1つの底面の三角形に3本あるのが2つ分と，それぞれの底面の対応する頂点どうしをつなぐ辺が3本あるから，

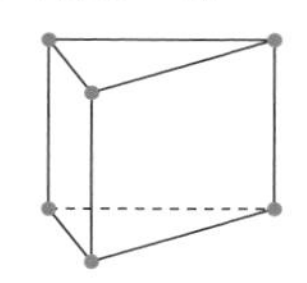

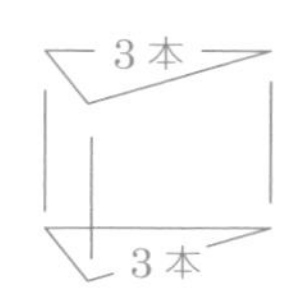

$3 \times 2 + 3 = 3 \times 3 = 9$（本）

だね。四角柱も同じように考えて，1つの底面の四角形に4本あるのが2つ分と，それぞれの底面の対応する頂点どうしをつなぐ辺が4本あるから，

$4 \times 2 + 4 = 4 \times 3 = 12$（本）

だね。ここから，次のことがわかるね！

（角柱の辺の数）＝（1つの底面がもつ辺の数）× 3

❸ 面の数は，まず底面が2個あって，そこに側面の数がプラスされるね。三角柱なら，右の**展開図**（てんかいず）（209ページ）のように側面は3個だから，

底面1
側面1　側面2　側面3
底面2

$2 + 3 = 5$（個）

となるね。展開図をよく見ると，側面の数は，底面の辺の数と一致するね！　したがって，次のようになるよ。

（角柱の面の数）＝（底面の数 2）＋（1つの底面がもつ辺の数）

なるほど，調べてみるとおもしろい♪　角錐のほうはどうなの？

じゃあ角錐を見ていこう。角錐は底面が1つで，もう一方は1点に向かってとがっているから，❶ 頂点の数は，

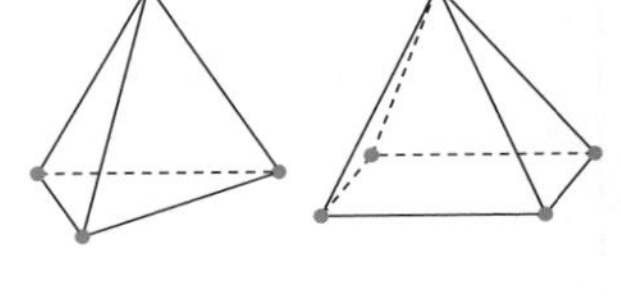

三角錐 ➡ $3 + 1 = 4$（個）

四角錐 ➡ $4 + 1 = 5$（個）

だね。一般的には，次のようになるよ！

（角錐の頂点の数）＝（1つの底面がもつ頂点の数）＋ 1

❷ 辺の数は，たとえば三角錐なら，まず底面の三角形に3本あるね。さらに，上の頂点と底面の各頂点（3個）をつなぐ辺が計3本あるから，

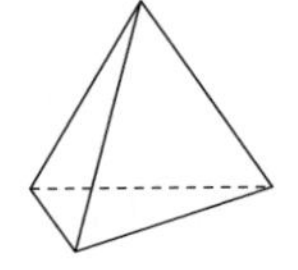

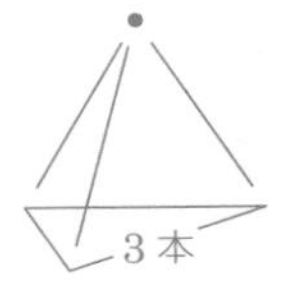

$3 + 3 = 3 \times 2 = 6$（本）

となっているね。四角錐も同じように考えて，底面の四角形に4本，上の頂点と底面の各頂点（4個）をつなぐ辺が計4本あるから，

$4 + 4 = 4 \times 2 = 8$（本）

となっており，次のことがわかるね！

（角錐の辺の数）＝（1つの底面がもつ辺の数）× 2

❸ 面の数は，底面が1つと，側面の数をたせばいいね。右の図のように，角錐の側面の数は，底面の辺の数と一致するよ！　だから，

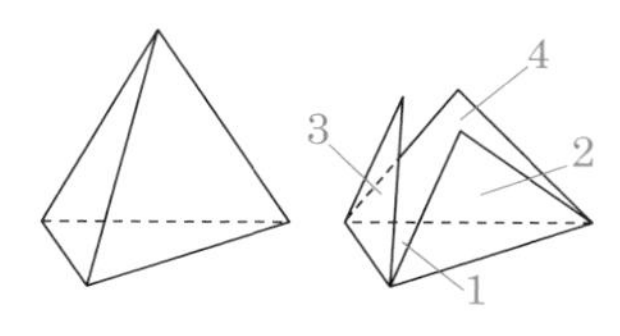

（角錐の面の数）＝（底面の数 1）＋（1つの底面がもつ辺の数）

以上のことは，暗記するよりも，自分で見取図（空間図形を立体らしく平面上に表した図）をかいて調べて，理解することが大切だよ！

さて，角柱や角錐の中に，**正角柱**や**正角錐**という特別な空間図形があることも覚えておこう。たとえば，「正三角錐」って，どういう立体だと思う？

何となくイメージできるような気がする……「正」がついてるから，すべての面が正三角形になっているような三角錐じゃない？

そう思うよね～。でも，じつはちょっとちがうんだよ。底面は正三角形になっていなければいけないんだけれど，側面は正三角形である必要はなくて，すべて合同な二等辺三角形なら OK なんだ。

「正三角柱」は，底面が正三角形で，側面がすべて合同な長方形になっている立体だよ。「正角柱」や「正角錐」の「正」は，「底面が正●角形である」という意味だと考えればいいね。

❶ 正角柱	❷ 正角錐
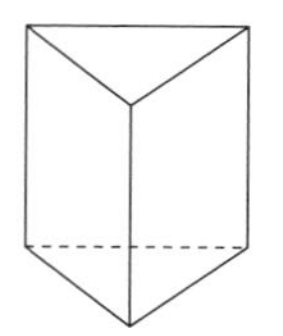	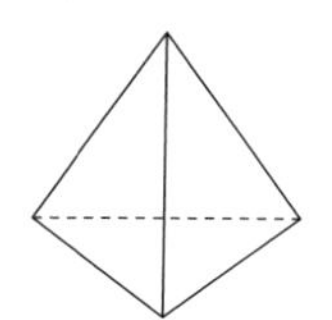
底面は正多角形 側面は合同な長方形	底面は正多角形 側面は合同な二等辺三角形

例題 1

次の立体について，頂点の数，辺の数，面の数を調べよ。

(1)　六角柱　　(2)　五角錐

解答と解説

(1) 六角柱は，2つの底面の形が六角形。

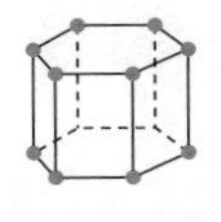

頂点の数は，それぞれの底面に6個ずつあるから，

$6 \times 2 = 12$ (個)

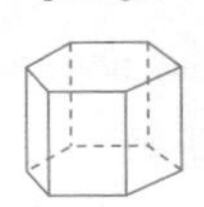

辺の数は，1つの底面に6本あるのが2つ分と，それぞれの底面の対応する頂点どうしをつなぐ辺が6本あるから，

$6 \times 2 + 6 = 6 \times 3 = 18$ (本)

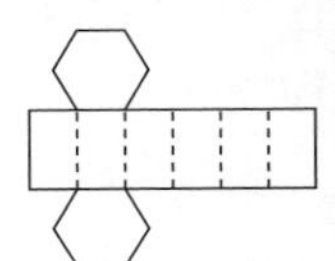

面の数は，底面 (六角形) 2個と側面 (長方形) 6個で，

$2 + 6 = 8$ (個)

以上より，頂点12個，辺18本，面8個 答

(2) 五角錐は，底面が五角形で，1つの頂点に向かってとがった形。

頂点の数は，底面に5個と上に1個あるから，

$5 + 1 = 6$ (個)

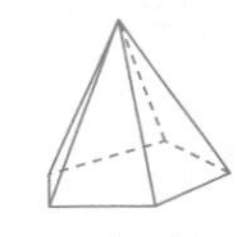

辺の数は，底面の五角形に5本，上の頂点と底面の各頂点 (5個) をつなぐ辺が計5本あるから，

$5 \times 2 = 10$ (本)

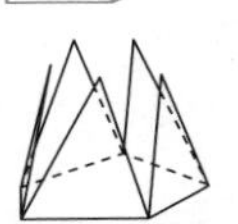

面の数は，底面1個と側面 (三角形) 5個で，

$1 + 5 = 6$ (個)

以上より，頂点6個，辺10本，面6個 答

立体は，図をかいてみることが大切だよ。ノートにジャンジャンかいちゃおう！　必ず理解が深まるよ。

ポイント　角錐と円錐

❶ **角錐**：底面は多角形 (1つだけ)，側面は三角形。

❷ **円錐**：底面は円 (1つだけ)，側面は曲面。

2 正多面体

これまでの「●柱」や「●錐」とはちがう視点から見た，空間図形の呼び方を覚えよう。平面だけで囲まれた立体のことを，**多面体**(ためんたい)というよ！　たとえば，三角錐は多面体だといえるかな？

えっ……そうだなあ，三角錐は，すべて平面で囲まれているから……多面体の一種だといえるんじゃない？

正解！　三角錐は，4つの平面（三角形）で囲まれているからもちろん多面体で，**四面体**とも呼ばれるよ。「三角錐」というのは底面に着目した呼び方で，「四面体」というのは面の数に着目した呼び方なんだ。

そしてさらに，多面体の中でも，すべての面が合同な正多角形で，どの頂点にも同じ数の面が集まる，へこみのない立体のことを，**正多面体**というんだ。正多面体は，次の5種類しかないんだよ。

正多面体

正四面体	正六面体（立方体）	正八面体	正十二面体	正二十面体
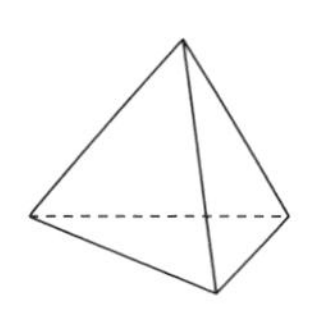		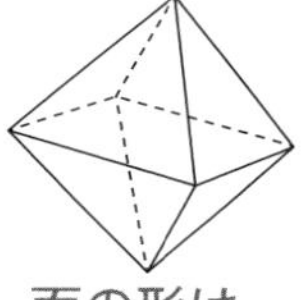	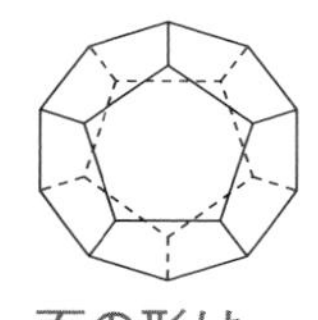	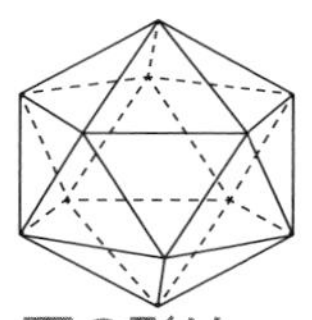
面の形は正三角形	面の形は正方形	面の形は正三角形	面の形は正五角形	面の形は正三角形

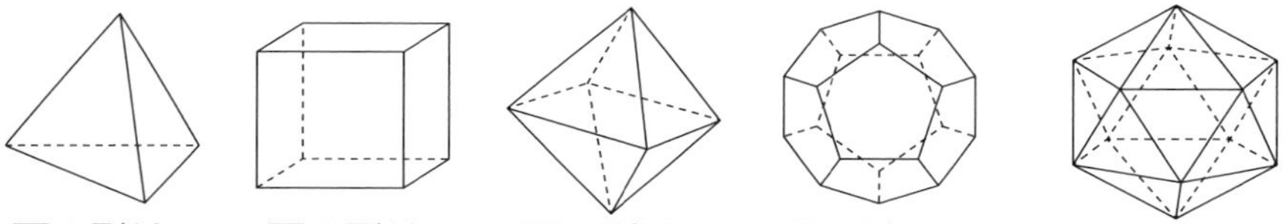

僕がさっき，「正三角錐」ってどんな立体？　って聞かれて答えた，「すべての面が正三角形になっているような三角錐」は，ほんとうは正四面体だったんだね！

そう！　複雑なものもあるけれど，立体の名前と面の形をつなげて，

正四面体，正八面体，正二十面体　⬅　正三角形
正六面体　⬅　正方形
正十二面体　⬅　正五角形

というふうに覚えておくのが大事だよ！

ちょっと発展的な内容になるけれど，多面体には，スイスの数学者レオンハルト・オイラー（1707～1783年）が発見した，「**オイラーの多面体定理**」と呼ばれる有名な法則があるんだ。

オイラーの多面体定理

(頂点の数) − (辺の数) + (面の数) = 2

例 **正八面体の頂点の数を，オイラーの多面体定理を用いて求めよ。**

オイラーの多面体定理の中で，求める正八面体の「頂点の数」を未知数x(個)としよう。「面の数」は,「正八面体」という名前から，8個だとわかるね。

考えなければいけないのは「辺の数」だけれど，これは考えるコツがあるよ。

正八面体をつくっているのは8個の面であり，それらはすべて正三角形だよね。1つひとつの正三角形は, 3本の辺をもっているから，単純にその8面分を考えると，辺の数は,

$3 \times 8 = 24$ (本)　……①

だよね。でも，左ページの正八面体の見取図を見ると，1本1本の辺は，必ず2つの面によって共有されているね！　だから,「1つの面につき3本の辺を8面分」という①の計算では，どの辺も2回ずつ数えられて，2倍になっているはずだ。だから，正八面体のほんとうの辺の数は,

$3 \times 8 \boxed{\times \frac{1}{2}} = 12$ (本)

なんだよ！　さあ，これらをオイラーの多面体定理にあてはめてみよう！

$x - 12 + 8 = 2$

これを方程式として，xについて解くと,

$x = 6$

したがって，正八面体の頂点の数は 6個 答

このように，複雑な見取図をかけなくても，頂点，辺，面の数を把握(はあく)することができるんだ。

ポイント **多 面 体**

❶ 多面体：平面だけで囲まれた立体。

❷ 正多面体：すべての面が合同な正多角形で，どの頂点にも同じ数の面が集まる，へこみのない多面体（5種類）。

中学1年 中学2年 中学3年

第2節　空間における平面と直線

1 平面の決定

この節では，空間の中にある点や直線，平面について考えていくよ。数学では，**直線**といったとき，限りなくのびている，まっすぐな線のことを指すんだったよね。それと同じように，数学的には**平面**とは，限りなくひろがっている，平らな面のことだよ。

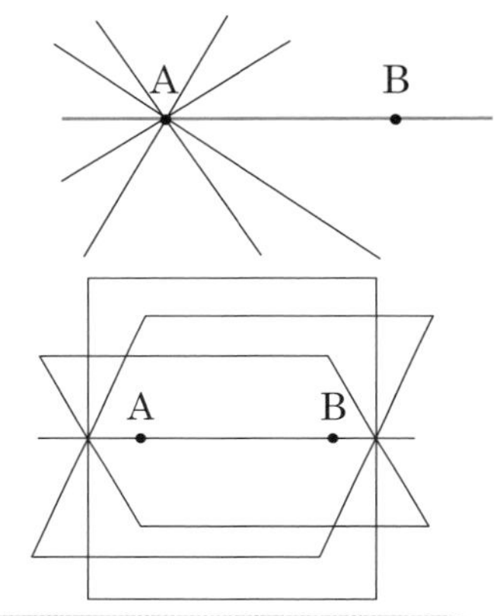

第5章／第1節の 1 で，「点Aを通る直線をかけ」といわれたら，右の図のように直線をたくさんかけるけれど，「2点A，Bを通る直線をかけ」といわれたら，1本の直線しかかけないことを学習したね。直線は，その直線が通る2点が決まると，1本に決定するんだ。

では，「2点A，Bを含む（2点A，Bがその平面上にあるような）平面をかけ」といわれたら，そんな平面は1つに決まるかな？

そんな平面は，直線ABを含む平面になるね。でも，いろんな平面をかくことができて，1つには決まらないよ。

そう，2点A，Bでは，直線を1つに決めることはできても，平面は決定できないんだ。そこで，右図のように，点Aと点Bを結んだ直線の上にない，もう1つの点Cをとってみよう。そして「3点A，B，Cを含む平面をかけ」といわれたら，そんな平面は1つしかかけないよ。つまり，同じ直線上にない3点が決まると，それらを含む平面は，1つに決定するんだ！

C
A　B

2点だと，結ぶと「線」にしかならないけれど，3点を結ぶと三角形の「面」ができるよね。その三角形を，限りなく広がるようにのばしたものが，3点によって決定する平面だよ。「これが決まると，平面が1つに決定する」という条件の

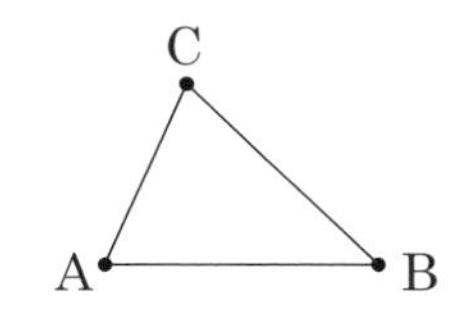

ことを，平面の決定条件というんだ。ここまで見てきたのは，

❶　同じ直線上にない3点を含む

という決定条件だね。この条件から，他にも次のような決定条件をみちびき出すことができるよ。

同じ直線上にない3点A，B，Cのうち，2点A，Bを直線で結ぶと，「1つの直線ABと，その直線上にない点C」ができるね。これらを同時に含む平面は，たくさんかくことができるかな？　そう，1つしかかけないね。だから，

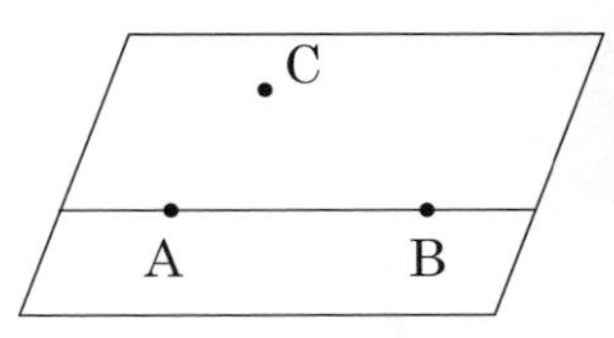

❷　1つの直線と，その直線上にない1点を含む

ことも，平面の決定条件だといえるね！

次に，同じ直線上にない3点A，B，Cで，直線ABと直線BCをかいてみよう。この2本の直線は点Bで交わっているね。こうして「交わる2本の直線」ができたけれど，これらを同時に含む平面も，1つしかかけないよ。だから，

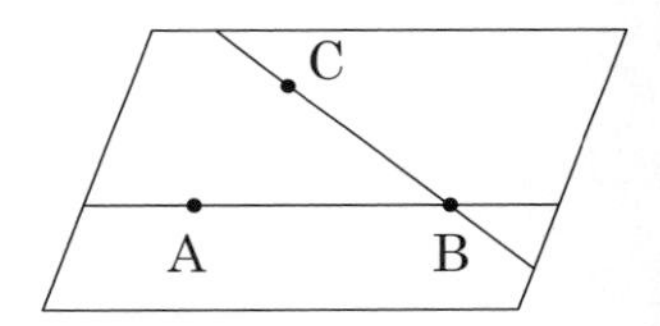

❸　交わる2直線を含む

ことも，平面の決定条件の1つだ！

今度は，同じ直線上にない3点A，B，Cで，2点A，Bを直線で結んだあと，点Cを通り，直線ABに平行な直線をひこう。こうしてできた「平行な2本の直線」を同時に含む平面も，ただ1つしかないんだ。だから，

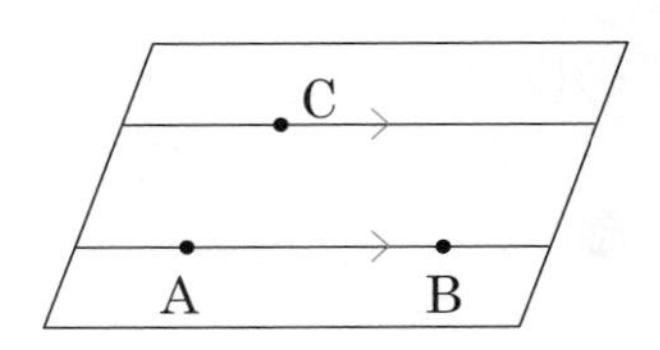

❹　平行な2直線を含む

ことも，平面の決定条件になるよ！

ポイント　平面の決定条件

❶　同じ直線上にない3点を含む

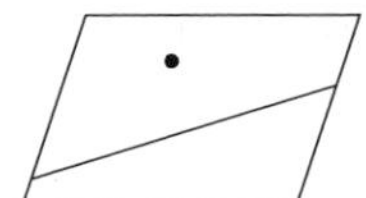

❷　1つの直線と，その直線上にない1点を含む

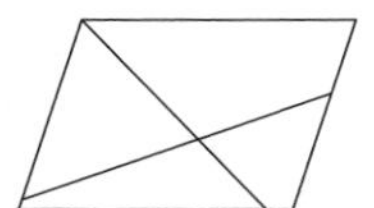

❸　交わる2直線を含む

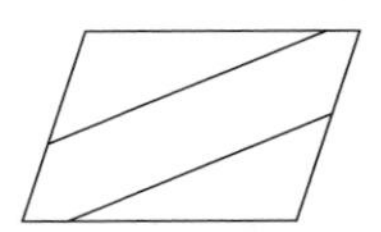

❹　平行な2直線を含む

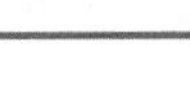

2 2直線の位置関係

次に，空間の中で，2本の**直線**がどのような位置関係をとることができるかを整理していこう。

2本の直線が，どのような位置関係をとるかって，前にもやったような……第5章／第1節の2で，**垂直**と**平行**を学習したよね（154ページ）！

そうだね。「垂直」っていうのは，「直角に交わる」という意味だから，特殊な交わり方だけれど，平面の世界では一般に，2本の直線は「交わる」か「平行である」か，どちらかの位置関係にあるといえるね。いいかえると，平面における2本の直線は，交わらない場合は必ず平行であるといえるんだ。

でも，空間の中ではどうかな？　空間における2本の直線は，交わる場合と交わらない場合があるけれど，交わらない場合は必ず平行であるというわけではないよ。右の図のように，交わらないけれども平行でもないパターンもあるんだ！　このように，平行ではなく交わりもしない2本の直線は，「**ねじれの位置**にある」というよ。

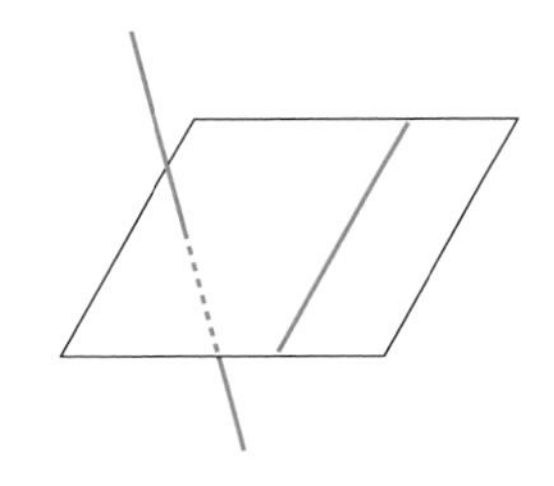

空間の中にある2本の直線の位置関係には，❶「交わる」，❷「平行である」，❸「ねじれの位置にある」の3パターンがあるんだ。❶「交わる」場合と❷「平行である」場合は，2本の直線は同じ平面上にある。❸「ねじれの位置にある」場合，2本の直線は同じ平面上にはない（ねじれの位置にある2直線を含む平面は存在しない）よ！

つまり，空間における2直線の位置関係は，「交わるか，交わらないか」と，「同じ平面上にあるか，同じ平面上にないか」の2つの基準で，右の図のように分類されるんだ。「交わる」＋「同じ平面上にない」という組み合わせ（同じ平面上にはないけれども，交わる）はありえないよ。

	交わる	交わらない
同じ平面上にある	❶ 交わる	❷ 平行である
同じ平面上にない	×	❸ ねじれの位置にある

少し具体的に見ていこうか。右下の図のような直方体について，辺は直線，面は平面として考えることとするよ。

直方体の辺は，実際は長さに限りのある線分だけれど，限りなくのびる直線として考える，ということだよ。すると，直方体の面も，限りなくひろがる平面として考えることになるね

たとえば，直線ABと直線BCは，同じ平面ABCD上にあって，点Bで交わっているね(❶)。

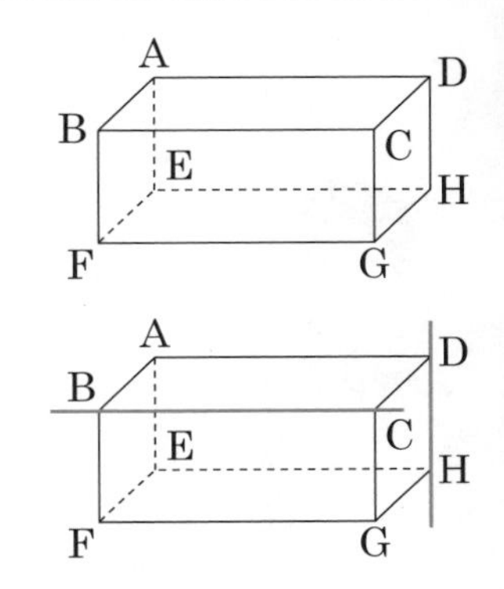

また，直線BCと直線FGは，同じ平面BFGC上にあって，交わっていない(どこまでのばしても交わらない)ね。だから，BC // FG(平行)だね(❷)。

そして，直線BCと直線DHを見てみよう。この2本の直線を含む平面は，存在しないね。また，この2直線は平行ではないし，交わってもいない(どこまでのばしても交わらない)ね。だから，直線BCと直線DHはねじれの位置にあるよ(❸)。2本の直線が交わらず，平行でもない場合は，必ずねじれの位置にあるんだ。

例 **右の図の立方体について，辺は直線と考えるものとする。**

(1) **直線ABと平行な直線をすべて答えよ。**

(2) **直線ABとねじれの位置にある直線をすべて答えよ。**

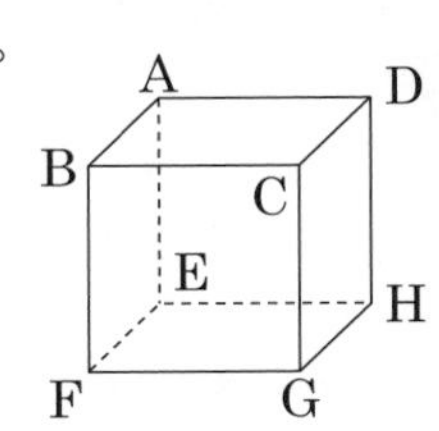

(1) 直線ABと平行な直線は，直線ABと同じ平面上にあり，かつ，直線ABと交わらないものだね。まず，直線ABがどんな平面の上にあるかを考えてみよう。

直線ABは，平面ABCDの上にあるね。この立体は立方体(6つの合同な正方形で囲まれた立体)だから，四角形ABCDは正方形で，AB // DCだね。

直線ABは，平面ABFEの上にもあるね。四角形ABFEも正方形だから，AB // EFだとわかるよ。

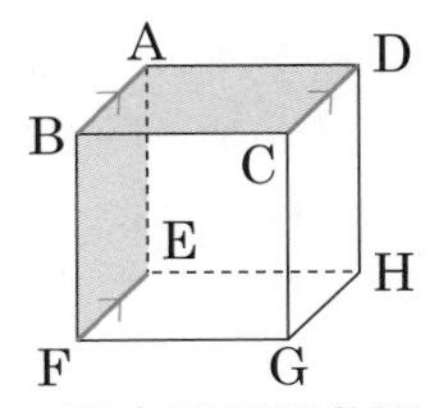

これだけじゃないよ！　直線HGを見て。直線HGは，正方形EFGH上にあり，EF // HGだね。また正方形DCGH上にもあり，DC // HGだね。直線ABと平行な直線は，直線HGとも平行になっているよ。直線HGも，直線ABに平行なように見えないかな？

じつは，立方体を斜めに，平面ABGHで切ると，直線ABと直線HGは同じ平面上にあるとわかるよ。そしてどこまでのばしても交わらず，AB//HGがいえるんだ。

以上より，直線ABと平行な直線は，

直線DC，直線EF，直線HG　答

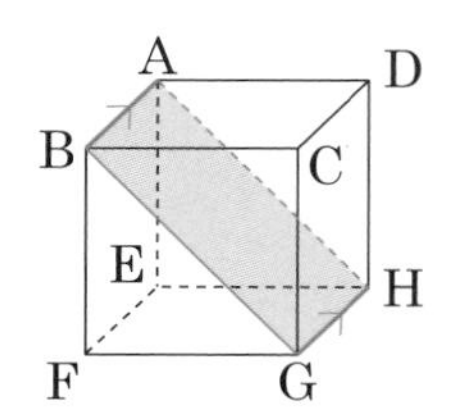

斜めに切ると，離れたところに平行が見つかるかもしれないんだね。気をつけて探さなきゃ！

(2)　この問題で求めるのは，直線ABと同じ平面上にない直線だよね。でも，「同じ平面上にない直線」自体を探すのは，なかなか難しいんだ。そこでおススメなのは，ねじれの位置にあるものを直接探すのではなくて，

全部の辺の中から，「交わるもの」と「平行なもの」を除外（じょがい）する

という方法だよ。空間における2直線の位置関係には，❶「交わる」，❷「平行である」，❸「ねじれの位置にある」の3パターンしかないんだから，全部から❶と❷をはじいたら，❸だけが残るっていうわけだ！

立方体の辺は，全部で12本あるよ（数えてもいいし，立方体を正六面体ととらえて，193ページの例のような計算で出してもいいよ）。

その中で，直線ABと平行な直線（❷）は，(1)で求めた直線DC，直線EF，直線HGの3本だね。

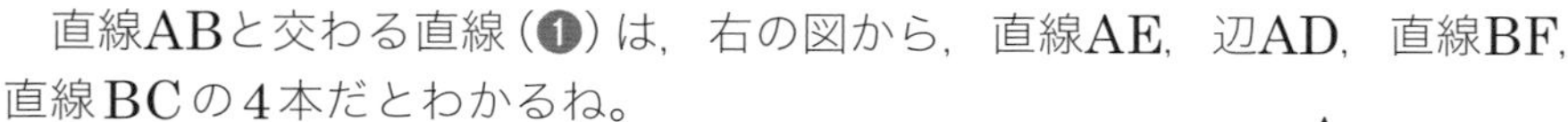

直線ABと交わる直線（❶）は，右の図から，直線AE，辺AD，直線BF，直線BCの4本だとわかるね。

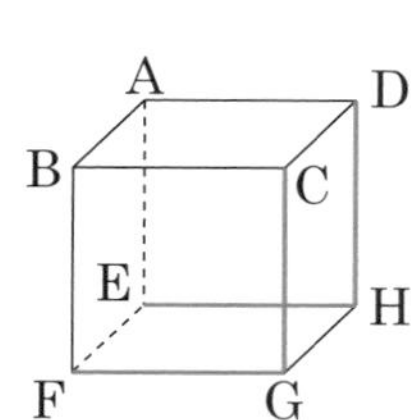

だから，直線ABとねじれの位置にある直線（❸）は，全体の12本から，直線ABと平行な3本，直線ABと交わる4本，そして直線AB自体の合計8本を除外した4本だ。

それは直線CG，直線DH，直線FG，直線EH　答

それぞれ直線ABと見くらべれば，同じ平面上にないことがわかるね！

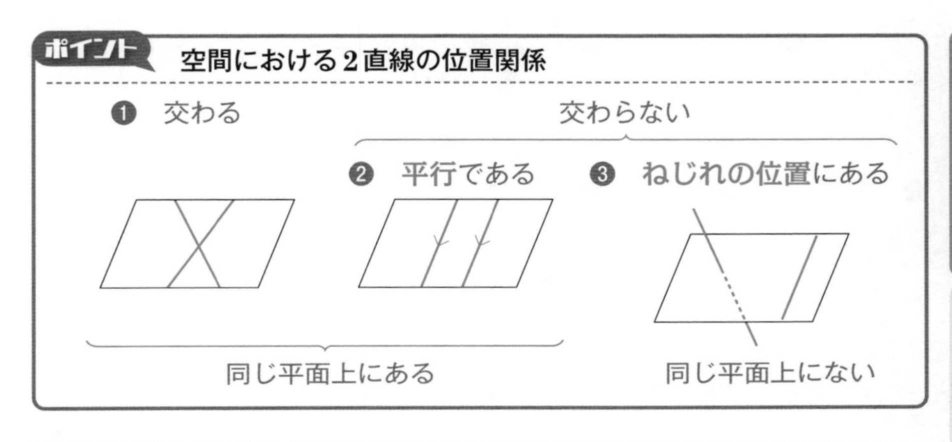

3 直線と平面の位置関係

2 では,「空間の中で,2本の**直線**がどのような位置関係をとることができるか」を考えたけれど,この 3 では,「空間の中で,直線と**平面**が,どのような位置関係をとることができるか」について考えていくよ。どういうパターンが考えられるかな?

空間の中にある2本の直線は,「交わる」か「平行である」か「ねじれの位置にある」の3パターンだったよね。でも,直線と平面だと,「ねじれの位置」みたいな関係はないんじゃないかな?

おお,するどいね! たしかに,空間の中での直線と平面については,「ねじれの位置」のような位置関係はないよ。

だから,空間の中で,直線と平面がとることのできる位置関係は,「交わる」か「交わらない」かの2パターンだけじゃないかな?

残念!!　❶「直線が平面上にある」という場合があるよ！　これは，直線が平面と❷「交わる」わけでもなく，❸「交わらない」でもないパターンと考えるよ。

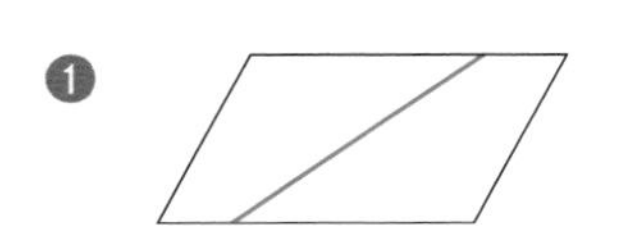

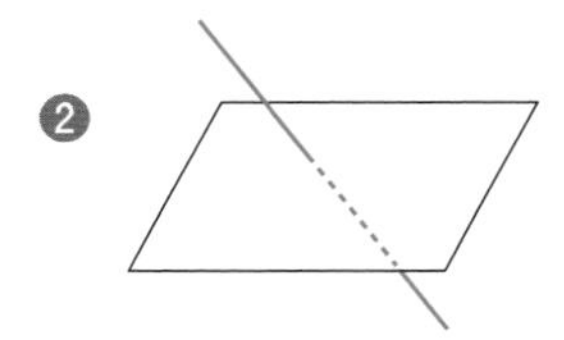

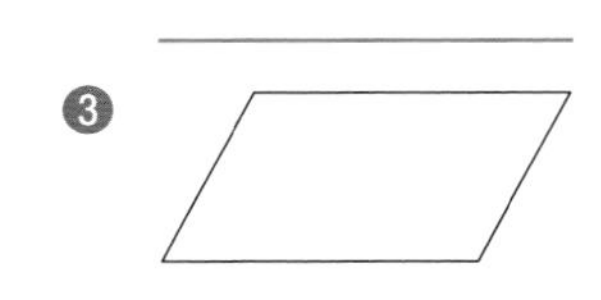

右の図のような直方体で，具体的に見ていこう。辺は直線，面は平面として考えることにするよ。

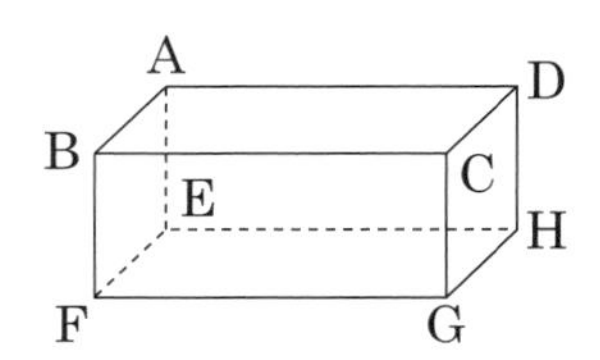

直線ABは平面ABCDに含まれている(❶)のがわかるかな(平面ABCDが限りなくひろがっていると考えてね)。直線BC，直線CD，直線DAも，平面ABCDに含まれているね。

次に，直線BFを見てみよう。この直線は，平面ABCDと，点Bで交わっているね(❷)。ほかにも，直線AE，直線CG，直線DHが平面ABCDと交わっているね。

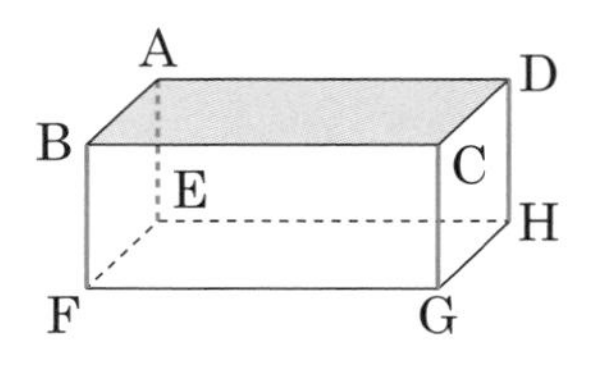

また直線FGと平面ABCDは，どこまで行っても交わらないね。このとき，「直線FGと平面ABCDは平行である」というよ(❸)。他にも，直線EF，直線GH，直線HEが平面ABCDと平行だね。一般に，直線ℓが平面Pと平行であることを，次のように表すよ！

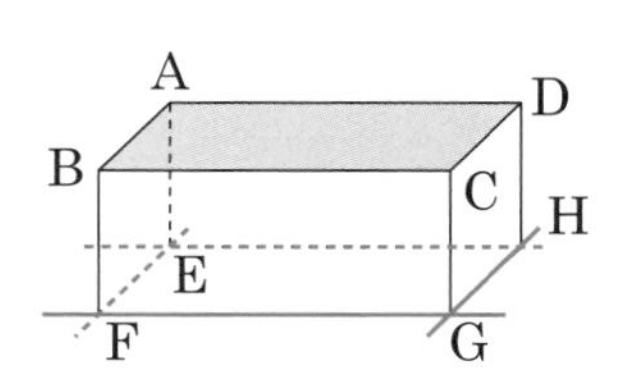

$\ell /\!/ \mathrm{P}$

ここで，この図における直線BFと平面ABCDとの交わり方について，もう少しくわしく見てみよう。図の立体は直方体なので，直線BFは，平面ABCD上の直線ABや直線BCと，垂直に交わっているね。このようなとき，

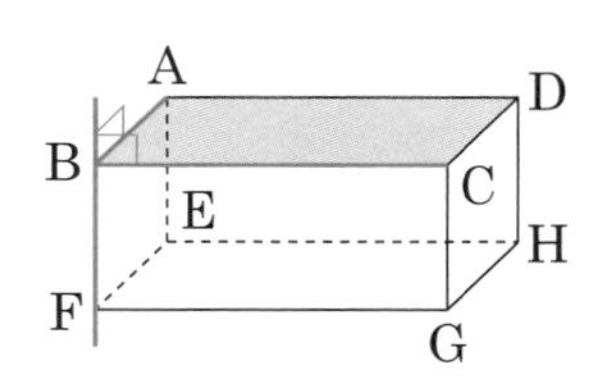

直線BFは，点Bを通る平面ABCD上のすべての直線と垂直になるんだよ。

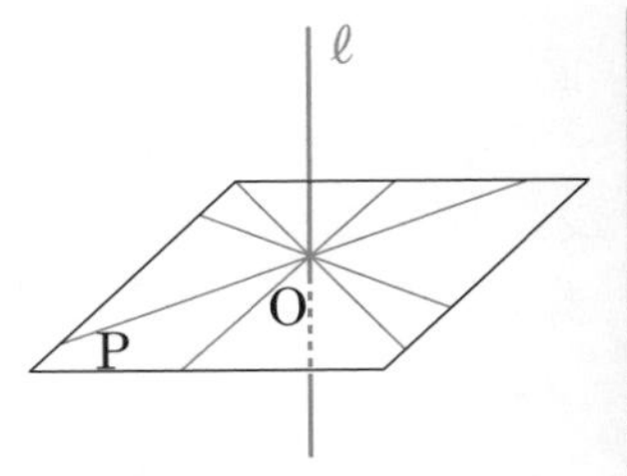

一般に，右の図のように直線ℓが平面Pと点Oで交わっていて，点Oを通る平面P上のすべての直線と垂直であるとき,「直線ℓは平面Pに垂直である」といい,

$$\ell \perp \mathrm{P}$$

と表すよ！　またこのとき，直線ℓを，平面Pの**垂線**と呼ぶよ。

「直線ℓが平面Pに垂直であることをたしかめるのって，たいへんそう～」と思ったよね。じつは右の図のように，交点Oを通る平面P上の2本の直線m，nと直線ℓが，それぞれ垂直であることを示せばだいじょうぶなんだよ。

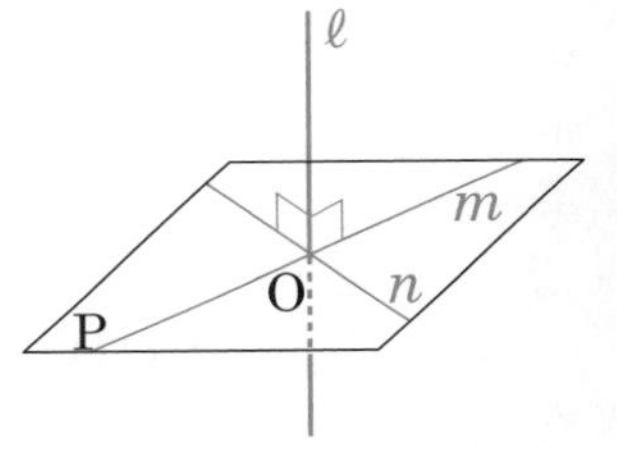

ポイント　空間における直線と平面の位置関係

❶ 直線が平面上にある　❷ 交わる　❸ 平行である

4　2平面の位置関係

今度は,「空間の中で，2つの**平面**がどのような位置関係をとることができるか」について考えていくよ。

空間の中にある2つの平面どうしの位置関係には，❶「交わる」と❷「交わらない」の2パターンしかないよ♪　空間における2つの平面の位置関係は，平面における2本の直線の位置関係に似ていて，交わるか交わらないかのどちらかなんだ。

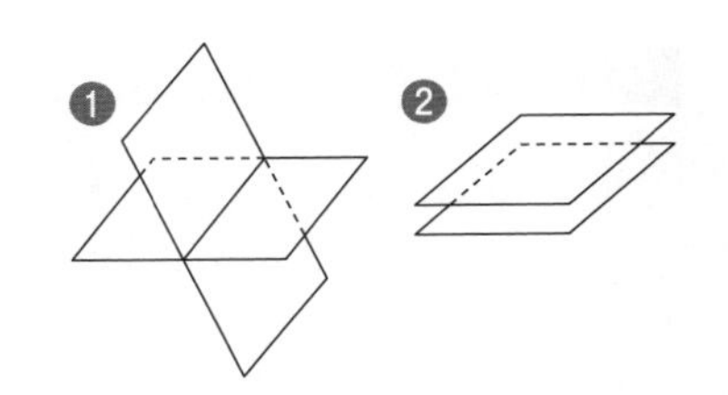

右の図の直方体について，辺は直線，面は平面として考えることとするよ。

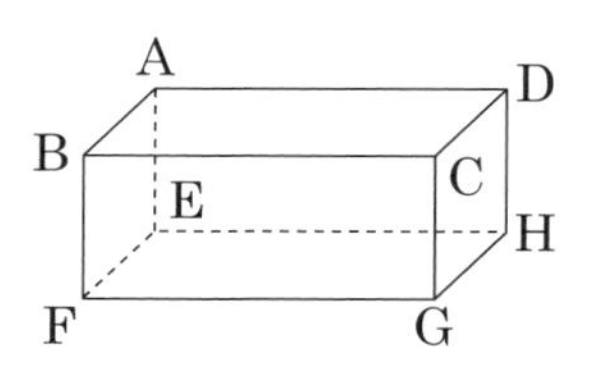

平面ABCDと平面CGHDは，直線CDのところで交わっているね（❶）。2つの平面が交わるところにできる直線を，2平面の**交線**（こうせん）というよ。

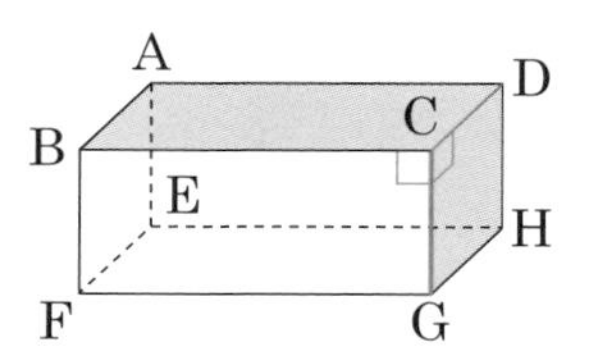

この場合，平面CGHDに含まれる直線CGが，平面ABCDに垂直だね。一般に，平面Qが平面Pに垂直な直線ℓを含むとき，「平面Pと平面Qは垂直である」といい，次のように表すよ！

$$P \perp Q$$

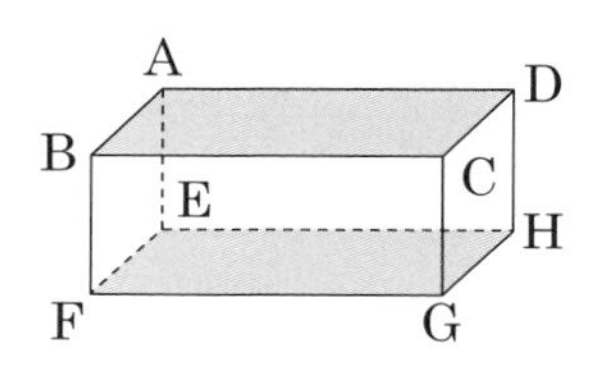

また，平面ABCDと平面EFGHは，どこまで広げても交わらないよね。一般に，平面Pと平面Qが交わらないとき，「平面Pと平面Qは平行である」といい，

$$P /\!/ Q$$

と表すよ。また，右の図のように平行な2つの平面P，Qに，別の平面Rが交わるとき，平面Pと平面Rの交線mと，平面Qと平面Rの交線nは，必ず平行になるよ（$m /\!/ n$）。

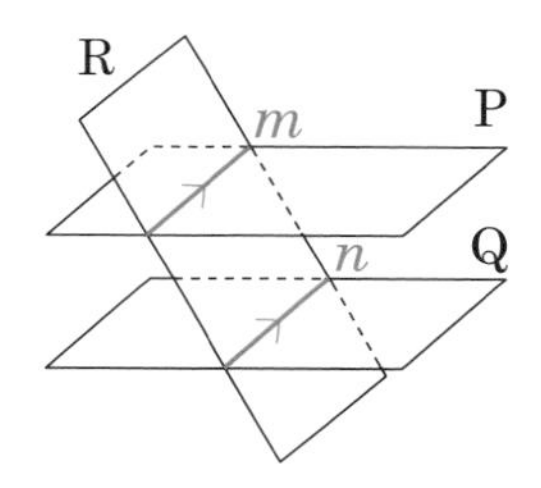

ポイント　空間における2平面の位置関係

❶　交わる

❷　平行である（交わらない）

5　点と平面の距離，2つの平面の距離

平面図形では，第5章／第1節の 2 で，点と直線との距離や，平行な2本の直線の距離について学習したね（155ページ）。空間図形では，点と**平面**との距離や，平行な2つの平面の距離について考えよう。

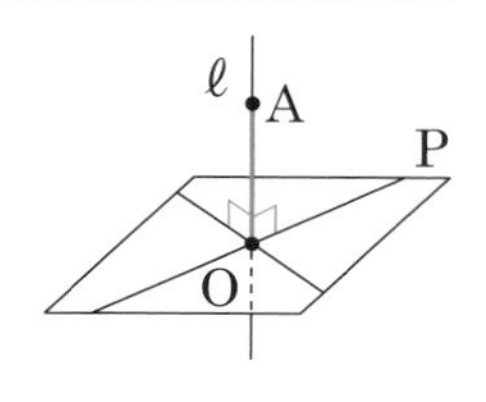

点Aから平面Pにひいた垂線をℓとして，ℓと平面

Pとの交点をOとするとき，線分AOの長さを，点Aと平面Pとの距離というよ。

この考え方で，**角錐**や**円錐**を見てみよう。角錐や円錐は，底面から頂点に向かってとがっていく立体だよね。その頂点と底面との間の距離のことを，角錐や円錐の高さというんだ。

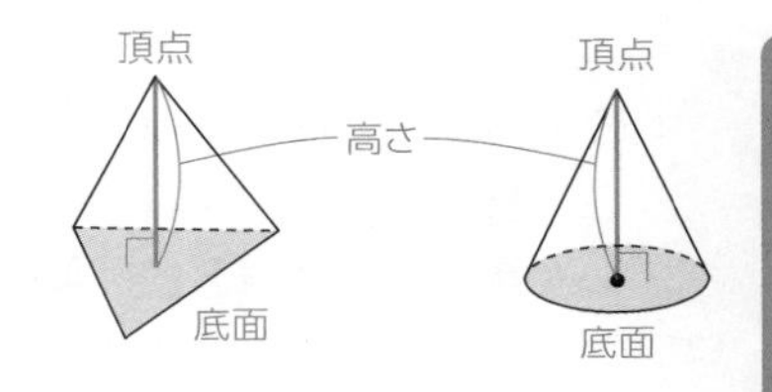

また右の図のように，平行な2つの平面P，Qにおいて，平面P上のどこに点Aをとっても，点Aと平面Qとの距離は一定になるよ。この一定の距離を，平面Pと平面Qとの距離というんだ。

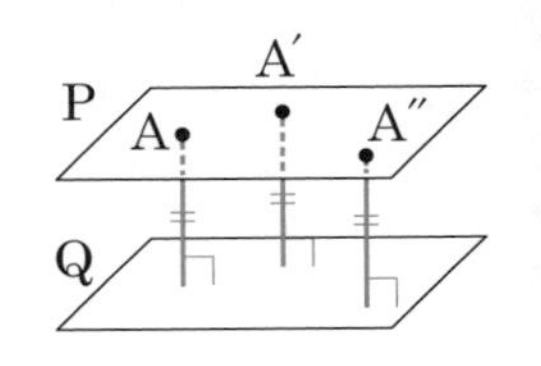

今度は**角柱**や**円柱**を見てみよう。角柱や円柱では，2つの底面が平行だね。だから，一方の底面上の点と，もう一方の底面との距離はすべて等しくて，この距離を，角柱や円柱の高さというんだよ。

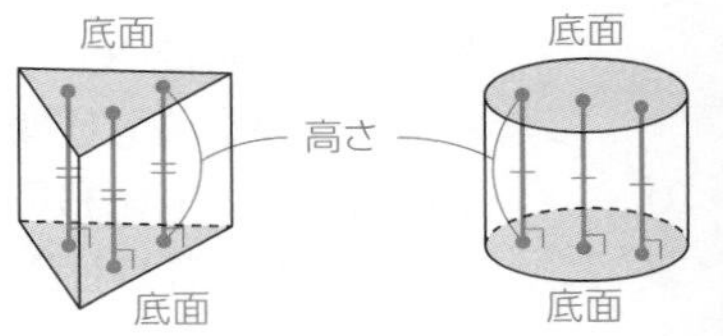

例題

右の図は，底面が直角三角形で，側面が長方形の三角柱である。次の問いに答えよ。

(1) 直線BCとねじれの位置にある直線はどれか。
(2) 直線BCと垂直な平面はどれか。
(3) 平面ABCと平行な直線はどれか。
(4) 平面BEFCと垂直な平面はどれか。

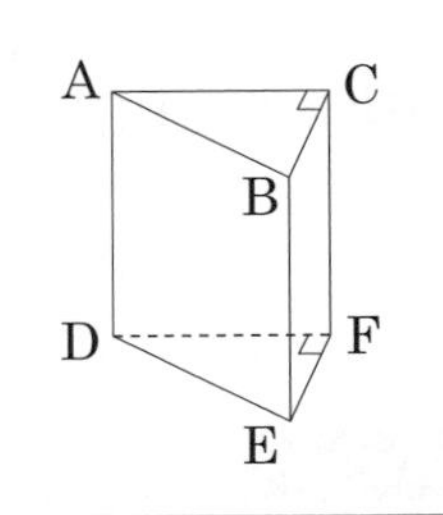

解答と解説

(1) 直線BCと交わる直線は，
　　△ABCの直線AB，直線AC
　　長方形BEFCの直線BE，直線CF
直線BCと平行な直線は，直線EF
したがって，直線BCとねじれの位置にある直線は，
　　直線AD，直線DE，直線DF　答

2の例(2)のように(198ページ)，すべての直線から，交わる直線と平行な直線と直線BC自体を除外！

(2) △ABCは，$\angle ACB = 90°$の直角三角形であるから，$BC \perp CA$　……①
また，三角柱の側面は長方形であるから，$BC \perp CF$　……②

①・②より，直線BCは，平面ADFC上の2直線CA，CFと，点Cで垂直に交わっているので，

BC⊥平面ADFC

（3で学習した，直線ℓ⊥平面Pとなる条件）

したがって，直線BCと垂直な平面は，平面ADFC 答

(3) 三角柱の2つの底面は平行であるから，平面ABC // 平面DEF

したがって，平面DEF上の直線は，平面ABCと平行になる。

平面ABCと平行な直線は，直線DE，直線EF，直線FD 答

(4) 平面BEFCと平面ABCについて，

三角柱の側面は長方形であるから，AC⊥CF ……③

∠ACB＝90°であるから，AC⊥BC ……④

③・④より，直線ACは，面BEFC上の2直線CF，BCと，点Cで垂直に交わっているので，

AC⊥平面BEFC

（4で学習した，平面P⊥平面Qとなる条件）

したがって，平面ABCは，平面BEFCに垂直な直線ACを含むので，

平面ABC⊥平面BEFC ……⑤

平面BEFCと平面DEFについても，DF⊥CF，DF⊥EFであるから，

DF⊥平面BEFC

となり，平面DEFは，平面BEFCに垂直な直線DFを含むので，

平面DEF⊥平面BEFC ……⑥

また，(2)より，BC⊥平面ADFC であり，平面BEFCは，平面ADFCに垂直な直線BCを含むので，

平面BEFC⊥平面ADFC ……⑦

⑤・⑥・⑦より，平面BEFCと垂直な平面は，

平面ABC，平面DEF，平面ADFC 答

ポイント　点と平面との距離，2つの平面の距離

❶ 点Aと平面Pとの距離

点Aから平面Pにひいた垂線の足をOとするとき，線分AOの長さ。

❷ 平面Pと平面Qとの距離

平面Pと平面Qが平行であるとき，平面P上の点と，平面Qとの距離（一定）。

第3節 立体のいろいろな見方

1 面や線が動いてできる立体

これまで,「点」は点,「線」は線で，まったく別のものだと考えてたんじゃないかな。だけど，右の図のように点が動くと，線ができるね！　それから，線が動くと，面ができるね！　このように，ある図形が動くことによって，また別の図形ができることがあるんだ。

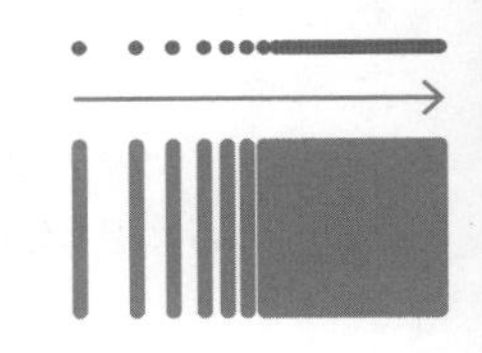

じゃあ，面が動くと，何ができるのかな？

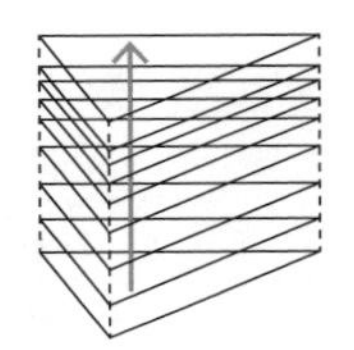

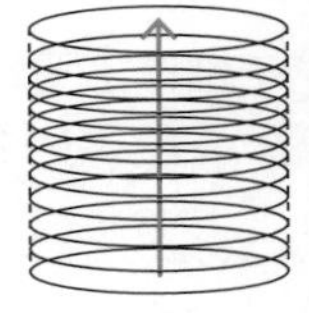

そう！　多角形や円のような平面図形を，垂直な方向に，一定の距離だけ，平行に動かすと，角柱や円柱になるね。面が動いて，立体になったんだ。

でも，**立体**をつくるのは，面の動きだけじゃないよ！　右の図のように，多角形や円の周上に，線分AB(線)を垂直に立てる。そしてこの線分を，周にそって1回りさせるんだ。線の動きによって，**角柱**や**円柱**の側面ができるね！

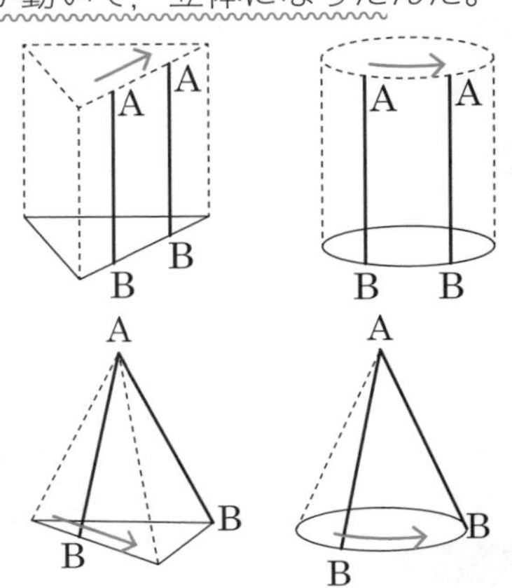

また，右の図のように，多角形の面上にない点Aと，周上の点Bについて，線分ABを考える。点Bを多角形の周にそって1回りさせるとき，線分ABが動いてできる側面と，底面である多角形とで囲まれた立体は，**角錐**になるよ。円について同じことをすれば，線分ABが動いてできる側面と，底面である円とで囲まれた立体は，**円錐**になるよ！

ポイント　**面や線が動いてできる立体**

面や線が動いてできる立体をイメージする。

2 回転体

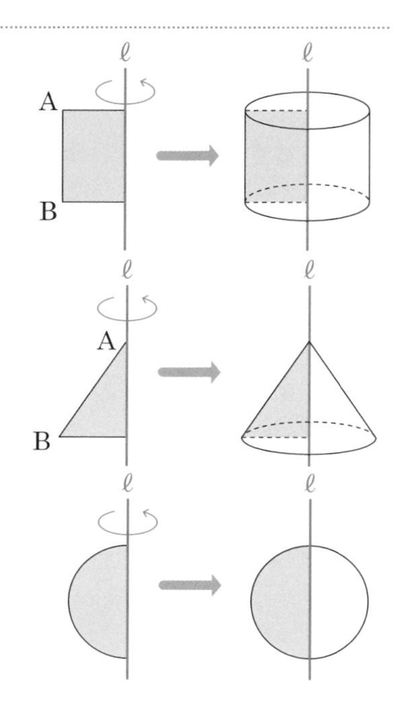

空間図形について，別の見方を紹介するよ。

右の図のように，長方形の1辺をのばした直線を軸にして，その長方形を1回転させると，円柱ができるね。

また，直角三角形の斜辺ではない1辺をのばして，その直線を軸に，直角三角形を1回転させると，円錐ができるね。

それから，半円の直径をのばした直線を軸に1回転させると，**球**ができるよ。

一般に，1つの平面図形を，同じ平面上にある直線ℓのまわりに1回転させてできる立体のことを，**回転体**というよ！また，このときの直線ℓを，**回転の軸**というんだ。ちなみに，右上の図の辺ABのように，回転して円柱や円錐の側面となる線分は，**母線**と呼ばれるよ。

例　右の図の長方形を，直線ℓを軸として回転させてできる立体の見取図をかけ。

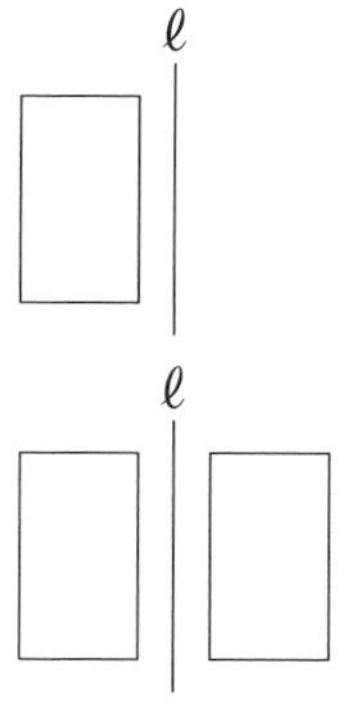

長方形を回転させるんだから，円柱かなと思ったら，回転の軸が長方形から離れているね。イメージするのが難しいかもしれないけれど，回転体の**見取図**のかき方にはコツがあるんだ。手順を身につければ，難しそうな回転体の見取図もちゃんとかけるからね！

step1　直線ℓを対称の軸として，対称移動させた図形をかく。

step2　もとの図形と，対称移動させた図形の，対応する頂点どうしを，だ円で結ぶ。

step3　回転の軸など，不要な線は消す。また，実際に見えないところは破線に直す。

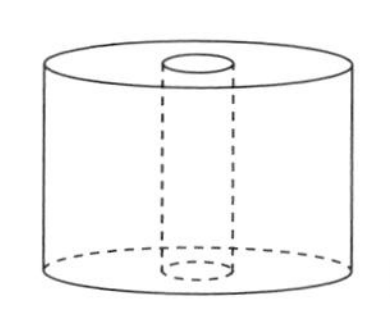

答

例題 1

右の図の平行四辺形ABCDを，対角線ACを軸として1回転させてできる立体について，その見取図をかけ。

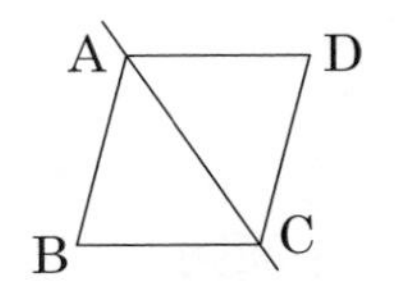

step 1

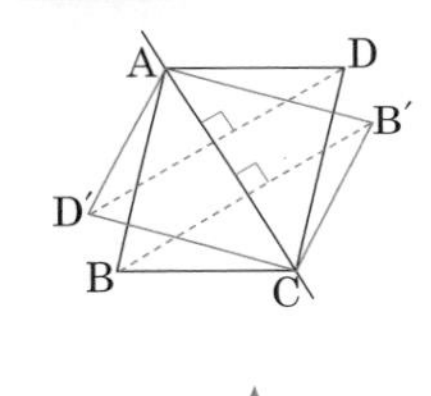

対角線ACを軸として対称移動させた図形をかく

step 2

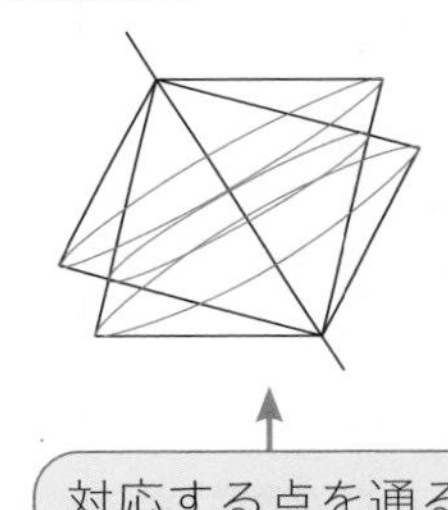

対応する点を通るだ円をかく

step 3

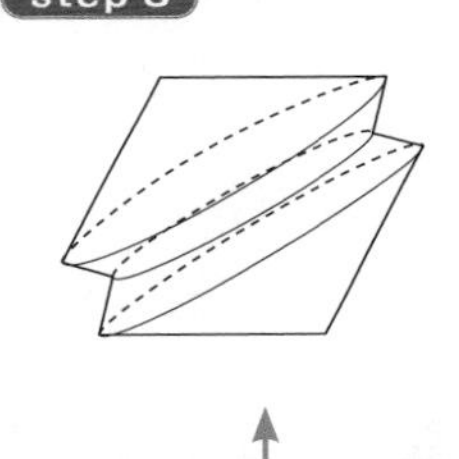

見取図に不要な線を消して，見えない部分は破線に直す

答

ポイント 回転体

回転体：1つの平面図形を，同じ平面上にある直線ℓのまわりに1回転させてできる立体。
このときの直線ℓを，**回転の軸**という。

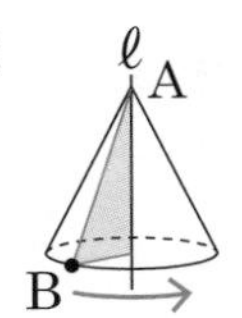

3 投影図

空間図形は，見る方向によってちがった形に見えるよね。たとえば，空間の中にある立方体は，真上から見ると高さがわからず，正方形に見えるよ。

それは，光を当てたときにできる影と同じなんだ。右の図のように，立方体に真上から平行な光を当てると，下の平面に，正方形の影が映るよね。

このように，立体をある方向から見て平面に映すことを，**投影**（とうえい）というよ。そして，そのようにし

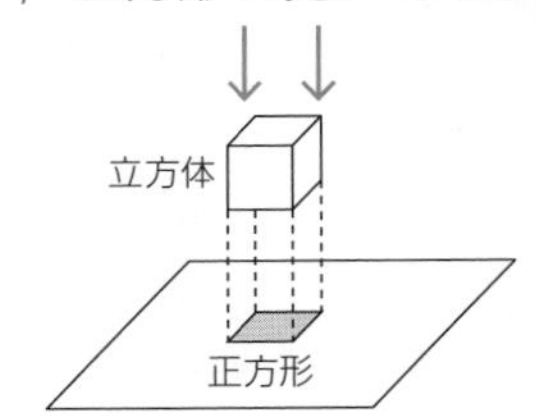

て平面上に映した図のことを，**投影図**(とうえいず)というんだ。立体を投影図で表すときには，次の2種類の図を使うことが多いよ！

立面図(りつめんず)：立体を真正面から見た図。
平面図(へいめんず)：立体を真上から見た図。

たとえば円柱は，右の図のように，真正面の光を受けると，後ろの平面に，長方形の影ができるよね。また，真上からの光を受けると，下の平面に，円の影ができるよね。

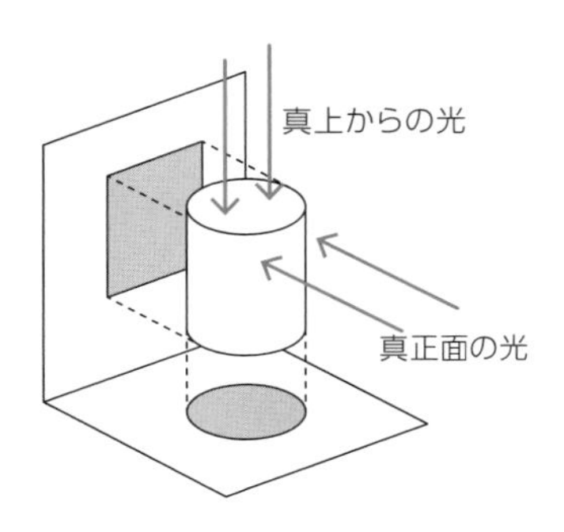

わかった！　つまり，
円柱の立面図 ➡ 長方形
円柱の平面図 ➡ 円
っていうことでしょう？

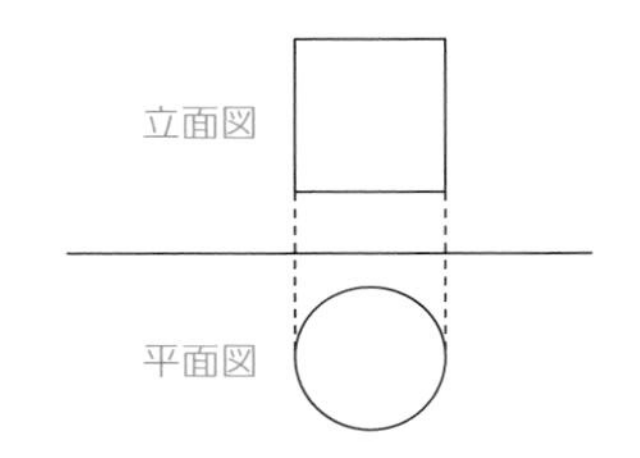

そのとおりだよ！　影を見て「どんな立体か」を言い当てるように，投影図から見取図をイメージできるようになろう。

例題 2

次の(1)・(2)の投影図で表されているのは，それぞれ何という立体か答えよ。

(1)

(立面図)

(平面図)

(2)

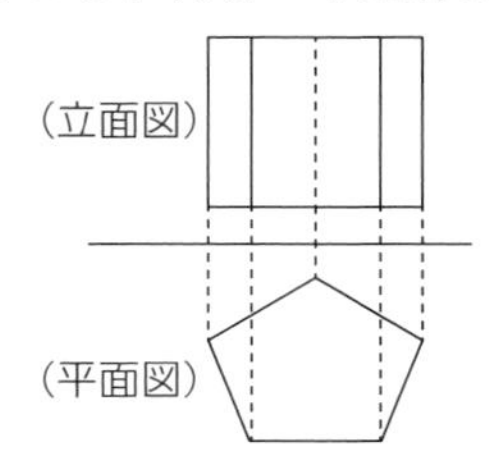

解答と解説

(1)　立面図が三角形であるから，この立体は，次の2つのうちいずれかであることが予測できる。

角錐(側面が三角形，底面が多角形)
円錐(側面が三角形，底面が円)

また，平面図が円であるから，この立体の底面の形は円で

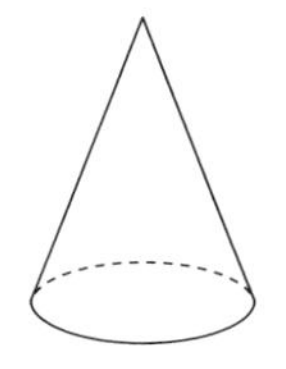

あることがわかる。

したがって，この立体は円錐 答

(2) 立面図が長方形であるから，この立体は，次の2つのうちいずれかであることが予測できる。

角柱（側面が長方形，底面が多角形）

円柱（側面が長方形，底面が円）

また，平面図が五角形であるから，この立体の底面の形は五角形であることがわかる。

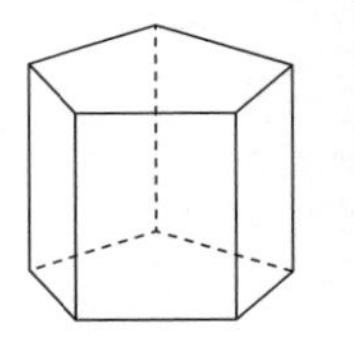

したがって，この立体は五角柱 答

ポイント　投影図

立体を正面から見た図を立面図，真上から見た図を平面図といい，立面図と平面図をまとめて右図のように表したものを**投影図**という。

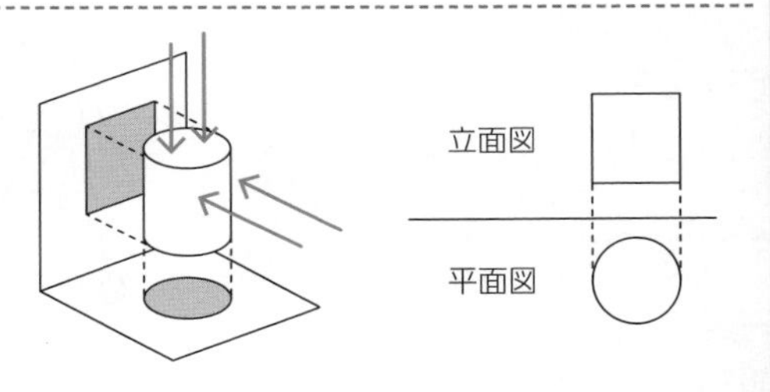

4 展開図

空間図形（立体）を切り開いて，平面上にひろげた図のことを，**展開図**（てんかいず）というよ。

多面体の場合，展開図はふつう，辺にそって切り開いたものを考えるよ。

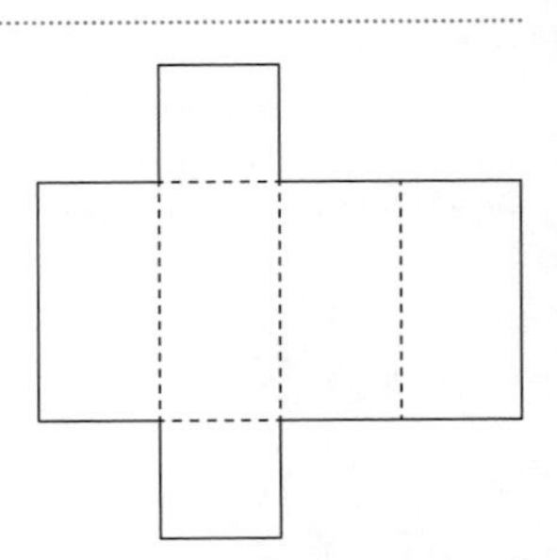

たとえば，牛乳パックのような直方体があるとして，これを辺にそって切り開いて平らにのばすと，右の図のような平面になるね。三角錐だと，下のようになるよ。

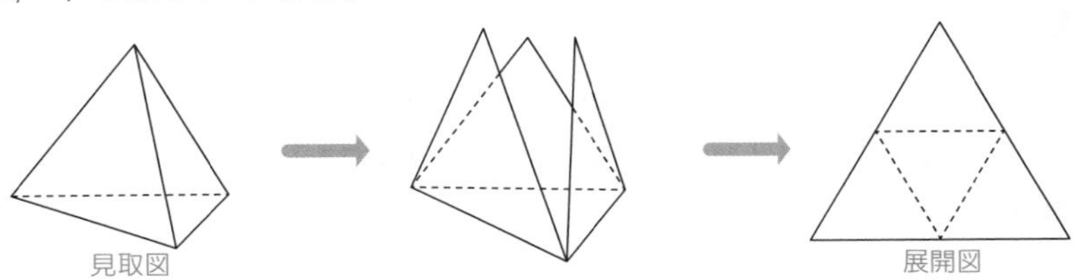

円柱や円錐の場合，その**母線**（206ページ）の1つと，底面の円周にそって切り開くよ。

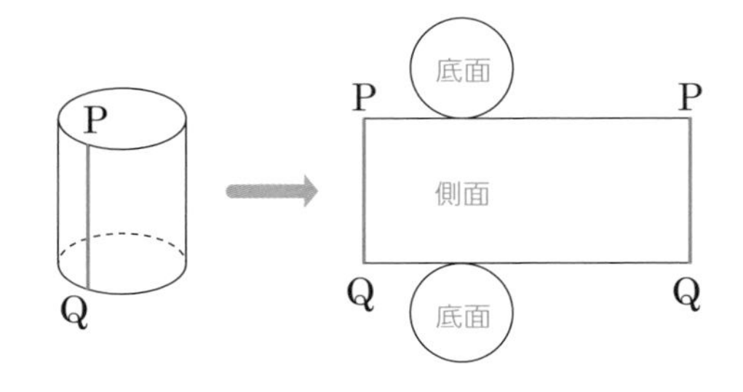

円柱を，母線PQと，底面の円周にそって切り開くと，右のように，底面となる円と，側面となる長方形によって表されるね。これが，円柱の展開図だよ。円柱の展開図では，

（長方形の縦の長さ）＝（母線の長さ）＝（もとの円柱の高さ）

（長方形の横の長さ）＝（底面の円周）

となるよ！

また，円錐を，母線PQと，底面の円周にそって切り開くと，右のように，底面となる円と，側面となるおうぎ形によって表されるんだ。これが，円錐の展開図だよ。円錐の展開図では，

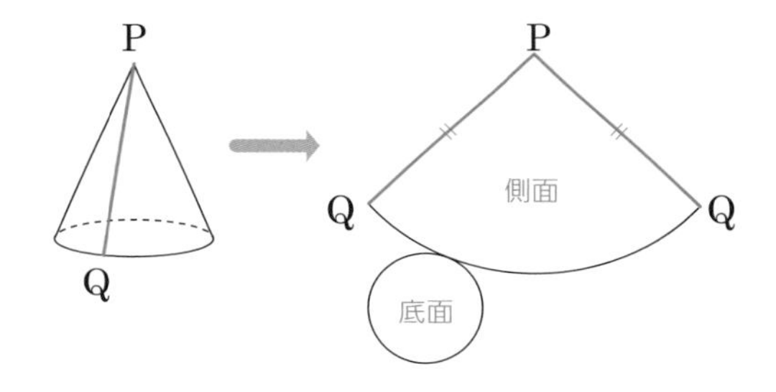

（おうぎ形の半径）＝（母線の長さ）

（おうぎ形の弧の長さ）＝（底面の円周）

が成り立つよ！

さらに，絶対に覚えてほしいんだけれど，展開図を利用すると，空間における図形の問題を，平面図形の問題に直して考えることができるんだよ。

え？　空間を平面に？　……意味が全然わかんないよ！

次の**例**を考えてみよう。

例　右の図のような円錐がある。点Bから，円錐の側面にそって，糸を1周巻きつけて，点Bまで戻すことにする。糸の長さが最も短くなる場合を考えよ。

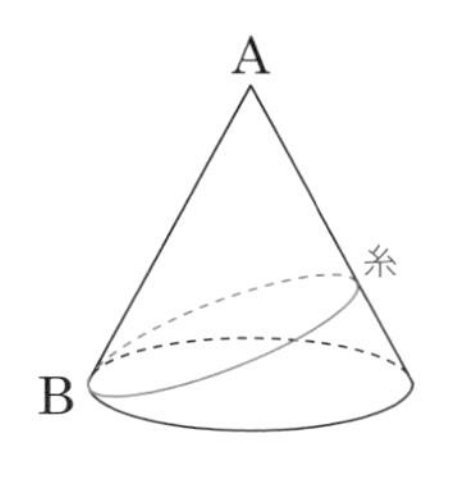

「実際に巻きつけてみないと，イメージできないよ」って思ってしまいそうだね。空間における図形の問題を，見取図だけで考えるのって難しいよね！

そこで，展開図を利用するんだよ。円錐を展開図にして，その平面図形の上で，「糸を1周巻きつけたらどういうルートになるか」をかいてみよう。点Bを出発点として，点Bまで戻すんだから，右の図のようなルートがたくさん考えられるよね。

じゃあその中で，最短のルートはどれかな？　左の点Bと，右の点Bとを，まっすぐに結んだ線分が最短になるはずだよね！

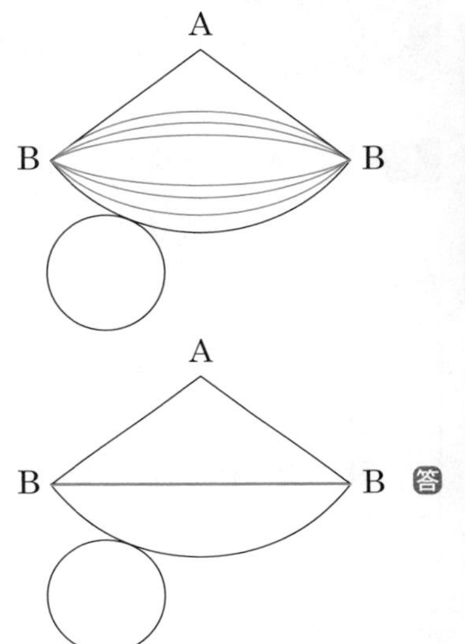

なるほど！　立体的な見取図だと，どこから考えればいいのかわからないような問題でも，展開図を利用して平面図形にすると，簡単にイメージできるんだね♪

じつは，展開図だけではなくて，3 で学習した投影図も，空間の問題を平面に直すのに有効なときがあるんだ。立体のままで考えるのが難しいと思ったら，平面に直してみると，解き方が見えてくることが多いよ！

ポイント　**展開図**

展開図：空間図形（立体）を切り開いて，平面上にひろげた図。

第 4 節　立体の表面積と体積

1　立体の表面積

この節では，**立体**の表面積や体積を，ガンガン計算していくよ。まずはちょっと，用語を整理しておこうか。

> ❶ **底面積**：1つの底面の面積。
> ❷ **側面積**：側面全体の面積。
> ❸ **表面積**：すべての面の面積の和。

表面積は，公式で一発で求めるってわけにはいかないから，**展開図**をかいて考えていくといいよ！

例 1　底面の円の半径が3cm，高さが6cmの円柱の表面積を求めよ。

さっそく，展開図をかいてみよう。表面積は，展開図で示される図形の面積をたしあわせたものだよ。

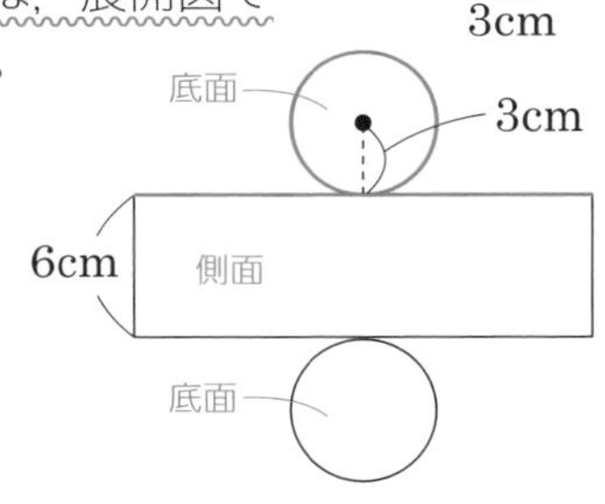

まず，底面の円1つ分の面積は，

$\pi\times3^2=9\pi\ (\mathrm{cm}^2)$

この底面が2つあるんだね。

次に，側面の長方形については，縦の辺は円柱の高さにあたり，6cmだね。また，側面の長方形の横の辺は，底面の円周とぴったりくっついていたわけだから，

(側面の長方形の横の長さ) = (底面の円周)　← 210ページ

$=2\pi\times3=6\pi\ (\mathrm{cm})$　← (円周) $=2\pi\times$ (半径)

したがって，側面積は，

$6\times6\pi=36\pi\ (\mathrm{cm}^2)$　← (長方形の面積) = (縦) × (横)

求める表面積は，すべての面の面積の和だから，

$\underbrace{9\pi\times2}_{\text{底面2つ分}}+\underbrace{36\pi}_{\text{側面積}}=54\pi\ (\mathrm{cm}^2)$　**答**

せっかく底面積や側面積を正しく求められても，答えを出すときにたすの

を忘れたり，2つたさなければいけない底面積を1つしかたさなかったりする間違いがとても多いよ。答えをかくとき，自分のつくった式と展開図を見くらべて確認しようね！

一般に，円柱や角柱の表面積をSとすると，

$$S = (\text{底面積}) \times 2 + (\text{側面積})$$

だよね。とくに円柱の場合，底面の半径をr，高さをhとすると，

$$S = \pi r^2 \times 2 + h \times 2\pi r$$

$$S = 2\pi r^2 + 2\pi rh$$

例2　**底面の半径が3cmで，母線の長さが5cmの円錐の表面積を求めよ。**

円錐を展開図にすると，底面が円，側面がおうぎ形で表されるよね（第6章／第3節の4）。底面の円は，半径がわかっているから，底面積が求められるね。底面積は，

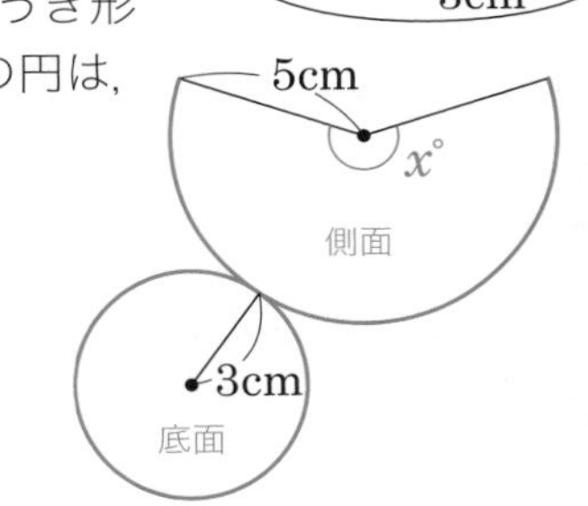

$$\pi \times 3^2 = 9\pi\ (\text{cm}^2) \quad \cdots\cdots ①$$

次に側面積，つまりおうぎ形の面積を求めよう。おうぎ形の面積は，第5章／第4節の2で学習したとおり，次のようになるよね！

$$(\text{おうぎ形の面積}) = (\text{円全体の面積}) \times \frac{(\text{中心角})}{360^\circ}$$

$$= \pi \times (\text{半径})^2 \times \frac{(\text{中心角})}{360^\circ}$$

この中で，半径はわかっているよ。円錐の展開図において，側面のおうぎ形では，

（おうぎ形の半径）＝（母線の長さ） ← 210ページ

だったよね。だから，おうぎ形の半径は，5cmだ。

あとは，中心角がわかれば，側面のおうぎ形の面積がわかるけれど，すぐにはわからないよね。だから，とりあえず，わからない中心角の大きさを，x°とおいて考えていくことにしよう。

中心角x°を求めるために使うのは，210ページで学習した，円錐の展開図の性質だよ。円錐の側面のおうぎ形の弧は，底面の円周とぴったりくっついていたわけだから，次のようになるんだよね！

（側面のおうぎ形の弧の長さ）＝（底面の円周）

一般に，右下の図のように円錐の底面の半径をr，母線の長さをℓ，側面のおうぎ形の中心角をx°とすると，弧の長さは次のように表されるね。

$$2\pi\ell\times\frac{x}{360}=2\pi r$$

おうぎ形の弧の長さ（左辺）についても，第５章／第４節の **2** で学習したね！

それで，知りたいのは中心角の大きさxだよね。だからこの式を「$x=$」の形に変形しよう！　左辺にも右辺にも2πがあるから，両辺を2πでわれるね。

$$\ell\times\frac{x}{360}=r$$

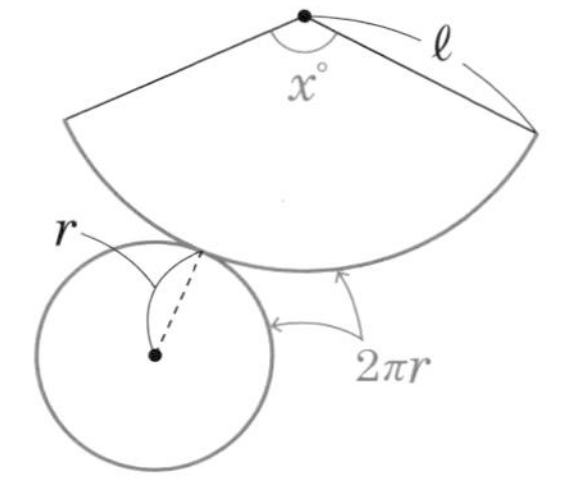

左辺をxだけにするため，両辺に360をかけて，ℓでわると，

$$x=360\times\frac{r}{\ell}$$

rは円錐の底面の半径，ℓは母線の長さだったよね。円錐の側面にあたるおうぎ形の中心角は，次の公式で求めることができるというわけだ！

$$(\text{側面のおうぎ形の中心角})=360^\circ\times\frac{(\text{底面の円の半径})}{(\text{母線の長さ})}$$

では，具体的に **例2** の中心角を求めてみよう。
底面の半径が3cm，母線の長さが5cmだから，
中心角は，

$$360^\circ\times\frac{3}{5}=216^\circ$$

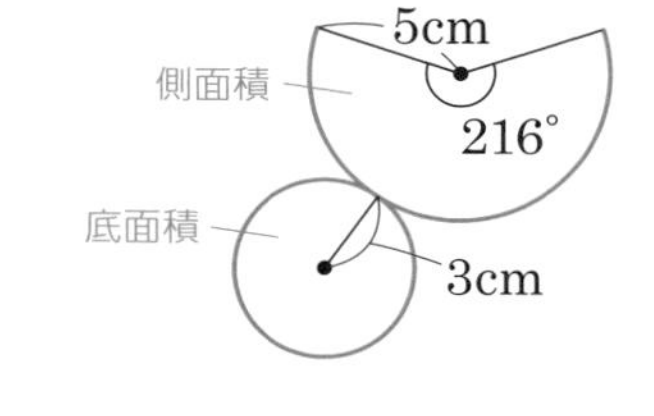

これで，側面のおうぎ形の面積がわかるね！
側面積は，

$$\pi\times5^2\times\frac{216^\circ}{360^\circ}$$

$(\text{おうぎ形の面積})=\pi\times(\text{半径})^2\times\dfrac{(\text{中心角})}{360^\circ}$

$$=\pi\times5^2\times\frac{3}{5}$$

$$=15\pi\ (\text{cm}^2)\quad\cdots\cdots②$$

①・②より，求める表面積は，

$$\underset{\text{底面積}}{9\pi}+\underset{\text{側面積}}{15\pi}=24\pi\ (\text{cm}^2)$$ **答**

基本的な理屈がわかったところで，ちょっと整理してみようか。一般に，円錐の表面積をSとすると，次のようになるね。

$$S=(\text{底面積})+(\text{側面積})$$

底面の半径をr，母線の長さをℓ，側面のおうぎ形の中心角を$x°$とすると，

$$S=\underbrace{\pi r^2}_{\text{底面積}}+\underbrace{\boxed{\pi \ell^2\times\frac{x}{360}}}_{\text{側面積}} \quad \cdots\cdots①$$

この①がいちおう，円錐の表面積の公式だといえる。それで，ここから中心角$x°$を求めるのに苦労したんだったね。

ところがじつは，わざわざ中心角$x°$を求めなくても，表面積Sを出すことはできるんだ！　そこで使うのが，さっき出てきた次の公式だよ。

$$(\text{側面のおうぎ形の中心角})=360°\times\frac{(\text{底面の円の半径})}{(\text{母線の長さ})}$$

中心角は$x°$，底面の半径はr，母線の長さはℓだから，この公式は，

$$x=360\times\frac{r}{\ell}$$

となるよね。この両辺を360でわると，

$$\frac{x}{360}=\frac{r}{\ell}$$

この式は，「中心角$x°$の大きさを求めなくても，$\frac{x}{360}$は$\frac{r}{\ell}$である」ということを示しているよ！　そして，$\frac{x}{360}$は①に出てきているよね。だから，①の$\frac{x}{360}$のところは，$\frac{r}{\ell}$におきかえることができるんだ。やってみるよ。

$$S=\pi r^2+\boxed{\pi \ell^2\times\frac{r}{\ell}} \leftarrow \pi \ell^2\times\frac{r}{\ell}=\frac{\pi\times\cancel{\ell}\times\ell\times r}{\cancel{\ell}}$$

$$S=\underbrace{\pi r^2}_{\text{底面積}}+\underbrace{\boxed{\pi \ell r}}_{\text{側面積}} \quad \cdots\cdots②$$

この②も，円錐の表面積の公式だよ！

簡単になったね！　円錐の側面のおうぎ形の面積は，

$\pi \ell r$ ← $\pi\times$(母線の長さ)$\times$(底面の半径)

っていうすごく簡単な式で求められるんだね♪

そう！　この側面積の $\pi \ell r$ は，第5章／第4節の **2**（185ページ）で出てきた，おうぎ形の面積を求める簡単な公式，

$$(\text{おうぎ形の面積})=\frac{1}{2}\times(\text{弧の長さ})\times(\text{半径})$$

からも求めることができるよ。側面のおうぎ形において，弧の長さは底面の円周（$2\pi r$），半径は母線の長さ（ℓ）だから，

$$(\text{側面積})=\frac{1}{2}\times 2\pi r\times \ell=\pi \ell r$$

じゃあ，②の公式を **例2** の問題に使ってみよう。求める表面積は，

$$S=\pi\times3^2+\pi\times5\times3$$
$$=9\pi+15\pi=24\pi\ (\text{cm}^2)$$ 答

このとおり，一瞬だよ♪　ちゃんと理屈を理解したなら，この超楽な公式も使っていいからね。ただし，もし万が一，公式を忘れてしまったら，展開図をかいて中心角の大きさを求めて，地道に答えを出すんだよ。

ポイント　立体の表面積

表面積を求めるには，展開図を利用する。

❶（円柱・角柱の表面積）＝（底面積）×**2**＋（側面積）

とくに，底面の半径 r，高さ h の円柱の表面積 S は，

$$S=2\pi r^2+2\pi rh$$

❷（円錐・角錐の表面積）＝（底面積）＋（側面積）

とくに，底面の半径 r，母線の長さ ℓ，側面のおうぎ形の中心角 x° の円錐の表面積 S は，

$$S=\pi r^2+\pi \ell^2\times\frac{x}{360}$$
$$S=\pi r^2+\pi \ell r$$

2　立体の体積

1 では**立体**の表面積の求め方を学習したけれど，ここでは立体の体積の求め方を学習するよ！

まず，**直方体**（ちょくほうたい）の体積の求め方は，

（直方体の体積）＝（縦）×（横）×（高さ）

だよね。そして，「（縦）×（横）」の部分は，**底面積**

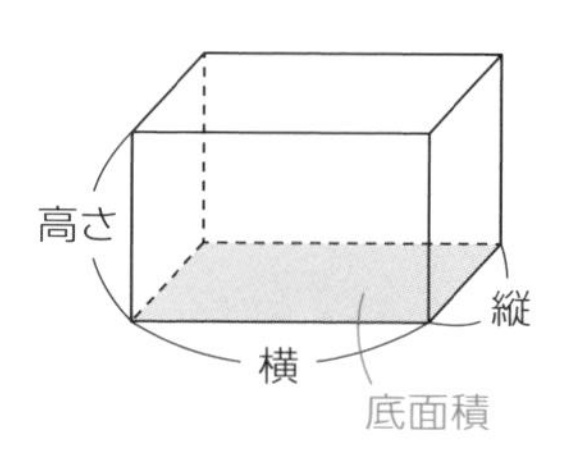

（底面にあたる長方形の面積）にあたるから，次のようにも表せるね！

（直方体の体積）＝（底面積）×（高さ）

ここでは直方体を，「底面を，その面と垂直な方向に動かしてできた**角柱**の一種」としてイメージしているといえるね。「底面積」が「高さ」の分だけ積み上げられたのが，角柱の体積なんだ。

直方体のような四角柱だけでなく，底面が三角形の三角柱，底面が五角形の五角柱，底面が六角形の六角柱……と，角柱一般に関して，同じことがいえるよ。また，底面が円である**円柱**の場合も同じだよ。

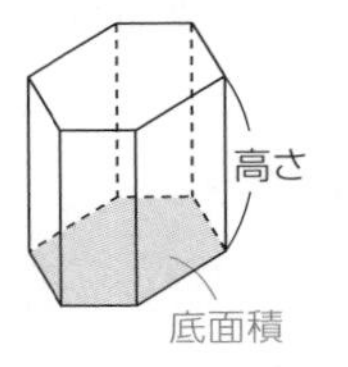

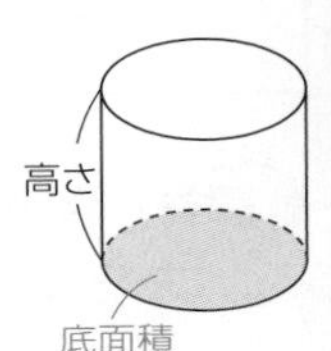

> **底面積がS，高さがhの角柱・円柱の体積Vは，**
>
> $$V=Sh$$

では，**角錐**や**円錐**の体積は，どうすれば求められるだろう？　じつは，

角錐・円錐の体積は，等しい底面積と高さをもつ角柱・円柱の体積の$\frac{1}{3}$になる

ということがわかっているんだ。

> **底面積がS，高さがhの角錐・円錐の体積Vは，**
>
> $$V=\frac{1}{3}Sh$$
>
> **とくに，底面の円の半径がrの円錐の場合，**
>
> $$V=\frac{1}{3}\pi r^2h$$

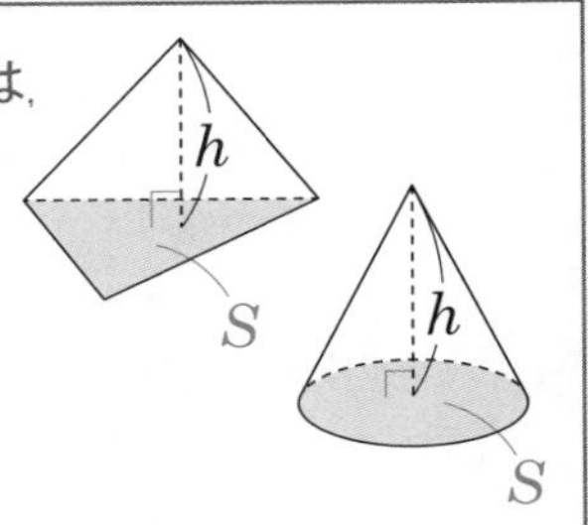

高校で学習する積分（せきぶん）という方法を使うと，この公式が正しいことがわかるよ。中学の段階では，この公式をしっかり覚えて，問題を解くときに使えればだいじょうぶだからね！

では，1と2で学習したことを使って，次の**例題**を解いてみよう！

例題

右の図の四角形ABCDを，ADを軸として1回転したときにできる立体について，次の問いに答えよ。

(1) この立体の体積を求めよ。

(2) この立体の表面積を求めよ。

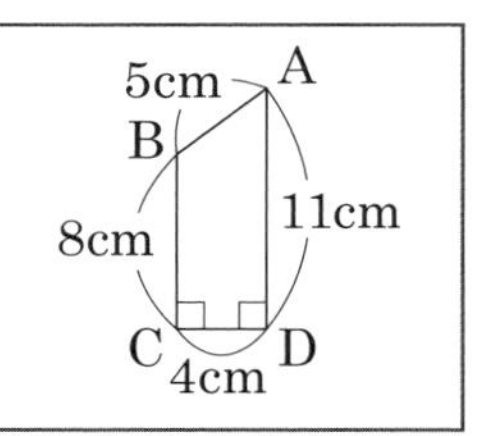

解答と解説

第3節の 2 (206ページ)

(1) この回転体は，右の図のように，上部の円錐と下部の円柱が合わさったものになる。

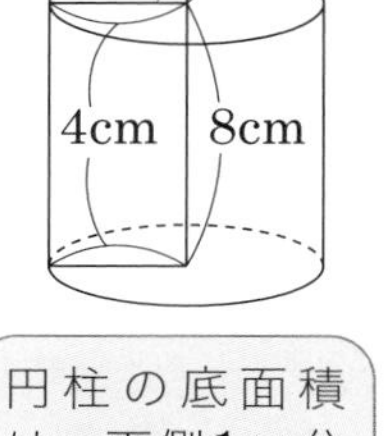

円錐は，底面の半径が4cm，高さが3cmなので，

(円錐の体積) $=\frac{1}{3}\times\pi\times4^2\times3$

$=16\pi\ (\text{cm}^3)$

円柱は，底面の半径が4cm，高さが8cmなので，

(円柱の体積) $=\pi\times4^2\times8$

$=128\pi\ (\text{cm}^3)$

したがって，求める立体の体積は，

$16\pi+128\pi=144\pi\ (\text{cm}^3)$ 答

円柱の底面積は，下側1つ分でいいよ。円錐の底面も，円柱の上側の底面も，立体の表面に出ていないから，表面積には含まないよ！

(2) 求める立体の表面積は，

(円錐の側面積)＋(円柱の側面積)＋(円柱の底面積)

となる。

円錐は，底面の半径が4cm，母線の長さが5cmなので，

(円錐の側面積)

$=\pi\times5\times4$ ← 216ページの公式

$=20\pi\ (\text{cm}^2)$

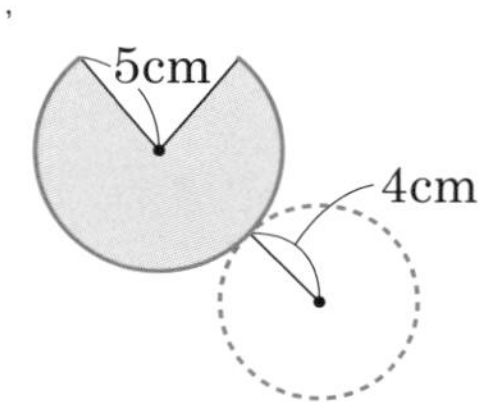

円柱は，底面の半径が4cm，高さが8cmなので，

(円柱の側面積)

$=8\times(2\pi\times4)$ ← (高さ)×(底面の円周)

$=64\pi\ (\text{cm}^2)$

(円柱の底面積)

$=\pi\times4^2=16\pi\ (\text{cm}^2)$

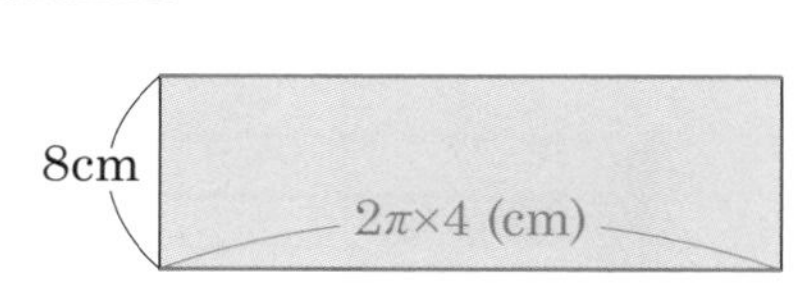

したがって，求める立体の表面積は，

$20\pi+64\pi+16\pi$

$=100\pi\ (\text{cm}^2)$ 答

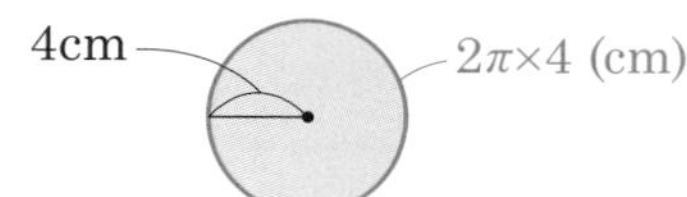

ポイント 立体の体積

立体の底面積をS, 高さをh, 体積をVとする。

❶ 角柱・円柱の体積：$V=Sh$

❷ 角錐・円錐の体積：$V=\frac{1}{3}Sh$

3 球の表面積と体積

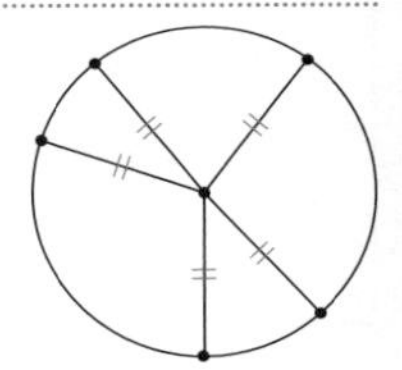

最後に,「球」の**表面積**と**体積**について学習しよう。

平面において, ある1点から等しい距離にある点の集合は, 円になったよね。それを今度は, 空間で考えてみると,

空間において, ある1点から等しい距離にある点の集合は, 球面(きゅうめん)を表す

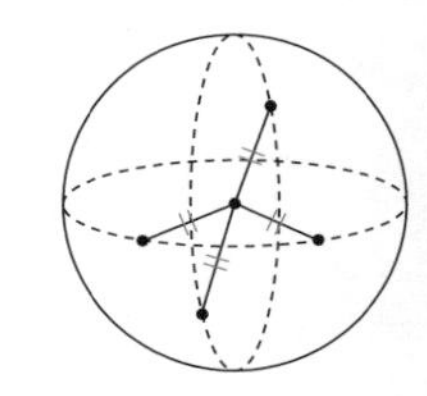

というふうにいえるよ。そして この「球面」のことを, 単に**球**とも呼ぶんだ。

球の表面積と体積は, 次の公式で求められるよ。中学では, この公式を正しく覚えて使いこなせればOKだよ！

半径がrの球について, 表面積をS, 体積をVとすると,

$S=4\pi r^2$

$V=\frac{4}{3}\pi r^3$

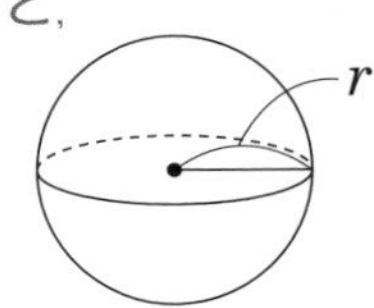

うわ〜, 複雑！　先生, 何かいい覚え方はないの？

任せろ!!　まず表面積は, 同じ半径の円の4倍だよ！

これでなんか, シンパイあるある？（シン=4, パイ=π, あるある=r^2）

次に体積は，きみの身（み）の上にシンパイあるから，おれ，参上（さんじょう）！

$\frac{\square}{3}$　4　π　r^3

……なんか……サムくなってきた……

例題 2

右の図の球について，次の問いに答えよ。

(1) 表面積を求めよ。

(2) 体積を求めよ。

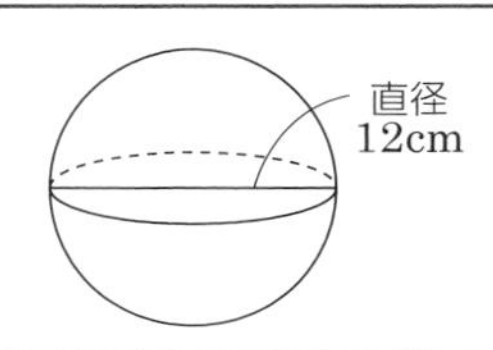

解答と解説

(1) この球の半径は6cmなので，求める表面積は，

$4\pi \times 6^2 = 144\pi\ (\mathrm{cm}^2)$ 答

(2) 求める体積は，

$\frac{4}{3}\pi \times 6^3 = 288\pi\ (\mathrm{cm}^3)$ 答

ポイント 球の表面積と体積

半径がrの球について，表面積をS，体積をVとすると，

$S = 4\pi r^2$

$V = \frac{4}{3}\pi r^3$

r

第1節 ヒストグラムと相対度数

1 度数分布表とヒストグラム

ここからは第7章！　資料からいろいろなことを読み取る方法を学習するよ。

次の資料は，あるクラス34人についての「1週間のゲーム時間」を，スマートフォンをもっているAグループと，もっていないBグループに分けて調べたものだよ。

Aグループ　18人（数字はそれぞれの人のゲーム時間）

12	20	8	4	17	16	8	12	24
12	16	13	4	0	16	9	16	0

（単位：時間）

Bグループ　16人（数字はそれぞれの人のゲーム時間）

4	12	17	12	11	6	11	12
12	9	19	8	11	15	9	16

（単位：時間）

このような資料の集まりを，**データ**というよ。

このデータから，AとBのどちらのグループのほうがゲーム時間が長い傾向にあるか，読み取ることはできないかな？

算数で学習した「平均値（へいきんち）」を求めて，くらべてみたらどうかな？

なかなかいいところに目をつけたね。**平均値**とは，いくつかの値があるとき，これらを平らにならしたもの，つまり「みんな同じだとすると，どれくらいの値になるのか」という意味だったね。

よーし，平均値を求めてくらべてみよう。

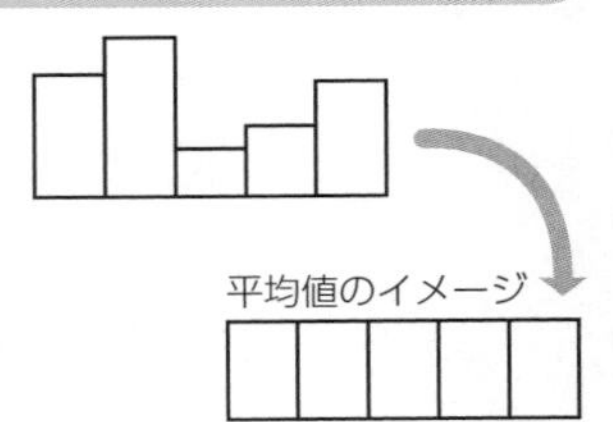

$$（平均値）=\frac{（データの個々の値の合計）}{（データの個数）}$$

Aグループ（スマホをもっている18人）は，

$$\frac{12+20+8+4+17+16+8+12+24+12+16+13+4+0+16+9+16+0}{18}$$

$=11.5$（時間）

Bグループ（スマホをもっていない16人）は，

$$\frac{4+12+17+12+11+6+11+12+12+9+19+8+11+15+9+16}{16}$$

$=11.5$（時間）

あれ？　スマホをもっているAグループも，もっていないBグループも，平均値が同じになったね。

じゃあ，AグループもBグループも，ゲーム時間の傾向は同じなのかな？もう少し調べてみようか。

小学校の復習になるけれど，平均値のような，データ全体の特徴を表すことができる数値のことを，**代表値**（だいひょうち）というよ！

代表値には，平均値のほかに，**中央値**（ちゅうおうち）**（メジアン）**というものもある。これは，データの値を大きさの順に並べたとき，順番としてまん中にくるものの値だよ。よく平均値を中央の値と勘違いしている人がいるけれど，別のものだから，気をつけてね。

データの個数が奇数個のときは，ちょうどまん中の値が中央値になるね。また，データの個数が偶数個のときは，中央に最も近い2つの値の平均値を中央値とする，という約束になっているよ。

Aグループのデータを小さい順に並べると，

0，0，4，4，8，8，9，12，［12，12，］13，16，16，16，16，17，20，24

（9番目，10番目）

中央値は，$\frac{12+12}{2}=12$（時間）

Bグループのデータを小さい順に並べると，
4，6，8，9，9，11，11，11，12，12，12，12，15，16，17，19
（8番目：11　9番目：12）

中央値は，$\frac{11+12}{2}=11.5$（時間）

平均値は「平らにならす」，中央値は「中央の値」ね。意味はわかったけれど……どう使い分けるの？

データの値の中に，ほかとくらべて極端に大きなものや小さなものがあると，代表値としての平均値は，あまり意味をなさなくなる場合があるんだ。

例1　ある中学の卒業生が，社会人になってから同窓会で集まったとき，年収の話になった。次の表はそれをまとめたものである。この7人の年収の代表値として，平均値は適切か。

卒業生	桃子	美桜	若葉	樹	幹太	葵	綾菜
年収（万円）	520	460	420	550	380	540	7000

7人の平均値を求めると，

極端に高い

$$\frac{520+460+420+550+380+540+\boxed{7000}}{7}=1410\text{（万円）}$$

となるけれど，これは7人のだれの年収ともかけ離れた値になってしまうね。
　このように，極端に大きい（あるいは小さい）データの値が含まれている場合，代表値として平均値を使うのは不適切。答
　こういう場合には，中央値のほうが適切なんだよ。

380，420，460，520，540，550，7000
（中央値：520）

　代表値には，平均値と中央値のほかに，**最頻値**（さいひんち）（**モード**）というものもあるよ！　これは，データの値の中で，最も多く現れる値だ。どんなときに使うかは，次の例2を考えてみればわかると思うよ。

例2 **学校で使用するうわぐつの製造と販売を行う会社で，昨年売れたうわぐつのデータをとったところ，右の表のようになった。このデータから，「来年度はどのサイズのうわぐつをたくさんつくればよいか」を考えたいとする。どのように考えればよいか。**

うわぐつのサイズ(cm)	売れた個数(足)
22.0	3
22.5	6
23.0	10
23.5	11
24.0	21
24.5	134
25.0	20
25.5	15
26.0	16
26.5	9
27.0	5
計	250

売れたうわぐつのサイズの平均値や中央値を求めても，判断材料にはならないね。最頻値の24.5cmが最も売れたサイズだということだから，これを判断材料にして，24.5cmのうわぐつを最も多くつくればいいね。 答

話を戻して，スマホをもっているAグループと，もっていないBグループについても，ゲーム時間の最頻値を求めてみよう。

Aグループ

0，0，4，4，8，8，8，12，12，12，13，16，16，16，16，17，20，24

（16，16，16，16：最頻値）

Bグループ

4，6，8，9，9，11，11，11，12，12，12，12，15，16，17，19

（12，12，12，12：最頻値）

これで，AグループとBグループについては，ゲーム時間の3つの代表値（平均値，中央値，最頻値）を調べたことになるね。でも，2つのグループのデータの傾向や特徴は，まだよくわからないなあ……

そうだね。今度は別の角度から調べてみようか。AグループとBグループは，平均値が同じだったけれど，データの値の1つひとつが密集しているのか，離れているのかといった散らばり具合は，同じとはかぎらないよね。そこで，データの散らばりの度合いを表す値の1つである，**範囲**（はんい）**（レンジ）**を求めてみよう。

> データの値の中で，最も小さい値を**最小値**，最も大きい値を**最大値**といい，最大値と最小値の差を，分布の**範囲**という。範囲は，データの散らばりの度合いを表す値の1つとして使われる。

Aグループの最大値は24時間，最小値は0時間だから，範囲は，

$24-0=24$（時間） ← （範囲）＝（最大値）－（最小値）

Bグループの最大値は19時間，最小値は4時間だから，範囲は，

$19-4=15$（時間）

以上から，Aグループの範囲のほうがBグループの範囲より大きいことがわかる。それはつまり，Aグループのほうが Bグループよりも，データが広く散らばっていることを意味しているんだ。

なるほど。散らばり具合の差は，データの特徴になるね。

次に，データの特徴をさらにつかみやすくするために，データをいくつかの区間に分けて整理した**度数分布表**（どすうぶんぷひょう）で表してみよう。

次の2つの表は，A・B両グループのデータをもとに，ゲーム時間を4時間ごとの区間に区切り，各区間に含まれる人数を調べてまとめたものだよ。

Aグループのゲーム時間

① ゲーム時間（時間）	② 度数（人）	③ 累積度数（人）
0以上　4未満	2	2
4　～　8	2	4
8　～　12	3	7
12　～　16	4	11
16　～　20	5	16
20　～　24	1	17
24　～　28	1	18
計	18	

たとえばこの7は，
$2+2+3=7$
で，ここまでの度数の合計だよ！

Bグループのゲーム時間

① ゲーム時間（時間）	② 度数（人）	③ 累積度数（人）
4以上　8未満	2	2
8　～　12	6	8
12　～　16	5	13
16　～　20	3	16
計	16	

たとえばこの8は，
$2+6=8$
で，ここまでの度数の合計だよ！

それぞれの表の❶では，ゲーム時間を，4時間ごとの区間に区切っているよ。このように整理された1つひとつの区間を**階級**（かいきゅう）といい，区間の幅を**階級の幅**というんだ。今回はそれが4時間だね。

❷は，それぞれの階級に入る人数を表しているよ。たとえばBグループの「4時間以上8時間未満」の階級には，ゲーム時間が4時間の1人と6時間の1人，合わせて2人が入るね。このように，それぞれの階級に入るデータの個数を，その階級の**度数**（どすう）というよ。

そして❸は，最初の階級からその階級までの度数の合計だ。これを**累積度数**（るいせきどすう）というよ。

データだけバラバラに見るよりも，このような度数分布表に整理したほうが，データの分布がわかりやすいよね。

これを**ヒストグラム**（**柱状グラフ**（ちゅうじょう））で表すと，さらに視覚的にわかりやすくなるよ！

ヒストグラムとは，階級の幅を横，度数を縦とする長方形を並べたグラフなんだ。今回は，❶のゲーム時間が横軸に，❷の度数が縦軸になるよ。

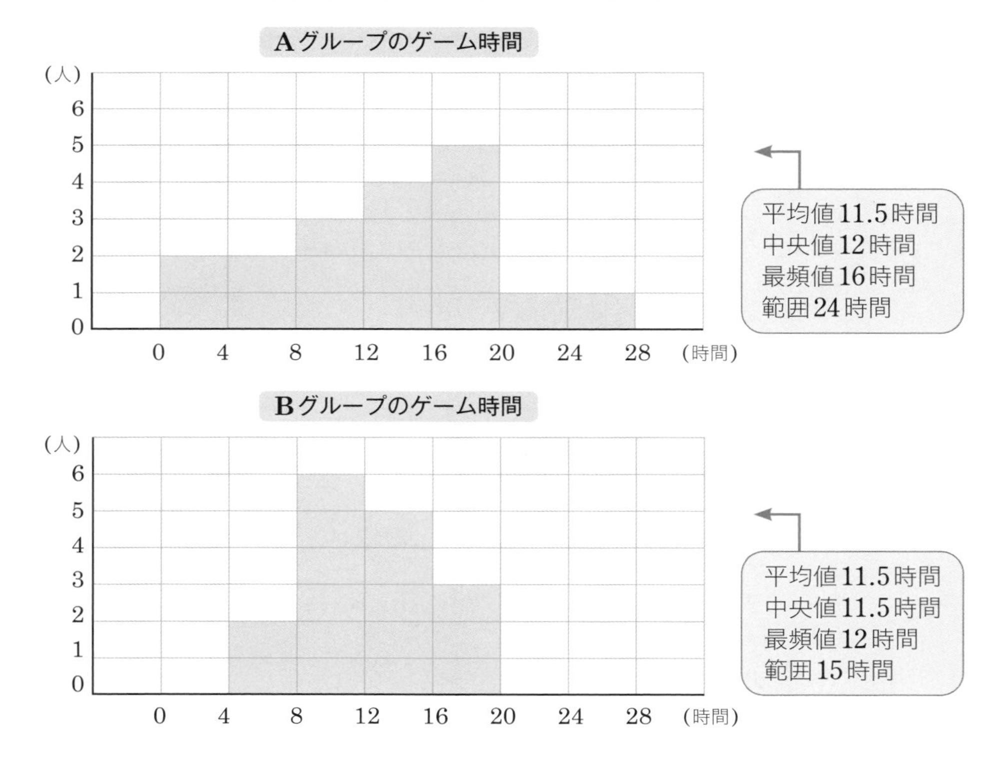

ヒストグラムを見ると，スマホをもっているAグループは，スマホをもっていないBグループにくらべて，データが広く散らばっているのがよくわかるね。つまり，スマホをもっていてもゲームをしない人は全然しないけれど，する人は長時間にわたってゲームをしているようだね。

Aグループの山のピークは，16時間以上20時間未満だね。平均値の11.5時間からずれているけれど……これでいいの？

いいところに気がついたね♪　平均値と山のピークが同じであるBグループは，平均値，中央値，最頻値が近い値になっているけれど，グラフの山のピークが右にかたよっているAグループは，中央値と最頻値が平均値よりも大きくなっているね。

2つのグループは，平均値は等しかったけれど，その他の値には，ちがうところもたくさんあることがわかったね。

データ全体を代表する代表値（平均値・中央値・最頻値）は，とても便利だけれど，それだけでは見えないデータの姿があるんだね。データの傾向や特徴を調べるには，目的によって代表値，範囲，ヒストグラムなどを組み合わせて考える必要があるんだよ。

2つのヒストグラムをくらべたいときは，**度数折れ線（度数分布多角形）**をかいて重ねるといいよ！

度数折れ線とは，ヒストグラムをもとにつくる折れ線グラフだよ。1つひとつの長方形の，上の辺の中点を，順に線分で結んでつくるんだ。グラフの両端は，度数0の階級があるものと考えて，線分を横軸までのばしてね。

まず，Aグループのゲーム時間についての度数折れ線をかいてみよう。

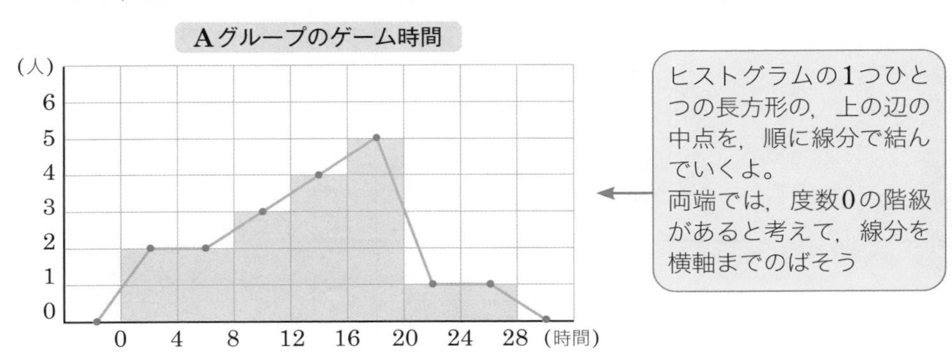

ここに，Bグループのゲーム時間についての度数折れ線を重ねると，次のグラフのようになるよ。

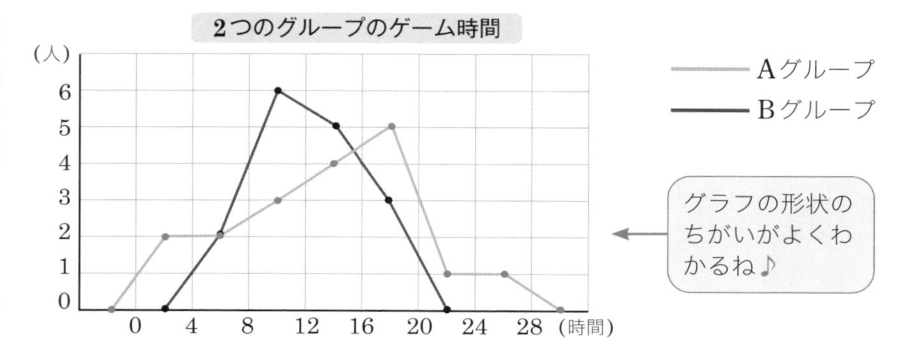

例題 1

右の表は，あるクラスの生徒30人が1年間に図書館で借りた本の冊数を，度数分布表に整理したものである。次の問いに答えよ。

(1) 表の(ア)にあてはまる数を求めよ。

(2) この度数分布表をヒストグラムに表せ。

階級（冊）	度数（人）	累積度数（人）
2以上　4未満	6	6
4 ～ 6	8	14
6 ～ 8	9	(ア)
8 ～ 10	4	27
10 ～ 12	3	30
計	30	

解答と解説

(1) 累積度数は，最初の階級からその階級までの度数の合計であるから，

(ア)$=6+8+9=23$ 答

(2)

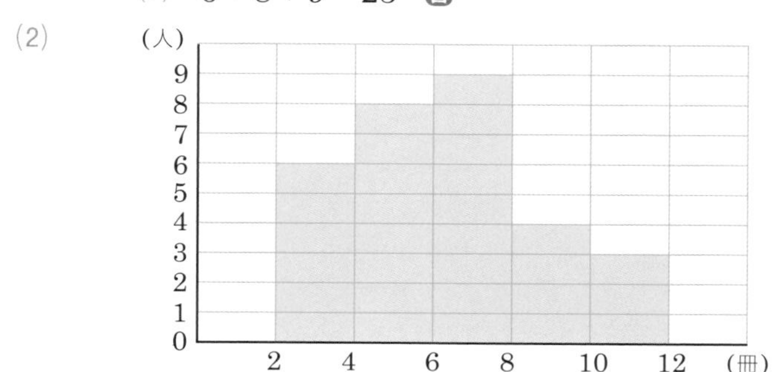

答

ポイント 度数分布表とヒストグラム

代表値：データの値全体を代表する値。

❶ 平均値：$(\text{平均値})=\dfrac{(\text{データの個々の値の合計})}{(\text{データの個数})}$

❷ 中央値：データの値を大きさの順に並べたときの中央の値。

❸ 最頻値：データの値の中で最も多く現れる値。

範囲：(範囲)＝(最大値)－(最小値)

度数分布表

❶ 階級：データを整理するための区間。

❷ 度数：各階級に入るデータの個数。

❸ 累積度数：最初の階級からある階級までの度数の合計。

ヒストグラム (柱状グラフ)：階級の幅を横，度数を縦とする長方形を並べたグラフ。

中学1年 中学2年 中学3年

2 度数分布表の読み取り方

例 右の表は，あるバスケットボール部に所属する中学1年生の男子生徒の握力を調べて整理したものである。次の問いに答えよ。

(1) 平均値を求めよ。

(2) 中央値が入っている階級の階級値を求めよ。

(3) 最頻値を求めよ。

階級 (kg)	度数 (人)
20以上　25未満	4
25　～　30	5
30　～　35	9
35　～　40	4
40　～　45	2
45　～　50	1
計	25

この **例** では，1人ひとりの具体的なデータがわからないね！「こんな表から，平均値や最頻値なんて求められるの？」と思うかもしれないけれど，だいじょうぶ。個々の具体的なデータなしで**度数分布表**だけが与えられた場合の，データのあつかい方のルールがあるんだ。この **例** からその決まりを覚えていこう！

(1) 度数分布表から**平均値**を求めるときは，1つの階級に入っているデータの値は，みんなその階級のまん中の値だと考えるんだ。その階級のまん中の値のことを，**階級値**(かいきゅうち)というよ！

階級 (kg)	階級値 (kg)	度数 (人)
20以上　25未満	22.5	4
25　〜　30	27.5	5
30　〜　35	32.5	9
35　〜　40	37.5	4
40　〜　45	42.5	2
45　〜　50	47.5	1
計		25

たとえば，握力が20kg以上25kg未満の階級について，階級値は，

$$\frac{20+25}{2}=22.5$$

というふうに計算する。そして，この階級に入る生徒は4人いるけれど，「この4人の生徒は，みんな握力22.5kgである」と考えてしまうんだよ。

これなら，すべての階級で「(階級値)×(度数)」を求めて，それらの総和を度数の合計でわれば，平均値が求められるね。

階級 (kg)	階級値 (kg)	度数 (人)	(階級値)×(度数)
20以上　25未満	22.5	4	90.0
25　〜　30	27.5	5	137.5
30　〜　35	32.5	9	292.5
35　〜　40	37.5	4	150.0
40　〜　45	42.5	2	85.0
45　〜　50	47.5	1	47.5
計		25	802.5

表より，(平均値)$=\frac{802.5}{25}=32.1$ (kg) 答

正確な平均値ではないけれど，かなり近い値になっているんだよ！

(2) 生徒は25人いるから，データを小さいほうから並べたら，13番目が中央の値になるね。こういうとき，累積度数を調べるとわかりやすいんだ。

階級 (kg)	階級値 (kg)	度数 (人)	累積度数(人)
20以上　25未満	22.5	4	4
25　〜　30	27.5	5	9
30　〜　35	32.5	9	18
35　〜　40	37.5	4	22
40　〜　45	42.5	2	24
45　〜　50	47.5	1	25
計		25	

この階級で累積度数が13人以上になったから，この階級の9人の中に13番目がいるよね！

表より，中央値の入っている階級は30kg以上35kg未満だね。

その階級値は，32.5kg 答

(3) **最頻値**は，データの値の中で最も多く現れる値だよね。度数分布表で表されたデータの場合，度数が最も多い階級の階級値を，最頻値とするよ！

この度数分布表で，度数が最も多い階級は，9人が含まれる30kg以上35kg未満の階級だね。最頻値はこの階級の階級値になるから，32.5kg 答

例題 2

次の表は，1年A組に所属する20人のハンドボール投げの記録を，度数分布表に整理したものである。

階級（m）	階級値（m）	度数（人）	（階級値）×（度数）
10以上　14未満	12	1	12
14　～　18	16	4	64
18　～　22	20	6	120
22　～　26	(ア)	7	(イ)
26　～　30	28	2	56
計		20	420

(1) **表の(ア)・(イ)にあてはまる数を求めよ。**

(2) **平均値を求めよ。**

(3) **最頻値を求めよ。**

解答と解説

(1) 階級値は，各階級のまん中の値である。

(ア)は，22m以上26m未満の階級値であるから，

$$\frac{22+26}{2}=24$$ 答

(イ)は，22m以上26m未満の「(階級値)×(度数)」であるから，

$24\times7=168$ 答

(2) $(平均値)=\frac{「(階級値)\times(度数)」の総和}{(度数の合計)}$ であるから，

$$\frac{420}{20}=21\ (\mathrm{m})$$ 答

(3) 度数分布表で表されたデータの最頻値は，度数が最も多い階級の階級値である。

この度数分布表では，22m以上26m未満の度数が7人と最も多いので，求める最頻値は24m 答

ポイント 度数分布表だけが与えられている場合

❶ **階級値**：度数分布表で，それぞれの階級のまん中の値。

❷ **平均値**：$(\text{平均値})=\dfrac{\text{「(階級値)×(度数)」の総和}}{(\text{度数の合計})}$

❸ **最頻値**：度数が最も多い階級の階級値。

3 度数分布表と相対度数

次の表は，ある中学校の1年生全体と，1年1組の生徒だけの，通学時間を調べた**度数分布表**だよ。

階級（分）	度数（人） 1年1組	度数（人） 1年生全体
5以上　10未満	1	4
10　～　15	1	8
15　～　20	2	12
20　～　25	2	16
25　～　30	4	20
30　～　35	6	12
35　～　40	3	4
40　～　45	1	4
計	20	80

たとえばこのデータをもとに，「通学時間が5分以上10分未満の生徒は，全体の中の何％か」といった割合を調べたいときは，どうすればいいと思う？

そうだなあ……その階級に入っている生徒の人数を，全体の人数の合計でわれば，全体の中の割合が求められるんじゃない？

そのとおり！　ある階級の度数が，全体に対して占める割合を，その階級の**相対度数**（そうたいどすう）というよ。相対度数を求めるには，その階級の度数を，全体の度数の合計でわればいいんだ。

1年1組の生徒の中で，通学時間が5分以上10分未満の生徒の相対度数は，

$\dfrac{1}{20}=0.05$ ← $(\text{相対度数})=\dfrac{(\text{その階級の度数})}{(\text{全体の度数の合計})}$

となるね。また，10分以上15分未満の生徒の相対度数も，同じく0.05だ。
じゃあ,「1年1組の生徒の中で，通学時間が5分以上15分未満の生徒の相対度数を求めよ」といわれたら，どうする？

あっ，わかるかも！　5分以上10分未満の度数（1人）と，10分以上15分未満の度数（1人）をたして，累積度数が2人になるでしょ。これを，全体の度数20人でわって，

$$\frac{2}{20}=0.10$$

ほかの階級と合わせて，小数第2位まで求める

すばらしい！　そしてここで，もう1つわかることがあるんだ。今の計算とは別に，2つの階級の相対度数をたしてみたら，

$$0.05+0.05=0.10$$

と，同じ値になるんだ。「度数をたして累積度数を求めてから，それを全体の度数でわる」という計算をしなくても，「相対度数をたす」というだけの計算で，同じ値が求められるんだよ。
このようにして求められる，最初の階級からある階級までの相対度数の合計を，**累積相対度数**（るいせきそうたいどすう）というよ！
じゃあ通学時間のデータについて，相対度数と累積相対度数を調べよう！

1年1組の生徒の通学時間

階級（分）	度数（人）	相対度数	累積相対度数
5以上　10未満	1	0.05	0.05
10　～　15	1	0.05	0.10
15　～　20	2	0.10	0.20
20　～　25	2	0.10	0.30
25　～　30	4	0.20	0.50
30　～　35	6	0.30	0.80
35　～　40	3	0.15	0.95
40　～　45	1	0.05	1.00
計	20	1.00	

たとえばここの累積相対度数は，$0.05+0.05+0.10+0.10+0.20$と求めればいいね。通学時間が30分未満の生徒の割合は，50％だとわかるね！

中学1年 中学2年 中学3年

1年生全体の通学時間

階級（分）	度数（人）	相対度数	累積相対度数
5以上　10未満	4	0.05	0.05
10　～　15	8	0.10	0.15
15　～　20	12	0.15	0.30
20　～　25	16	0.20	0.50
25　～　30	20	0.25	0.75
30　～　35	12	0.15	0.90
35　～　40	4	0.05	0.95
40　～　45	4	0.05	1.00
計	80	1.00	

通学時間が30分未満の生徒の割合は75%だね！

2つのデータを比較してわかることを発表してみてくれるかな？

通学時間が30分未満の生徒は，1年生全体では75%だけれど，1年1組だけのデータだと50%……1年1組は，遠くから通っている生徒が少し多いのかな？

たしかに！　鋭い分析だね。データを見ることに慣れてきたみたいだね！

ここで学習した相対度数でも，2つのデータをくらべるときは，前にヒストグラムでやったのと同様，折れ線で表すことがあるよ。これを**相対度数折れ線**（そうたいどすうおれせん）というんだ。データの値を横軸に，相対度数を縦軸にとるよ！

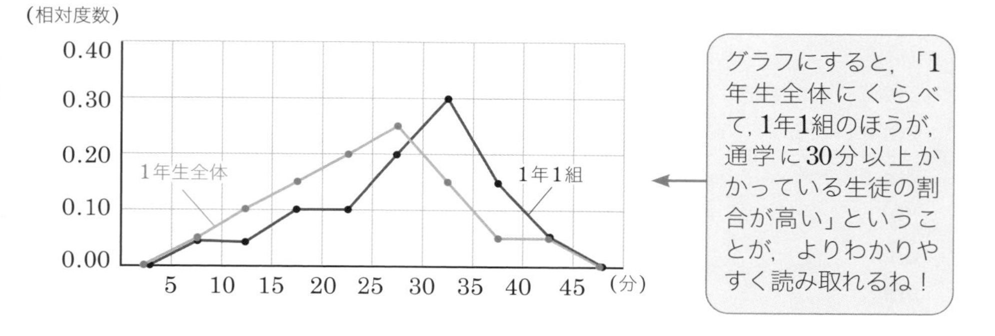

グラフにすると，「1年生全体にくらべて，1年1組のほうが，通学に30分以上かかっている生徒の割合が高い」ということが，よりわかりやすく読み取れるね！

例題 3

次の表は，ある中学校の1年B組に所属する生徒20人の，ハンドボール投げの記録を度数分布表に整理したものである。

階級（m）	度数（人）	相対度数	累積相対度数
10以上　15未満	1	0.05	0.05
15　～　20	4	0.20	0.25
20　～　25	9	(ア)	(イ)
25　～　30	5	0.25	0.95
30　～　35	1	0.05	1.00
計	20	1.00	

(1)　表の(ア)・(イ)にあてはまる数を求めよ。

(2)　25m以上の記録を出した生徒の割合はクラス全体の何%になるかを求めよ。

解答と解説

(1)　(ア)は，$(相対度数) = \dfrac{(その階級の度数)}{(全体の度数の合計)}$ であるから，$\dfrac{9}{20} = 0.45$ 答

(イ)は，最初の階級から20m以上25m未満の階級までの相対度数の合計であるから，$0.05 + 0.20 + 0.45 = 0.70$ 答

(2)　(1)より，記録が25m未満の生徒の割合が0.70であるから，記録が25m以上の生徒の割合は，

$1 - 0.70 = 0.30$ ←

（25m以上の記録を出した生徒の割合）
＝（全体）－（25m未満の記録を出した生徒の割合）

したがって，25m以上の記録を出した生徒の割合は，クラス全体の30% 答

「25m以上30m未満」の階級と「30m以上35m未満」の階級の度数をたして全体の度数でわっても，それらの相対度数をたしても，同じ値が出るよ！

ポイント　**度数分布表と相対度数**

❶ **相対度数**：ある階級の度数が，全体に対して占める割合

$$(相対度数) = \frac{(その階級の度数)}{(全体の度数の合計)}$$

❷ **累積相対度数**：最初の階級からある階級までの相対度数の合計

中学1年
中学2年
中学3年

第 2 節　データにもとづく確率

1　相対度数と確率

もう1つ，データの利用のしかたを学習するよ。偶然に左右されて，結果が読めない実験などがあったとしよう。そんな実験についても，データを調べれば，「あることがらが起こることを，どれくらい期待できるか」を，数字で知ることができるんだ。

「あることがらが起こることを，どれくらい期待できるか」？　何それ。どういうことだかピンとこないよ！

「あることがらの，起こりやすさの程度」といってもいいんだけれど，それは**確率**（かくりつ）とも呼ばれているよ！　特に，データを調べることでわかる確率は，**統計的確率**（とうけいてきかくりつ）というんだ。

具体的な例で見たほうがわかりやすいだろうね。今，ペットボトルのキャップを1つ投げて，床（ゆか）に落とすとしよう。落としたキャップが止まったとき，キャップの向きはどうなっていると思う？

えっ？　そんなの，投げてみないとわかんないでしょ。
表かもしれないし，裏かもしれないし，横向きに立っているかもしれないし……

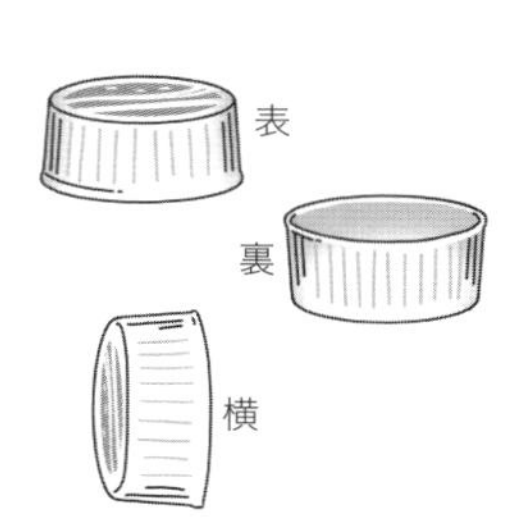

そうだね。じゃあ，「表」か「裏」か「横」か，投げる前に当てたら賞品がもらえるとして，どれを選ぶのがいいと思う？

そうだなあ，なんとなく，「横」になることは少なそうだから，「表」か「裏」かな。「表」と「裏」は，どっちも同じくらいだと思う。勘（かん）で「表」！

君の予想は「表」でいいんだね？

じつは，僕は昨日，徹夜で1000回キャップを投げる実験をして，「表」「裏」「横」の回数をカウントしてデータにしてきたんだ。

ちょっと，何やってんの先生!?

下の表を見て！　投げた回数の節目で，それまで「表」「裏」「横」が出た回数を集計しているよ。このデータを見たとき，まず大まかにわかることはあるかな？

投げた回数	10	20	30	40	50	100	200	300	400	500	750	1000
表	4	6	8	10	11	25	48	74	97	120	179	239
裏	5	11	19	26	34	63	128	192	256	321	481	640
横	1	3	3	4	5	12	24	34	47	59	90	121

10回投げたときを見ると，「表」が4回，「裏」が5回，「横」が1回だから，やっぱり「横」が少なくて，「表」と「裏」はほとんど同じだね。でも，投げる回数が多くなると，「表」よりも「裏」の出る回数のほうがずっと多くなるね。「裏」のほうが出やすいのかな。僕も，「表」じゃなくて「裏」を選べばよかったかも……

そうだね。たくさんのデータを集めるほど，「どのことがらが，どれだけ起こりやすいか」の程度がはっきりと見えてくることが多いよ。その「起こりやすさ」の程度が，確率なんだ。

ただし，データから「裏が出る確率が高い」ことがわかったからといって，「次に投げてみたとき，必ず裏が出る」わけではないから，注意してね。次は君が予想した「表」が出ることも，もちろん十分に考えられるよ。

では，君が予想した「表が出る」ことの確率を，数字で表してみよう。「起こりやすさ」というと，なんだかぼんやりした感じだけれど，確率は数字ではっきりと表すことができるんだ。

前ページの表のようなデータがある場合は，第1節の 3 で学習した**相対度数**を用いるよ！　相対度数の求め方は，

$$（\text{相対度数}）=\frac{（\text{その階級の度数}）}{（\text{全体の度数の合計}）}$$

だったよね（232ページ）。この表で**階級**（データを整理するための区間）に当たるのは，「表（が出た回数）」「裏（が出た回数）」「横（が出た回数）」だよ。そして「全体の度数の合計」は，「投げた回数」だ。投げた回数の「10」「20」「30」……それぞれについて，

$$（\text{表が出た相対度数}）=\frac{（\text{表が出た回数}）}{（\text{投げた回数}）}$$

を計算してみよう！　四捨五入で小数第2位まで求めて表にして，グラフに表すと，次のようになるよ。

投げた回数	10	20	30	40	50	100	200	300	400	500	750	1000
表	4	6	8	10	11	25	48	74	97	120	179	239
相対度数	0.40	0.30	0.27	0.25	0.22	0.25	0.24	0.25	0.24	0.24	0.24	0.24

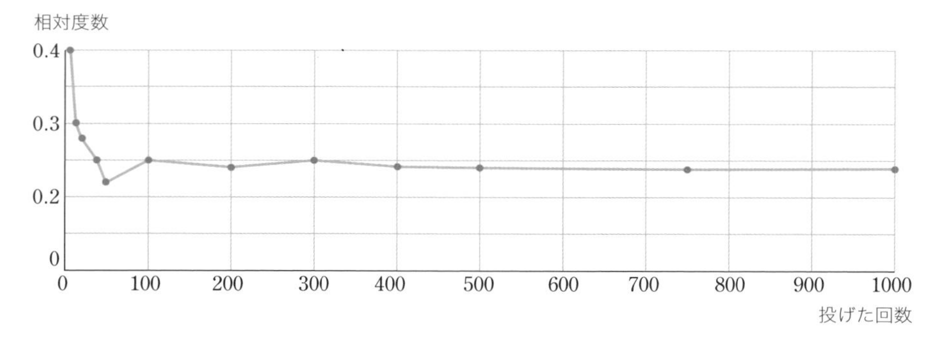

このグラフから，

投げた回数が少ないうちは，表が出た相対度数のばらつきは大きいけれども，回数が多くなるにつれて，ばらつきが小さくなる

という傾向が読み取れるね。そして，投げた回数が多くなるにつれて，「表」の相対度数は，0.24に近い値になっていくね！

この0.24という数字は，「ペットボトルのキャップを投げた全体の回数」の中で，「表が出た回数」がどれくらいの割合になっているかを表す値だよね。そしてこの 0.24 が，「ペットボトルを投げたときに，キャップの表が出るこ

と」の起こりやすさの程度を表していると考えられるよ。つまり，0.24は，「ペットボトルを投げたときに，キャップの表が出ること」の確率（統計的確率）であるといえるんだ！　ちなみにこの0.24は，**百分率**だと24%だよ！

なるほど……！　たくさんの回数の実験などでは，相対度数を確率と考える，ということ？

だいたいそういうことだね。本来，相対度数そのものが確率なのではないけれど，

多くの回数のデータをとると，相対度数が確率に限りなく近づいていくので，多数回の実験では相対度数を確率と考える

ということなんだ。たとえば，

「投げた回数が10回のときだと確率は0.40（40%）で，投げた回数が100回のときだと確率は0.25（25%）になっているから，キャップを投げる回数が少ないほうが，表が出る確率が高い」

と考えるのは間違いだよ！　投げた回数が10回のときの0.40や，100回のときの0.25は，あくまで「表が出た相対度数」であって，それ自体は確率ではないんだ。多くの回数，同じ実験をくり返すことで，相対度数が確率に近づいていく，というだけだからね。

例題

右の表は，先生が土曜日の午後に，A校舎からB校舎まで自動車で移動するときにかかった時間をまとめたものである。

階級（分）	度数（回）	相対度数
50以上　55未満	4	0.05
55　～　60	12	0.15
60　～　65	16	0.20
65　～　70	28	0.35
70　～　75	12	0.15
75　～　80	8	0.10
計	80	1.00

(1)　55分以上60分未満で到着する場合と，65分以上70分未満で到着する場合をくらべると，どちらが起こりやすいか答えよ。

(2)　先生が土曜日の午後に，A校舎からB校舎まで，自動車で1時間未満で移動する確率を，この表からわかる範囲で求めよ。

解答と解説

(1) 相対度数を比較すると,

55分以上60分未満で到着する場合は, 0.15

65分以上70分未満で到着する場合は, 0.35

したがって, 65分以上70分未満で到着する場合のほうが起こりやすい。 答

(2) 60分未満で到着する場合の累積相対度数は,

(50分以上55分未満の相対度数) + (55分以上60分未満の相対度数)

$= 0.05 + 0.15 = 0.20$

したがって, 1時間未満で移動する確率は, 0.20 答

ポイント データにもとづく確率

❶ **確率**：あることがらの起こりやすさの程度を表す数。

❷ **統計的確率**：データからみちびき出された確率。

➡ 多数回行う実験では, **相対度数**を確率と考える。

第2部

中学2年

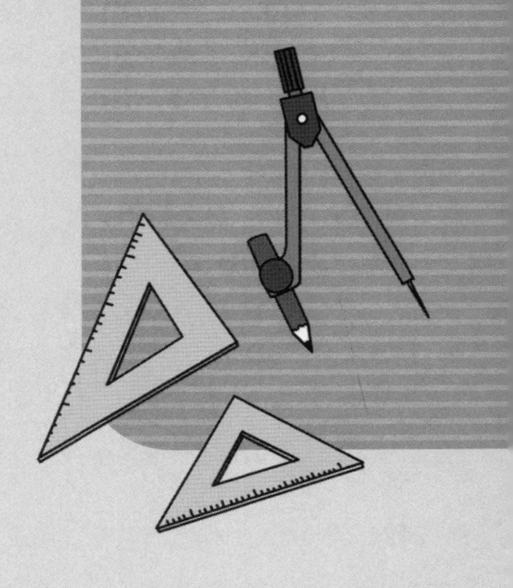

第1節　式の計算

1 単項式と多項式

ここからは，中2の内容だよ。はりきっていこう！

第1章では，文字を使った式の計算を学習するよ。数だけではなく文字も含んだ式については，中1／第2章で学習したね。それをバージョンアップしていくよ！

ある式を加法（足し算）だけの式に直したとき，記号「＋」でつながれた1つひとつの部分を，**項**と呼んだよね（27ページ）。

たった1つの項でできている式のことを**単項式**（たんこうしき）というよ！　加法の記号「＋」でいくつもの項をつないでいるのではなく，数や文字の乗法（掛け算）だけでできている式だよ。

例1　$-3xy$ ← -3とxとyの積（乗法の結果）で，1つの項だね

$\dfrac{2}{5}$ ← 1つの数も，単項式と考えるよ！

a ← 1つの文字も，単項式と考えるよ！

文字の入った単項式で，文字にかけられている数のことを，その単項式の**係数**といったね（66ページ）。

例2　$\dfrac{4}{3}a$　➡　aの係数は$\dfrac{4}{3}$

$-xy$　➡　xyの係数は-1

$-7x^2$　➡　x^2の係数は-7

b　➡　bの係数は1 ← bの係数1は省略されているよ

そして，単項式において，かけあわされている文字の個数のことを，**次数**（じすう）というよ。たとえば$3x$は，

$3x=3\times x$

で，かけられている文字は，xの1個だけだね。だから，単項式$3x$の次数は1だよ。このような，次数が1の単項式は，**1次式**と呼ばれるよ。

また，$-7ab$だったら，

$-7ab=-7\times a\times b$

で，aとbの2個の文字がかけあわされているから，単項式 $-7ab$ の次数は2になるね！　次数が2の単項式は，**2次式**と呼ばれるよ。

じゃあ，次の例3は何次式になるかな？

例3　$5xyz^2$

$=5\times x\times y\times z\times z$

累乗は，「同じ数を何個もかけ合わせる」という意味なので，z^2は文字zの2個分と考えるよ！

xとyとzとzの4つの文字がかけあわされているので，

単項式 $5xyz^2$ の次数は4

したがって，この式は4次式

一方，いくつかの項がたしあわされた式は**多項式**（たこうしき）というよ！　いいかえると，単項式の和の形で表された式のこと。単項式は項が1つの多項式と考えるよ。そして，多項式をつくっている1つひとつの単項式を，多項式の項というんだ。項の中でも，文字を含まない数だけの項を，**定数項**（ていすうこう）というよ！

例4　$3x^2-6y+\frac{3}{2}$

$=3x^2+(-6y)+\frac{3}{2}$

単項式の和の形で表されるから，多項式だといえるね！

この多項式の項は，$3x^2$，$-6y$，$\frac{3}{2}$

$\frac{3}{2}$は定数項

x^2の係数は3，yの係数は-6

多項式では，各項の次数のうち，最も大きいものをその多項式の次数というよ。$3x+7y$ のように次数が 1 の式を1次式，x^2-5x+6 のように次数が2の式を2次式というよ！

例5　$7x^3-8y^2+3z+2$

この多項式で，それぞれの項の次数は，

$7x^3$の次数は3，$-8y^2$の次数は2，

$3z$の次数は1，2の次数は0

「2」の項は定数項で，文字がかけられていないから，次数は0だよ！

この中で，次数が最も高いのは，$7x^3$の3次だから，

この多項式の次数は3

したがって，多項式$7x^3-8y^2+3z+2$は3次式

67ページにも「1次式」が出てきたのを覚えているかな？　中1／第2章／第2節で学習した1次式とは,「次数が1」の単項式や多項式のことだったんだ。

例題 1

次の(ア)～(オ)の式について，(1)～(3)の問いに答えよ。

(ア) $\dfrac{ab}{3}$　(イ) $-5x+8$　(ウ) y^2　(エ) 13

(オ) $2m^2-6m+7$

(1) **単項式であるものを選べ。**

(2) **2次式であるものを選べ。**

(3) **(オ)の式について，項と係数をいえ。**

解答と解説

(1) 単項式とは，数や文字の乗法のみでできている式なので，(ア)・(ウ)・(エ) 答

(2) 2次式とは，2個の文字がかけあわされた単項式か，または，次数が最も高い項が2次である多項式なので，(ア)・(ウ)・(オ) 答

(3) $2m^2-6m+7$

$=2m^2+(-6m)+7$

各項がわかりやすくなるように，加法(足し算)だけの式に直したよ！

したがって，この式について，

項は，$2m^2$，$-6m$，7 答

m^2の係数は2，mの係数は-6 答

ポイント　単項式と多項式

❶ **単項式**：数や文字の乗法だけでできている式。
単項式の次数は，かけあわされている文字の個数。

❷ **多項式**：単項式の和の形で表された式。
多項式の次数は，各項のうちで，次数が最も高い項の次数。

2 同類項をまとめる

中1／第2章／第2節の 2 で，

分配法則　$\boldsymbol{ax+bx=(a+b)x}$

を利用した，次のような計算を学習したね（68ページ）！

$$
\begin{aligned}
&4x+3x \\
&=(4+3)x \\
&=7x
\end{aligned}
$$

4 / x [$4x$] + 3 / x [$3x$] = 7 / x [$7x$]

このときの$4x$と$3x$のように，多項式の中で，文字の部分が（次数を含めて）まったく同じになっている項を，**同類項**（どうるいこう）というよ。

注意しなきゃいけないのは，次数も同じでなければ同類項とはいえない，ということ！　たとえば，

$$2x-5x^2$$

という多項式の $2x$ の項と $-5x^2$ の項は，xという文字は同じだけれど，

$2x$ ➡ 1次

$-5x^2$ ➡ 2次

と，次数がちがっているから，同類項ではないんだよ。

さて，同類項は，分配法則を用いて，1つにまとめられるんだ。中1／第2章／第2節では1次式だけでその計算をやったけれど，2次以上の式でも，同類項をまとめて式を簡単にすることができるよ！

例題 2

次の式を簡単にせよ。

(1) $3xy-7xy+xy$　　(2) $-4a^2+3a^2$

解答と解説

(1)
$$
\begin{aligned}
&3xy-7xy+xy \\
&=(3-7+1)xy \\
&=-3xy
\end{aligned}
$$
答

項が3つ以上でも，同じように同類項をまとめることができる

(2) $-4a^2+3a^2=(-4+3)a^2=-a^2$ 答

ポイント　同類項

同類項：多項式の中で，文字の部分が次数を含めてまったく同じ項。

➡ 分配法則を用いて1つにまとめることができる。

3 多項式の加法・減法

2種類以上の文字が出てきたり，2次以上になったりする**多項式**でも，1次式のときと同じように計算することができるよ！　まずは，加法(足し算)と減法(引き算)から確認しよう。

多項式の**加法**では，それぞれの多項式のすべての項をたしあわせればいいよ。そのとき，同類項はまとめよう。

例1　多項式 $2x+5y$ に，多項式 $3x-4y$ をたす。

$$(2x+5y)+(3x-4y)$$
$$=2x+5y+3x-4y$$
$$=2x+3x+5y-4y$$
$$=(2+3)x+(5-4)y$$
$$=5x+y$$

(　　)の前に＋があるときは，(　　)の中の各項の符号をそのままにして(　　)をはずす

同類項をまとめる

多項式の**減法**では，ひくほうの多項式の各項の符号が変わるので，注意が必要だよ。ここでも，同類項はまとめよう。

例2　多項式 $2a^2+5a$ から，多項式 $3a^2-4a$ をひく。

$$(2a^2+5a)-(3a^2-4a)$$
$$=2a^2+5a-3a^2+4a$$
$$=2a^2-3a^2+5a+4a$$
$$=(2-3)a^2+(5+4)a$$
$$=-a^2+9a$$

(　　)の前に－があるときは，(　　)の中の各項の符号を変えて(　　)をはずす

a^2 を含む同類項と，a を含む同類項を，それぞれまとめる

例題 3

次の式を簡単にせよ。

(1)　$-(-5x+3y)+(2x+13y)$　　(2)　$(3a^2+8a)-(6a^2-5a)$

解答と解説

(1)　$-(-5x+3y)+(2x+13y)$
$$=5x-3y+2x+13y$$
$$=5x+2x-3y+13y$$
$$=(5+2)x+(-3+13)y$$
$$=7x+10y$$ 答

(　　)の前に－があるときは，(　　)の中の各項の符号を変えて(　　)をはずす

x を含む同類項を前に，y を含む同類項を後ろに集める

(2) $(3a^2+8a)-(6a^2-5a)$

$=3a^2+8a-6a^2+5a$

$=3a^2-6a^2+8a+5a$

$=(3-6)a^2+(8+5)a$

$=-3a^2+13a$ 答

答えはここまででOK！　ここからさらに，
$(-3+13)a^2\times a=10a^3$
みたいな計算に進んでしまう人がときどきいるけれど，そのように計算することはできないよ！

ポイント　多項式の加法・減法

❶ (　　) の前が＋ ➡ (　　) 内の各項の符号はそのままで (　　) をはずし，同類項を整理する。

❷ (　　) の前が－ ➡ (　　) 内の各項の符号を変えて (　　) をはずし，同類項を整理する。

4 多項式と数の乗法・除法

多項式と数とをかけあわせる**乗法**では，

分配法則　$m(a+b)=ma+mb$

を用いて，数を多項式のすべての項にかければいいんだ。

例1　$3(2x-5y)$

$=3\times 2x+3\times(-5y)$

$=6x-15y$

分配法則を利用して (　　) をはずす

また，多項式を数でわる**除法**は，わる数の逆数をかけて計算するよ。

例2　$(-24a+3b)\div 3$

$=(-24a+3b)\times\frac{1}{3}$

$=-24a\times\frac{1}{3}+3b\times\frac{1}{3}$

$=-8a+b$

3の逆数 $\frac{1}{3}$ をかける

分配法則を利用して (　　) をはずす

中学1年　中学2年　中学3年

$$(-24a+3b)\div 3=\frac{-24a}{3}+\frac{3b}{3}$$

というふうに，各項を3で割って計算してもいい？

うん，そのように，割り算を分配して計算してもだいじょうぶだよ！

例題 4

次の式を簡単にせよ。

(1) $-3(5x-y)$　　(2) $(-a^2+3ab-6b^2)\div\frac{3}{2}$

解答と解説

(1) $-3(5x-y)$

$=-3\times 5x+(-3)\times(-y)$

$=-15x+3y$ 答

(2) $(-a^2+3ab-6b^2)\div\frac{3}{2}$

$=(-a^2+3ab-6b^2)\times\frac{2}{3}$

$=-a^2\times\frac{2}{3}+3ab\times\frac{2}{3}-6b^2\times\frac{2}{3}$

$=-\frac{2}{3}a^2+2ab-4b^2$ 答

ポイント　多項式と数の乗法・除法

❶ 多項式と数の乗法 ➡ 分配法則を用いて計算する。
❷ 多項式と数の除法 ➡ わる数の逆数をかけて計算する。

5 多項式のいろいろな計算

ほかにも，**多項式**の計算にはいろいろな方法があるよ。

パターン1　(数)×(多項式) の加法・減法

➡　分配法則を利用して (　　　) をはずし，同類項をまとめる。

例1

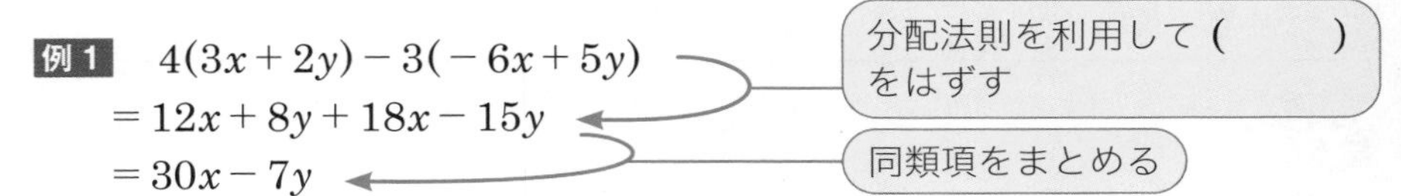

パターン2　分数を含む計算

➡　通分して同類項をまとめる。

例2

$$\frac{1}{2}(a+3b)-\frac{1}{3}(3a-b)$$

$$=\frac{1}{2}a+\frac{3}{2}b-a+\frac{1}{3}b$$

$$=\frac{1}{2}a-\frac{2}{2}a+\frac{9}{6}b+\frac{2}{6}b$$

$$=-\frac{1}{2}a+\frac{11}{6}b$$

分配法則を利用して (　　　) をはずす

同類項を通分 (分母を同じにする)

同類項をまとめる

例2は，次のように通分してから計算してもいいよ！

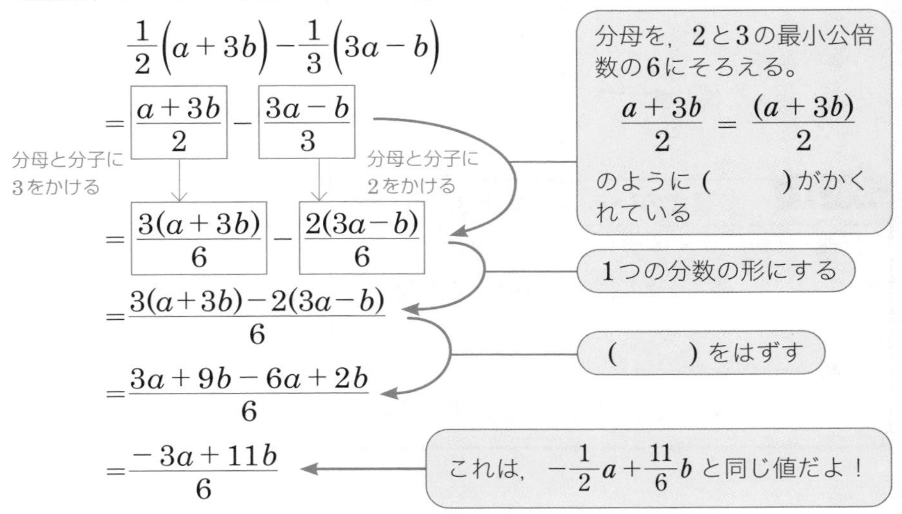

例題 5

$\dfrac{2x-3y}{4}-\dfrac{3x+5y}{6}$ を簡単にせよ。

考え方

例2で通分してから計算したのと同じように考えればいいね。

$$\frac{2x-3y}{4}=\frac{(2x-3y)}{4},\quad \frac{3x+5y}{6}=\frac{(3x+5y)}{6}$$

のように，じつは（　　）がかくれていると考えて通分しよう。

解答と解説

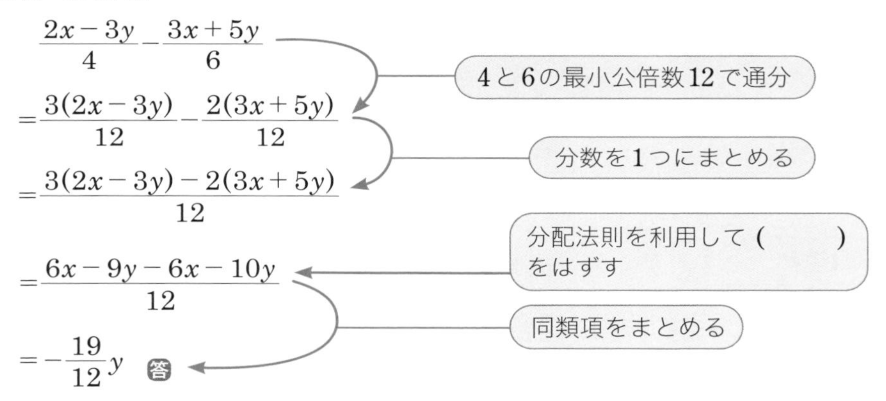

$$\frac{2x-3y}{4}-\frac{3x+5y}{6}$$
$$=\frac{3(2x-3y)}{12}-\frac{2(3x+5y)}{12}$$
$$=\frac{3(2x-3y)-2(3x+5y)}{12}$$
$$=\frac{6x-9y-6x-10y}{12}$$
$$=-\frac{19}{12}y$$ 答

ポイント　多項式のいろいろな計算

❶ （数）×（多項式）の加法・減法

➡ 分配法則を利用して（　　）をはずし，同類項をまとめる。

❷ 分数を含む計算

➡ 通分して同類項をまとめる。

第2節 単項式の乗法・除法，式の値

1 単項式どうしの乗法・除法

ここでは，**単項式**と単項式をかけたり（**乗法**），単項式を単項式でわったり（**除法**）する計算のしかたを学習するよ。

まずは，単項式と単項式の乗法から。「（単項式）×（単項式）」の形のときは，係数の積と文字の積をそれぞれ求めて，それらをかけあわせればいいんだ！

例1

$$2x^3y \times 3xy^2 = (2 \times x \times x \times x \times y) \times (3 \times x \times y \times y)$$
$$= (2 \times 3) \times (x \times x \times x \times x \times y \times y \times y)$$
$$= 6x^4y^3$$

（係数，文字，係数，文字／係数の積，文字の積）

次に，単項式と単項式の除法を見てみよう。「（単項式）÷（単項式）」の形のときは，式を分数の形で表して，数どうし，文字どうしで約分できるものがあれば，約分して簡単にするよ。

例2

$$15xy^2 \div (-3x) = \frac{15xy^2}{-3x}$$
$$= -5y^2$$

15と3を3で約分，
xとxをxで約分

または，逆数をかけることによって計算することもできるよ！

$$15xy^2 \div (-3x) = \frac{15xy^2}{1} \times \left(-\frac{1}{3x}\right)$$
$$= 5y^2 \times (-1) = -5y^2$$

どちらで計算してもかまわないけれど，係数が分数の場合は，わる数の逆数をかけて計算するほうがおススメだよ！　とくに，分数でわるときには間違いが起こりやすいから，次のように計算するといいよ。

例3

$$-\frac{5}{18}ab \div \frac{10}{9}b$$
$$= -\frac{5ab}{18} \div \frac{10b}{9}$$
$$= -\frac{5ab}{18} \times \frac{9}{10b}$$

文字を分子へ移動する

割り算は，逆数をかけることで計算！

$= -\dfrac{a}{4}$ ← $-\dfrac{1}{4}a$ とかいてもだいじょうぶだよ！

この 例3 のような計算では，わる数 $\dfrac{10}{9}b$ の逆数を $\dfrac{9}{10}b$ としてしまう間違いが多いよ！

$$\frac{10}{9}b = \frac{10b}{9} \Rightarrow \text{逆数は } \frac{9}{10b}$$

だから，「$\div\dfrac{10}{9}b$」は「$\times\dfrac{9}{10}b$」ではなくて「$\times\dfrac{9}{10b}$」だよ！　この計算は気をつけようね。

最後に，単項式の乗法と除法がまじった計算を押さえよう。

係数が整数であれば，かける式を分子，わる式を分母とする分数の形にして計算するよ。もし係数が分数だったら，わり算は掛け算に直して計算すればいいんだ。

例4 $12a^2b \div 3a \times 2b = \dfrac{12a^2b \times 2b}{3a}$ （$12a^2b$, $2b$ → 分子へ　$3a$ → 分母へ）

$= 8ab^2$ ← 数について，$\dfrac{12\times2}{3} = 8$　a について，$\dfrac{a^2}{a} = \dfrac{a\times a}{a} = a$　b について，$b\times b = b^2$

ここでも，わり算を逆数の掛け算に直して，

$$12a^2b \div 3a \times 2b = 12a^2b \times \boxed{\frac{1}{3a}} \times 2b$$

として計算してもいいんだけれど，

$12a^2b \times \dfrac{1}{3}a \times 2b$ ← $3a$ の係数だけを逆数にしてしまっている！

としてはいけないよ！　$3a$ の逆数は，$\dfrac{1}{3}a$ ではなくて，$\dfrac{1}{3a}$ だからね！

私，この間違い，しちゃったことあるなあ……「$\div 3a$」は，「$\div(3a)$」だから，逆数の掛け算にすると，「$\times\dfrac{1}{3a}$」になるんだね！

中学1年
中学2年
中学3年

例題 1

次の式を簡単にせよ。

(1) $-\frac{5}{3}ab\times\left(\frac{1}{2}b\right)$　(2) $(-3x^2y)^2$

(3) $3ab\times(2a)^3$　(4) $5x^2y^3\div(-x^3y^2)$

(5) $\frac{1}{5}a^2b\div\frac{1}{125}a^3b$　(6) $36x^2y^3\div6y\times2x$

解答と解説

(1) $-\frac{5}{3}ab\times\left(\frac{1}{2}b\right)$

$=-\frac{5}{6}ab^2$ 答

数どうし，文字どうしを計算する！
数は，$-\frac{5}{3}\times\frac{1}{2}=-\frac{5}{6}$
文字は，$ab\times b=ab^2$

(2) $(-3x^2y)^2$

$=(-3x^2y)\times(-3x^2y)$

$=9x^4y^2$ 答

$(-3x^2y)$ を2個かけたものだね！

数どうし，文字どうしを計算する！
数は，$(-3)\times(-3)=9$
文字は，$x^2\times x^2=(x\times x)\times(x\times x)=x^4$
$y\times y=y^2$

(3) $3ab\times(2a)^3$

$=3ab\times(2a\times2a\times2a)$

$=3ab\times2a\times2a\times2a$

$=24a^4b$ 答

累乗は先に計算する。$(2a)^3$ は，$2a$ を3個かけたものだね！

数どうし，文字どうしを計算する！
数は，$3\times2\times2\times2=24$
文字は，$ab\times a\times a\times a=a^4b$

(4) $5x^2y^3\div(-x^3y^2)$

$=\frac{5x^2y^3}{-x^3y^2}$

$=-\frac{5y}{x}$ 答

分数の形に直す

同じ文字どうしに着目して約分する！
$\frac{x^2}{x^3}=\frac{x\times x}{x\times x\times x}=\frac{1}{x}$，$\frac{y^3}{y^2}=\frac{y\times y\times y}{y\times y}=y$

(5) $\frac{1}{5}a^2b \div \frac{1}{125}a^3b$

$= \frac{a^2b}{5} \div \frac{a^3b}{125}$

逆数にしやすいように変形

$= \frac{a^2b}{5} \times \frac{125}{a^3b}$

逆数の掛け算に直す

$= \frac{25}{a}$ 答

数どうし，同じ文字どうしに着目して約分する！
$\frac{125}{5} = 25$, $\frac{a^2}{a^3} = \frac{a \times a}{a \times a \times a} = \frac{1}{a}$, $\frac{b}{b} = 1$

(6) $36x^2y^3 \div 6y \times 2x$

$= \frac{36x^2y^3 \times 2x}{6y}$

かける式を分子へ，わる式を分母へ！

$= 12x^3y^2$ 答

数どうし，同じ文字どうしに着目して約分する！
$\frac{36 \times 2}{6} = 12$, $x^2 \times x = x^3$, $\frac{y^3}{y} = \frac{y \times y \times y}{y} = y^2$

ここでは，理解しやすいように，式の変形をていねいにかいてあるけれど，暗算できるなら暗算してもかまわないよ！

ポイント **単項式の乗法・除法**

❶ 係数が整数 ➡ かける式を分子，わる式を分母とする分数の形にして計算。
❷ 係数が分数 ➡ 割り算は掛け算に直して計算。
❸ 数どうし，同じ文字どうしで計算し，約分できるときは約分する。

2 式の値

文字式の中の文字に数をあてはめることを，文字にその数を「**代入**する」といい，代入して計算した結果を，**式の値**というんだったね（63ページ）！

次のような式の値を求めてみよう。

例1　$a=-3$ のとき，a^2+5a の値は，

$$
\begin{aligned}
&a^2+5a\\
&=(-3)^2+5\times(-3)\\
&=9-15\\
&=-6
\end{aligned}
$$

負の数を代入するときは，(　　　)をつけて代入するんだったよね！
$-3^2+5-3=-9+5-3$
$=-7$
とするのは間違いだよ！

値を求めたい式が複雑なときは，すぐに代入せず，

文字のままで，できるだけ式を整理して，簡単にしてから代入するようにすると，計算が楽になるよ！

例2　$x=-5$ のとき，$4(3x-2x^2)+8(x^2-3x)$ の値は，

$$
\begin{aligned}
&4(3x-2x^2)+8(x^2-3x)\\
&=12x-8x^2+8x^2-24x\\
&=-12x\\
&=-12\times(-5)\\
&=60
\end{aligned}
$$

まだ代入しないで，文字のまま式を整理

式が簡単になったら，(　　　)をつけて代入する！

例2は，次のように，先に代入してから計算することもできるけれど，計算がたいへんになってしまうことが多いよ。

$$
\begin{aligned}
&4(3x-2x^2)+8(x^2-3x)\\
&=4\times\{3\times(-5)-2\times(-5)^2\}+8\times\{(-5)^2-3\times(-5)\}\\
&=4\times(-15-50)+8\times(25+15)\\
&=4\times(-65)+8\times40=-260+320=60
\end{aligned}
$$

答えは同じになったけれど，こんな計算はしたくないね……簡単にしてから代入するように気をつける！

中学1年
中学2年
中学3年

例題 2

$x=-2$, $y=3$ のとき，次の式の値を求めよ．

(1) $3(2x+y)-2(x-5y)$　　(2) $4xy\div(-8xy^2)\times 3x^3$

解答と解説

(1) $3(2x+y)-2(x-5y)$

$=6x+3y-2x+10y$

$=4x+13y$

$=4\times(-2)+13\times 3$

$=-8+39$

$=31$ 答

分配法則　$a(b+c)=ab+ac$

同類項をまとめる

簡単になったので，$x=-2$, $y=3$ を代入！

(2) $4xy\div(-8xy^2)\times 3x^3$

$=\dfrac{4xy\times 3x^3}{-8xy^2}$

$=-\dfrac{3x^3}{2y}$

$=-\dfrac{3\times(-2)^3}{2\times 3}$

$=-\dfrac{3\times(-8)}{2\times 3}$

$=4$ 答

掛け算は分子に，割り算は分母に

数どうし，同じ文字どうしに着目して約分！

$\dfrac{4\times 3}{-8}=-\dfrac{3}{2}$,　$\dfrac{x\times x^3}{x}=x^3$,　$\dfrac{y}{y^2}=\dfrac{1}{y}$

簡単になったので，$x=-2$, $y=3$ を代入！

ポイント　式の値

式の値を求めるときは，簡単にしてから代入する。

第 3 節　文字式の利用

1　文字式の利用 ❶——数に関する性質

突然だけれど，ちょっと考えてみて。次の(＊)は，どんなときも成り立つかな？

偶数と奇数の和は，奇数である。……(＊)

「偶数と奇数をたすと，奇数になる」ってことだね。たとえば，偶数の2と奇数の3をたしたら，奇数の5になるから，成り立ちそう。他にも，適当に偶数と奇数をたしてみたら，たしかめられるんじゃない？

$8+5=13,\ 22+35=57,\ 120+255=375$

ほら，どんなときも，たしかに奇数になってるよ！

でもそれ，ほんとうに「どんなときも」っていえるかな？　2と3も，8と5も，22と35も，(＊)の例にすぎないよね。例を挙げるだけでは，「たまたま，たして奇数になるような例を選んだから奇数になっただけで，たして偶数になるような他の例もあるんじゃない？」っていわれてしまいそうだね。

(＊)がどんなときも成り立つことを説明するためには，

どんな偶数とどんな奇数をたしても，奇数になる

ということを示さなければいけないよ。

そうかあ。それはわかったけれど，でも，「どんな偶数とどんな奇数をたしても」なんて，どうやってたしかめるの？

そこで利用するのが，**文字式**だよ！　文字を使えば，1とか2とかいった具体的な数にとらわれずに，いろいろな数量や，数量どうしの関係などを，一般的に表せるんだったよね(58ページ)。文字式を利用すると，数量に関することがらを，一般的に説明することができるんだ。文字式を利用して，(＊)を，一般的に説明してみよう！

まず，偶数とは，2の倍数のことなんだ。つまり，偶数とは，「2×(整数)」の形で表せる数のことなんだ。これを，文字を使って表してみよう。mという文字を，整数を表す文字とすると，偶数は，

$2m$ ← 「2×(整数)」は，必ず2の倍数になるよね！

と表すことができるね！　mにどんな整数を代入しても，$2m$は偶数になるよ。

$m=1$のとき，$2m=2$　（最も小さい正の偶数）
$m=2$のとき，$2m=4$　（2番目に小さい正の偶数）
$m=3$のとき，$2m=6$　（3番目に小さい正の偶数）
⋮

というふうに，どんな偶数でも $2m$ と表すことができるね。

次に，奇数とは，「2でわりきれない数」だよね。それってつまり，「2でわると1余る数」ということだね。これを文字で表そう。nという文字（さっきのmとはちがう文字を使うよ！）を，整数を表す文字とすると，奇数は，

$2n+1$ ← 奇数を，「偶数に1をたした数」ととらえてもいいよ！

と表すことができるのはわかるかな？　奇数は，「2×(整数)＋1」という形で表されるんだ。nにどんな整数を代入しても，$2n+1$ は奇数になるよ。

$n=0$のとき，$2n+1=1$　（最も小さい正の奇数）
$n=1$のとき，$2n+1=3$　（2番目に小さい正の奇数）
$n=2$のとき，$2n+1=5$　（3番目に小さい正の奇数）
⋮

というふうに，どんな奇数でも $2n+1$ と表すことができるね。

これで，「偶数」と「奇数」を文字で表すことができたよ。準備ができたから，これらをたしてみよう！

$$\underset{\text{偶数}}{2m}+\underset{\text{奇数}}{(2n+1)}=2m+2n+1$$
$$=2(m+n)+1$$

2が共通しているところを(　　　)でくくった！

さてここで，(　　　) の中の $m+n$ っていうのは，整数mと整数nをたした数だから，整数だよね。だから，$2(m+n)+1$ は，「2×(整数)＋1」の形，すなわち奇数になっているね！

この形は，文字を使って一般的に（mやnにどんな整数を代入しても成り立つように）表されている。だから，

偶数と奇数の和は，奇数である。……(＊)

ということが，一般的にたしかめられたんだ。(＊)は，どんなときも成り立つとわかったんだよ。

質問！　偶数を文字で表すときはmの文字を使って $2m$ とおいて，奇数を表すときはnの文字で $2n+1$ とおいたけれど，どうして別々の文字を使ったの？　同じ文字を使って，偶数は $2n$，奇数は $2n+1$ としてはいけないの？

もし，同じnの文字を使って，偶数を $2n$，奇数を $2n+1$ と表したとしたら，偶数と奇数の和は，

$$2n+(2n+1)=4n+1=2\times 2n+1 \quad ……①$$

となって，$2n$ は整数だから，「$2\times$(整数)$+1$」の形で，たしかに奇数になるね。だけど，①によって証明されるのは，「どんな偶数とどんな奇数をたしても」奇数になる，ということではないんだ。

偶数を $2n$，奇数を $2n+1$ と表しているとき，その2つの数の組は，

$n=1$のとき，$(2n,\ 2n+1)=(2,\ 3)$

$n=2$のとき，$(2n,\ 2n+1)=(4,\ 5)$

$n=3$のとき，$(2n,\ 2n+1)=(6,\ 7)$

同じ文字のところには，同じ数を代入しなければならないよ！

というふうに，「連続する偶数と奇数」を表すことになってしまうんだ。だから，①によって証明されるのは，「連続する偶数と奇数の和は，奇数である」ということであって，(＊)を示したことにはならないんだよ。

今回示したい「偶数と奇数の和は，奇数である」では，連続していない偶数と奇数，たとえば4と11のような場合も含めた，一般の偶数と奇数について考えなければならないよね。

このように，たがいに関係ない数を考えるときは，別の文字を使わなければいけないんだよ。

逆に，たがいに関係のある数について考えるときは，同じ文字を使う必要があるよ。次の**例**でやってみよう。

例　連続する3つの整数の和は，3の倍数になることを説明せよ。

「連続する3つの整数」というのは，たとえば「1, 2, 3」とか，「100, 101, 102」といった，1ずつ大きくなっていく，3つの整数のことだよね。ここでは，3つの整数は，たがいに無関係ではないね。だから，文字を利用して3つ

の数それぞれを表すときに，同じ文字を使わなければならないんだ。

連続する3つの整数のうち，最も小さい整数を，nとおいてみると，

2番目の（まん中の）整数は，$n+1$

3番目の（最も大きい）整数は，$n+2$

と表せるよね。連続する3つの整数の和は，

$$n+(n+1)+(n+2)=3n+3$$
$$=3(n+1)$$

3が共通しているところを（　　）でくくった！

$n+1$ は整数だから，$3(n+1)$ は，3の倍数だね。したがって，「連続する3つの整数の和は，3の倍数になる」と示すことができたんだ。

ただし，この**例**には，さらに楽にできるコツがあるよ。

「連続する3つの整数」の表し方は，ただ1通りではないんだ。nを整数としたとき，たとえば，

$n+5$，$n+6$，$n+7$

なんかも，1ずつ大きくなる3つの整数を表しているね。「連続する3つの整数」の表し方はいろいろあるんだけれど，どうせなら，楽に計算できるような表し方をしたいよね。

連続する数の個数が奇数（3つとか5つとか）のときは，大きさの順に並べたときのまん中の数をnとおくと，計算が楽になることが多いんだ！　今回の**例**の場合，まん中（2番目）の整数をnとおくと，

1番目の（最も小さい）整数は，$n-1$ ←まん中の数より1だけ小さい

3番目の（最も大きい）整数は，$n+1$ ←まん中の数より1だけ大きい

となるね。したがって，これらの3つの整数の和は，

$$(n-1)+n+(n+1)=3n$$

と，とても簡単な形になって，3の倍数であることもわかりやすいね！

例題 1

2けたの正の整数と，その数の十の位の数と一の位の数を入れかえてできる数との和は，11の倍数になることを説明せよ。

考え方

中1／第2章／第1節の**3**でも学習したけれど（61～62ページ），ちょっとていねいに考えてみようか。2けたの整数は，

$26 = 20 + 6 = 10 \times 2 + 6$
$37 = 30 + 7 = 10 \times 3 + 7$
$75 = 70 + 5 = 10 \times 7 + 5$

（2けたの数を，「十の位」と「一の位」に着目して表したよ！）

のように，「10×(十の位の数)＋(一の位の数)」の形で表せるね。これを，文字を使って一般的に表してみよう。十の位の数がa，一の位の数がbの2けたの整数は，

$10a + b$

と表せるね！　このことを利用して，「2けたの正の整数」と，「その数の十の位の数と一の位の数を入れかえてできる数」を文字で表し，和を計算してみればいいね。

解答と解説

2けたの正の整数を，Mとおく。（整理するために「M」と名前をつけるよ）

Mの十の位の数をa，一の位の数をbとすると（ただし，aは1から9までの整数，bは0から9までの整数），

$M = 10a + b$　（「2けたの正の整数」を文字で表した！）

と表すことができる。

また，Mの十の位の数と一の位の数を入れかえてできる整数をNとおくと，

$N = 10b + a$　（「十の位の数と一の位の数を入れかえてできる数」を文字で表した！十の位の数がb，一の位の数がa）

と表される。このとき，MとNの和は，

$$M + N = (10a + b) + (10b + a)$$
$$= 11a + 11b$$
$$= 11(a + b)$$

（11が共通しているところを(　　)でくくった！）

$a + b$は整数であるから，$11(a + b)$は11の倍数である。（「11×(整数)」は，11の倍数だね！）

以上より，2けたの正の整数と，その数の十の位の数と一の位の数を入れかえてできる数との和は11の倍数である。 **証明終わり**

ポイント　文字式の利用①――数に関する性質

文字式を利用すると，数量に関することがらを一般的に説明することができる。

中学1年　中学2年　中学3年

2 文字式の利用❷——図形に関する性質

文字式を利用すると，図形に関することがらも，一般的に説明できるよ。

例 **三角形の底辺をx倍，高さをy倍したとき，面積は何倍になるかを求めよ。**

「何倍になるか」なんていわれても，もとの三角形がどれくらいの面積かも，どんな形かもわからないのに，求められるわけなくない？

いやいや，この問題は，「どんな三角形であっても，底辺をx倍，高さをy倍したら，面積は□倍になる」，この□を求めなさい，といっているんだよ。「どんな三角形であっても」ときたら，文字を使って表現すればいいよね。

この**例**で問題になっているのは，面積だよね。三角形の面積は，

$$(\text{底辺})\times(\text{高さ})\times\frac{1}{2}$$

で求められるよね。ここで，「どんな三角形であっても」ということを考えるわけだから，「どんな底辺であっても」「どんな高さであっても」を表現するために，底辺と高さを文字でおけばいいんだ。

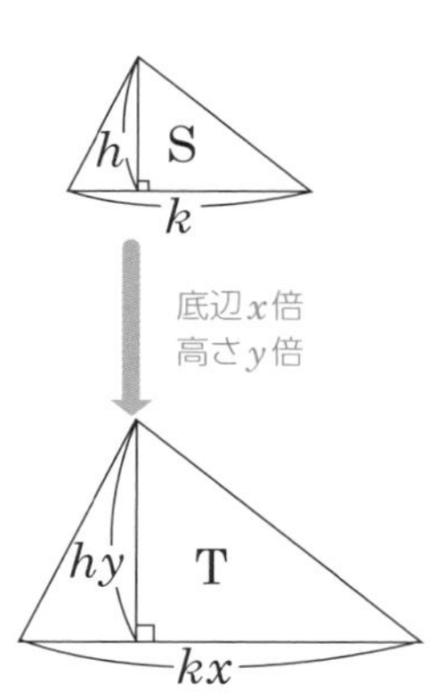

わかりやすいように，もとの三角形に，Sと名前をつけておくよ。この三角形Sの底辺の長さをk，高さをhとすると，Sの面積は，

$$k\times h\times\frac{1}{2}=\frac{1}{2}kh \quad \cdots\cdots①$$

次に，Sの底辺をx倍，高さをy倍した三角形に，Tと名前をつけるよ。このTは，底辺の長さはkx，高さはhyとなるよね！　したがって，Tの面積は，

$$kx\times hy\times\frac{1}{2}=\frac{1}{2}khxy \quad \cdots\cdots②$$

さて，知りたいのは，「Sの底辺と高さを変えてTにしたとき，面積が何倍になるか」だよね。それを知るためには，②が①の何倍なのかを計算すればいいね！　だから，②を①でわって，

$$\left(\frac{1}{2}khxy\right)\div\left(\frac{1}{2}kh\right)$$

（Tの面積）＝（Sの面積）×（何倍か）
（何倍か）＝（Tの面積）÷（Sの面積）

$$=\frac{khxy}{2}\div\frac{kh}{2}$$

逆数にしやすいように変形

$$=\frac{khxy}{2}\times\frac{2}{kh}$$

割り算を，逆数の掛け算に

$$=xy$$

したがって，Tの面積は，Sの面積のxy倍　答

つまり，「三角形の底辺をx倍，高さをy倍したとき，面積は，底辺の倍率（何倍か）と高さの倍率（何倍か）をかけあわせたxy倍になる」とわかったんだね。

底辺と高さを文字でおいたけれど，その文字はうまく消えてくれたね。図形の具体的な面積や形がわからなくても，文字をうまく使えば，こんな図形の性質を調べることができるんだね♪

そうなんだ。文字だと難しく見えるかもしれないけれど，一般的な法則を調べたり，証明したりするには便利だから，できるようになっていこうね！

例題 2

1辺の長さがa cmの正方形を底面とし，高さがb cmの直方体Xと，1辺の長さが$2a$ cmの正方形を底面とし，高さが$\frac{1}{2}b$ cmの直方体Yがある。Yの体積はXの体積の何倍かを求めよ。

解答と解説

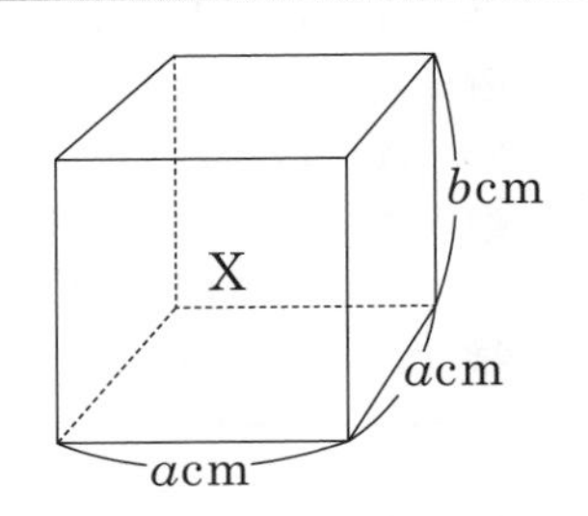

直方体Xについて，

底面積は，$a\times a=a^2$ (cm^2)

高さは，b cm

したがって，直方体Xの体積は，

$a^2\times b=a^2b$ (cm^3)　……①

（直方体の体積）＝（底面積）×（高さ）

中学1年
中学2年
中学3年

直方体Yについて，

底面積は，$2a \times 2a = 4a^2$ (cm^2)

高さは，$\frac{1}{2}b$ cm

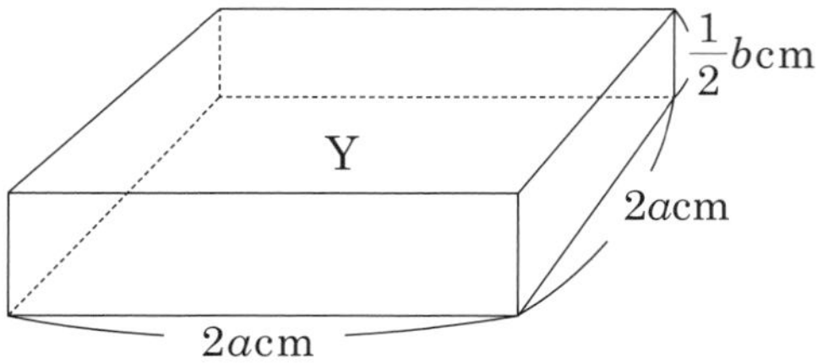

したがって，直方体Yの体積は，

$4a^2 \times \frac{1}{2}b = 2a^2b$ (cm^3) ……②

(直方体の体積)＝(底面積)×(高さ)

①・②より，

(Yの体積)÷(Xの体積)

$= (2a^2b) \div (a^2b)$

$= \frac{2a^2b}{a^2b}$

$= 2$

したがって，Yの体積はXの体積の2倍 答

ポイント　文字式の利用❷――図形に関する性質

文字式を利用すると，図形に関することがらを一般的に説明することができる。

3 等式変形

中1／第3章／第1節の2で，次のような**等式の性質**を学習したよね（87ページ）。

等式の性質

$A = B$ のとき，

❶ $A + C = B + C$　（両辺に同じ数をたしても，「＝」が成り立つ）

❷ $A - C = B - C$　（両辺から同じ数をひいても，「＝」が成り立つ）

❸ $A \times C = B \times C$　（両辺に同じ数をかけても，「＝」が成り立つ）

❹ $A \div C = B \div C$ $(C \neq 0)$　（両辺を0以外の同じ数でわっても，「＝」が成り立つ）

❺ $B = A$　（左辺と右辺を入れかえてもよい）

このような等式の性質を用いて，次の例の式の中にあるxを，他の文字で表してみよう。

例　$2x-3y=5$

$2x=3y+5$ ← ❶ xを含む項だけを左辺に残す

$x=\dfrac{3y+5}{2}$ ← ❹ 両辺をxの係数2でわる

文字xが，他の文字yと数によって表されたね。

このように，いくつかの文字を含む等式で，その等式の1つの文字を，他の文字で表すことを，「その文字について解く」，または**等式変形**（とうしきへんけい）というよ。

方程式を解くとき「$x=$●」の形をつくったのと同じ要領で，

「（その文字）＝●」

の形をつくればいいんだね。

例題 3

次の等式を［　　］内の文字について解け。

(1)　$3a-5b=-8$　$[b]$

(2)　$V=xyz$　（ただし，$x \neq 0$，$y \neq 0$）　$[z]$

(3)　$z=\dfrac{3x-y}{2}$　$[x]$

解答と解説

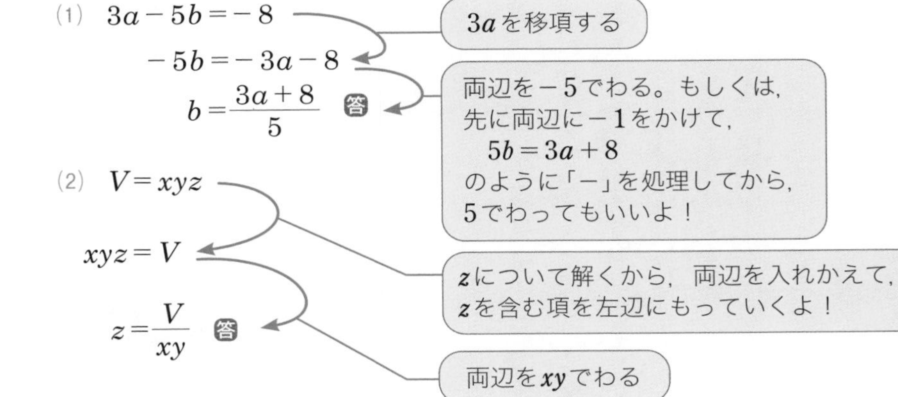

(3)

$$z=\frac{3x-y}{2}$$

xについて解くから，両辺を入れかえて，xを含む項を左辺にもっていく

$$\frac{3x-y}{2}=z$$

両辺を2倍して分母をはらう

$$3x-y=2z$$

左辺をxを含む項だけにする（$-y$を移項）

$$3x=y+2z$$

両辺を3でわる

$$x=\frac{y+2z}{3}$$ 答

ポイント **等式変形**

等式の性質を用いて，その等式中の1つの文字をほかの文字で表すことを，「その文字について解く」という。

例　$2m-4n=8$ を m について解くと，

$$2m=4n+8$$
$$m=2n+4$$

第 1 節　連立方程式

1 連立方程式とその解

中1／第3章で，**方程式**を学習したね。この章では，新しい形の方程式について学習するよ。以前学習した方程式は，たとえば次の 例1 のような形だったね。

例1　$2x+5=10$

こういう方程式は，**未知数 x の1次式**だから，**1次方程式**（92ページ）というんだったよね。

例1 の式には，文字が1種類（x）しか含まれていないね。このような1次方程式をとくに**1元1次方程式**というんだ。「元」は，文字の種類を表すよ。

じゃあ，次の 例2 のような方程式を，何と呼ぶかわかるかな？

例2　$3x+2y=13$

え〜と，$3x$も$2y$も，文字の1次の項だから，この式は1次式だね。そして，文字はxとyの2種類あるでしょ。文字の種類を「元」というんだから……「2元1次方程式」じゃない？

そのとおり！　2種類の文字を含む1次方程式を，**2元1次方程式**というんだ。ちなみに，例3 のように3種類の文字を含む1次方程式は，**3元1次方程式**と呼ばれるよ。

例3　$2x+3y+z=15$

さて，方程式を成り立たせる未知数の値を，その方程式の**解**というんだったよね（85ページ）。例2 のような2元1次方程式を成り立たせるx，yの値の組 (x, y) を，2元1次方程式の解というよ。

例4　$3x+2y=8$

この2元1次方程式の解には，たとえば次のような値の組があるよ。

$$(x, y)=(-2, 7),\ \left(\frac{7}{3}, \frac{1}{2}\right),\ (2, 1),\ \left(\frac{5}{3}, 1.5\right),\ \cdots\cdots$$

整数だけでなく，分数や小数などの値もある

値の組は無限にある！

1つだけたしかめてみよう。$x=-2$ と $y=7$ を **例4** の左辺に代入すると，

$$3\times(-2)+2\times7=-6+14=8$$

となって，右辺と等しくなるから，たしかに「＝」が成り立つね！　したがって，$(x, y)=(-2, 7)$ という値の組は，**例4** の解だといえるよ。他の値の組でも代入して「＝」が成り立てば，その方程式の解であることがたしかめられるよ！

そして，2元1次方程式の場合，解となる (x, y) の値の組は，無限にあるんだ。$x=-2$ のときは $y=7$ というふうに，一方の文字の値を決めれば，もう一方の文字の値もただ1つに決まるけれど，「＝」を成り立たせる (x, y) の値の組は，いくらでも見つけられるんだよ。

もう1つ，次のような2元1次方程式も見てみよう。

例5　$x+y=5$

この方程式の解も，**例4** と同じく，無限にあるよ。

$$(x, y)=(-2, 7),\ (1, 4),\ \left(\frac{5}{2}, \frac{5}{2}\right),\ (7, -2),\ \cdots\cdots$$

では，**例4** の方程式と **例5** の方程式を，次のように組にしてみよう。

例6　$\begin{cases} 3x+2y=8 \\ x+y=5 \end{cases}$ ……(＊)

このように，2つ以上の方程式を組にした(連立した)ものを，**連立方程式**（れんりつほうていしき）というよ。

ところで，**例4** の解と，**例5** の解のどちらにも，

$$(x, y)=(-2, 7)$$

という値の組が出てきていることに気づいていたかな？　$(x, y)=(-2, 7)$ は，方程式 $3x+2y=8$ の解でもあり，方程式 $x+y=5$ の解でもあるんだね。つまり，$(x, y)=(-2, 7)$ という値の組は，(＊)のどちらの方程式も成り立たせるわけだ。このように，連立方程式として組になったどの方程式も成り立たせる文字の値の組を，連立方程式の解というよ。$(x, y)=(-2, 7)$ は，連立方程式(＊)の解なんだ。

例題 1

下の(ア)〜(ウ)のうち，次の連立方程式の解であるものはどれか。

$$\begin{cases} x+2y=4 & \cdots\cdots① \\ 2x+3y=7 & \cdots\cdots② \end{cases}$$

(ア) $(x, y)=(4, 0)$　(イ) $(x, y)=(2, 1)$　(ウ) $(x, y)=(-1, 3)$

解答と解説

解であるかどうかをたしかめるには，代入して，「＝」が成り立つかどうかを調べる！

(ア) $(x, y)=(4, 0)$ を，

①の左辺に代入すると，$x+2y=4+2\times0=4$

②の左辺に代入すると，$2x+3y=2\times4+3\times0=8\neq7$

したがって，$(x, y)=(4, 0)$ は①の解であるが，②の解ではない。

(イ) $(x, y)=(2, 1)$ を，

①の左辺に代入すると，$x+2y=2+2\times1=4$

②の左辺に代入すると，$2x+3y=2\times2+3\times1=7$

したがって，$(x, y)=(2, 1)$ は①の解でもあり，②の解でもある。

(ウ) $(x, y)=(-1, 3)$ を，

①の左辺に代入すると，$x+2y=(-1)+2\times3=5\neq4$

②の左辺に代入すると，$2x+3y=2\times(-1)+3\times3=7$

したがって，$(x, y)=(-1, 3)$ は②の解であるが，①の解ではない。

以上より，この連立方程式の解であるものは，(イ) 答

この **例題 1** では，「与えられた値の組が，連立方程式の解であるかどうか」をたしかめたけれど，じつは連立方程式そのものを変形していって，解を求めることもできるんだ。連立方程式の解を求めることを，「連立方程式を解く」というよ。2 と 3 で，連立方程式の解き方を学習していこう！

ポイント　連立方程式とその解

1. **連立方程式**：2つ以上の方程式を組にしたもの。
2. **連立方程式の解**：連立方程式を成り立たせる文字の値の組。
3. **連立方程式を解く**：連立方程式の解を求めること。

2 加減法による連立方程式の解き方

連立方程式の解き方には，「加減法（かげんほう）」と「代入法（だいにゅうほう）」の2通りがあるんだ。まずは「加減法」から学習しよう。

次のような，2つの等式を考えるよ。

$$\begin{cases} A=B & \cdots\cdots① \\ C=D & \cdots\cdots② \end{cases}$$

等式①について，両辺に同じ数 C をたしても，「＝」は成り立つね。

$$A+C=B+C \quad \cdots\cdots①'$$

ここで，②より，①′ の右辺にある C は，D と等しいよね。だから，①′ の右辺の C を D に変えても，やっぱり「＝」は成り立つね。

$$A+C=B+D$$

これってつまり，①・②のように2つの等式があるとき，左辺どうしをたしたものと，右辺どうしをたしたものは等しくなるということだね！

$$\begin{cases} A=B \\ C=D \end{cases} \Rightarrow \underset{\text{左辺どうしたしたもの}}{A+C}=\underset{\text{右辺どうしたしたもの}}{B+D}$$

同様に，2つの等式があるとき，左辺どうしを引き算したものと，右辺どうしを引き算したものは等しくなるよ！

$$\begin{cases} A=B \\ C=D \end{cases} \Rightarrow \underset{\text{左辺どうしの引き算}}{A-C}=\underset{\text{右辺どうしの引き算}}{B-D}$$

この性質は，連立方程式を解くときに利用できるよ。

例

$$\begin{cases} 5x+2y=13 & \cdots\cdots① \\ 3x+2y=3 & \cdots\cdots② \end{cases}$$

①から②をひくと，次のように，文字 y を含む項が消えるね！

$$\begin{array}{rr} & 5x+2y=13 \\ -) & 3x+2y=3 \\ \hline & 2x \quad\quad =10 \end{array}$$

$$\begin{array}{rr} & A=B \\ -) & C=D \\ \hline & A-C=B-D \end{array}$$

$$(5x+2y)-(3x+2y)=13-3$$

この「$2x=10$」というのは，文字を1種類（xのみ）しか含まない方程式だね。これなら解けるよね！　両辺を2でわって，

$$x=5$$

これを①に代入すると，

$$5\times5+2y=13$$

$$25+2y=13$$

$$2y = -12$$
$$y = -6$$

②に代入しても，
$3 \times 5 + 2y = 3$
$2y = 3 - 15$
$y = -6$
と，結果は同じになるよ！

こうして，

$$(x,\ y) = (5,\ -6)$$

という値の組が出てきたね。これが連立方程式の解なんだ。たしかめてごらん。

$x=5$，$y=-6$ を，①の左辺に代入すると，
$$5x + 2y = 5 \times 5 + 2 \times (-6) = 25 - 12 = 13$$
$x=5$，$y=-6$ を，②の左辺に代入すると，
$$3x + 6y = 3 \times 5 + 2 \times (-6) = 15 - 12 = 3$$
たしかに①・②ともに，「＝」が成り立つね！

解が出たところで，この**例**でやったことを確認すると，①から②をひくことで，**2**つの文字x，yについての連立方程式から，yを含まない方程式をつくったよね。このように，ある文字を含まない方程式をつくることを，「その文字を**消去**（しょうきょ）する」というよ。そして，

連立方程式を解くには，まずは1つの文字を消去して，1つの文字だけの方程式（1元1次方程式）をつくればよい

といえるんだ。1元1次方程式であれば解けるよね。このように，「自分が知っている形」にするにはどうすればよいかを考えることが大切だよ。

この**例**では，連立方程式を引き算することで解を求めたけれど，別のパターンもあるよ。

パターン1　2つの式をそのままたして解く

$$\begin{cases} 4x + 5y = 13 & \cdots\cdots① \\ -4x + 7y = -1 & \cdots\cdots② \end{cases}$$

①＋②を計算すると，

$$\begin{array}{rr} & 4x + 5y = 13 \\ +) & -4x + 7y = -1 \\ \hline & 12y = 12 \end{array}$$
$$y = 1$$

$$\begin{array}{rr} & A = B \\ +) & C = D \\ \hline & A + C = B + D \end{array}$$
$$(4x + 5y) + (-4x + 7y) = 13 + (-1)$$

さっきの**例**ではまずyを消去してxの値を先に求めたけれど，このようにyの値から求めてもいいんだよ！

このように，①と②をたせばxを含む項が消えてくれて（xを消去できて），

中学1年　中学2年　中学3年

yだけの1元1次方程式になり，yの値を出すことができるね。

あとは，この$y=1$を①に代入して，

$$4x+5\times1=13$$
$$4x=8$$
$$x=2$$

②に代入しても結果は同じになるよ！

以上より，この連立方程式の解は，$(x,\ y)=(2,\ 1)$

パターン2 一方の式の両辺を何倍かして解く

$$\begin{cases} 3x+2y=10 & \cdots\cdots① \\ 2x-y=2 & \cdots\cdots② \end{cases}$$

この連立方程式から，1つの文字を消去するには，どうすればいいかな？

このままだと，たしてもひいても，xもyも消去できないね。たすかひくかしたとき，どちらかの文字が消えるような形をつくりたいね。

たとえば，②の両辺を2倍（②×2）してみよう。

$$4x-2y=4 \quad \cdots\cdots②'$$

左辺だけ2倍して，
$4x-2y=2$
としないように気をつけよう！

これなら，①とたしたとき，yを含む項が消えてくれるね。つまり，

どちらかの文字について，係数の絶対値を等しくしてから，たしたりひいたりすると，文字を消去できる

ということなんだ！

①＋②′を計算すると，

$$\begin{array}{rr} & 3x+2y=10 \\ +) & 4x-2y=4 \\ \hline & 7x \qquad =14 \end{array}$$
$$x=2$$

xを消去してもいいんだけれど，xの係数の絶対値をそろえるには，次の**例題2**でやるように，3と2の最小公倍数である6にそろえなければならないんだ。この問題では，yを消去したほうが楽だよ♪

$x=2$を②に代入すると，

$$2\times2-y=2$$
$$y=2$$

①や②′に代入してもいいけれど，yの値を求めるには，②に代入するのが楽だよ♪

以上より，この連立方程式の解は，$(x,\ y)=(2,\ 2)$

このように，1つの文字の係数の絶対値を等しくしたうえで，2式をたしたりひいたりして，1つの文字を消去して解く方法を，**加減法**というよ！

例題 2

次の連立方程式を加減法で解け。

$$\begin{cases} 2x+3y=4 & \cdots\cdots ① \\ 3x-5y=-13 & \cdots\cdots ② \end{cases}$$

考え方

一方の式だけ整数倍しても，1つの文字を消去できないね。このようなときは，それぞれの式について，両辺を何倍かして，係数の絶対値をそろえるんだ。

①と②で，xの係数の絶対値をそろえることを考えよう。①のxの係数は2，②のxの係数は3だから，この2と3の**最小公倍数**である6にそろえるといいんだ。xの係数を6にそろえるには，①を3倍，②を2倍すればいいね！

解答と解説

①×3－②×2

$$\begin{array}{r} 6x+9y=12 \\ -)\ 6x-10y=-26 \\ \hline 19y=38 \\ y=2 \end{array}$$

$(6x+9y)-(6x-10y)=12-(-26)$

この解答ではxを消去したけれど，yの係数の絶対値をそろえて，yを消去してもいいよ。その場合は，3と5の最小公倍数で，15にそろえることになるね（①×5＋②×3）

$y=2$ を①に代入して，

$$2x+3\times2=4$$
$$2x=4-6$$
$$2x=-2$$
$$x=-1$$

以上より，この連立方程式の解は，$(x, y)=(-1, 2)$ 答

ポイント **連立方程式の解き方❶——加減法**

加減法：1つの文字の係数の絶対値を等しくしたうえで，2つの式をたしたりひいたりすることで1つの文字を消去して，連立方程式を解く方法。

3 代入法による連立方程式の解き方

連立方程式の解き方は，加減法だけじゃないんだ。もう1つの解き方をやってみるよ。

例
$$\begin{cases} y = 2x - 5 & \cdots\cdots① \\ 3x + 2y = 4 & \cdots\cdots② \end{cases}$$

①より，$y = 2x - 5$ だから，②の式の中にあるyに，$2x - 5$ を代入すると，

$$3x + 2(2x - 5) = 4$$

yの文字が消去された！

$$3x + 4x - 10 = 4$$
$$7x = 14$$
$$x = 2$$

この $x = 2$ を①に代入して，

②に代入しても同じ結果になるけれど，yの値を求めるには，①に代入するほうが簡単だよ

$$y = 2 \times 2 - 5 = -1$$

以上より，この連立方程式の解は，$(x, y) = (2, -1)$

このように，一方の式から，1つの文字を別の文字の式で表し，それをもう一方の式に代入して解く方法を，**代入法**というんだ。

どういうときに加減法を使うとよくて，どういうときに代入法を使うといいの？

いい質問だね！

代入法を使うと便利な場合

❶ 片方の式が「$x =$」や「$y =$」の形で与えられているとき。
❷ xかyの係数が，1または-1のとき。
❸ $2x = y - 16$，$2x - 5y = -40$ のように，片方の文字を含む項（係数を含む）が両方の式で等しいとき。

こういった場合以外は，基本的に加減法が便利だと思うよ！

例題 3

次の連立方程式を代入法で解け。

(1) $\begin{cases} y = x + 3 & \cdots\cdots① \\ y = 2x + 5 & \cdots\cdots② \end{cases}$　(2) $\begin{cases} 2x = y - 8 & \cdots\cdots③ \\ 2x - 5y = 20 & \cdots\cdots④ \end{cases}$

解答と解説

(1) ①を②に代入すると,

$$x + 3 = 2x + 5$$

← yを消去した！

$$-x = 2$$

← xを含む項を左辺に，数だけの項を右辺に

$$x = -2$$

これを①に代入して,

$$y = -2 + 3 = 1$$

以上より，この連立方程式の解は，$(x, y) = (-2, 1)$ 答

(2) ③を④に代入すると,

$$(y - 8) - 5y = 20$$

← 「$2x$」のところに，「$y-8$」を入れて，xを消去！

$$-4y = 28$$

$$y = -7$$

これを③に代入して,

$$2x = (-7) - 8$$

$$x = -\frac{15}{2}$$

以上より，この連立方程式の解は，$(x, y) = \left(-\frac{15}{2},\ -7\right)$ 答

連立方程式は，加減法にせよ代入法にせよ,「1文字を消去すること」が大切なんだね！「どうすれば簡単に1文字を消去できるか」を考えて解けばいいんだ♪

そうなんだ。計算の問題だけれど，きちんと頭を使って,「どうやったら簡単に解けるか」を考えることは，とても大切だよ！

ポイント　連立方程式の解き方❷——代入法

代入法：代入によって1つの文字を消去して連立方程式を解く方法。

第2節 いろいろな連立方程式

1 (　　　)のある連立方程式

この節では，いろいろなタイプの**連立方程式**を解くコツを身につけよう！

例 $\begin{cases} 2x-3(x-y)=19 & \cdots\cdots① \\ 4x+3y=-1 & \cdots\cdots② \end{cases}$

このように(　　　)のある連立方程式は，(　　　)をはずして，簡単な形に変形してから解けばいいんだ。①を変形しよう。

$$2x-3x+3y=19$$
$$-x+3y=19 \quad \cdots\cdots①'$$

②−①′より，

$$\begin{array}{rl} & 4x+3y=-1 \\ -) & -x+3y=19 \\ \hline & 5x \qquad =-20 \end{array}$$
$$x=-4$$

これを①′に代入して，

$$-(-4)+3y=19$$
$$3y=15$$
$$y=5$$

以上より，この連立方程式の解は，$(x, y)=(-4, 5)$ 答

例題 1

次の連立方程式を解け。

$$3(y-x)+4x=2 \quad \cdots\cdots①$$
$$5y-3(x+y)=5 \quad \cdots\cdots②$$

解答と解説

①より，

$$3y-3x+4x=2$$
$$x+3y=2 \quad \cdots\cdots①'$$

(　　　)をはずして整理する

②より，

$$5y-3x-3y=5$$
$$-3x+2y=5 \quad \cdots\cdots ②'$$

（　　）をはずして整理する

①$'\times 3+$②$'$ より，

$$\begin{array}{rl} & 3x+9y=6 \\ +) & -3x+2y=5 \\ \hline & 11y=11 \\ & y=1 \end{array}$$

x の係数の絶対値を 3 でそろえた

これを①$'$ に代入して，

$$x+3\times 1=2$$
$$x=-1$$

以上より，この連立方程式の解は，$(x, y)=(-1, 1)$ 答

ポイント　**（　　）のある連立方程式**

（　　）のある連立方程式は，（　　）をはずして，簡単な形に変形する。

2　係数に小数・分数を含む連立方程式

例 1
$$\begin{cases} \dfrac{1}{3}x+\dfrac{1}{4}y=2 & \cdots\cdots ① \\ 2x+y=6 & \cdots\cdots ② \end{cases}$$

このように，**係数**に分数を含む**連立方程式**は，両辺に分母の最小公倍数をかけて，分母をはらってから解くといいよ！

①の分母をはらうには，分母3と4の最小公倍数，12を両辺にかければいいね。①の両辺に12をかけて，

$$4x+3y=24 \quad \cdots\cdots ①'$$

$$\left(\frac{1}{3}x+\frac{1}{4}y\right)\times 12=2\times 12$$

①$'-$②$\times 2$ より，

$$\begin{array}{rl} & 4x+3y=24 \\ -) & 4x+2y=12 \\ \hline & y=12 \end{array}$$

ここではxを消去したけれど，yを消去してもいいよ！　②$\times 3-$①$'$ で，

$$\begin{array}{rl} & 6x+3y=18 \\ -) & 4x+3y=24 \\ \hline & 2x=-6 \\ & x=-3 \end{array}$$

これを②に代入して，

$$2x+12=6$$
$$2x=-6$$

$x = -3$

以上より，この連立方程式の解は，$(x, y) = (-3, 12)$ 答

例2 $\begin{cases} 1.3x - y = 0.9 & \cdots\cdots① \\ 0.03x - 0.1y = 0.19 & \cdots\cdots② \end{cases}$

このような小数を含む連立方程式は両辺に10，100，……などをかけて，係数を整数にしてから解くといいよ。

①は，10倍すれば係数が整数になるから，両辺を10倍して，

$13x - 10y = 9$ ……①′ ← $(1.3x - y) \times 10 = 0.9 \times 10$

②は，100倍すれば係数が整数になるから，両辺を100倍して，

$3x - 10y = 19$ ……②′ ← $(0.03x - 0.1y) \times 100 = 0.19 \times 100$

①′－②′より，

$$\begin{array}{rrl} & 13x - 10y &= 9 \\ -) & 3x - 10y &= 19 \\ \hline & 10x &= -10 \\ & x &= -1 \end{array}$$

← yの係数がそろうね！

これを②′に代入して，

$$3 \times (-1) - 10y = 19$$
$$-10y = 22$$
$$y = -\frac{11}{5}$$

以上より，この連立方程式の解は，$(x, y) = \left(-1, -\dfrac{11}{5}\right)$ 答

例題2

次の連立方程式を解け。

(1) $\begin{cases} \dfrac{x - 10y}{4} + \dfrac{x + 4y}{3} = 7 & \cdots\cdots① \\ x - y = 4 & \cdots\cdots② \end{cases}$

(2) $\begin{cases} 0.5x + 1.2y = 3.2 & \cdots\cdots③ \\ 0.06x + 0.15y = 0.3 & \cdots\cdots④ \end{cases}$

解答と解説

(1) ①×12 より，

$\left(\frac{x-10y}{4}+\frac{x+4y}{3}\right)\times 12=7\times 12$

$3(x-10y)+4(x+4y)=7\times 12$

$3x-30y+4x+16y=84$

$7x-14y=84$

$x-2y=12$ ……①′

整理したら，両辺を7でわれたよ！

②−①′ より，

$$\begin{array}{rl} & x-y=4 \\ -) & x-2y=12 \\ \hline & y=-8 \end{array}$$

これを②に代入して，

$x-(-8)=4$

$x=-4$

以上より，この連立方程式の解は，$(x, y)=(-4, -8)$ 答

(2) ③×10 より，

$5x+12y=32$ ……③′

係数を整数にするよ！

④×100 より，

$6x+15y=30$

$2x+5y=10$ ……④′

係数の絶対値を小さくするために，両辺を3でわったよ

④′×5−③′×2 より，

$$\begin{array}{rl} & 10x+25y=50 \\ -) & 10x+24y=64 \\ \hline & y=-14 \end{array}$$

これを④′に代入して，

$2x+5\times(-14)=10$

$2x=10+70$

$x=40$

以上より，この連立方程式の解は，$(x, y)=(40, -14)$ 答

ポイント　係数に分数・小数を含む連立方程式

❶ 係数に分数を含む連立方程式 ➡ 両辺に分母の最小公倍数をかける。

❷ 係数に小数を含む連立方程式 ➡ 両辺に10，100，……などをかける。

中学1年　中学2年　中学3年

3 $A = B = C$ の形の連立方程式

例 連立方程式 $5x - 4 = 6x - 2y = 7x - 8$ を解け。

このように,「$A = B = C$」の形の**連立方程式**は,

$\begin{cases} A = B \\ A = C \end{cases}$ または $\begin{cases} A = B \\ B = C \end{cases}$ または $\begin{cases} A = C \\ B = C \end{cases}$

のうちのどれかの組をつくって解けばいいんだよ。左端とまん中, 左端と右端の式に注目すると,

$$\begin{cases} 5x - 4 = 6x - 2y & \cdots\cdots① \\ 5x - 4 = 7x - 8 & \cdots\cdots② \end{cases}$$

②を整理して, ← ②には y の文字が入っていないから, すぐに x の値を求められるね!

$-2x = -4$

$x = 2$

これを①に代入して,

$5 \times 2 - 4 = 6 \times 2 - 2y$

$6 = 12 - 2y$

$2y = 6$

$y = 3$

以上より, 求める連立方程式の解は, $(x, y) = (2, 3)$ **答**

どうして「$5x - 4 = 6x - 2y$」と「$5x - 4 = 7x - 8$」を連立させたの? 「$5x - 4 = 6x - 2y$」と「$6x - 2y = 7x - 8$」じゃダメ?

もちろんいいよ! でも,「$5x - 4 = 7x - 8$」には y の文字が含まれていないから, x の値を簡単に求められて, より楽に計算できると考えたんだ。

例題 3

次の連立方程式を解け。

$2x + 3y = 6x + 5y = 12$

解答と解説

$$\begin{cases} 2x+3y=12 & \cdots\cdots① \\ 6x+5y=12 & \cdots\cdots② \end{cases}$$

左端の式と右端の式に注目した

まん中の式と右端の式に注目した

左端の式とまん中の式に注目すると,
$2x+3y=6x+5y$
$-4x-2y=0$
$2x+y=0$ ……③
この③と,①または②を連立してもいいね！

①×3－②より,

$$\begin{array}{rr} & 6x+9y=36 \\ -) & 6x+5y=12 \\ \hline & 4y=24 \\ & y=6 \end{array}$$

これを①に代入して,

$$2x+3\times6=12$$
$$2x=-6$$
$$x=-3$$

以上より，この連立方程式の解は，$(x, y)=(-3, 6)$ 答

ポイント **$A=B=C$の形の連立方程式**

$A=B=C$ の形をした連立方程式は,

$\begin{cases} A=B \\ A=C \end{cases}$ または $\begin{cases} A=B \\ B=C \end{cases}$ または $\begin{cases} A=C \\ B=C \end{cases}$

のうちのどれかの組をつくって解く。

4 連立方程式の解がわかっている場合の解き方

例 x, y についての，次のような連立方程式がある。

$$\begin{cases} ax+y=5 & \cdots\cdots① \\ 3x+by=9 & \cdots\cdots② \end{cases}$$

この連立方程式の解が，$x=2$，$y=1$ であるとき，a，bの値を求めよ。

この問題の場合，**連立方程式の解**がわかっているんだよね。解とは，方程式に代入したとき,「＝」が成り立つ値のことだよね。だからその値を，①・②の方程式それぞれに代入してみよう！

まずは①に，$x=2$，$y=1$ を代入すると,

$$a\times2+1=5$$
$$2a=4$$
$$a=2$$

次に②に，$x=2$，$y=1$ を代入すると，

$$3\times2+b\times1=9$$
$$b=3$$

以上より，$a=2$，$b=3$ 答

このように，連立方程式の解がわかっていて，係数を求めなければならないときは，わかっている解を方程式に代入するといいんだ。

例題 4

x, y についての，次のような連立方程式がある。

$$\begin{cases} ax-by=7 & \cdots\cdots① \\ bx-ay=5 & \cdots\cdots② \end{cases}$$

この連立方程式の解が，$(x, y)=(2, -1)$ であるとき，a，b の値を求めよ。

解答と解説

$x=2$，$y=-1$ を①に代入すると，

$$a\times2-b\times(-1)=7$$
$$2a+b=7 \quad \cdots\cdots①'$$

解を代入して a，b の式をつくる

$x=2$，$y=-1$ を②に代入すると，

$$b\times2-a\times(-1)=5$$
$$a+2b=5 \quad \cdots\cdots②'$$

解を代入して a，b の式をつくる

①′×2－②′ より，

$$\begin{array}{rrl} & 4a+2b & =14 \\ -) & a+2b & =5 \\ \hline & 3a \quad & =9 \end{array}$$
$$a=3$$

b の係数をそろえる

これを①′に代入して，

$$2\times3+b=7$$
$$b=1$$

以上より，$a=3$，$b=1$ 答

ポイント　連立方程式の解がわかっている場合の解き方

連立方程式の解がわかっているときは，その解を方程式に代入する。

第 3 節　連立方程式の利用

1　連立方程式の文章題

この節では，**連立方程式**を利用して文章題を解いていくよ。連立方程式を使う文章題は，次の手順で解くといいんだ。

step 1：未知数の設定

求める数量，またはそれに関係する数量を x，y とおく。

step 2：等しい数量関係を見つける

問題文をよく読み，等しい（2通りに表すことができる）数量を見つける。

step 3：連立方程式を立てる

2通りに表した等しい数量を，「＝」でつなぐ。

step 4：連立方程式を解く

第1・2節で学習したように方程式を解く。

step 5：解を検討する

方程式を解いて得られた解が，問題の条件に適しているかどうかを調べる（解の吟味）。

step 6：答えをかく

まずは次の**例**を通して，解き方を具体的に見ていこう。整数についての問題だよ。

例　大小2つの数がある。大きい数から小さい数の3倍をひくと7になる。また，大きい数の2倍と小さい数の3倍の和は－4になる。この2つの数を求めよ。

step 1：未知数の設定　大きい数を x，小さい数を y とおく。

step 2：等しい数量関係を見つける

①　「(大きい数) － (小さい数) ×3」と「7」が等しい。

②　「(大きい数) ×2 ＋ (小さい数) ×3」と「－4」が等しい。

step 3：連立方程式を立てる

$$\begin{cases} x-3y=7 & \cdots\cdots① \\ 2x+3y=-4 & \cdots\cdots② \end{cases}$$

step 4：連立方程式を解く

①＋②より，

$$\begin{array}{rl} x-3y &= 7 \\ +)\ 2x+3y &= -4 \\ \hline 3x \quad\quad &= 3 \\ x &= 1 \end{array}$$

これを②に代入して，

$$2\times1+3y=-4$$
$$y=-2$$

yを消去するよ！

大きい数を x，小さい数を y とおいたんだよね！

step 5：解を検討する

x，y は整数で，$x=1$ のほうが $y=-2$ より大きいので，これは問題の条件に適する。

step 6：答えをかく

以上より，大きい数は 1，小さい数は -2 答

ポイント　連立方程式の文章題

求めるものを x，y とおき，等しい数量を見つけて，連立方程式を立てる。

2 代金に関する問題

例題 1

ノート2冊と鉛筆3本の代金の合計は340円であり，ノート3冊の代金と鉛筆4本の代金は同じであった。このノート1冊，鉛筆1本の値段をそれぞれ求めよ。

解答と解説

step 1：未知数の設定

ノート1冊の値段を x 円，鉛筆1本の値段を y 円とおく。

step 2：等しい数量関係を見つける

ノート2冊の代金 $2x$ 円と，鉛筆3本の代金 $3y$ 円の合計は340円であるから，

$$2x+3y=340 \quad \cdots\cdots①$$

ノート3冊の代金 $3x$ 円と，鉛筆4本の代金 $4y$ 円は同じであるから，

$$3x=4y$$

step 3：連立方程式を立てる

$$3x-4y=0 \quad \cdots\cdots②$$

①×3－②×2

$$
\begin{array}{rr}
 & 6x+9y=1020 \\
-) & 6x-8y=0 \\
\hline
 & 17y=1020 \\
 & y=60
\end{array}
$$

step 4：連立方程式を解く
xの係数をそろえて消去するよ！

これを②に代入して，

$3x-4\times60=0$

$3x=240$

$x=80$

以上より，$x=80$，$y=60$

これらの値は，問題に合っている。

step 5：解を検討する
それぞれ正の整数で，ノートや鉛筆の値段としておかしくないね

したがって， ノート1冊80円，鉛筆1本60円 答

step 6：答えをかく

ポイント 代金に関する問題

求めるもの（値段など）を x，y とおき，等しい数量（代金など）を見つけ，連立方程式を立てる。

中学1年 中学2年 中学3年

3 速さに関する問題

例 題 2

A地点からB地点を通ってC地点まで行く道のりは9kmである。A地点からB地点までは時速6kmで走り，B地点からC地点までは時速4kmで歩いたところ，2時間かかった。

A地点からB地点まで，B地点からC地点までの道のりをそれぞれ求めよ。

解答と解説

A地点からB地点までの道のりを x km，B地点からC地点までの道のりを y kmとおく。

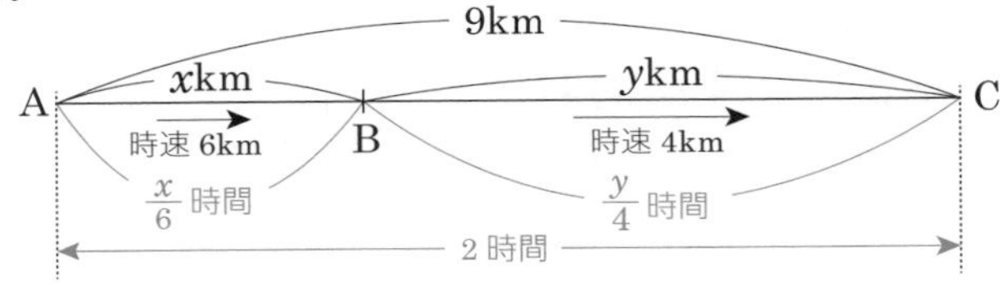

A地点からC地点までの道のりは9kmであるから，

$x+y=9$ ……①

A地点からC地点まで進むのに2時間かかったから，

$$\frac{x}{6}+\frac{y}{4}=2$$

A地点からB地点までの x kmを時速6kmで走るのにかかった時間

B地点からC地点までの y kmを時速4kmで歩くのにかかった時間

両辺に12をかけて，

6と4の最小公倍数をかけて分母をはらうよ！

$2x+3y=24$ ……②

①より，$y=9-x$ ……①′

これを②に代入して，

y そのものを x で表すことができたから，ここでは代入法で連立方程式を解いてみるよ。もちろん，加減法で解いてもいいよ！

$2x+3(9-x)=24$

$2x+27-3x=24$

$2x-3x=24-27$

$-x=-3$

$x=3$

これを①′に代入して，

$y=9-3=6$

以上より，$x=3$，$y=6$

これは問題に合っている。

ともに正の数だから，道のりとしておかしくはないね！

したがって，

A地点からB地点までの道のりは3km 答

B地点からC地点までの道のりは6km 答

問題が複雑になってきたら，図を利用して状況を整理するなどの工夫が大切だね！

ポイント　速さに関する問題

「(時間)＝(道のり)÷(速さ)」などを利用して，連立方程式を立てる。

4　増減の割合に関する問題

今度は，増減の**割合**に関する問題を解いてみよう。

たとえば，もともと200人の生徒がいたとして，生徒の数が5%増えたとしたら，増えたあとの人数は，次のように計算できるよね！

$$\underset{\text{もとの人数}}{200}+\boxed{200\times\frac{5}{100}}=200+10=210\ (\text{人})$$

増加する5%分の人数

同じことを，文字を使って一般的に考えてみよう。もとの人数をx人，増えた割合をa%とすると，「x人からa%増加」したときの人数は，

$$\underset{\text{もとの人数}}{x}+\boxed{x\times\frac{a}{100}}=\left(1+\frac{a}{100}\right)x\ (\text{人})$$

増加するa%分の人数

となるね！　「x人からb%減少」した人数は，

$$\underset{\text{もとの人数}}{x}-\boxed{x\times\frac{b}{100}}=\left(1-\frac{b}{100}\right)x\ (\text{人})$$

減少するb%分の人数

ここではもとの人数をx人とおいたね！

となるよ。増減の問題は，増減する前の「もとになる数量」を文字でおくと，式を立てやすいよ。

例題 3

ある中学校で，図書館の利用者数を調査した。1月は男女合わせて650人だったが，2月は1月にくらべて男子が2%減り，女子が7%増えたので，全体としては14人増えた。2月の利用者数は男子と女子それぞれ何人かを求めよ。

考え方

「2月の利用者」の数を求める問題だから，男子と女子それぞれの2月の利用者数を文字でおきたくなるところだけれど，今回のような場合は，そうすると少し考えにくくなってしまうよ。

問題文には，「2月は1月にくらべてどうなっているか」がかいてあるね。だから，増減する前の「もとになる数量」は，1月の利用者数だね！　それを文字でおくよ。

解答と解説

1月の男子の利用者数をx人，女子の利用者数をy人とする。

	男子	女子	合計
1月	x人	y人	650人
増減	$-\frac{2}{100}x$ (人)	$+\frac{7}{100}y$ (人)	＋14人
2月	$\frac{98}{100}x$ (人)	$\frac{107}{100}y$ (人)	664人

1月の利用者数についての関係から,

$$x+y=650 \quad \cdots\cdots ①$$

2月の利用者数についての関係から,

$$\frac{98}{100}x+\frac{107}{100}y=664 \quad \cdots\cdots ②$$

②×100 より, ← 分母をはらうよ!

$$98x+107y=66400 \quad \cdots\cdots ②'$$

②′−①×98 より, ← xの係数をそろえてxを消去

$$\begin{array}{rr} & 98x+107y=66400 \\ -) & 98x+\ \ 98y=63700 \\ \hline & 9y=2700 \\ & y=300 \end{array}$$

これを①に代入して,

$$x+300=650$$

$$x=350$$

以上より, $x=350$, $y=300$

これは問題に合っている。 ← 正の整数だから,「人数」としておかしくないね! でも, ここで終わってはいけないよ。これは「1月の利用者」の数だから, これをもとに「2月の利用者」の数を求めるよ!

したがって,

2月の男子の利用者数は, $350\times\frac{98}{100}=343$ (人) 答

2月の女子の利用者数は, $300\times\frac{107}{100}=321$ (人) 答

②の式が複雑だった! もう少し簡単にできる方法はないの?

この解答は, 表の1行目の「1月(の利用者数)」と, 3行目の「2月(の利用者数)」に注目して連立方程式を立てたよね。でも, 表の1行目の「1月(の利用者数)」と, 2行目の「増減」に着目して連立方程式を立てる方法もあるんだ。

別 解

1月の男子の利用者数をx人, 女子の利用者数をy人とする。

	男子	女子	合計
1月	x人	y人	650人
増減	$-\frac{2}{100}x$（人）	$+\frac{7}{100}y$（人）	＋14人
2月	$\frac{98}{100}x$（人）	$\frac{107}{100}y$（人）	664人

1月の利用者数についての関係から，

$$x+y=650 \quad \cdots\cdots①$$

増減についての関係から，

$$-\frac{2}{100}x+\frac{7}{100}y=14 \quad \cdots\cdots③$$

③×100より，

$$-2x+7y=1400 \quad \cdots\cdots③'$$

①×2＋③′より，

$$\begin{array}{rr} & 2x+2y=1300 \\ +) & -2x+7y=1400 \\ \hline & 9y=2700 \\ & y=300 \end{array}$$

これを①に代入して，

$$x+300=650$$

$$x=350$$

このあとは同じだね！　こっちのほうが計算がラク♪

ポイント　**増減の割合に関する問題**

増減のもととなるものを文字でおき，

$$x\text{から}a\%\text{増加} \Rightarrow x+x\times\frac{a}{100}=\left(1+\frac{a}{100}\right)x$$

などを利用して連立方程式を立てる。

中学1年　中学2年　中学3年

第1節　1次関数

1　1次関数

中1／第4章／第1節で，**関数**を学習したね。2つの**変数**xとyがあって，xの値を決めると，それに対応するyの値がただ1つに決まるとき，「yはxの関数である」というんだったね（119ページ）。この章では，「1次関数」というタイプの関数を学習するよ！

yがxの関数であり，yがxの1次式で，

$$y = ax + b \quad (a,\ b\text{は定数，}a \neq 0)$$

- ax：xに比例する部分
- b：定数（xを含まない）

（aが0だと，$y=b$の形になってしまい，xの1次式ではなくなってしまうね！）

という形に表されるとき，yはxの**1次関数**であるというんだ。

この形，何かに似ているような……そうだ，

$y = ax$　（ただし，aは0でない定数）

っていう，**比例**（124ページ）の形に似ているんだ！

よく気づいたね！　1次関数は，比例の$y=ax$に，xを含まないbという項がたされた形になっているね。

じつは，1次関数の$y=ax+b$で，とくに$b=0$のとき，比例の式$y=ax$になるんだ。中1／第4章で学習した比例は，1次関数の中の特別な場合なんだよ。つまり比例は，1次関数の一種なんだ。

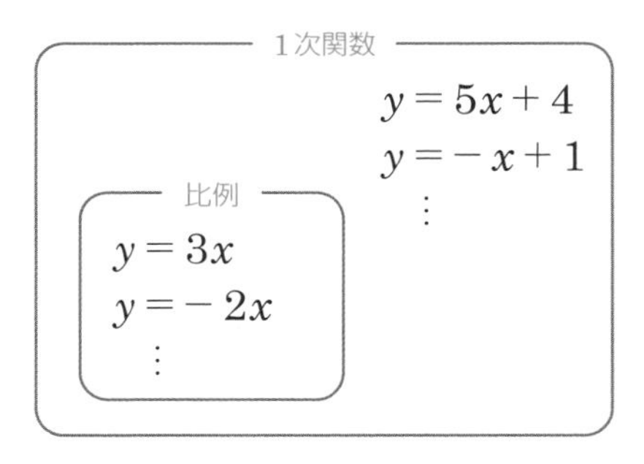

変形すると，$y=ax+b$　（a，bは定数，$a \neq 0$）になるものは，すべて1次関数だよ。

例1　$3x+2y=5$

この式が，1次関数であるかどうかたしかめてみよう。「$y=$」の形に変形していくよ！　左辺はyを含む項だけにして，

$$2y = -3x + 5$$
$$y = -\frac{3}{2}x + \frac{5}{2}$$
両辺を 2 でわる

これは，$y = ax + b$ (a，b は定数，$a \neq 0$) の形だね $\left(a = -\frac{3}{2}，b = \frac{5}{2}\right)$。
したがって，y は x の１次関数だよ。

逆に，次の **例２**・**例３** のような場合は，$y = ax + b$　(a，b は定数，$a \neq 0$) の形ではないから，y は x の１次関数ではないね。

例２　$y = 2x^2 + 3$ ← 右辺が x の１次式ではない（２次式）

例３　$y = \frac{5}{x} - 4$ ← 右辺が x の１次式ではない（分母に x がある）

「y が x の１次関数であるかどうか」は，x と y の関係式を立てて，「y = ●」の形に変形すればわかるんだね♪

例題 1

次の㋐～㋒の中で，y が x の１次関数であるものはどれか。
㋐　底辺が x cm，高さが 12cm である三角形の面積が y cm²
㋑　縦が x cm，横が y cm である長方形の面積が 8cm²
㋒　水温が現在 15℃で，毎分 5℃ずつ上昇したときの x 分後の水温が y ℃

解答と解説

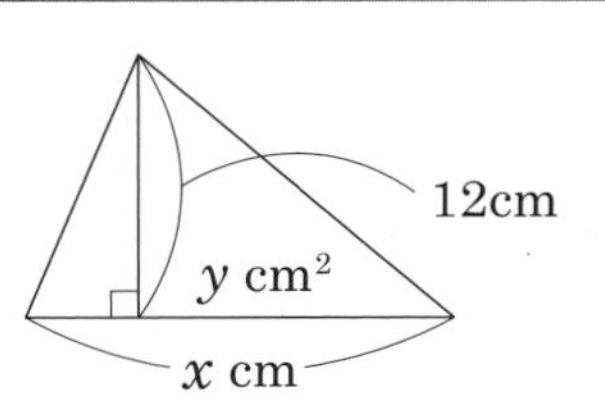

㋐について，

（三角形の面積）＝（底辺）×（高さ）×$\frac{1}{2}$

であるから，

$$y = x \times 12 \times \frac{1}{2}$$
$$y = 6x$$

これは１次関数である。

$y = 6x$ は比例の形であり，$y = 6x + 0$ だから，１次関数でもあるね。比例はすべて１次関数だよ！

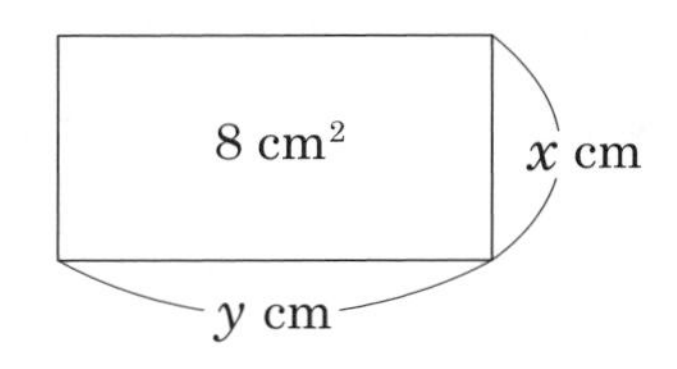

㋑について，

（長方形の面積）＝（縦）×（横）

であるから,

$$8 = x \times y$$

$$y = \frac{8}{x}$$

「y＝●」の形をつくるため，左辺と右辺を入れかえ，両辺をxでわる

これは1次関数ではない。

(ウ)について，水温は，

（水温）＝（初めの水温）＋（1分間に上昇する温度）×（経過時間）

と表すことができるので，

$$y = 15 + 5 \times x$$

$$y = 5x + 15$$

現在（最初）15℃で，1分間に5℃ずつ熱くなっていくのが，x分間続くんだよね。この関係に気づくかどうかがポイントだよ！

これは1次関数である。

以上より，yがxの1次関数であるものは，(ア)・(ウ) 答

ちなみに(イ)は，**反比例**の形だよね（137ページ）！　反比例は，$y = ax + b$（a，bは定数，$a \neq 0$）の形ではないから，1次関数ではないよ。

ポイント　1次関数

yがxの関数であり，yがxの1次式 $y = ax + b$ （a，bは定数，$a \neq 0$）の形で表されるとき，yはxの**1次関数**である。

2　1次関数の変化の割合

今，次の2つの**1次関数**，

$$y = 2x + 1,\ y = 5x - 3$$

について，「xの値が1だけ変化するとき，yの値がどのように変化するか」を調べてみるよ。それぞれについて，xが1のときのyの値と，xが2のときのyの値をくらべよう。

まず，$y = 2x + 1$ については，

$x = 1$ のとき，$y = 2 \times 1 + 1 = 3$

$x = 2$ のとき，$y = 2 \times 2 + 1 = 5$

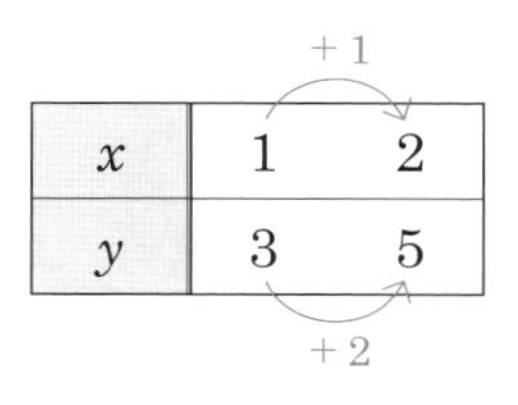

x	1	2
y	3	5

となるね。つまり，xが1から2まで増加するとき，yがどれだけ変化するかというと，

$$5 - 3 = 2$$

次に，$y = 5x - 3$ については，

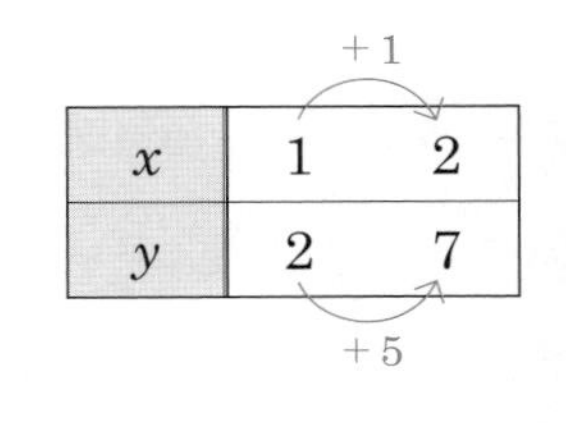

x	1	2
y	2	7

$x=1$ のとき，$y=5\times1-3=2$

$x=2$ のとき，$y=5\times2-3=7$

となるね。つまり，xが1から2まで増加するとき，yがどれだけ変化するかというと，

$7-2=5$

あとでふれるけれど，x の値がどこからどこまで変化する場合でも，x の値が 1 増加するときの y の変化する量は同じになるよ。

まとめると，

$y=2x+1$ では，xが1増加するとき，yは2増加する。

$y=5x-3$ では，xが1増加するとき，yは5増加する。

したがって，この2つの関数をくらべると，xが1だけ増加するときのyの**増加量**（どれだけ増加するか）は，$y=5x-3$ のほうが大きいことがわかるね。

だから，「$y=5x-3$ のほうが，$y=2x+1$ よりも，yの変化のしかたが大きい」といえるね！

この変化の具合を表す，「xが1増加するときのyの増加量」のことを，**変化の割合**というよ！

> **変化の割合**：xが1増加するときのyの増加量。

たとえば，xが1から4まで増加するとき，yが4から16まで増加するような関数があるとしよう。

x	1 $\longrightarrow$ 4
y	4 $\longrightarrow$ 16

この関数について，まずはxの増加量とyの増加量を求めてみよう。増加量（どれだけ増加するか）は，次の式で求められるよ！

（増加量）＝（変化したあとの値）－（変化する前の値）

この関数だと，

xの増加量は，$4-1=3$

yの増加量は，$16-4=12$

つまり，「xが3増加するとき，yは12増加している」ということだね。x が 1 増加するときの y の増加量（変化の割合）は，12 を3等分すれば求めることができるね。

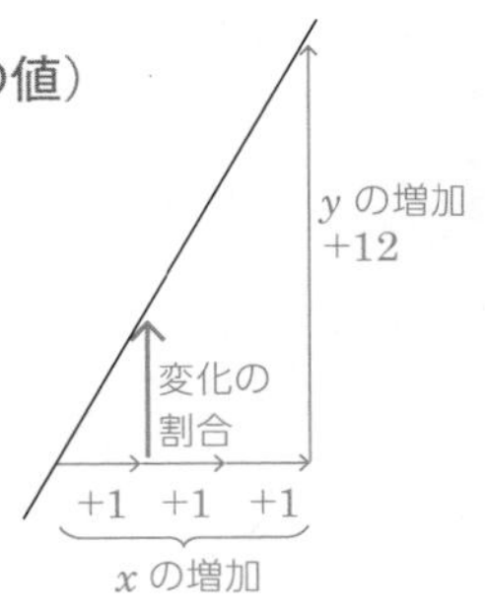

したがって，変化の割合は，

$$\frac{12}{3}=4$$

これって結局，yの増加量を，xの増加量でわった値だよね！　つまり，変化の割合は，次の式で求めることができるんだ。

$$(\text{変化の割合})=\frac{(y\text{の増加量})}{(x\text{の増加量})}$$

例　**xが5増加するとき，yが15増加する場合の変化の割合は，**

$$(\text{変化の割合})=\frac{15}{5}=3$$

← xが1増加するときのyの増加量

次に，1次関数の変化の割合について，もう少し見ていこう！

1次関数 $y=2x+3$ について，

① xが1から2まで増加したとき

② xが1から3まで増加したとき

③ xが1から4まで増加したとき

の変化の割合はどうなるかな？

①について，

x	1 → 2
y	5 → 7

$x=1$ のとき，$y=2\times1+3=5$

$x=2$ のとき，$y=2\times2+3=7$

$$(\text{変化の割合})=\frac{(y\text{の増加量})}{(x\text{の増加量})}=\frac{7-5}{2-1}=\frac{2}{1}=2$$

②について，

x	1 → 3
y	5 → 9

$x=3$ のとき，$y=2\times3+3=9$

$$(\text{変化の割合})=\frac{(y\text{の増加量})}{(x\text{の増加量})}=\frac{9-5}{3-1}=\frac{4}{2}=2$$

③について，

x	1 → 4
y	5 → 11

$x=4$ のとき，$y=2\times4+3=11$

$$(\text{変化の割合})=\frac{(y\text{の増加量})}{(x\text{の増加量})}=\frac{11-5}{4-1}=\frac{6}{3}=2$$

変化の割合が，全部同じ値になってるね。しかも，よく見たら，変化の割合の「2」は，1次関数の式のxの係数と同じ値だよ。偶然なの？

じつは偶然じゃないんだ！　1次関数の変化の割合は，どんな区間でも同じであり，その値は，xの係数と等しくなるんだよ。

1次関数 $y=ax+b$ の変化の割合は一定であり，その値はa

このことを，一般的に説明（証明）しておこう！

一般的な説明には，具体的な数値の代わりに，文字を使えばいいんだよね！　ここでは，1次関数を $y=ax+b$ と表して，xの値がpからqまで変化する場合を考えるよ。

$x=p$ のとき，$y=ap+b$

$x=q$ のとき，$y=aq+b$

x	$p \longrightarrow q$
y	$ap+b \longrightarrow aq+b$

このときの変化の割合は，

$$(\text{変化の割合})=\frac{(aq+b)-(ap+b)}{q-p}$$

（分子：yの増加量，分母：xの増加量）

$$=\frac{aq+b-ap-b}{q-p}$$

$$=\frac{aq-ap}{q-p}$$

分配法則を利用して，共通するaをくくり出す

$$=\frac{a(q-p)}{q-p}$$

$q-p$で約分できる！

$$=a$$

変化の割合を計算していくと，xの係数を表すaだけになったね。

このことは，「xの値がどこからどこまで変化するかに関係なく，1次関数の変化の割合はつねに，xの係数と同じ値である」ということを意味しているよ！　これで，一般的に説明できたね。

例題 2

1次関数 $y=3x+2$ について，次の問いに答えよ。

(1) xの値が3から5まで増加するとき，yの増加量を求めよ。

(2) xの増加量が1のとき，yの増加量を求めよ。

(3) 変化の割合を求めよ。

解答と解説

x	3	5
y	11	17

yの増加量

(1) $y=3x+2$ について，

$x=3$ のとき，$y=3\times3+2=11$

$x=5$ のとき，$y=3\times5+2=17$

したがって，求めるyの増加量は，

$17-11=6$ 答

（増加量）＝（変化後の値）－（変化前の値）

(2) $x=1,\ 2,\ 3,\ \cdots\cdots$を，それぞれ $y=3x+2$ に代入してyの値を求めると，右の表のようになる。

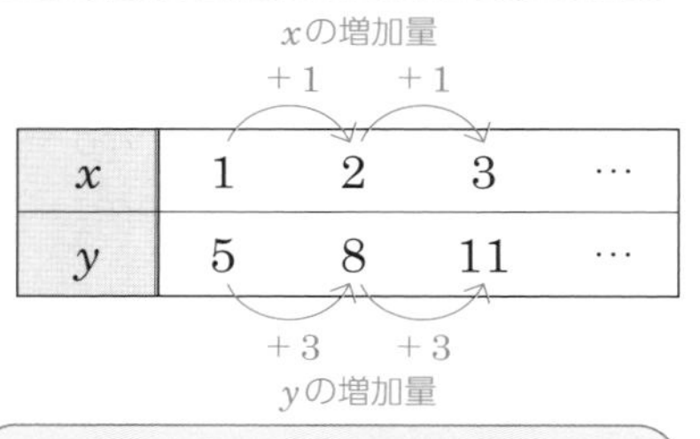

x	1	2	3	…
y	5	8	11	…

xの値が1増加すると，yの値は3増加している。

したがって，求めるyの増加量は，

3 答

(3) 求める変化の割合は，xが1増加するときのyの増加量なので，3 答

これが変化の割合の意味（定義）だから，(2)の答えと同じになるね！

別解

$$（変化の割合）=\frac{（y\text{の増加量}）}{（x\text{の増加量}）}=\frac{3}{1}=3$$ 答

ポイント 1次関数の変化の割合

1次関数 $y=ax+b$ において，

（変化の割合）＝（xが1増加するときのyの増加量）

$$=\frac{（y\text{の増加量}）}{（x\text{の増加量}）}$$

$=a$ （xの係数）

第 2 節　1次関数のグラフ

1 比例のグラフと1次関数のグラフ

中1／第4章で，比例や反比例の式を**グラフ**で表すことを学習したね。ある式のグラフとは，式に代入したときに「＝」が成り立つ (x, y) の組の集まりを，座標平面上に，目に見える形で表したものだったね。

1次関数も，グラフで表すことができるよ。

例　$y=2x+3$ のグラフ

1次関数 $y=2x+3$ のグラフを，比例 $y=2x$ のグラフをもとにして考えてみよう。

次の表からわかるように，x のどの値についても，それに対応する $2x+3$ の値は，$2x$ の値より 3 だけ大きいね。

x	…	-3	-2	-1	0	1	2	3	…
$y=2x$	…	-6	-4	-2	0	2	4	6	…
$y=2x+3$	…	-3	-1	1	3	5	7	9	…

だから，$y=2x+3$ のグラフ上の各点は，$y=2x$ のグラフ上の各点を，上に 3 だけ平行移動したものになるんだよ。

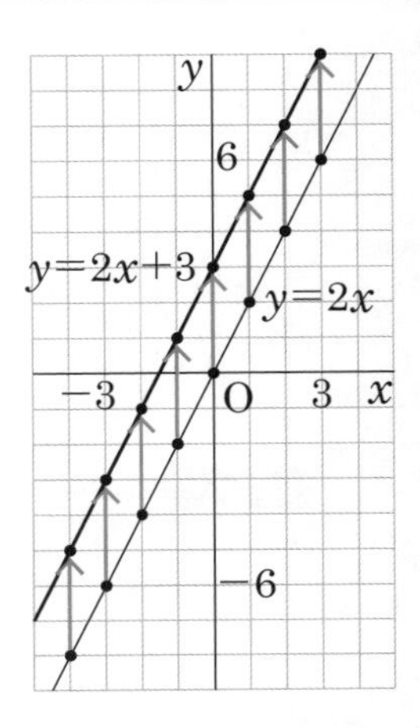

1次関数のグラフは，比例のグラフをもとにして考えるんだね♪

そう。今までの知識をどう活用するのかを考えるのが大切なんだ。

例題 1

次の2つの1次関数①・②について，(1)~(4)の問いに答えよ。

$y=3x$ ……①，$y=3x+2$……②

(1) 右の対応表を完成せよ。

(2) (1)の対応表から，同じxの値に対応する①・②のyの値にどんな関係があるといえるか。

x	-2	-1	0	1	2
①のy					
②のy					

(3) ②のグラフは①のグラフをどのように平行移動したものか。

(4) ①のグラフをもとにして，②のグラフをかけ。

解答と解説

(1)

x	-2	-1	0	1	2
①のy	-6	-3	0	3	6
②のy	-4	-1	2	5	8

答

(2) (1)の表より，②のyの値は，①のyの値より2大きい。 答

(3) (1)・(2)から，②のグラフは，①のグラフを，

y軸の正の方向に2だけ平行移動したもの。 答

(4)

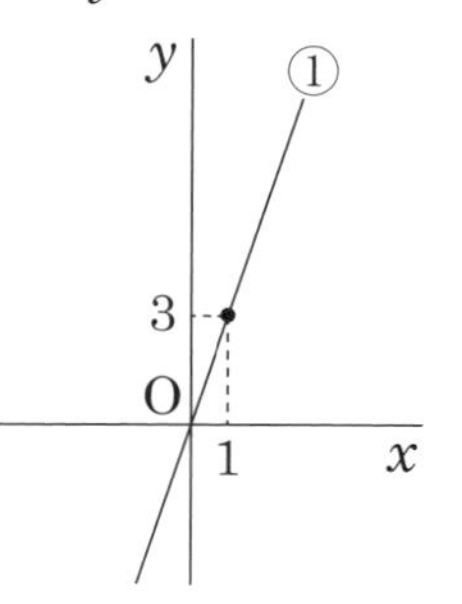

step 1 まずは①(比例)のグラフをかく

step 2 ①のグラフ上のいくつかの点から，上に2だけ平行移動した点をとる

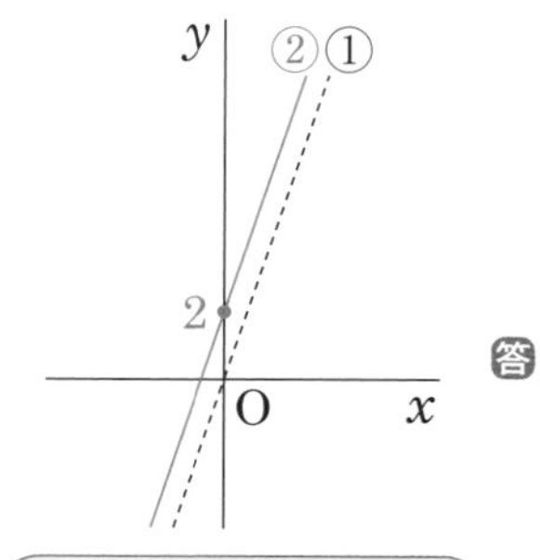

答

step 3 step 2でとった点を直線で結ぶ

ポイント 比例のグラフと1次関数のグラフ

1次関数 $y=ax+b$ のグラフは，$y=ax$ のグラフを，y軸の正の方向にbだけ平行移動した直線である。

2 直線の傾きと切片

1次関数 $y=ax+b$ のグラフを，**直線 $y=ax+b$** と呼ぶよ。そして，

> 直線 $y=ax+b$ において，
> **aを傾き（かたむ）**，**bを切片（せっぺん）**
> という。

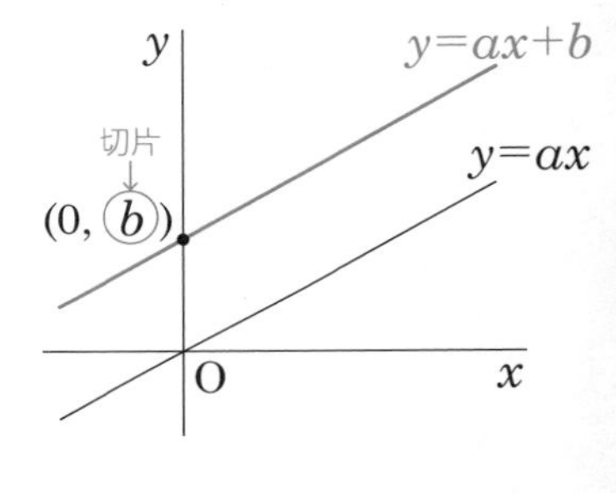

bのほうから説明するよ。$y=ax+b$ の式に，$x=0$ を代入してみると，

$$y=a\times0+b$$
$$=b$$

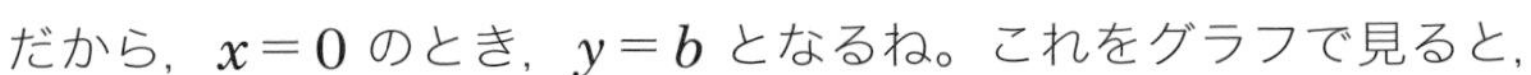

だから，$x=0$ のとき，$y=b$ となるね。これをグラフで見ると，

　　直線 $y=ax+b$ が，点$(0, b)$ を通っている

ということを意味しているね。点$(0, b)$ は，右上の図のように，直線 $y=ax+b$ とy軸との交点になっているよね。この交点のy座標を表すbの値は，**切片**と呼ばれるんだ。

次に，aのほうを説明するよ。この章の第1節の **2** で，

　　1次関数 $y=ax+b$ のaは，**変化の割合**である

ということを学習したよね。そして，

　　変化の割合とは，xが1増加するときのyの**増加量**

だったね。そのことは，グラフ上で何を意味するかな？

たとえば次の図のように，$y=2x+1$ と $y=3x+1$ の2つのグラフを見てみよう。どっちのほうが傾いているかな？

$y=3x+1$ のほうが，直線が垂直に近くて，急な傾きになっている（傾き具合が大きい）ね。

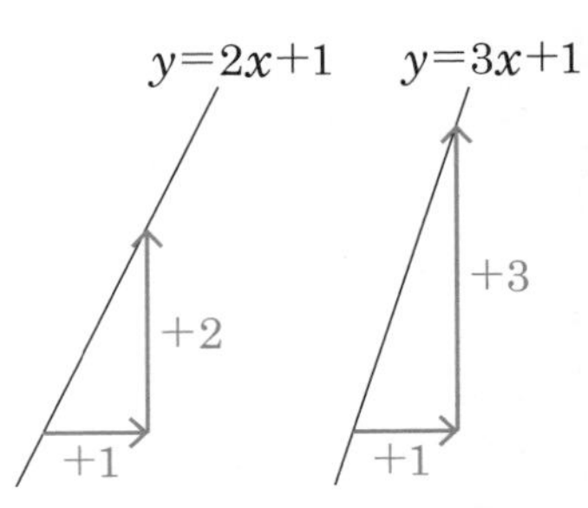

そうだね。この2つをくらべると，

　　x の係数が大きいほうが，傾き具合が大きい

といえるね。このように，1次関数 $y=ax+b$ では，aの値によって，グラフの傾き具合がわかるから，aの値のことを，この直線の**傾き**というんだ。そして，

1次関数において，変化の割合は，つねに傾きに一致する

といえるんだよ。

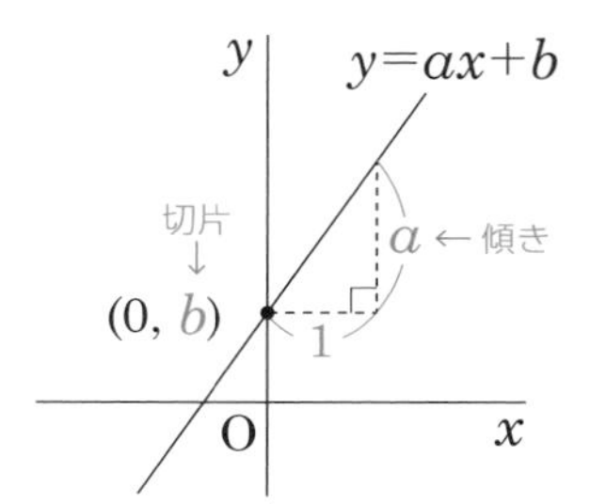

$y=ax+b$ のaとbが，グラフのどの部分を表しているのかがわかると，式とグラフが結びつきやすいね♪

例題 2

次の1次関数の傾きと切片を求めよ。

(1) $y=2x+5$　(2) $y=-\dfrac{3}{2}x+1$

(3) $y=-\dfrac{1}{3}x$　(4) $y=\dfrac{4}{3}x-\dfrac{5}{2}$

解答と解説

(1) 傾きは 2，切片は 5 答　(2) 傾きは $-\dfrac{3}{2}$，切片は 1 答

(3) 傾きは $-\dfrac{1}{3}$，切片は 0 答　(4) 傾きは $\dfrac{4}{3}$，切片は $-\dfrac{5}{2}$ 答

ここで,「傾き」と「変化の割合」のちがいに注意してもらいたいんだ。

傾きとは，直線 $y=ax+b$ の x の係数 a のこと

変化の割合とは，$\dfrac{(y\text{の増加量})}{(x\text{の増加量})}$ のこと

であって，1次関数 $y=ax+b$ においては一致するけれども，本来，ちがう意味のものなんだ。

「傾き」という用語は，1次関数のグラフ（直線）にしか用いないけれども，「変化の割合」は，1次関数にかぎらず，どんな関数においても考えることができる量だよ。

たとえば反比例 $y=\frac{6}{x}$ について，いくつかの (x, y) の値の組を表にして，変化の割合を調べてみよう。

x	1	2	3
y	6	3	2

x が 1 から 2 まで変化するとき，

$$(\text{変化の割合})=\frac{3-6}{2-1}=\frac{-3}{1}=-3$$

x が 2 から 3 まで変化するとき，

$$(\text{変化の割合})=\frac{2-3}{3-2}=\frac{-1}{1}=-1$$

x が 1 から 3 まで変化するとき，

$$(\text{変化の割合})=\frac{2-6}{3-1}=\frac{-4}{2}=-2$$

となり，x がいくつからいくつまで変化するのかによって，変化の割合の値は異なっているね。じつは変化の割合というものは，このように，同じ関数についてであっても，x の値がいくつからいくつまで変化するのかによって，値が異なるのがふつうだよ！

変化の割合に着目すると，「1次関数とは，変化の割合がつねに一定となる関数である」ということもできるんだ。

ポイント　1次関数の傾きと切片

直線 $y=ax+b$ において，

x の係数 a は，　(傾き) $=\frac{(y\text{の増加量})}{(x\text{の増加量})}$

定数項 b は，　(切片) $=$ ($x=0$ のときの y の値)

$=$ (グラフと y 軸との交点の y 座標)

3　1次関数のグラフのかき方

それでは，**1次関数**の**グラフ**のかき方を学習しよう。

直線は，2点で決定するんだったよね（153ページなど）。だから，通る2点を見つけて，その2点を通る直線をひけばいいんだ。

通る点の中で最も見つけやすい点は，y 軸との交点（y 座標が切片）だね。だから，切片が整数の場合と，分数の場合とで次のように分けて考えるよ。

パターン1 切片が整数の場合

➡ y軸との交点と，もう1点をとり，直線で結ぶ。
（y軸との交点以外の1点は，傾きを利用して求めるとよい）

例1 $y=\frac{1}{3}x+1$

step 1 切片が 1 であるから，点(0, 1) をとる。

step 2 傾きが $\frac{1}{3}$ であるから，点(0, 1) から，
x軸方向に 3，y軸方向に 1
だけ進んだ点(3, 2) をとる。

step 3 **step 1**・**step 2**でとった2点を通る直線をひく。

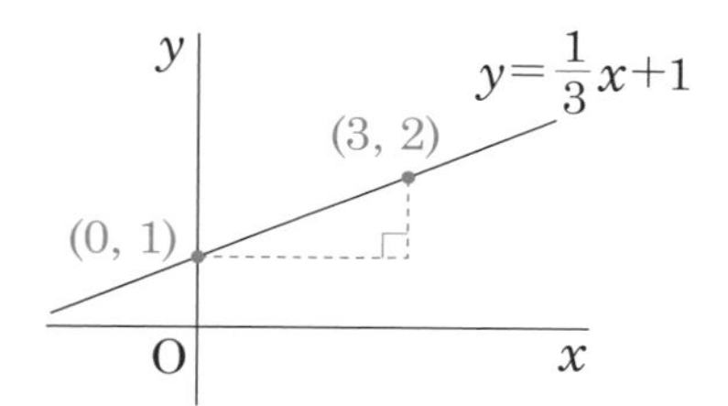

傾きは $\frac{(y\text{の増加量})}{(x\text{の増加量})}$ だから，傾きが $\frac{1}{3}$ ということは，x が3 増加するとき，y は 1 増加する

パターン2 切片が分数の場合

➡ 通る点のうち，x座標，y座標がともに整数である1点を見つけ，もう1点も傾きを利用して見つけ，2点を通る直線をひく。

例2 $y=\frac{2}{3}x+\frac{1}{3}$

$y=\frac{2x+1}{3}$
となるので，$2x+1$ が3の倍数になれば，yは整数になるね！

step 1 $x=1$ のとき，
$$y=\frac{2}{3}\times 1+\frac{1}{3}=1$$
となるので，点(1, 1) をとる。

step 2 傾きが $\frac{2}{3}$ であるから，点(1, 1) から，
x軸方向に 3，y軸方向に 2
だけ進んだ点(4, 3) をとる。

step 3 **step 1**・**step 2**でとった2点を通る直線をひく。

どちらのパターンも，通る１点を見つけて，傾きからもう１点を見つければいいんだね♪

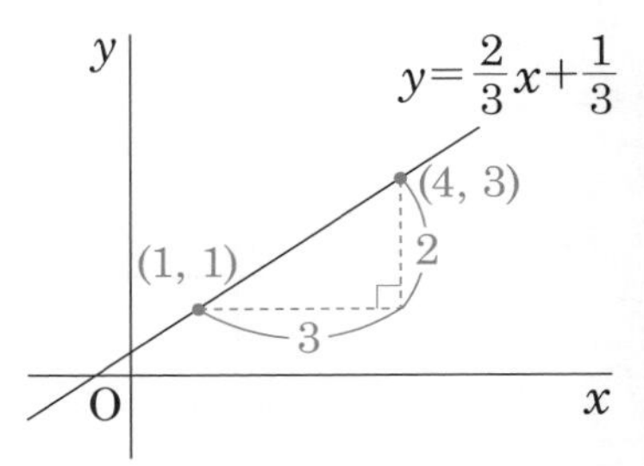

例題 3

次の１次関数のグラフをかけ。

(1) $y=-2x+5$　　(2) $y=\frac{2}{3}x-\frac{1}{3}$

解答と解説

(1) 直線 $y=-2x+5$ は，
切片が５であるから，
点$(0, 5)$を通る。

パターン1 切片が整数の場合

また，傾きが-2であるから，
点$(0, 5)$から，
x軸方向に１
y軸方向に-2
だけ進んだ点$(1, 3)$を通る。
したがって，グラフは右の図のとおり。

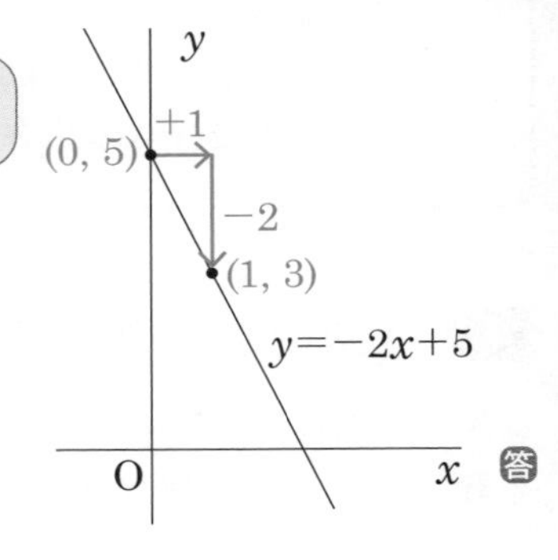

答

(2) $y=\frac{2}{3}x-\frac{1}{3}=\frac{2x-1}{3}$

パターン2 切片が分数の場合

したがって，
$x=-1$ のとき，$y=\frac{2\times(-1)-1}{3}=\frac{-3}{3}=-1$
であるから，直線 $y=\frac{2}{3}x-\frac{1}{3}$ は，点$(-1, -1)$を通る。

また，傾きが $\frac{2}{3}$ であるから，点$(-1, -1)$から，
x軸方向に３，y軸方向に２
だけ進んだ点$(2, 1)$を通る。
したがって，グラフは次ページの図のとおり。

傾きが $\frac{2}{3}$ ということは，xが３増加するとき，yは２増加する

中学1年
中学2年
中学3年

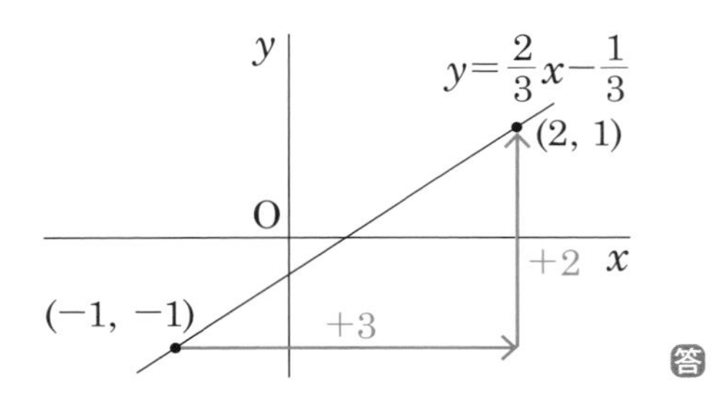

ポイント **1次関数のグラフのかき方**

パターン1 切片が整数の場合

y軸との交点をとり，傾きを利用してもう**1**点をとり，**2**点を通る直線をひく。

パターン2 切片が分数の場合

通る点のうち，x座標，y座標がともに整数である**1**点を見つけ，もう**1**点は傾きを利用して見つけ，**2**点を通る直線をひく。

4 1次関数のグラフと変域

中1／第4章／第1節で学習したけれど，**変数** x，y のとりうる値の範囲を**変域**といい，不等号を用いて表すよ（122ページ）。

例 $y=\frac{1}{2}x+3$ において，xの変域が $2 \leqq x \leqq 6$ であるときのyの変域を求めよ。

xの変域の端の値を，**1次関数**の式に代入して，そのときの y の値を求めよう。

$x=2$ のとき，

$$y=\frac{1}{2}\times 2+3=4$$

$x=6$ のとき，

$$y=\frac{1}{2}\times 6+3=6$$

グラフは右の図のようになるね。

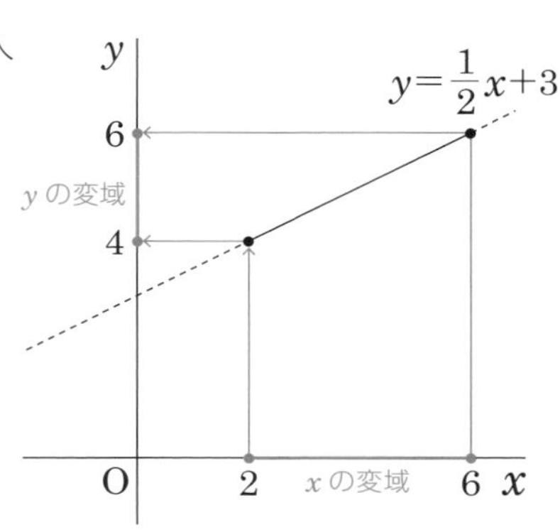

したがって，$2 \leqq x \leqq 6$ のとき，yの変域は，

$4 \leqq y \leqq 6$ 答

例題 4

1次関数 $y = -3x + 2$ で，x の変域が $-2 < x \leqq 3$ のとき，y の変域を求めよ。

考え方

この問題の変域は，「<」と「≦」がまじっていることに注意！

-2は，xの変域には含まれないから，そのときのyの値も，yの変域に含まれないよ。逆に，3は，xの変域に含まれるから，そのときのyの値も，yの変域に含まれるよ！

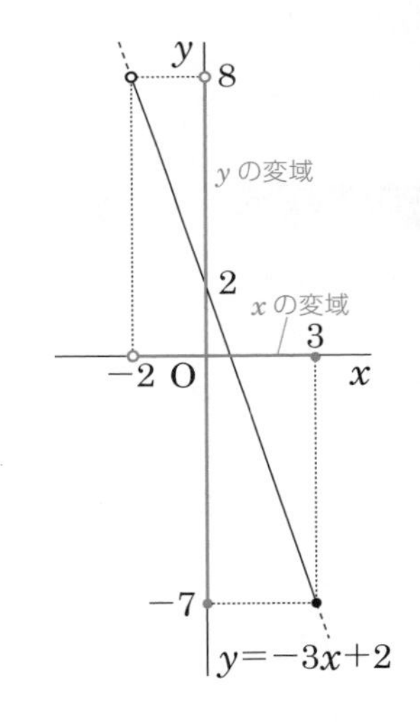

解答と解説

$y = -3x + 2$ に，$x = -2$ を代入すると，

$y = -3 \times (-2) + 2 = 8$

$x = 3$ を代入すると，

$y = -3 \times 3 + 2 = -7$

したがって，右のグラフより，

$-7 \leqq y < 8$ 答

x の変域の端の y の値を求めて，グラフをかけば，yの変域がわかるんだね♪

ポイント　1次関数のグラフと変域

x の変域が与えられたときに，y の変域を求めたい場合は，グラフをかいて求める。

第3節　1次関数の式の求め方

1　グラフから1次関数の式を求める

今度は，**グラフ**が与えられたときに，そのグラフが表す**1次関数**の式を求める方法を学習するよ。

1次関数 $y=ax+b$ のグラフは，**直線**になるね。aはこの直線の**傾き**，bは**切片**を表しているね。そして，傾き(a)と切片(b)が決まったら，「その直線がどんな直線であるのか」は決まるんだ。傾きと切片に着目して，1次関数の式を求めよう！

パターン1　切片が整数の場合

切片が整数なら，グラフとy軸との交点を見れば，切片の値(b)がわかるね。

次に，aを求めるには，切片以外に，x座標，y座標がともに整数である通る点を1点見つけるんだ。そして，y軸との交点とその点に着目して**変化の割合**を求めればいいよ。1次関数は，変化の割合がつねに一定で，傾きと等しい関数だから，

$$a=(\text{変化の割合})=\frac{(y\text{の増加量})}{(x\text{の増加量})}$$

で求めることができるね！

パターン2　切片が整数ではない場合

切片が整数ではなかったら，グラフを見ても，y軸との交点のy座標の値(b)がいくらなのか，読み取れないね。

そういう場合はまず，x座標，y座標がともに整数である通る点を2点見つけて，その2点に着目して変化の割合を求めよう。その変化の割合が，傾きaとなるよ！

そのあとは，求める1次関数の式を $y=ax+b$（この時点でaの値はわかっている）とおいて，そこに，通る1点の座標を代入してbの値を求めるといいよ。

例題 1

右の図の直線(1)・(2)の式を求めよ。

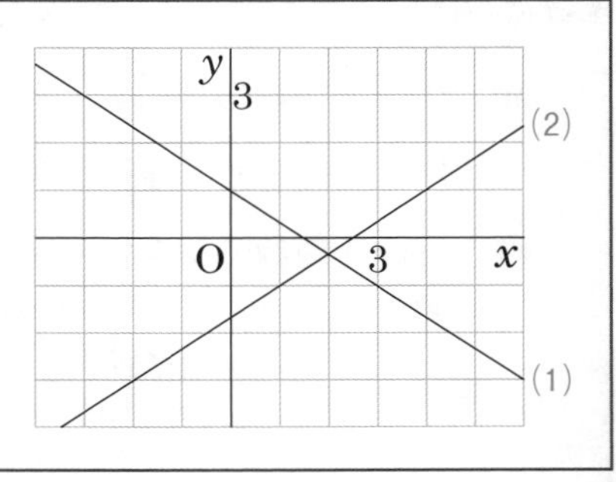

解答と解説

(1)　この1次関数のグラフは，点 $(0,\ 1)$ を通るので，切片は 1 ← グラフでy軸との交点を見る

また，点 $(3,\ -1)$ を通るので，傾きは，

$$\frac{-1-1}{3-0}=-\frac{2}{3}$$

← $(\text{傾き})=(\text{変化の割合})=\dfrac{(y\text{の増加量})}{(x\text{の増加量})}$

したがって，この直線の式は，

$$y=-\frac{2}{3}x+1$$ 答

(0, 1)　(3, −1)

(2)　この1次関数のグラフは，2点 $(-2,\ -3)$ と $(1,\ -1)$ を通っているので，傾きは，

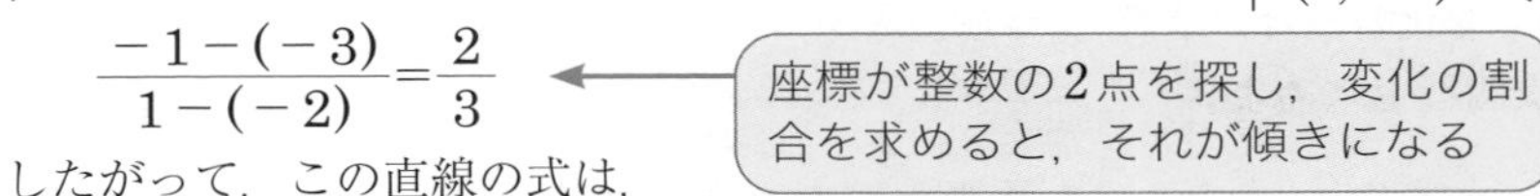

$$\frac{-1-(-3)}{1-(-2)}=\frac{2}{3}$$

したがって，この直線の式は，

$$y=\frac{2}{3}x+b$$ ← $y=ax+b$ の形でおく

とおける。この直線は点 $(1,\ -1)$ を通るので， ← 通る1点の座標を代入

$$-1=\frac{2}{3}\times1+b$$ ← b についての方程式として解く

$$b=-1-\frac{2}{3}$$

$$=-\frac{5}{3}$$

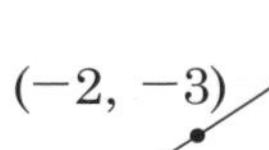

以上より，この直線の式は，

$$y=\frac{2}{3}x-\frac{5}{3}$$ 答

(1, −1)　(−2, −3)

中学1年　中学2年　中学3年

ポイント　グラフから1次関数の式を求める

❶　切片が整数の場合

切片はグラフから求め，傾きは，$\dfrac{(y\text{の増加量})}{(x\text{の増加量})}$ から求める。

❷　切片が整数ではない場合

x座標，y座標がともに整数である通る2点を見つける。

傾き a を，$\dfrac{(y\text{の増加量})}{(x\text{の増加量})}$ から求める。

$y=ax+b$ とおき，通る1点を代入して，b の値を求める。

2　与えられた条件から1次関数の式を求める

ここでは，与えられたいろいろな条件から**1次関数**の式を求めよう。

例1　**傾きが-3で，切片が4である1次関数の式を求めよ。**

1次関数 $y=ax+b$ で，aが傾きで，bが切片だったよね！

だからこの**例1**は，$a=-3$，$b=4$で，求める1次関数の式は，

$y=-3x+4$　答

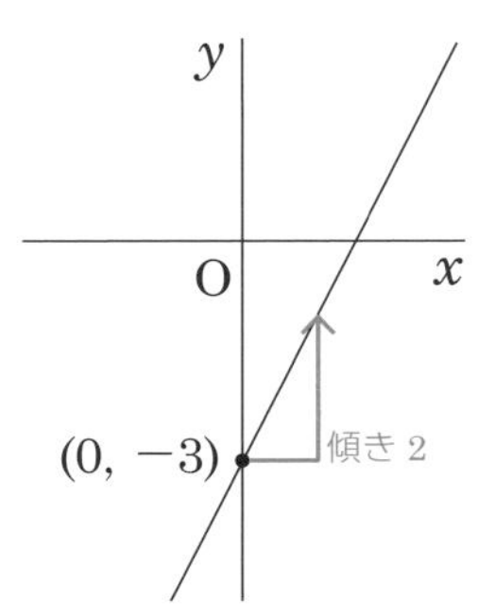

例2　**変化の割合が2で，$x=0$ のとき $y=-3$ である1次関数を求めよ。**

1次関数では，グラフの傾きと変化の割合が一致するんだよね。だから，変化の割合が2なら，傾きは2になるね。

また，$x=0$ のときのyの値が切片だから，$x=0$ のとき $y=-3$ ということは，切片が-3だね。

したがって，求める1次関数の式は，

$y=2x-3$　答

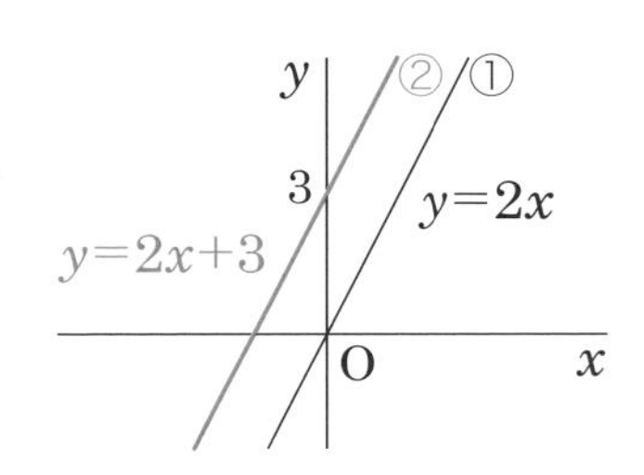

次に，グラフが平行であるということについて考えてみるよ。たとえば右の図のように，

$y=2x$　……①

のグラフと，

$y = 2x + 3$ ……②

のグラフは，平行になることはわかるかな？

①と②の式は，xの係数が等しいね。1次関数においてxの係数は，変化の割合（xが1増加するときのyの増加量）であり，傾きを意味するんだよね。傾きが等しい直線どうしは，当然，平行になるよ。

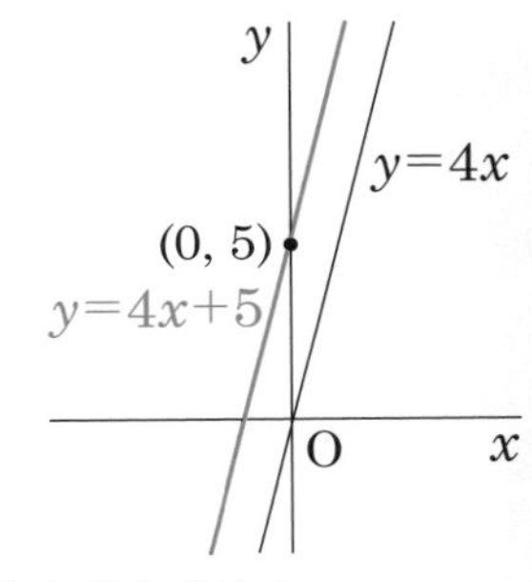

例3　グラフが直線 $y = 4x$ に平行で，点 (0, 5) を通る1次関数の式を求めよ。

グラフが直線 $y = 4x$ に平行だから，傾きは4だ。
また，点 (0, 5) を通るから，切片は 5 だね。
したがって，求める1次関数の式は，

$y = 4x + 5$　答

例4　傾きが −5 で，グラフが点 (2, 4) を通る1次関数の式を求めよ。

ここまでは切片（$x = 0$のときのyの値）が与えられていたけれど，今度は切片がわからないよ〜

まず，傾きが−5だから，求める1次関数の式は，

$y = -5x + b$

とおけるね。このグラフが，点 (2, 4) を通るから，$x = 2$，$y = 4$ を代入すると，

$4 = -5 \times 2 + b$

$b = 4 + 10$

$= 14$

したがって，求める1次関数の式は，

$y = -5x + 14$　答

例5　グラフが2点 (2, −1)，(−1, 11) を通る1次関数の式を求めよ。

まずは，求める1次関数の傾き（変化の割合）は，

$$\frac{(y\text{の増加量})}{(x\text{の増加量})} = \frac{11-(-1)}{-1-2} = -4$$

中学1年　中学2年　中学3年

であるから，求める1次関数の式は，

$$y=-4x+b$$

とおけるね！　あとは，通る点のうちどちらかの座標を代入して，bを求めよう。

点$(2,\ -1)$を通るから，$x=2$，$y=-1$を代入すると，

$$-1=-4\times2+b$$
$$b=7$$

したがって，求める1次関数の式は，

$$y=-4x+7$$ 答

ここで，別の解き方を見てみよう！　それは，**第2章**で学習した**連立方程式**を利用する解き方なんだ。

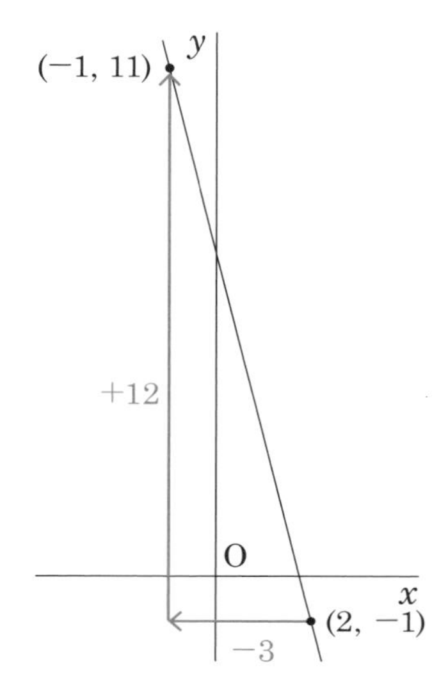

別　解

求める1次関数の式を $y=ax+b$ とおく。 ← まずはこの形でおくよ！

グラフが点 $(2,\ -1)$ を通るから，

$$-1=2a+b \quad \cdots\cdots①$$ ← $x=2$ のとき $y=-1$

また，グラフが点 $(-1,\ 11)$ を通るから，

$$11=-a+b \quad \cdots\cdots②$$ ← $x=-1$ のとき $y=11$

こうしてできた①と②を，次のように連立する。

$$\begin{cases}2a+b=-1 & \cdots\cdots① \\ -a+b=11 & \cdots\cdots②\end{cases}$$ ← 連立方程式だね！

①−② より，

$$3a=-12$$
$$a=-4$$

これを①に代入して， ← a の値が出たから，あとは b の値を出そう！

$$2\times(-4)+b=-1$$
$$b=7$$

したがって，求める1次関数の式は，$y=-4x+7$ 答

①も②も b の係数が 1 になっているのは，通る点の座標を $y=ax+b$ に代入するからだね。b の係数がそろっているから，加減法で計算しやすいね！

例題 2

次の1次関数の式を求めよ。

(1) 変化の割合が-3で，$x=2$ のとき $y=5$ である。

(2) 2点 $(-1,\ -3)$，$(2,\ 3)$ を通る。

解答と解説

(1) 変化の割合が-3であるから，この1次関数の式は，

$$y=-3x+b$$

とおける。この式に $x=2$，$y=5$ を代入すると，

$$5=-3\times2+b$$
$$b=5+6$$
$$=11$$

以上より，求める1次関数の式は，

$$y=-3x+11$$ 答

(2) 求める1次関数の式を $y=ax+b$ とおく。

グラフが2点 $(-1,\ -3)$，$(2,\ 3)$ を通るから，

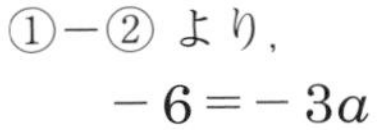

$$\begin{cases} -3=-a+b & \cdots\cdots① \\ 3=2a+b & \cdots\cdots② \end{cases}$$

ここでは連立方程式のやり方で解いてみるよ！

①−② より，

$$-6=-3a$$
$$a=2$$

これを①に代入すると，

$$-3=-2+b$$
$$b=-1$$

以上より，求める1次関数の式は，

$$y=2x-1$$ 答

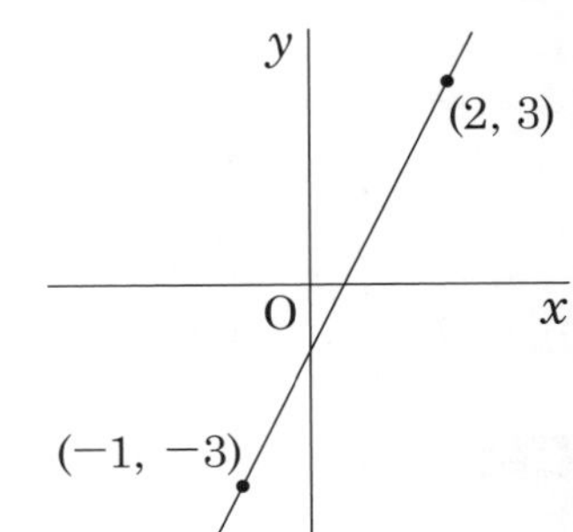

ポイント 与えられた条件から1次関数の式を求める

1次関数の式は $y=ax+b$ と表すことができるので，与えられた条件から，a（傾き），b（切片）の値を求める。

中学1年 中学2年 中学3年

第4節　1次関数と方程式

1　2元1次方程式のグラフ

例1　**2元1次方程式 $x+y=3$ の解の組 (x, y) を，座標平面上の点として取り，つなげてグラフとして表せ。**

グラフをかくため，$x+y=3$ の解 (x, y) をいくつか求めて，表にしよう。

x	$\cdots$	-1	0	1	2	3	4	$\cdots$
y	$\cdots$	4	3	2	1	0	-1	$\cdots$

これらの組 (x, y) を座標平面上の点として取り，つなげると，右の図のような直線になるね。この直線を，**2元1次方程式**（267ページ）$x+y=3$ の**グラフ**というよ。

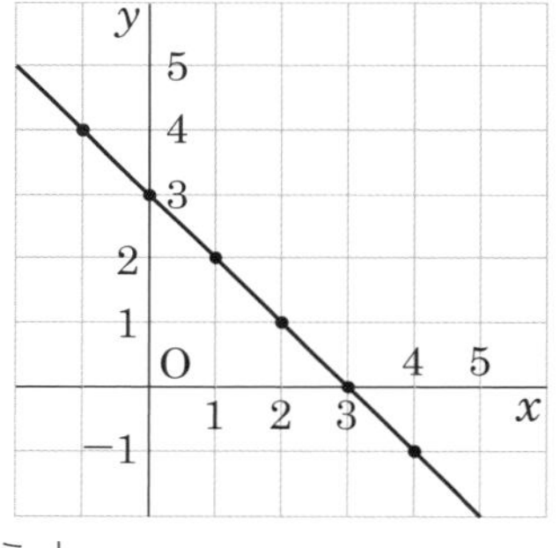

$x+y=3$ は，変形すると $y=-x+3$ となるから，2元1次方程式 $x+y=3$ のグラフは，傾き-1，切片3の直線になるね！

一般に，方程式の**解** (x, y) の集まりを，座標平面上に表したものを，方程式のグラフというよ。

2元1次方程式 $ax+by=c$（$a \neq 0$ または $b \neq 0$）のグラフは，$ax+by=c$ を満たす点 (x, y) の集まりなんだ。

例2　**方程式 $x+2y=6$ のグラフをかけ。**

方程式 $x+2y=6$ をyについて解くと，

$$y=-\frac{1}{2}x+3$$

となるね。これは，傾き$-\frac{1}{2}$，切片3の直線だから，グラフは右の図のようになるね！

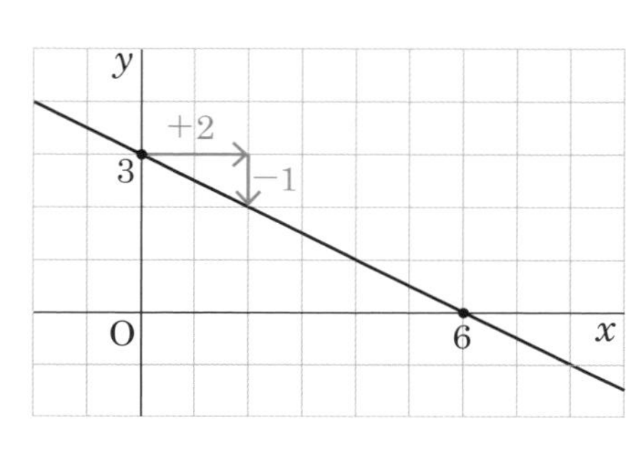

傾きと切片に着目する方法以外にも，グラフのかき方はあるよ。方程式 $x+2y=6$ において，

$x=0$ のとき，$y=3$

$y=0$ のとき，$x=6$

となるから，2点 $(0, 3)$，$(6, 0)$ を通る直線をひけば，方程式 $x+2y=6$ のグラフになるね！　このように，x軸との交点とy軸との交点を求めて，その2点を通る直線をひくという方法でも，グラフをかくことはできるんだ。

次に，2元1次方程式 $ax+by=c$ において，$a=0$ や $b=0$ の場合のグラフについて考えてみよう。

例3　$a=0$，$b=3$，$c=6$ の場合

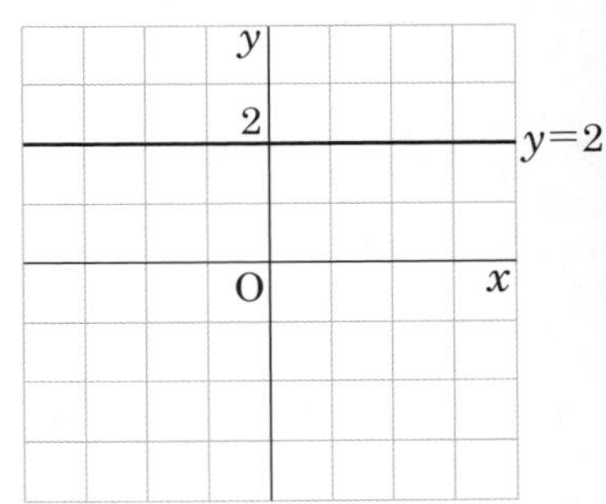

$$0\times x+3y=6$$
$$y=2$$

これは，xがどんな値であっても，yの値はつねに2だということだね。

だから，方程式 $y=2$ のグラフは，点 $(0, 2)$ を通り，x軸に平行な直線だよ。

例4　$a=2$，$b=0$，$c=-6$ の場合

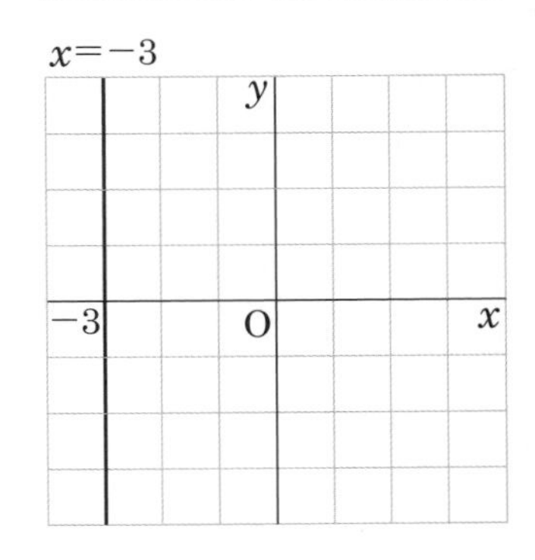

$$2x+0\times y=-6$$
$$x=-3$$

これは，yがどんな値であっても，xの値はつねに-3だということだね。

だから，方程式 $x=-3$ のグラフは，点 $(-3, 0)$ を通り，y 軸に平行な直線だよ。

例題 1

次の方程式のグラフをかけ。

(1)　$3x-2y=6$　　(2)　$\dfrac{x}{5}+\dfrac{y}{4}=1$

(3)　$4y+12=0$　　(4)　$3x-9=0$

解答と解説

(1)　$3x-2y=6$ を y について解くと，

$$y=\frac{3}{2}x-3$$

したがって，求めるグラフは傾き$\frac{3}{2}$，切片-3の直線である。

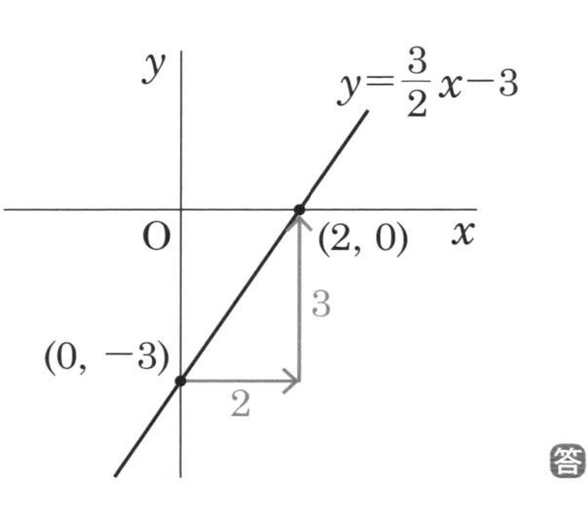

$x=0$，$y=0$ を代入してy軸，x軸との交点を求め，その2点を通る直線をひいてもいいよ！

x軸，y軸との交点を求め，その2点を通る直線をひいてみよう

(2)　$\frac{x}{5}+\frac{y}{4}=1$ において，

$x=0$ のとき，$y=4$

$y=0$ のとき，$x=5$

したがって，求めるグラフは2点 $(0 , 4)$，$(5 , 0)$ を通る直線である。

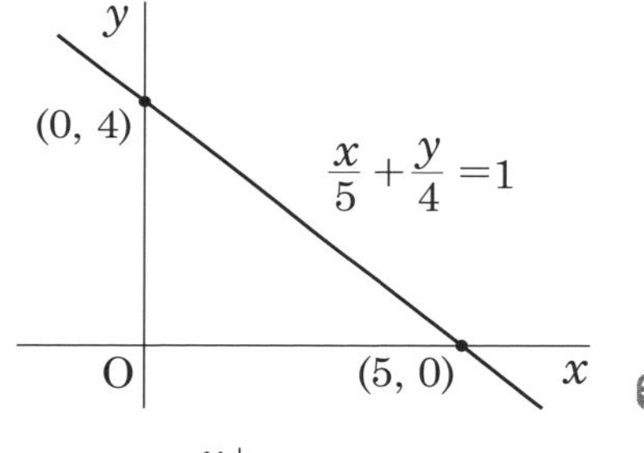

もちろん，「$y=$」の形にして(1)と同じように解いてもいいよ！

(3)　$4y+12=0$

$$4y=-12$$

$$y=-3$$

したがって，求めるグラフは点 $(0, -3)$ を通り，x軸に平行な直線である。

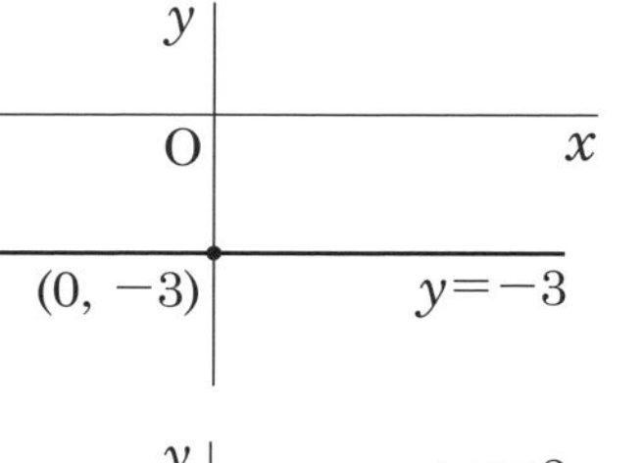

(4)　$3x-9=0$

$$3x=9$$

$$x=3$$

したがって，求めるグラフは点 $(3 , 0)$ を通り，y軸に平行な直線である。

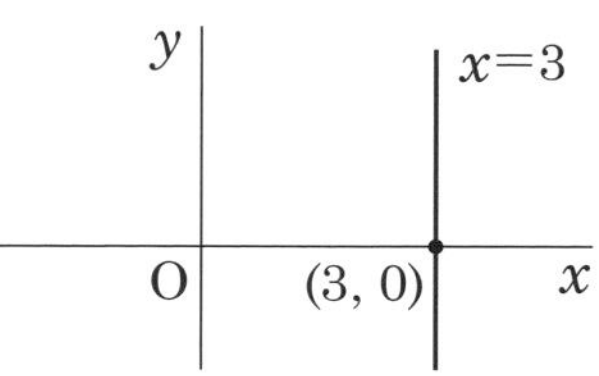

ポイント　**2元1次方程式のグラフ**

2元1次方程式 $ax+by=c$ のグラフは直線であり，

$a=0$ の場合は，x軸に平行な直線

$b=0$ の場合は，y軸に平行な直線

2 連立方程式の解とグラフ

連立方程式の解と，**グラフ**との関係を見ていこう。

次の2つの方程式があるとするよ。

$x+y=5$ ……①

$x-2y=2$ ……②

①の方程式の解は，直線 $x+y=5$ 上の点として表されるね。

$$y=-x+5$$

と変形できるので，傾き-1，切片5の直線だね。これを直線ℓとするよ。

②の方程式の解は，直線 $x-2y=2$ 上の点として表されるね。

$$y=\frac{1}{2}x-1$$

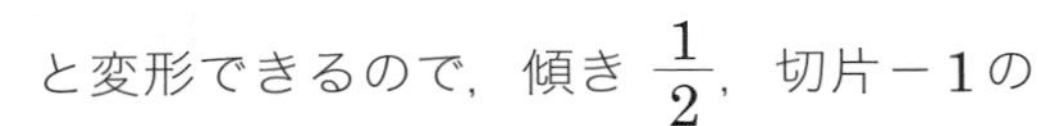

と変形できるので，傾き $\frac{1}{2}$，切片-1の直線だね。これを直線mとするよ。

右の図のように，2直線ℓ，mは点$(4, 1)$で交わっているよ。

この交点$(4, 1)$は，直線ℓ上にも直線m上にもある点だよね。

だから，この点を表す解の組$(x, y)=(4, 1)$は，2つの方程式①・②をともに成り立たせるね！　つまり，

$(x, y)=(4, 1)$は，連立方程式$\begin{cases} x+y=5 & \cdots\cdots① \\ x-2y=2 & \cdots\cdots② \end{cases}$の解

ということがいえるんだ！　連立方程式①・②を実際に解いてみると，

①−② より，

$$\begin{array}{rr} & x+\ \ y=5 \\ -) & x-2y=2 \\ \hline & 3y=3 \\ & y=1 \end{array}$$

これを①に代入して，

$$x+1=5$$
$$x=4$$

したがって，$(x, y)=(4, 1)$となり，連立方程式の解はたしかにグラフの交点の座標に一致しているね！　結局，

連立方程式①・②の解は，①・②のグラフの交点の座標ということなんだ！

例題 2

次の2直線の交点の座標を求めよ。

$2x+3y=5$ ……①　　$5x-3y=4$ ……②

解答と解説

①+② ← 連立方程式として解を求めるよ！

$$
\begin{array}{r}
2x+3y=5 \\
+)\ 5x-3y=4 \\
\hline
7x \quad\quad =9
\end{array}
$$

$$x=\frac{9}{7}$$

これを①に代入して，

$$2\times\frac{9}{7}+3y=5$$

$$3y=\frac{35}{7}-\frac{18}{7}$$

$$y=\frac{17}{21}$$

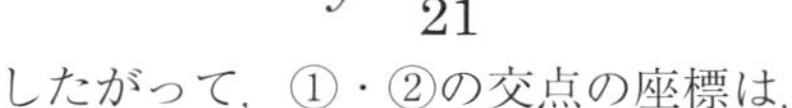

したがって，①・②の交点の座標は，

$$\left(\frac{9}{7},\frac{17}{21}\right)$$ 答

この 例題 2 だと，交点のx座標もy座標も，ともに整数じゃないね。こういうときは，2本の直線をかいてグラフから交点を読み取ろうとしても，きちんとはわからないね。

そうだね！　だから，2直線の交点の座標は，基本的には，連立方程式の解として求めることがおススメだよ！

ポイント　連立方程式の解とグラフ

2直線の交点の座標は，連立方程式の解。

第5節　1次関数の利用

1　1次関数のグラフの利用

1次関数のグラフを利用して，身のまわりのことがらを考えよう。

例題 1

長さ18cmのロウソクがあり，火をつけると1分間に0.4cmずつ燃える。火をつけてx分後のロウソクの長さを$y$cmとして，ロウソクが燃えつきるまでの間で，次の問いに答えよ。

(1)　yをxの式で表せ。

(2)　火をつけてから10分後のロウソクの長さを求めよ。

(3)　xとyの関係をグラフに表せ。

解答と解説

(1)　$\left(\begin{array}{c}x\text{分後の}\\ \text{ロウソクの長さ}\end{array}\right)=\left(\begin{array}{c}\text{はじめの}\\ \text{ロウソクの長さ}\end{array}\right)-\left(\begin{array}{c}x\text{分間で}\\ \text{燃えた長さ}\end{array}\right)$

であるから，

$y=18-0.4x$

$y=-0.4x+18$

（$y=ax+b$ の形に変形したよ。「これで終わり」と思うかもしれないけれど，問題文に，「ロウソクが燃えつきるまでの間で」とあるよね。それは，「時間（x）には変域がある」ということだね！　その変域を求めよう！）

ロウソクが燃え尽きるのは，$y=0$ となるときである。

$y=-0.4x+18$ に $y=0$ を代入すると，

$0=-0.4x+18$

$0=-4x+180$　（両辺に10をかけて係数を整数にする）

$4x=180$

$x=45$　（ロウソクが燃え尽きるのは45分後だとわかった！）

したがって，xの変域は，

$0\leqq x\leqq 45$　（火をつけた瞬間つまり0分後から，45分後までが，xの変域だね）

以上より，

$y=-0.4x+18\quad(0\leqq x\leqq 45)$　答

(2)　$y=-0.4x+18$ に $x=10$ を代入して，

$y=-0.4\times10+18=14$

したがって，10分後のロウソクの長さは，14cm　答

(3)　$y=-0.4x+18$ のグラフは，直線となる。（1次関数の形だよね！）

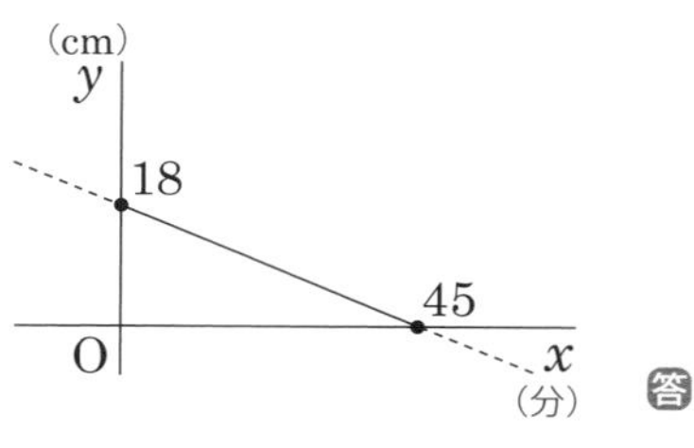

直線の傾きは，$-0.4=-\frac{2}{5}$

切片は18

これを $0 \leqq x \leqq 45$ の範囲でグラフに表すと，右の図の実線部分である。 答

このように，実験や観測などで得られた2つの数量の関係を，1次関数とみなすことができる場合があるんだ。

例題 2

右のグラフは，ある人が家から8km先にある公園に向かって，一定の速さで歩き始め，20分経過した地点で速さを変えて歩いたようすを，家を出てからの時間をx分，進んだ道のりを$y$kmとして示したものである。

(1) 20分までのグラフについて，yをxの式で表せ。

(2) 20分経過した時点からのグラフについて，yをxの式で表せ。

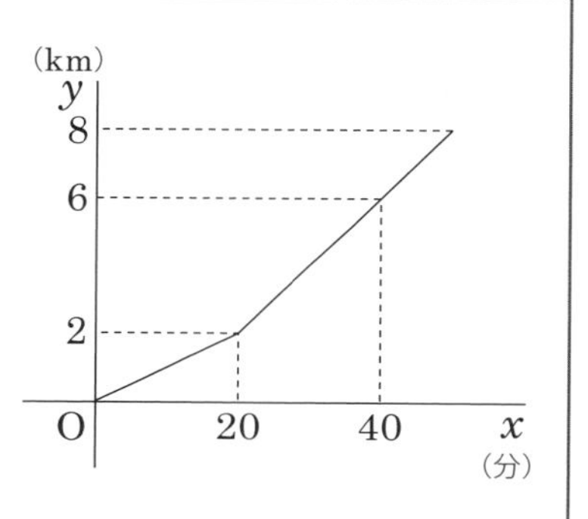

解答と解説

(1) 20分までのグラフは，原点O (0, 0) を通る直線であるから，求める式は，

$$y=ax \quad (a \neq 0)$$

とおける。

中1／第4章／第2節で学習した，**比例**の式のおき方だね（135ページ）！

この直線は，点 (20, 2) を通るので，

$$2=a\times 20$$

$$a=\frac{1}{10}$$

したがって，求める式は，

$$y=\frac{1}{10}x \quad (0 \leqq x \leqq 20)$$ 答

このときの変域は，出発した時点（0分後）から20分後までだね

(2) この直線は2点 (20, 2)，(40, 6) を通るので，傾きは，

$$\frac{6-2}{40-20}=\frac{4}{20}=\frac{1}{5}$$

直線だから，1次関数の式でおけるね！

したがって，求める式は，$y=\frac{1}{5}x+b$ とおける。

点 $(40, 6)$ を通るので，$x=40$，$y=6$ を代入して，

$$6=\frac{1}{5}\times 40+b$$

$$b=-2$$

以上より，$y=\frac{1}{5}x-2$

この式において，$y=8$ のとき，← ここから変域を求めるよ！8km先の公園に着いた時点で終わりだよね

$$8=\frac{1}{5}x-2$$

$$\frac{1}{5}x=10$$

$$x=50$$ ← 公園に着くのは50分後だとわかったね！

したがって，xの変域は，$20\leqq x\leqq 50$

以上より，$y=\frac{1}{5}x-2$ $(20\leqq x\leqq 50)$ 答

1次関数を利用することで，2つの数量の関係をきちんととらえられるようになった♪

ポイント **1次関数のグラフの利用**

1次関数を利用して，2つの数量の関係を的確にとらえる。

2 1次関数と図形

次のような図形の問題も，**1次関数**を利用して解くんだ。

例題 3

右の図のような，∠Bが直角で，AB＝100 (cm)，BC＝40 (cm) の三角形ABCがある。

点Pが，辺AB上を点Aから点Bまで，毎秒4cmの速さで移動するとき，点Pが移動し始めてからの時間 x 秒と三角形PBCの面積 y cm^2 との関係を式に表し，そのグラフをかけ。

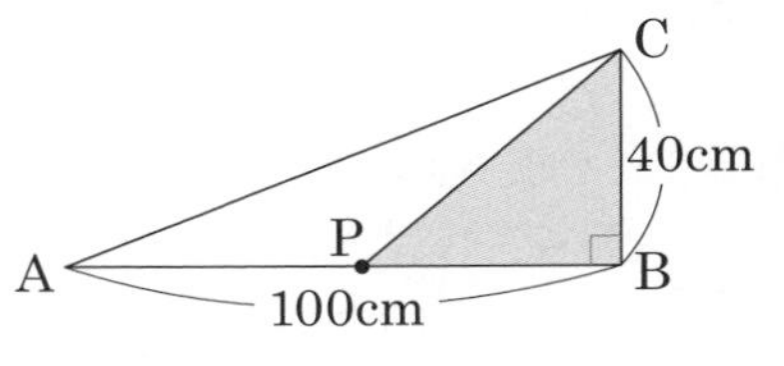

解答と解説

点Pは毎秒4cmの速さで移動するから，x 秒後には，

$AP = 4x$ cm

$PB = 100 - 4x$ (cm)

となる。

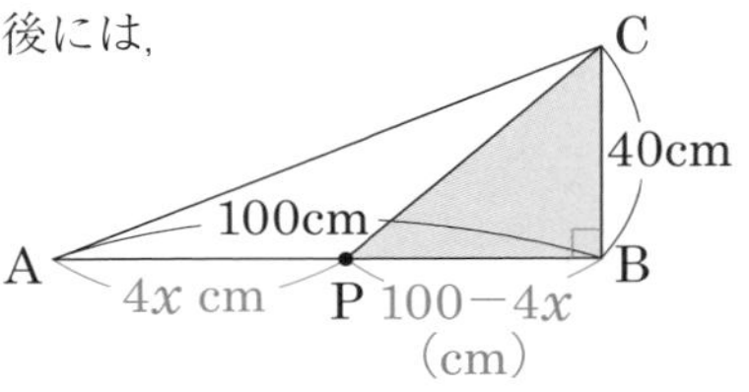

$$\triangle PBC = \frac{1}{2} \times PB \times BC$$

であるから，

$$y = \frac{1}{2} \times (100 - 4x) \times 40$$

$$y = -80x + 2000$$

点Pが点Bに到達したとき，AP = ABとなるので，

ここから変域を求めるよ！ xの変域は，0秒後から，点Pが点Bに到達する時点までだね

$$4x = 100$$

$$x = 25$$

$x = 25$ のときは △PBCの面積は0cm^2と考えるよ

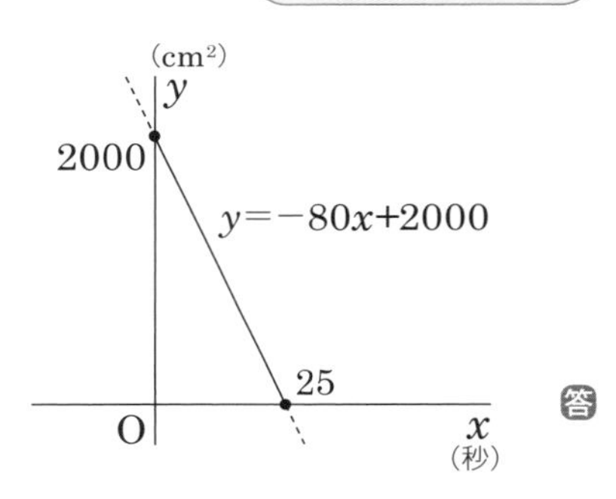

したがって，xの変域は，$0 \leqq x \leqq 25$

以上より，xとyの関係を式に表すと，

$$y = -80x + 2000 \quad (0 \leqq x \leqq 25)$$

そのグラフは右の図のようになる。 答

例題 4

右の図のような，AB = 5 (cm)，BC = 12 (cm) の長方形がある。

点Pが頂点Bから出発して，頂点C，Dを通って頂点Aまで，辺上を毎秒2cmの速さで動くとき，頂点Bを出発してからの時間をx秒，三角形PABの面積を$y\text{cm}^2$として，次の問いに答えよ。

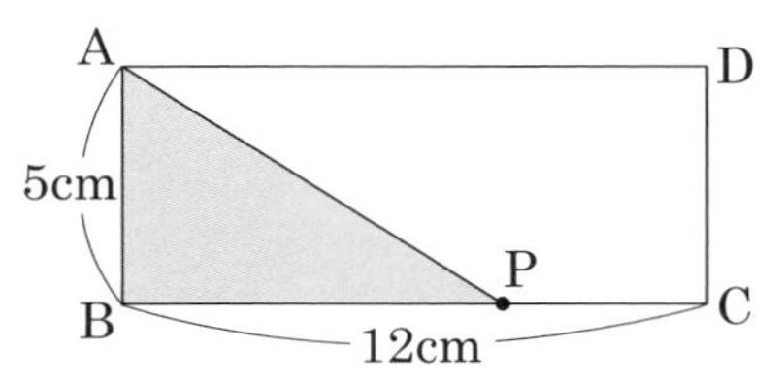

(1) 点Pが次の①～③の位置にあるとき，それぞれについて，xとyの関係式を求めよ。

① 辺BC上　② 辺CD上　③ 辺DA上

(2) 点Pが頂点Bを出発して頂点Aに到達するまでの x と y の関係をグラフに表せ。

考え方

この問題でも，△PABの面積を，xやyで表せばいいよ。その際，動かない辺ABを底辺と見て，点Pの動きによって高さが変わると考えると，考えやすくなるよ。

解答と解説

(1)　x秒後までに点Pが辺上を進んだ道のりは，

$2x$ (cm) ←（速さ）×（時間）

また，△PABにおいて，底辺をABとすると，底辺の長さは5cmである。

①　点Pが辺BC上にあるとき，

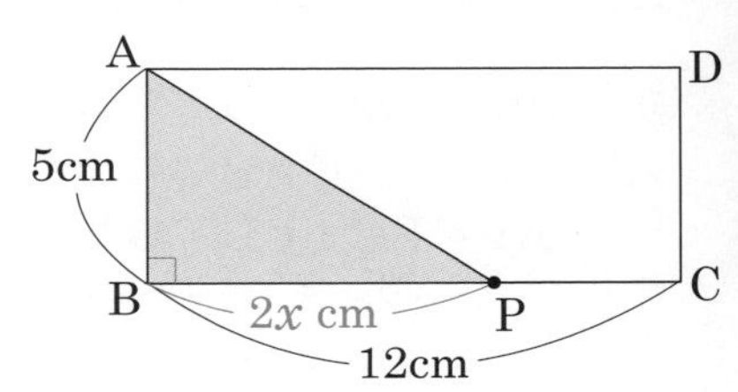

△PABの高さはBPで，

$BP = 2x$ (cm)

したがって，

$$\triangle PAB = \frac{1}{2} \times AB \times BP$$

$$y = \frac{1}{2} \times 5 \times 2x$$

$$y = 5x$$

点Pが頂点Cに到達したとき，BP＝BCとなるので，

$$2x = 12$$

$$x = 6$$

したがって，xの変域は，$0 \leqq x \leqq 6$ ← 6秒を超えると，点Pが辺BC上にはなくなってしまうんだね

以上より，点Pが辺BC上にあるとき，

$y = 5x \quad (0 \leqq x \leqq 6)$ **答**

②　点Pが辺CD上にあるとき，

右の図のように，点Pから辺ABにおろした垂線の足を点Hとすると，△PABの高さはつねに，

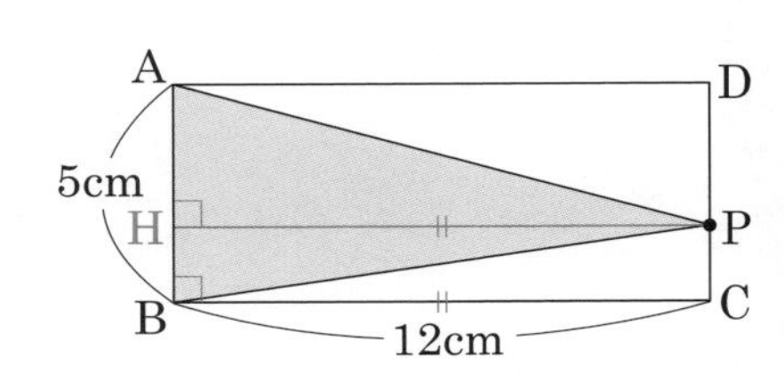

$PH = BC = 12$ (cm)

したがって，

$$\triangle PAB = \frac{1}{2} \times AB \times PH$$

$$y = \frac{1}{2} \times 5 \times 12 = 30$$

点Pが頂点Dに到達したとき，

中学1年　中学2年　中学3年

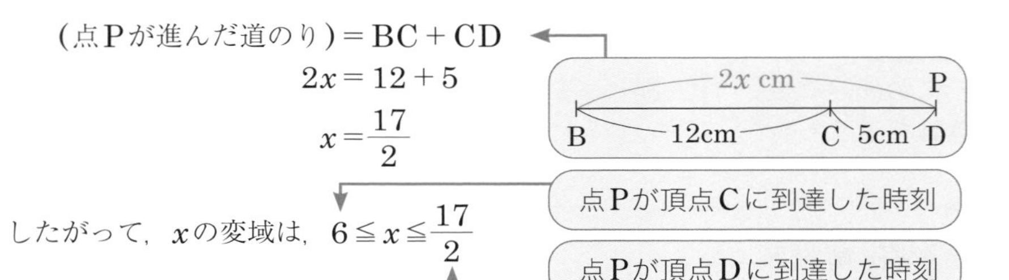

$$(\text{点Pが進んだ道のり}) = BC + CD$$
$$2x = 12 + 5$$
$$x = \frac{17}{2}$$

したがって，xの変域は，$6 \leqq x \leqq \frac{17}{2}$

以上より，点Pが辺CD上にあるとき，

$$y = 30 \quad \left(6 \leqq x \leqq \frac{17}{2}\right)$$ 答

「xが $6 \leqq x \leqq \frac{17}{2}$ の範囲にあるときは，xの値が何であっても，yの値はつねに30である」ということを表していて，これも「xとyの関係式」といえるよ！

③　点Pが辺DA上にあるとき，
△PABの高さはAPで，

$$AP = BC + CD + DA - (\text{点Pが進んだ道のり})$$
$$= 12 + 5 + 12 - 2x$$
$$= 29 - 2x\ (\text{cm})$$

2x　P　B　12　C　5　D　12　A

したがって，

$$\triangle PAB = \frac{1}{2} \times AB \times AP$$
$$y = \frac{1}{2} \times 5 \times (29 - 2x)$$
$$y = -5x + \frac{145}{2}$$

29−2x (cm)　A　P　D　5cm　B　C

点Pが頂点Aに到達したとき，

$$AP = 0$$
$$29 - 2x = 0$$
$$x = \frac{29}{2}$$

点Pが頂点Dに到達した時刻

したがって，x の変域は，$\frac{17}{2} \leqq x \leqq \frac{29}{2}$

点Pが頂点Aに到達した時刻

以上より，点Pが辺DA上にあるとき，

$$y = -5x + \frac{145}{2} \quad \left(\frac{17}{2} \leqq x \leqq \frac{29}{2}\right)$$ 答

(2)　(1)より，それぞれの範囲に分けてグラフを考える。

①　$0 \leqq x \leqq 6$ の範囲では，$y = 5x$
このグラフは，原点を通る直線になる。

比例の形だね！

$x=6$ のとき，$y=30$ ← 変域の右端

したがって，点 (6, 30) を通る。

② $6 \leqq x \leqq \frac{17}{2}$ の範囲では，$y=30$

このグラフは，x 軸と平行な直線になる。

左端の点は (6, 30)，右端の点は $\left(\frac{17}{2}, 30\right)$

③ $\frac{17}{2} \leqq x \leqq \frac{29}{2}$ の範囲では，$y=-5x+\frac{145}{2}$

このグラフは，直線になる。

$x=\frac{17}{2}$ のとき， ← 変域の左端の点

$$y=-5\times\frac{17}{2}+\frac{145}{2}=\frac{145-85}{2}=30$$

したがって，左端の点は $\left(\frac{17}{2}, 30\right)$

$x=\frac{29}{2}$ のとき， ← 変域の右端の点

$$y=-5\times\frac{29}{2}+\frac{145}{2}=\frac{-145+145}{2}=0$$

したがって，左端の点は $\left(\frac{29}{2}, 0\right)$

以上より，原点，点 (6, 30)，点 $\left(\frac{17}{2}, 30\right)$，点 $\left(\frac{29}{2}, 0\right)$ を線分でつないでいくと，求めるグラフは，右の図のようになる。

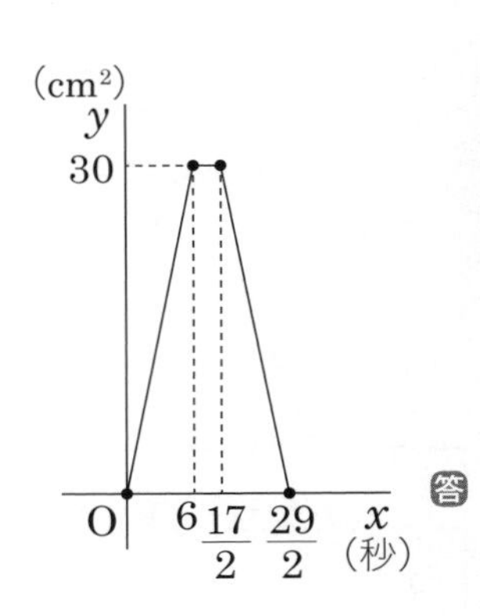

答

ポイント　**1次関数と図形**

図形問題にも，1次関数を利用することがある。

第 1 節　平行線と角

1 対頂角

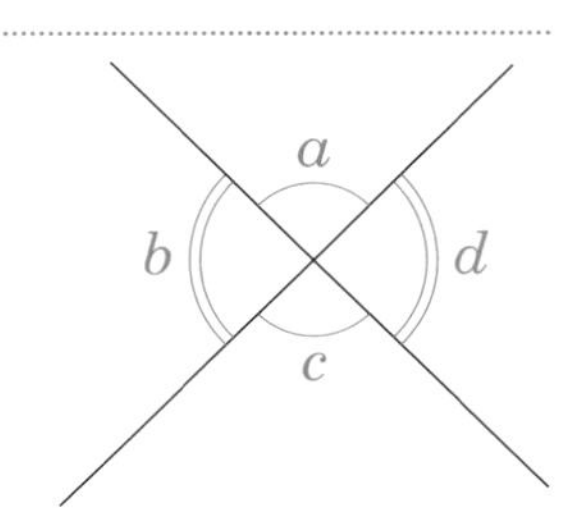

この第4章からは，いろいろな図形の性質を学習していくよ。

右の図のように，2つの直線が交わるとき，その交点のまわりに4つの角ができるね。

このうち，$\angle a$ と$\angle c$ のように，向かい合っている2つの角を，**対頂角**（たいちょうかく）というよ。$\angle b$ と$\angle d$ も対頂角だね。そして対頂角について，

対頂角は等しい

ということが成り立つんだ。なぜこんなことがいえるか，わかるかな？

$\angle a$ と $\angle b$ を合わせたら，直線になっているね。直線は180°の角だから，

$\angle a+\angle b=180°$

$\angle a=180°-\angle b$ ……①

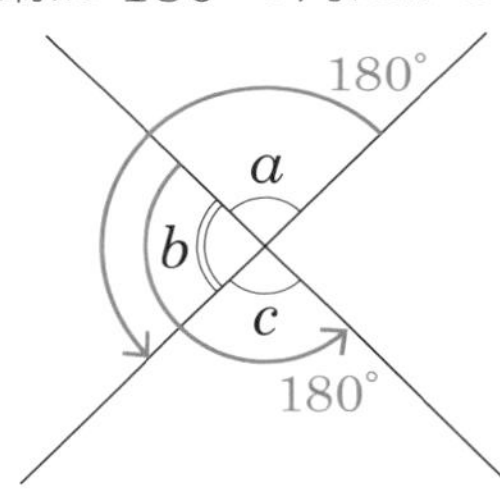

同様に，$\angle b$ と $\angle c$ を合わせたら直線だから，

$\angle c=180°-\angle b$ ……②

①の右辺と②の右辺は同じになっているから，

$\angle a=\angle c$ （対頂角は等しい）

同じ方法で，$\angle b=\angle d$ も示せるよ。

例題 1

右の図のように，3つの直線が1点で交わるとき，xの値を求めよ。

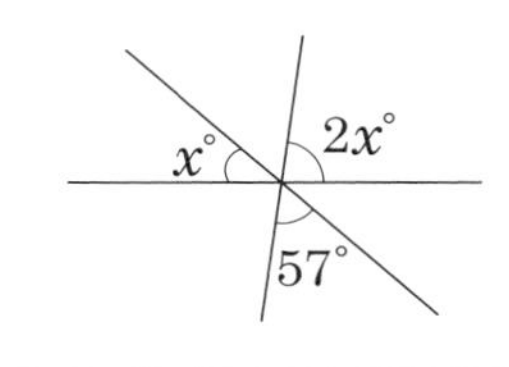

解答と解説

右の図のように $\angle a$ をとる。

対頂角は等しいので，

$\angle a=57°$

1直線のつくる角は180°であるから，

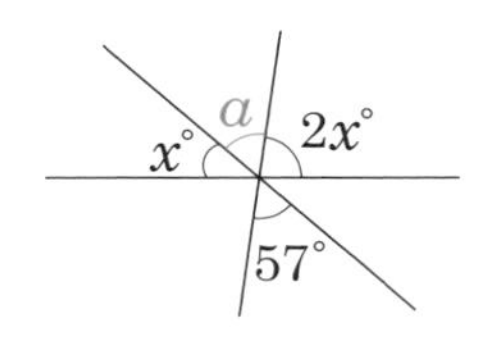

$$x+57+2x=180$$
$$3x=123$$
$$x=41$$ 答

xについての方程式になるよ！
これを解けばいいね

ポイント 対頂角

対頂角は等しい。

$\angle a=\angle c$

$\angle b=\angle d$

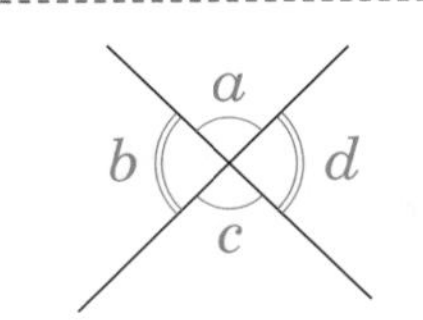

2 同位角と錯角

右の図のように，2直線 ℓ，m に直線 n が交わるとき，

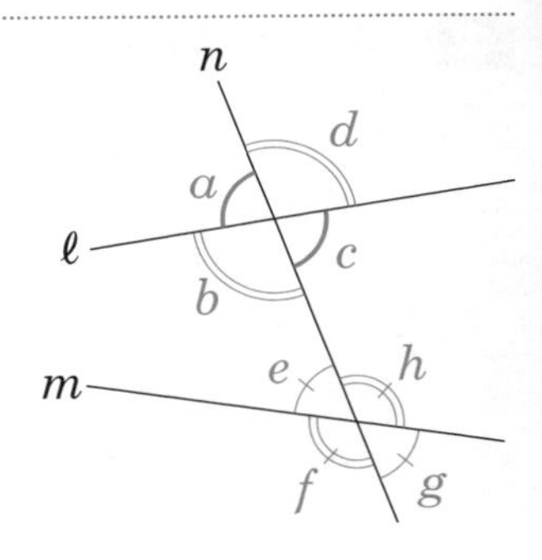

$\angle a$ と $\angle e$ ← どちらも左上

$\angle b$ と $\angle f$ ← どちらも左下

$\angle c$ と $\angle g$ ← どちらも右下

$\angle d$ と $\angle h$ ← どちらも右上

のような位置関係にある角を，それぞれ**同位角**（どういかく）というよ。

「同じ位置にある角」ってことか♪

左上	右上
左下	右下

また，$\angle b$ と $\angle h$，$\angle c$ と $\angle e$ のような位置関係にある角を，それぞれ**錯角**（さっかく）というよ。

同位角と錯角は，次の 3 で学習するように，2つの直線 ℓ，m が平行になっているときを考えることが多いよ。だけど，平行ではない2直線でも，「同位角」「錯角」といった言葉は使うからね。

ポイント **同位角と錯角**

❶ **同位角**

$\angle a$ と $\angle e$
$\angle b$ と $\angle f$
$\angle c$ と $\angle g$
$\angle d$ と $\angle h$

❷ **錯角**

$\angle b$ と $\angle h$
$\angle c$ と $\angle e$

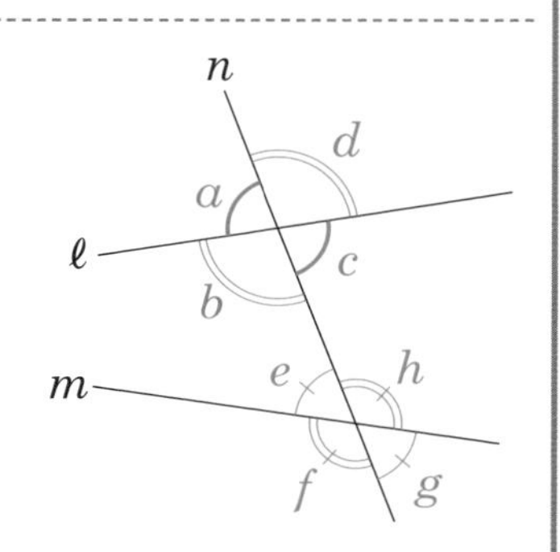

3 平行線の同位角と錯角

右の図のように，2つの直線 ℓ，m があって，これらが平行だとする（$\ell /\!/ m$）。

このとき，$\angle a = \angle e$ のように，同位角が等しくなることが知られているよ。

また逆に，$\angle a = \angle e$ ならば，$\ell /\!/ m$ ということも知られているんだ。

つまり，**平行線**と同位角には，次のことが成り立つよ。

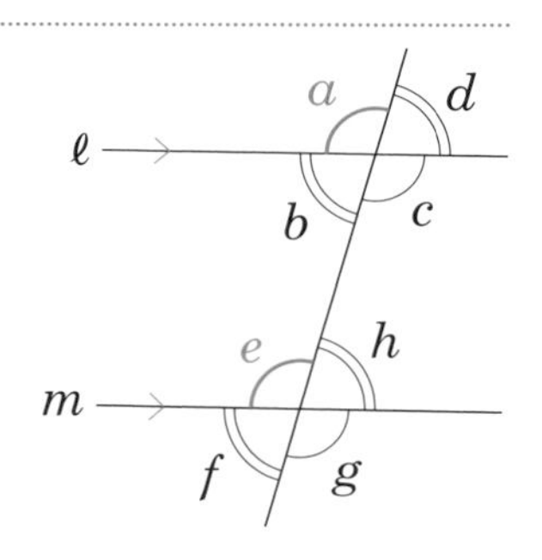

平行線と同位角

2つの直線 ℓ，m に1つの直線が交わるとき，

❶ 2直線 ℓ，m が平行ならば，同位角は等しい。

$\ell /\!/ m$ ➡ $\angle a = \angle e$，$\angle b = \angle f$
$\angle c = \angle g$，$\angle d = \angle h$

❷ 同位角が等しいならば，この2直線 ℓ，m は平行である。

$\angle a = \angle e$，$\angle b = \angle f$
$\angle c = \angle g$，$\angle d = \angle h$ ➡ $\ell /\!/ m$

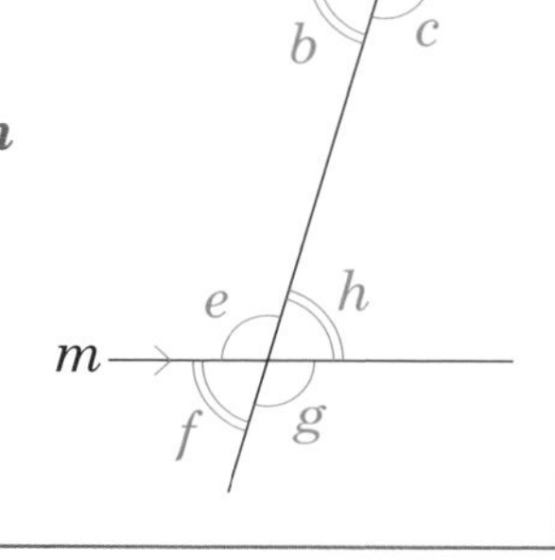

さて次は，平行な2直線ℓ，mがあるときに，$\angle c$と$\angle e$（**錯角**）を見てみるよ。

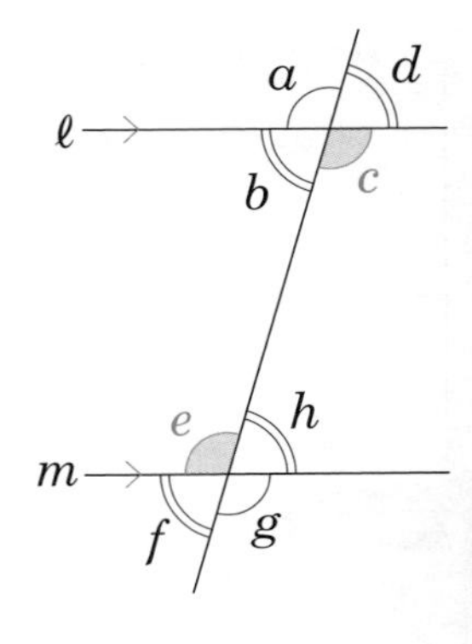

まず，$\angle c$は$\angle a$の対頂角だから，

$\angle c=\angle a$ ……①

また，$\angle e$は$\angle a$の同位角だよね。そして，2つの直線が平行ならば同位角は等しいんだよね！

$\ell /\!/ m$だから，

$\angle e=\angle a$ ……②

①の右辺と②の右辺は同じになっているから，

$\angle c=\angle e$

つまり，平行線の錯角は等しくなるんだ！

逆に，2直線ℓ，mが平行かどうかわからないけれど，$\angle c=\angle e$（錯角が等しい）とわかったとしよう。

このとき，$\angle c$と$\angle a$は対頂角だから，

$\angle c=\angle a$

$\angle c=\angle e$だとわかっているから，

$\angle e=\angle a$

$\angle e$と$\angle a$は同位角だね。同位角が等しいならば，2つの直線は平行だよね！

つまり，錯角が等しいとき，2直線は平行だといえるんだ。

平行線と錯角

2つの直線ℓ，mに1つの直線が交わるとき，

❶ 2直線ℓ，mが平行ならば，錯角は等しい。

$\ell /\!/ m$ ➡ $\angle b=\angle h$，$\angle c=\angle e$

❷ 錯角が等しいならば，この2直線ℓ，mは平行である。

$\angle b=\angle h$，$\angle c=\angle e$ ➡ $\ell /\!/ m$

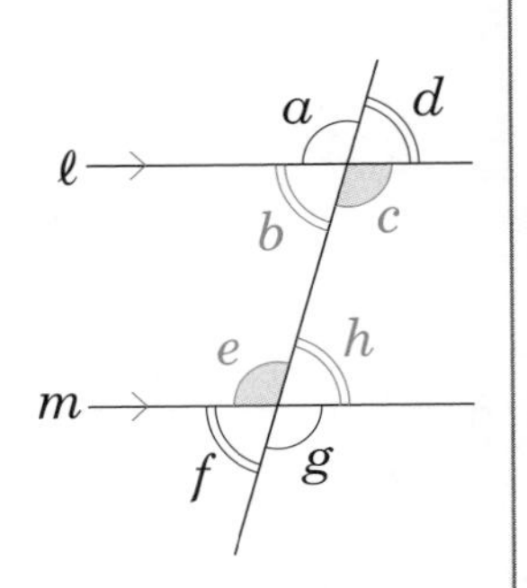

例題 2

右の図で，$\ell /\!/ m$ のとき，$\angle x$ の大きさを求めよ。

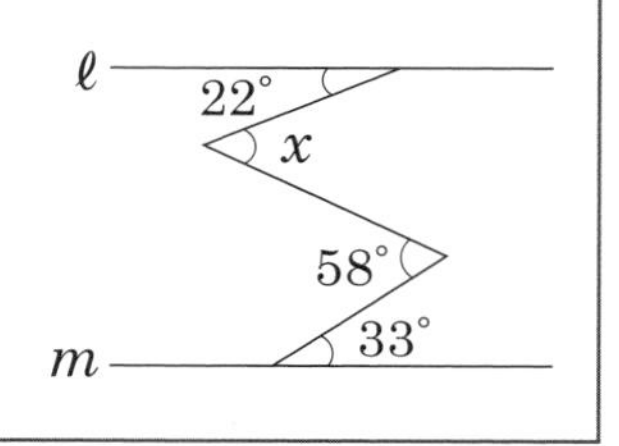

考え方

問題を解くために自分で図にかきいれる線を，**補助線**（ほじょせん）というよ。この問題の場合，「平行線の同位角・錯角は等しい」ということを利用するために，ℓ，m に平行な補助線をひくといいよ！

解答と解説

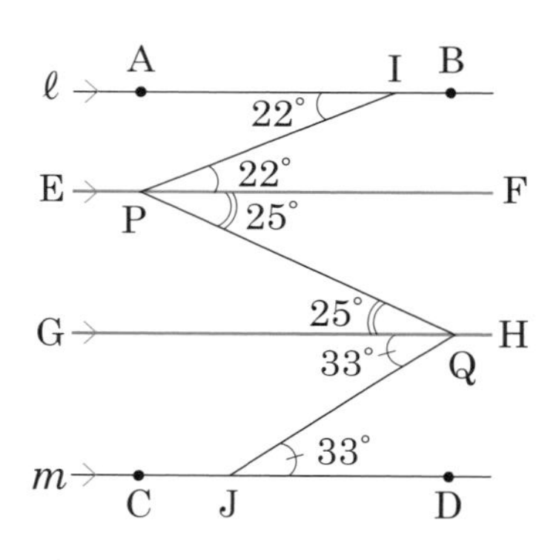

ℓ，m に平行な直線をひき，右の図のように記号を定める。

AB // EF であり，平行線の錯角は等しいので，

$$\angle \mathrm{IPF} = \angle \mathrm{AIP} = 22^\circ$$

GH // CD であり，平行線の錯角は等しいので，

$$\angle \mathrm{GQJ} = \angle \mathrm{QJD} = 33^\circ$$

したがって，$\angle \mathrm{PQG} = 58^\circ - 33^\circ = 25^\circ$

また，EF // GH であり，平行線の錯角は等しいので，

$$\angle \mathrm{FPQ} = \angle \mathrm{PQG} = 25^\circ$$

したがって，$\angle x = \angle \mathrm{IPF} + \angle \mathrm{FPQ}$

$$= 22^\circ + 25^\circ = 47^\circ$$ 答

じつは，このタイプの問題では，次のことが成り立つんだよ。

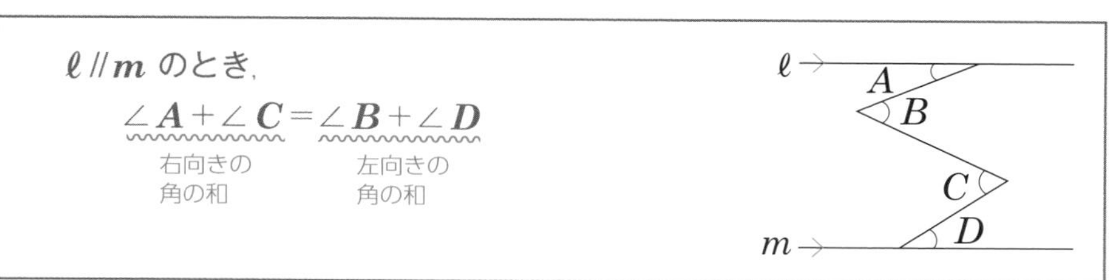

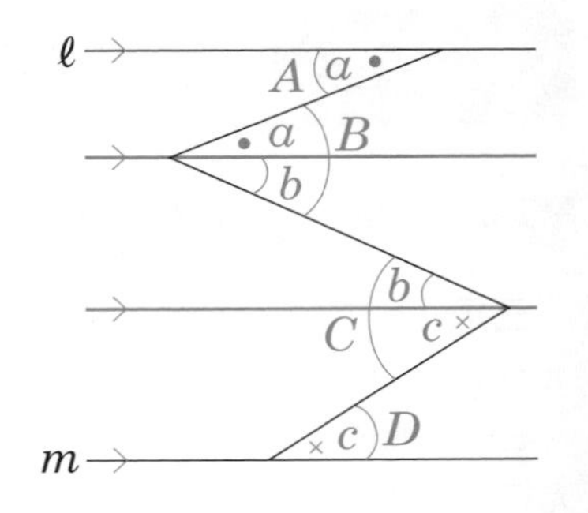

平行線ジグザグ問題の必勝法だよ！　これをたしかめてみよう。

ℓ と m に平行な補助線をひき，平行線の錯角を利用して，大きさの等しい角を右の図のように a，b，c とするよ。すると，

$$\angle A+\angle C=\angle a+\angle b+\angle c$$
$$\angle B+\angle D=\angle a+\angle b+\angle c$$

となるから，たしかに，

$$\angle A+\angle C=\angle B+\angle D$$

がいえるね！　**例題 2** も，この方法を使えば，次のように解けるよ。

$$22^\circ+58^\circ=\angle x+33^\circ$$
$$\angle x=80^\circ-33^\circ$$
$$=47^\circ$$

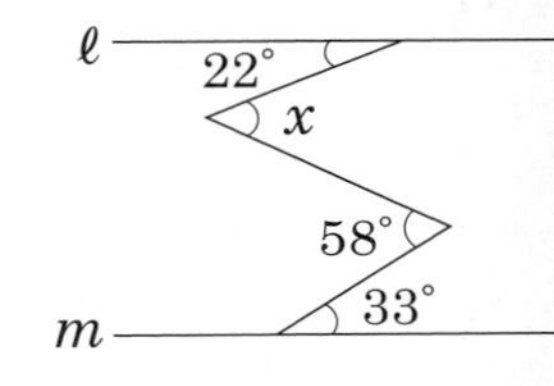

ポイント　**平行線と同位角・錯角**

2つの直線 ℓ，m に1つの直線が交わるとき，

❶　2直線 ℓ，m が平行ならば，同位角は等しい。

$$\ell /\!/ m \;\Rightarrow\; \angle a=\angle e,\ \angle b=\angle f,\ \angle c=\angle g,\ \angle d=\angle h$$

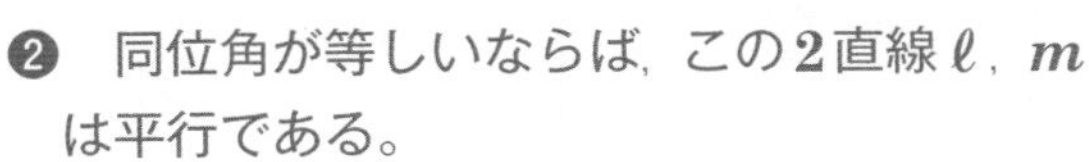

❷　同位角が等しいならば，この2直線 ℓ，m は平行である。

$$\angle a=\angle e,\ \angle b=\angle f,\ \angle c=\angle g,\ \angle d=\angle h \;\Rightarrow\; \ell /\!/ m$$

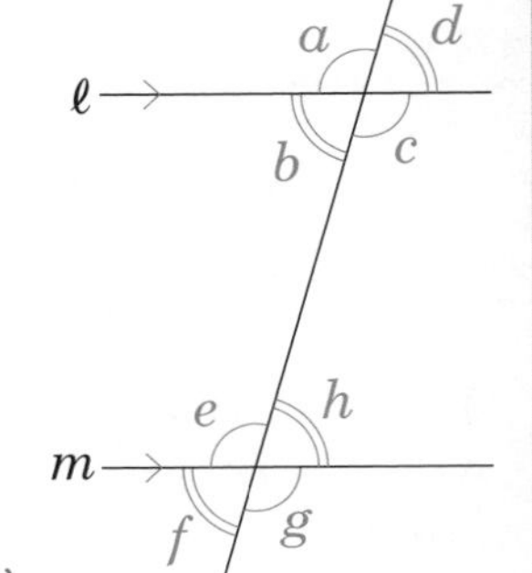

❸　2直線 ℓ，m が平行ならば，錯角は等しい。

$$\ell /\!/ m \;\Rightarrow\; \angle b=\angle h,\ \angle c=\angle e$$

❹　錯角が等しいならば，この2直線 ℓ，m は平行である。

$$\angle b=\angle h,\ \angle c=\angle e \;\Rightarrow\; \ell /\!/ m$$

第 2 節　三角形の角

1　三角形の内角と外角

三角形の内側の，3つの角の和は，180°だったよね（156ページ）。なぜそうなるかを調べてみよう。

右下の図のように，△ABCがあるとき，辺BCを頂点Cの側へ延長した先に点Dをとるよ。また，点Cから，辺BAに平行な半直線CEをひくね。

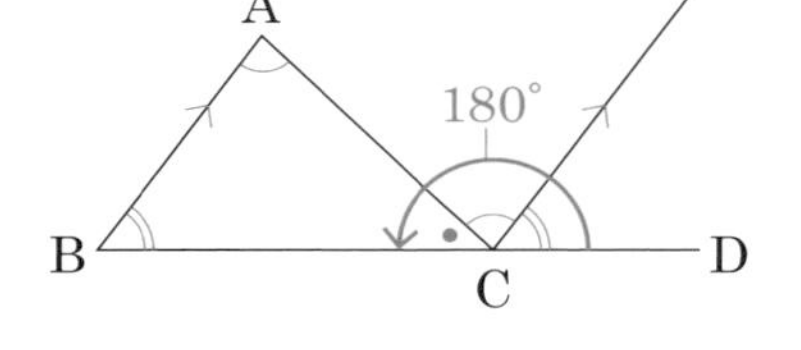

BA // CE であり，錯角は等しいから，

$\angle BAC = \angle ACE$

BA // CE であり，同位角は等しいから，

$\angle ABC = \angle ECD$

ここから，△ABCの3つの角の和を計算してみるよ。

$\angle BAC + \angle ABC + \angle BCA$

$= \angle ACE + \angle ECD + \angle BCA$

$= \angle BCD = 180°$ ← 一直線は180°だね

このように，第1節で学習した，「2つの直線が平行ならば，錯角や同位角は等しい」ということを利用すれば，三角形の3つの角の和は180°であると説明できるね。また，今の説明から，

$\angle BAC + \angle ABC = \angle ACD$

が成り立つこともわかるね！

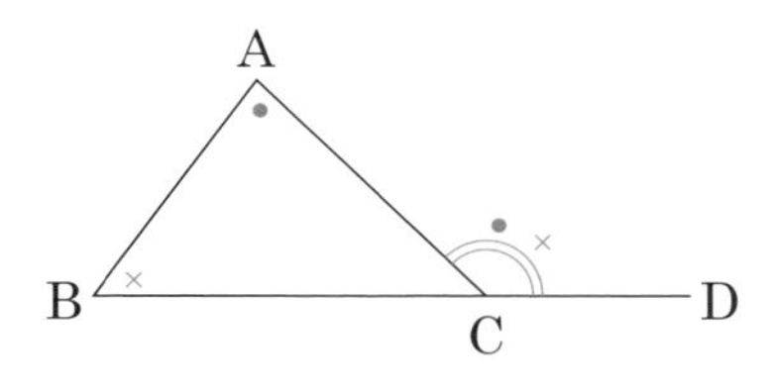

ここで新しい用語を覚えよう！

まず，△ABCの内側にある∠BAC，∠ABC，∠BCAの3つの角を，△ABCの**内角**（ないかく）というよ。

今まで「3つの角の和」っていってきたけれど，ほんとうは「3つの内角の和」というってこと？

うん，そうなんだ。

さらに，図の頂点Cのまわりを見てごらん。辺ACと，辺BCを延長した半直線BDが，∠ACDをつくっているね。

このように，1つの辺とそのとなりの辺の延長がつくる角を，**外角**（がいかく）というよ！

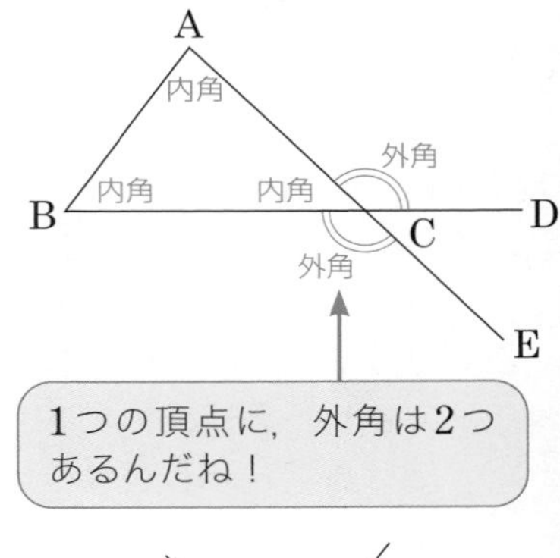

同じ頂点Cのまわりで，辺BCと，辺ACを延長した半直線AEも，∠BCEをつくっているね。これも外角だよ。そして，

$$\angle ACD = \angle BCE \quad (\text{対頂角})$$

となっているね。同じ頂点のまわりの2つの外角は等しいんだ。また，

$$\angle BCA + \angle ACD = \angle BCD = 180^\circ$$
$$\angle BCA + \angle BCE = \angle ACE = 180^\circ$$

だから，「1つの内角と，それととなり合う1つの外角の和は，180°になる」ということもわかるね。

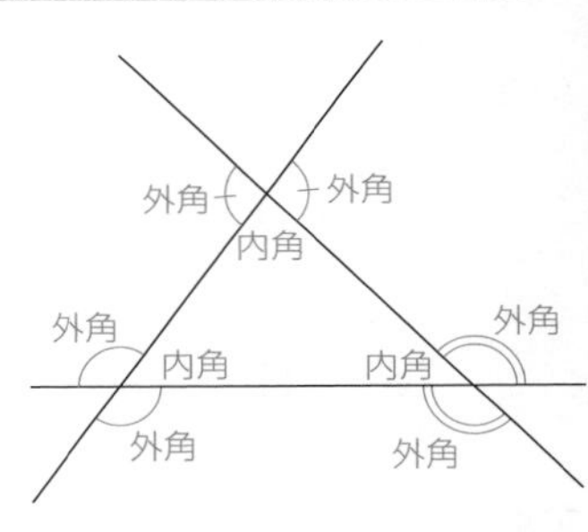

例1　右の図で，∠xの大きさを求めよ。

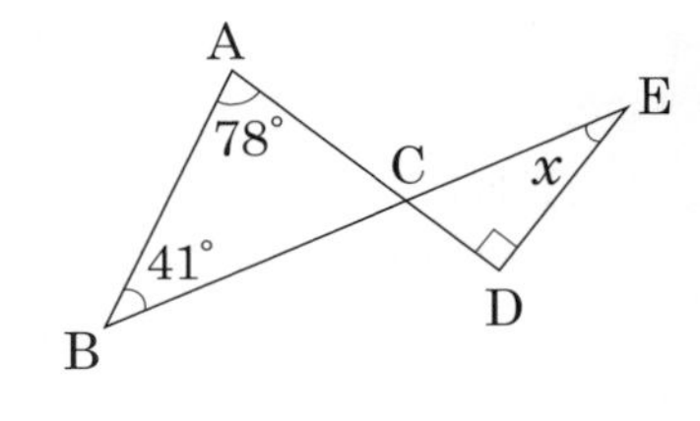

△CDEで，3つの内角の和は180°になるはずだから，

$$\angle DCE + \angle CDE + \angle DEC = 180^\circ$$
$$\angle DCE + 90^\circ + \angle x = 180^\circ$$
$$\angle x = 90^\circ - \angle DCE \quad \cdots\cdots ①$$

だから，∠DCEの大きさがわかれば，求める∠xの大きさもわかるね！

ここで図形をよく見ると，∠DCEの対頂角があるね！

$$\angle DCE = \angle BCA \quad \cdots\cdots ②$$

対頂角は等しい

つまり，∠BCAの大きさがわかれば，∠DCEもわかるんだ！　そして，∠BCAの大きさは，△ABCの内角の和から求められるよ！

$$78^\circ + 41^\circ + \angle BCA = 180^\circ$$
$$\angle BCA = 180^\circ - 119^\circ = 61^\circ$$

②より，$\angle DCE = 61^\circ$

①より，$\angle x = 90^\circ - 61^\circ = 29^\circ$　答

中学1年　中学2年　中学3年

この チョウチョ型 の図形は，よく出題されるよ。じつは，とても簡単に解けるやり方があるんだ。

右下の図のように，それぞれの角に記号を定めるよ。まん中に$\angle c$が2つあるのは，対頂角だから等しいんだね。

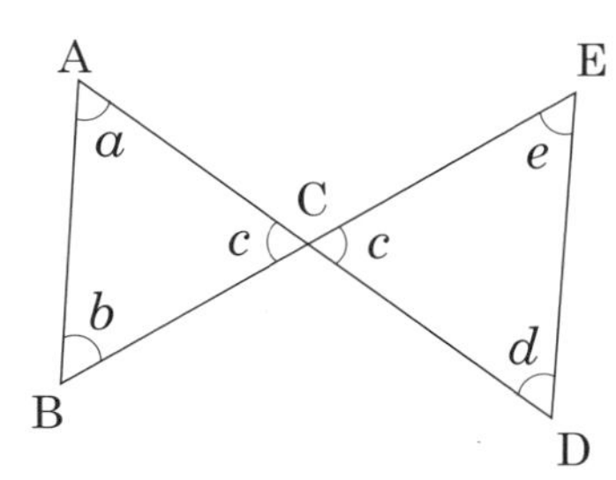

△ABCで，内角の和は180°だから，

$\angle a+\angle b+\angle c=180°$ ……①

△CDEで，内角の和は180°だから，

$\angle c+\angle d+\angle e=180°$ ……②

①と②は右辺どうしが等しいので，

$\angle a+\angle b+\angle c=\angle c+\angle d+\angle e$

両辺から$\angle c$をひくと，

$\boldsymbol{\angle a+\angle b=\angle d+\angle e}$

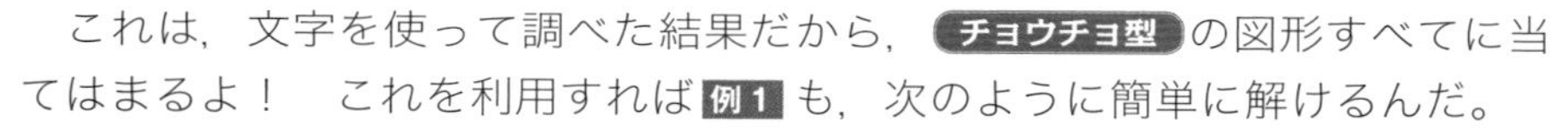

これは，文字を使って調べた結果だから， チョウチョ型 の図形すべてに当てはまるよ！　これを利用すれば **例1** も，次のように簡単に解けるんだ。

$78°+41°=\angle x+90°$

$\angle x=121°-90°=29°$

例2　**右の図で，$\angle x$の大きさを求めよ。**

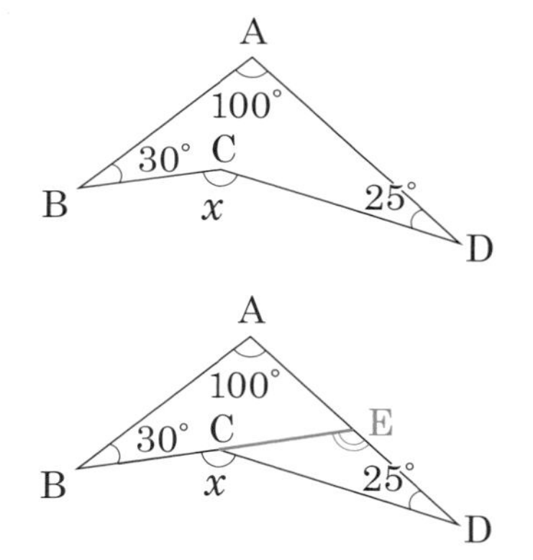

右下の図のように，辺BCを延長して，辺ADとの交点をEとしよう。このとき，△ABEにおいて，内角と外角の関係から，

$\angle ABE+\angle BAE=\angle BED$

$\angle BED=30°+100°$

$=130°$

この$\angle$BEDは，△CDEの内角の1つ，$\angle$CEDでもあるね。だからこれで，△CDE

の内角が2つわかったね！　△CDEにおいて，内角と外角の関係から，

$\angle CDE+\angle CED=\angle DCB$

$25°+130°=\angle x$

$\angle x=155°$ 答

この ブーメラン型 も簡単な解き方があるよ！

右の図のように記号を定めよう。

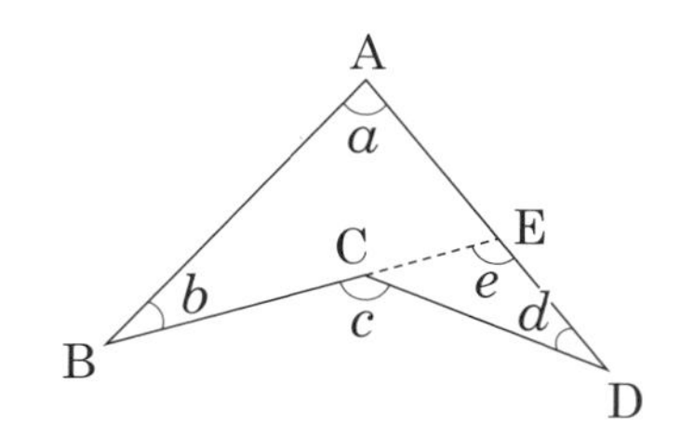

△ABEで，内角と外角の関係から，

$\angle a+\angle b=\angle e$ ……①

△CDEで，同じく内角と外角の関係から，

$\angle d + \angle e = \angle c$ ……②

①を②に代入すると，

$\angle d + (\angle a + \angle b) = \angle c$

$\boldsymbol{\angle a + \angle b + \angle d = \angle c}$

この関係を利用すれば，**例2** も，

$100^\circ + 30^\circ + 25^\circ = \angle x$

$\angle x = 155^\circ$

と，簡単に求めることができるよ！

チョウチョ型

A, E, C, B, D, a, b, d, e

$\boldsymbol{\angle a + \angle b = \angle d + \angle e}$

ブーメラン型

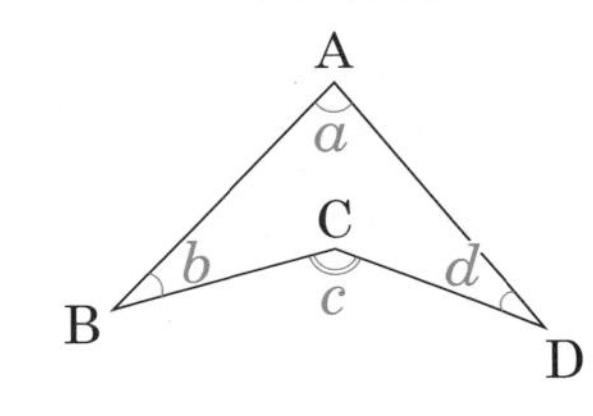

$\boldsymbol{\angle a + \angle b + \angle d = \angle c}$

例3 **右の図において，次の値を求めよ。**

$\angle a + \angle b + \angle c + \angle d + \angle e$

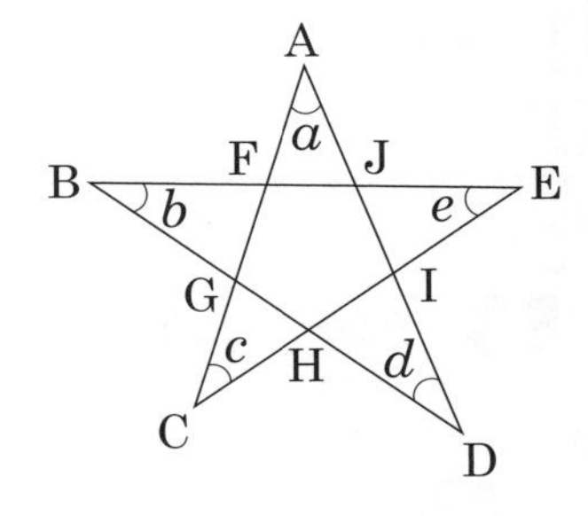

何これ！　角度の値が1つもないのに，求められるの？

右下の図のように，隠れたブーメランを探し出せれば，意外に簡単に求められるよ！

$\angle \mathrm{CHD} = \angle a + \angle c + \angle d$

対頂角は等しいので，

$\angle \mathrm{BHE} = \angle \mathrm{CHD} = \angle a + \angle c + \angle d$

△BHEで，内角の和を計算すると，

$\angle b + (\angle a + \angle c + \angle d) + \angle e = 180^\circ$

$\angle a + \angle b + \angle c + \angle d + \angle e = 180^\circ$ 

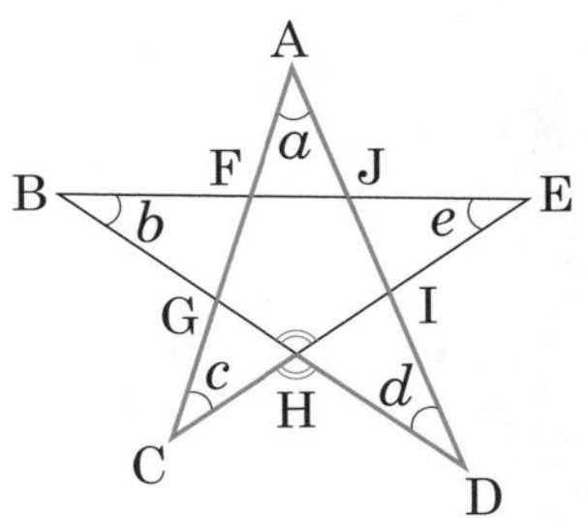

もしブーメランに気づかなくても，基本に忠実に，三角形の内角と外角の関係を使っていけばだいじょうぶだよ！

△JBDで，内角と外角の関係から，

$\angle b+\angle d=\angle \mathrm{AJF}$ ← $\angle \mathrm{AJB}=\angle \mathrm{AJF}$

△FCEで，内角と外角の関係から，

$\angle c+\angle e=\angle \mathrm{AFJ}$ ← $\angle \mathrm{AFE}=\angle \mathrm{AFJ}$

△AFJで，内角の和を計算すると，

$\angle \mathrm{FAJ}+\angle \mathrm{AFJ}+\angle \mathrm{AJF}=180^\circ$

$\angle a+(\angle c+\angle e)+(\angle b+\angle d)=180^\circ$

$\angle a+\angle b+\angle c+\angle d+\angle e=180^\circ$ 答

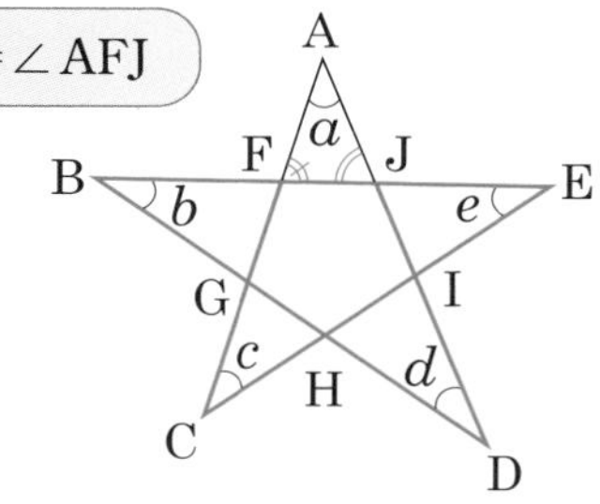

ポイント　三角形の内角と外角

❶　三角形の3つの内角の和は180°である。

$\angle a+\angle b+\angle c=180^\circ$

❷　三角形の外角は，それととなりあわない2つの内角の和に等しい。

$\angle a+\angle b=\angle d$

❸　1つの内角と，それととなりあう1つの外角の和は180°である。

$\angle c+\angle d=180^\circ$

2　鋭角三角形・鈍角三角形

ここでも，角度に関する新しい言葉を紹介するよ。

直角が90°だっていうのは知っているよね。

それに対して，0°より大きく90°より小さい角を，**鋭角**（えいかく）というよ。

また，90°より大きく180°より小さい角を，**鈍角**（どんかく）というんだ。

三角形の1つの内角は，180°より小さいから，鋭角，直角，鈍角のいずれかになるね。

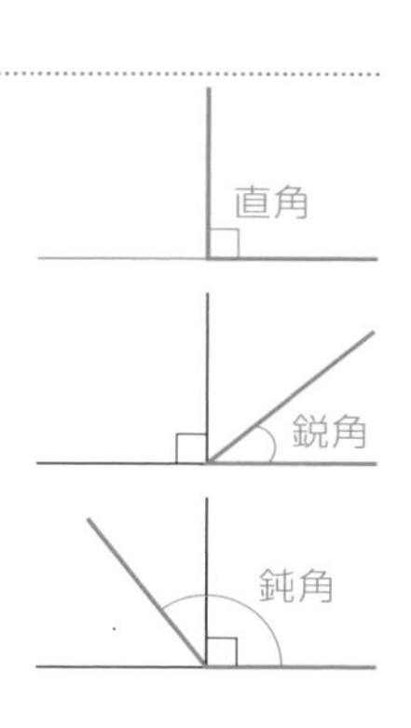

えーっと，ちょっと待って，考えてみる……三角形の内角の和は180°だから，1つの内角が180°より大きくなることはないわけか。

そういうことだよ。じゃあ，三角形の3つの内角のうち，2つが鈍角になることはあるかな？

もし2つの内角が鈍角だと，たしてそれだけで180°を超えてしまうから，そういうことはないと思う！　っていうか，2つの内角がともに直角っていうこともないはず！

そのとおり！　飲み込みが早いね♪

三角形は，内角の大きさによって，次のように，**鋭角三角形**，**直角三角形**，**鈍角三角形**に分類されるよ。

鋭角三角形

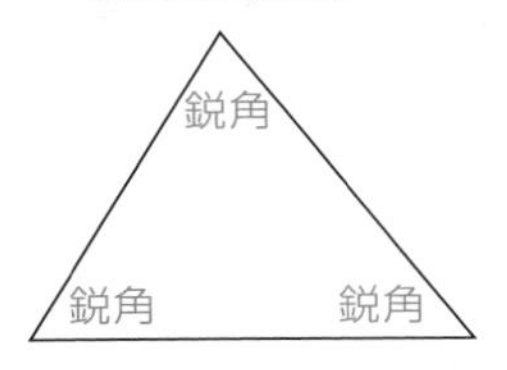

3つの内角がすべて鋭角である三角形

直角三角形

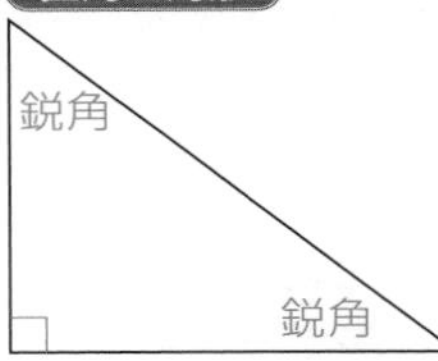

1つの内角が直角である三角形

鈍角三角形

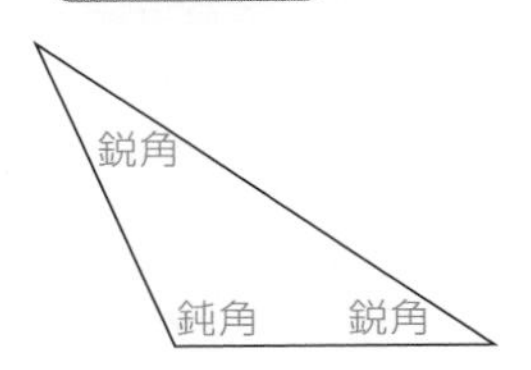

1つの内角が鈍角である三角形

ポイント　**鋭角と鈍角**

❶ **鋭角**：0°より大きく90°より小さい角。

❷ **鈍角**：90°より大きく180°より小さい角。

第3節　多角形の内角と外角

1　多角形の内角の和

第2節で三角形の内角や外角について学習したけれど，ここでは**多角形**の内角や外角について学習するよ。まずは**内角**から。

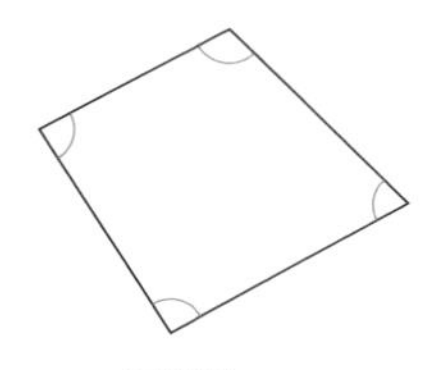
四角形

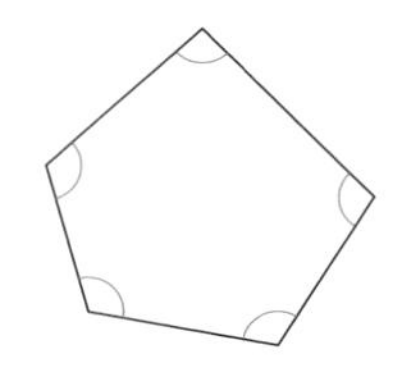
五角形

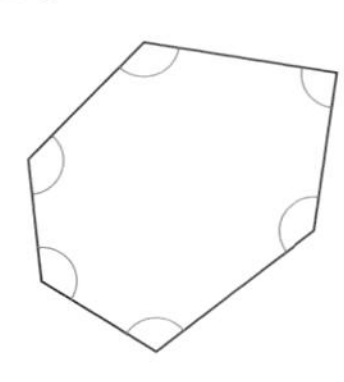
六角形

…

ここで大切なのは，多角形は，1つの頂点からひいた対角線によって，いくつかの三角形に分けることができるということだよ！

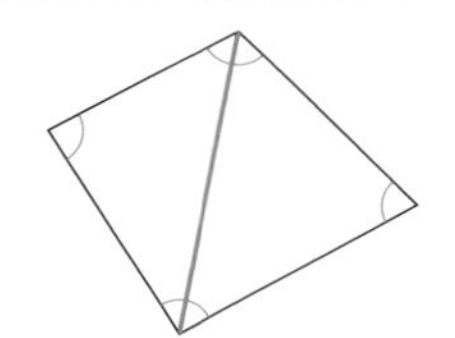
四角形
三角形2個
内角の和は，
$180^\circ \times 2 = 360^\circ$

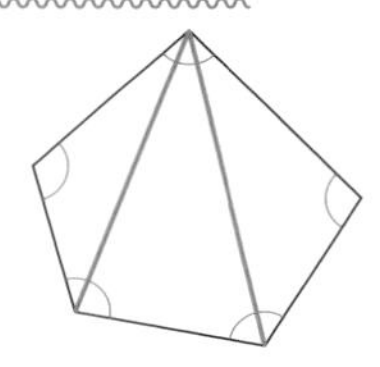
五角形
三角形3個
内角の和は，
$180^\circ \times 3 = 540^\circ$

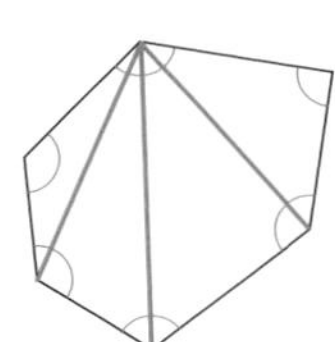
六角形
三角形4個
内角の和は，
$180^\circ \times 4 = 720^\circ$

…

上の図のように考えると，

(四角形の内角の和) = (三角形の内角の和) ×2
(五角形の内角の和) = (三角形の内角の和) ×3
(六角形の内角の和) = (三角形の内角の和) ×4

になっていることがわかるね。

対角線で分けた三角形の数が，四角形だと2個，五角形だと3個，六角形だと4個……いつも，多角形の頂点の数よりも2個少なくなってるんじゃない？

するどい！　n角形は，1つの頂点からひいた対角線によって，$(n-2)$個の三角形に分けることができるよ。そして，次のことがいえるんだ。

n角形の内角の和は，$180°\times(n-2)$

含まれる三角形の数

例題 1

右の図で，印をつけた角の和を求めよ。

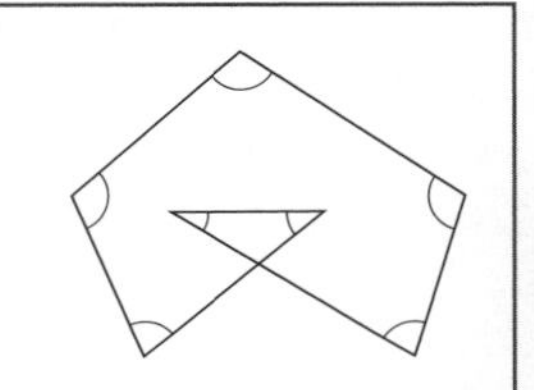

解答と解説

下の図のように，補助線をひいて記号を定める。

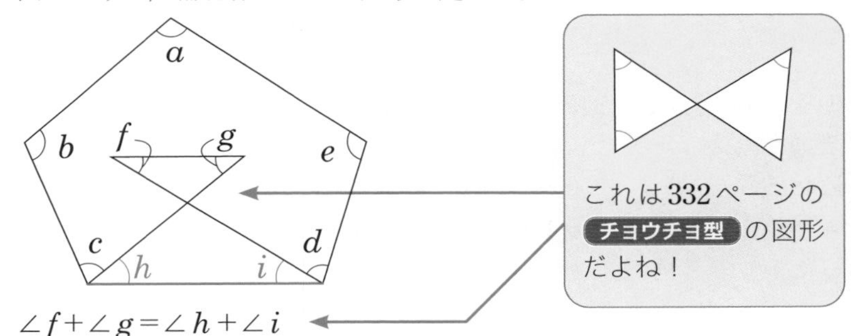

$\angle f+\angle g=\angle h+\angle i$

したがって，求める角の和は，

$\angle a+\angle b+\angle c+\angle d+\angle e+\angle f+\angle g$

$=\angle a+\angle b+\angle c+\angle d+\angle e+\angle h+\angle i$

$=180°\times(5-2)$

$=540°$ 答

これは五角形の内角の和だね！

ポイント　**多角形の内角の和**

$(n$角形の内角の和$)=180°\times(n-2)$

2 多角形の外角の和

今度は，**外角**について考えてみるよ。

多角形のそれぞれの頂点には，外角が2つずつできるよね。各頂点の外角

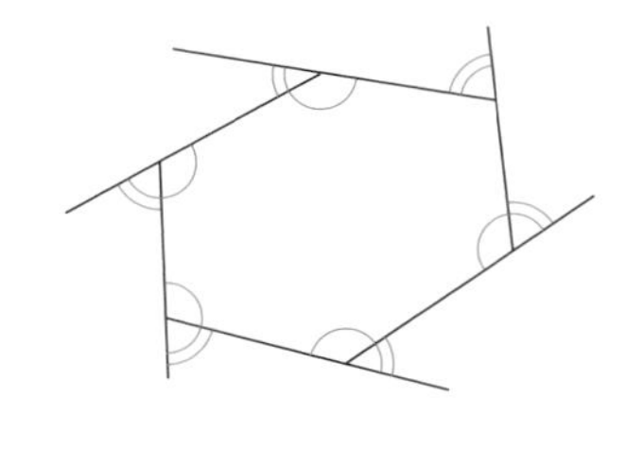

を1つずつとってたした和のことを，多角形の外角の和というよ！

たとえば，右の図のような六角形を考えてみよう。各頂点における1つの内角と，となり合った1つの外角の和は，180°になっているね。頂点は6か所あるから，

$$(\text{六角形の内角の和})+(\text{六角形の外角の和})=180^\circ\times 6$$

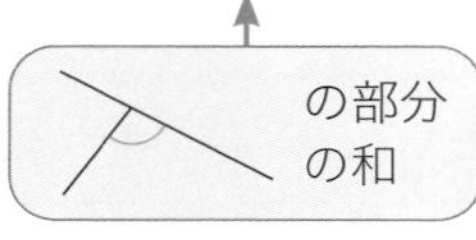

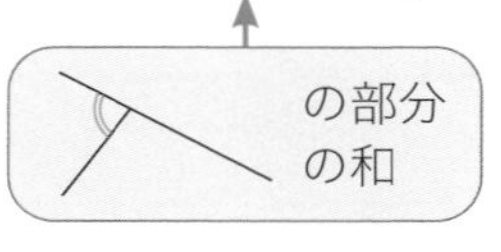

内角の和を右辺に移項して，

$$\begin{aligned}(\text{六角形の外角の和})&=180^\circ\times 6-(\text{六角形の内角の和})\\&=180^\circ\times 6-180^\circ\times(6-2)\\&=360^\circ\end{aligned}$$

六角形の内角の和は，
$180^\circ\times(6-2)$

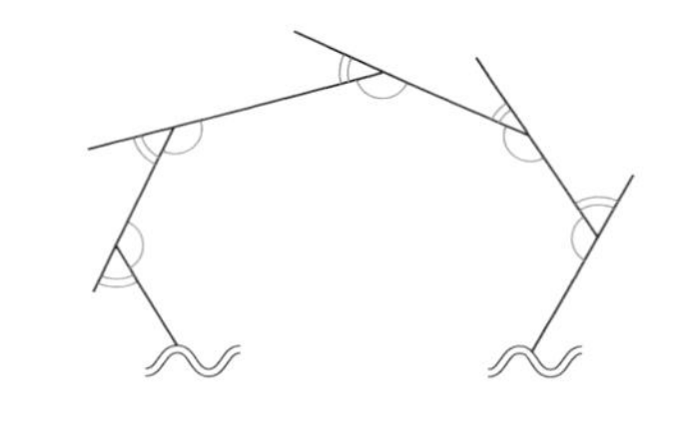

この考え方で，文字を使って，一般的に成り立つ法則を考えてみよう。n角形の外角の和を，どう表せるかな？

n角形でも，各頂点での1つの内角と，となりあった1つの外角の和は，180°になっているね。

n角形では，頂点はnか所あるから，

$$(n\text{角形の内角の和})+(n\text{角形の外角の和})=180^\circ\times n$$

内角の和を右辺に移項して，

$$(n\text{角形の外角の和})=180^\circ\times n-(n\text{角形の内角の和})$$

n角形の内角の和は，
$180^\circ\times(n-2)$
だよね！ 1 で学習したことが使える♪

す，すばらし〜〜〜い♪

$$\begin{aligned}(n\text{角形の外角の和})&=180^\circ\times n-180^\circ\times(n-2)\\&=180^\circ\times n-180^\circ\times n+180^\circ\times 2\\&=360^\circ\end{aligned}$$

あれ？　六角形のときと同じで，n角形の外角の和も360°になったよ！

そうなんだ。内角については，三角形の内角の和は180°，四角形の内角の和は360°と，頂点の数が増えるほど内角の和は大きくなっていったけれど，外角については，頂点の数が増えても，外角の和はつねに360°なんだよ！

例題 2

1つの外角の大きさが30°である正多角形の内角の和を求めよ。

考え方

この問題のポイントは，「正」多角形というところだよ！　**正多角形**とは，すべての辺の長さが等しく，すべての内角の大きさが等しい多角形のことだ。「すべての内角の大きさが等しいから，すべての外角の大きさも等しい」ということを利用するよ！

解答と解説

多角形の外角の和は360°であるから，この正多角形の頂点の数は，

$360° \div 30° = 12$（個）

したがって，この多角形は，正十二角形である。

その内角の和は，

$180° \times (12 - 2) = 1800°$　答

すべての角の大きさは等しいから，外角の和（360°）を1つの外角の大きさ（30°）でわれば，頂点の数がわかるね！

ポイント　多角形の外角の和

多角形の外角の和は，つねに**360°**である。

中学1年　中学2年　中学3年

第 4 節　三角形の合同

1　合同な図形

図形の合同(ごうどう)については，小学校のときに学習しているよね。

2つの図形がぴったりと重なるとき，その2つの図形は合同であるって習ったよ。

そうだね。中1／第5章／第2節でも学習したけれど，このとき，

ぴったりと重なる頂点どうし　➡　対応する頂点
ぴったりと重なる辺どうし　➡　対応する辺
ぴったりと重なる角どうし　➡　対応する角

というよ！

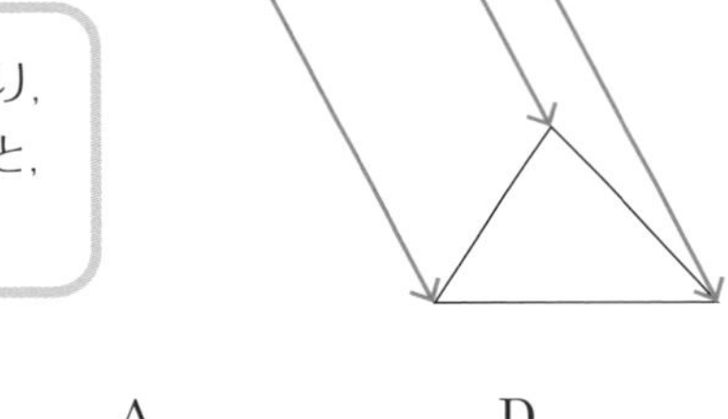

合同って，向きがちがったり，裏返しになってたりすると，見つけづらいんだよね〜

対応する等しい辺や角に着目することが大切だよ！

たとえば△ABCと△DEFが合同であることを，合同の記号「≡」を使って，次のように表すよ。

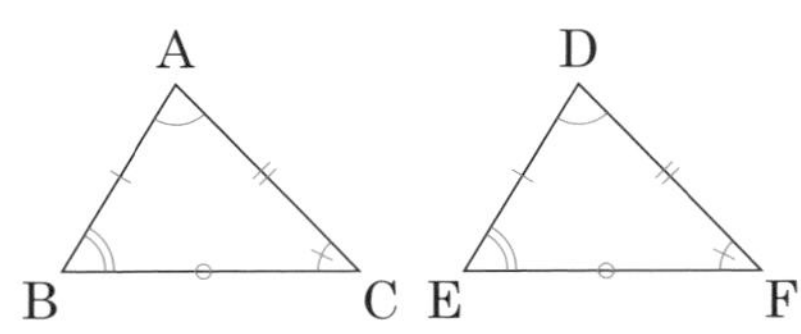

△ABC ≡ △DEF

AとD，BとE，CとFが，それぞれ対応しているよ。対応する頂点の記号を，同じ順番でかかなきゃいけないから，気をつけて！

ポイント　合同な図形

合同な図形では，対応する頂点・辺・角が等しい。

2 三角形の合同条件

では，2つの三角形が合同になるためには，どんな条件がそろわなければならないのか，考えてみよう。右の図のような△ABCと△DEFは，どんな条件がそろったときに，合同だといえるかな？

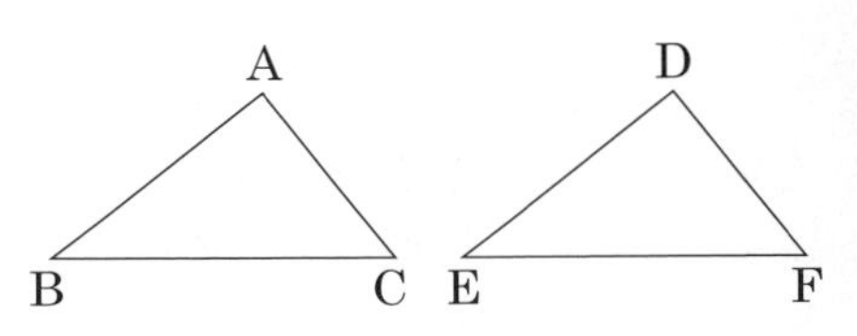

ぴったり重ならなきゃいけないんでしょ……まず，

BC＝EF

は絶対必要だよね。これがあれば，頂点Bと頂点E，頂点Cと頂点Fをぴったり重ねることができる！　あとは，頂点Aと頂点Dをぴったり重ねなきゃいけないんだよね。だったら，

AB＝DE

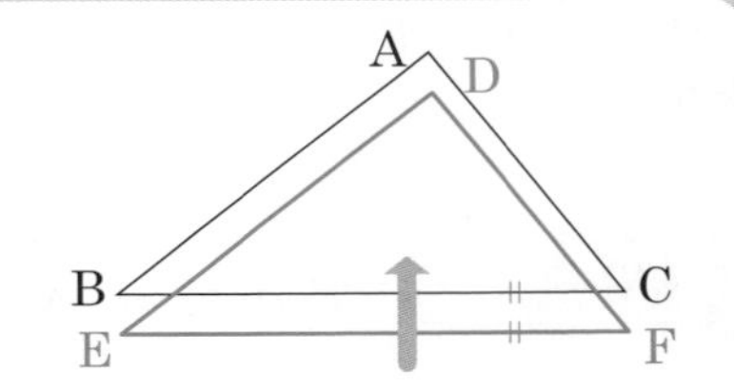

それだけでいいかな？　それだけだと，右のように，頂点Aと頂点Dが重ならない場合も出てくるよ。

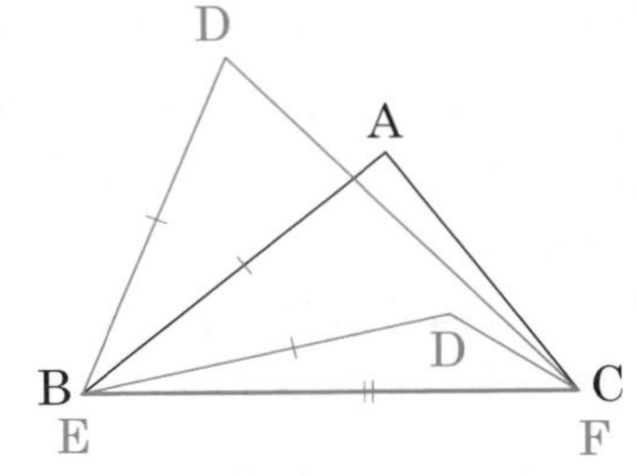

あっ，そうか……∠Bの大きさと∠Eの大きさが，同じにならなきゃいけないんだ！　だから，

∠B＝∠E

うん，そうだね！

BC=EF，AB=DE，∠B=∠E

という条件がそろえば，2つの三角形はぴったりと重なりそうだね。この，

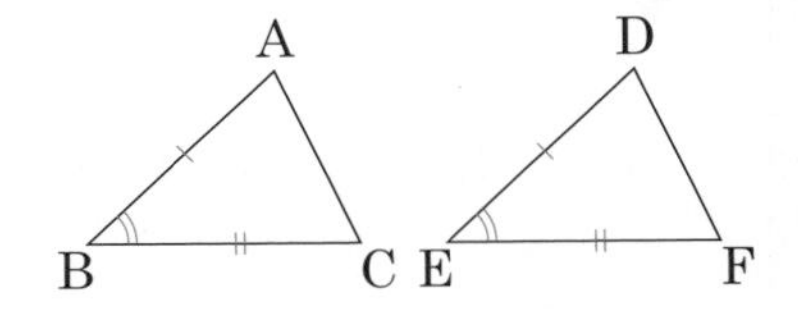

2組の辺とその間の角が，それぞれ等しい

という条件は，**三角形の合同条件**(ごうどうじょうけん)（合同になる条件）の1つなんだよ。

合同条件は，これだけじゃないんだ。さっきと同様に，まず，

BC=EF

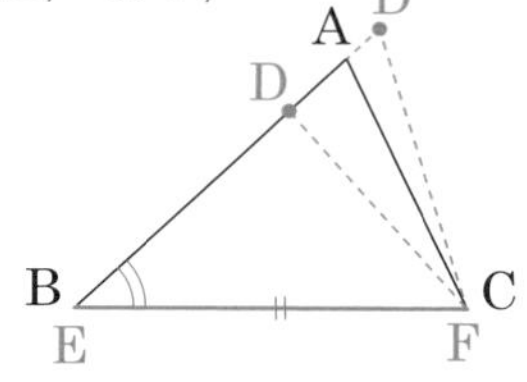

とすれば，頂点Bと頂点E，頂点Cと頂点Fが一致するね。さらに頂点Aと頂点Dを一致させたいわけだけれど，ここで，

∠B=∠E

だけ決めて，もう1つ，「AB＝DE」以外の条件で合同をつくれるよ。考えてみて！

う～ん……「AB＝DE」以外で，頂点Aと頂点Dをぴったり重ねるには……そうだ，

∠C＝∠F

になっていればいいんじゃない？

そのとおり！

BC＝EF，∠B=∠E，∠C=∠F

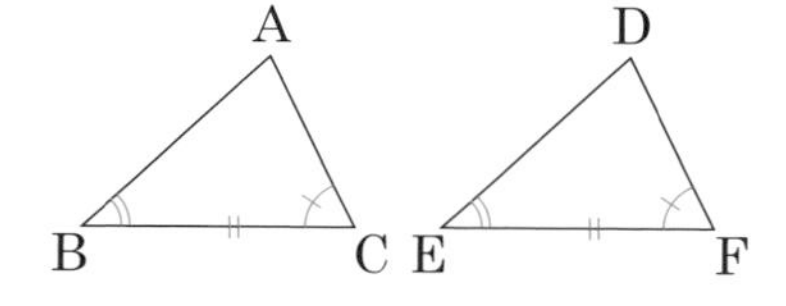

という条件でも，2つの三角形はぴったりと重なりそうだね。この，

1組の辺とその両端の角が，それぞれ等しい

も，三角形が合同になる条件の1つなんだ。

合同条件にはもう1つ，

3組の辺が，それぞれ等しい

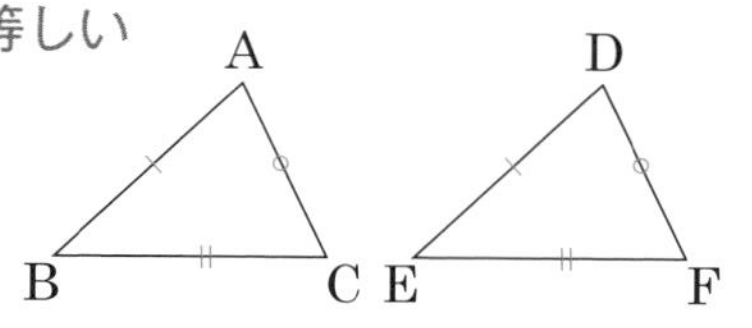

というものもあるよ。

三角形の合同条件

2つの三角形は，次の❶～❸のいずれかが成り立つとき，合同である。

❶ 3組の辺が，それぞれ等しい。

❷ 2組の辺とその間の角が，それぞれ等しい。

❸ 1組の辺とその両端の角が，それぞれ等しい。

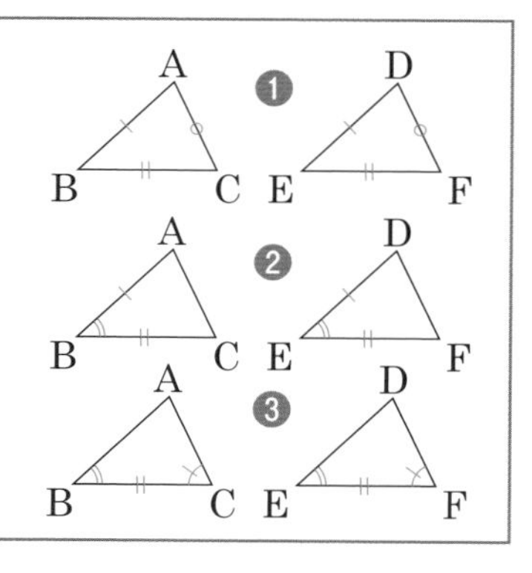

例題

下の6つの三角形の中から，合同な三角形を見つけ出し，記号「≡」を使って表せ。また，それぞれの合同条件を答えよ。

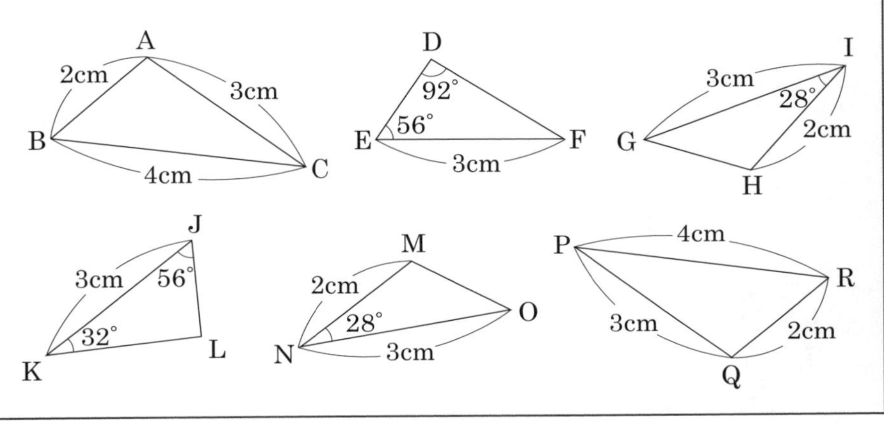

解答と解説

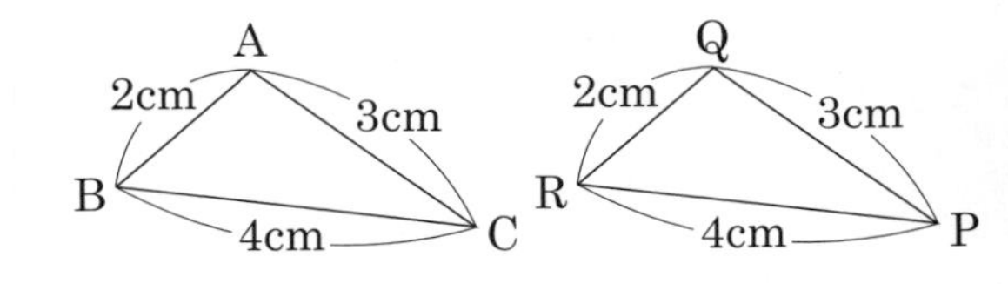

△ABCと△QRPで，

AB＝QR＝2 cm

AC＝QP＝3 cm

BC＝RP＝4 cm

3組の辺がそれぞれ等しいので，

△ABC≡△QRP

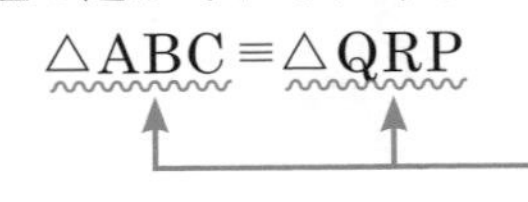

AがQに，BがRに，CがPに対応しているよね。だから，並べる順番を同じにしなければならないよ！

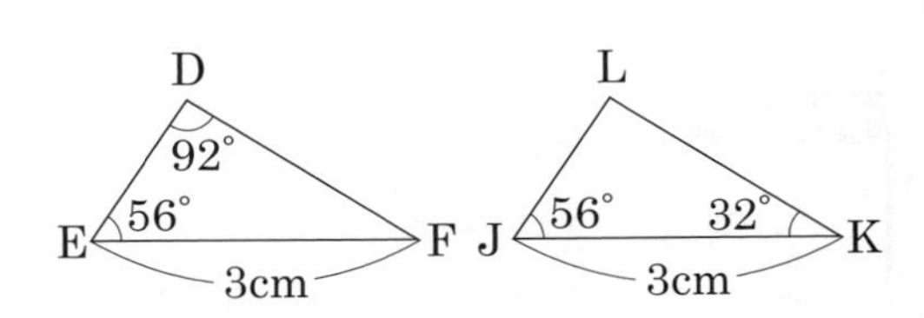

△DEFと△LJKで，

EF＝JK＝3 cm

∠E＝∠J＝56°

∠F＝180°－(92°＋56°)

＝32°

＝∠K

1組の辺とその両端の角がそれぞれ等しいので，

△DEF≡△LJK

△MNOと△HIGで，

MN＝HI＝2 (cm)

NO＝IG＝3 (cm)

$\angle$N＝$\angle$I＝28°

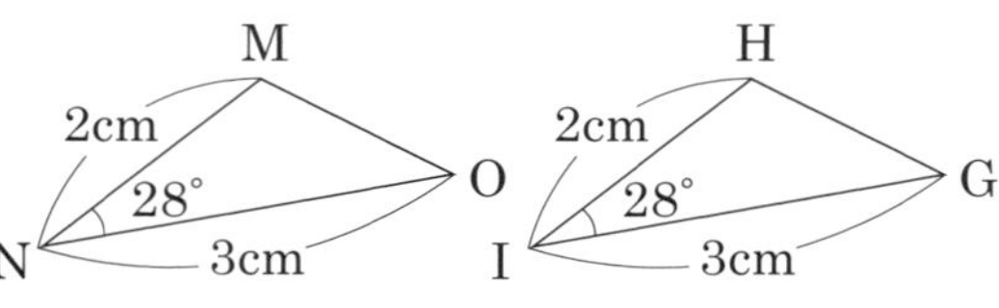

2組の辺とその間の角がそれぞれ等しいので，

△MNO≡△HIG

以上より，

△ABC≡△QRP　（3組の辺がそれぞれ等しい）答

△DEF≡△LJK　（1組の辺とその両端の角がそれぞれ等しい）答

△MNO≡△HIG　（2組の辺とその間の角がそれぞれ等しい）答

やっぱり，向きがちがっていると，見つけるのが難しいよね。

たしかにね。合同な図形を解答のようにかくときには，対応順に気をつけなきゃいけないんだけど，角度や辺の長さに着目してかくのがおススメだよ。

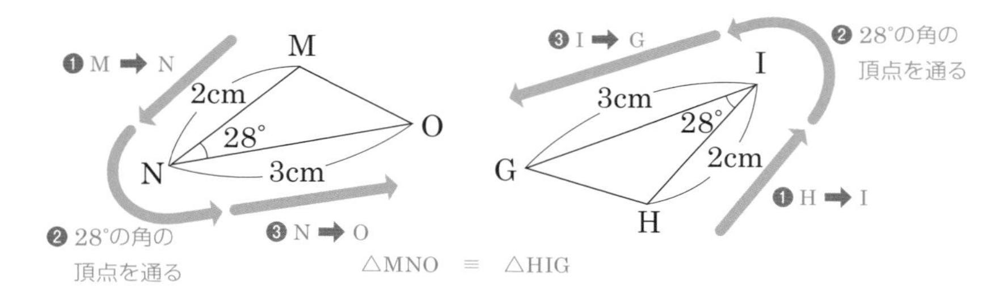

ポイント　三角形の合同条件

三角形の合同条件は，

❶　3組の辺が，それぞれ等しい。

❷　2組の辺とその間の角が，それぞれ等しい。

❸　1組の辺とその両端の角が，それぞれ等しい。

第5節　証　明

1　証明の進め方 ❶――仮定と結論

ここでは，これまでも何度かふれてきた「証明」を，本格的に学習するよ！

証明とは，あることがらが成り立つことを，すでに正しいと認められていることがらを根拠(こんきょ)として，すじ道を立てて明らかにすることをいうんだ。具体的に証明問題を解きながら，解説していくね。

例　右の図のように，2つの線分AB，CDが点Oで交わっている。このとき，AO＝BO，CO＝DOならば，AC＝BDであることを証明せよ。

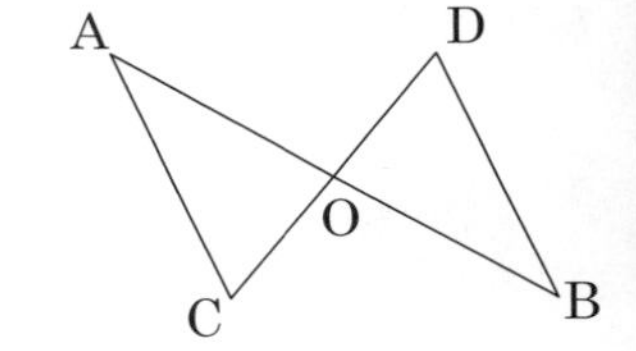

「すじ道を立てて明らかにする」というのは，

❶　与えられてわかっていること（仮定(かてい)）

❷　❶からみちびけること

から，結論が正しいことを明らかにすることだよ。

この 例 の場合，❶「与えられてわかっていること」って何だと思う？

問題にある，
AO＝BO，CO＝DO
じゃないかな……

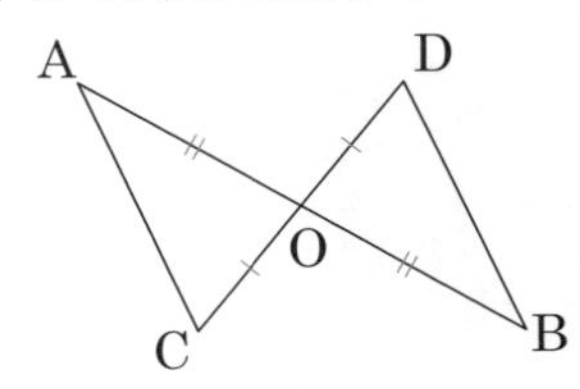

なるほど。「AC＝BD」もかいてあるけれど，いいの？

それは，「これから証明すること」だから，「わかっていること」にしちゃダメだと思う！

おっ，すばらしい！　そのとおりだよ。例 の，

AO＝BO，CO＝DO（ア）　ならば，　AC＝BD（イ）　である

で，(ア)の部分は，「与えられてわかっていること」で，**仮定**というよ。

そして(イ)の部分は，(ア)からみちびいてこれから明らかにしようとしていることだね！　これを**結論**(けつろん)というよ。

図形の性質を「証明」するときは，仮定からスタートして，結論をみちびいて明らかにすればいいんだ！　だから，証明問題で，仮定と結論を把握することは，とっても大切だよ。

●●●　ならば，■■■

という形で述べられていれば，

●●●にあたる部分　➡　仮定

■■■にあたる部分　➡　結論

となっているよ！

では，この 例 で，与えられてわかっていることから，どういったことをみちびけば，結論を明らかにできるかな？

う〜ん,「AO＝BO，CO＝DO からみちびけること」を使って,「AC＝BD」を明らかにすればいいんだよね……

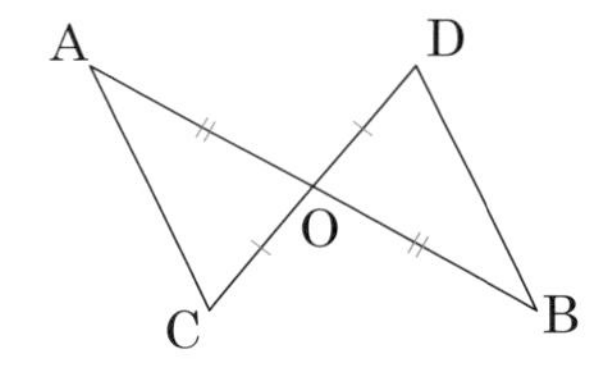

第４節で，**合同**を学んだよね。利用できないかな？

わかった！　「△OAC≡△OBD」をみちびくことができれば，合同な図形の対応する辺は等しいから,「AC＝BD」を示せる♪

よく気がついたね。これから学ぶ証明問題のうち多くの場合では，

与えられてわかっていること（仮定）から，2つの三角形が合同であることを証明する

ことによって，結論をみちびいていくよ。さあ，証明のかき方を説明するね。

最初に,「証明」とかこう！

そのうえで，これから合同を証明する2つの三角形をかくよ。

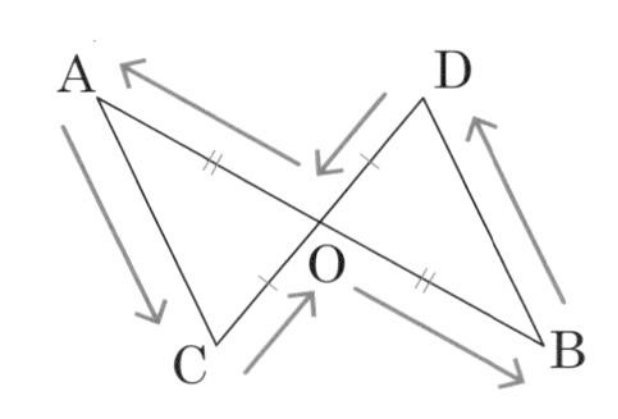

次に，与えられてわかっていること（仮定）をかいていくよ。

仮定より， AO＝BO ……①
CO＝DO ……②

番号をつけて整理しておくと，あとで使いやすいんだ！

「仮定より」って，「与えられてわかっていることから」って意味でしょ。問題にかいてあるのに，わざわざかく必要あるの？

証明では，必ず根拠をかいていくよ。「問題にかいてあるから」といって，根拠を省いてはいけないんだ。

さて，①と②で，三角形の2組の辺がそれぞれ等しいことがわかったね。合同を示すには，あとは，間の角が等しいことをいえればいいね！

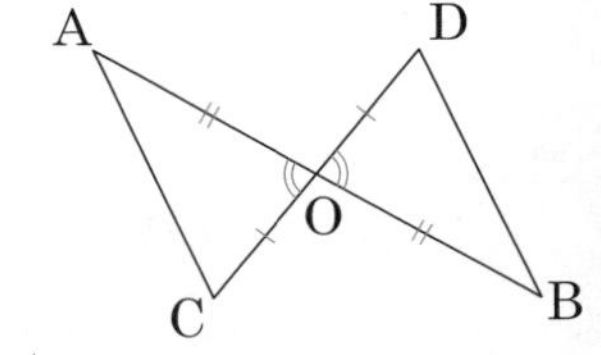

また，対頂角は等しいので，
∠AOC＝∠BOD ……③

対応順にはつねに注意！　また，最初に「△OACと△OBDで」とかいたから，あとはずっとこの順番どおりに，△OACのことは左辺に，△OBDのことは右辺にかくよ！

「∠AOC＝∠BOD」とだけかいちゃダメなんだね。ちゃんと，「対頂角は等しいから」というふうに根拠をかくのが大切なんだね！

そうだよ。さあ，①・②・③から，「△OAC≡△OBD」がみちびけるね！ちゃんと合同となる根拠（合同条件）を正しくかくんだよ。

①・②・③より，2組の辺とその間の角がそれぞれ等しいので，
△OAC≡△OBD

やった〜，合同を証明できたよ！　これでマルがもらえるね♪

お〜い，ちょっと待った！　たしかに「2つの三角形が合同であること」は証明できたけれど，まだ，結論が明らかになっていないよ。「AC＝BD」であることまで，根拠を示していう必要があるんだ。

> **合同な図形では，対応する辺は等しいので，**
> 　AC＝BD　証明終わり

これが証明なんだ！　ちゃんとしたかき方を，何度もくり返し練習することが，かけるようになる一番の近道だよ。

じゃあ，あらためて，例の証明をまとめるね。

証　明

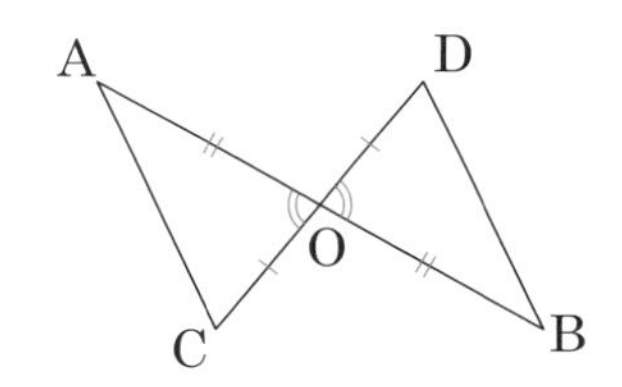

△OAC と△OBD で，
仮定より，AO＝BO　……①
　　　　　CO＝DO　……②
また，対頂角は等しいので，
　∠AOC＝∠BOD　……③

①・②・③より，2組の辺とその間の角がそれぞれ等しいので，
　△OAC≡△OBD
合同な図形では，対応する辺は等しいので，
　AC＝BD　証明終わり

ポイント　**証明とは何か**

証明：あることがらが成り立つことを，すでに正しいと認められていることがらを根拠として，すじ道を立てて明らかにすること。

これから学ぶ証明問題のうち多くの場合では，与えられてわかっていること（**仮定**）から，2つの三角形が合同であることを証明することによって，**結論**をみちびいていく。

2 証明の進め方 ❷——結論に着目

ドラマで，刑事モノは好き？　推理小説は読んだことがあるかな。

好き好き好き♪　いつも，「えっ，この人が犯人だったんだー」ってなるよ。「そういえば，あのときの行動が奇妙だったな」とか，あとからわかることがとってもおもしろいよ。

うん，そうだよね。ドラマの刑事は，1つひとつ手がかりを集めて，犯人をつきとめるよね。そしてたしかに，犯人がわかってからのほうが，動機や，行動のおかしな点が，より明確になるよね。

じつは，**証明**問題も，**仮定**からスタートして**結論**をみちびいていくんだけれど，問題が複雑になると，その道すじが簡単に発見できないことも多いんだ。そこで逆に，「犯人」にあたる結論からスタートして道すじを探るのも，有効な手段になるよ。

つまり，「『この人が犯人だ』というためには，何がわかるといいか」を考えるみたいに，「この結論をみちびくためには，何がわかるといいか」を探るんだ！

例　右の図は，AD // BCの四角形ABCDで，辺CBの延長上に，AD＝BEとなる点Eをとったものである。ABとDEとの交点をFとするとき，点FはABの中点であることを証明せよ。

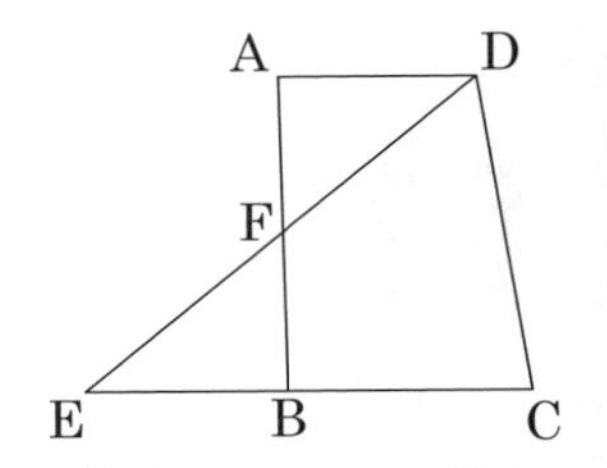

証明は，かいてみることが何よりも大切！　できた答案を見せて。厳し～くチェックするよ♪

えっと，先生がいったように，「この結論をみちびくためには，何がわかるといいか」を考えようと思ったの。それで，「点FがABの中点である」という結論をみちびくためには，「△ADFと△BEFが合同である」といえばいいかなって……。

生徒の証明

△ADFと△BEFで,
仮定より, AD＝BE ……①
錯角は等しいので,
　∠FAD＝∠FBE ……②
　∠FEB＝∠FDA ……③

①・②・③より, 1組の辺とその両端の角がそれぞれ等しいので,
　△ADF≡△BEF
合同な図形では, 対応する辺は等しいので,
　AF＝BF **証明終わり**

むむむ, 初めてでここまでかけるのはすばらしい！
まず結論に着目して,「△ADFと△BEFの合同を証明すればいい」と気がついたのは, さすがだね！ でも, 次のところはミスだね。

> 錯角は等しいので,
> 　∠FAD＝∠FBE ……②

えっ, わかんない！ どこが間違っているの？ 対応順はあっているし, ちゃんと「錯角は等しい」っていう根拠もかいたし……。

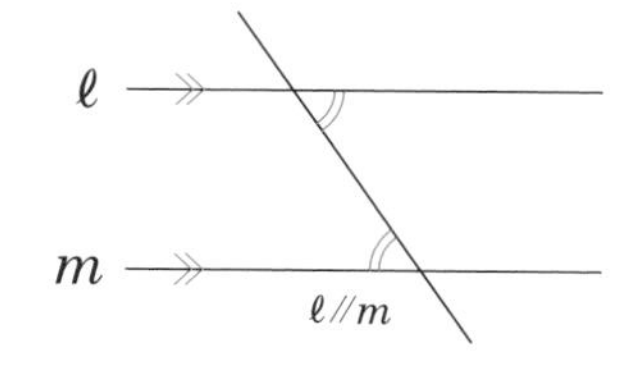

そこだよ！ 錯角は, いつでも等しいわけではないよ。右の図のように, 2つの直線が平行になっているときだけ, 錯角は等しくなるんだったよね(327ページ)。だからここを正しく直すと,

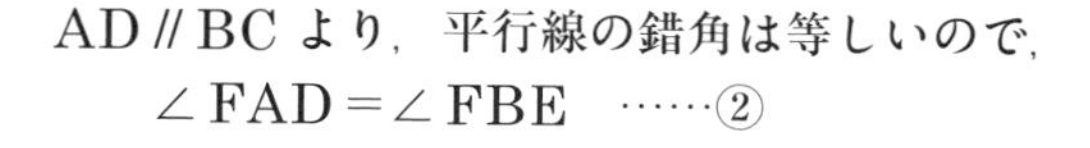

AD // BC より, 平行線の錯角は等しいので,
　∠FAD＝∠FBE ……②

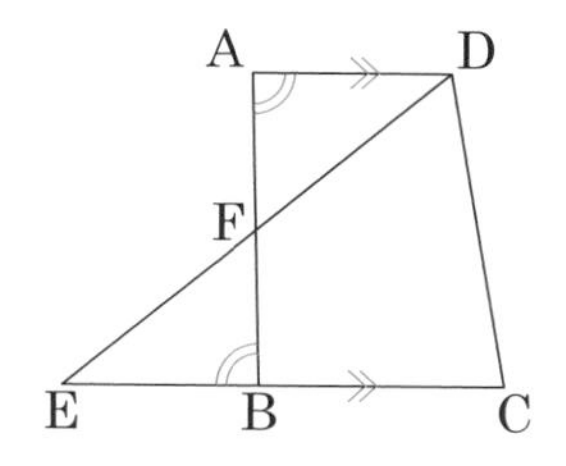

なるほど……たしかに，2直線が平行じゃなくちゃ，錯角は等しくないもんね。正確にかかなくちゃいけないんだね。

そうなんだ！　あともう1つミスがあるよ。これも，よほど気をつけないと間違えちゃうんだよね。

∠FEB＝∠FDA　……③

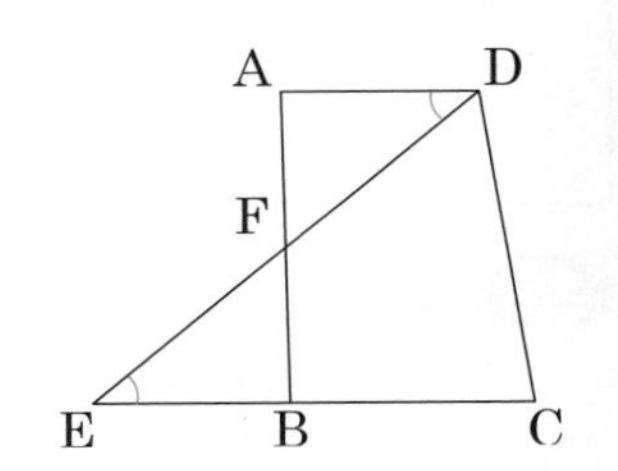

え？　対応順，あってる気がするけど……。

証明は，「△ADFと△BEFで，」で始まっているよね。だから，△ADFの角は左辺に，△BEFの角は右辺にかくべきなんだよ。正しくかくと，

∠FDA＝∠FEB　……③

あとは，証明の最後について。問題は「点FはABの中点であることを証明せよ」だから，これに答える形で，

したがって，点FはABの中点である。 証明終わり

とかけるといいね！　じゃあ，正しいかき方でまとめるよ。

証　明

△ADFと△BEFで，
仮定より，AD＝BE　……①
AD // BCより，平行線の錯角は等しいので，
∠FAD＝∠FBE　……②
∠FDA＝∠FEB　……③

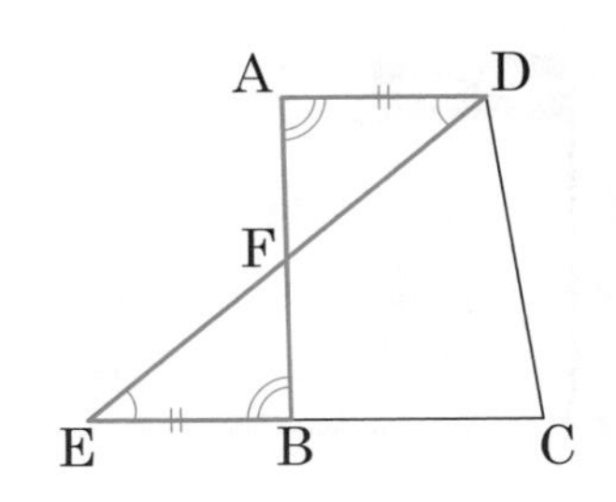

①・②・③より，1組の辺とその両端の角がそれぞれ等しいので，

$\triangle ADF \equiv \triangle BEF$

合同な図形では，対応する辺は等しいので，

$AF = BF$

したがって，点FはABの中点である。 証明終わり

例題

右の図のような四角形ABCDで，AB＝AD，BC＝DCならば，∠ABC＝∠ADCであることを証明せよ。

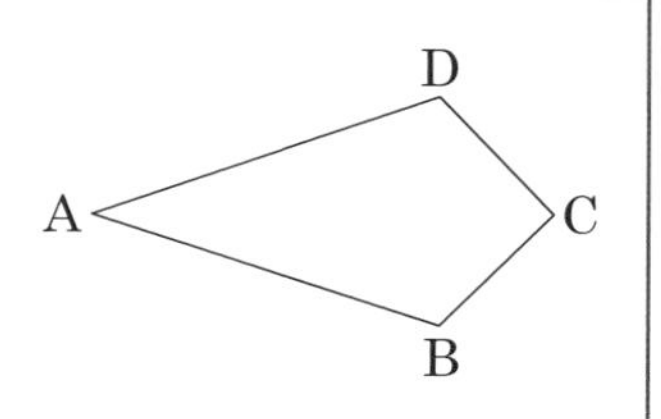

考え方

「∠ABC＝∠ADC」という結論をみちびくために，頂点Aと頂点Cを結んで△ABCと△ADCをつくり，これらが合同になることを証明しよう！

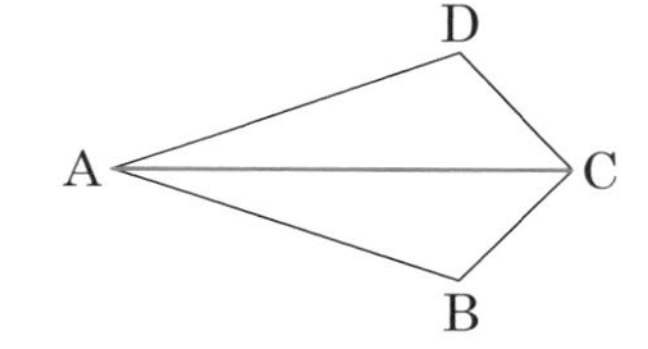

証　明

頂点Aと頂点Cを結んでできた△ABCと△ADCで，

仮定より，AB＝AD　……①

BC＝DC　……②

また，共通な辺であるから，

AC＝AC　……③

①・②・③より，3組の辺がそれぞれ等しいので，

$\triangle ABC \equiv \triangle ADC$

合同な図形では，対応する角は等しいので，

$\angle ABC = \angle ADC$ 証明終わり

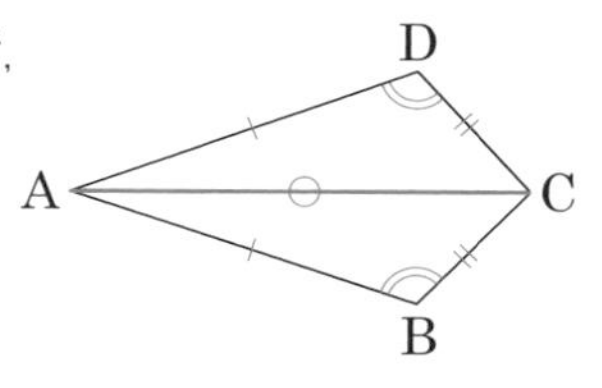

ACという辺は，△ABCにも△ADCにもある辺だよね。こういうとき，「共通」という表現を使うよ。覚えておこう！

ポイント　証明問題の解き方

証明問題は，**仮定**からスタートして**結論**をみちびいていくが，問題が複雑な場合，「この結論をみちびくためには，何がわかるとよいか」を考えてみるのも，有効な手段である。

第 1 節　三角形❶――二等辺三角形

1　定義と定理

ここからの第5章では，これまでにも出てきたいろいろな三角形や四角形を，1つひとつていねいに学びなおしていくんだけれど，その前に，2つの大事な言葉を押さえておくよ。「定義(ていぎ)」と「定理(ていり)」だ。

❶ 定義：言葉の意味をはっきり述べたもの。
❷ 定理：証明されたことがらのうち，基本となるもの。

具体例を挙げながら説明していくよ。たとえば，二等辺三角形の「定義」といったら，「二等辺三角形とは，どのような図形か？」ということだよ。

それなら，知ってるよ！ 「二等辺三角形」は，「2つの辺の長さが等しい三角形」だよね。

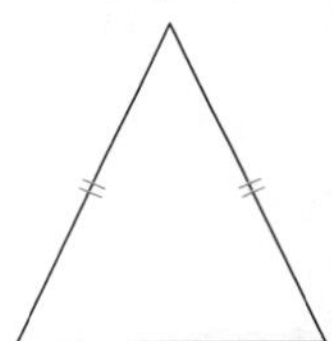

そう！　まさにそれが二等辺三角形の「定義」なんだ。ところで，二等辺三角形では，角についての性質で知っていることがあるよね。小学校の算数でも学習しているけれど，覚えているかな？

うん，2つの角が等しくなるよ♪

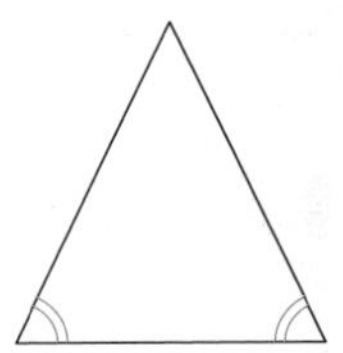

そうだったね。その性質は，「定義」をもとに**証明**されているんだよ。これが「定理」！　定理は，「証明されたことがらのうち，基本となるもの」と説明されるんだけれど，「基本」とは，「重要」とか「よく使われる」といった意味だよ。

もう1つ例を見てみよう。このあと第3節で学習するけれど，平行四辺形の「定義」って何だと思う？

名前から見ても，辺が「平行」ってことだよね。図でかくと，こんな感じ。

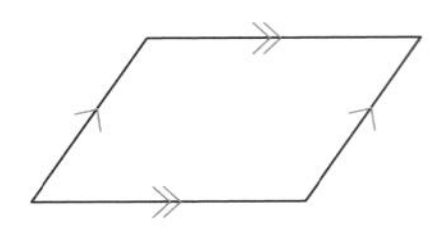

そう。正確に表現すると，「**2**組の向かいあう辺がそれぞれ平行な四角形」っていうのが，平行四辺形の定義だよ。

そして，平行四辺形にはそれ以外にも，「**2**組の向かいあう辺は，それぞれ等しい」「**2**組の向かいあう角は，それぞれ等しい」っていう性質があるよね。それらは平行四辺形の定義をもとに，正しいと証明されていて……

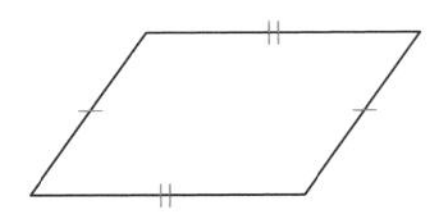

わかった！　それらは平行四辺形の「定理」でしょ！

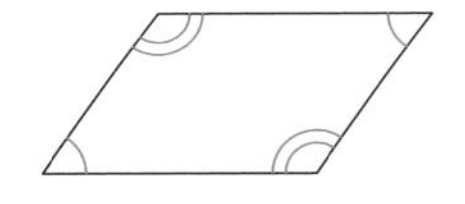

そのとおり！　平行四辺形については，第3節でくわしく学習しようね。

ポイント　**定義と定理**

❶ **定義**：言葉の意味をはっきり述べたもの。

❷ **定理**：証明されたことがらのうち，基本になるもの。

2 二等辺三角形

さあ，**二等辺三角形**からくわしく見ていこう！

二等辺三角形で，等しい辺にはさまれた角を**頂角**(ちょうかく)，頂角に対する辺を**底辺**(ていへん)，底辺の両端の角を**底角**(ていかく)というよ。

二等辺三角形

定　義　**2**辺が等しい三角形。

定理❶　二等辺三角形の**2**つの底角は等しい。

定理❷　二等辺三角形の頂角の二等分線は，底辺を垂直に**2**等分する。

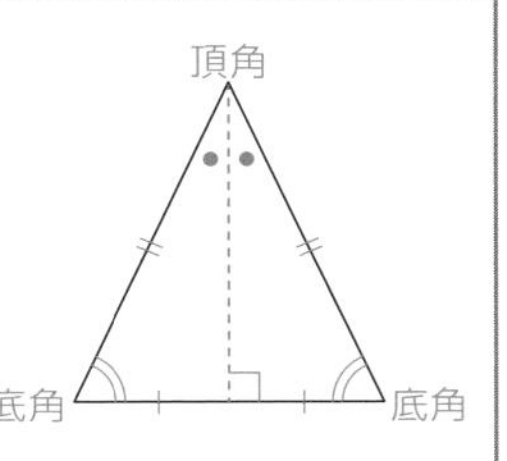

今から，定義から定理の2つを証明するよ。まずは **定理❶**，△ABCで，

AB＝AC ならば，∠B＝∠C である

「二等辺三角形である」ということ。**仮定**にあたるよ！

「2つの底角は等しい」ということ。**結論**にあたるよ！

ということを証明するね。

証　明

∠Aの二等分線をひき，BCとの交点をDとする。

△ABDと△ACDで，

2つの三角形が合同になることを利用して，対応する角が等しいことを示すよ

仮定より，AB＝AC ……①

共通な辺であるから，

AD＝AD ……②

ADは∠Aの二等分線であるから，

∠BAD＝∠CAD ……③

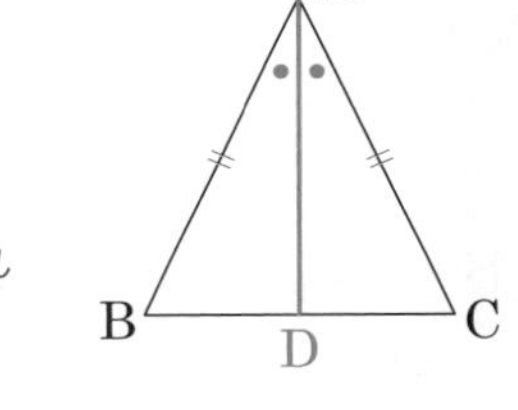

①・②・③より，2組の辺とその間の角がそれぞれ等しいから，

△ABD≡△ACD

合同な図形では，対応する角は等しいので，

∠B＝∠C

以上より，△ABCで，AB＝AC ならば，∠B＝∠C である。 **証明終わり**

上の証明の中で，「△ABD≡△ACD」が示されているね。これは，

二等辺三角形を，頂角の二等分線で2つに分けると，分けられた2つの三角形は合同になる

ということを意味しているよ！　このことも，「AB＝AC」すなわち「2辺が等しい」という二等辺三角形の定義からみちびかれているから，二等辺三角形であれば必ず成り立つんだ。

では次に，**定理❷** を証明しよう。△ABCで，∠Aの二等分線と辺BCの交点をDとするとき，

AB＝AC ならば，BD＝CD，AD⊥BC である

「二等辺三角形である」ということ。仮定にあたるよ！

「頂角の二等分線は，底辺を垂直に2等分する」ということ。結論にあたるよ！

ということを証明するよ。このとき，**定理❶** の証明の中で示された「$\triangle ABD \equiv \triangle ACD$」を利用するといいよ！

証　明

$\triangle ABD$ と $\triangle ACD$ で，$AB = AC$ のとき，
定理❶ の証明より，

$\triangle ABD \equiv \triangle ACD$

まったく同じ条件で成り立つことを，先に証明している場合は，このようにかいて利用すればOK！

合同な図形では，対応する辺の長さや角の大きさは等しいので，

$BD = CD$ ……①

$\angle ADB = \angle ADC$ ……②

また，$\angle ADB + \angle ADC = 180°$ ……③

②・③より，

$\angle ADB = \angle ADC = 90°$ ……④

①・④より，$\triangle ABC$ で，$\angle A$ の二等分線と辺 BC の交点を D とするとき，$AB = AC$ ならば，$BD = CD$，$AD \perp BC$ である。**証明終わり**

ところで，2つの辺が等しい三角形を二等辺三角形というんだよね。そして，二等辺三角形の2つの底角は等しいんだよね（**定理❶**）。だったら，「2つの角が等しい三角形は，二等辺三角形である」っていえるかな？

じつはこれも正しいと証明できるんだ。　$\triangle ABC$ で，

$\angle B = \angle C$ ならば，$AB = AC$ である

ということを証明するね。

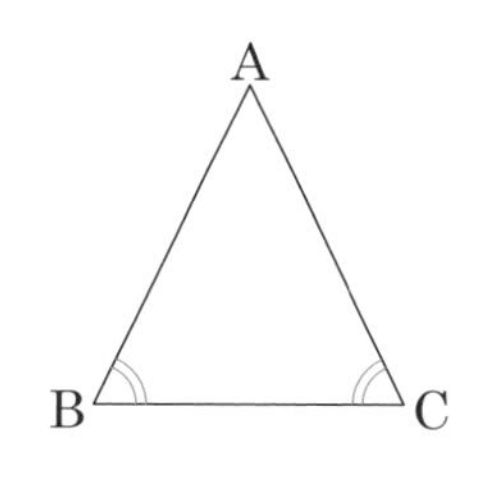

証　明

$\angle A$ の二等分線をひき，辺 BC との交点を D とする。

$\triangle ABD$ と $\triangle ACD$ で，

仮定より，$\angle B = \angle C$ ……①

AD は $\angle A$ の二等分線であるから，

$\angle BAD = \angle CAD$ ……②

また，三角形の内角の和は $180°$ であるから，

$\angle ADB = 180° - (\angle B + \angle BAD)$ ……③

$\angle ADC = 180° - (\angle C + \angle CAD)$ ……④

①・②・③・④より，

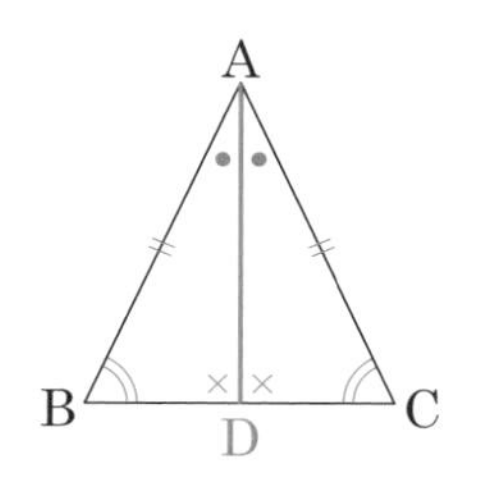

$\angle ADB = \angle ADC$ ……⑤

また，共通な辺であるから，

$AD = AD$ ……⑥

②・⑤・⑥より，1組の辺とその両端の角がそれぞれ等しいから，

$\triangle ABD \equiv \triangle ACD$

合同な図形では，対応する辺は等しいので，

$AB = AC$

以上より，$\triangle ABC$で，$\angle B = \angle C$ならば，$AB = AC$である。 証明終わり

証明できた……ってことは，「三角形の2つの角が等しかったら，必ず二等辺三角形である」っていえるんだね。

これは，二等辺三角形になる条件（定理）と呼ばれるよ。

ポイント　二等辺三角形

定義　2つの辺が等しい三角形。

定理❶　二等辺三角形の2つの底角は等しい。

定理❷　二等辺三角形の頂角の二等分線は，底辺を垂直に2等分する。

二等辺三角形になる条件

2つの角が等しい三角形は，二等辺三角形である。

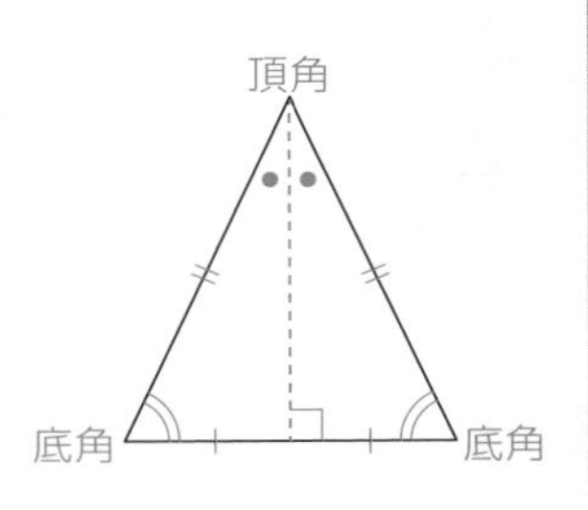

3 逆

右の図の$\triangle ABC$において，

$AB = AC$（仮定）ならば，$\angle B = \angle C$（結論）である

$\angle B = \angle C$（仮定）ならば，$AB = AC$（結論）である

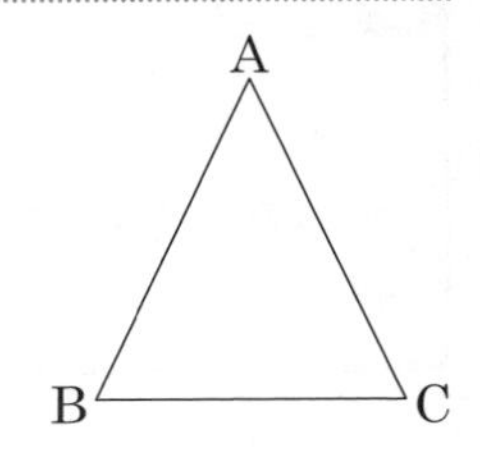

を両方証明したね。これらはお互いに，仮定と結論が入れかわっているよね。このように2つのことがらの仮定と結論が入れかわっているとき，一方を，他方の**逆**というんだ。

例 **次のことがらが正しいかどうか調べよ。また，その逆を述べ，正しいかどうか調べよ。**

△ABCで，AB＝ACならば，二等辺三角形である。

まずは，与えられたことがらの仮定と結論を整理しよう！

△ABCで，AB＝AC ならば，二等辺三角形である。
（AB＝AC：仮定　二等辺三角形：結論）

このことがら自体は，二等辺三角形の定義そのものだね！　したがって，

正しい。 答

次に，逆をつくるには，仮定と結論を入れかえればいいね！

△ABCで，二等辺三角形ならば，AB＝ACである。 答
（二等辺三角形：仮定　AB＝AC：結論）

このことがらは，正しいと思うかい？

えっ，もちろん正しいんじゃない？
……いや，待って！　△ABCが，
BA＝BC
の二等辺三角形かもしれない！

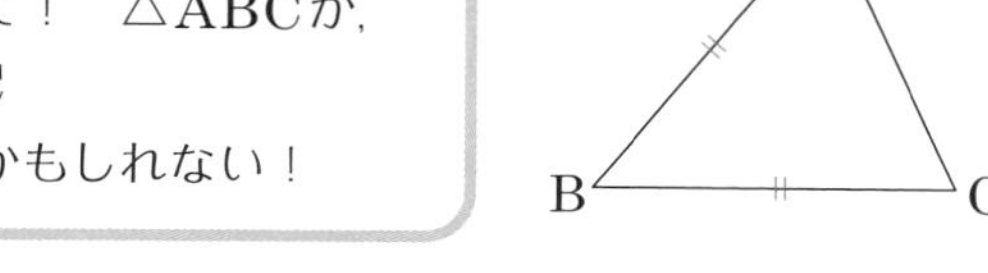

そうだね！　だから，「△ABCで，二等辺三角形ならば，AB＝ACである」とは，必ずしもいえないね。そういう場合は，

正しくない 答

と答えなければいけないよ！

仮定の条件を満たしていても，結論の条件を満たさないケース（**反例**という）がある

ポイント **逆**

2つのことがらが，仮定と結論を入れかえた関係にあるとき，一方を他方の**逆**という。あることがらが正しくても，その逆が正しいとは限らない。

4 正三角形

3つの辺が等しい三角形を，**正三角形**といったね。正三角形は，二等辺三角形の特別な場合といえるよ。

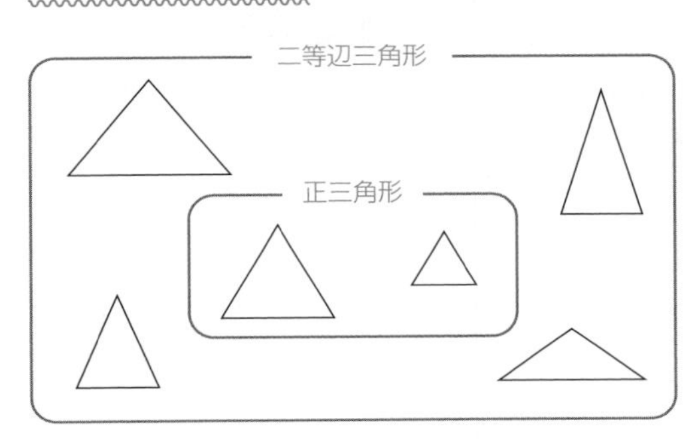

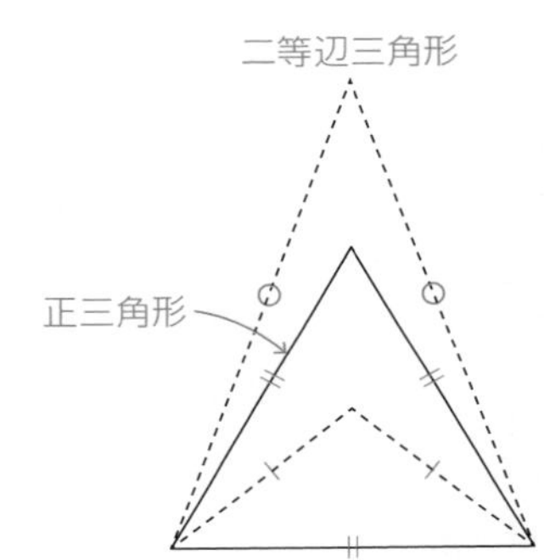

正三角形は，二等辺三角形の性質はすべてもっているんだよ。

正三角形

定　義　3つの辺がすべて等しい三角形。

定　理　正三角形の3つの角は，すべて等しい。

正三角形になる条件

3つの角がすべて等しい三角形は，正三角形である。

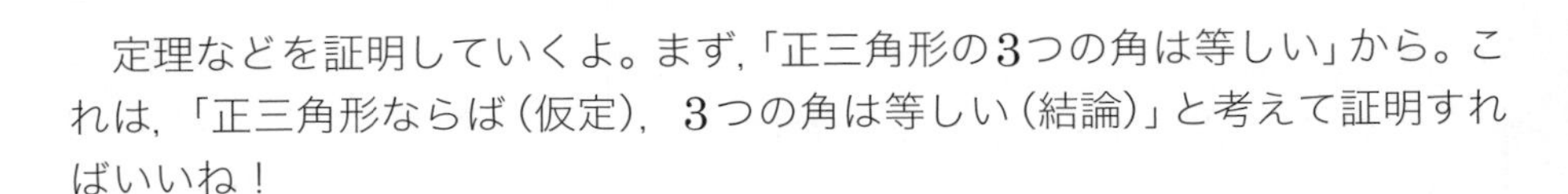

定理などを証明していくよ。まず，「正三角形の3つの角は等しい」から。これは，「正三角形ならば（仮定），3つの角は等しい（結論）」と考えて証明すればいいね！

証　明

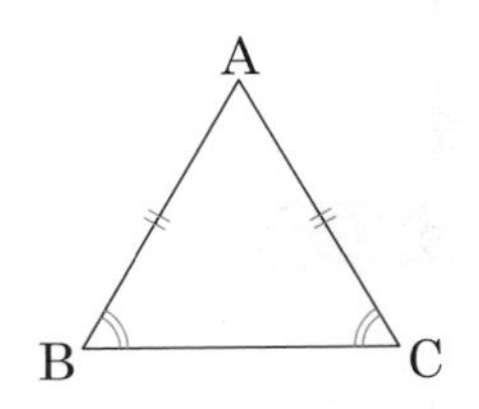

△ABCが正三角形であるとき，3つの辺は等しいので，

AB＝AC

したがって，△ABCは∠Aを頂角とする二等辺三角形である。

二等辺三角形の2つの底角は等しいので，

∠B＝∠C　……①

同様に，BA＝BCでもあるので，△ABCは∠Bを頂角とする二等辺三角形であり，

∠A＝∠C　……②

①・②より，∠A＝∠B＝∠C

以上より，正三角形の3つの角は，すべて等しい。 証明終わり

この結果と，三角形の内角の和は180°であることから，

正三角形の内角は，すべて60°である

ということがいえるよ。

続いて，「3つの角がすべて等しい三角形は，正三角形である」の証明をするよ。これは，「三角形の3つの角が等しいならば（仮定），正三角形である（結論）」と考えて証明すればいいね！

証　明

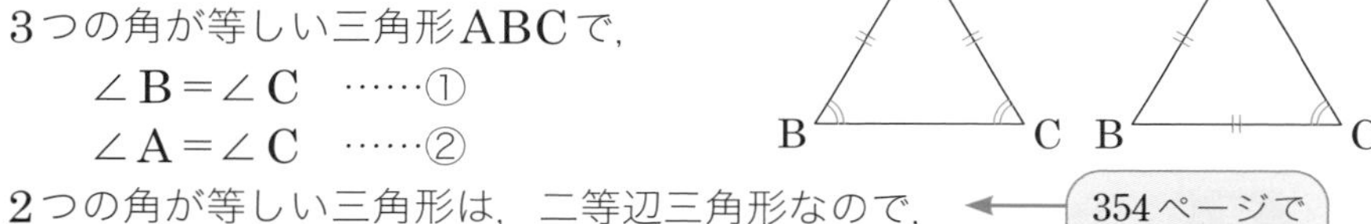

3つの角が等しい三角形ABCで，

∠B＝∠C　……①

∠A＝∠C　……②

2つの角が等しい三角形は，二等辺三角形なので，

354ページで学習したね！

①より，AB＝AC　……③

②より，BA＝BC　……④

③・④より，AB＝BC＝CA

以上より，3つの角がすべて等しい三角形は，正三角形である。 証明終わり

例題

右の図で，点Cは線分AB上の点であり，△DACと△ECBは，それぞれ線分ACと線分CBを1辺とする正三角形である。このとき，AE＝DBになることを証明せよ。

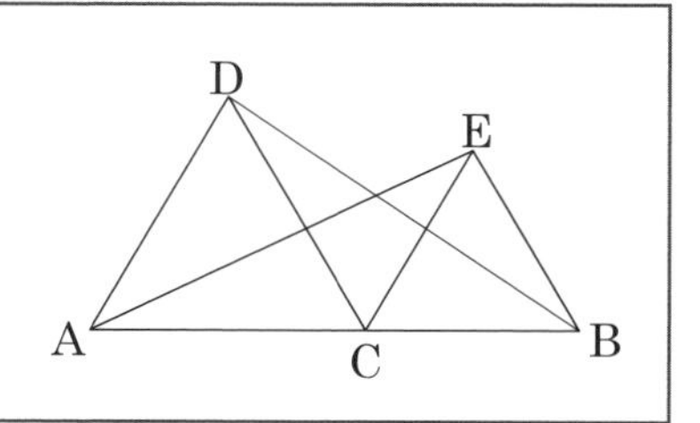

考え方

ここでも，三角形の合同を示して，「合同な図形の対応する辺は等しい」ということから「AE＝DB」を証明しよう。

AEを1辺とする三角形は，△ABE，△ACE

DBを1辺とする三角形は，△BAD，△DCB

これらのうち，△ABEと△BAD，△ACEと△DCBが，形が似ているね。でも，△ABEと△BADは，見た感じ，明らかに大きさがちがうから，合同だとはいえなそうだね。だから，△ACEと△DCBの合同を示す方針でやっていこう！

解答と解説

△ACEと△DCBにおいて，

△DACは正三角形であるから，

AC＝DC　……①

∠ACD＝60°　……②

△ECBは正三角形であるから，同様に，

CE＝CB　……③

∠ECB＝60°　……④

②・④より，

∠ACE＝∠ACD＋∠DCE
＝60°＋∠DCE
＝∠ECB＋∠DCE
＝∠DCB　……⑤

> ①・②の根拠になることだから，必ずかこう！

> 3つの辺がすべて等しいから

> 正三角形の3つの角は，すべて60°

> この式変形のかき方は大切だよ！　覚えておこう

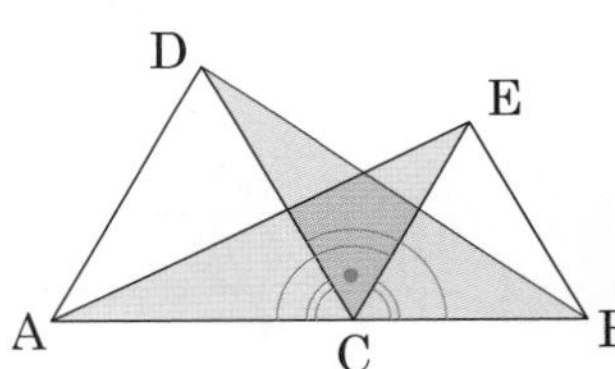

①・③・⑤より，2組の辺とその間の角がそれぞれ等しいから，

△ACE≡△DCB

> 三角形の合同条件だよ。必ずかこう

合同な図形では，対応する辺は等しいので，

AE＝DB　**証明終わり**

ポイント　**正三角形**

定義　3つの辺がすべて等しい三角形。

定理　正三角形の3つの角は，すべて等しい。

正三角形になる条件

3つの角がすべて等しい三角形は，正三角形である。

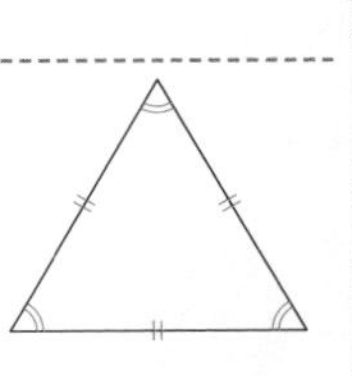

第 2 節　三角形❷ ──直角三角形

1 直角三角形の合同条件

この節では，**直角三角形**について学習しよう。

直角三角形

定　義　1つの内角が直角である三角形。
直角に対する辺を**斜辺**（しゃへん）という。

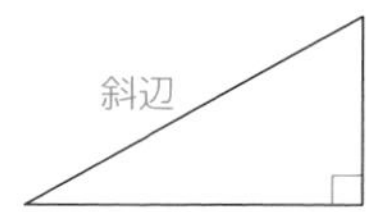

さて，ここで問題です。下の2つの直角三角形は，合同といえるかな？

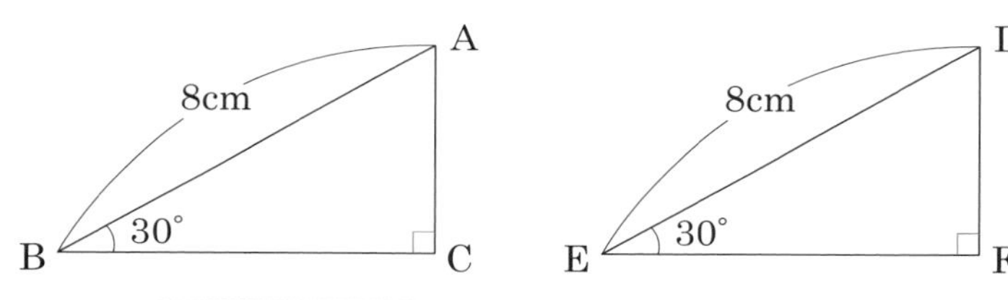

えっと，三角形の合同条件のうち，どれかを満たしているかを調べればいいよね。AB＝DE と ∠B＝∠E しかわかっていないから，「3組の辺がそれぞれ等しい」も，「1組の辺とその両端の角がそれぞれ等しい」も，「2組の辺とその間の角がそれぞれ等しい」もいえないよね……だから，合同とはいえない！

ほんとうに？　どっちも「直角三角形」であることに注意して，角について考えてみて！

あっ，待って！　三角形の内角の和は180°だから，

$$\angle A = 180^\circ - (30^\circ + 90^\circ) = 60^\circ$$

$$\angle D = 180^\circ - (30^\circ + 90^\circ) = 60^\circ$$

ということは，∠A＝∠D がいえる！

そうなんだ！　だから,「1組の辺とその両端の角がそれぞれ等しい」という合同条件を満たして,

$\triangle ABC \equiv \triangle DEF$

になるんだよ！

直角三角形には，直角三角形だけの合同条件が, 2つあるんだよ。**直角三角形の合同条件**を紹介するね。

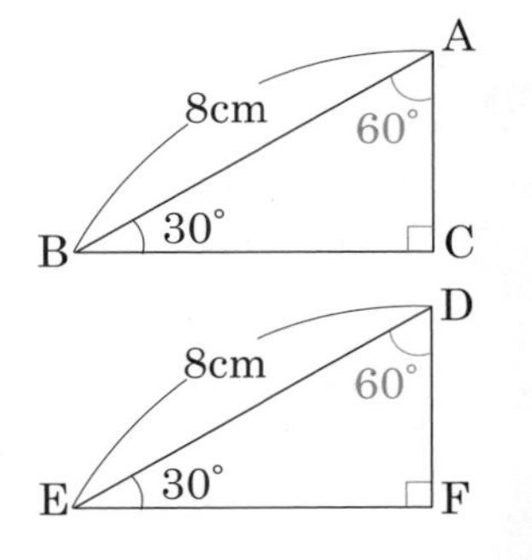

直角三角形の合同条件

❶　直角三角形の斜辺と1つの鋭角が，それぞれ等しい。

❷　直角三角形の斜辺と他の1辺が，それぞれ等しい。

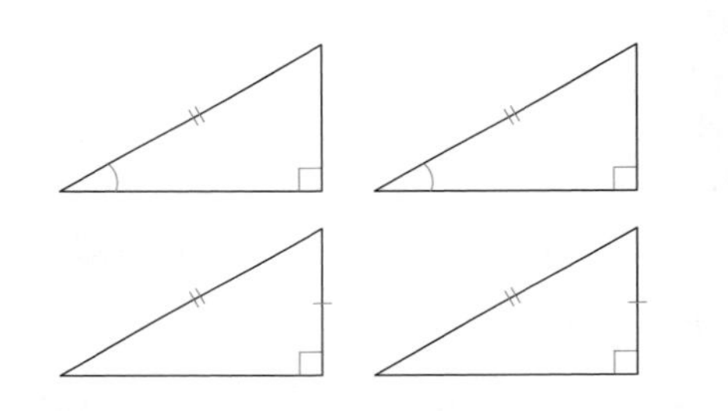

直角三角形には，今まで学習した三角形の合同条件3つ（341~342ページ）と合わせて，合同条件が5つあるってことかあ。

では，それぞれきちんと証明しておこう。覚えるというより，合同が成立する理由をしっかりと理解しておいてね！　まずは❶から,

2つの直角三角形において，斜辺と1つの鋭角がそれぞれ等しければ，それらの三角形は合同である

ということを，次の**例1**で証明するよ！

例1　$\triangle ABC$と$\triangle DEF$で，$AB=DE$, $\angle B=\angle E$，$\angle C=\angle F=90°$ならば, $\triangle ABC \equiv \triangle DEF$であることを証明せよ。

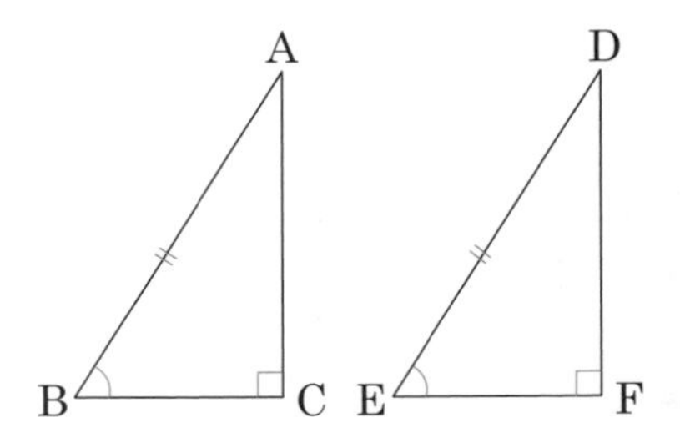

証　明

△ABCと△DEFで，仮定より，

AB＝DE　……①

∠B＝∠E　……②

∠C＝∠F＝90°　……③

三角形の内角の和は180°であるから，△ABCで，

∠A＝180°－(∠B＋∠C)　……④

同じく，△DEFで，

∠D＝180°－(∠E＋∠F)　……⑤

②・③・④・⑤より，

∠A＝∠D　……⑥

①・②・⑥より，1組の辺とその両端の角がそれぞれ等しいので，

△ABC≡△DEF　**証明終わり**

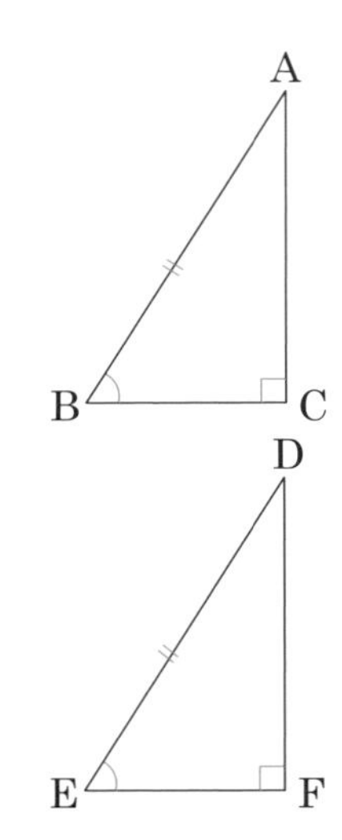

次は ❷ を証明しよう。

2つの直角三角形において，斜辺と他の1辺がそれぞれ等しければ，それらの三角形は合同である

ということを，次の **例2** で証明するよ！

例2　△ABCと△DEFで，AB＝DE，AC＝DF，∠C＝∠F＝90° ならば，△ABC≡△DEFであることを証明せよ。

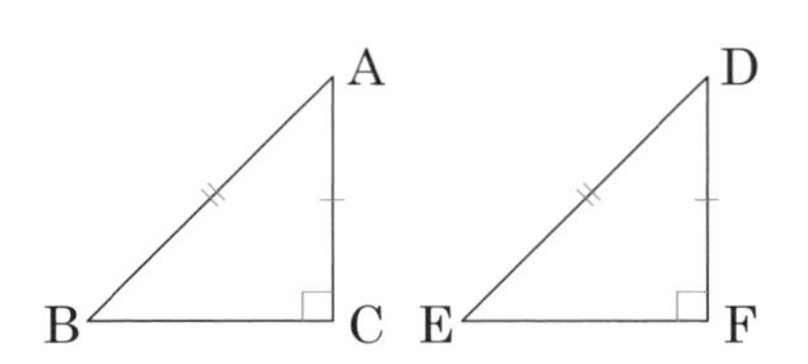

証　明

△ABCと△DEFで，仮定より，

AB＝DE　……①

AC＝DF　……②

∠C＝∠F＝90°　……③

ここで，△DEFを，辺DFを対称の軸として対称移動させ，右のような図をつくる。

②より，長さの等しい辺ACと辺DFは重なる。

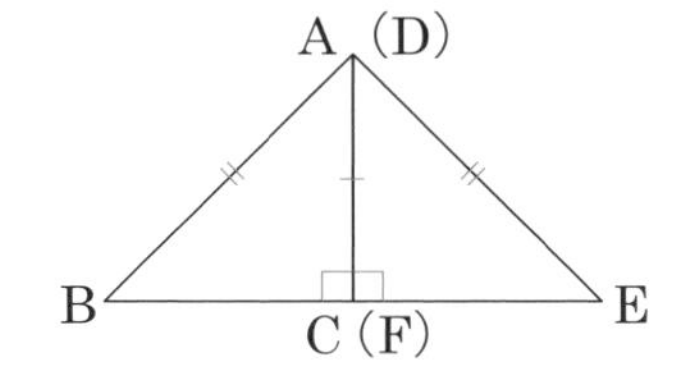

また③より，

$$\angle BCA + \angle ECA = 90^\circ + 90^\circ = 180^\circ$$

であるから，3点B，C，Eは一直線上に並び，△ABEができる。

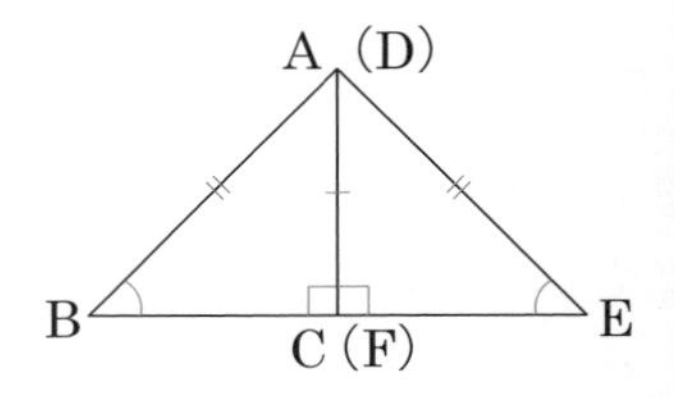

①より，AB＝AE であるから，△ABEは二等辺三角形となる。

二等辺三角形の底角は等しいので，

$\angle B = \angle E$ ……④

①・③・④より，直角三角形の斜辺と1つの鋭角がそれぞれ等しいので，

△ABC≡△DEF 証明終わり

この合同条件❶は，さっき証明しているから，使っていいよね！

ポイント 直角三角形

定義 1つの内角が直角である三角形。

合同条件

❶ 直角三角形の斜辺と1つの鋭角が，それぞれ等しい。

❷ 直角三角形の斜辺と他の1辺が，それぞれ等しい。

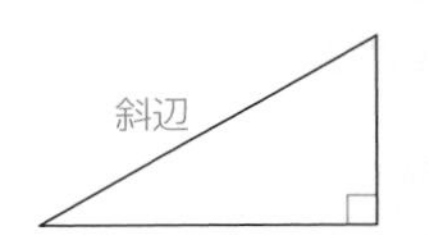

2 直角三角形の証明問題

では，**直角三角形**に関する**証明**問題を解いてみるよ。かき方を1つひとつレクチャーするから，何度もくり返し読んで，頭に入れよう！　かき方が理解できたら，必ず自分でも証明をかいてみてね！

例 **右の図のように，直角二等辺三角形ABCの直角の頂点Aを通る直線に，頂点B，Cからそれぞれ垂線をひき，その交点をD，Eとする。**

このとき，BD＋CE＝DE であることを証明せよ。

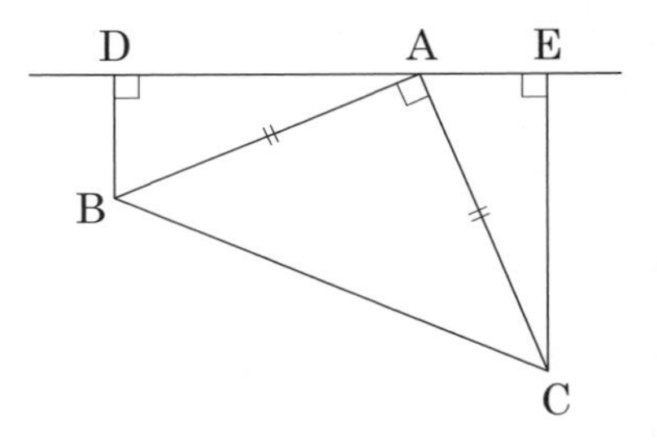

証明にかかる前に，方針を考えるよ！

「$BD + CE = DE$」は，どうやったら証明できるかな？　右辺のDEを，点Aで分けて考えるといいよ！　$DE = AE + AD$ だから，

$$\underset{○}{BD} + \underset{×}{CE} = \underset{○}{AE} + \underset{×}{AD}$$

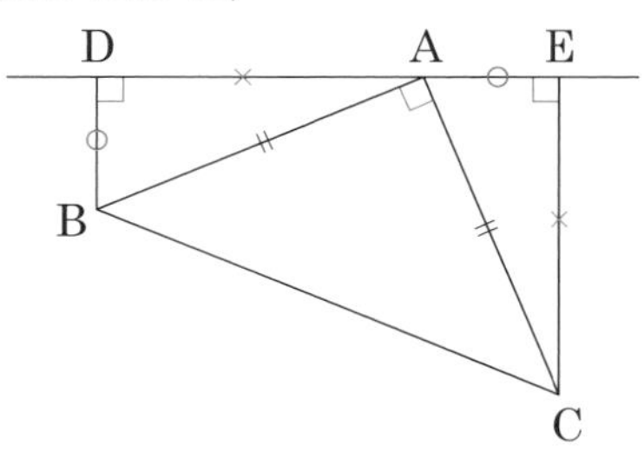

ということを証明すればいいね。

$$\underset{○}{BD = AE},\quad \underset{×}{AD = CE}$$

をみちびくことができたら，証明できそうだよね。

そうか！　$\triangle ABD$と$\triangle CAE$の合同を証明すればいいんだ！

証　明

$\triangle ABD$と$\triangle CAE$で，仮定より，

$\angle ADB = \angle CEA = 90°$　……①

$AB = CA$　……②

頂点の対応の順序が同じになるように，気をつけてかこうね！

$\triangle ABD$で，三角形の内角の和は$180°$であるから，

$$\begin{aligned}\angle ABD &= 180° - (\angle ADB + \angle BAD)\\ &= 180° - (90° + \angle BAD)\\ &= 90° - \angle BAD \quad \cdots\cdots③\end{aligned}$$

図の (90° − •) だね

また，3点D，A，Eは一直線上にあるから，

$$\begin{aligned}\angle CAE &= 180° - (\angle BAC + \angle BAD)\\ &= 180° - (90° + \angle BAD)\\ &= 90° - \angle BAD \quad \cdots\cdots④\end{aligned}$$

このあたりのかき方も重要だから，何度もかいて復習してね

図の (90° − •) だね

③・④より，$\angle ABD = \angle CAE$　……⑤

①・②・⑤より，直角三角形の斜辺と1つの鋭角がそれぞれ等しいので，

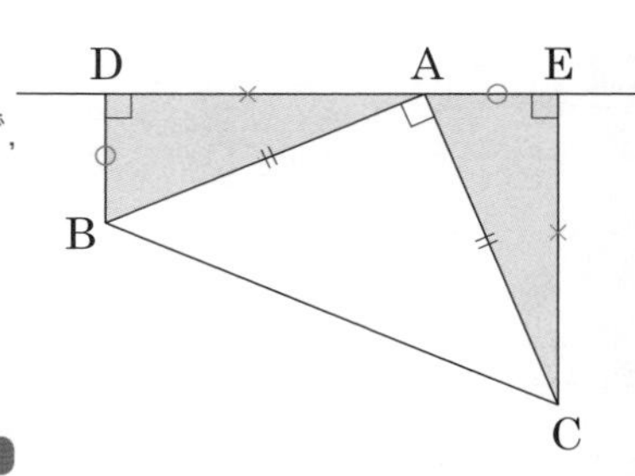

$\triangle ABD \equiv \triangle CAE$
合同な三角形では対応する辺は等しいので,
$BD = AE$ ……⑥
$AD = CE$ ……⑦
⑥・⑦より,
$BD + CE = AE + AD$
したがって, $BD + CE = DE$ 証明終わり

例題

右の図で, 直角二等辺三角形ABCの∠Cの二等分線が辺ABと交わる点をD, Dから斜辺ACに垂線をひき交わる点をEとするとき, AE＝ED＝DBであることを次のように証明した。［　　］をうめて証明を完成させよ。

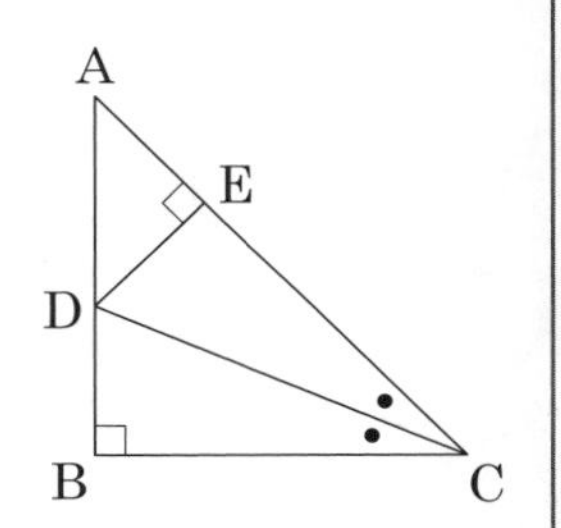

証　明

△BCDと△［　　］で, 仮定より,
$\angle BCD = \angle$［　　］ ……①
$\angle DBC = \angle$［　　］＝［　　］° ……②
また, ［　　］であるから,
$CD = CD$ ……③
①・②・③より, ［　　　　　　　　］ので,
$\triangle BCD \equiv \triangle$［　　］
合同な図形では, 対応する辺は等しいので,
$DB =$［　　］ ……④
また, △ABCは直角二等辺三角形であるから,
$\angle A = 45^\circ$
$\angle AED = 90^\circ$ であるから,
$\angle ADE = 180^\circ - (45^\circ + 90^\circ) = 45^\circ$
したがって, △ADEは［　　　　］になるので,
$AE = DE$ ……⑤
④・⑤より,
$AE = ED = DB$ 証明終わり

中学1年 中学2年 中学3年

証　明

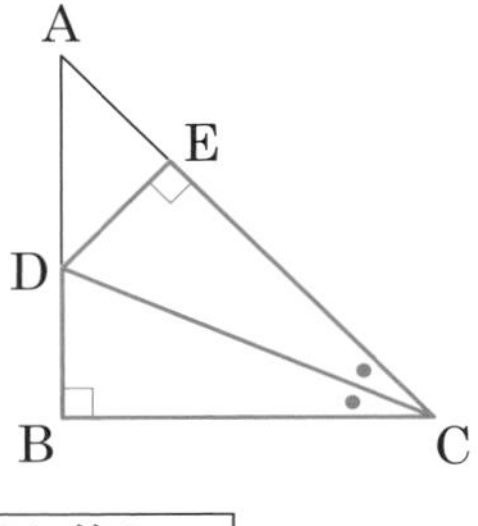

△BCDと△ ECD で，仮定より，

　∠BCD＝∠ ECD ……①

　∠DBC＝∠ DEC ＝ 90 ° ……②

また， 共通な辺 であるから，

　CD＝CD ……③

①・②・③より， 直角三角形の斜辺と１つの鋭角がそれぞれ等しい ので，

　△BCD≡△ ECD

合同な図形では，対応する辺は等しいので，

　DB＝ DE ……④

また，△ABCは直角二等辺三角形であるから，

　∠A＝45°

> 直角二等辺三角形は，1つの角が90°で，残りの2つの底角は等しく45°

∠AED＝90°であるから，

　∠ADE＝180°－(45°＋90°)＝45°

したがって，△ADEは 直角二等辺三角形 になるので，

　AE＝DE ……⑤

④・⑤より，

　AE＝ED＝DB **証明終わり**

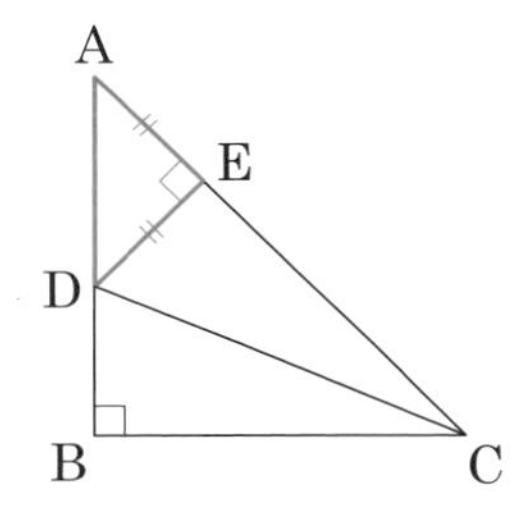

ポイント **直角三角形の証明問題**

三角形の合同を利用して，対応する辺や角が等しいことを示す。

第3節 平行四辺形

1 平行四辺形の定義と性質

この節では，**平行四辺形**について学習するよ。これまでも何度も出てきた図形だよね。平行四辺形ABCDのことを，▱ABCDとかくこともあるから，覚えておいてね！

> **平行四辺形**
>
> **定　義**　2組の向かいあう辺が，それぞれ平行な四角形。
>
> 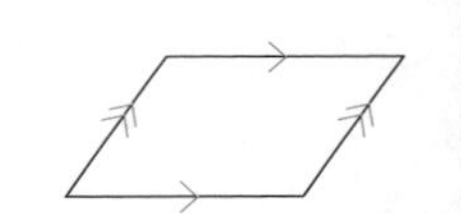

この **定義** から，いくつかの定理をみちびくことができるよ。

> **定 理 ❶**　平行四辺形の2組の向かいあう辺は，それぞれ等しい。
>
> 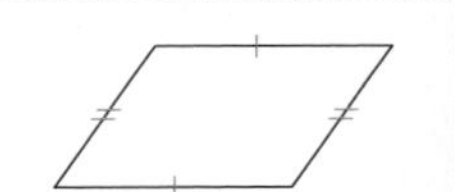

この **定理❶** が，**定義** からどうみちびかれるか，証明してみよう。

証　明

右下の図のような▱ABCDを考える。

AとCを結び，△ABCと△CDAで，

AD // BCより，平行線の錯角は等しいので，

$\angle ACB = \angle CAD$　……①

AB // DCより，平行線の錯角は等しいので，

$\angle BAC = \angle DCA$　……②

さらに，共通な辺であるから，

$AC = CA$　……③

①・②・③より，1組の辺とその両端の角がそれぞれ等しいから，

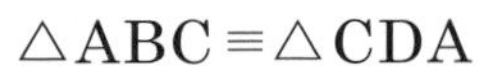

$\triangle ABC \equiv \triangle CDA$

合同な図形では，対応する辺はそれぞれ等しいので，

$AB = CD,\ BC = DA$

三角形の合同を利用して証明するよ！

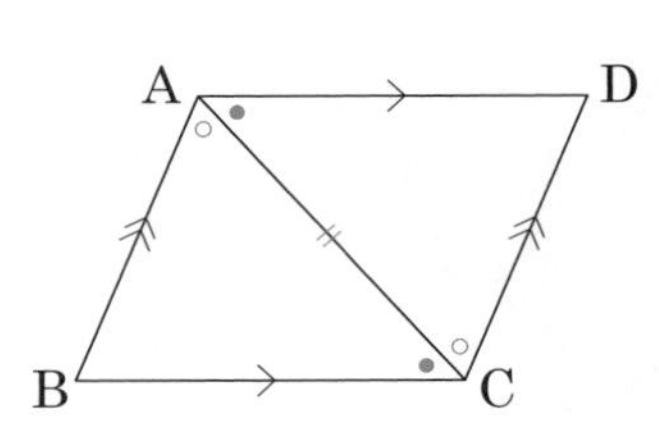

以上より，

　平行四辺形の2組の向かいあう辺は，それぞれ等しい。 **証明終わり**

平行四辺形の定理は，これだけじゃないよ。

定理❷ 平行四辺形の2組の向かいあう角は，それぞれ等しい。

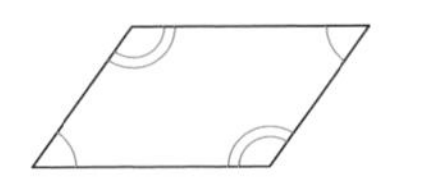

証　明

▱ABCDで，辺ABを延長して，右の図のように点Eをとる。

AD // BCより，平行線の同位角は等しいので，

　∠BAD＝∠EBC　……①

AB // DCより，平行線の錯角は等しいので，

　∠EBC＝∠BCD　……②

①・②より，∠BAD＝∠BCD　……③

A　D　B　C　E

同様に，辺BCを延長して右の図のように点Fをとると，

AB // DCより，平行線の同位角は等しいので，

　∠ABC＝∠DCF　……④

AD // BCより，平行線の錯角は等しいので，

　∠ADC＝∠DCF　……⑤

④・⑤より，∠ABC＝∠ADC　……⑥

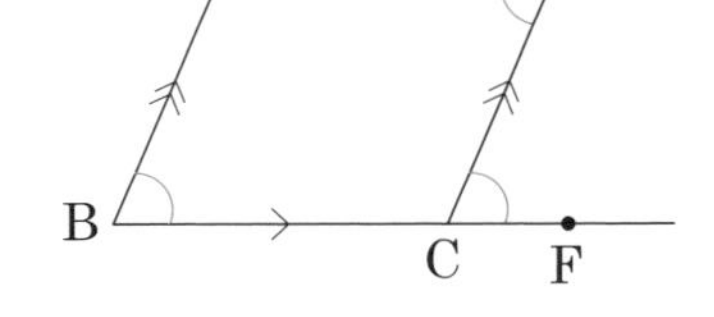

③・⑥より，

　平行四辺形の2組の向かいあう角は，それぞれ等しい。 **証明終わり**

本当に，定義からみちびけるんだね！　単に暗記しようとするより，証明したほうが頭に入りやすい♪

そうでしょ！　次も重要な性質だよ。

定理❸ 平行四辺形の対角線は，それぞれの中点で交わる。

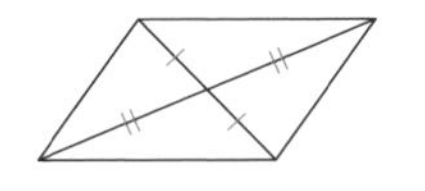

証　明

▱ABCDで，**定理❶**より，

　　AD＝CB　……①

2つの対角線ACとBDの交点をOとする。

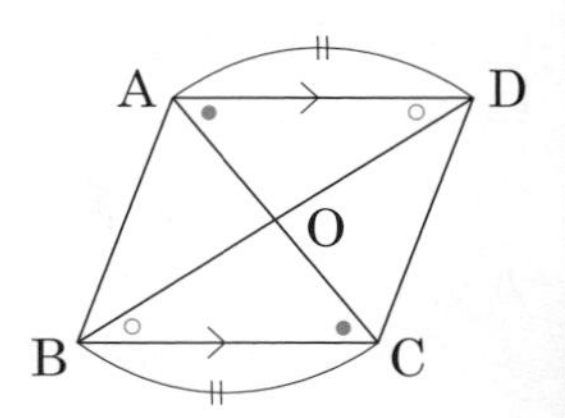

△OADと△OCBで，**定　義**より，

　　AD // BC

平行線の錯角は等しいので，

　　∠OAD＝∠OCB　……②

　　∠ODA＝∠OBC　……③

①・②・③より，1組の辺とその両端の角がそれぞれ等しいから，

　　△OAD≡△OCB

合同な図形では，対応する辺はそれぞれ等しいので，

　　OA＝OC，OD＝OB

以上より，平行四辺形の対角線は，それぞれの中点で交わる。　**証明終わり**

最後にもう1つ，平行四辺形にまつわる問題でよく使う，大切な性質を押さえておこう。

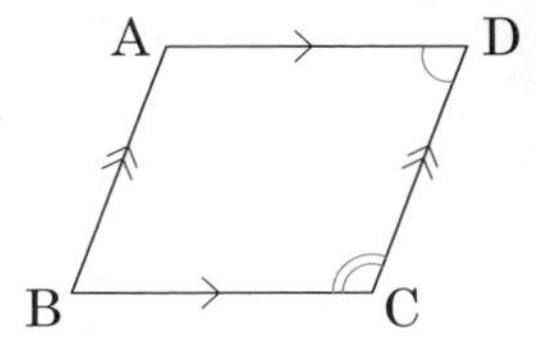

一般に，∠BCDと∠ADCのような位置にある2つの角を，**同側内角**（どうそくないかく）というよ。そして，平行四辺形で同側内角をたすと，180°になるよ。

つまり，

　　平行四辺形のとなりあう角の和は，180°になる

というわけだ！

平行四辺形の同側内角の和が180°であることを，証明してみよう！

証　明

右の図のように，▱ABCDの辺BCの延長上に点Eをとる。

AD // BCより，平行線の錯角は等しいので，

　　∠DCE＝∠ADC　……①

また，3点B，C，Eは1つの直線上にあるので，

　　∠BCD＋∠DCE＝180°　……②

①・②より，

　　∠BCD＋∠ADC＝180°　← これが同側内角の和だね！

したがって，平行四辺形の同側内角の和は，180°になる。　**証明終わり**

同側内角の和

平行な2直線に1直線が交わるとき，同側内角の和は，180°である。

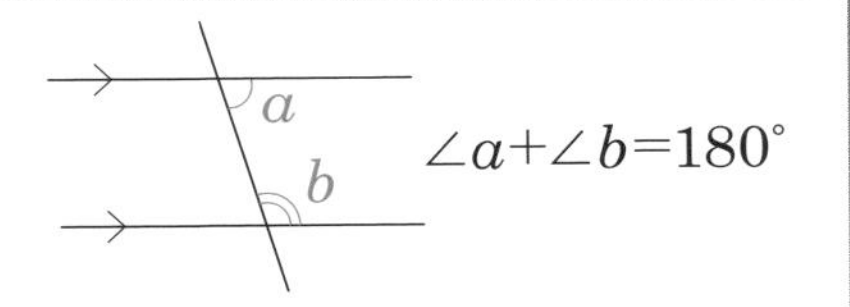

370ページの **定理❷** 「平行四辺形の2組の向かいあう角は，それぞれ等しい」は，この性質にもとづいて証明することもできるよ！

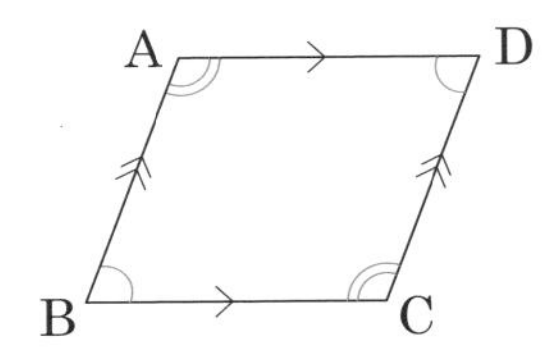

証　明

AB // DC，AD // BC の平行四辺形ABCDにおいて，

AD // BCより，

$\angle A + \angle B = 180^\circ$ ……①

AB // DCより，

$\angle B + \angle C = 180^\circ$ ……②

（平行四辺形の同側内角の和）

①－② より，

（連立方程式のように，①の式から②の式をひくと，∠Bが消えてくれるね！）

$\angle A - \angle C = 0^\circ$

$\angle A = \angle C$ ……③

また，AB // DCより，

$\angle A + \angle D = 180^\circ$ ……④

（これも平行四辺形の同側内角の和）

①－④ より，

（①の式から④の式をひくと，∠Aが消えてくれるね！）

$\angle B - \angle D = 0^\circ$

$\angle B = \angle D$ ……⑤

③・⑤より，

平行四辺形の2組の向かいあう角は，それぞれ等しい。 **証明終わり**

例題 1

右の図のように，$\angle C = 112^\circ$の平行四辺形ABCDがある。点Pは∠Dの二等分線とBCの交点，点Qは∠Aの二等分線とDPの交点である。このとき，$\angle x$，$\angle y$ の大きさを求めよ。

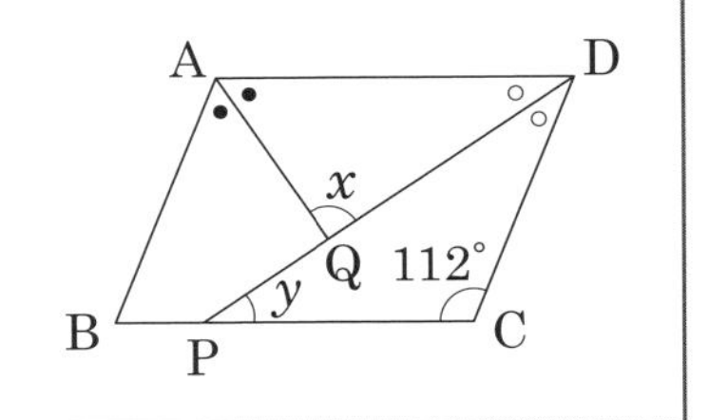

||||| 解答と解説 |||||

$\angle BAQ = \angle DAQ = a$

$\angle ADP = \angle CDP = b$

これらの角度は，いろいろと使いそうだから，かきやすいように文字でおいたよ！

とおく。

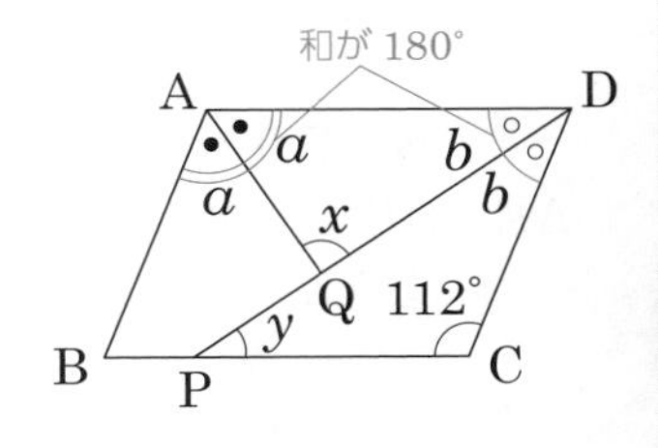

AB // DCで，平行な2直線の同側内角の和は180°になるので，

$\angle BAD + \angle ADC = 180°$

$2a + 2b = 180°$

両辺を2でわり，

$a + b = 90°$ ……①

△AQDで，内角の和は180°だから，

$a + \angle x + b = 180°$

$\angle x = 180° - (a + b)$

①より，$\angle x = 180° - 90° = 90°$ 答

また，AD // BCで，平行な2直線の同側内角の和は180°になるので，

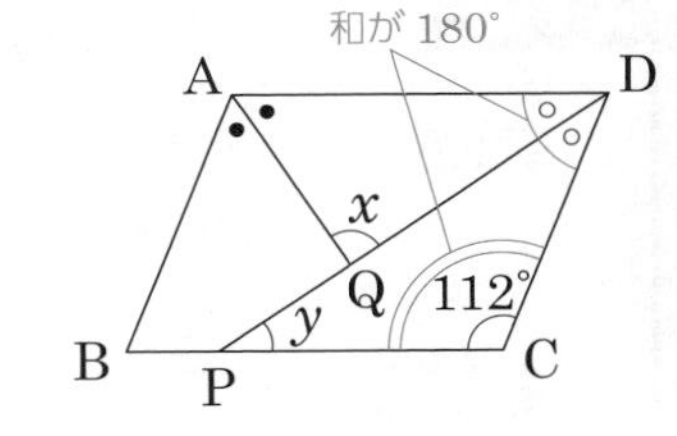

$\angle ADC + \angle BCD = 180°$

$2b + 112° = 180°$

$2b = 68°$

$b = 34°$

AD // BC より，平行線の錯角は等しいので，

$\angle ADP = \angle DPC$

$b = \angle y$

$\angle y = 34°$ 答

例題 2

右の図のように，▱ABCDの頂点B，Dから対角線ACに垂線をひき，ACとの交点をそれぞれE，Fとする。このとき，BE＝DF であることを証明せよ。

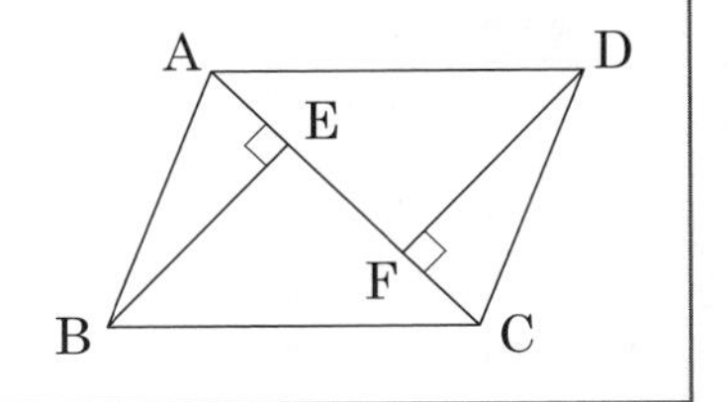

考え方

BE＝DF という結論をみちびくためには，△ABEと△CDFの合同を示せばよさそうだね！

中学1年 中学2年 中学3年

証　明

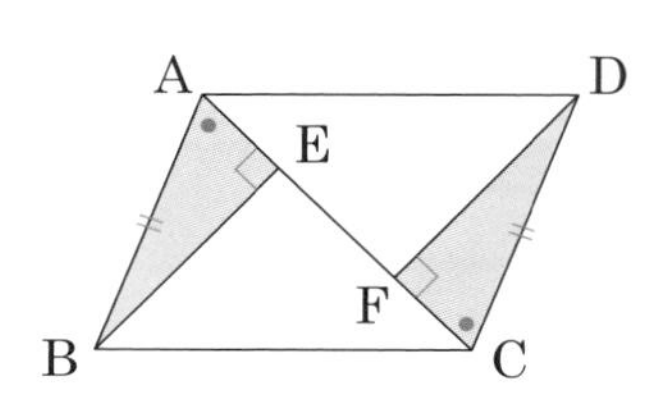

△ABEと△CDFで，
仮定より，

　　∠AEB＝∠CFD＝90°　……①

平行四辺形の向かいあう辺は等しいので，

　　AB＝CD　……②

AB∥DCより，平行線の錯角は等しいので，

　　∠BAE＝∠DCF　……③

①・②・③より，直角三角形の斜辺と1つの鋭角がそれぞれ等しいので，

第2節で，直角三角形の合同条件を学習したね（363ページ）

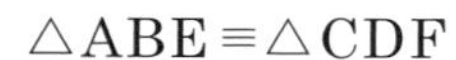

　　△ABE≡△CDF

合同な図形では対応する辺は等しいので，

　　BE＝DF　**証明終わり**

ポイント　**平行四辺形の定義と性質**

定　義　2組の向かいあう辺が，それぞれ平行な四角形。

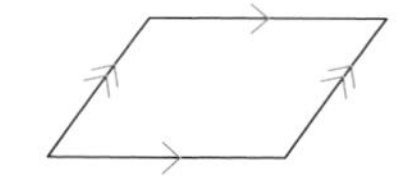

定 理 ❶　平行四辺形の2組の向かいあう辺は，それぞれ等しい。

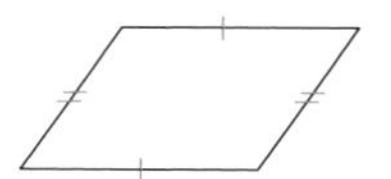

定 理 ❷　平行四辺形の2組の向かいあう角は，それぞれ等しい。

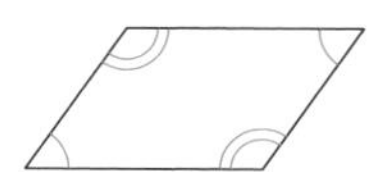

定 理 ❸　平行四辺形の対角線は，それぞれの中点で交わる。

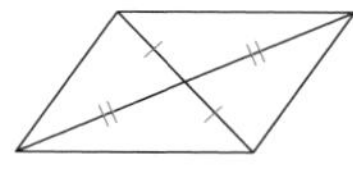

平行な2直線に1直線が交わるとき，**同側内角の和は，180°である。**

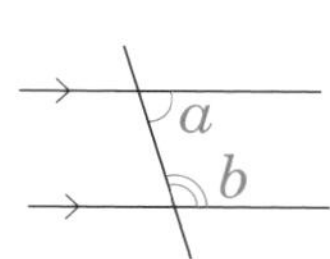

$$\angle a + \angle b = 180°$$

2 平行四辺形になるための条件

今度は，四角形において，辺や角がどんな条件を満たせば**平行四辺形**になるかを考えていくよ。

そんなの，簡単じゃない。平行四辺形の 定義 のとおり，「2組の向かいあう辺が，それぞれ平行」になればいいんじゃないの？

うん，もちろん，定義を満たせば平行四辺形だね。でも，**平行四辺形になるための条件**は，他にもあるんだ！

平行四辺形になるための条件

❶ 2組の向かいあう辺が，それぞれ平行である（定義）。

AB // DC
AD // BC

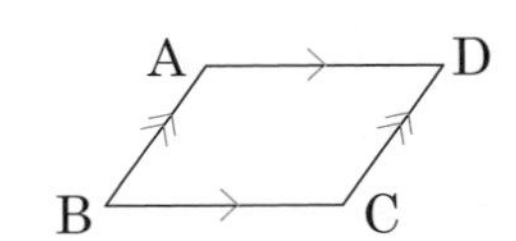

❷ 2組の向かいあう辺が，それぞれ等しい。

AB = DC
AD = BC

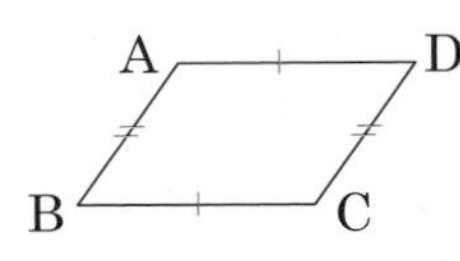

❸ 2組の向かいあう角が，それぞれ等しい。

∠A = ∠C
∠B = ∠D

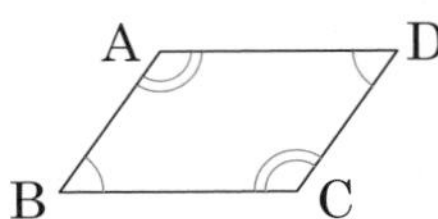

❹ 対角線が，それぞれの中点で交わる。

OA = OC
OB = OD

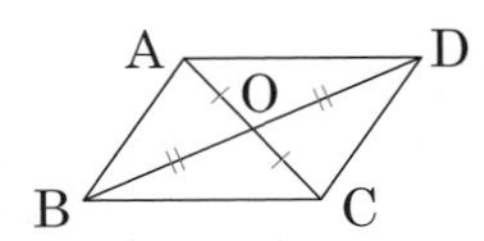

❺ 1組の向かいあう辺が，等しくて平行である。

AD = BC
AD // BC

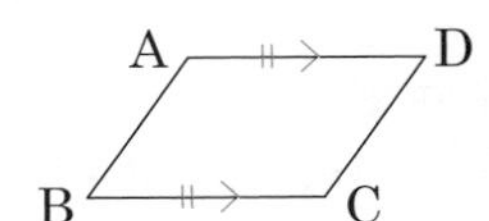

中学1年 中学2年 中学3年

条件 ❷ は,

四角形において，2組の向かいあう辺がそれぞれ等しいならば，その四角形は平行四辺形である

ということだけれど，これは，1 で学習した平行四辺形の 定理❶,

ある四角形が平行四辺形であれば，その四角形の2組の向かいあう辺はそれぞれ等しい

369ページのかき方とはちょっとちがうけれど，同じことだよ！

の**逆**（358ページ）だね！　では，条件 ❷ を証明しよう。

証　明

右の図のような，2組の向かいあう辺が等しい四角形ABCDにおいて，BとDを結ぶ。

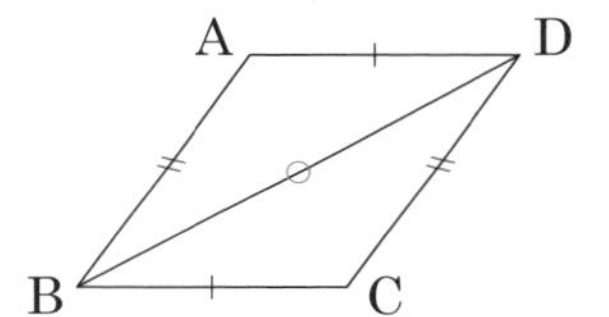

△ABDと△CDBで,

AB＝CD　……①

AD＝CB　……②

共通な辺であるから,

BD＝DB　……③

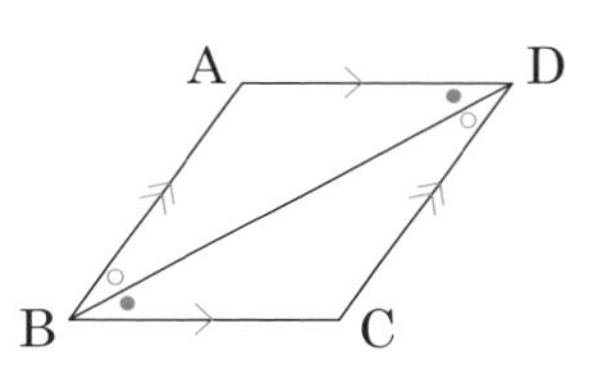

①・②・③より，3組の辺がそれぞれ等しいので,

△ABD≡△CDB

したがって，∠ADB＝∠CBD であり，錯角が等しいので,

AD // BC　……④

また，∠ABD＝∠CDB で錯角が等しいので,

AB // DC　……⑤

錯角が等しいならば，その2直線は平行だよね（327ページ）！

④・⑤より，2組の向かいあう辺がそれぞれ平行であるから，平行四辺形の定義より，四角形ABCDは平行四辺形である。　証明終わり

条件 ❶ だね！

条件 ❸ は,

四角形において，2組の向かいあう角がそれぞれ等しいならば，その四角形は平行四辺形である

ということだね。これは，1 で学習した平行四辺形の 定理❷,

ある四角形が平行四辺形であれば，その四角形の2組の向かいあう角はそれぞれ等しい

の逆だね。条件 ❸ を証明しよう。

証　明

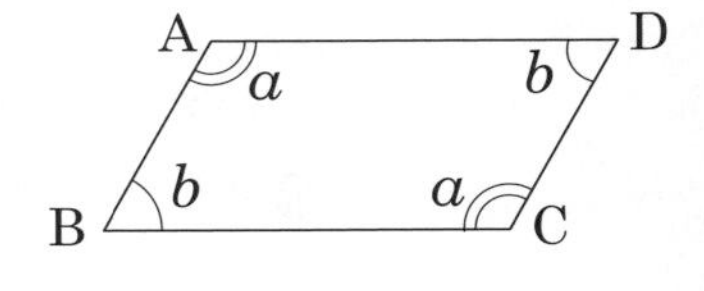

右の図のような，2組の向かいあう角がそれぞれ等しい四角形ABCDにおいて，

$\angle \mathrm{BAD} = \angle \mathrm{BCD} = a$ ……①

$\angle \mathrm{ABC} = \angle \mathrm{ADC} = b$ ……②

とおける。また，四角形の内角の和は360°であるから，

$\angle \mathrm{BAD} + \angle \mathrm{ABC} + \angle \mathrm{BCD} + \angle \mathrm{ADC} = 360°$

ここに①・②を代入して，

$a + b + a + b = 360°$

$2a + 2b = 360°$

$a + b = 180°$ ……③

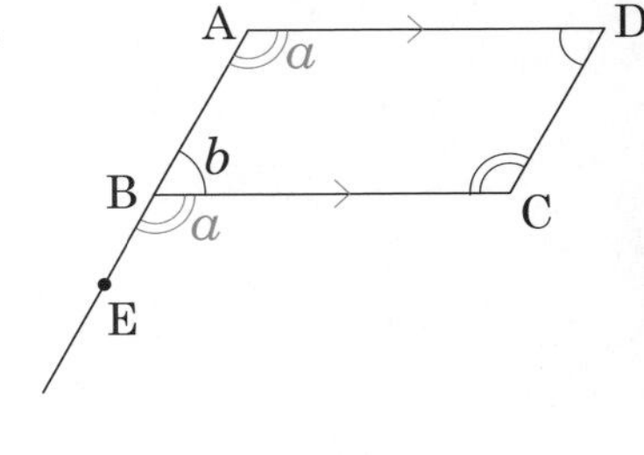

右の図のように，辺ABの延長上に点Eをとると，

$\angle \mathrm{CBE} + \angle \mathrm{ABC} = 180°$

$\angle \mathrm{ABC} = b$ であるから，

$\angle \mathrm{CBE} + b = 180°$……④

③・④より，

$\angle \mathrm{CBE} = a$

したがって，$\angle \mathrm{CBE} = \angle \mathrm{BAD}$

同位角が等しいので，

$\mathrm{AD} /\!/ \mathrm{BC}$ ……⑤

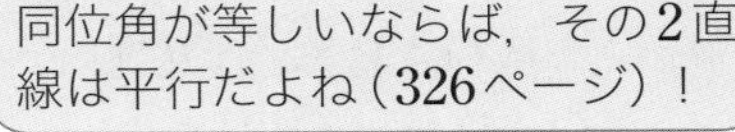

同様に，右の図のように辺ADの延長上に点Fをとると，

$\angle \mathrm{CDF} + \angle \mathrm{ADC} = 180°$

$\angle \mathrm{ADC} = b$ であるから，

$\angle \mathrm{CDF} + b = 180°$ ……⑥

③・⑥より，$\angle \mathrm{CDF} = a$

したがって，$\angle \mathrm{CDF} = \angle \mathrm{BAD}$

同位角が等しいので，

$\mathrm{AB} /\!/ \mathrm{DC}$ ……⑦

⑤・⑦より，2組の向かいあう辺がそれぞれ平行であるから，平行四辺形の定義より，四角形ABCDは平行四辺形である。 **証明終わり**

そして条件❹は,

四角形において，対角線がそれぞれの中点で交わるならば，その四角形は平行四辺形である

ということで，これは平行四辺形の **定理❸** ,

ある四角形が平行四辺形であれば，対角線がそれぞれの中点で交わる

の逆だね。条件❹を証明しよう。

証　明

右の図のような，対角線がそれぞれの中点で交わる四角形ABCDにおいて，対角線の交点をOとする。△OADと△OCBで，

OA＝OC　……①

OD＝OB　……②

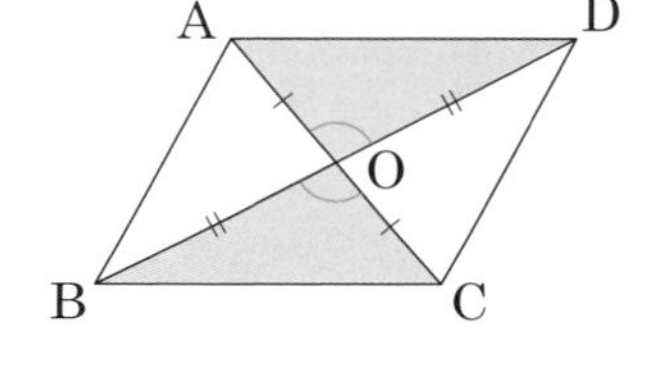

対頂角は等しいから,

∠AOD＝∠COB　……③

①～③より，2組の辺とその間の角がそれぞれ等しいので,

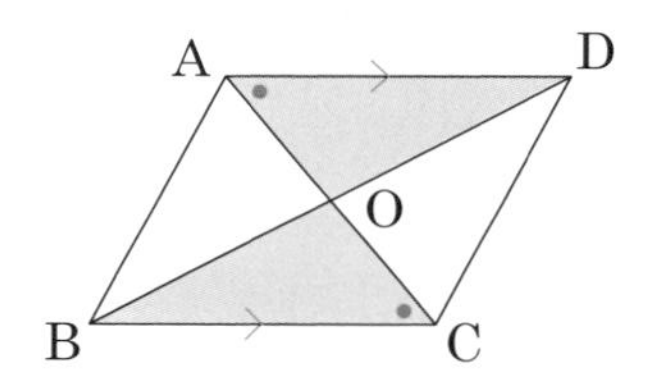

△OAD≡△OCB

合同な図形では，対応する角は等しいので,

∠OAD＝∠OCB

錯角が等しいので，AD∥BC　……④

同様に，△OAB≡△OCDから,

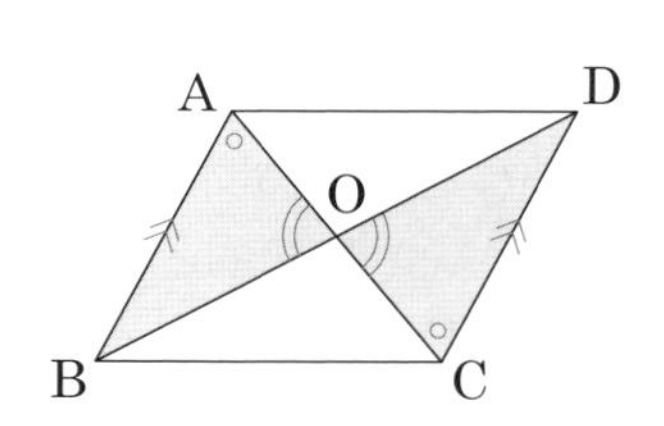

∠OAB＝∠OCD

錯角が等しいので，AB∥DC　……⑤

④・⑤より，2組の向かいあう辺がそれぞれ平行であるから，平行四辺形の定義より，四角形ABCDは平行四辺形である。 **証明終わり**

そして，375ページにまとめた平行四辺形になるための条件5つの中で，最もよく出題されるのは，条件❺の,

四角形において，1組の向かいあう辺が等しくて平行ならば，その四角形は平行四辺形である

だよ。これも証明するね。

証　明

右の図のような，

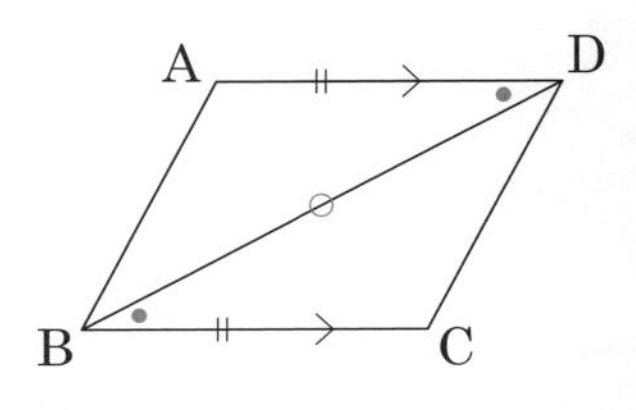

$AD \parallel BC$ ……①

$AD = CB$ ……②

である四角形ABCDを考える。

△ABDと△CDBで，①より，平行線の錯角は等しいので，

$\angle ADB = \angle CBD$ ……③

また，共通な辺であるから，

$BD = DB$ ……④

②・③・④より，2組の辺とその間の角がそれぞれ等しいので，

$\triangle ABD \equiv \triangle CDB$

合同な図形の対応する角は等しいので，

$\angle ABD = \angle CDB$

錯角が等しいので，

$AB \parallel DC$ ……⑤

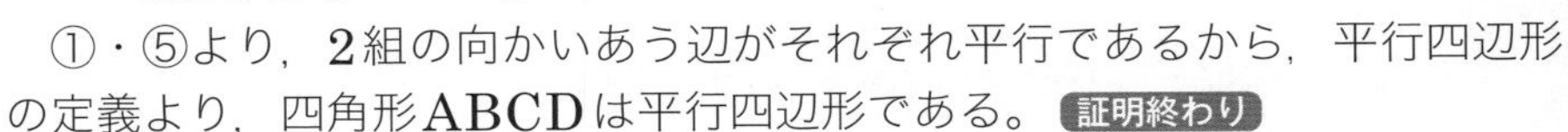

①・⑤より，2組の向かいあう辺がそれぞれ平行であるから，平行四辺形の定義より，四角形ABCDは平行四辺形である。 **証明終わり**

平行四辺形になるかどうか判断する問題では，条件❶～❺に直接一致していなくても，調べていくと結局，条件❶～❺のことをいっている場合がよくあるんだ。次の**例**を見てみよう。

例　**四角形ABCDにおいて，AB // DC，∠A＝∠C ならば，その四角形ABCDは平行四辺形であることを証明せよ。**

証　明

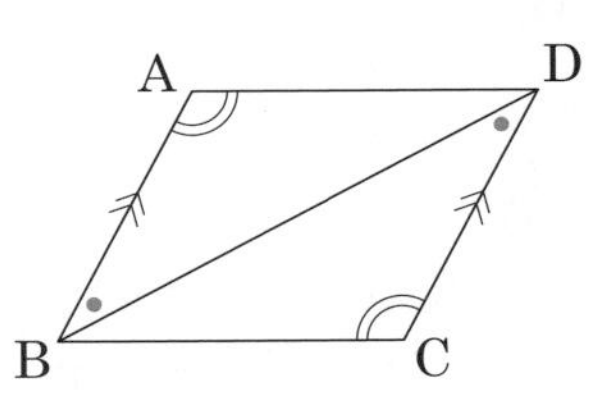

仮定より，$AB \parallel DC$ ……①

平行線の錯角は等しいので，

$\angle ABD = \angle CDB$ ……②

また，仮定より，$\angle BAD = \angle DCB$ ……③

△ABDで，内角の和は180°であるから，

$\angle ADB = 180^\circ - (\angle ABD + \angle BAD)$ ……④

同じく△CDBで，

$\angle \mathrm{CBD} = 180^\circ - (\angle \mathrm{CDB} + \angle \mathrm{DCB})$ ……⑤

②・③・④・⑤より，$\angle \mathrm{ADB} = \angle \mathrm{CBD}$

したがって，錯角が等しくなるので，

$\mathrm{AD} /\!/ \mathrm{BC}$ ……⑥

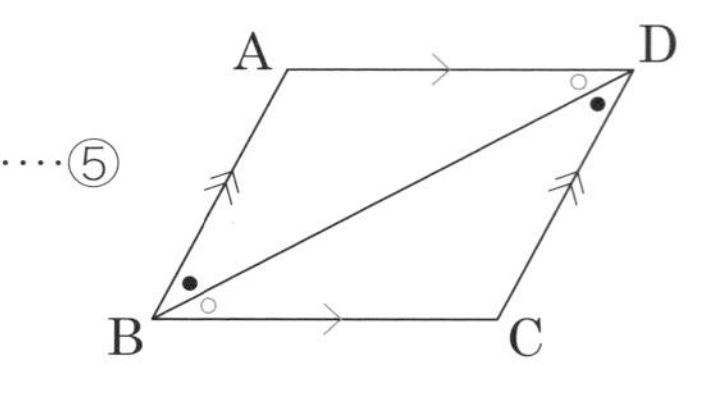

①・⑥より，2組の向かいあう辺がそれぞれ平行であるから，平行四辺形の定義より，四角形ABCDは平行四辺形である。**証明終わり**

例題 3

次の(1)から(3)のうち，平行四辺形であるものはどれか。

(1) **$\angle \mathrm{A} = 60^\circ$，$\angle \mathrm{B} = 120^\circ$，$\angle \mathrm{C} = 60^\circ$ である四角形ABCD**

(2) **$\mathrm{AB} = \mathrm{DC} = 6\mathrm{cm}$，$\mathrm{AD} /\!/ \mathrm{BC}$ である四角形ABCD**

(3) **四角形ABCDの対角線の交点をOとする。$\mathrm{OA} = 5\mathrm{cm}$，$\mathrm{OB} = 4\mathrm{cm}$，$\mathrm{OC} = 5\mathrm{cm}$，$\mathrm{OD} = 4\mathrm{cm}$ である四角形ABCD**

解答と解説

(1) 四角形の内角の和は360°であるから，

$\angle \mathrm{D} = 360^\circ - (60^\circ + 120^\circ + 60^\circ) = 120^\circ$

したがって，

$\angle \mathrm{A} = \angle \mathrm{C} = 60^\circ$，$\angle \mathrm{B} = \angle \mathrm{D} = 120^\circ$

となるので，2組の向かいあう角がそれぞれ等しい。

したがって，平行四辺形である。

条件❸だね！

(2) たとえば，右下の図のような等脚台形（とうきゃくだいけい）ABCDは，

$\mathrm{AB} = \mathrm{DC} = 6\mathrm{cm}$，$\mathrm{AD} /\!/ \mathrm{BC}$

であっても，平行四辺形ではない。

1組の辺が平行であり，かつ，その1つの辺の両端の角が等しい四角形を，**等脚台形**（とうきゃくだいけい）というよ！

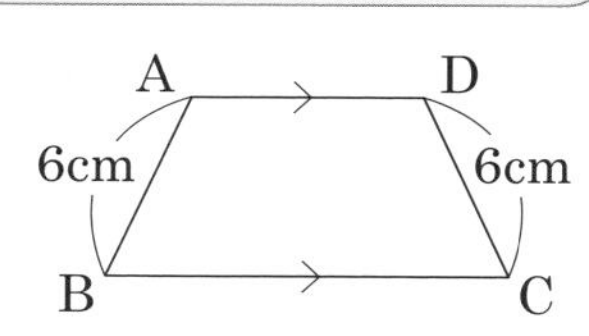

(3) 右下の図のように，

$\mathrm{OA} = \mathrm{OC} = 5\mathrm{cm}$

$\mathrm{OB} = \mathrm{OD} = 4\mathrm{cm}$

であれば，対角線がそれぞれの中点で交わる。

したがって，平行四辺形である。

条件❹だね！

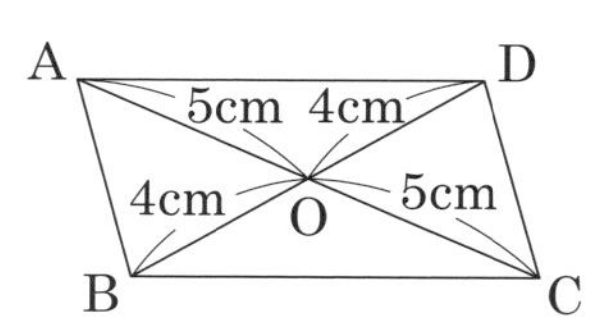

以上より，平行四辺形であるものは，(1)・(3) 答

ポイント 平行四辺形になるための条件

❶ 2組の向かいあう辺が，それぞれ平行である（定義）。
❷ 2組の向かいあう辺が，それぞれ等しい。
❸ 2組の向かいあう角が，それぞれ等しい。
❹ 対角線が，それぞれの中点で交わる。
❺ 1組の向かいあう辺が，等しくて平行である。

3 特別な平行四辺形

ここでは，特別な**平行四辺形**として，**長方形**，**ひし形**，**正方形**をまとめていこう。

長方形

定義 4つの角がすべて等しい四角形。
定理 長方形の対角線は，長さが等しい。

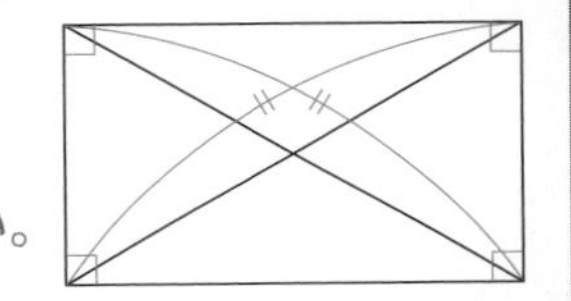

ひし形

定義 4つの辺がすべて等しい四角形。
定理 ひし形の対角線は，垂直に交わる。

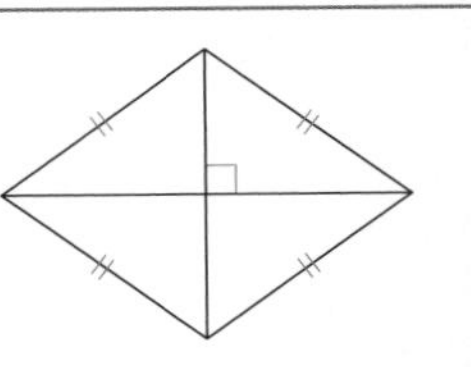

正方形

定義 4つの辺がすべて等しく，4つの角がすべて等しい四角形。
定理 正方形の対角線は，長さが等しく，垂直に交わる。

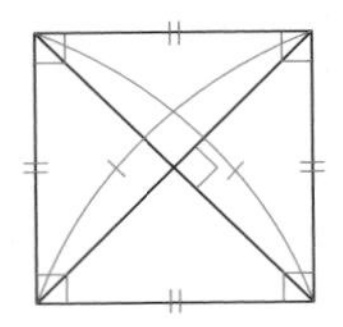

どれも知っている図形だけれど……長方形とひし形と正方形が，「特別な平行四辺形」って，どういうこと？

平行四辺形は,「2組の向かいあう角が，それぞれ等しい」んだったよね。

たとえば，長方形はどうかというと，2組それぞれが等しいだけでなく，4つの角がすべて等しいんだよ。長方形は，平行四辺形の特別なケースであって，平行四辺形の性質は全部もっているんだ。

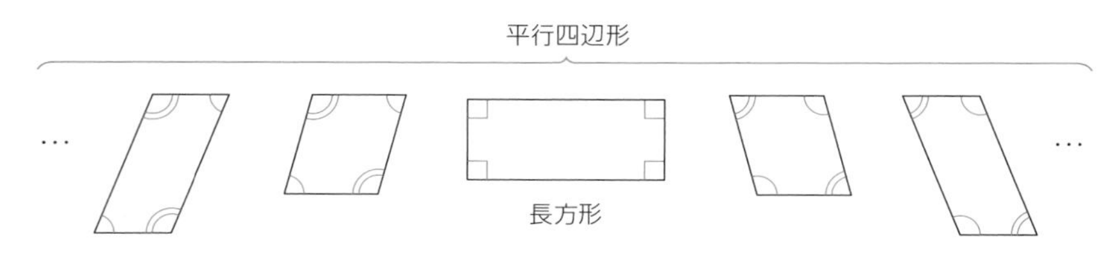

また，平行四辺形は,「2組の向かいあう辺が, それぞれ等しい」んだったよね。

たとえば，ひし形はどうかというと，2組それぞれが等しいだけでなく，4つの辺がすべて等しいよね。ひし形も，平行四辺形の特別なケースであり，やはり平行四辺形の性質は全部もっているんだ。

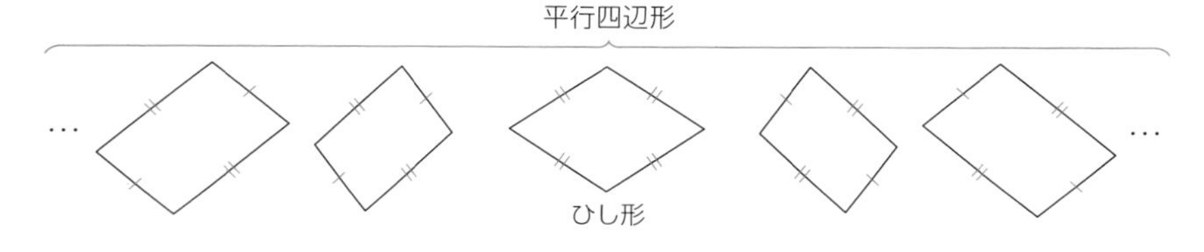

さらに，正方形も同じように考えてみて！

正方形は,「2組の向かいあう角が，それぞれ等しい」だけでなく，4つの角がすべて等しいし,「2組の向かいあう辺が，それぞれ等しい」だけでなく，4つの辺がすべて等しいよね。正方形も，平行四辺形の特別なケースであり，平行四辺形の性質をすべてもっているよ！

平行四辺形と，特別な平行四辺形である長方形，ひし形，正方形の関係を図にまとめると，右のようになるよ！

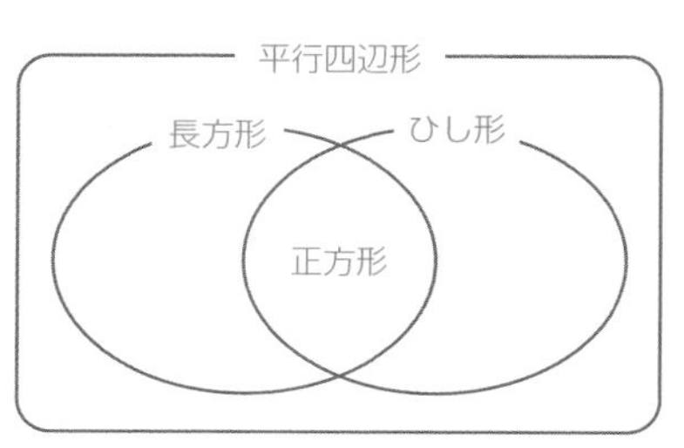

ここで，平行四辺形がどんな条件を満たせば，長方形，ひし形，正方形になるかを押さえておこう！

平行四辺形で，1つの内角が90°だとすると，向かいあう角も90°になるよね。そして，四角形の内角の和は360°だから，もう1組の角も，それぞれ90°になるね。つまり，平行四辺形で，1つの内角が90°ならば，その平行四辺形は長方形になるよ！

そこからさらに，1組のとなりあう辺が等しいならば，正方形になるね！

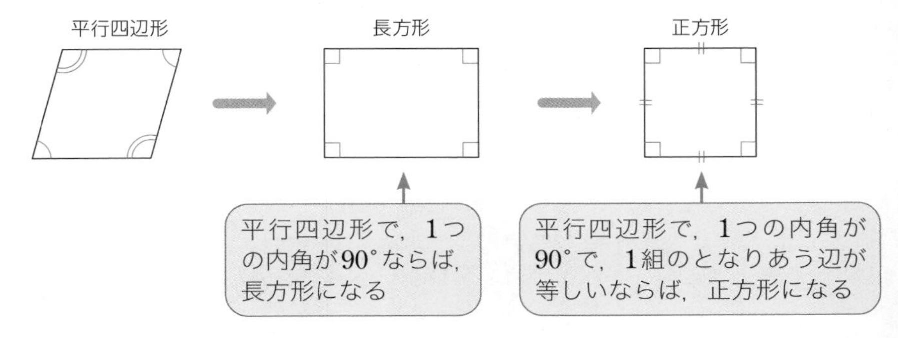

また，平行四辺形で，対角線の長さが等しいならば，その平行四辺形は長方形になるよ。さらにそこから，対角線どうしが垂直に交われば，正方形になるよ！

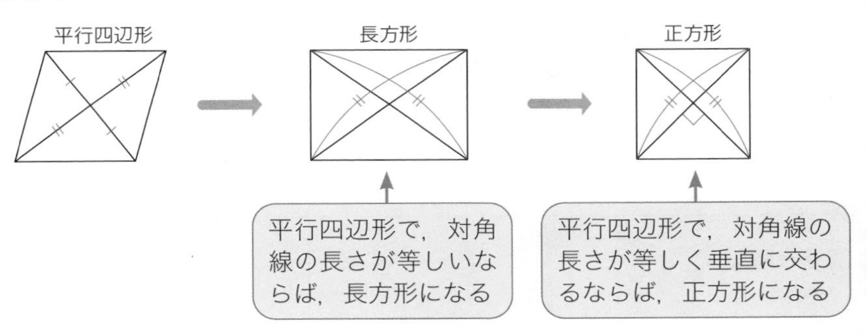

次に，平行四辺形で，1組のとなりあう辺が等しければ，4辺がすべて等しくなり，ひし形になるね。さらにそこから，1つの内角が90°となれば，正方形になるよ！

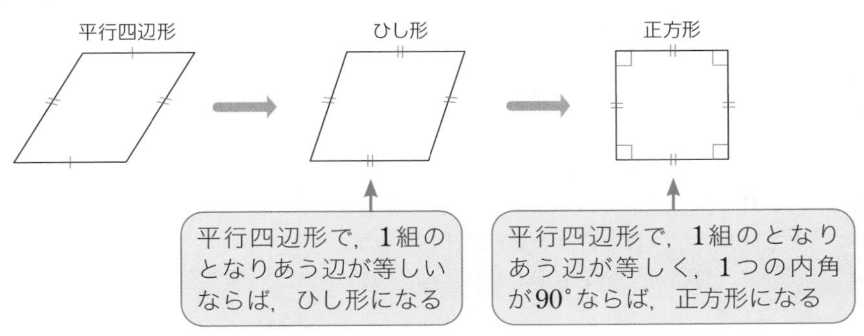

次に，平行四辺形で，対角線が垂直に交わるならば，ひし形になるよ！

さらにそこから，対角線の長さが等しくなれば，正方形になるんだ。

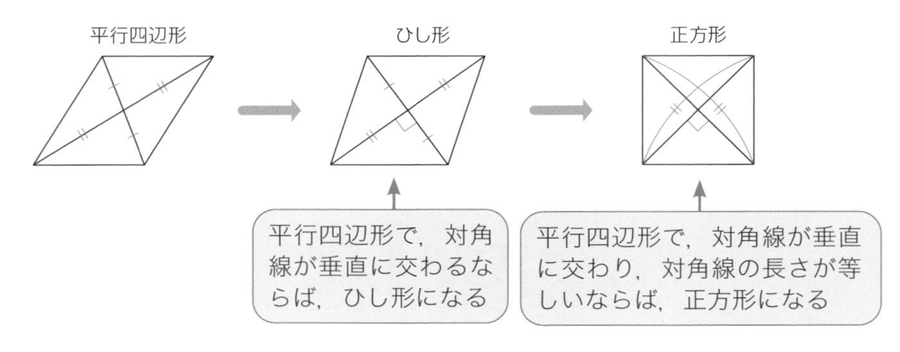

正方形は，長方形とひし形の性質をあわせもっているんだね！

例題 4

四角形ABCDが次の条件をもつとき，どんな四角形になるか，最も適する名前を答えよ。ただし，Oは対角線ACとBDの交点とする。

(1) $OA = OB = OC = OD$

(2) $\angle A + \angle B = 180°$, $DA = AB = BC$

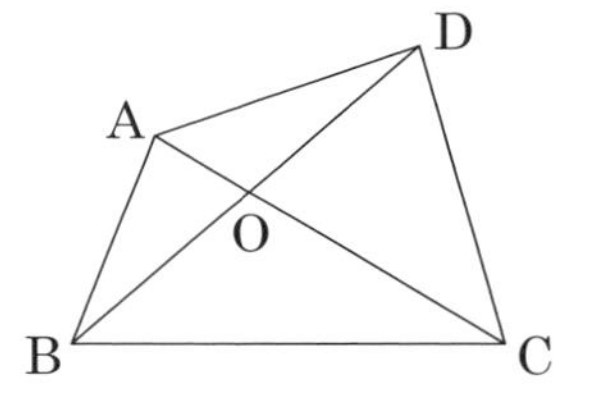

解答と解説

(1) 条件より，

$OA = OC$, $OB = OD$

対角線がそれぞれの中点で交わるので，四角形ABCDは平行四辺形である。さらに，

$OA + OC = OB + OD$

$AC = BD$

となり，対角線の長さが等しいので，

長方形 答

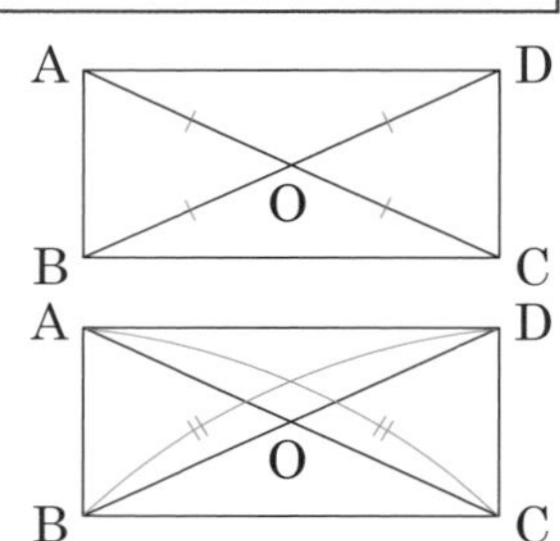

平行四辺形で，対角線の長さが等しいなら，長方形になる

(2) 条件より，

$\angle BAD + \angle ABC = 180°$ ……①

辺CBを延長して，右の図のように点Eをとると，3点C，B，Eは一直線上にあるので，

$\angle ABC + \angle ABE = 180°$ ……②

①－②

$\angle BAD - \angle ABE = 0°$

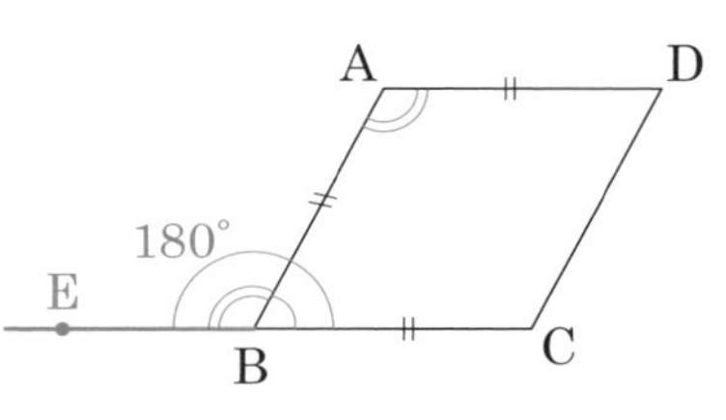

$\angle BAD = \angle ABE$

錯角が等しくなるので，$AD /\!/ BC$ ……③

また，条件より，$AD = BC$ ……④

③・④より，1組の向かいあう辺が等しくて平行であるから，四角形ABCDは平行四辺形である。

さらに条件より，$AD = AB$であり，1組のとなりあう辺が等しいので，

ひし形 答

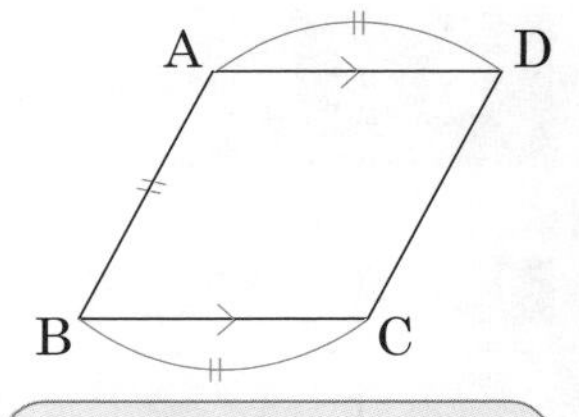

平行四辺形で，1組のとなりあう辺が等しいならば，ひし形になる

ポイント **特別な平行四辺形**

❶ 長方形，ひし形，正方形の定義

長方形：4つの角がすべて等しい四角形。

ひし形：4つの辺がすべて等しい四角形。

正方形：4つの辺がすべて等しく，4つの角がすべて等しい四角形。

❷ 長方形，ひし形，正方形の対角線の性質（定理）

長方形の対角線は，長さが等しい。

ひし形の対角線は，垂直に交わる。

正方形の対角線は，長さが等しく，垂直に交わる。

❸ 平行四辺形が長方形になる条件

平行四辺形で，1つの内角が90°ならば，長方形になる。

平行四辺形で，対角線の長さが等しいならば，長方形になる。

❹ 平行四辺形がひし形になる条件

平行四辺形で，1組のとなりあう辺が等しいならば，ひし形になる。

平行四辺形で，対角線が垂直に交わるならば，ひし形になる。

❺ 平行四辺形が正方形になる条件

平行四辺形で，1つの内角が90°で，1組のとなりあう辺が等しいならば，正方形になる。

平行四辺形で，対角線の長さが等しく，垂直に交わるならば正方形になる。

第 4 節　平行線と面積

1　平行線と面積

今度は，平行線と面積について考えてみよう。中1／第5章／第1節の2で，**平行線**について学習したね。2つの直線が平行なときは，交わらず，距離が一定になっているんだよね。

そこで，右の△PABと△QABの面積をくらべてみて。

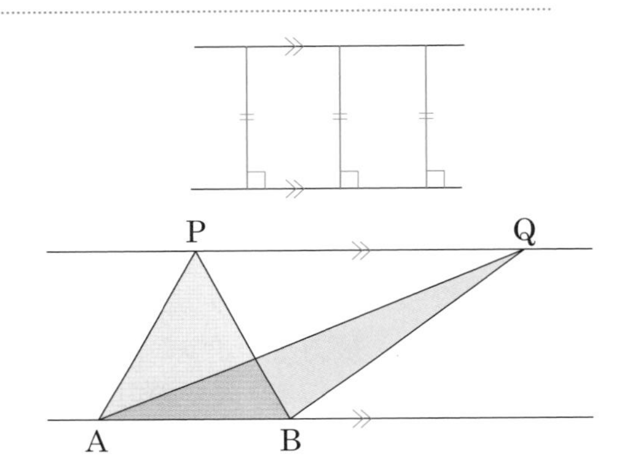

三角形としての形は全然ちがうよね。でも……面積は，等しくなっているんじゃないかな？　三角形の面積って，

$\frac{1}{2}$×底辺×高さ

で求められるでしょ。△PABと△QABって，底辺も高さも等しいもん。

おおっ，すごい！　そのとおりだよ。ここまでの図形の証明の学習を通して，理由もきちんと考えられるようになったね。

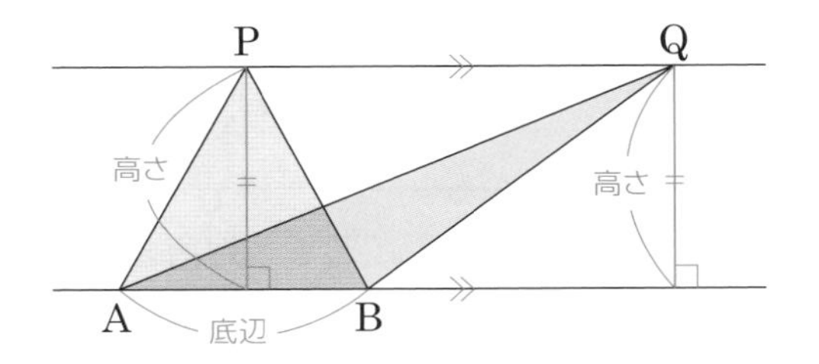

平行線と面積 ❶

PQ // AB ならば，△PAB＝△QAB

「△PAB＝△QAB」というのは，「△PABと△QABの面積が等しい」ことを表すよ。合同の記号「≡」とは意味がまったくちがうから，注意してね。

また，これについては**逆**（358ページ）も成立するよ。

えっと，逆ってことは……下の図のように，底辺ABが共通な2つの三角形△PABと△QABの面積が等しくなるとき，AとBを結んだ直線と，PとQを結んだ直線が平行になるってこと？

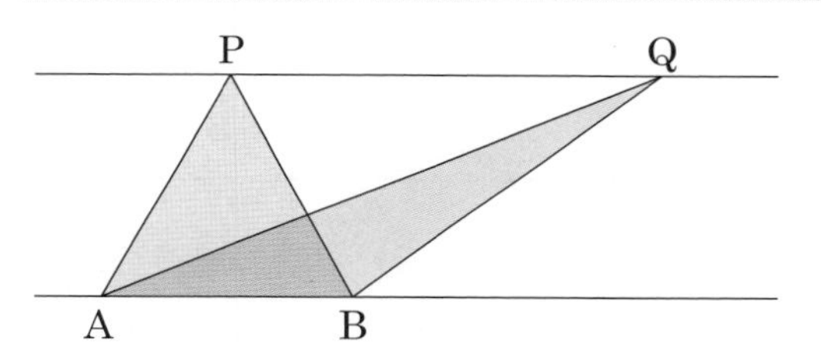

そうだよ！　つまり，

平行線と面積 ❷

2点P，Qが直線ABについて同じ側にあるとき，
△PAB＝△QAB ならば，PQ∥AB

ってことだね。どうしてこれが成立するのか，見てみよう。

底辺ABを延長した直線ABに対して，頂点Pからひいた垂線の足をR，頂点Qからひいた垂線の足をSとすると，

△PABの高さはPR
△QABの高さはQS

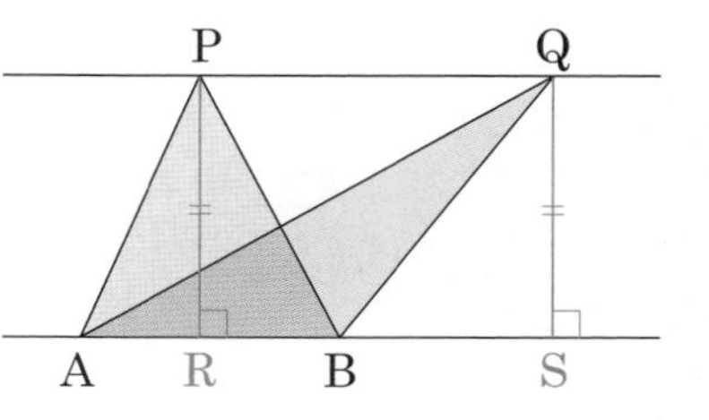

だね。そして，△PAB＝△QAB のとき，

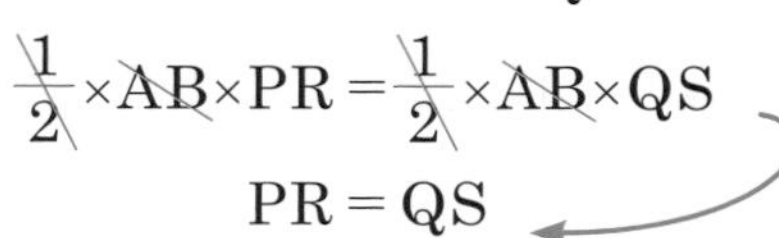

$$\frac{1}{2}\times AB\times PR=\frac{1}{2}\times AB\times QS$$

$$PR=QS$$

両辺を$\frac{1}{2}\times$ AB でわる

となるね。同じ底辺をもつ2つの三角形の面積が等しいとき，それらの三角

形の高さは等しくなるよね！

そしてこの場合，PR＝QS ということは，直線PQと直線RS(直線AB)との間の距離が，一定になっていることを意味しているよね。したがって，

PQ // AB

例題 1

次の図で，△OABの面積を求めよ。

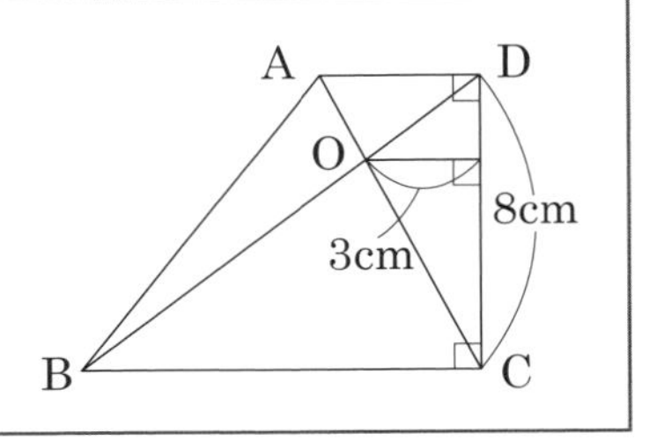

考え方

この図を見て，AD // BC なのはわかるかな？ AD⊥DC かつ BC⊥DCだよね。平面図形では，同じ1つの直線に垂直な2つの直線は，互いに平行なんだ。

ADとBCが平行なら，

△ABC＝△DBC

になるよね。このことを利用して解いていくよ。

解答と解説

∠BCD＝∠ADC＝90° であるから，

AD // BC

したがって，△ABCと△DBCについて，共通な辺BCを底辺と考えると，△ABCと△DBCの高さは等しいので，

△ABC＝△DBC ……①

ここで，

△OAB＝△ABC－△OBC

△ODC＝△DBC－△OBC

①より，

△OAB＝△ODC

$=\frac{1}{2}\times 8\times 3$

＝12 (cm²) 答

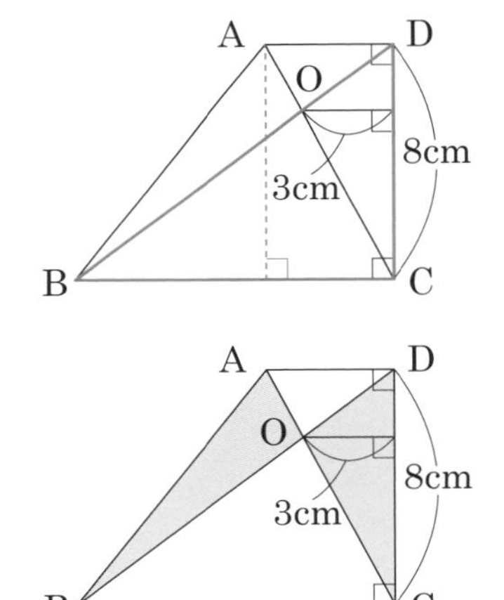

一般に，右の図のような図形で，

AD // BC ならば，△OAB＝△ODC

と，その逆，

△OAB＝△ODC ならば，AD // BC

が成り立つよ。便利だから，押さえておこう！

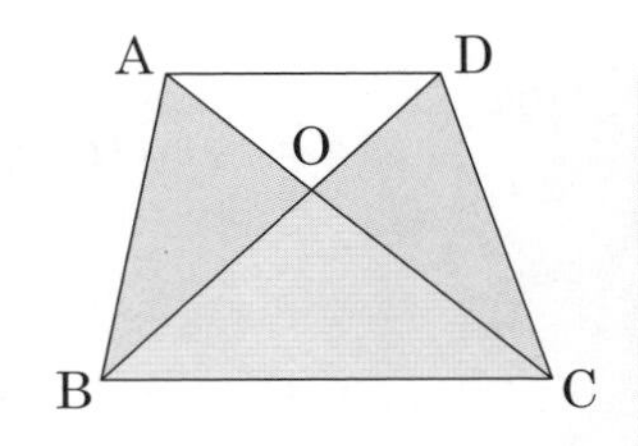

ポイント　平行線と面積

△PABと△QABの頂点P，Qが，直線ABに関して同じ側にあるとき，

❶ PQ // AB ならば，△PAB＝△QAB

❷ △PAB＝△QAB ならば，PQ // AB

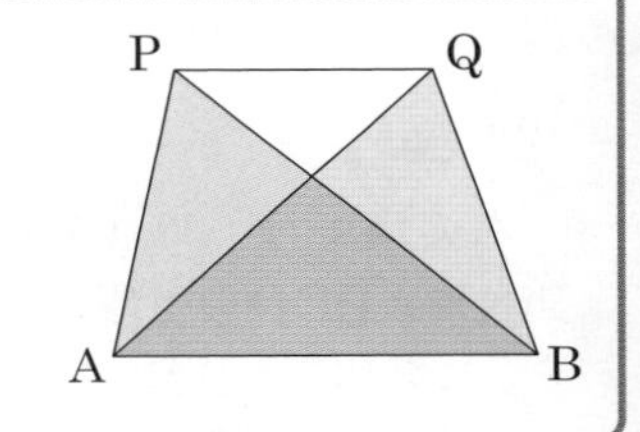

2 等積変形

1 で，三角形の形が変わっても，面積が変わらない場合を学習したね。一般に，図形の形を変えても，その面積や体積は変えない変形のことを，**等積変形**（とうせきへんけい）というよ。平行線を利用した等積変形のしかたを学習しよう。

例 右の図の四角形ABCDと同じ面積で，辺BCの延長上に頂点Pをもつ△ABPをかけ。

四角形ABCDを，三角形に分けて考えていくと，1 で学習したことを応用できるよ。

step 1 点Aと点Cを結んで，四角形ABCDを，△ABCと△ACDに分ける。

step 2 点Dを通って対角線ACに平行な直線をひく。この直線と，辺BCの延長との交点をXとする。

step 3 点Aと点Xを結ぶ。

こうすると，△ACDと△ACXについて，

底辺ACは共通，AC // DX

であるから，

△ACD＝△ACX

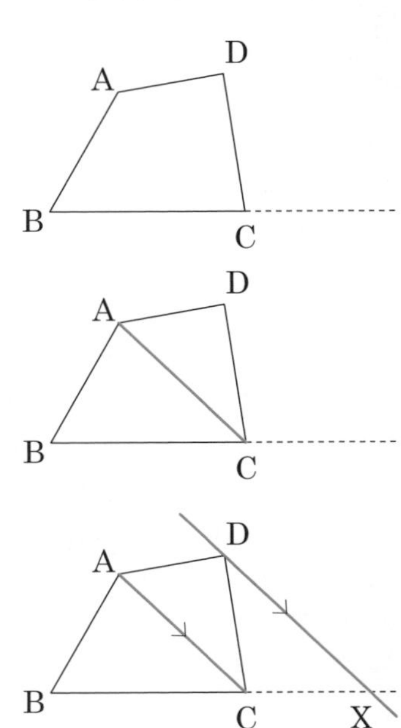

となっているね！　だから，

$$(\text{四角形ABCDの面積}) = \triangle ABC + \triangle ACD$$
$$= \triangle ABC + \triangle ACX$$
$$= \triangle ABX$$

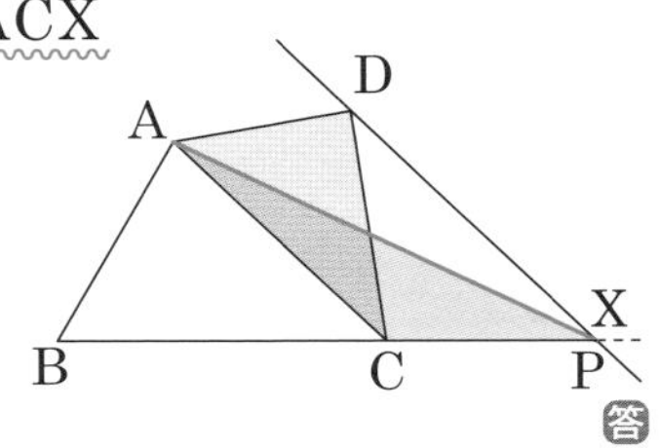

この△ABXこそ，四角形ABCDと同じ面積で，辺BCの延長上に頂点（X）をもつ三角形だね。つまり，問題の点Pの正体は，Xだったんだ！　点XをPに変えれば，作図完了だよ！

例題 2

右の図では，折れ線PQRを境界として，四角形ABCDの土地の面積が2等分されている。この四角形ABCDの土地の面積を，点Pを通る線分で2等分したい。その境界をかけ。

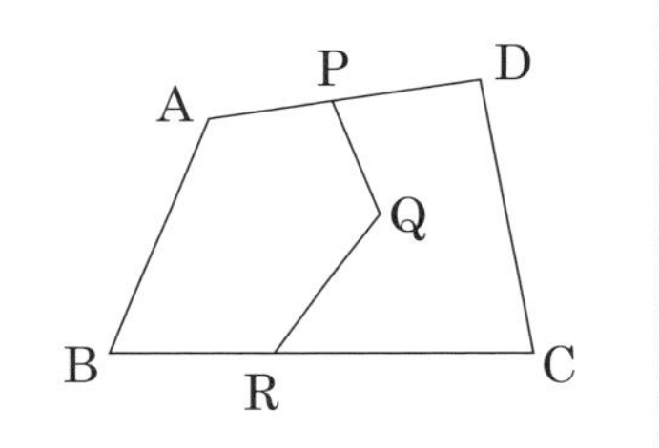

考え方

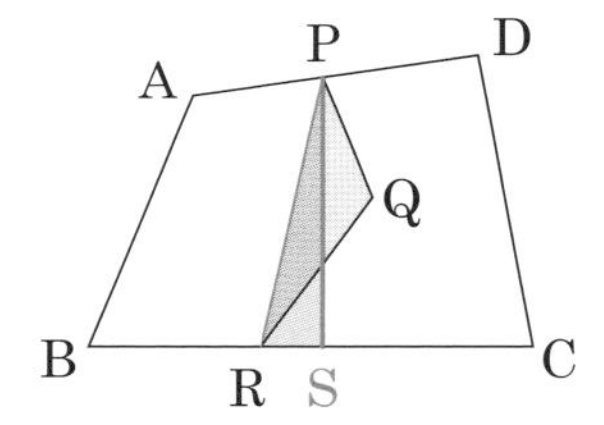

求められているような境界となる線分が，右の図のようにひけたと考えてみよう。ひいた線分と辺BCとの交点を，Sとするよ。

この線分PSをひいてできた四角形ABSPの面積は，四角形ABCDの半分になるはずだよね。

また，線分PSをひく前の，五角形ABRQPの面積も，四角形ABCDの半分なんだよね。だから，

(四角形ABSPの面積)＝(五角形ABRQPの面積)　……①

となるはずだ！

そして，四角形ABSPと五角形ABRQPには，共通する部分があるよね。それは四角形ABRPだ。だから①は，

(四角形ABRPの面積)＋△PQR＝(四角形ABRPの面積)＋△PSR

両辺から，四角形ABRPの面積をひいて，

△PQR＝△PSR

となるね！　つまり，「点Pを通って土地の面積を2等分する線分PSがひけたとき，△PQR＝△PSR になる」ということなんだ！　このように考えると，三角形の等積変形にもちこむことができるんだよ。

解答と解説

まず，点Pと点Rを結ぶ。

次に，点Qを通り，線分PRに平行な直線をひく。その直線と辺BCとの交点をSとするとき，

(四角形ABSPの面積)＝(四角形ABRPの面積)＋△PSR

PR // QS であるから，△PQR＝△PSR となるので，

(四角形ABSPの面積)＝(四角形ABRPの面積)＋△PQR

＝(五角形ABRQPの面積)

$=\frac{1}{2}\times$(四角形ABCDの面積)

したがって，点Pを通り四角形ABCDの面積を2等分する境界は，右の図の線分PSである。

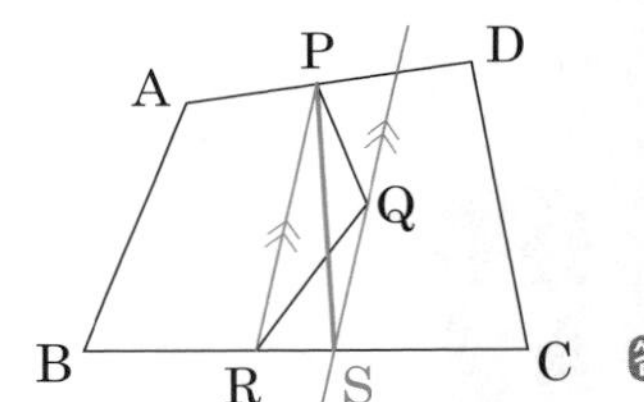

答

ポイント 等積変形

等積変形：図形の形は変えても，その面積(や体積)は変えない変形。

step 1　点Aと点Cを結ぶ。

step 2　点Dを通って対角線ACに平行な直線をひき，辺BCの延長との交点をXとする。

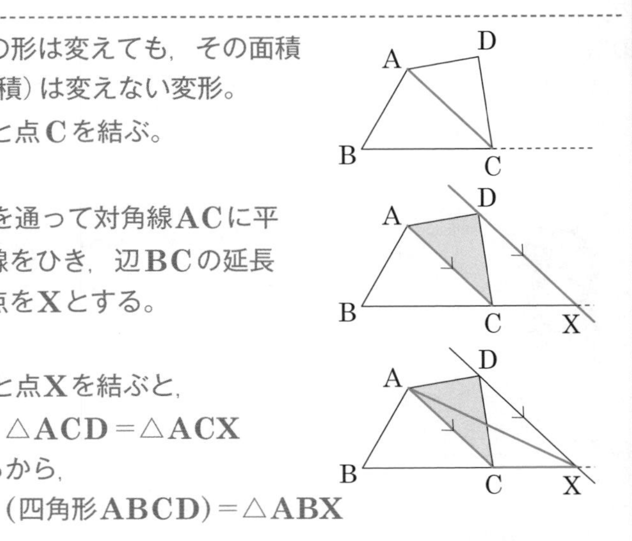

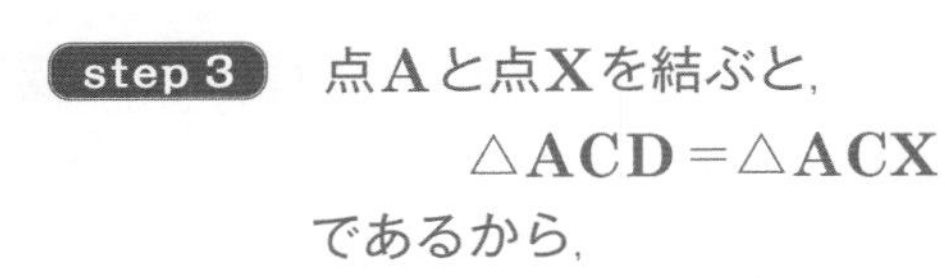

step 3　点Aと点Xを結ぶと，

△ACD＝△ACX

であるから，

(四角形ABCD)＝△ABX

第 1 節　場合の数

1　場合の数

中1／第7章／第2節で，**確率**を学習したね。ここからの第6章では，確率についてさらにくわしく学習していくよ。第1節では，確率について考えるときにとても大事な，「場合の数（ばあいのかず）」というものを学習しよう。

たとえば，1から6の目があるさいころを1つ，1回だけ投げるとしよう。そのとき，目の出方は何通りあるか，ちょっと数えてみてくれる？

1の目，2の目，3の目，4の目，5の目，6の目でしょ。全部で6通りあるよ。

OK！　このように，「あることがらの起こり方」（ここでは，さいころの目の出方）が全部で n 通りあるとき，この「n」を，そのことがらの起こる**場合の数**というよ！

今，君は1から順番に，場合の数を正しく数えてくれたけれど，たとえばこんな数え方はどうかな？

「3の目，6の目，2の目，3の目，4の目，5の目，6の目」

それじゃダメ！　だって，1の目を数えていないし，3の目や6の目を2回ずつ数えてるよ。それだと，全部で7通りになって，場合の数がちがっちゃってる。

そうだよね！　あることがらの起こる場合の数を求めるには，もれや重複（ちょうふく）がないように数えることが大切なんだ。その求め方には，次のような方法があるよ。

もれや重複のない数え方

❶ 樹形図（じゅけいず）をかいて数える　➡ 例1

❷ 表をつくって数える　➡ 例2

❸ 具体的にかき出して数える　➡ 例3

例1　**x, y, z の3文字を，一列に並べるときの場合の数を求めよ。**

3文字を一列に並べるとき，「1番目」「2番目」「3番目」ができるね。

1番目 2番目 3番目

x ＜ y — z / z — y

y ＜ x — z / z — x

z ＜ x — y / y — x

1番目には，xがくる場合と，yがくる場合と，zがくる場合があるね。

1番目がxだった場合，2番目には，yがくる場合と，zがくる場合がある。

1番目がxで，2番目がyだった場合，3番目にくるのはzだね。

1番目がxで，2番目がzだった場合，3番目にくるのはyだね。

このように考えて，右上のような図をつくると，場合の数をもれや重複がないように数えることができるよ。このような図を，**樹形図**というんだ。

樹形図より，6通り　答

例2　**大小2つのさいころを同時に投げるとき，出た目の和が6以下となる場合の数を求めよ。**

たとえば大きいさいころの目が1だったとき，出た目の和が6以下となるのは，小さいさいころの目が，

1，2，3，4，5

のときだね。もし大きいさいころの目が2だったら，小さいさいころの目は，

1，2，3，4

であればOKだね。

このように考えて，右のような表をつくるよ！　2個のさいころを投げる問題では，このような表をつくって考えると，数えやすいことが多いよ。

大＼小	1	2	3	4	5	6
1	○	○	○	○	○	
2	○	○	○	○		
3	○	○	○			
4	○	○				
5	○					
6						

表の○を数えて，15通り　答

例3　**野球の試合で，A，B，C，Dの4チームが，それぞれ1回ずつ対戦するときの場合の数を求めよ。**

すべてのチームが，ほかの3チームと1回ずつ戦うと，何試合になるかということだね。ちょっと考えてみて。

まず, チームAは, B, C, Dの3チームと1回ずつ戦わなきゃいけないから, それで3試合でしょ。

そうそう, そこまではOKだよ。

次に, チームBは, A, C, Dの3チームと1回ずつ戦うから, これも3試合。チームCも, A, B, Dと1回ずつで3試合。チームDも, A, B, Cと1回ずつで3試合。全部たすと,

$3+3+3+3=12$（試合）

さて, ほんとうにそれでいいかな？　君の数え方を整理して, 次のようにかいてみるよ。

チームAの試合　(A, B), (A, C), (A, D)
チームBの試合　(B, A), (B, C), (B, D)
チームCの試合　(C, A), (C, B), (C, D)
チームDの試合　(D, A), (D, B), (D, C)

このうち,「チームAの試合」に入っている (A, B) と,「チームBの試合」に入っている (B, A) は, どちらもチームAとチームBが戦う試合だよね。これらを両方カウントすると,「1回ずつ対戦」という条件に合わなくなってしまうよ。

そうか！　ほかにも, (A, C) と (C, A), (A, D) と (D, A), (B, C) と (C, B), (B, D) と (D, B), (C, D) と (D, C) が重複になっちゃうね。

こういうふうに,「順番がちがっていても, **組合せ**（くみあわせ）が同じなら, 同じ場合だと考える」というパターンもあるんだ。そこで, 重複のないようなかき方を考えてみよう。

「AとBが対戦する」ということを, {A, B} とかくことにして, {　　} の中はアルファベット順にかくとルールを決めておくよ。

こうすると, (A, B) と (B, A) の2つが, {A, B} に統一されて, 重複がなくなるよね。このかき方で, 試合の組合せをかき出していくと,

{A, B}, {A, C}, {A, D} ← Aから始まるもの

{B, C}, {B, D} ← Bから始まるもの

{C, D} ← Cから始まるもの

で全部だね！　これらすべてを数えあげると，求める場合の数は，6通り 答

組合せのときは,「アルファベット順にかく」みたいなルールでかき出すと，もれや重複がないように数えられるんだね！

A ― B, C, D

B ― C, D

C ― D

この 例3 のような場合の数を，樹形図や表を利用して求めることもできるよ。

樹形図だと，右上のようにかけばいいんだ。

表は，右のようにかくよ。「チームA対チームA」のような，同じチームどうしの対戦はないから，斜線を入れるよ。また,「チームA対チームB」と「チームB対チームA」のような重複する試合も，一方を斜線で消すんだ。

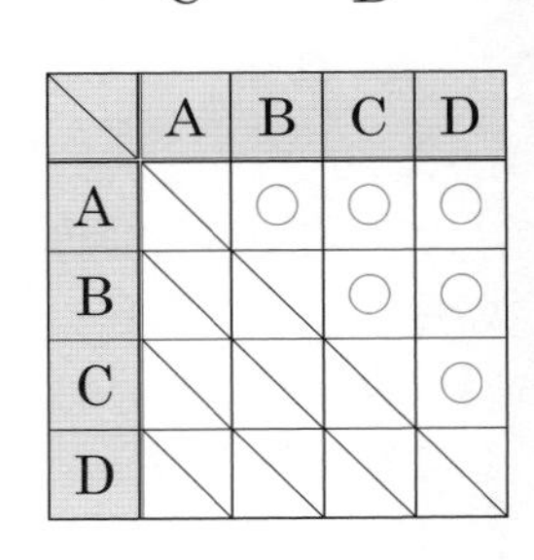

＼	A	B	C	D
A	＼	○	○	○
B	＼	＼	○	○
C	＼	＼	＼	○
D	＼	＼	＼	＼

例題

(1) A, B, C, Dの4人から班長と副班長を選ぶとき，その選び方は何通りあるか。

(2) サッカーの試合で，A, B, C, D, Eの5チームがそれぞれ1回ずつ対戦するときの試合数を求めよ。

(3) 大小2つのさいころを同時に投げるとき，目の和が5の倍数となる場合は何通りあるか求めよ。

解答と解説

(1) 班長　副班長　　班長　副班長　　班長　副班長　　班長　副班長

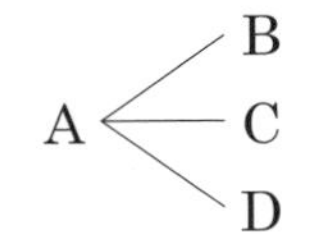

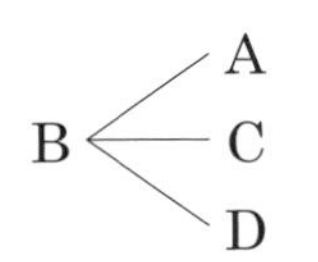

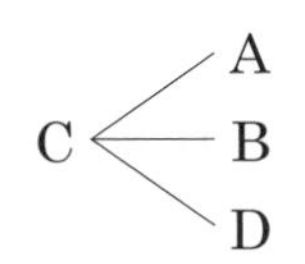

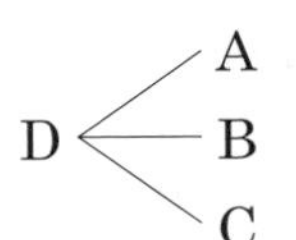

樹形図より，12通り 答

(2) AとBが対戦することを{A, B}のように表すとする。

{A, B}，{A, C}，{A, D}，{A, E}
{B, C}，{B, D}，{B, E}
{C, D}，{C, E}
{D, E}

これらをすべてを数え上げて，10試合 答

樹形図を使っても，表をかいてもいいよ！

(3) 大小2個のさいころを投げたとき，出た目の和を表にまとめると，右のようになる。

2個のさいころの出た目の和で，5の倍数になるのは，5と10である。

右の表より，

目の和が5になるのは，4通り
目の和が10になるのは，3通り

したがって，求める場合の数は，

$4+3=7$（通り） 答

大＼小	1	2	3	4	5	6
1	2	3	4	(5)	6	7
2	3	4	(5)	6	7	8
3	4	(5)	6	7	8	9
4	(5)	6	7	8	9	(10)
5	6	7	8	9	(10)	11
6	7	8	9	(10)	11	12

(3)の問題は，**例3**や(2)とはちがって，たとえば「大が1で，小が4である場合」と，「大が4で，小が1である場合」は，「同じ場合だ」と考えず，それぞれカウントしなければいけないね。表で考えると，どちらもしっかりチェックできるね♪

じつは(3)の問題は，**和の法則**という法則を利用して求めることができるよ！

和の法則

2つのことがらA，Bについて，これらは同時には起こらないとする。
Aの起こる場合の数が m 通り，Bの起こる場合の数が n 通りあるとき，AまたはBの起こる場合の数は，$m+n$（通り）

「Aということがら」と，「Bということがら」が同時に起こらないときには，

（AまたはBの起こる場合の数）
＝（Aの起こる場合の数）＋（Bの起こる場合の数）

と計算できる，ということ。**例題**の(3)でいうと，2個のさいころの出た目の和が5の倍数になるのは，次のことがらのどちらかが起こったときだね。

A　出た目の和が5になる
B　出た目の和が10になる

「出た目の和が5になる」ということがらAと,「出た目の和が10になる」ということがらBは,同時には起こらないね。だから,

(出た目の和が5の倍数になる場合の数)

=(出た目の和が5または10になる場合の数)

=(目の和が5になる場合の数)+(目の和が10になる場合の数)

というふうに計算できるよ!

(i) 目の和が5となるとき,

(大, 小)=(1, 4), (2, 3), (3, 2), (4, 1)

この場合の数は4通り

(ii) 目の和が10となるとき,

(大, 小)=(4, 6), (5, 5), (6, 4)

この場合の数は3通り

したがって,和の法則より,2個のさいころの目の和が5の倍数となる場合の数は,

$4+3=7$ (通り)

ポイント **場合の数**

場合の数を求める場合,起こりうる場合のすべてをもれなく,重複なく数えあげる。数えあげる方法は,次のようなものがある。

❶ 樹形図 ❷ 表 ❸ 具体的にかき出す

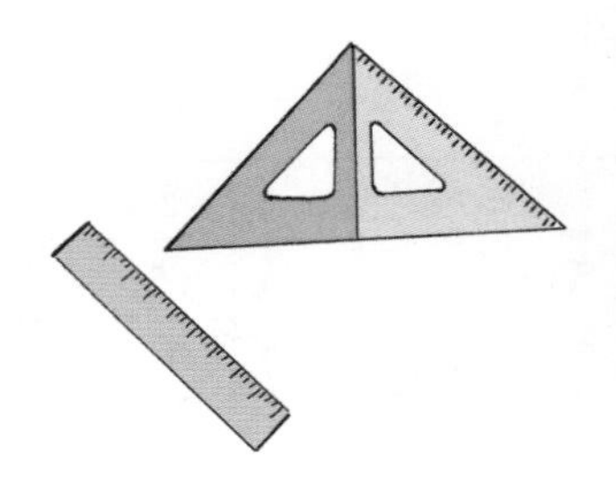

中学1年 中学2年 中学3年

第2節　確　率

1　確率の意味

中1／第7章／第2節で,「統計的確率」を学習したことを覚えているかな。

ああ！　ペットボトルのキャップを何回も何回も投げて, 表が出た回数を調べて, 相対度数を出して, グラフで表してたよね。

あれはたいへんだった！　ここでもう一度,「確率」というものの意味を考えてみようか。

たとえば, ここに正しくつくられたさいころがある。これを何百回と投げたとき, 5の目が出る**相対度数**(あることがらの起こった回数が, 全体の回数に対して占(し)める割合)はどうなっていくと思う？

ペットボトルのキャップのときも, 相対度数はある値にどんどん近づいていったよね。さいころの場合も, 何かの値に近づいていくと思う。さいころは, 目が6つあるから, たぶん…… $\frac{1}{6}$ に近い値になるんじゃない？

するどい！　実際に実験したデータが, 次の表とグラフだよ。

投げる回数が少ないうちは, 5が出る割合は安定しない。でも, 回数が増えていくにしたがって, ばらつきは小さくなっていき, 0.166……すなわち $\frac{1}{6}$ に近い値になっているね。

投げた回数	25	50	100	150	200	300	400	500
5の目が出た回数	5	7	15	24	31	48	66	81
5の目が出た割合	0.2	0.14	0.15	0.16	0.155	0.16	0.165	0.162

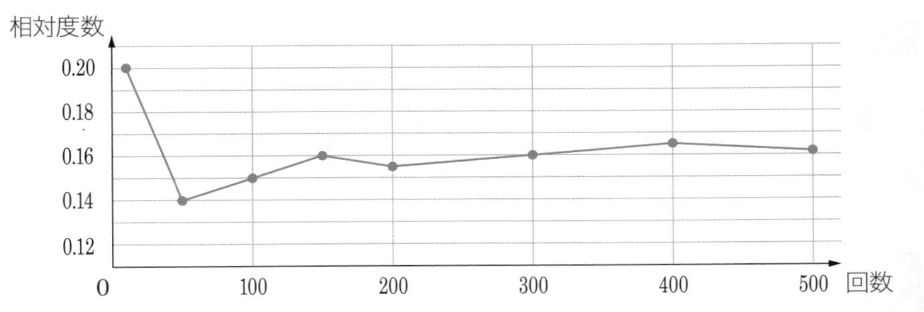

この $\frac{1}{6}$ が，「さいころの5の目が出ること」の「起こりやすさの程度」を表す値ということになるよ。

このように，多数回の実験や観察を行うときの，あることがらの起こりやすさの程度を表す数を，そのことがらの起こる**確率**（**統計的確率**）というよ。

5の目が出る確率が $\frac{1}{6}$ というのは，「5の目は，6回さいころを投げると1回出る」程度の起こりやすさということだよ！「6回さいころを投げれば，必ず1回は5の目が出る」ということではないから注意してね！

正しくつくられたさいころを投げるとき，出る目は1，2，3，4，5，6の6通りであり，どの場合が起こることも，同じ程度であると考えられるね。起こりうる場合の1つひとつについて，そのどの場合が起こることも同じ程度であると考えられるとき，「**同様に確からしい**」というんだよ。

次の 2 では，たくさんの回数の実験によって求める統計的確率ではなく，「どの場合が起こることも，同様に確からしい」ときに，計算で求める確率を学習するよ。

ポイント 確　率

❶ 確率：あることがらの起こりやすさの程度を表す数。

❷ 起こる場合の1つひとつについて，そのどの場合が起こることも同じ程度であると考えられるとき，「**同様に確からしい**」という。

2 確率の求め方

1 で，正しくつくられたさいころの5の目が出る確率は $\frac{1}{6}$ だっていう話が出てきたよね。同様に確からしいとき，場合の数の割合として確率は，次のように求められるよ！

$$（ことがらAの起こる確率）=\frac{（ことがらAの起こる場合の数）}{（起こりうるすべての場合の数）}$$

このように求めた確率を，**数学的確率**（すうがくてきかくりつ）といって，「統計的確率」とは区別するよ。単に「確率」というときは，数学的確率を指していると考えてね！

さいころの場合，

起こりうるすべての場合の数は，1～6の目の6通り

このうち，5の目が出る場合は1通り

だから，5の目が出る確率は $\frac{1}{6}$ だよ。

例1 **赤色の玉が2個，白色の玉が3個入った袋から玉を1個取り出す。**

(1) **取り出し方は何通りあるか。**

(2) **赤色の玉を取り出す確率を求めよ。**

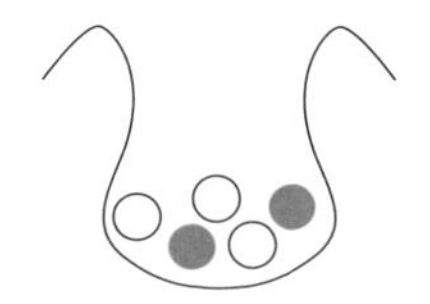

(1) 取り出した結果は，「赤色の玉を取り出す」と「白色の玉を取り出す」の2パターンしかないから，この問題の答えは，

2通り 答

だよ。赤色の玉は2個，白色の玉は3個あるけれど，問題には，「そのちがいを見分けられる」とはかいていないね。

場合の数の問題では，見た目のちがいがはっきりわかるものしか区別しない

のが基本だから，玉を区別して「5通り」と答えると，間違いだよ。

(2) では，「赤色の玉を取り出す確率」は，どう計算すればいいかな？

「起こりうるすべての場合の数」は，(1)から2通りでしょ？ そのうち，「赤色の玉を取り出す」ということがらが起こる場合は……1通り？ 確率は，$\frac{1}{2}$……？

「赤」か「白」か2通りのうち，「赤」の1通りだから，って考えたんだね。残念！ それは間違いなんだ。何が間違いかというと，「赤色の玉を取り出す」と「白色の玉を取り出す」は，起こりやすさが等しくない，つまり，同様に確からしくないんだ。だって，袋の中に3個入っている白色の玉のほうが，2個しか入っていない赤色の玉よりも，出やすいはずだよね。

確率は，同様に確からしいもので考えていかないと，正しい確率が求められない

というのが，とても大事なポイントだよ！

じゃあ，どういうふうに考えればいいの？

(1)で，「場合の数の問題では，見た目のちがいがはっきりわかるものしか区別しない」といったけれど，

確率を求めるときは，見た目の区別がつかないものでも，区別して考える

ようにするんだ！ つまり，

2個の赤色の玉 ➡ 赤$_1$，赤$_2$

3個の白色の玉 ➡ 白$_1$，白$_2$，白$_3$

と区別すると，玉の取り出し方（起こりうるすべての場合の数）は，

赤$_1$，赤$_2$，白$_1$，白$_2$，白$_3$

の5通りあって，これらは同様に確からしいね。

赤$_1$の出やすさ
＝赤$_2$の出やすさ
＝白$_1$の出やすさ
＝白$_2$の出やすさ
＝白$_3$の出やすさ

このうち，赤色の玉の取り出し方（赤色の玉を取り出す場合の数）は，

赤$_1$，赤$_2$の2通り

であるから，求める確率は，$\frac{2}{5}$ 答

中学1年 中学2年 中学3年

例題

赤色の玉が2個，白色の玉が3個入った袋から，同時に2個の玉を取り出すとき，次の確率を求めよ。

(1) 2個とも赤色の玉を取り出す確率

(2) 2個とも白色の玉を取り出す確率

(3) 赤色の玉と白色の玉を1個ずつ取り出す確率

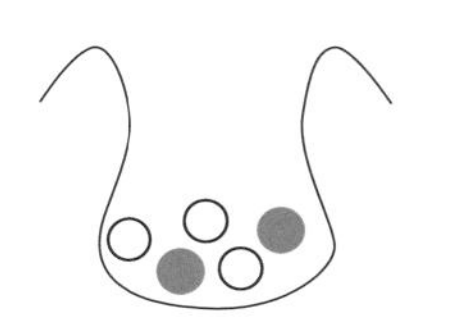

解答と解説

2個の赤色の玉を，赤$_1$，赤$_2$と区別し，3個の白色の玉を，白$_1$，白$_2$，白$_3$と区別する。

そしてたとえば，赤$_1$と白$_1$を取り出すことを，{赤$_1$, 白$_1$} と表すことにする。

このとき，同時に2個の玉を取り出す取り出し方は，

{赤$_1$, 赤$_2$}，{赤$_1$, 白$_1$}，{赤$_1$, 白$_2$}，{赤$_1$, 白$_3$}，
{赤$_2$, 白$_1$}，{赤$_2$, 白$_2$}，{赤$_2$, 白$_3$}，
{白$_1$, 白$_2$}，{白$_1$, 白$_3$}，
{白$_2$, 白$_3$}

の10通りあり，これらは同様に確からしい。

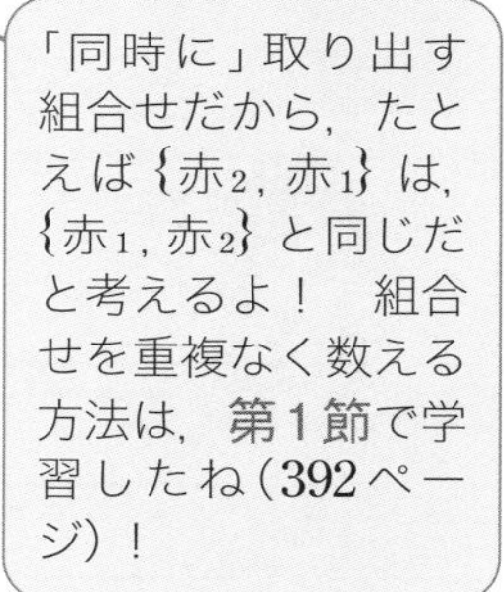

起こりうるすべての場合の数

(1) 2個とも赤色の玉を取り出す取り出し方は，

{赤$_1$, 赤$_2$} の1通り

したがって，求める確率は，$\frac{1}{10}$ 答

(2) 2個とも白色の玉を取り出す取り出し方は，

{白$_1$, 白$_2$}，{白$_1$, 白$_3$}，{白$_2$, 白$_3$} の3通り

したがって，求める確率は，$\frac{3}{10}$ 答

(3) 1個の白色の玉と1個の赤色の玉を取り出す取り出し方は，

{赤$_1$, 白$_1$}，{赤$_1$, 白$_2$}，{赤$_1$, 白$_3$}，
{赤$_2$, 白$_1$}，{赤$_2$, 白$_2$}，{赤$_2$, 白$_3$} の6通り

したがって，求める確率は，$\frac{6}{10}=\frac{3}{5}$ 答

確率の問題では，「起こりやすさ」をそろえるために，「同じに見えるものも，区別する」ことが必要なんだね。場合の数のときとはちがうんだね……。

これまで見てきたように，確率は分数で表現していくんだけれど，その分子（あることがらの起こる場合の数）は，分母（起こりうるすべての場合の数）以下の数になるよね。だから確率 p の取りうる値の範囲は，

$$0 \leqq p \leqq 1$$

になるよ！

0と1に，等号「＝」もついているね。確率 p が0や1になるって，どういうことなの？

次の 例2 ・ 例3 で考えてみよう！

例2　1つのさいころを投げて，6以下の目が出る確率を求めよ。

起こりうるすべての場合の数は，さいころの1～6の目の6通りあり，同様に確からしい。

6以下の目が出る場合の数は，1～6の目の6通り。

したがって，求める確率は，

$$\frac{6}{6} = 1$$ 答

1つのさいころを投げるとき，必ず6以下の目が出るね！

例3　1つのさいころを投げて，6より大きい目が出る確率を求めよ。

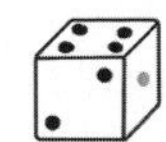

さいころに6より大きい目はないので，6より大きい目が出る場合の数は，0通り。

したがって，求める確率は，

$$\frac{0}{6} = 0$$ 答

1つのさいころを投げるとき，6より大きい目が出ることは，決してないね！

わかった！　つまり，
　　必ず起こることがら　➡　確率1
　　決して起こらないことがら　➡　確率0
ってことだね♪

ポイント　**確率の求め方**

起こる場合が全部で n 通りあり，そのどれが起こることも，同様に確からしいとする。このとき，ことがらAの起こる場合が a 通りあるとすると，Aの起こる確率 p は，

$$p = \frac{a}{n}$$

← (ことがらAの起こる確率) $=\dfrac{(\text{ことがら A の起こる場合の数})}{(\text{起こりうるすべての場合の数})}$

Aの起こる確率 p の値の範囲は，

$$0 \leqq p \leqq 1$$

← 必ず起こることがらの確率が1，決して起こらないことがらの確率が0

第3節　いろいろな確率

1 積の法則

この節では，テストによく出るいろいろなタイプの**確率**の問題を，いっしょに考えていこう！

まずは復習もかねて，**場合の数**の問題について考えてみるよ。

例 **P地点からQ地点に行く道が2通り，Q地点からR地点に行く道が3通りあるとき，P地点からQ地点を通ってR地点に行く道の選び方は何通りあるか求めよ。**

これは樹形図を使うといいんじゃない？　数えやすそうだよ。

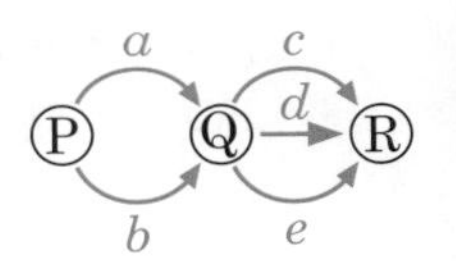

P➡Q　Q➡R

a — c, d, e
b — c, d, e

そうだね！　右上の図のように，道に a ～ e と名前をつけて考えると，樹形図は右の図のようになって，道の選び方の数を数えると，

6通り　答

ここで，この「6」という数について考えてみよう。

P地点からQ地点へ行く道は，a，b の2通り。

その2通りのそれぞれについて，Q地点からR地点へ行く道が，c，d，e の3通りずつあるね。

P地点からR地点への道の選び方の数「6」は，

$2 \times 3 = 6$

という掛け算の結果（積）になっているんだ！

このように，掛け算を用いて場合の数を数えることが有効なケースもあるんだよ。次のような場合において，掛け算で場合の数が求められることを，**積の法則**（せき）というよ！

積の法則

2つのことがらA，Bについて，

Aの起こる場合の数が m 通り

その各々(おのおの)について，Bの起こる場合の数が n 通り

であるとき，AとBの両方の起こる場合の数は，

$m \times n$（通り）

この積の法則を用いて，確率の問題を解いてみよう！

例題 1

2個のさいころを同時に投げるとき，次の確率を求めよ。

(1) **出る目の和が10以上になる確率**

(2) **出る目の積が20の約数になる確率**

考え方

確率を求めるときは，見た目の区別がつかないものでも，区別して考えるんだったね（401ページ）！　そこで，2つのさいころをA，Bと区別しよう。

さて，2個のさいころA，Bを同時に投げるとき，

さいころAの目の出方は，6通り

その各々について，さいころBの目の出方は，6通り

だから，確率の分母になる「起こりうるすべての場合の数」（この場合，さいころA，Bの目の出方の総数）は，積の法則で求められるよ！

解答と解説

2個のさいころをA，Bと区別して，

Aのさいころの目を a

Bのさいころの目を b

出る目の数を (a, b)

と表すことにする。

(1) A，Bの2個のさいころを同時に投げるとき，それぞれの出た目とその和について，起こりうるすべての場合を表に表すと，右のようになる。

a＼b	1	2	3	4	5	6
1	2	3	4	5	6	7
2	3	4	5	6	7	8
3	4	5	6	7	8	9
4	5	6	7	8	9	(10)
5	6	7	8	9	(10)	(11)
6	7	8	9	(10)	(11)	(12)

たとえばこのマスは，「Aの目が6でBの目が5，その和は11」という意味だよ！　赤い丸印のついたマス目は，和が10以上になっていて，全部で6つあるね！

目の出方は全部で，

$6\times6=36$ (通り)

であり，それらはすべて同様に確からしい。

積の法則だよ！　右の表のマス目（灰色のアミがかかっていない部分）を見ても，行が6行，列が6列で，マス目は全部で36個あるね！

出た目の数の和が10以上になる場合は，

和が10 ➡ (4, 6)，(5, 5)，(6, 4)
和が11 ➡ (5, 6)，(6, 5)
和が12 ➡ (6, 6)

の6通りである。

したがって，求める確率は，

$\frac{6}{36}=\frac{1}{6}$ 答

(2) A，Bの2個のさいころを同時に投げるとき，それぞれの出た目とその積について，起こりうるすべての場合の数を表に表すと，右のようになる。

a＼b	1	2	3	4	5	6
1	(1)	(2)	3	(4)	(5)	6
2	(2)	(4)	6	8	(10)	12
3	3	6	9	12	15	18
4	(4)	8	12	16	(20)	24
5	(5)	(10)	15	(20)	25	30
6	6	12	18	24	30	36

たとえばこのマスは，「Aの目が6でBの目が5，その積は30」という意味だよ！　赤い丸印のついたマス目は，積が20の約数になっていて，全部で12個あるね！

目の出方は，(1)で求めたように全部で36通りであり，それらはすべて同様に確からしい。

この中で，20の約数は，

1，2，4，5，10，20

積がこれらになるような目の出方は，

積が1 ➡ (1, 1)
積が2 ➡ (1, 2)，(2, 1)
積が4 ➡ (1, 4)，(2, 2)，(4, 1)
積が5 ➡ (1, 5)，(5, 1)
積が10 ➡ (2, 5)，(5, 2)
積が20 ➡ (4, 5)，(5, 4)

の12通りである。
　したがって，求める確率は，

$$\frac{12}{36}=\frac{1}{3}$$ 答

ポイント　積の法則

　2個のさいころを同時に投げるタイプの確率の問題では，表を利用して数えることが有効。

2　色玉を取り出す問題

　次は，袋の中から色のついた玉を取り出す問題だよ。

例　赤色の玉3個，白色の玉2個，黒色の玉1個の入った袋がある。この袋から同時に2個の玉を取り出して色を調べるとき，次の確率を求めよ。

（1）**取り出した2個の玉の色が異なる確率。**

（2）**少なくとも1個は赤色の玉を取り出す確率。**

　確率を求めるときは，見た目の区別がつかないものでも，区別して考えるんだから，赤色の玉を赤$_1$，赤$_2$，赤$_3$，白色の玉を白$_1$，白$_2$と区別しよう。

　そしてたとえば，赤$_1$と白$_1$を取り出すことを{赤$_1$，白$_1$}と表すことにするよ。

　このとき，同時に2個の玉を取り出す取り出し方は，

{赤$_1$，赤$_2$}，{赤$_1$，赤$_3$}，{赤$_1$，白$_1$}，
{赤$_1$，白$_2$}，{赤$_1$，黒}，{赤$_2$，赤$_3$}，
{赤$_2$，白$_1$}，{赤$_2$，白$_2$}，{赤$_2$，黒}，
{赤$_3$，白$_1$}，{赤$_3$，白$_2$}，{赤$_3$，黒}，
{白$_1$，白$_2$}，{白$_1$，黒}，{白$_2$，黒}

の15通りであり，これらは同様に確からしい。

これが，確率の分母になる「起こりうるすべての場合の数」だよ！

樹形図でも考えられるよ！

赤$_1$ ― 赤$_2$，赤$_3$，白$_1$，白$_2$，黒
赤$_2$ ― 赤$_3$，白$_1$，白$_2$，黒
赤$_3$ ― 白$_1$，白$_2$，黒
白$_1$ ― 白$_2$，黒
白$_2$ ― 黒

「同時に」取り出す組合せだから，たとえば $\{赤_2, 赤_1\}$ は，$\{赤_1, 赤_2\}$ と同じだと考えるんだよね！

(1)　取り出した2個の玉の色が異なる取り出し方は，

$\{赤_1, 白_1\}$，$\{赤_1, 白_2\}$，$\{赤_1, 黒\}$，
$\{赤_2, 白_1\}$，$\{赤_2, 白_2\}$，$\{赤_2, 黒\}$，
$\{赤_3, 白_1\}$，$\{赤_3, 白_2\}$，$\{赤_3, 黒\}$，
$\{白_1, 黒\}$，$\{白_2, 黒\}$

の11通りだね！

したがって，求める確率は，$\dfrac{11}{15}$ 答

(2)　この問題も，「少なくとも1個は赤色の玉を取り出す」場合の数を求めて，

$$\frac{(\text{少なくとも1個は赤色の玉を取り出す場合の数})}{(\text{起こりうるすべての場合の数})}$$

を計算すればいいよ。

でも，「少なくとも1個は」なんていう場合の数，これまで求めたことがないよ。どうすればいいの？

そこで，考えてみよう！　2個の玉を取り出す中で，「少なくとも1個は赤色の玉」なんだよね。赤色の玉の個数については，どういう場合が考えられるかな？

えーと，「2個とも赤色」の場合と，「1個だけが赤色」の場合かな。

そのとおり！　「少なくとも1個は赤色の玉を取り出す」場合というのは，「2個とも赤色の玉を取り出す」場合と「赤色の玉を1個だけ取り出す」場合を合わせたものだよね。そして，「2個とも赤色の玉を取り出す」場合や，「赤色の玉を1個だけ取り出す」場合なら，考えやすいよね！　それぞれの場

合について，場合の数を数えてみよう。

2個とも赤色の玉を取り出す場合は，

$\{$赤$_1$，赤$_2\}$，$\{$赤$_1$，赤$_3\}$，$\{$赤$_2$，赤$_3\}$

の3通りだね。

赤色の玉を1個だけ取り出す場合は，

$\{$赤$_1$，白$_1\}$，$\{$赤$_1$，白$_2\}$，$\{$赤$_1$，黒$\}$，
$\{$赤$_2$，白$_1\}$，$\{$赤$_2$，白$_2\}$，$\{$赤$_2$，黒$\}$，
$\{$赤$_3$，白$_1\}$，$\{$赤$_3$，白$_2\}$，$\{$赤$_3$，黒$\}$

の9通りだね。

赤が「1個だけ」の場合だから，この中には，「2個とも赤」の場合を入れてはいけないよ！

そして，「2個とも赤色の玉を取り出す」ことと，「赤色の玉を1個だけ取り出す」ことは同時には起こらないから，**和の法則**（396ページ）より，

（少なくとも1個は赤色の玉を取り出す場合の数）
＝（2個とも赤色の場合の数）＋（1個だけ赤色の場合の数）

というふうに，足し算で計算できるよ！

少なくとも1個は赤色の玉を取り出す場合の数は，

$3+9=12$（通り）

したがって，求める確率は，

$$\frac{12}{15}=\frac{4}{5}$$ 答

表にすると，右のようになるね。同じ色玉を取り出すマスや重複するマスは斜線で消しているよ。

	赤$_1$	赤$_2$	赤$_3$	白$_1$	白$_2$	黒
赤$_1$	＼	○	○	○	○	○
赤$_2$	＼	＼		○	○	○
赤$_3$	＼	＼	＼	○	○	○
白$_1$	＼	＼	＼	＼		
白$_2$	＼	＼	＼	＼	＼	
黒	＼	＼	＼	＼	＼	＼

例題 2

赤色の玉3個，白色の玉2個の入った袋がある。この袋から玉を1個取り出して色を調べ，それを袋に戻してから，また玉を1個取り出したとき，1回目と2回目の玉の色が同じである確率を求めよ。

解答と解説

赤色の玉を赤$_1$，赤$_2$，赤$_3$，白色の玉を白$_1$，白$_2$と区別する。

1回目の玉の取り出し方は，5通り

その各々について，2回目の玉の取り出し方も，5通り

赤3個と白2個，計5個の玉の中から1個を取り出す場合の数

したがって，2回玉を取り出す取り出し方は，

$5\times5=25$（通り）

であり，それらはすべて同様に確からしい。

2回とも赤色の玉を取り出す場合の取り出し方は，

$3\times3=9$（通り）

2回とも白色の玉を取り出す場合の取り出し方は，

$2\times2=4$（通り）

したがって，1回目と2回目の玉の色が同じである場合の数は，

$9+4=13$（通り）

したがって，求める確率は，$\frac{13}{25}$ 答

積の法則（405ページ）を使ったよ！　これが，起こりうるすべての場合の数だね

「1回目と2回目の玉の色が同じ」ということは，「2回とも赤色」または「2回とも白色」だよね！

和の法則を使ったよ！

この問題を表で考えると，右の図のようになるよ。

2回の玉の色が同じになる場合の数は，13通りだとわかるね！

1回目＼2回目	赤$_1$	赤$_2$	赤$_3$	白$_1$	白$_2$
赤$_1$	○	○	○		
赤$_2$	○	○	○		
赤$_3$	○	○	○		
白$_1$				○	○
白$_2$				○	○

玉を袋に戻す場合は，積の法則が使えるんだね♪

そうなんだ！　今回は，同時に玉を取り出していないから，重複を気にする必要がないね。

ポイント　**色玉を取り出す問題**

袋から色玉を取り出す問題は，同じ色の玉でも玉を区別して数える。

3 起こらない確率

2 の 例 (2)で，「少なくとも1個は」という確率を考えたよね。その確率を，別の方法で工夫して求めてみよう！

例　赤色の玉3個，白色の玉2個，黒色の玉1個が入った袋がある。この袋から同時に2個の玉を取り出して色を調べるとき，少なくとも1個は赤色の玉を取り出す確率を求めよ。

この袋から同時に2個の玉を取り出すとき，「取り出した中に，赤色の玉がいくつ入っているか」を考えると，

(ア)　赤色の玉が0個
(イ)　赤色の玉が1個
(ウ)　赤色の玉が2個

という3つの場合があって，これら以外のパターンはないよね。

問題の「少なくとも1個は赤色の玉を取り出す」について，2では，「(イ)または(ウ)が起こる」と考えて，和の法則を使ったんだよね。

でも，同じ「少なくとも1個は赤色の玉を取り出す」を，少し角度を変えてみると，「(ア)が起こらない」と考えることもできるよ！

このことを，式にして考えてみよう。

((ア)の場合の数)＋((イ)の場合の数)＋((ウ)の場合の数)＝(すべての場合の数)
((ア)の場合の数)＋　((イ)または(ウ)の場合の数)　＝(すべての場合の数)
((ア)の場合の数)＋　((ア)が起こらない場合の数)　＝(すべての場合の数)

ここで，「(ア)の場合の数」を右辺に移項しよう。

((ア)が起こらない場合の数)＝(すべての場合の数)－((ア)の場合の数)

そしてこの両辺を，「(起こりうる)すべての場合の数」でわるよ！　場合の数を，「起こりうるすべての場合の数」でわると，確率になるよね！

左辺は，$\dfrac{\text{((ア)が起こらない場合の数)}}{\text{(起こりうるすべての場合の数)}}$ になるから，(ア)の起こらない確率だね！

右辺は，$\dfrac{\text{(起こりうるすべての場合の数)}}{\text{(起こりうるすべての場合の数)}} - \dfrac{\text{((ア)の場合の数)}}{\text{(起こりうるすべての場合の数)}}$

したがって，

((ア)が起こらない確率)＝1－((ア)が起こる確率)

一般に，次のことが成り立つよ。

(Aの起こらない確率)＝1－(Aの起こる確率)

これを利用して解いてみよう！

2個の玉を取り出す取り出し方は,

15通り

起こりうるすべての場合の数。2 で求めたね（406ページ）

取り出した中に，赤色の玉が入っていない場合は，

{白$_1$, 白$_2$}, {白$_1$, 黒}, {白$_2$, 黒}

(ア) 赤色の玉が0個の場合

の3通り。

したがって，求める確率は,

$$1-\frac{3}{15}$$

1から「赤色の玉が0個の確率」をひく

$$=\frac{12}{15}=\frac{4}{5}$$ 答

ポイント　起こらない確率

「少なくとも1つ」の問題には，次の公式が有効である場合が多い。

(Aの起こらない確率)＝1－(Aの起こる確率)

4 くじびきの問題

最後に，くじをテーマにした **例題3** を解いて，これまでのまとめをしよう。

例題3

5本のうち2本の当たりくじが入っているくじがある。このくじを，A・Bの2人がこの順にひく（ひいたくじは戻さない）とき，次の確率を求めよ。

(1) **Aが当たりをひく確率を求めよ。**
(2) **Bが当たりをひく確率を求めよ。**
(3) **少なくとも1人が当たりをひく確率を求めよ。**

考え方

(2) 「Bが当たりをひく」という場合には，「Aが先に当たりをひいており，そのあとBも当たりをひく」場合と，「Aが先にはずれをひいており，そのあとBが当たりをひく」場合があるね。この2つのことがらは，同時には起こらないよね！

(3) 1から「どちらも当たりをひかない確率」をひくと，「少なくとも1人が当たりをひく」確率が求められるね！

解答と解説

(1) Aがくじを1本ひくとき，

起こりうるすべての場合の数は，5通り

当たりをひく場合の数は，2通り

したがって，当たりをひく確率は，$\dfrac{2}{5}$ 答

> Aが1本ひいたあとだから，Bは4本の中から1本をひく

(2) 先にAがくじをひき，次にBがくじをひくとき，

Aのくじのひき方は，5通り

その各々について，Bのくじのひき方は，4通り

したがって，2人が順にくじをひくひき方は，

$5\times4=20$（通り） ← 積の法則

であり，これらはすべて同様に確からしい。

Aが先に当たりをひいており，そのあとBも当たりをひく場合，

Aが当たりをひく場合の数は，2通り

その各々について，Bが当たりをひく場合の数は，1通り

したがって，Aが先に当たりをひいており，そのあとBも当たりをひく場合の数は，

$2\times1=2$（通り） ← 右ページの表(2)の◎だよ！

Aが先にはずれをひいており，そのあとBが当たりをひく場合，

Aがはずれをひく場合の数は，3通り

その各々について，Bが当たりをひく場合の数は，2通り

したがって，Aが先にはずれをひいており，そのあとBが当たりをひく場合の数は，

$3\times2=6$（通り） ← 右ページの表(2)の△だよ！

したがって，Bが当たりをひく場合の数は，

$2+6=8$（通り）

以上より，求める確率は，

$\dfrac{8}{20}=\dfrac{2}{5}$ 答

> この結果を(1)と見くらべると，先にくじをひくAが当たりになる確率と，あとでくじをひくBが当たりになる確率は，同じだということがわかるね！

(3) AもBもはずれをひく場合，

Aがはずれをひく場合の数は，3通り

その各々について，Bがはずれをひく場合の数は，2通り

したがって，AもBもはずれをひく場合の数は，

$3\times2=6$（通り） ← 右ページの表(3)の◇だよ！

以上より，求める確率は，

$$1-\frac{6}{20}=\frac{14}{20}=\frac{7}{10}$$ 答

（少なくとも1人が当たりをひく確率）
＝1－（AもBもはずれをひく確率）

この 例題3 の(2)・(3)を表を用いて考えると，次のようになるよ。

2本の当たりくじを，当$_1$，当$_2$，3本のはずれくじを，は$_1$，は$_2$，は$_3$と区別するね。

(2)

A＼B	当$_1$	当$_2$	は$_1$	は$_2$	は$_3$
当$_1$	＼	◎			
当$_2$	◎	＼			
は$_1$	△	△	＼		
は$_2$	△	△		＼	
は$_3$	△	△			＼

◎：AとBの2人とも当たる
△：B 1人だけが当たる

(3)

A＼B	当$_1$	当$_2$	は$_1$	は$_2$	は$_3$
当$_1$	＼				
当$_2$		＼			
は$_1$			＼	◇	◇
は$_2$			◇	＼	◇
は$_3$			◇	◇	＼

◇：AとBの2人ともはずれる

ポイント　くじ引きの問題

❶ くじはすべて区別して考える。

❷ 先にひいても，あとにひいても，当たりくじをひく確率は変わらない。

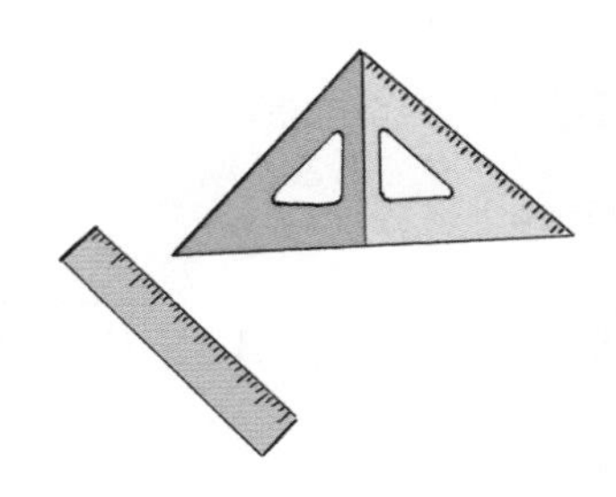

第 1 節　箱ひげ図

1　四分位数と箱ひげ図

この第7章では，データのあつかい方を学習するよ。

中1／第7章／第1節でも，データについて学習したよね。**代表値**をくわしく学習して，**平均値**，**中央値**，**最頻値**のポイントを押さえたのを覚えてるよ。

代表値は，1つの数値だけでデータ全体の特徴を表すことができるから便利だったよね。だけど，代表値だけでは，データの散らばり具合を知ることは難しかったよね。データの散らばり具合を表す値の1つとして，何を学習したか，覚えてるかな？

えっと……**範囲**（**レンジ**）！　**最大値**から**最小値**をひくと求められる値を範囲といって，データの散らばり具合を表す値の1つだって教えてもらった♪（224ページ）

そのとおり！　じつは，データの散らばり具合がわかる値は，範囲だけではないんだ。ここでは新しく「四分位数」と「箱ひげ図」を学習するよ。

しぶんい？　箱？　ひげ？

次の**例**を通して説明していくね。

例　**次のデータは，ある中学校の2年1組で数学のテストを行ったときの点数のデータである。四分位数を求めて箱ひげ図をかき，データの散らばり具合を調べよ。**

生徒	A	B	C	D	E	F	G	H	I	J	K
点数	68	80	90	66	57	71	62	96	87	70	74

四分位数とは，データを値の小さい順に並べて四等分するときの，区切りになる値のことだよ。

まずは，中央値を調べよう。人数は11人なので，点数のデータを小さい順に並べると，6番目の71点が中央値になるね。

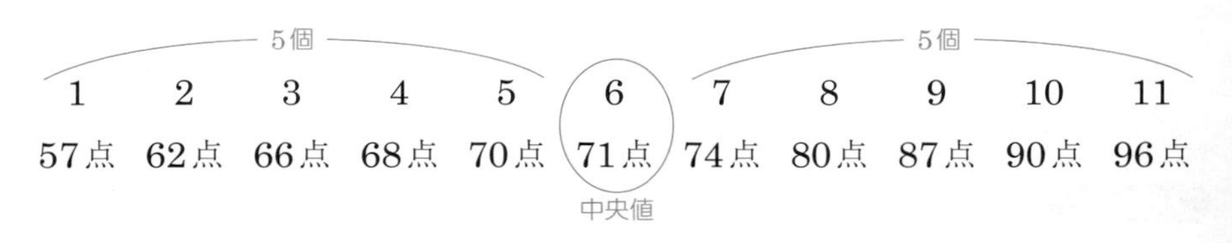

さらに，データ前半部分（71点よりも前）の中央値と，データ後半部分（71点よりもあと）の中央値を調べて，データ全体を4等分しよう。

このとき，データ前半部分の中央値である66点を**第1四分位数**，データ全体の中央値である71点を**第2四分位数**，データ後半の部分の中央値である87点を**第3四分位数**というよ。データ全体は，この3つの値によって4等分されるね。これらを合わせて**四分位数**というんだ。

この 例 では，データ全体も，前半部分も後半部分も，ちょうど真ん中のデータがあったけれど，真ん中のデータがなかったらどうするの？

3つの四分位数は，次のようになっているよね，

> **第1四分位数**：データ前半部分の中央値。
> **第2四分位数**：データ全体の中央値。
> **第3四分位数**：データ後半部分の中央値。

中央値の求め方(222ページ)を思い出してごらん。

　　データの個数が奇数個　➡　ちょうど真ん中の値が中央値

　　データの個数が偶数個　➡　中央に最も近い2つの値の平均値が中央値

となるんだったよね。真ん中のデータがなかったら，真ん中に近い2つのデータの平均をとればいいんだ。

四分位数の求め方は，データの個数によって，次の❶〜❹の4つのタイプに分かれることになるよ。

パターン1　データ全体の個数が奇数個の場合

　➡　中央にあるデータを除いて，データ全体を半分に分ける。

❶　分けられたそれぞれが奇数個になるとき

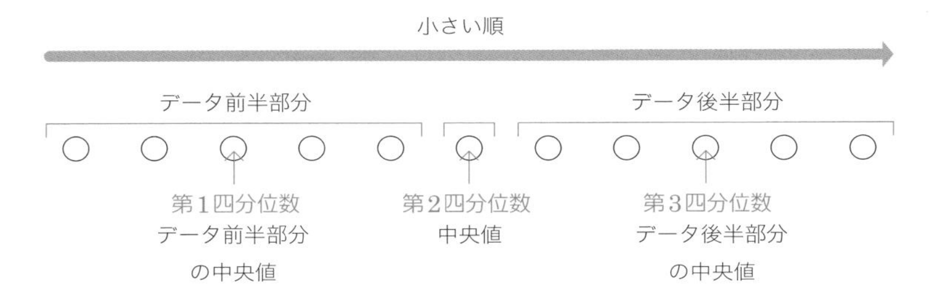

❷　分けられたそれぞれが偶数個になるとき

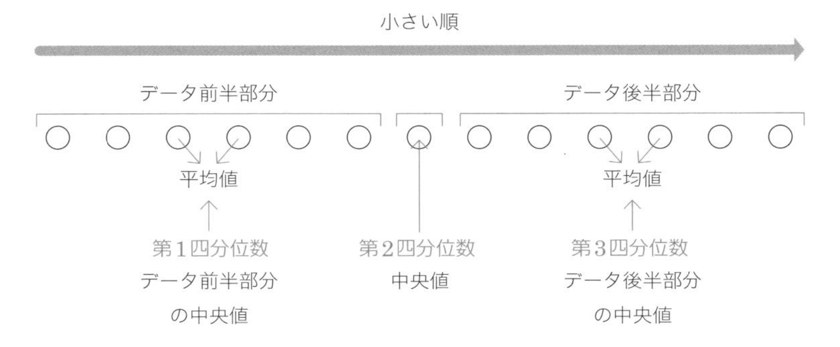

パターン2　データ全体の個数が偶数個の場合
➡　データ全体を，半分に分ける。

❸　分けられたそれぞれが奇数個になるとき

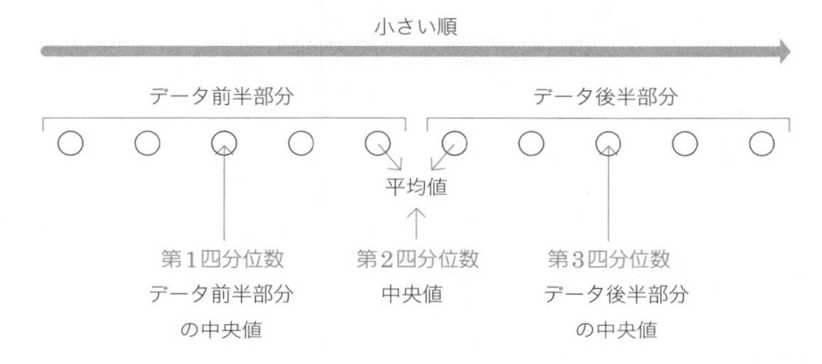

❹　分けられたそれぞれが偶数個になるとき

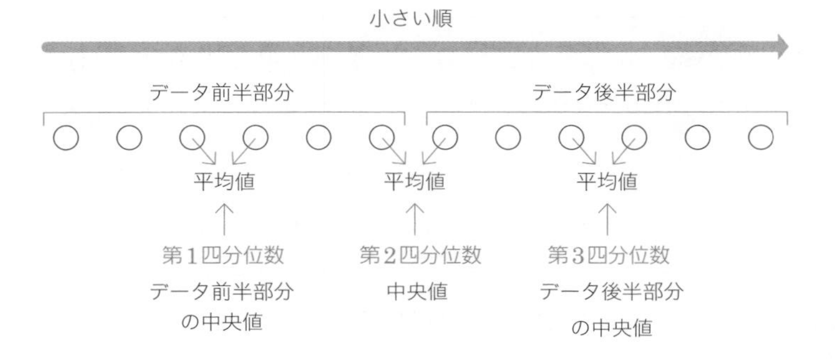

四分位数って，データの個数によって，求め方がちがうんだね。気をつけなくっちゃ！

この四分位数を求めることで，データを4つに分割して，散らばり具合をチェックすることができるんだ。

次の図のように，データ全体を長方形にして考えると，4つの長方形のそれぞれに，データのほぼ25%が含まれるよ。

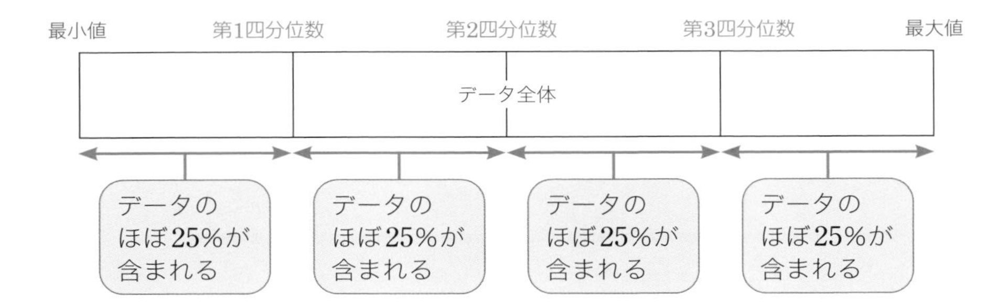

そして，第3四分位数と第1四分位数の差を，**四分位範囲**（しぶんいはんい）というよ。上の図からもわかるように，四分位範囲は，データの値を小さい順に並べたとき，中央付近のほぼ50%のデータが含まれる区間の大きさを表すよ。

> **四分位範囲**：データの値を小さい順に並べたとき，中央付近のほぼ50%が含まれる区間の大きさを表す値。
> (四分位範囲)＝(第3四分位数)－(第1四分位数)

例 のデータでは，四分位範囲は，

$87-66=21$ (点)

ってことだね。でも，この四分位範囲は，何の役に立つの？

それは，さっきも復習した範囲（レンジ）とくらべるとわかりやすいよ。

範囲は，散らばり具合を表す値の1つだけど，極端に離れた値があると，その特殊な値の影響をまともに受けてしまうんだ。

たとえば，6人でテストを受けた結果，5人が60点台だったのに，1人だけ100点をとった人がいるとしよう。最大値が極端に大きいから，範囲は大きくなるけれど，データ全体の散らばり具合が大きいかというと，そうでもないね。このように，

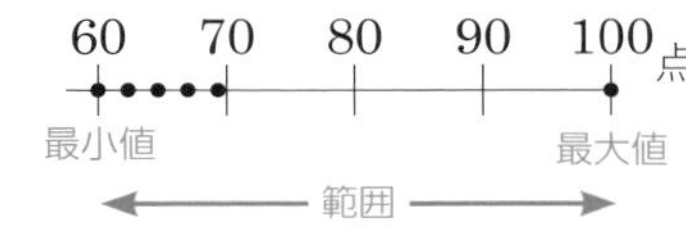

データの値の中に，他の値とくらべて極端に大きかったり小さかったりするものが含まれる場合は，範囲がデータ全体の散らばり具合を的確に表しているとはかぎらない

んだ。それにくらべて，最大値や最小値付近の値が含まれない四分位範囲は，極端な値の影響をほとんど受けないよ。これが四分位範囲のよさなんだ！

なるほど。四分位数のことはよくわかったよ。じゃあ，もう1つの「箱ひげ図」っていうのは，どういうもの？

データ全体を4等分して四分位数を求めたけれど，数値だけだと，まだデータの特徴がよくわからないよね。そこで，数値を目に見えるように表すために使うのが，箱ひげ図なんだ。

箱ひげ図とは，最小値，第1四分位数，第2四分位数（中央値），第3四分位数，最大値を，1つの図にわかりやすくまとめたものだよ。そのかき方を，順を追ってレクチャーするね。

step 1　第1四分位数と第3四分位数を縦の2辺とする長方形（**箱**）をかく。

例の場合，第1四分位数は66点，第3四分位数は87点だったね。

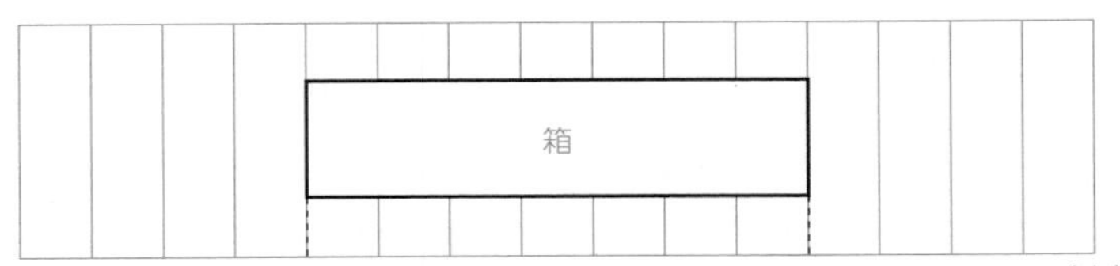

step 2　箱の中に，第2四分位数（中央値）を表す縦線を入れる。

例の第2四分位数（中央値）は，71点だったね。

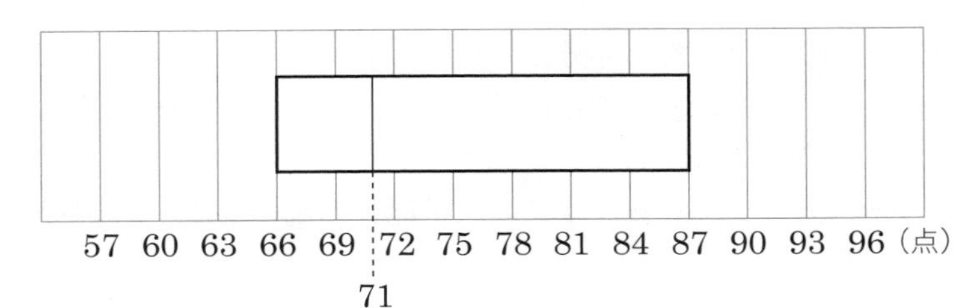

step 3 箱の左端から最小値までと，右端から最大値までに，下の図のようなひげをかく。

例 の最小値は57点，最大値は96点だね。

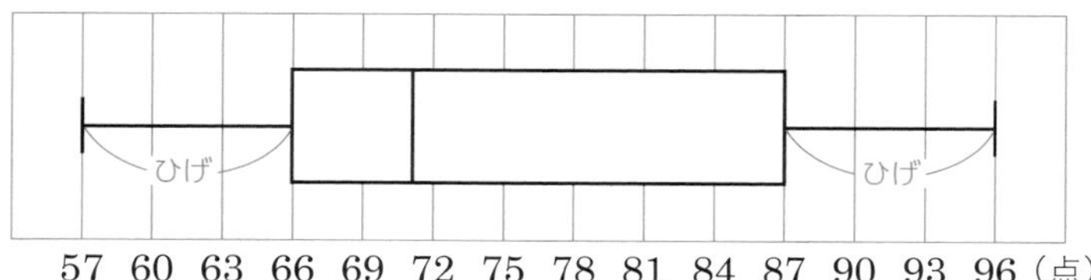

これで箱ひげ図の完成だよ。この図から，散らばり具合を調べてみよう！

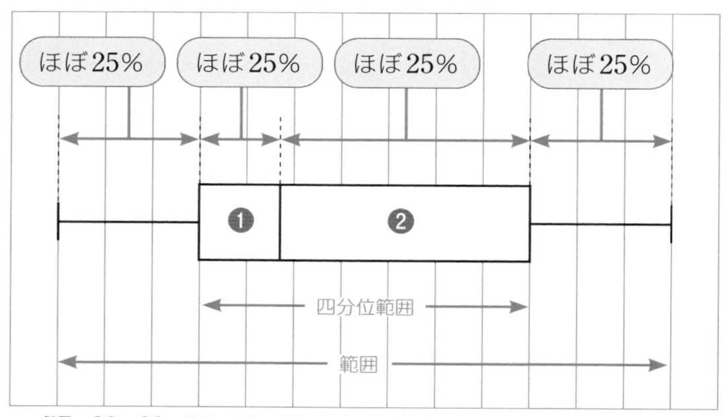

まず❶の部分を見ると，幅がせまいよね。このせまい中に，データのほぼ25%が入っていることになるよ。データが集中しているといえるね。

次に❷の部分を見ると，幅が広いよね。この広い中に，データのほぼ25%が入っていることになるよ。❶とくらべて，この部分のデータは散らばっているといえるね。

> ❶ 箱ひげ図の幅がせまい部分
> ➡ データの散らばりが小さい（データの密度が高い）
>
> ❷ 箱ひげ図の幅が広い部分
> ➡ データが散らばっている可能性が高い（データの密度が低い）

例題 1

右の表は，2年A組の20人のハンドボール投げの記録を度数分布表に整理したものである。同じデータを使ってかいた箱ひげ図として正しいのは，(ア)・(イ)のどちらか答えよ。

階級（m）	度数（人）
10以上　14未満	1
14　～　18	4
18　～　22	6
22　～　26	7
26　～　30	2
計	20

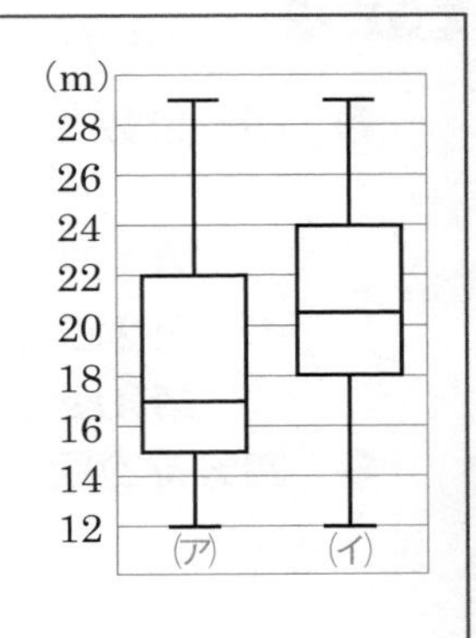

考え方

箱ひげ図が，これまでの向きとちがっているけれど，同じように考えればいいからね。

2つの箱ひげ図を見ると，最大値と最小値を表すひげの端は同じだけれど，箱がちがっているね。箱は四分位数で決まってくるから，度数分布表から3つの四分位数について調べれば，(ア)・(イ)のどちらが正しいかわかりそうだね！

四分位数の中で，最初に調べられるのは第2四分位数（中央値）だから，そこから調べてみよう。

階級（m）	度数（人）
10以上　14未満	1
14　～　18	4
18　～　22	6
22　～　26	7
26　～　30	2
計	20

10番目と11番目が入っている階級（→ 18 ～ 22）

解答と解説

全体の生徒数は20人であるから，第2四分位数は，データを小さい順に並べたときの，10番目と11番目の平均値となる。

度数分布表より，10番目と11番目のデータは，18m以上22m未満の階級に入っている。

(ア)・(イ)の2つの箱ひげ図で第2四分位数を調べると，

(ア)では，16m以上18m未満

(イ)では，20m以上22m未満

したがって，同じデータを使った箱ひげ図として正しいものは，(イ) 答

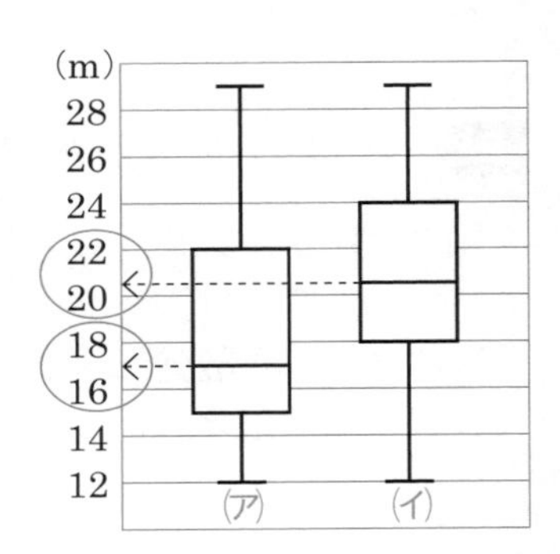

ポイント 四分位数と箱ひげ図

❶ **四分位数**：データを値の小さい順に並べて4等分したときの，3つの区切りの値。

第1四分位数：データの前半部分の中央値。

第2四分位数：データ全体の中央値。

第3四分位数：データの後半部分の中央値。

❷ **四分位範囲**：データの値を小さい順に並べたとき，データの中央付近のほぼ50％が含まれる区間の大きさを表す値。

(四分位範囲)＝(第3四分位数)－(第1四分位数)

❸ **箱ひげ図**：最小値，第1四分位数，第2四分位数（中央値），第3四分位数，最大値を1つの図にわかりやすくまとめたもの。

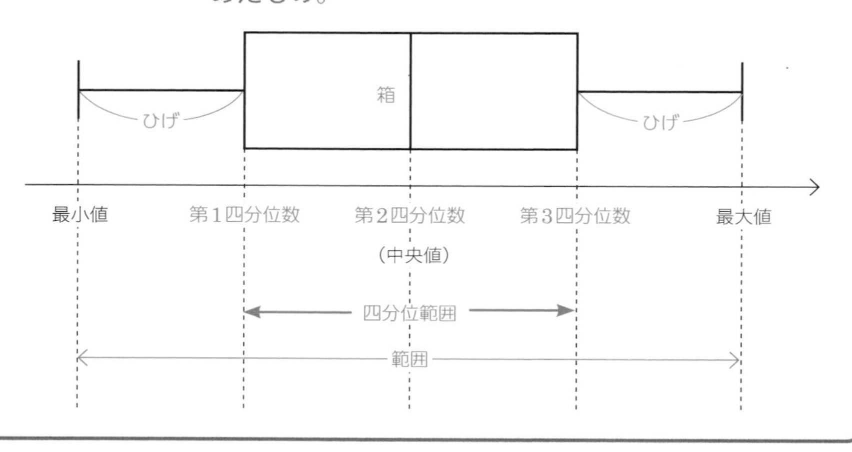

2 ヒストグラムと箱ひげ図

箱ひげ図は，大まかな分布の様子をとらえるには，とても便利な図だよ。でもじつは，箱ひげ図からは読みとることができない情報もあるんだ。

次の2つの**度数分布表**は，2年B組20人と2年C組20人の，ハンドボール投げの記録だよ。どういうことが読みとれるかな？

2年B組の記録

階級（m）		度数（人）
10以上	14未満	2
14 ～	18	3
18 ～	22	4
22 ～	26	4
26 ～	30	3
30 ～	34	4
計		20

2年C組の記録

階級（m）		度数（人）
10以上	14未満	1
14 ～	18	2
18 ～	22	3
22 ～	26	9
26 ～	30	3
30 ～	34	2
計		20

B組のほうは，けっこうまんべんなくデータが分布しているけれど，C組のほうは，22m以上26m未満の階級にデータが集中しているみたい。

そうだね。この度数分布表のもとになったデータを，**箱ひげ図**で表すと，右の図のようになったよ。

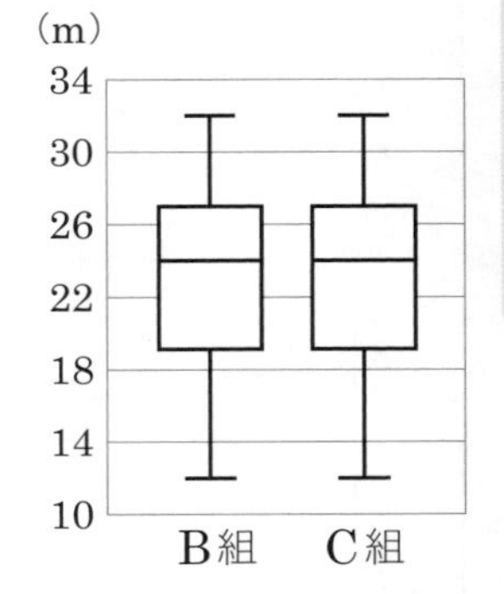

えーっ，まったく同じ箱ひげ図になってる！

君が言ってくれたようなデータの特徴は，この場合，箱ひげ図にすると消えてしまうんだね。

でも，下の図のような**ヒストグラム**（226ページ）にすると，B組とC組の分布の様子が異なっていることが，わかりやすく表されるよ。

2年B組の記録

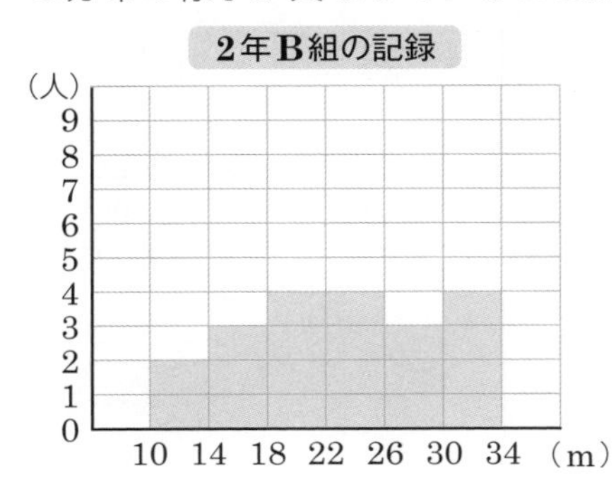

2年C組の記録

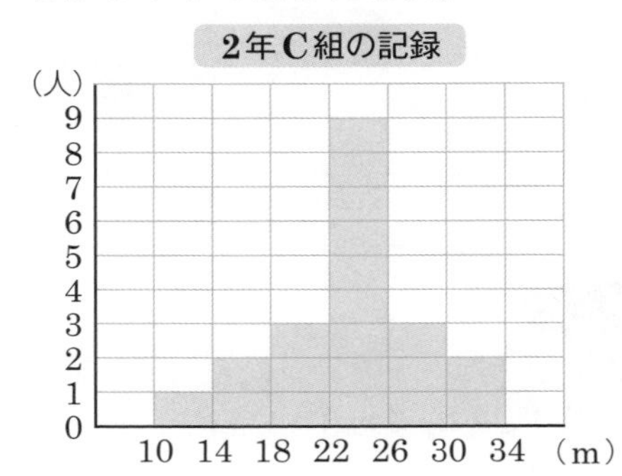

箱ひげ図もヒストグラムも，それぞれ特徴があるから，それぞれの強みをいかして利用したいね。

箱ひげ図の強み

❶ 最大値，最小値，四分位数などがひと目でわかる。
❷ データの大まかな散らばり具合を把握できる。
❸ データを視覚的にとらえることができるため，複数のデータを並べたとき比較しやすい。

B組とC組のハンドボールのデータのように，箱ひげ図は同じでも分布は大きくちがっていることもあるから，くわしい分布を把握したいときは，ヒストグラムを利用しよう！

例題 2

下の2つのヒストグラムA・Bそれぞれについて，同じデータを使ってかいた箱ひげ図を，右の(ア)・(イ)から選べ。

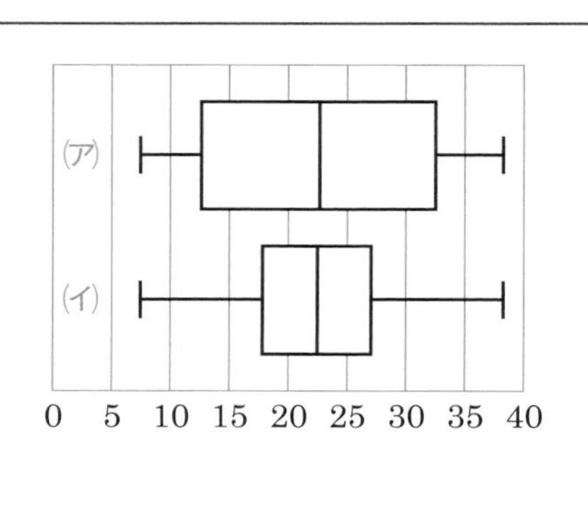

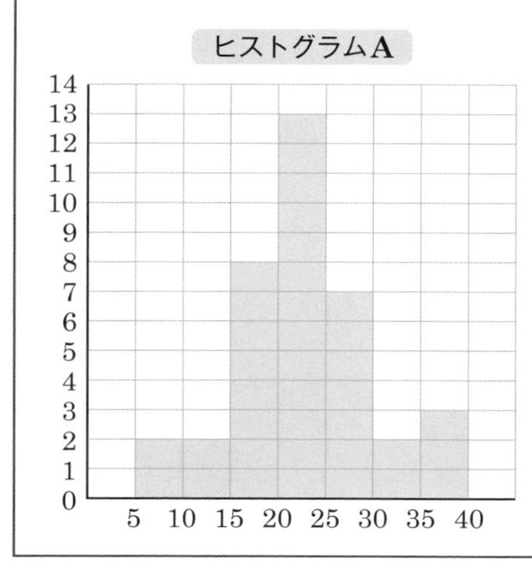

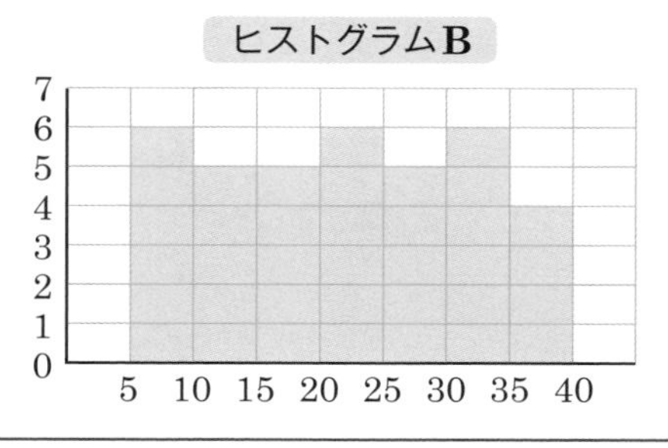

考え方

AとBのヒストグラムから四分位数を読みとって，どちらがどちらの箱ひげ図と一致するかを考えればいいね。

解答と解説

ヒストグラムAのデータ全体の個数は,

$2+2+8+13+7+2+3=37$ (個)

ヒストグラムBのデータ全体の個数は,

$6+5+5+6+5+6+4=37$ (個)

四分位数を求めるには,それぞれのデータ全体の個数が必要になる。その個数は,それぞれの階級の度数をたせばいいよ!

ヒストグラムAもBも,データの個数は37個であるから,データを小さいほうから並べたとき,

第2四分位数は,19番目のデータ

第1四分位数は,9番目と10番目のデータの平均値

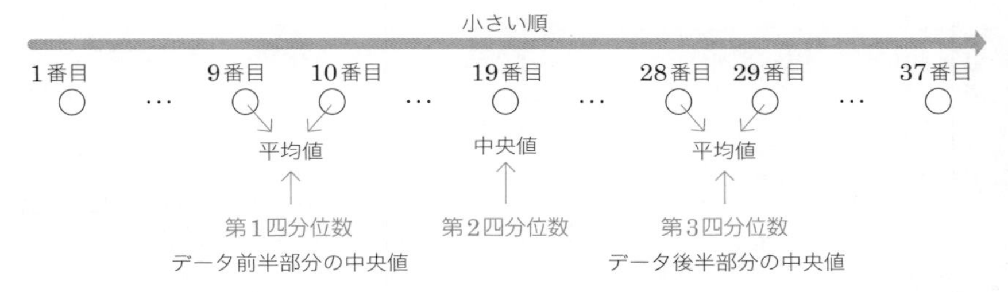

ヒストグラムAでは,9番目と10番目のデータは,ともに15以上20未満の階級にあるため,その平均値である第1四分位数も,15以上20未満になる。

ヒストグラムBでは,9番目と10番目のデータは,ともに10以上15未満の階級にあるため,その平均値である第1四分位数も,10以上15未満になる。

一方,箱ひげ図㋐・㋑について,

㋐の第1四分位数は,10以上15未満の値

㋑の第1四分位数は,15以上20未満の値

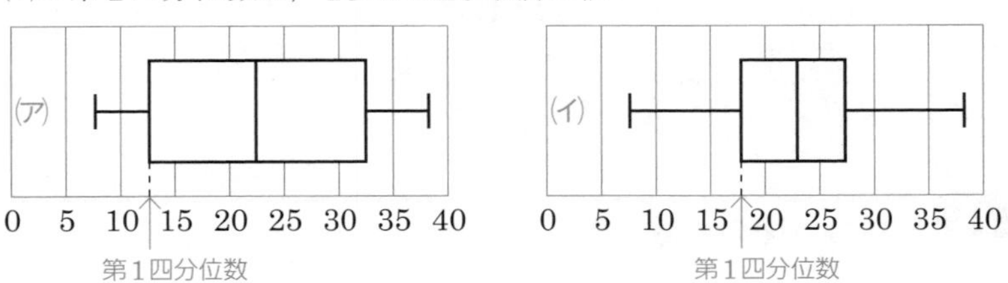
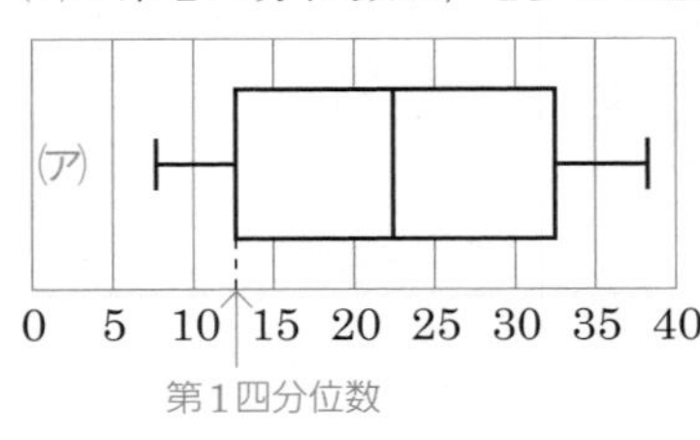

以上より,

ヒストグラムAのデータでかいた箱ひげ図は㋑ 答

ヒストグラムBのデータでかいた箱ひげ図は㋐ 答

この **例題2** については,ちょっとちがう角度から考えることもできるよ。ヒストグラムAは,Bとちがって,データが中央値近くに集中しているこ

とがわかるね。だから，ヒストグラムAのデータでかいた箱ひげ図は，箱の長さ(四分位範囲)が短くなると考えられるよ。

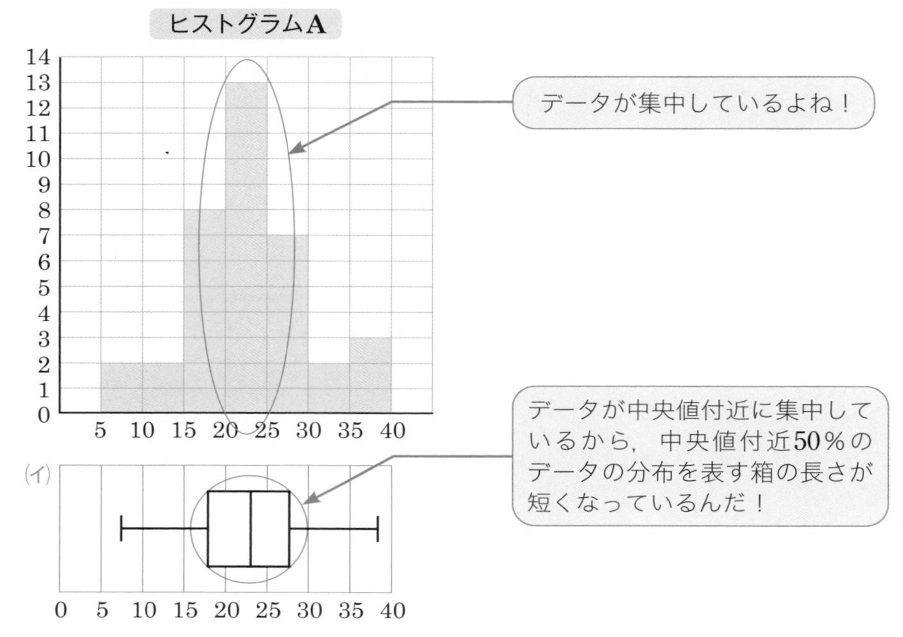

したがって，ヒストグラムAのデータでかいた箱ひげ図は(イ)だろうと，感覚的に見当をつけることができるよ。この **例題 2** は，データの分布のしかたのちがいが，箱ひげ図にも表れているね！

また，**例題 2** のヒストグラムA・Bは，左右対称に近い形だといえるね。ヒストグラムが左右対称に近い場合，対応する箱ひげ図も，ほぼ左右対称になるんだよ。このことも，覚えておくといいよ！

ポイント **箱ひげ図の特徴**

❶ **最大値**，**最小値**，**四分位数**などがひと目でわかる。
❷ データの大まかな散らばり具合を把握できる。
❸ データを視覚的にとらえることができるため，複数のデータをならべたとき比較しやすい。
❹ 箱ひげ図が同じでも，分布のしかたが大きく異なる場合もあるので，くわしい分布を把握したいときは**ヒストグラム**を利用する。

第3部

中学3年

第 1 節　多項式の計算

1　単項式と多項式の乗法・除法

ここから中3だね。この章では，新しい計算のしかたを身につけるよ。

中2／第1章／第1節で，**項**が1つだけの**単項式**と，2つ以上の項からなる**多項式**について学習して，多項式どうしの加法・減法（246ページ）や，多項式と数の乗法・除法（247ページ）ができるようになったね。ここからは，さらにいろいろな多項式の計算を学習しよう。

まずは，単項式と多項式の**乗法**だ。「(単項式)×(多項式)」は，**分配法則**を使って計算するよ！

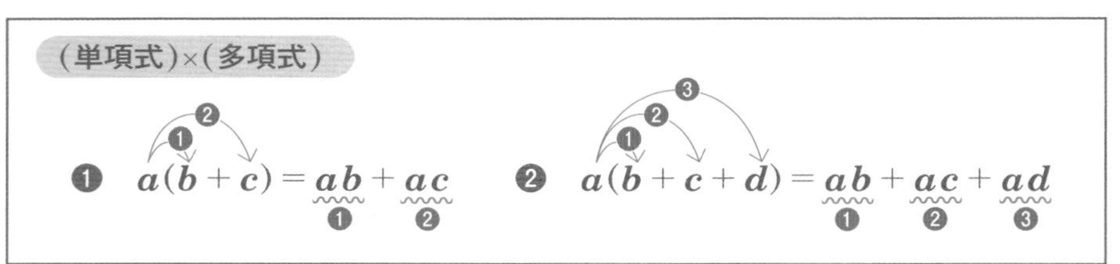
(単項式)×(多項式)

❶ $a(b+c)=ab+ac$

❷ $a(b+c+d)=ab+ac+ad$

❶は，右の図のような長方形の面積を考えるといいよ。

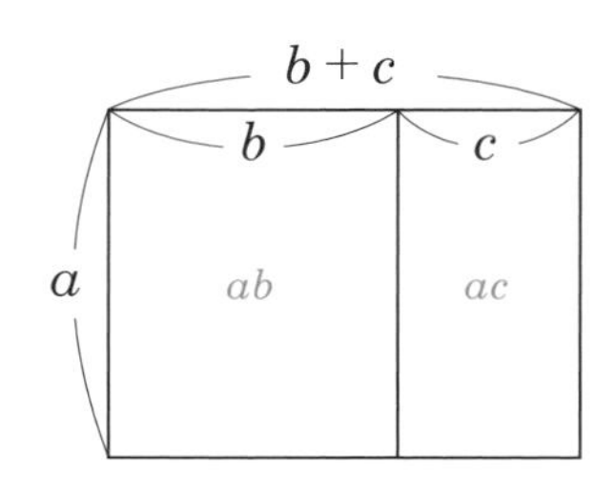

右の図の長方形全体の面積は，縦の長さ a と，横の長さ $b+c$ をかけて，

$a(b+c)$　……①

と表せるし，縦 a 横 b の長方形と，縦 a 横 c の長方形をたしたと考えると，

$ab+ac$　……②

とも表せて，①と②は同じ面積を表すので，

$\underbrace{a(b+c)}_{①}=\underbrace{ab+ac}_{②}$

が成り立っているといえるんだね。

❷も同様に，右の図のような長方形の面積を考えることで，成り立つとわかるよ。

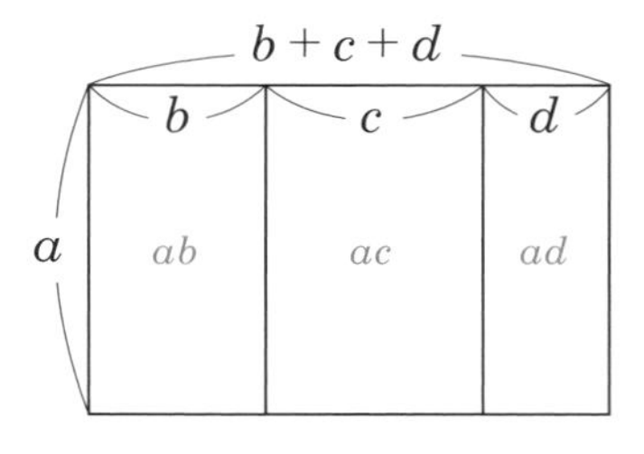

多項式の項が4つ以上になっても，同じように計算できるんだ。また分配法則は，

$$(a+b)\times c = \underset{❶}{ac} + \underset{❷}{bc}$$

というふうにも使えるよ。

例 1　$-5x(2x-3y)$

$=(-5x)\times 2x+(-5x)\times(-3y)$

$=-10x^2+15xy$

分配法則を利用して
(　　)をはずす

例 2　$\left(\frac{1}{3}x-\frac{1}{2}y+\frac{1}{6}z\right)\times(-12xyz)$

分配法則を利用して
(　　)をはずす

$=\frac{1}{3}x\times(-12xyz)+\left(-\frac{1}{2}y\right)\times(-12xyz)+\frac{1}{6}z\times(-12xyz)$

$=-4x^2yz+6xy^2z-2xyz^2$

次は**除法**だよ。「(多項式)÷(単項式)」は，次のようにして計算できるよ。

(多項式)÷(単項式)

$$(a+b)\div c=\frac{a}{c}+\frac{b}{c}$$

例 3　$(6ab^2-15a^2b)\div 3ab$

$=6ab^2\div 3ab+(-15a^2b)\div 3ab$

$=\frac{6ab^2}{3ab}-\frac{15a^2b}{3ab}$

$=2b-5a$

また，割り算は，**逆数**をかけて計算することもできたね！

例4 $(-3x^2y+6xy^2)\div\frac{3}{4}xy$

$=(-3x^2y+6xy^2)\times\frac{4}{3xy}$

$=(-3x^2y)\times\frac{4}{3xy}+6xy^2\times\frac{4}{3xy}$

$=-4x+8y$

逆数にしてかける！
$\div\frac{3}{4}xy \Rightarrow \times\frac{4}{3xy}$

分配法則を利用して
(　　)をはずす

例題 1

次の計算をせよ。

$4x(3x-5)-2x(5-x)$

解答と解説

$4x(3x-5)-2x(5-x)$

$=4x\times3x+4x\times(-5)+(-2x)\times5+(-2x)\times(-x)$

$=12x^2-20x-10x+2x^2$

$=(12+2)x^2+(-20-10)x$

$=14x^2-30x$ 答

分配法則を利用して(　　)をはずす

同類項をまとめる

ポイント 単項式と多項式の乗法・除法

❶ (単項式)×(多項式) ➡ 分配法則を用いて，多項式の各項に単項式をかける。

❷ (多項式)÷(単項式) ➡ 分配法則を用いて，多項式の各項を単項式でわるか，わる式の逆数をかける。

2 多項式どうしの乗法

次は，**多項式**どうしの**乗法**を考えるよ。次の計算をやってみよう。

$(a+b)(c+d)$

初めての形のときは「これまで学習したことを利用できないか」を考える

んだよね。そこで，1で学習した単項式と多項式の掛け算にもちこむため，

$c+d=M$

とおいて，片方の多項式を単項式にしてみよう。すると，次のように計算できるね！

$$\begin{aligned}(a+b)(c+d) &= (a+b)\times M \\ &= aM+bM \\ &= a(c+d)+b(c+d) \\ &= ac+ad+bc+bd\end{aligned}$$

分配法則を利用して（　　）をはずす

M を $c+d$ に戻す！

分配法則を利用して（　　）をはずす

結果を見れば，次のように計算できるということなんだ。

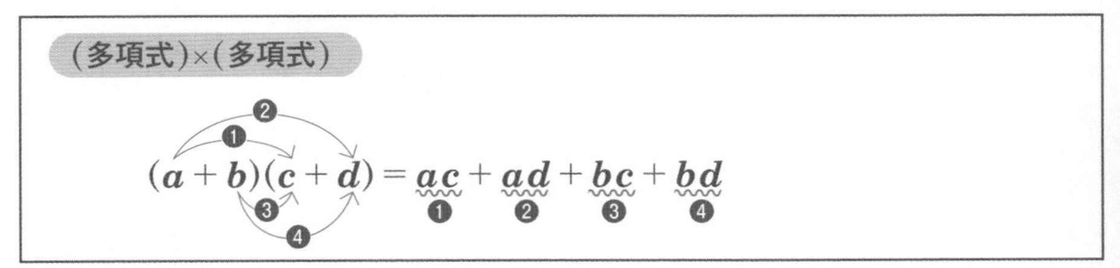

これも，右の図のような長方形の面積を考えることで，成り立つとわかるね。

例1　$(2x+3)(y-5)=2xy-10x+3y-15$

このように，単項式や多項式の積の形を，（　　）をはずして単項式の和の形に表すことを，**展開**（てんかい）というよ！

（　　）の中が3項以上になっても，同じように展開することができるよ。

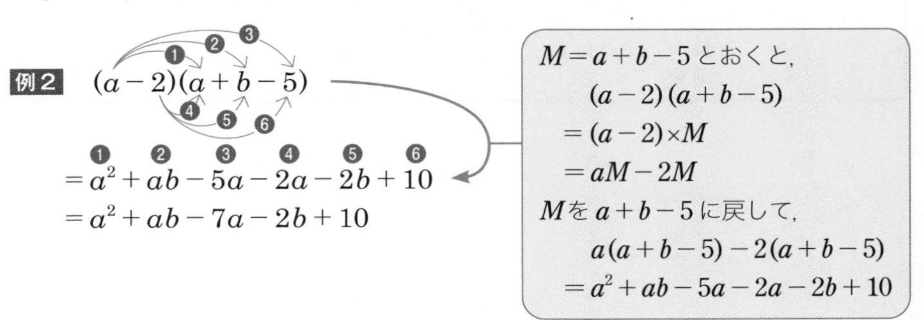

例題 2

次の式を展開せよ。

(1) $(5a-b)(2a-3b)$　　(2) $(x^2+2x-3)(x^2+7)$

解答と解説

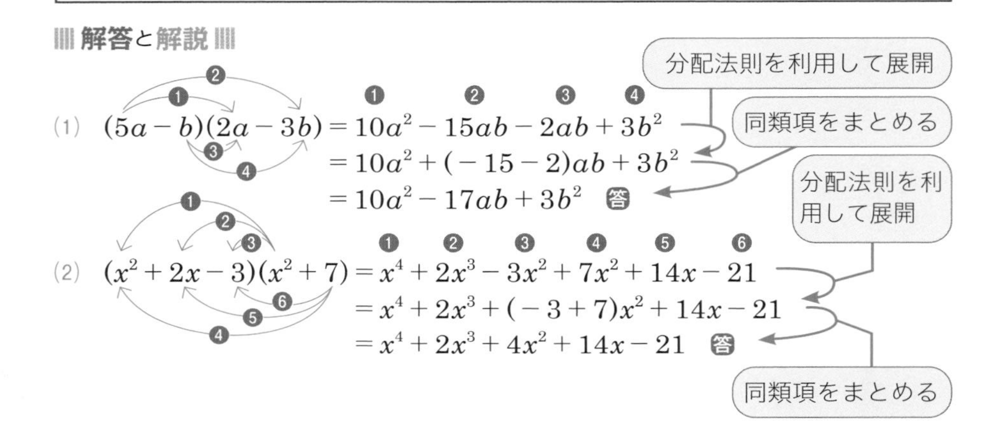

(2)は，後ろの (　　) のほうから矢印を飛ばす形で展開しているけれど，前の (　　) のほうから矢印を飛ばしてもいいの？

もちろんそれでもOK！　同じ結果になるよ。ただ，項の少ない (　　) から矢印を飛ばしたほうが，わかりやすいと思うよ。

ポイント　多項式どうしの乗法

$$(a+b)(c+d) = \underset{①}{ac} + \underset{②}{ad} + \underset{③}{bc} + \underset{④}{bd}$$

第 2 節　乗法公式

1　$(x+a)(x+b)$

多項式の乗法は，第1節のように**分配法則**を使えば，必ず計算できるよ。

そして，多項式の乗法でよく出てくる形を公式化したものが，この節であつかう**乗法公式**(じょうほうこうしき)だよ。のちの「因数分解」(いんすうぶんかい)というものにもつながるから，しっかり覚えておこう！

> **乗法公式**
>
> ❶ $(x+a)(x+b)=x^2+(a+b)x+ab$
>
> ❷ $(x+a)^2=x^2+2ax+a^2$
>
> ❸ $(x-a)^2=x^2-2ax+a^2$
>
> ❹ $(x+a)(x-a)=x^2-a^2$

まずは，❶ の左辺を見てみよう。2つの (　　) の中の「頭」の部分が，同じになっているね！　これを分配法則で展開すると，

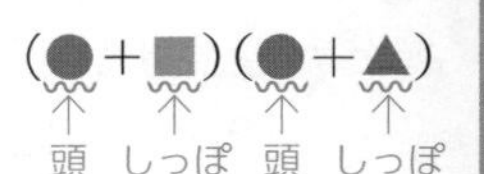

$$(x+a)(x+b)=x^2+bx+ax+ab$$
$$=x^2+(a+b)x+ab$$

同類項をまとめた

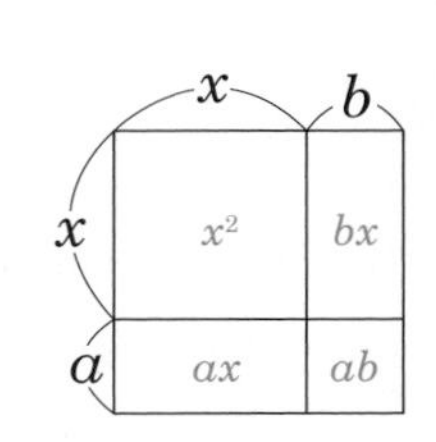

このように，「頭」の x について整理すると，

x の係数は，「しっぽ」の2つの数の和

定数項は，「しっぽ」の2つの数の積

になるというのが，乗法公式の ❶ なんだ。

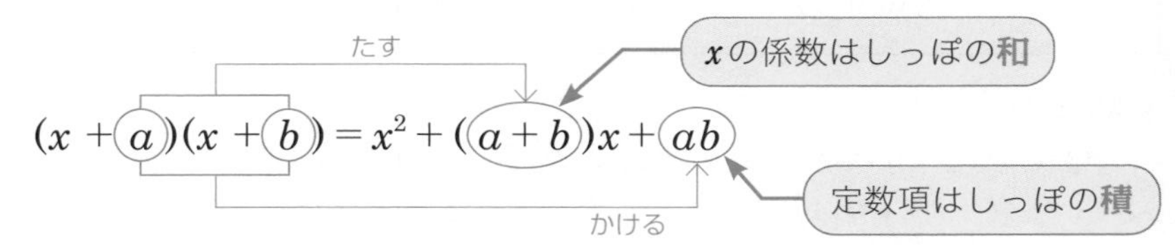

例1　$(x+②)(x+⑤)=x^2+⑦x+⑩$

（2と5の和 → 7，2と5の積 → 10）

この乗法公式❶は，(　　　) 内の「頭」の部分がxじゃないと使えないの？

そんなことはないよ。「頭」が同じであれば使えるんだ。
次の**例2**のような場合でもだいじょうぶだよ！

例2　$(2a+1)(2a+3)$ を展開せよ。

2つの (　　　) の「頭」が，どちらも$2a$で同じだね！　だから，乗法公式❶が使えるよ。
わかりやすいように，$2a=X$ とおいてみようか。すると，

$$\begin{aligned}(2a+1)(2a+3)&=(X+1)(X+3)\\&=X^2+\underbrace{(1+3)}_{和}X+\underbrace{1\times3}_{積}\\&=(2a)^2+4\times2a+3\\&=4a^2+8a+3\quad 答\end{aligned}$$

Xの係数はしっぽの和，定数項はしっぽの積

Xを$2a$に戻す

となるね！　理屈がわかったら，一気に，

$$(\underbrace{\boxed{2a}}_{頭}+1)(\underbrace{\boxed{2a}}_{頭}+3)=(\underbrace{\boxed{2a}}_{頭})^2+\underbrace{(1+3)}_{和}\times\underbrace{\boxed{2a}}_{頭}+\underbrace{1\times3}_{積}$$

と計算していいよ。

例題 1

次の式を展開せよ。

(1)　$(x-2)(x+7)$　　(2)　$(x-4)(x-5)$　　(3)　$(x+2y)(x-3y)$

解答と解説

(1)　$(x-2)(x+7)$

$=x^2+\underbrace{\{(-2)+7\}}_{和}x+\underbrace{(-2)\times7}_{積}$

$=x^2+5x-14$　答

$\{x+(-2)\}(x+7)$ と考えればいいね。しっぽは -2 と 7 だよ！

(2)　$(x-4)(x-5)$

$= x^2 + \{(-4)+(-5)\}x + (-4)\times(-5)$

和　　　積

$= x^2 - 9x + 20$　答

$\{x+(-4)\}\{x+(-5)\}$ と考えればいいね。しっぽは -4 と -5 だよ！

(3)　$(x+2y)(x-3y)$

$= x^2 + \{2y+(-3y)\}x + 2y\times(-3y)$

和　　　積

$= x^2 - xy - 6y^2$　答

$(x+2y)\{x+(-3y)\}$ と考えればいいね。しっぽは $2y$ と $-3y$ だよ！

ポイント　**乗法公式 ❶**

2つの (　　) の中の「頭」がそろっているときは，

❶　$(x+a)(x+b) = x^2 + (a+b)x + ab$

和　　積

を利用する。

2　$(x+a)^2$，$(x-a)^2$

次は，(　　) の2乗を展開してみよう！

2乗の展開

❷　$(x+a)^2 = x^2 + 2ax + a^2$

❸　$(x-a)^2 = x^2 - 2ax + a^2$

❷ について，左辺の $(x+a)^2$ を展開してみよう。

$(x+a)^2 = (\boxed{x} + ⓐ)(\boxed{x} + ⓐ)$

頭　しっぽ　頭　しっぽ

だよね。これは，乗法公式 ❶ $(x+a)(x+b) = x^2 + (a+b)x + ab$ で，b が a になっていると考えればいいね！

$(x+a)^2 = (x+a)(x+a)$

$= x^2 + (a+a)x + a\times a$

しっぽの和　しっぽの積

$= x^2 + 2ax + a^2$

頭の2乗　しっぽの2倍　しっぽの2乗

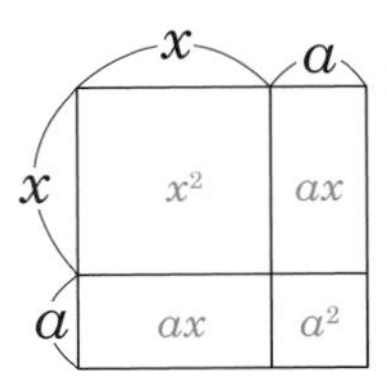

中学1年　中学2年　中学3年

例1　$(x+3)^2=x^2+\underset{3の2倍}{6}x+\underset{3の2乗}{9}$ ← 乗法公式❷で，$a=3$

（符号が一致）

❸も同じように，左辺の $(x-a)^2$ を展開するよ。

$$(x-a)^2=(x-a)(x-a)$$

だから，これは乗法公式❶で，a と b のところが $-a$ になっているんだと考えればいいね！

$$\begin{aligned}(x-a)^2&=\{\boxed{x}+(-a)\}\{\boxed{x}+(-a)\}\\&=x^2+\{(-a)+(-a)\}x+(-a)\times(-a)\\&=x^2-2ax+a^2\end{aligned}$$

例2　$(x-5)^2=x^2-\underset{5の2倍}{10}x+\underset{5の2乗}{25}$ ← 乗法公式❸で，$a=5$

（符号が一致）

乗法公式❷・❸も,「頭」が x でなくても使えるよ。

例3　$(2b-3)^2$ を展開せよ。

「頭」の $2b$ を，$2b=X$ とおけばわかりやすくなるんじゃないかな？

それでやってみよう。

$$\begin{aligned}(2b-3)^2&=(X-3)^2\\&=X^2-\underset{3の2倍}{6}X+\underset{3の2乗}{3^2}\\&=(2b)^2-6\times2b+9\\&=4b^2-12b+9\end{aligned}$$ 答

（Xを$2b$に戻すよ）

もちろん,「頭」や「しっぽ」が分数でもOKだよ！

例4 $\left(b-\frac{1}{3}\right)^2$

$= b^2 - 2\times\frac{1}{3}\times b + \left(\frac{1}{3}\right)^2$

$= b^2 - \frac{2}{3}b + \frac{1}{9}$

$(x-a)=x^2-2ax+a^2$
で，$x=b$，$a=\frac{1}{3}$

例題 2

次の式を展開せよ。

(1) $(3x+2)^2$　　(2) $(5x-2y)^2$

解答と解説

(1) $(3x+2)^2$

$=(3x)^2+2\times3x\times2+2^2$

$=9x^2+12x+4$ 答

頭が $3x$，しっぽが 2 だね！
$3x=X$ とおくと，
$(3x+2)^2=(X+2)^2$
$=X^2+2\times X\times2+2^2$

(2) $(5x-2y)^2$

$=(5x)^2-2\times5x\times2y+(2y)^2$

$=25x^2-20xy+4y^2$ 答

頭が $5x$，しっぽが $2y$ だね！
$5x=X$，$2y=Y$ とおくと，
$(5x-2y)^2=(X-Y)^2$
$=X^2-2XY+Y^2$

ポイント　乗法公式 ❷・❸

❷ $(x+a)^2=x^2+2ax+a^2$

❸ $(x-a)^2=x^2-2ax+a^2$

3 $(x+a)(x-a)$

乗法公式 ❹ は，2つの数の和と，2つの数の差をかける形になっているね。左辺の $(x+a)(x-a)$ を展開してみよう。

乗法公式 ❶ $(x+a)(x+b)=x^2+(a+b)x+ab$ で，b が $-a$ になっているんだと考えればいいね！

$$(x+a)(x-a)=x^2+\{a+(-a)\}x+a\times(-a)$$

（x：頭　a：しっぽ　x：頭　a：しっぽ）

$$=x^2-a^2$$

（x^2：頭の2乗　a^2：しっぽの2乗）

$\{a+(-a)\}x$ は，$0\times x$ つまり 0 だから，消えるね！

どういうことかというと，2つの数 ● と ▲ があるとして，

それらの和は，●＋▲

それらの差は，●－▲

だよね。そして，これら和と差の積は，

(●＋▲)(●－▲)

という形になるよね。この形になっている式は，

(●＋▲)(●－▲)＝●^{2}－▲^{2} ← 和と差の積は，2乗の差

頭の2乗　しっぽの2乗

と展開できるというのが，乗法公式の ❹ なんだ！

例1 $(x+5)(x-5)$

$=x^2-5^2$ ← (頭の2乗)－(しっぽの2乗)

$=x^2-25$

この公式を使うと，計算がとっても速くなるね！

例2 $(3x+2y)(3x-2y)$ を展開せよ。

これも，$3x=X$，$2y=Y$ とおくと，

$(3x+2y)(3x-2y)=(X+Y)(X-Y)$

$=X^2-Y^2$ ← (頭の2乗)－(しっぽの2乗)

$3x$，$2y$ をカタマリと見て一気に展開してもOK →

$=(3x)^2-(2y)^2$

$=9x^2-4y^2$ 答

例題 3

次の式を展開せよ。

$(-3a+7b)(-3a-7b)$

解答と解説

$(-3a+7b)(-3a-7b)$

$=(-3a)^2-(7b)^2$

$=9a^2-49b^2$ 答

$-3a=A$，$7b=B$ とおくと，
$(-3a+7b)(-3a-7b)$
$=(A+B)(A-B)$
$=A^2-B^2$

ポイント 乗法公式 ❹

❹ $(x+a)(x-a)=\boxed{x^2}-a^2$

和　差　頭の2乗　しっぽの2乗

4 乗法公式の応用

乗法公式を応用した，いろいろな式の展開にチャレンジしよう。

例 $(a+b-4)^2$ を展開せよ。

(　　　$)^2$ の形だけれど，(　　　) の中に項が3つもある！

(　　　$)^2$ の形だから，これまで学習した乗法公式 ❷ か ❸ にもちこみたいよね。

そこで，$a+b=M$ とおいてみよう！　そうすると，

$(a+b-4)^2$

$=(M-4)^2$ ← 知っている乗法公式 ❸ の形になったね！

$=M^2-8M+16$

4の2倍　4の2乗

M を $a+b$ に戻すよ！

$=(a+b)^2-8(a+b)+16$

$=a^2+2ab+b^2-8a-8b+16$ **答**

「これ以上展開できない」というところまでやりきろう！　また，同類項があればまとめよう！

このように，文字でおくことで，公式が利用できる形になることがあるんだ。いくつかの項のカタマリを，文字でおいてひとまとめにするといいよ。

中学1年　中学2年　中学3年

例題 4

次の式を展開せよ。

(1) $(a+b+1)(a+b+2)$　　(2) $(x-2y)^2-(x+y)(x-y)$

考え方

(1) いくつかの項のカタマリを文字でおくといいんだけれど,

　　共通部分を文字でおく

とうまくいくよ！

(2) $(x-a)^2$ と $(x+a)(x-a)$ の形があるね。それぞれを展開して同類項をまとめよう！

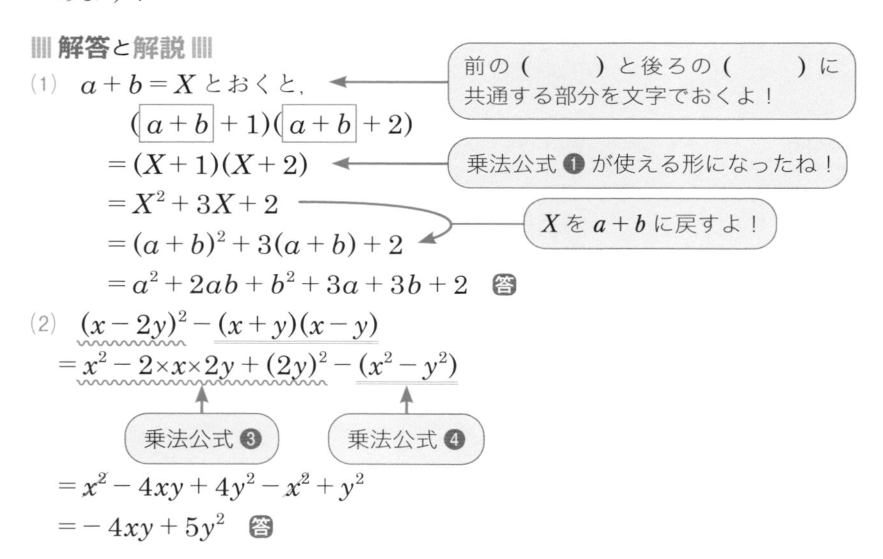

解答と解説

(1) $a+b=X$ とおくと,

$$(a+b+1)(a+b+2)$$
$$=(X+1)(X+2)$$
$$=X^2+3X+2$$
$$=(a+b)^2+3(a+b)+2$$
$$=a^2+2ab+b^2+3a+3b+2 \quad \text{答}$$

(2) $(x-2y)^2-(x+y)(x-y)$

$$=x^2-2\times x\times 2y+(2y)^2-(x^2-y^2)$$
$$=x^2-4xy+4y^2-x^2+y^2$$
$$=-4xy+5y^2 \quad \text{答}$$

ポイント　乗法公式の応用

カタマリを文字で置き換えて，乗法公式が使える形にする。

第3節 因数分解

1 共通因数

第2節で,

$$(x+1)(x+2)=x^2+3x+2$$

というふうに, 積の形を和の形に変える**展開**のしかたを学習したけれど, 上の式が成り立つということは, 逆に,

$$x^2+3x+2=\underbrace{(x+1)}_{\text{因数}}\underbrace{(x+2)}_{\text{因数}}$$

というふうに, 和の形を積の形に変えることもできるよね！

多項式を積の形で表したとき, かけあわされている1つひとつの式を, **因数**というよ。

そして, 多項式をいくつかの因数の積の形に表すことを, **因数分解**（いんすうぶんかい）というんだ！

「因数」に「因数分解」って……中1／第1章／第4節で学習した**素因数分解**（52ページ）で, 同じ言葉が出てきたよね？

そうだね！　あのとき学習した素因数分解は,

$$180=2^2\times3^2\times5$$

のように, 整数を素因数の積で表すことだったけれど, ここでは, 多項式を積の形にすることを学習していくよ。

次のように, 展開と因数分解は, 逆の関係になっているんだ！

展開

$$x^2+3x+2=(x+1)(x+2)$$

因数分解

まずは, 次ページのような形の式を因数分解してみよう。

例1　$am+3m$ を因数分解せよ。

与えられた式のそれぞれの項を，さらにくわしく見てみると，

$am=a\times m$

$3m=3\times m$

であるから，両方の項に，共通な因数 m があるよね。この m を，(　　) の外にくくり出すことで，$am+3m$ を因数分解できるよ！

$am+3m=m(a+3)$ 答

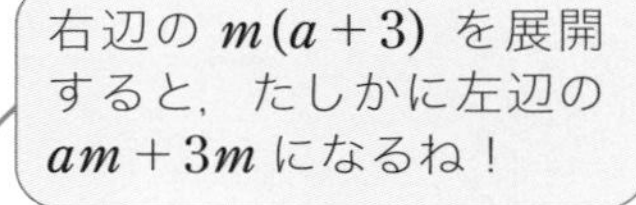

このときの m のように，各項に共通する因数が**共通因数**(きょうつういんすう)だよ。共通因数を利用した因数分解は，

分配法則　$ax+ay=a(x+y)$

を利用して，共通因数をくくり出すんだ。

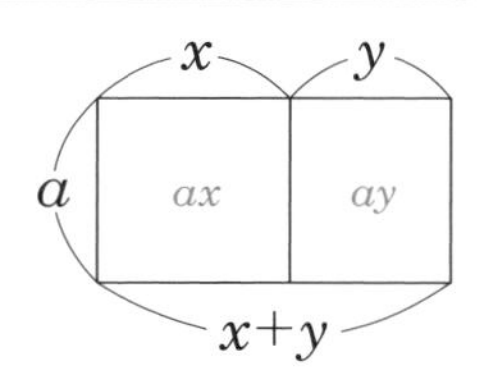

例2　$12am+8bm$ を因数分解せよ。

2つの項のどちらにも，m の文字が入っているね。だから，共通因数の m をくくり出して，

$12am+8bm=m(12a+8b)$

うーむ，じつはそれでは不十分なんだよ。因数分解をするときは，くくり出せるものはすべてくくり出す，いいかえると，**最大公約数**をくくり出す必要があるんだ。

$12am=3\times 4\times a\times m$

$8bm=2\times 4\times b\times m$

これらの項の最大公約数は，$4m$

これらの共通因数は，m だけではなく，4 と m だね！　だから，

$$12am+8bm=3a\times 4m+2b\times 4m$$
$$=4m(3a+2b)$$ 答

$12am+8bm=2(6am+4bm)$
$12am+8bm=4(3am+2bm)$
$12am+8bm=m(12a+8b)$
などはまだ，共通因数が (　　) の中に残っているよ！

ここまでやらないと，因数分解として不十分なんだ。

共通因数は，すべてくくり出す（最大公約数をくくり出す）ようにしてね！

はーい！　共通因数でくくったら，(　　　)の中にまだ共通因数が残っていないか，たしかめることにする！

例題 1

次の式を因数分解せよ。

(1)　$12x^2y-18xy^2$　　(2)　$4a^2b-6ab^2-10ab$

解答と解説

(1)　$12x^2y-18xy^2$

$=6xy(2x-3y)$ 答

$12x^2y=6xy\times2x$
$18xy^2=6xy\times3y$
したがって，共通因数は $6xy$

展開して，もとに戻るかチェックしてみよう！

(2)　$4a^2b-6ab^2-10ab$

$=2ab(2a-3b-5)$ 答

$4a^2b=2ab\times2a$
$6ab^2=2ab\times3b$
$10ab=2ab\times5$
したがって，共通因数は $2ab$

ポイント　**共通因数**

因数分解：多項式を，いくつかの**因数**の積に直すこと。

共通因数がある場合 ➡ 共通因数をすべてくくり出す。

2 乗法公式を利用する因数分解

例1　$x^2+4x-12$ を因数分解せよ。

因数分解したいけれど，x^2 と $4x$ と 12 には，共通因数なんてないよ～

因数分解したい多項式に，共通因数がないときは，**乗法公式**（435ページ）を利用することを考えよう！

乗法公式

❶ $\boldsymbol{x^2+(a+b)x+ab=(x+a)(x+b)}$
❷ $\boldsymbol{x^2+2ax+a^2=(x+a)^2}$
❸ $\boldsymbol{x^2-2ax+a^2=(x-a)^2}$
❹ $\boldsymbol{a^2-b^2=(a+b)(a-b)}$

与えられた式 $x^2+4x-12$ を見てみよう。定数項 -12 が a^2 の形であれば ❷ や ❸ の可能性もあるけれど，この **例1** では ❶ が利用できそうだね！

❶ の左辺と，与えられた式をくらべると，

$$x^2+(a+b)x+ab=x^2+4x-12$$

x の係数と，定数項に注目して，

$$\begin{cases} a+b=4 & \Rightarrow \text{たして } 4 \\ ab=-12 & \Rightarrow \text{かけて } -12 \end{cases}$$

x の係数をくらべる
定数項をくらべる

であるから，

たして 4，かつ，かけて -12 になる 2 つの整数を見つければよいということになるね！

「たして 4」になる 2 つの整数の組は無数にあるから，「かけて -12」のほうに着目して探していこう。

$$\begin{aligned} -12 &= 1\times(-12)=(-1)\times12 \\ &= 2\times(-6)=(-2)\times6 \\ &= 3\times(-4)=(-3)\times4 \end{aligned}$$

であるから，かけて -12 になる 2 つの整数の組合せは，

$(1,\ -12)$, $(2,\ -6)$, $(3,\ -4)$, $(-1,\ 12)$, $(-2,\ 6)$, $(-3,\ 4)$
の6組だね。これらの1つひとつについて,「たして4」になるかを調べていくよ。

1 と -12 ➡ たして -11 ×
2 と -6 ➡ たして -4 ×

かけて -12	たして 4
$1,\ -12$	×
$2,\ -6$	×
$3,\ -4$	×
$-1,\ 12$	×
$-2,\ 6$	○
$-3,\ 4$	×

ここまできた時点で,「2 と -6 の符号を逆にすればいいんじゃないか」と気がつくね！

-2 と 6 ➡ たして 4 ○

つまり, $a+b=4$, $ab=-12$ となる2数 a, b は, -2 と 6 だということだね！

$$x^2+\underset{a+b}{4}x\underset{ab}{-12}=\underset{(x+a)(x+b)}{(x-2)(x+6)}$$ 答

別　解

もし, たして□(x の係数), かけて○(定数項)となる2つの数が見つけにくい場合は,

$x^2+\boxed{4}x-12$

↓半分

$=(x+\boxed{2})^2-2^2-12$

$=(x+2)^2-16$

$(x+2)^2=x^2+4x+2^2$
であるから,
$x^2+4x=(x+2)^2-2^2$

ここで, $x+2=A$ とおくと,

$x^2+4x-12=(x+2)^2-16$
$=A^2-4^2$
$=(A+4)(A-4)$
$=\{(x+2)+4\}\{(x+2)-4\}$
$=(x+6)(x-2)$ 答

乗法公式❹の,
$a^2-b^2=(a+b)(a-b)$
を利用するよ！

のように因数分解することもできるよ。

すごーい, こんな方法もあるんだね……この 別解 の方法, おもしろい。

計算だからといって, やり方が1つとはかぎらないよ。いろいろと考えてみよう。

中学1年
中学2年
中学3年

例2　$x^2-8x+16$ を因数分解せよ。

与えられた式の定数項が $16=4^2$ だから，　← 2乗の形

❷　$x^2+2ax+a^2=(x+a)^2$

❸　$x^2-2ax+a^2=(x-a)^2$

のどちらかが使えるかもしれないね！　そして，与えられた式の x の係数の符号が－だから，❸の左辺の形にできるかをたしかめてみよう。

$x^2-8x+16=x^2-2\times 4\times x+4^2$

これは，❸において，$a=4$ としたものだね！　だから，

$x^2-8x+16=(x-4)^2$　**答**

例3　x^2-9 を因数分解せよ。

与えられた式は，定数項が $9=3^2$ で，(2乗)－(2乗) の形だから，

❹　$a^2-b^2=(a+b)(a-b)$

が利用できるね！

$x^2-9=x^2-3^2$　← ❹において，$a=x$，$b=3$

$=(x+3)(x-3)$　**答**

例題 2

次の式を因数分解せよ。

(1)　$x^2-7x+12$　　(2)　x^2+x-6

(3)　$4x^2+12x+9$　　(4)　$9x^2-4y^2$

解答と解説

(1)　$x^2-7x+12$　← たして -7，かけて 12 となる2つの数は，-3 と -4

$=(x-3)(x-4)$　**答**

(2)　x^2+x-6　← たして 1，かけて -6 となる2つの数は，-2 と 3

$=(x-2)(x+3)$　**答**

(3)　$4x^2+12x+9$　← $4x^2=(2x)^2$，$9=3^2$ だから，乗法公式❷の，$x^2+2ax+a^2=(x+a)^2$ が使えそうだね！

$=(2x)^2+2\times 3\times 2x+3^2$

$=(2x+3)^2$　**答**

(4)　$9x^2-4y^2$

$=(3x)^2-(2y)^2$

$=(3x+2y)(3x-2y)$　**答**　← 乗法公式❹の，$a^2-b^2=(a+b)(a-b)$ において，$a=3x$，$b=2y$

ポイント **乗法公式を利用する因数分解**

❶ $x^2+(a+b)x+ab=(x+a)(x+b)$
❷ $x^2+2ax+a^2=(x+a)^2$
❸ $x^2-2ax+a^2=(x-a)^2$
❹ $a^2-b^2=(a+b)(a-b)$

3 因数分解の手順

それでは，いくつもの手順を使う**因数分解**をやってみよう。

手順1 共通因数でくくる
手順2 乗法公式の利用
手順3 おきかえ
手順4 部分的因数分解

まずは共通因数でくくれるかを確認しよう（**手順1**）！　その次は，乗法公式を利用できないか確認してみよう（**手順2**）。乗法公式を利用できなそうなときは，カタマリをおきかえてみて（**手順3**）！　そうすると，共通因数が見えたり，乗法公式が使えたりすることがあるよ。それでも因数分解できないときは，部分的に因数分解してみよう（**手順4**）！

例題 3

次の式を因数分解せよ。

(1) $3x^3+6x^2-9x$　　(2) $(2x-3y)(2x-3y+2)+1$
(3) $xy-y+5x-5$　　(4) a^2-b^2-a-b

解答と解説

(1) $3x^3+6x^2-9x$
$=3x(x^2+2x-3)$
$=3x(x+3)(x-1)$ 答

手順1 共通因数があるときは，すべてくくり出す

手順2 乗法公式❶で，たして 2，かけて -3 である2数は，3と -1

(2) $2x-3y=M$ とおくと，
$(2x-3y)(2x-3y+2)+1$

手順3 共通する $2x-3y$ というカタマリがあるから，おきかえる

中学1年　中学2年　中学3年

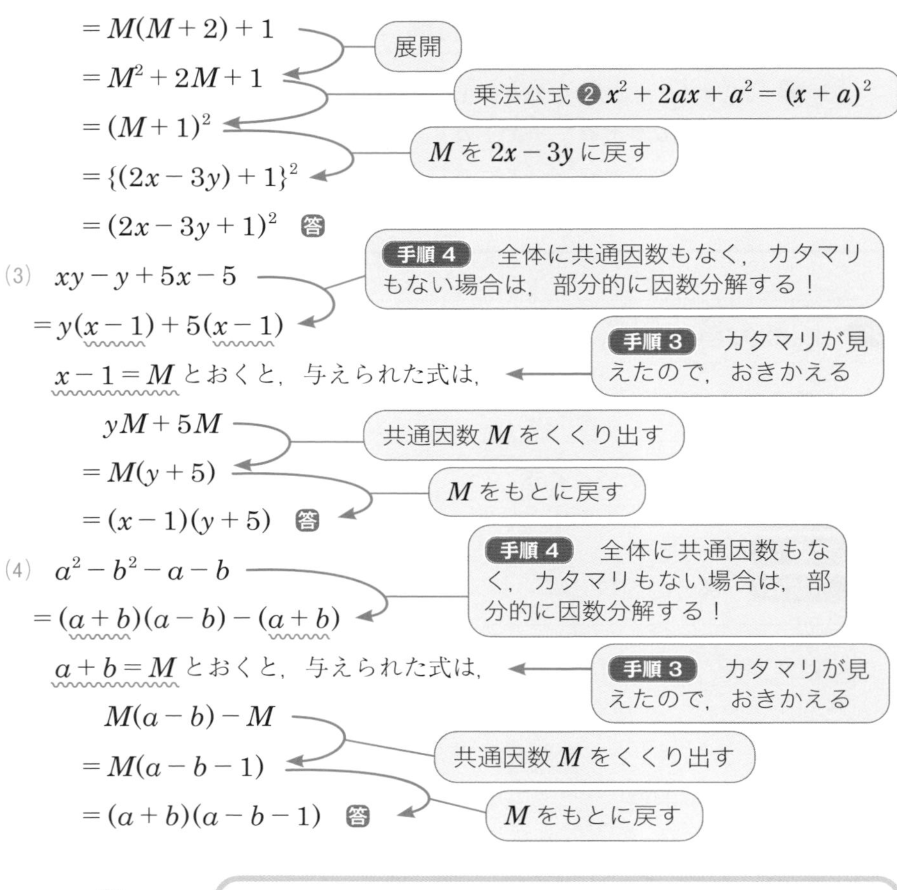

$$= M(M+2)+1$$
$$= M^2+2M+1$$
$$= (M+1)^2$$
$$= \{(2x-3y)+1\}^2$$
$$= (2x-3y+1)^2 \quad \text{答}$$

(3) $xy - y + 5x - 5$

$$= y(x-1)+5(x-1)$$

$x-1=M$ とおくと，与えられた式は，

$$yM+5M$$
$$= M(y+5)$$
$$= (x-1)(y+5) \quad \text{答}$$

(4) a^2-b^2-a-b

$$= (a+b)(a-b)-(a+b)$$

$a+b=M$ とおくと，与えられた式は，

$$M(a-b)-M$$
$$= M(a-b-1)$$
$$= (a+b)(a-b-1) \quad \text{答}$$

(3)や(4)のように，項が4つもあるときは，全体をいきなり因数分解するのは難しいから，部分的に因数分解できないかを考えてみるのがよさそうだね。

ポイント　**因数分解の手順**

- **手順 1**　共通因数でくくる
- **手順 2**　乗法公式の利用
- **手順 3**　おきかえ
- **手順 4**　部分的因数分解

第4節　式の計算の利用

1　数の計算への利用

第2節で学習した**展開**や，第3節で学習した**因数分解**は，さまざまなことに利用できるよ。まずは，展開や因数分解を利用して，数の計算を効率よく行う方法を学習しよう。

例1　303×297 を計算せよ。

「どっちも 300 に近い数なんだから，300×300 だったらよかったのに……」と思うよね。そこで，

$$303=300+3,\quad 297=300-3$$

と変形してみよう。そうすると，

$$303\times297=\underbrace{(300+3)}_{\text{和}}\underbrace{(300-3)}_{\text{差}}$$

となるから，和と差の積の**乗法公式**が利用できるね！

$$\begin{aligned}303\times297&=(300+3)(300-3)\\&=300^2-3^2\\&=90000-9\\&=89991\end{aligned}$$
答

$(a+b)(a-b)=a^2-b^2$ において，$a=300$，$b=3$

このように，展開や因数分解のテクニックを使うと，めんどうくさそうな計算も，とても簡単になるんだ！

例2　$2.73\times75+2.73\times25$ を計算せよ。

75　25
2.73　2.73×75　2.73×25
75+25

2.73 という**共通因数**があることに着目すると，

分配法則　$ax+ay=a(x+y)$

を利用して因数分解することができるね。

$$\begin{aligned}&2.73\times75+2.73\times25\\&=2.73(75+25)\\&=2.73\times100\\&=273\end{aligned}$$
答

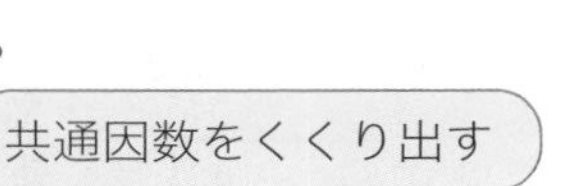

このように，

乗法公式や因数分解を利用することで，計算がしやすくなることが多いんだ。日ごろから，工夫する習慣をつけるようにしよう！

例題 1

次の計算をせよ。

(1) 99^2　(2) 53×49　(3) 74^2-26^2

解答と解説

(1) $99^2=(100-1)^2$
$=100^2-2\times100\times1+1^2$
$=10000-200+1$
$=9801$ 答

$(a-b)^2=a^2-2ab+b^2$ において，$a=100$，$b=1$

(2) 53×49
$=(50+3)(50-1)$
$=50^2+(3-1)\times50+3\times(-1)$
$=2500+100-3$
$=2597$ 答

$(x+a)(x+b)=x^2+(a+b)x+ab$ において，$x=50$，$a=3$，$b=-1$

(3) $74^2-26^2=(74+26)(74-26)$
$=100\times48$
$=4800$ 答

$(a+b)(a-b)=a^2-b^2$ において，$a=74$，$b=26$

100とか50みたいに，キリのいい整数がつくれると，計算が楽になるんだね♪

ポイント　数の計算への応用

乗法公式や因数分解を利用して，工夫して計算を行う。

2 式の値

例 $x+y=5$，$xy=6$のとき，x^2+y^2 の値を求めよ。

値を求めたい式 x^2+y^2 は，乗法公式の，

$(x+y)^2=x^2+2xy+y^2$ ……①

の右辺に似ているね。そのことを利用して，**式の値**を求めよう！

まずは①の左辺と右辺をひっくり返して,

$$\boxed{x^2} + 2xy \boxed{+ y^2} = (x+y)^2$$

この左辺を求める $\boxed{x^2+y^2}$ の形にするには，$2xy$ を移項すればいいね。

$$\boxed{x^2+y^2} = (x+y)^2 - 2xy$$

こうして右辺に，$x+y$ と xy が出てきたけれど，これらの値は,

$$x+y=5,\quad xy=6$$

と与えられているね！　したがって,

$$\begin{aligned} x^2+y^2 &= (x+y)^2-2xy \\ &= 5^2-2\times6 \\ &= 13 \end{aligned}$$ 答

このように,

式を変形してから代入すると，簡単に計算できる

という場合も多いんだよ。

例題 2

$x=43$，$y=11$ のとき，$x^2-6xy+9y^2$ の値を求めよ。

考え方

これも，そのまま代入しても計算できなくはないけれど，求める式は,

$$x^2-2ax+a^2=(x-a)^2$$

の形になっているね。この乗法公式を利用して因数分解してから，x と y の値を代入すると，計算が楽になるよ！

解答と解説

$$\begin{aligned} &x^2-6xy+9y^2 \\ &=(x-3y)^2 \\ &=(43-3\times11)^2 \\ &=10^2 \\ &=100 \end{aligned}$$ 答

$x^2-6xy+9y^2$
$=x^2-2\times3y\times x+(3y)^2$

ここで $x=43$，$y=11$ を代入！

ポイント　式の値

代入しやすいように因数分解などの式変形をしてから，値を代入する。

3 数や図形の性質の証明

例題 3

連続した2つの偶数の平方の差は，4の倍数であることを証明せよ。

考え方

どのようなことを**証明**すればよいかを，具体例を通して確認しよう。

「連続した2つの偶数」のうち，小さいほうが2だとするよ。するともう片方は，すぐ次の偶数である4だよね。「連続した2つの偶数の平方の差」というのは，

(大きいほうの偶数)^2－(小さいほうの偶数)^2

を意味するよ。2と4でいうと，

$4^2-2^2=16-4=12$

となるね。そしてこの12という値は，たしかに4の倍数になっているよね。

「平方」とは2乗のことだよ！

今は小さいほうの偶数を2としたけれど，「どんな偶数でも同じことが成り立つ」ことを証明するわけだ。こういう場合には，文字を利用するんだったよね！

証明

連続した2つの偶数を，

$2n$，$2n+2$ （n は整数）

とおく。連続した2つの偶数の平方の差は，

小さいほうの偶数を $2n$ とおくと，次の偶数（大きいほう）は，$2n$ に2をたした数だよね！

$(2n+2)^2-(2n)^2$

$=\{(2n+2)+2n\}\{(2n+2)-2n\}$

$=(2n+2+2n)(2n+2-2n)$

$=(4n+2)\times 2$

$=4(2n+1)$

$a^2-b^2=(a+b)(a-b)$

(　　)の中の共通因数2をくくり出した

n は整数であるから，$4(2n+1)$ は4の倍数である。

以上より，連続した2つの偶数の平方の差は，4の倍数である。 証明終わり

例題 4

半径 r mの円形の池のまわりに，右の図のような幅 a mの道がある。この道の面積を S m^2，道の真ん中を通る円周の長さを ℓ mとする。

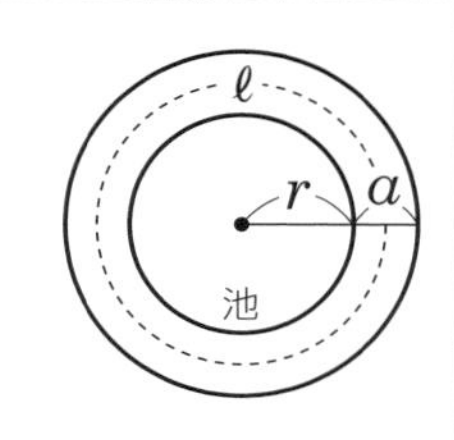

(1) ℓ を r と a を使った式で表せ。

(2) $S=a\ell$ となることを示せ。

考え方

(1) 求める ℓ は，「池の中心から，幅 a mの道の真ん中まで」を半径とする円の円周だといえるね。だから，

(円周の長さ) = $2\pi\times$(半径)

で求められるね！

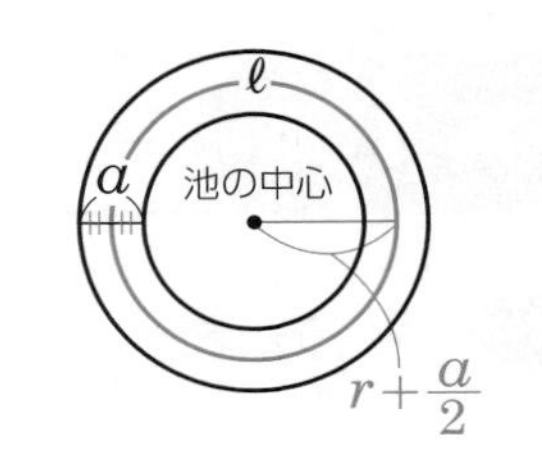

(2) S は道の面積だね。この道の面積は，「池の中心から，道の外側の端まで」を半径とする円の面積から，池の面積をひいたら求められるね！

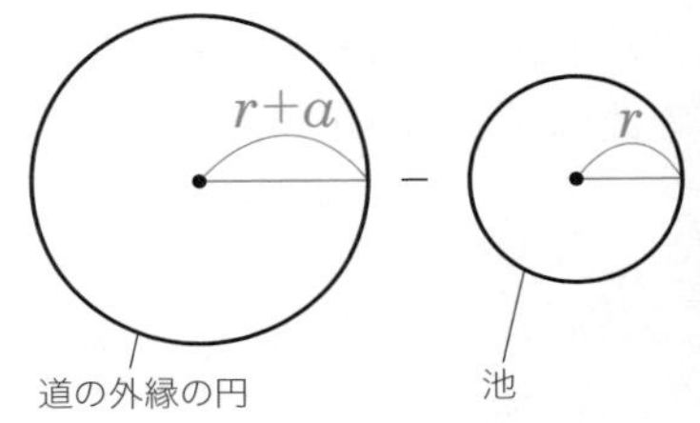

解答と解説

(1) 道路の真ん中を通る円は，半径が $r+\frac{a}{2}$ (m)であるから，

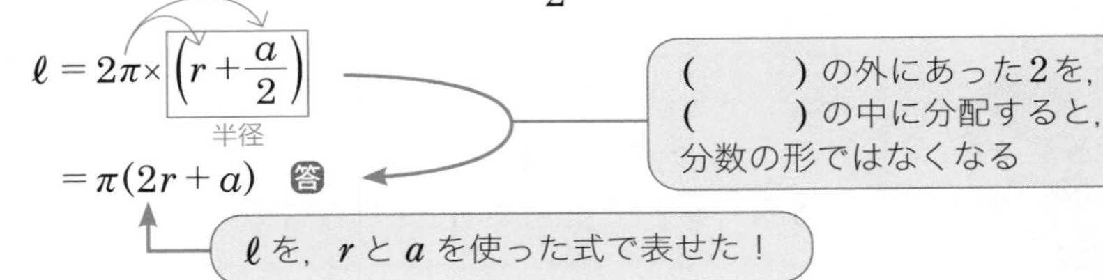

$$\ell = 2\pi\times\left(r+\frac{a}{2}\right)$$
$$= \pi(2r+a) \quad \text{答}$$

(2) **証　明**

S = ($r+a$ を半径とする円の面積) − (r を半径とする円の面積)

$= \pi(r+a)^2 - \pi r^2$ ← (面積) = $\pi\times$(半径)^2

$= \pi\{(r+a)^2 - r^2\}$ ← 共通因数 π をくくり出す

$= \pi\{(r+a)+r\}\{(r+a)-r\}$ ← (2乗) − (2乗) を因数分解

$= \pi(2r+a)\times a$

(1)より，$\ell = \pi(2r+a)$ であるから，

$S = \ell\times a$

したがって，$S = a\ell$ **証明終わり**

ポイント　数や図形の性質の証明

数や図形の性質を証明するときも，展開や因数分解が利用できる。

第1節　平方根

1　平方根

ここからの第2章では,「平方根」という新しい数の考え方を学習するよ！

たとえば, 3を2乗すると, 9になるよね。そこで逆に,「2乗すると9になる数は？」と聞かれたら, どう答える？

えっ, それは, 3でしょ？　$3^2=3\times3=9$ だし。

そうかな？　じゃあ, -3はどう？

あっ, そうか！

$$(-3)^2=(-3)\times(-3)=9$$

だから, -3も,「2乗すると9になる数」だね！

そうなんだよ。このとき, 3と -3を, 9の平方根というんだ。

一般に, 2乗すると a になる数を, a の**平方根**というよ！

例1　16の平方根を求めよ。

「16の平方根」は「2乗すると16になる数」のことだから,

　　4, -4 （まとめて「±4」とかくこともあるよ） 答

このように, 正の数の平方根は, 必ず2つ（正と負が1つずつ）あるんだ。

2乗すると負の数になる数はないから, 負の数の平方根は存在しないね。

また, 2乗して 0 になる数は 0 だけだから, 0 の平方根は 0 だけだよ。

例2　5の平方根を求めよ。

「2乗すると5になる数」とはどんな数かな？　正と負の, 2つの平方根があるはずだけれど, 正の平方根から考えてみよう。

2を2乗すると4, 3を2乗すると9だから,

$$2^2 < 5 < 3^2$$

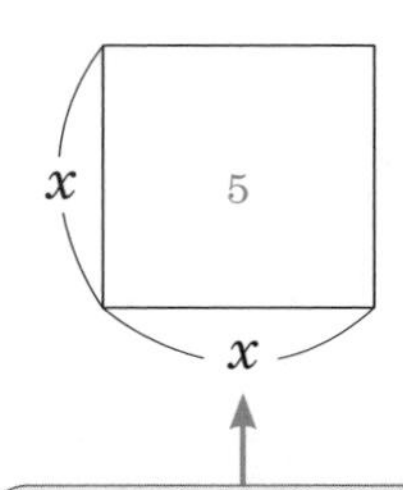

だよね。5の平方根のうち，正のものは，2よりも大きくて 3 よりも小さいはずだね！

さらに細かく見てみると，

$$2.2^2 = 4.84,\ \ 2.3^2 = 5.29$$

だから，2.2 と 2.3 の間の数であることがわかるね。さらに，

$$2.23^2 = 4.9729,\ \ 2.24^2 = 5.0176$$

だから，2.23 と 2.24 の間であることもわかるね。

5の平方根（のうち正のもの）は，面積が5になる正方形の，1辺の長さ（図中のx）に当たるよ！

このようにして，2乗すると5になる数を小数で表そうとすると，

2.2360679……

と，無限に続く小数となってしまうんだ。

そこで，2乗すると5になる正の数を，

$$\sqrt{5}$$ ←「ルート5」と読むよ！

と表すことにしているよ。また，この $\sqrt{\ }$ の記号は**根号**（こんごう）というんだ。

一般に，aが正の数であるとき，aの2つの平方根のうち，

正のほうを，$\sqrt{a}$ ← 2乗すると a になる正の数

負のほうを，$-\sqrt{a}$ ← 2乗すると a になる負の数

と表すよ。また，$\sqrt{0}$ は 0 だよ！

というわけで，5の平方根（例2の答え）は，

$\sqrt{5}$，$-\sqrt{5}$ 答 ← $\pm\sqrt{5}$ と表してもいいよ

例題 1

次の数の平方根を求めよ。

(1) 121　(2) 0.16　(3) $\dfrac{25}{81}$　(4) 7　(5) $\dfrac{3}{7}$

解答と解説

(1) 121の平方根は，± 11 答

$11^2 = 121$，$12^2 = 144$，$13^2 = 169$，$14^2 = 196$，$15^2 = 225$ は，覚えておくと便利だよ！

(2) 0.16の平方根は，± 0.4 答 ← $0.4^2=0.16$，$(-0.4)^2=0.16$

(3) $\dfrac{25}{81}$ の平方根は，$\pm\dfrac{5}{9}$ 答

$81=9^2$，$25=5^2$ だから，$\left(\dfrac{5}{9}\right)^2=\dfrac{25}{81}$，$\left(-\dfrac{5}{9}\right)^2=\dfrac{25}{81}$

(4) 7の平方根は，$\pm\sqrt{7}$ 答

(5) $\dfrac{3}{7}$ の平方根は，$\pm\sqrt{\dfrac{3}{7}}$ 答

これらは根号を使って表すよ！

ポイント 平 方 根

aの**平方根**：2乗（平方）するとaになる数

❶ 正の数の平方根は，2つある。

　aが正の数のとき，aの平方根は，$\sqrt{a}$，$-\sqrt{a}$　$(\pm\sqrt{a})$

❷ 負の数の平方根はない。

❸ 0の平方根は，0の1つだけ。

2 平方根の性質

$\sqrt{5}$ と $-\sqrt{5}$ は，2乗すると5になる数，つまり5の**平方根**だから，

$$(\sqrt{5})^2=5,\quad(-\sqrt{5})^2=5$$

だね！　同じように，aが正の数のとき，

$$(\sqrt{a})^2=a,\quad(-\sqrt{a})^2=a$$

が成り立つよ。なお，$\sqrt{5^2}$ は2乗すると5^2になる正の数だから，

$$\sqrt{5^2}=5$$

$\sqrt{(-5)^2}$ は，2乗すると $(-5)^2=25=5^2$ になる正の数だから，

$$\sqrt{(-5)^2}=5$$

これらをまとめておくと，次のようになるね。

平方根の性質

a を正の数とする。

❶ $(\sqrt{a})^2=a$，$(-\sqrt{a})^2=a$　**例** $(\sqrt{2})^2=2$，$(-\sqrt{2})^2=2$

❷ $\sqrt{a^2}=a$，$\sqrt{(-a)^2}=a$　**例** $\sqrt{3^2}=3$，$\sqrt{(-3)^2}=\sqrt{3^2}=3$

例題 2

次の数を，根号を使わないで表せ。

(1) $-\sqrt{9}$　(2) $\sqrt{(-8)^2}$

解答と解説

(1) $-\sqrt{9}=-\sqrt{3^2}=-3$ 答

(2) $\sqrt{(-8)^2}=\sqrt{64}=8$ 答

$\sqrt{(-8)^2}$ は，「-8」と思われるかもしれないけれど，「$\sqrt{(-8)^2}$」というのは「2乗したら $(-8)^2$（つまり，64）になる正の数」のことだね！

ポイント　平方根の性質

a を正の数とする。

❶ $(\sqrt{a})^2=a$，$(-\sqrt{a})^2=a$　❷ $\sqrt{a^2}=a$，$\sqrt{(-a)^2}=a$

3 平方根の大小

整数や分数や小数は，大きさをくらべることができるよね。たとえば 13 と 15 の大小をくらべると，

$13<15$

となるよね。同じように，**平方根**の大小もくらべることができるよ。

$\sqrt{13}$ と $\sqrt{15}$ だと，「2乗すると13になる正の数」よりも，「2乗すると15になる正の数」のほうが大きいよね。だから，

$\sqrt{13}<\sqrt{15}$

となるね！　一般に，次のようになるよ。

平方根の大小

a，b が正の数で，$a<b$ ならば，

$\sqrt{a}<\sqrt{b}$

ちなみに，a，b が正の数で，$\sqrt{a}<\sqrt{b}$ ならば，

$a<b$

も成り立つよ！

例1　7 と $\sqrt{50}$ の大小を求めよ。

大小をくらべるときは，同じ形に直して比較することがポイントだよ！

これは，7 を $\sqrt{}$ の形で表して，$\sqrt{}$ の中身を比較するんだ。7は 7^2 の正の平方根だから，

$$7=\sqrt{7^2}=\sqrt{49}$$

であり，$49<50$ だから，$\sqrt{49}<\sqrt{50}$ だね。だから，

$$7<\sqrt{50}$$ 答

しかし，大小比較の問題では，負の数どうしだと注意が必要なんだ。負の数では，絶対値が大きくなるほど，数は小さくなることに注意しよう！

例2　$-\sqrt{\dfrac{4}{7}}$ **と** $-\dfrac{2}{3}$ **の大小を求めよ。**

これも同じように，$-\dfrac{2}{3}$ を $\sqrt{}$ で表して考えていこう。

$$-\frac{2}{3}=-\sqrt{\left(\frac{2}{3}\right)^2}=-\sqrt{\frac{4}{9}}$$

だね！　でも，まだ $-\sqrt{\dfrac{4}{7}}$ と $-\sqrt{\dfrac{4}{9}}$ のどちらが大きいのかはわかりにくいかもしれないね。そこで，ルートの中の分母を同じにしよう。

ただ，分母を同じにしなくても，「4を7等分したもの」のほうが「4を9等分したもの」よりも大きい，と考えることはできるね

$$\frac{4}{7}=\frac{4\times9}{7\times9}=\frac{36}{63},\quad \frac{4}{9}=\frac{4\times7}{9\times7}=\frac{28}{63}$$ であるから，

$$\frac{36}{63}>\frac{28}{63}$$

$$\sqrt{\frac{36}{63}}>\sqrt{\frac{28}{63}}\quad\cdots\cdots①$$

0　$\sqrt{\dfrac{4}{9}}$　$\sqrt{\dfrac{4}{7}}$
$\sqrt{\dfrac{28}{63}}$　$\sqrt{\dfrac{36}{63}}$

これをもとに，$-\sqrt{\dfrac{36}{63}}$ $\left(\text{つまり，}-\sqrt{\dfrac{4}{7}}\right)$ と $-\sqrt{\dfrac{28}{63}}$ $\left(\text{つまり，}-\dfrac{2}{3}\right)$ の大小をくらべたいよね。そこで，負の数の性質を考えよう。

負の数では，絶対値が大きいほうが小さいよね。たとえば，

$$-36<-28$$

となるよね！　$-\sqrt{\dfrac{36}{63}}$ と $-\sqrt{\dfrac{28}{63}}$ では，$-\sqrt{\dfrac{36}{63}}$ のほうが絶対値が大きいから，

$$-\sqrt{\frac{36}{63}}<-\sqrt{\frac{28}{63}}\quad\cdots\cdots②$$

$$-\sqrt{\frac{4}{7}}<-\frac{2}{3}$$ 答

$-\sqrt{\dfrac{4}{7}}$　$-\sqrt{\dfrac{4}{9}}$　0
$-\sqrt{\dfrac{36}{63}}$　$-\sqrt{\dfrac{28}{63}}$

ここで，①の不等式から②の不等式への変形を見てみよう。①の両辺に「−」をかけると，不等号の向きがひっくり返って，②になっているね。このように，

不等式は，両辺に負の数をかけると，不等号の向きが逆になる

んだよ！

例題 3

(1) $-\sqrt{7}$，-2.6，$\sqrt{11}$，3.3 を，小さいほうから順に並べよ。

(2) $3<\sqrt{x}<4$ を満たす自然数 x の個数を求めよ。

解答と解説

(1) $-2.6=-\sqrt{2.6^2}=-\sqrt{6.76}$ であるから，

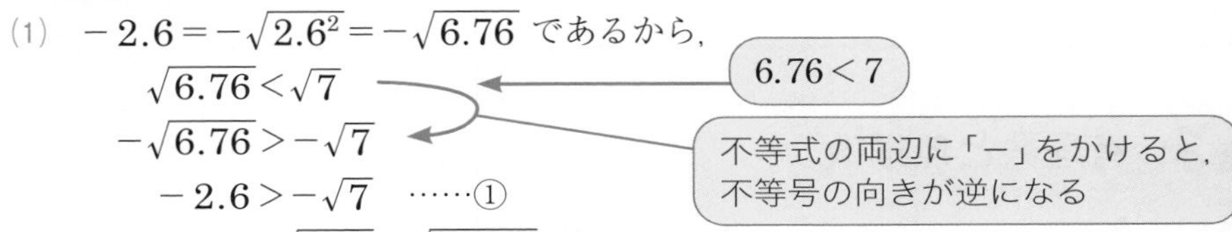

$\sqrt{6.76}<\sqrt{7}$

$-\sqrt{6.76}>-\sqrt{7}$

$-2.6>-\sqrt{7}$ ……①

また，$3.3=\sqrt{3.3^2}=\sqrt{10.89}$ であるから，

$\sqrt{10.89}<\sqrt{11}$

$3.3<\sqrt{11}$ ……②

$-\sqrt{7}$　-2.6　0　3.3　$\sqrt{11}$

①・②より，

$-\sqrt{7}$，-2.6，3.3，$\sqrt{11}$ 答

(負の数)＜(正の数) であることに注意して大小を判断しよう！

(2) $3<\sqrt{x}<4$

$3=\sqrt{3^2}=\sqrt{9}$，$4=\sqrt{4^2}=\sqrt{16}$ であるから，

$\sqrt{9}<\sqrt{x}<\sqrt{16}$

すべて $\sqrt{\ }$ で表すと，x がどんな値をとることができるのかがわかるね！

これを満たす自然数 x は，

$x=10$，11，12，13，14，15

の 6 個 答

別解

$3<\sqrt{x}<4$ の各辺を 2 乗して，

$9<x<16$

a，b が正の数で，$\sqrt{a}<\sqrt{b}$ ならば，$a<b$ も成り立つよ！

これを満たす自然数 x は，

$x=10$，11，12，13，14，15

の 6 個 答

くらべるときは，同じ形に直すのがポイントなんだね！

ポイント 平方根の大小

❶ 平方根を含む数の大小を調べる場合

➡ すべてを $\sqrt{}$ に直して，$\sqrt{}$ の中の数の大小に着目。

❷ a，b が正の数で，$a<b$ ならば，

$\sqrt{a}<\sqrt{b}$

4 有理数と無理数

$5=\frac{5}{1}$，$0.4=\frac{4}{10}=\frac{2}{5}$ のように，$\frac{(整数)}{(整数)}$ の形で表せる数を，**有理数**（ゆうりすう）というよ。

また，たとえば $\sqrt{20}$ は，小数で表すと小数点以下が限りなく続き，$\frac{(整数)}{(整数)}$ の形で表せないことが知られているんだ。$\sqrt{20}$ のように，$\frac{(整数)}{(整数)}$ の形で表せない数を，**無理数**（むりすう）というよ。

n が自然数のときの $\sqrt{n}$ は，n が9や16のように(**自然数**)^2 になっているとき以外は，無理数になってしまうよ。ちなみに，円周率 π も無理数だよ。

← $\sqrt{9}=\sqrt{3^2}=3$
$\sqrt{16}=\sqrt{4^2}=4$

有理数と無理数を合わせると，数直線上に表すことができる数全体になるんだ。

今まで学んだ数をまとめると，次のようになるよ。

有理数	無理数
…… 0.2　$-\frac{5}{3}$　$-\frac{3}{2}$ ……	$\sqrt{3}$
整数：…… -2　-1　0	$-\sqrt{5}$
自然数：1　2　3 ……	π ……

数
- 有理数
  - 整数
    - 正の整数（自然数）
    - 0
    - 負の整数
  - 分数
- 無理数

また，たとえば $\frac{7}{4}$ を小数で表すと，わりきれて 1.75 になるね。このように，小数点以下が限りある個数の数字で表される小数を，**有限小数**(ゆうげんしょうすう)というんだ。

これに対して，限りなく続く小数を，**無限小数**(むげんしょうすう)というよ。

たとえば $\frac{48}{37}$ は，小数で表すと，

$1.\underbrace{297}\underbrace{297}\underbrace{297}\cdots\cdots$

と，わりきれず無限小数になるね。ただし，ある位（この場合，小数第1位）から先は，「297」がくり返されているね。

```
        1.2972……
37)48
   37
   110
    74
    360
    333
     270
     259
      110
       74
       36
        ⋮
```

このように，無限小数の中でも，同じ数字の配列がくり返されるものを，**循環小数**(じゅんかんしょうすう)というんだ。

くり返される部分の，両端の数字の上に「・」をつけて，

$1.297297297\cdots\cdots = 1.\dot{2}9\dot{7}$

のように表すよ！

有理数を小数で表すと，有限小数になるものと，循環小数になるものがあるよ。そして，無理数を小数で表すと，循環しない無限小数になるんだ。

逆に，循環小数 $1.\dot{2}9\dot{7}$ を分数で表すには，次のように計算するよ！

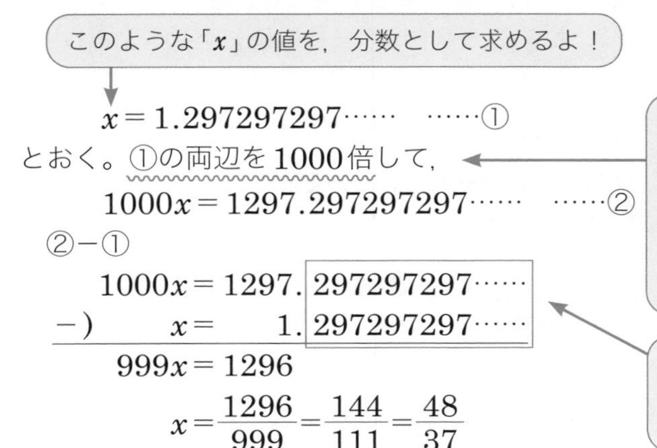

続きを見ればわかるけれど，「1000倍」すれば，くり返される「297」の部分の位がちょうど①とそろって，引き算をすれば消すことができるんだ！

この部分は，ともに「297」が無限に続いているから，ひくと消えるね！

ポイント 有理数と無理数

❶ **有理数**：$\frac{(\text{整数})}{(\text{整数})}$ の形で表せる数。

例 -5, $\frac{2}{3}$, $\sqrt{49}$, 3.7

❷ **無理数**：$\frac{(\text{整数})}{(\text{整数})}$ の形で表せない数。

例 $\sqrt{7}$, $-\sqrt{17}$, π

5 真の値と近似値

右の線分ABの長さは，何mmかな？　ものさしを使って，はかってみてくれるかな？

A ―――――――――― B

線分ABの長さは，mmの目もりまでついたものさしではかると，「49mmより長く，50mmより短い」ことがわかるね。

このABの長さは，mm未満を切り捨てて「49mm」と読むこともあるし，もし50mmの目もりのほうが近かったら，「50mm」と読むこともあるよ。また，最小の目もりが0.1mmまで読み取れるものさしなら，「49.8mm」などとすることもあるんだ。

ものさしではかった値などのように，「測定して得られた値」は，「真の値」と等しいかどうかはわからないね。そんな中で，「真の値に近い値」として，「49mm」とか「50mm」とか「49.8mm」とかの値を選んで使うわけだけれど，そのように使われる真の値に近い値を，**近似値**（きんじち）というよ。

例1 $\sqrt{2}$ の近似値として，1.41 が使われることがある。

例2 π の近似値として，3.14 が使われることがある。

そして，近似値から真の値をひいた差を，**誤差**（ごさ）というよ。つまり，

（誤差）＝（近似値）－（真の値）

ということだよ。

例3 **ある数xの小数第1位を四捨五入した近似値が7となった。xの値の範囲を求めよ。**

x の小数第1位を四捨五入すると7となったので，

$6.5 \leqq x < 7.5$ 答

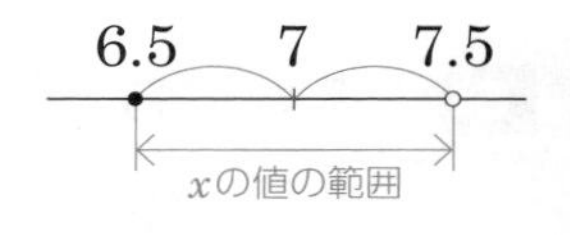

このとき，誤差の絶対値が 0.5 以下といえるね。
「(近似値)－(真の値)」の絶対値を「誤差」ということもあるよ。

この 5 の冒頭で見た線分ABの長さについて，近似値を50mmとしたとき，これをcmの単位で表すと「5cm」になるけれど，「mmの位まで意味のある数字である」ということをはっきりさせるために，これを「5.0cm」と表すことがあるよ。

近似値を表す数で，意味のある数字を**有効数字**(ゆうこうすうじ)といって，その数字の個数を，有効数字の桁数(けたすう)というよ。

例4　5.0cmの有効数字は「5」と「0」で，有効数字2桁の近似値

例5　49.8mmの有効数字は「4」と「9」と「8」で，有効数字3桁の近似値

また，有効数字をはっきりさせるために，整数部分が1桁の小数と，10の何乗かの積で表すことがあるんだ。

例6　地球の赤道方向の直径を有効数字3桁で表した近似値は，12700kmで，整数部分が1桁の小数と，10の何乗かの積で表すと，

1.27×10^4 (km)

例題 4

(1) あるxの小数第2位を四捨五入した近似値が3.7であるとき，xの範囲を不等号を用いて表せ。

(2) 352000が有効数字4桁であるとき，整数部分が1桁の小数と，10の何乗かの形に表せ。

解答と解説

(1) $3.65 \leqq x < 3.75$ 答　(2) 3.520×10^5 答

ポイント　真の値と近似値

❶ 近似値：真の値に近い値。

❷ 誤差：(誤差)＝(近似値)－(真の値)

❸ 有効数字：近似値を表す数で，意味のある数字。

❹ 有効数字の桁数：意味のある数字の個数。

6 平方根の近似値

ここでは，**平方根の近似値**（ほんとうの値ではないが，ほんとうの値に近い値）について考えてみるよ。例として，$\sqrt{5}$ の近似値を考えていこう。

$\sqrt{5}$（2乗すると 5 になる正の数）は，整数にはならないよね。「どんな整数とどんな整数の間にあるか」を考えると，$\sqrt{4} < \sqrt{5} < \sqrt{9}$ であるから，$\sqrt{5}$ は 2 と 3 の間，つまり，

整数　整数

$$2 < \sqrt{5} < 3$$

がわかるね。つまり $\sqrt{5}$ は

2.□□□……

2より大きく，3未満の数だから，整数部分が2で，このように表せるね！

のような数ってことなんだ。さらに，

$$2.1^2 = 4.41,\ 2.2^2 = 4.84,\ 2.3^2 = 5.29$$

であるから，

$$\sqrt{(2.2)^2} < \sqrt{5} < \sqrt{(2.3)^2}$$

$$2.2 < \sqrt{5} < 2.3$$

とわかるね。これをくり返していけば，$\sqrt{5}$ の近似値は，

2.2360679……

となることが知られているんだ。このように，$\sqrt{5}$ の値は，限りなく続く小数（無限小数）になるよ。

下のポイントに，おもな平方根の近似値をまとめておくから，ぜひ覚えておこう！

ポイント　平方根の近似値

ひと夜ひと夜に人見ごろ
$\sqrt{2} = 1.41421356$……

人並みにおごれや
$\sqrt{3} = 1.7320508$……

富士山麓（さんろく）オウム鳴く
$\sqrt{5} = 2.2360679$……

ニッシッシ　くしはくさいな
$\sqrt{6} = 2.4\ 4\ 9489\ 7$……

第2節　平方根の計算

1　平方根の乗法・除法 ❶——基本ルール

この節では，**平方根**の計算にはどんな規則があるのかを学習しよう。まずは，平方根の掛け算（**乗法**）からやっていくよ。じつは，

$\sqrt{\boldsymbol{a}}\times\sqrt{\boldsymbol{b}}$ と $\sqrt{\boldsymbol{a}\times\boldsymbol{b}}$ は等しい

んだ。$a=2$，$b=3$ として，たしかめてみよう。つまり，$\sqrt{2}\times\sqrt{3}$ と $\sqrt{2\times3}$ をくらべてみるよ。

まず，$\sqrt{2\times3}$ は，2×3 の正の平方根だね。

$\sqrt{2}\times\sqrt{3}$ のほうは，

$$\begin{aligned}&(\sqrt{2}\times\sqrt{3})^2\\=&(\sqrt{2}\times\sqrt{3})\times(\sqrt{2}\times\sqrt{3})\\=&\sqrt{2}\times\sqrt{3}\times\sqrt{2}\times\sqrt{3}\\=&(\sqrt{2})^2\times(\sqrt{3})^2\\=&2\times3\end{aligned}$$

← $\sqrt{2}\times\sqrt{3}$ を2乗してみるよ

となるから，$\sqrt{2}\times\sqrt{3}$ も，2×3 の正の平方根だね！

←「2×3 の正の平方根」とは，「2乗すると 2×3 になる正の数」だね。$\sqrt{2}\times\sqrt{3}$ という正の数を2乗したら 2×3 になったんだから，$\sqrt{2}\times\sqrt{3}$ は「2×3 の正の平方根」だといえるね！

$\sqrt{2}\times\sqrt{3}$ も $\sqrt{2\times3}$ も「2×3 の正の平方根」なんだから，同じ数だといえるね！　だから，

$$\sqrt{2}\times\sqrt{3}=\sqrt{2\times3}$$

が成り立つんだ。同様に，割り算（**除法**）について，

$$\frac{\sqrt{2}}{\sqrt{3}}=\sqrt{2}\div\sqrt{3}=\sqrt{2\div3}=\sqrt{\frac{2}{3}}$$

もいえるよ。一般に，次のことがいえるんだ。

> $\boldsymbol{a}>\mathbf{0}$，$\boldsymbol{b}>\mathbf{0}$ のとき，
>
> $\sqrt{\boldsymbol{a}}\times\sqrt{\boldsymbol{b}}=\sqrt{\boldsymbol{a}\times\boldsymbol{b}}$，　$\dfrac{\sqrt{\boldsymbol{b}}}{\sqrt{\boldsymbol{a}}}=\sqrt{\dfrac{\boldsymbol{b}}{\boldsymbol{a}}}$
>
> $\sqrt{\boldsymbol{a}}\times\sqrt{\boldsymbol{b}}$ は，$\sqrt{\boldsymbol{a}}\sqrt{\boldsymbol{b}}$ ともかく。
>
> $\boldsymbol{a}\times\sqrt{\boldsymbol{b}}$ は，$\boldsymbol{a}\sqrt{\boldsymbol{b}}$ ともかく。

平方根の乗法・除法は，この性質を利用して $\sqrt{\ }$ を1つにまとめて，簡潔にするんだ。

例1 $\sqrt{3}\times\sqrt{5}=\sqrt{3\times5}=\sqrt{15}$

例2 $\sqrt{8}\div\sqrt{2}=\dfrac{\sqrt{8}}{\sqrt{2}}=\sqrt{\dfrac{8}{2}}=\sqrt{4}=\sqrt{2^2}=2$

つまり，$\sqrt{\ }$ の中の数どうしをかけたり，わったりしていいんだね♪

例題 1

次の計算をせよ。

(1) $\sqrt{6}\times(-\sqrt{7})$ (2) $\sqrt{3}\times(-\sqrt{5})\times(-\sqrt{2})$

(3) $(-\sqrt{39})\div\sqrt{3}$ (4) $\sqrt{35}\div\sqrt{\dfrac{5}{7}}$

解答と解説

(1) $\sqrt{6}\times(-\sqrt{7})=-\sqrt{6\times7}$

$=-\sqrt{42}$ 答

(2) $\sqrt{3}\times(-\sqrt{5})\times(-\sqrt{2})=\sqrt{3\times5\times2}$

$=\sqrt{30}$ 答

3つ以上の $\sqrt{\ }$ の掛け算，割り算でも，同じように計算できるよ！

(3) $(-\sqrt{39})\div\sqrt{3}=-\dfrac{\sqrt{39}}{\sqrt{3}}=-\sqrt{\dfrac{39}{3}}$

$=-\sqrt{13}$ 答

(4) $\sqrt{35}\div\sqrt{\dfrac{5}{7}}=\sqrt{35\div\dfrac{5}{7}}$

$=\sqrt{35\times\dfrac{7}{5}}$

$=\sqrt{7\times7}$

$=7$ 答

ポイント 平方根の乗法・除法

a，b を正の数とするとき，

❶ 乗法 $\sqrt{a}\times\sqrt{b}=\sqrt{a\times b}$

❷ 除法 $\dfrac{\sqrt{b}}{\sqrt{a}}=\sqrt{b}\div\sqrt{a}=\sqrt{b\div a}=\sqrt{\dfrac{b}{a}}$

2 $\sqrt{\ }$（ルート）の中を簡単にする

次に，$\sqrt{\ }$（ルート）の中をできるだけ小さい数にすることを学習するよ。

たとえば，$3\sqrt{2}$ は，次のように変形できるね。

$$
\begin{aligned}
&3\sqrt{2}\\
&=3\times\sqrt{2}\\
&=\sqrt{3^2}\times\sqrt{2}\\
&=\sqrt{9\times2}\\
&=\sqrt{18}
\end{aligned}
$$

$a\sqrt{b}=a\times\sqrt{b}$

3 を $\sqrt{\ }$ の形にする

この計算を逆にたどると，$\sqrt{18}$ は，次のように $\sqrt{\ }$ の中を簡単にできるんだ。

$$
\begin{aligned}
&\sqrt{18}\\
&=\sqrt{2\times3^2}\\
&=\sqrt{2}\times\sqrt{3^2}\\
&=\sqrt{2}\times3\\
&=3\sqrt{2}
\end{aligned}
$$

18 を素因数分解すると，
$18=2\times3^2$

$\sqrt{3^2}=3$

この $\sqrt{18}$ は，根号（$\sqrt{\ }$）の中が 2×3^2 で，2と，3の2乗との積になっているね。こういう場合は，上のような計算で2乗されている数を根号の外に出せるんだ。

一般に，$\sqrt{\ }$ の中を素因数分解して，2乗の数が見つかれば，

$$\sqrt{a^2b}=a\sqrt{b}\quad(a>0,\ b>0)$$

を利用して，$\sqrt{\ }$ の中を小さい数にすることができるんだよ。

例題 2

次の数を変形して，$\sqrt{\ }$ の中をできるだけ小さい自然数にせよ。

(1) $\sqrt{125}$　(2) $\sqrt{96}$　(3) $\sqrt{180}$

解答と解説

(1)
$$
\begin{aligned}
\sqrt{125}&=\sqrt{5^3}\\
&=\sqrt{5^2\times5}\\
&=\sqrt{5^2}\times\sqrt{5}\\
&=5\sqrt{5}\ \text{答}
\end{aligned}
$$

(2)
$$
\begin{aligned}
\sqrt{96}&=\sqrt{2^5\times3}\\
&=\sqrt{2^2\times2^2\times2\times3}\\
&=\sqrt{2^2}\times\sqrt{2^2}\times\sqrt{2\times3}\\
&=2\times2\times\sqrt{6}\\
&=4\sqrt{6}\ \text{答}
\end{aligned}
$$

$\sqrt{96}=\sqrt{4^2\times6}$
$=4\sqrt{6}$
と考えてもOK！

中学1年　中学2年　中学3年

(3) $\sqrt{180}=\sqrt{2^2\times3^2\times5}$

$=\sqrt{2^2}\times\sqrt{3^2}\times\sqrt{5}$

$=2\times3\times\sqrt{5}=6\sqrt{5}$ 答

$\sqrt{180}=\sqrt{6^2\times5}=6\sqrt{5}$
と考えてもOK！

ポイント $\sqrt{\ }$（ルート）の中を簡単にする

$\sqrt{\ }$ の中を素因数分解して，

$\sqrt{a^2b}=a\sqrt{b}$ $(a>0,\ b>0)$

を利用して，$\sqrt{\ }$ の中をできるだけ小さい自然数にする。

3 平方根の乗法・除法 ❷——計算の工夫

これからは，指示がなくても，**平方根**の記号（**根号**）である $\sqrt{\ }$（ルート）の中はできるだけ小さな自然数にするようにしよう。

例1 $\sqrt{18}\times\sqrt{12}$ を計算せよ。

$\sqrt{18}\times\sqrt{12}=\sqrt{18\times12}=\sqrt{216}$

とやって，ここからまた素因数分解して……というのはたいへんだよね！

乗法だけのときは，まず $\sqrt{\ }$ の中をできるだけ小さい自然数にしよう。

$\sqrt{18}=\sqrt{2\times3^2}=3\sqrt{2}$

$\sqrt{12}=\sqrt{2^2\times3}=2\sqrt{3}$

であるから，

$\sqrt{18}\times\sqrt{12}=3\sqrt{2}\times2\sqrt{3}$

$=(3\times2)\times\sqrt{2}\times\sqrt{3}$

$=6\sqrt{6}$ 答

「整数部分の3と2をかけて6，$\sqrt{2}$ と $\sqrt{3}$ をかけて $\sqrt{6}$」と暗算できる人は暗算でやろう！

$\sqrt{\ }$ の中をできるだけ小さい自然数にしておけば，計算も楽だね♪　慣れてくると，暗算で一気にいけるようになるよ！

例2 $\sqrt{45}\div\sqrt{60}$ を計算せよ。

除法が入ってきたときは，約分を先にしてしまったほうがいいから，$\sqrt{\ }$ の中を簡単にする前に，$\sqrt{\ }$ の中どうしの計算を先に行うよ！

$$\sqrt{45}\div\sqrt{60}=\frac{\sqrt{45}}{\sqrt{60}}$$
$$=\sqrt{\frac{45}{60}}$$
$$=\sqrt{\frac{3}{4}}$$
$$=\frac{\sqrt{3}}{\sqrt{4}}$$
$$=\frac{\sqrt{3}}{\sqrt{2^2}}$$
$$=\frac{\sqrt{3}}{2}$$ 答

$\frac{45}{60}$ は，分母と分子が15で約分できるね！　ただ，一気にやるのが難しいなら，

$\frac{45}{60}\xrightarrow[5で約分]{}\frac{9}{12}\xrightarrow[3で約分]{}\frac{3}{4}$

とやってもだいじょうぶだよ！

$\sqrt{\ }$ の中をできるだけ簡単にしよう！

ていねいに式をかいたけれど，頭の中でできる人は，途中式は飛ばしてもOKだよ♪

例題 3

次の計算をせよ。

(1) $\sqrt{63}\times\sqrt{28}$　　(2) $\sqrt{48}\div(-\sqrt{3})\div\sqrt{8}$

解答と解説

(1) $\sqrt{63}\times\sqrt{28}=\sqrt{3^2\times7}\times\sqrt{2^2\times7}$
$=3\sqrt{7}\times2\sqrt{7}$
$=3\times2\times(\sqrt{7})^2=42$ 答

掛け算をする前に，それぞれの $\sqrt{\ }$ の中をできるだけ簡単にする

(2) $\sqrt{48}\div(-\sqrt{3})\div\sqrt{8}=-\sqrt{\frac{48}{3\times8}}$
$=-\sqrt{2}$ 答

ポイント　平方根の計算の工夫

❶ 乗法は，$\sqrt{\ }$ の中の数を素因数分解して，$\sqrt{\ }$ の中をできるだけ小さい自然数にしてから計算する。

❷ 除法が含まれる場合は，$\sqrt{\ }$ の中どうしの計算を先に行い，約分できるときは，約分してから計算する。

中学1年　中学2年　中学3年

4 分母の有理化

分母に $\sqrt{\ }$ を含む数を，分母に $\sqrt{\ }$ を含まない形に変えることを，**分母の有理化**（ゆうりか）というよ！　分母が**無理数**ではなく**有理数**になるということだ。

$\dfrac{n}{\sqrt{a}}$ という形を有理化するためには，分母と分子に $\sqrt{a}$ をかけるといいよ！　たとえば，

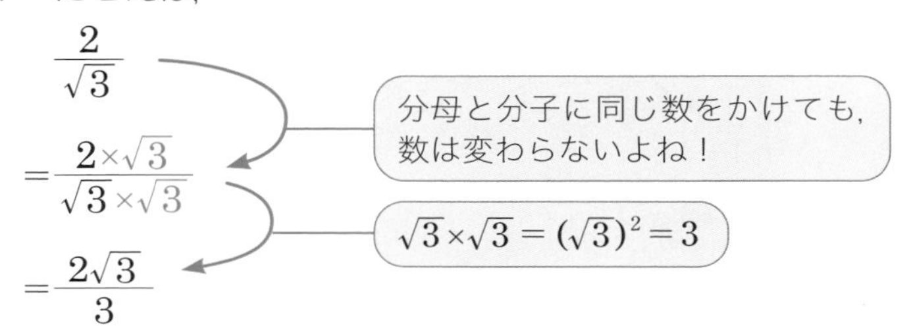

$$\frac{2}{\sqrt{3}}$$

$$=\frac{2\times\sqrt{3}}{\sqrt{3}\times\sqrt{3}}$$

$$=\frac{2\sqrt{3}}{3}$$

これで分母が，無理数（$\sqrt{3}$）ではなく，有理数（3）になったね！

だけど，どうしてこんなことをするの？

たとえば，$\dfrac{1}{\sqrt{2}}$ と，その分母を有理化した $\dfrac{\sqrt{2}}{2}$ をくらべてみようか。どちらのほうが，「だいたいどれくらいの大きさか」がわかりやすいかな？

$\sqrt{2}$ は，2乗したら 2 になる正の数だから，だいたい 1.4 くらいだね。

$\dfrac{1}{\sqrt{2}}$ のままだと，$1\div1.4$ で，パッとはわからないね。

だけど，$\dfrac{\sqrt{2}}{2}$ と有理化すれば，$1.4\div2$ で，だいたい 0.7 くらいだとすぐにわかるね！　基本的に，わる数（分母）は自然数にしておこう！

例題 4

次の数の分母を有理化せよ。

(1) $\dfrac{\sqrt{3}}{2\sqrt{2}}$　　(2) $\dfrac{5}{\sqrt{75}}$

解答と解説

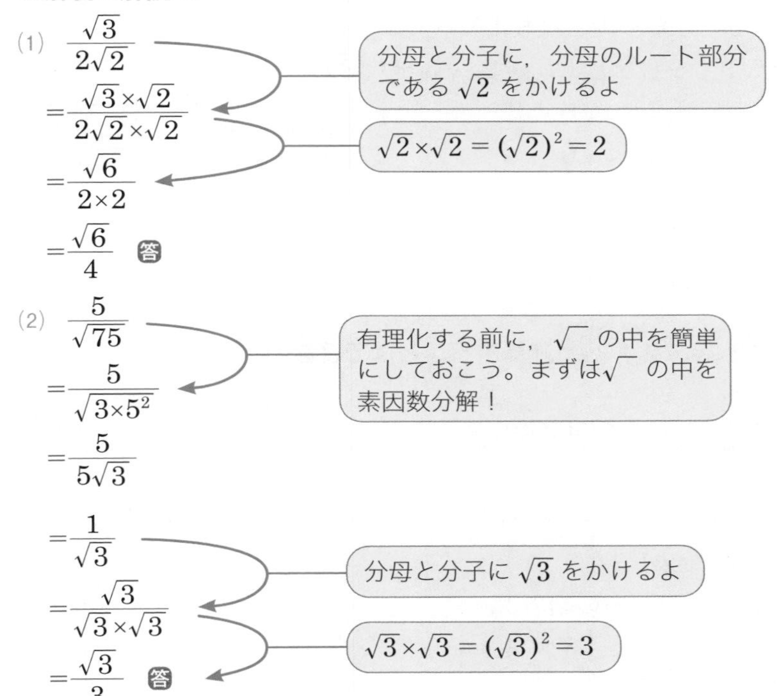

ポイント　分母の有理化

分母の有理化：分母に $\sqrt{\ }$ を含まない形に変えること。

$$\frac{b}{\sqrt{a}}=\frac{b\times\sqrt{a}}{\sqrt{a}\times\sqrt{a}}=\frac{b\sqrt{a}}{a}$$

平方根の計算結果は，指示がなくても分母を有理化しておく。

5 平方根の加法・減法

今度は，**平方根**の**加法**と**減法**を学習するよ。平方根の掛け算は，

$$\sqrt{2}\times\sqrt{3}=\sqrt{2\times3}$$

と計算できたけれど，$\sqrt{2}+\sqrt{3}$ は $\sqrt{2+3}$ と計算できるかな？

それをたしかめるために，それぞれを2乗してみよう。

もし「$\sqrt{2}+\sqrt{3}$ を2乗した値」と「$\sqrt{2+3}$ を2乗した値」が等しければ，$\sqrt{2}+\sqrt{3}$ と $\sqrt{2+3}$ は，両方とも正の数だから等しいね。どうだろうか？

$$(\sqrt{2}+\sqrt{3})^2=(\sqrt{2})^2+2\times\sqrt{2}\times\sqrt{3}+(\sqrt{3})^2$$
$$=2+2\sqrt{6}+3$$
$$=5+2\sqrt{6}$$

$(a+b)^2=a^2+2ab+b^2$
で，$a=\sqrt{2}$，$b=\sqrt{3}$

$$(\sqrt{2+3})^2=(\sqrt{5})^2$$
$$=5$$

となるから，「$\sqrt{2}+\sqrt{3}$ を2乗した値」と，「$\sqrt{2+3}$ を2乗した値」は，異なる値だね。だから，$\sqrt{2}+\sqrt{3}$ と $\sqrt{2+3}$ も異なる値だといえるね！　したがって，

$\sqrt{2}+\sqrt{3}$ を $\sqrt{2+3}$ と計算することはできない

ことがわかるね。

$\sqrt{2}+\sqrt{3}$ は，これ以上簡単な形にすることはできないけれど，1つの数を表しているんだよ。

ちなみに，$(\sqrt{2}+\sqrt{3})^2$ よりも $(\sqrt{2+3})^2$ のほうが小さいことから，

$$\sqrt{2}+\sqrt{3}>\sqrt{2+3}$$

ともいえるよ。これは，右の図のような正方形の面積を考えてもわかるよ！　面積の小さい正方形のほうが，1辺の長さも短くなるね！

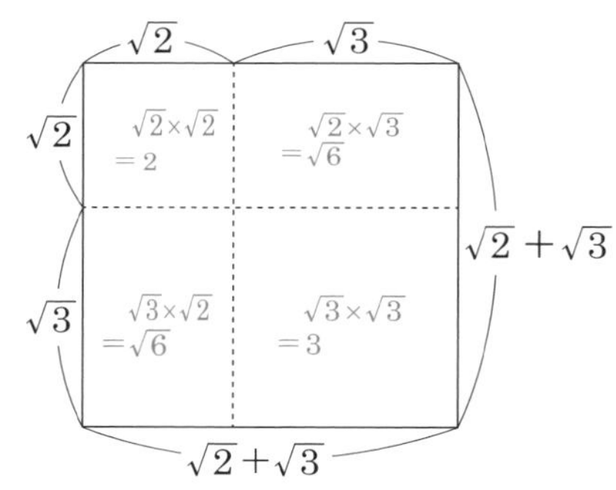

一方，同じ数の平方根を含んだ式は，同類項をまとめるのと同じように簡単にすることができるんだ。

例1　$3\sqrt{2}+4\sqrt{2}$
$=(3+4)\sqrt{2}$
$=7\sqrt{2}$

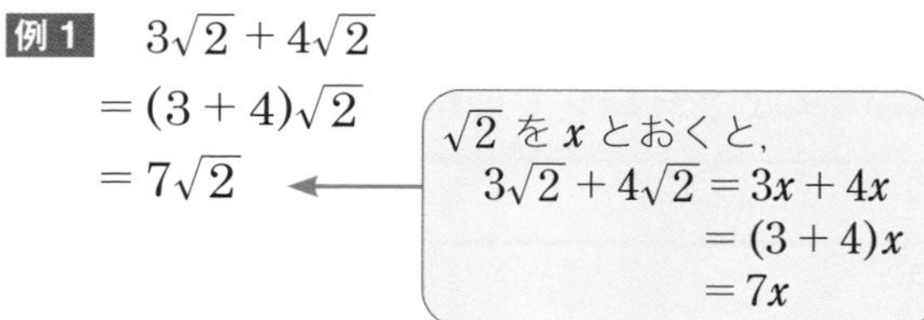

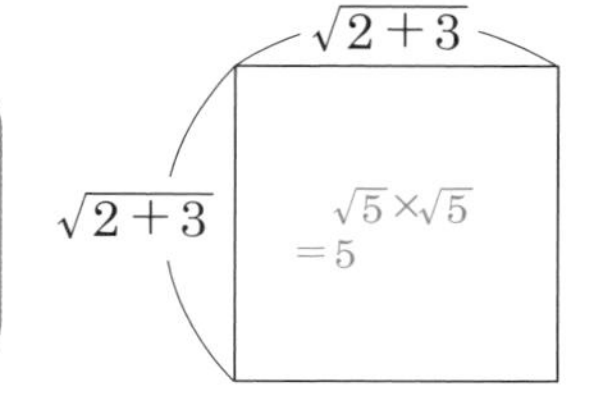

このように，同じ数の平方根を含む式は，

同じ数の平方根を，1つの文字と考えて計算する

ことがポイントだよ！　まとめておくと，次のようになるよ。

$a>0$のとき,

$m\sqrt{a}+n\sqrt{a}=(m+n)\sqrt{a}$　**例**　$3\sqrt{2}+4\sqrt{2}=7\sqrt{2}$

$m\sqrt{a}-n\sqrt{a}=(m-n)\sqrt{a}$　**例**　$3\sqrt{2}-4\sqrt{2}=-\sqrt{2}$

「$\sqrt{\ }$ の部分が異なっていたら，それ以上簡単にはできない」って思ってもだいじょうぶ？

いや，そうともかぎらないんだ。次の例を見てみよう。

例2　$\sqrt{8}+\sqrt{12}-\sqrt{18}+\sqrt{27}$

これは，すべて $\sqrt{\ }$ の部分が異なっているけれど，

$$\sqrt{8}=\sqrt{2^3}=\sqrt{2^2\times2}=2\sqrt{2}$$
$$\sqrt{12}=\sqrt{2^2\times3}=2\sqrt{3}$$
$$\sqrt{18}=\sqrt{3^2\times2}=3\sqrt{2}$$
$$\sqrt{27}=\sqrt{3^3}=\sqrt{3^2\times3}=3\sqrt{3}$$

と，$\sqrt{\ }$ の中を簡単にできて，

$$\sqrt{8}+\sqrt{12}-\sqrt{18}+\sqrt{27}$$
$$=2\sqrt{2}+2\sqrt{3}-3\sqrt{2}+3\sqrt{3}$$
$$=2\sqrt{2}-3\sqrt{2}+2\sqrt{3}+3\sqrt{3}$$
$$=(2-3)\sqrt{2}+(2+3)\sqrt{3}$$
$$=-\sqrt{2}+5\sqrt{3}$$

$\sqrt{2}=a$，$\sqrt{3}=b$ とおくと，

$$2\sqrt{2}-3\sqrt{2}+2\sqrt{3}+3\sqrt{3}$$
$$=2a-3a+2b+3b$$
$$=-a+5b$$

と，より簡単な形になったね！ $\sqrt{\ }$ の中をできるだけ簡単な数にすることが大事なんだ。

例題 5

次の計算をせよ。

(1)　$3\sqrt{5}+3\sqrt{2}+2\sqrt{5}-2\sqrt{2}$　(2)　$\sqrt{12}-4\sqrt{3}+\sqrt{75}$

(3)　$\sqrt{48}+\sqrt{18}-\sqrt{200}$　(4)　$\dfrac{6}{\sqrt{3}}-\sqrt{27}$

解答と解説

(1) $3\sqrt{5}+3\sqrt{2}+2\sqrt{5}-2\sqrt{2}$

$=3\sqrt{5}+2\sqrt{5}+3\sqrt{2}-2\sqrt{2}$

$=(3+2)\sqrt{5}+(3-2)\sqrt{2}$

$=5\sqrt{5}+\sqrt{2}$ 答

$\sqrt{\ }$ の中が同じ項どうしをまとめる

(2) $\sqrt{12}-4\sqrt{3}+\sqrt{75}$

$=\sqrt{2^2\times3}-4\sqrt{3}+\sqrt{3\times5^2}$

$=2\sqrt{3}-4\sqrt{3}+5\sqrt{3}$

$=(2-4+5)\sqrt{3}$

$=3\sqrt{3}$ 答

$\sqrt{\ }$ の中を素因数分解しよう！

2乗の数は $\sqrt{\ }$ の外に出す

$\sqrt{\ }$ の中が同じ項どうしをまとめる

(3) $\sqrt{48}+\sqrt{18}-\sqrt{200}$

$=\sqrt{4^2\times3}+\sqrt{3^2\times2}-\sqrt{10^2\times2}$

$=4\sqrt{3}+3\sqrt{2}-10\sqrt{2}$

$=4\sqrt{3}+(3-10)\sqrt{2}$

$=4\sqrt{3}-7\sqrt{2}$ 答

$\sqrt{\ }$ の中を $a^2\times b$ の形にしよう！

$\sqrt{\ }$ の中をできるだけ簡単な数にしてから，計算だよ！

$\sqrt{\ }$ の中の数が同じものしかまとめられない

(4) $\dfrac{6}{\sqrt{3}}-\sqrt{27}$

$=\dfrac{6\times\sqrt{3}}{\sqrt{3}\times\sqrt{3}}-\sqrt{3^2\times3}$

$=\dfrac{6\sqrt{3}}{3}-3\sqrt{3}$

$=2\sqrt{3}-3\sqrt{3}$

$=(2-3)\sqrt{3}$

$=-\sqrt{3}$ 答

$\dfrac{6}{\sqrt{3}}$ は，まず分母を有理化するよ！
$\sqrt{27}$ は，$\sqrt{\ }$ の中をできるだけ簡単な数にしよう

$\sqrt{\ }$ の中が同じ項どうしをまとめる

ポイント **平方根の加法・減法**

a を正の数とするとき，

❶ 加法 $m\sqrt{a}+n\sqrt{a}=(m+n)\sqrt{a}$

❷ 減法 $m\sqrt{a}-n\sqrt{a}=(m-n)\sqrt{a}$

$\sqrt{\ }$ の中をできるだけ簡単な数にし，分母を有理化できるときは有理化すると，計算できる場合がある。

第3節 平方根のいろいろな計算

1 平方根の四則混合計算

この節では，**平方根**の加減乗除がまじった**四則混合計算**をはじめとして，さまざまなタイプの計算をやっていこう。ポイントは，次のようになるよ。

❶ $\sqrt{\ }$ の中をできるだけ小さい自然数にする。
❷ 計算は,「かっこの中」 ➡ 「乗除」 ➡ 「加減」の順に計算。
❸ **分配法則や乗法公式**が利用できる場合がある。
❹ 分母に $\sqrt{\ }$ がある場合，**分母の有理化**をしてから計算。

例1 $\sqrt{6}\div\sqrt{2}-\dfrac{3}{\sqrt{3}}$ **を計算せよ。**

$\sqrt{\ }$ を含んだ計算に，割り算と引き算がまじっているね。掛け算と割り算は，足し算と引き算よりも先に計算するんだよね（❷）！　また，分母に $\sqrt{\ }$ がある部分は，有理化しておこう（❹）。

❷ 割り算から計算

$$\sqrt{6}\div\sqrt{2}-\frac{3}{\sqrt{3}}=\frac{\sqrt{6}}{\sqrt{2}}-\frac{3\times\sqrt{3}}{\sqrt{3}\times\sqrt{3}}$$

$$=\sqrt{\frac{6}{2}}-\frac{3\sqrt{3}}{3}$$

$$=\sqrt{3}-\sqrt{3}=0$$ 答

❹ 分母の有理化
ちなみに，$\dfrac{3}{\sqrt{3}}=\dfrac{\sqrt{3}\times\sqrt{3}}{\sqrt{3}}=\sqrt{3}$
でもいいよ！

例2 $(\sqrt{3}+\sqrt{2})(\sqrt{6}+2)-\sqrt{2}$ **を計算せよ。**

分配法則を利用して（❸），(　　　) を展開してみよう。

$$(\sqrt{3}+\sqrt{2})(\sqrt{6}+2)-\sqrt{2}$$

❸ 分配法則を利用

$$=\sqrt{3}\times\sqrt{6}+\sqrt{3}\times2+\sqrt{2}\times\sqrt{6}+\sqrt{2}\times2-\sqrt{2}$$

$$=\sqrt{3\times2\times3}+2\sqrt{3}+\sqrt{2\times2\times3}+2\sqrt{2}-\sqrt{2}$$

$$=3\sqrt{2}+2\sqrt{3}+2\sqrt{3}+2\sqrt{2}-\sqrt{2}$$

$$=4\sqrt{2}+4\sqrt{3}$$ 答

例題 1

次の計算をせよ。

(1) $3\sqrt{3}(\sqrt{32}-\sqrt{12})$　　(2) $\dfrac{4}{\sqrt{6}}-\dfrac{\sqrt{2}}{2}\times\dfrac{\sqrt{12}}{3}$

(3) $(2\sqrt{3}+\sqrt{5})(2\sqrt{3}-\sqrt{5})$　　(4) $(3\sqrt{3}+2)^2-\sqrt{48}$

解答と解説

(1) $3\sqrt{3}(\sqrt{32}-\sqrt{12})$

$=3\sqrt{3}(4\sqrt{2}-2\sqrt{3})$

$=3\sqrt{3}\times4\sqrt{2}-3\sqrt{3}\times2\sqrt{3}$

$=12\sqrt{6}-18$ 答

❶ $\sqrt{\ }$ の中をできるだけ簡単な数にしてから計算しよう！

❸ 分配法則で展開

(2) $\dfrac{4}{\sqrt{6}}-\dfrac{\sqrt{2}}{2}\times\dfrac{\sqrt{12}}{3}$

❹ 分母を有理化

❷ 掛け算を先に

$=\dfrac{4\times\sqrt{6}}{\sqrt{6}\times\sqrt{6}}-\dfrac{\sqrt{2}\times\sqrt{12}}{2\times3}$

❶ $\sqrt{\ }$ の中を簡単に

$=\dfrac{4\sqrt{6}}{6}-\dfrac{\sqrt{2}\times2\sqrt{3}}{6}$

約分

$=\dfrac{2\sqrt{6}}{3}-\dfrac{\sqrt{6}}{3}$

$=\dfrac{\sqrt{6}}{3}$ 答

$\sqrt{6}=a$ とおくと,

$\dfrac{2\sqrt{6}}{3}-\dfrac{\sqrt{6}}{3}=\dfrac{2a}{3}-\dfrac{a}{3}=\dfrac{a}{3}$

(3) $(2\sqrt{3}+\sqrt{5})(2\sqrt{3}-\sqrt{5})$

$=(2\sqrt{3})^2-(\sqrt{5})^2$

$=12-5$

$=7$ 答

❸ 乗法公式を利用！
$(a+b)(a-b)=a^2-b^2$
の形だね♪（$a=2\sqrt{3}$, $b=\sqrt{5}$）

(4) $(3\sqrt{3}+2)^2-\sqrt{48}$

$=(3\sqrt{3})^2+2\times3\sqrt{3}\times2+2^2-\sqrt{4^2\times3}$

$=9\times3+12\sqrt{3}+4-4\sqrt{3}$

$=31+8\sqrt{3}$ 答

❸ 乗法公式を利用！
$(a+b)^2=a^2+2ab+b^2$
の形だね♪（$a=3\sqrt{3}$, $b=2$）

ポイント　平方根の四則混合計算

❶ $\sqrt{\ }$ の中をできるだけ小さい自然数にする。
❷ 計算は,「かっこの中」 ➡ 「乗除」 ➡ 「加減」の順に計算。
❸ **分配法則や乗法公式が利用できる場合がある。**
❹ 分母に $\sqrt{\ }$ がある場合, **分母の有理化**をしてから計算。

2 式の値

例 $x=1+\sqrt{3}$, $y=1-\sqrt{3}$ **のとき,** $x^2+4xy+y^2$ **の値を求めよ。**

$x=1+\sqrt{3}$, $y=1-\sqrt{3}$ を直接代入すると

$$x^2+4xy+y^2=(1+\sqrt{3})^2+4(1+\sqrt{3})(1-\sqrt{3})+(1-\sqrt{3})^2$$

となって, 計算できなくはないけれど, ちょっとたいへんだね！

与えられた式に数を直接代入すると, 計算が複雑になる場合は, 式を変形してから代入し, **式の値**を求めるようにしよう。

とくにこの**例**では,

$$x+y=(1+\sqrt{3})+(1-\sqrt{3})=2$$
$$xy=(1+\sqrt{3})(1-\sqrt{3})=1^2-(\sqrt{3})^2=-2$$

x と y は, $a+\sqrt{b}$, $a-\sqrt{b}$ の形だから, 和や積は簡単になるね

というふうに, $x+y$ と xy の値がとても簡単になるね！　こういう問題では,

与えられた式を変形して, $x+y$ **と** xy **の形をつくってから代入する**と, うまくいくことが多いよ！

$x^2+4xy+y^2$
$=x^2+y^2+4xy$
$=(x+y)^2-2xy+4xy$
$=(x+y)^2+2xy$

$x+y$ と xy の形にできるだけ近づける

まず $(x+y)^2$ をつくってから,「どれだけひけば, x^2+y^2 と等しくなるのか」を考える！
$(x+y)^2=x^2+2xy+y^2$
$=x^2+y^2+2xy$
であるから,
$(x+y)^2-2xy=x^2+y^2$
つまり,
$x^2+y^2=(x+y)^2-2xy$

これで, $x+y$ と xy で表せたね。ここで, さっき計算した $x+y=2$, $xy=-2$ を代入して,

$x^2+4xy+y^2$
$=(x+y)^2+2xy$
$=2^2+2\times(-2)$
$=0$ **答**

例題 2

$x+y=5$, $xy=2\sqrt{6}$ のとき, $x^2-2xy+y^2$ の値を求めよ。

解答と解説

$$
\begin{aligned}
&x^2-2xy+y^2\\
&=x^2+y^2-2xy\\
&=(x+y)^2-2xy-2xy\\
&=(x+y)^2-4xy\\
&=5^2-4\times2\sqrt{6}\\
&=25-8\sqrt{6}
\end{aligned}
$$
答

$(x+y)^2=x^2+2xy+y^2$ であるから, $x^2+y^2=(x+y)^2-2xy$

ポイント　式の値

式の値を求めるときは, 与えられた式を変形してから代入すると, 計算が簡単になることが多い。

3 整数部分・小数部分

例 7.351 の整数部分と小数部分を求めよ。

正の数の**整数部分**とは, その数の小数点以下を切り捨てた値だよ。だから,

7.351 の整数部分は, 7 答

一般に, ある数の整数部分を n とすると (n は自然数),

$n\leqq$ (ある数) $< n+1$

となるよ。7.351 の場合でも, たしかに,

$7<7.351<8$

となっているね!

また, 正の数の**小数部分**とは, 小数点以下の部分だよ。だから,

7.351 の小数部分は, 0.351 答

この小数部分の 0.351 は,

$7.351-7$

という計算で求めることができるね! つまり,

小数部分は, 整数部分の 7 をひいた残りの部分だね!

(ある数の小数部分) = (もとの数) − (もとの数の整数部分)

が成り立つよ! たとえば, $\sqrt{2}=1.41421356\cdots\cdots$ は,

整数部分は，1

小数部分は，$\sqrt{2}-\boxed{1}$

となるよ！　　もとの数　整数部分

例題 3

$\sqrt{6}$ の小数部分を a とするとき，a^2+4a の値を求めよ。

考え方

（$\sqrt{6}$ の小数部分）$=\sqrt{6}-$（$\sqrt{6}$ の整数部分）

であるから，$\sqrt{6}$ の小数部分を求めるには，$\sqrt{6}$ の整数部分を求める必要があるね。

$\sqrt{6}$ の整数部分を求めるには，

$\sqrt{6}$ を $\sqrt{(\text{自然数})^2}$ ではさむ

んだ。$4<6<9$ であるから，

$\sqrt{4}<\sqrt{6}<\sqrt{9}$

$\sqrt{2^2}<\sqrt{6}<\sqrt{3^2}$

が成り立つね。

$2<\sqrt{6}<3$

これから，$\sqrt{6}=2\cdots\cdots$ とわかり，$\sqrt{6}$ の整数部分がわかるね！

解答と解説

$\sqrt{4}<\sqrt{6}<\sqrt{9}$ であるから，$2<\sqrt{6}<3$

したがって，$\sqrt{6}$ の整数部分は 2 である。

$\sqrt{6}$ の小数部分 a は，

$a=\sqrt{6}-2$ ←（$\sqrt{6}$ の小数部分）$=\sqrt{6}-$（$\sqrt{6}$ の整数部分）

したがって，

$a^2+4a=a(a+4)$ ← 共通因数 a でくくる

$=(\sqrt{6}-2)\{(\sqrt{6}-2)+4\}$ ← $a=\sqrt{6}-2$ を代入

$=(\sqrt{6}-2)(\sqrt{6}+2)$

$=(\sqrt{6})^2-2^2$ ← 乗法公式 $(a+b)(a-b)=a^2-b^2$ の形

$=6-4=2$　答

ポイント　整数部分・小数部分

（小数部分）＝（もとの数）－（整数部分）

4 根号を含む重要問題

この章の最後に，**根号**を含む重要問題にチャレンジしてみよう。

例1 $\sqrt{3(20-n)}$ **が整数となるような正の整数** n **をすべて求めよ。**

$\sqrt{3(20-n)}$ が整数となるようにするには，mを整数として，

$$3(20-n)=m^2 \quad \cdots\cdots①$$

となればいいよね。

$\sqrt{\ }$ がついた数が整数になるには，$\sqrt{\ }$ の中の数が$(整数)^2$になればいいね！

①の m のところに，0 から順に整数の値を入れてみて，nが正の整数になるような場合を探していこう。

0も整数だよね！

$m=0$ のとき，$3(20-n)=0$

両辺を3でわる

$20-n=0$

$n=20$ （正の整数なので，適する）

$m=1$ のとき，$3(20-n)=1^2$

両辺を3でわる

$20-n=\dfrac{1}{3}$

$n=\dfrac{59}{3}$ （整数ではないので，不適）

$m=2$ のとき，$3(20-n)=2^2$

両辺を3でわる

$20-n=\dfrac{4}{3}$

$n=\dfrac{56}{3}$ （整数ではないので，不適）

なかなか，nが整数にならないね。nの値を求めていく途中，両辺を3でわるときに，右辺が分数になってしまうと，nも分数になる（整数にならない）んじゃない？

そうなんだよ。よく気づいたね！　だから，両辺を3でわったときに右辺がわりきれる場合だけを調べればいいね。

右辺が3でわりきれるには，mは3の倍数である必要があるね！　ここからは，m が3の倍数のときだけを調べていくよ！

$m=3$ のとき，$3(20-n)=3^2$　（両辺を3でわる）
$20-n=3$
$n=17$　（正の整数なので，適する）
$m=6$ のとき，$3(20-n)=6^2$　（両辺を3でわる）
$20-n=12$
$n=8$　（正の整数なので，適する）
$m=9$ のとき，$3(20-n)=9^2$　（両辺を3でわる）
$20-n=27$
$n=-7$　（負の整数なので，不適）

mが9以上の3の倍数だと，nは負の数になってしまうから，適するのは，$m=0,\ 3,\ 6$ のときだね。

以上より，求める正の整数nの値は，

$n=8,\ 17,\ 20$ 答

例2 $\sqrt{2}=1.41$，$\sqrt{3}=1.73$ **として，次の値を求めよ。**

(1) $\sqrt{200}$　(2) $\sqrt{0.03}$

(1) $\sqrt{200}$ を，$\sqrt{2}$ を使って表すことを考えればいいね。$\sqrt{\ }$ の中をできるだけ小さい数にしよう！

$$\sqrt{200}=\sqrt{2\times10^2}=10\sqrt{2}$$

ここで，$\sqrt{2}=1.41$ を代入して，

$$10\sqrt{2}=10\times1.41=14.1$$ 答

(2) $\sqrt{0.03}$ を，$\sqrt{3}$ を使って表すことを考えよう。小数では考えにくいから，分数で表そう。

$$\sqrt{0.03}=\sqrt{\frac{3}{100}}=\sqrt{\frac{3}{10^2}}=\frac{\sqrt{3}}{\sqrt{10^2}}$$
$$=\frac{\sqrt{3}}{10}$$

ここで，$\sqrt{3}=1.73$ を代入して，

$$\frac{\sqrt{3}}{10}=\frac{1.73}{10}=0.173$$ 答

この **例2** で学習したことを利用して，次の **例題 4** を解いてみよう。

中学1年　中学2年　中学3年

例題 4

$\sqrt{6}=2.449$, $\sqrt{0.6}=0.775$ のどちらかを用いて, $\sqrt{240}$ の値を求めよ。

考え方

$\sqrt{240}$ の $\sqrt{\ }$ の中を因数分解して, 6 か 0.6 をつくろう。

$$\sqrt{240}=\sqrt{a^2\times 6}=a\sqrt{6}$$
$$=a\times 2.449$$

という形をつくるか,

$$\sqrt{240}=\sqrt{b^2\times 0.6}=b\sqrt{0.6}$$
$$=b\times 0.775$$

の形をつくれればいいね。

解答と解説

$$\sqrt{240}$$
$$=\sqrt{2^4\times 3\times 5}$$
$$=\sqrt{2^3\times 5\times(2\times 3)}$$
$$=\sqrt{\boxed{2^2}\times(2\times 5)\times 6}$$
$$=\boxed{2}\sqrt{10\times 6}$$
$$=2\sqrt{10\times\boxed{10\times\frac{1}{10}}\times 6}$$
$$=2\times 10\sqrt{\frac{6}{10}}$$
$$=20\sqrt{0.6}$$

$\sqrt{2^4\times 3\times 5}=\sqrt{4^2\times 3\times 5}$
$=4\sqrt{3\times 5}$
としてしまうと, $\sqrt{\ }$ の中で6や0.6はつくれないね

2×3 で6をつくる

2の2乗をつくって $\sqrt{\ }$ の外に出すよ。でも, $\sqrt{10\times 6}$ の値はわからないから, さらに変形するよ！

10 の2乗をつくって $\sqrt{\ }$ の外に出すため, $10\times\frac{1}{10}\ (=1)$ をかけるよ！

ここで, $\sqrt{0.6}=0.775$ を代入して, $\sqrt{240}=20\times 0.775=15.5$ 答

$\sqrt{\ }$ の中を6だけ, または0.6だけにするために, こんな変形をするんだね。$10\times\frac{1}{10}$ を使えば, 位を調整できるんだね！

ポイント 根号を含む重要問題

❶ $\sqrt{\ }$ が整数になる ➡ $\sqrt{\ }$ の中の数は (整数)^2

❷ 与えられた値を代入しやすいよう, $\sqrt{\ }$ の中を簡単にする。

第 1 節　2次方程式とその解き方

1　2次方程式

ここからの第3章では，新しい形の方程式について学習していくよ。

> 「**方程式**」とは，未知数がある特別な値をとるときだけ「＝」が成り立つ等式のことだったよね

未知数 x についての，

$$x(14-x)=56$$

という方程式があるとしよう。これは，移項して整理すると，

$$14x-x^2=56$$
$$-x^2+14x-56=0$$
$$x^2-14x+56=0 \quad \cdots\cdots ①$$

となるね。これまで学習した方程式と，どこがちがうかな？

> これまでの方程式は，1次の項か定数項しかなかったけれど，この方程式①には，未知数 x の2次の項がある！

そのとおり！　つまり，①の左辺は2次式になっているね。このように，移項して整理することによって，

（2次式）＝0

の形に変形できる方程式を，**2次方程式**というよ。

では，次の**例**は，2次方程式だといえるかな？

例　$x^2-2x+6=x^2-5x$

> x の2次の項があるから，2次方程式だといえるんじゃないかな……あ，でも待って！　「＝0」の形にするために移項すると，
>
> $$x^2-2x+6-x^2+5x=0$$
> $$3x+6=0$$
>
> と，x^2 の項が消えて，「（1次式）＝0」の形になるね！　だから，2次方程式だとはいえない！

中学1年　中学2年　中学3年

よく気づいたね！　そう，この**例**は2次方程式ではなく，1次方程式だよ。

x についての2次方程式は，一般に，

$$ax^2+bx+c=0 \quad (a,\ b,\ c \text{ は定数，} a \neq 0)$$

の形で表されるんだ。

> $a=0$ のときは，x の2次の項が消えてしまうね

そして，2次方程式を成り立たせる文字の値を，その2次方程式の**解**というよ！　2次方程式の場合，解は1つとは限らず，2つあることが多いんだ。また，解がないこともあるよ！

例題 1

$-2,\ -1,\ 0,\ 1,\ 2$ のうち，2次方程式 $x^2+x-2=0$ の解になっているものをすべて答えよ。

解答と解説

$x=-2$ のとき，$x^2+x-2=(-2)^2+(-2)-2=0$ ○

$x=-1$ のとき，$x^2+x-2=(-1)^2+(-1)-2=-2$ ×

$x=0$ のとき，$x^2+x-2=0^2+0-2=-2$ ×

$x=1$ のとき，$x^2+x-2=1^2+1-2=0$ ○

$x=2$ のとき，$x^2+x-2=2^2+2-2=4$ ×

以上より，$x^2+x-2=0$ の解になっているものは，

$x=-2,\ 1$ 答

ポイント　2次方程式

x を未知数として，

$$ax^2+bx+c=0 \quad (a,\ b,\ c \text{ は定数，} a \neq 0)$$

で表される方程式を，**2次方程式**という。

解：方程式を成り立たせる文字の値

2 平方根の考えを使った2次方程式の解き方

2次方程式の**解**をすべて求めることを，「2次方程式を解く」というんだ。ここでは，

タイプ1　$x^2=m$ の形

タイプ2　$(x+m)^2=n$ の形

タイプ3　$x^2+px+q=0$ の形

の3つのタイプの2次方程式について，**平方根**の考え方を使って解く方法を学習するよ。

中学1年 中学2年 中学3年

タイプ1　$x^2=m$ の形をした方程式は，次のように解けるよ。

例1　2次方程式 $x^2-16=0$ を解け。

-16 を移項すると，$x^2=16$
このことは，「x は，2乗すると16になる数である」ということを意味しているね。
つまり，x は16の平方根だよ！　だから，
$x=\pm 4$　答

正の数の平方根は2つあるから，「±」を忘れないようにしよう！

タイプ2　$(x+m)^2=n$ の形の方程式は，**タイプ1**を応用して解けるよ。
(　　)の中をひとまとまりのものと見て，平方根の考え方を使うんだ。

例2　2次方程式 $(x+1)^2=3$ を解け。

「$x+1$」という数を，ひとまとまりのものとして A とおこう。すると，
$A^2=3$
A は，3の平方根だね。だから，$A=\pm\sqrt{3}$
$A=x+1$ だから，
$x+1=\pm\sqrt{3}$
$x=-1\pm\sqrt{3}$　答
慣れてきたら，$x+1=A$ とおかなくても解けるようにしよう！

タイプ3　$x^2+px+q=0$ の形をした2次方程式も，**タイプ2**の形に変形すれば解くことができるよ。

例3　2次方程式 $x^2+6x-1=0$ を解け。

タイプ2と同じ $(x+m)^2=n$ の形にもっていくため，次のような変形を考えるよ！

$x^2+6x-1=0$
$x^2+6x=1$
$x^2+6x+■=1+■$　……①
$(x+▲)^2=1+■$　……②

左辺の -1 を右辺に移項

同じ数■を両辺にたす

乗法公式 $(x+a)^2=x^2+2ax+a^2$ を利用して左辺を変形し，$(\quad)^2$ の形をつくれたとする

この変形ができれば，あとは タイプ2 と同じ方法で解けるはずだね！

■と▲にあてはまる数は何かな？

②の左辺を展開すると，

$$(x+▲)^2 = x^2 + 2▲x + ▲^2$$

これは①の左辺と同じであるはずだから，

$$x^2 + 2▲x + ▲^2 = x^2 + 6x + ■$$

x の係数をくらべると，

$$2▲ = 6$$
$$▲ = 3$$

定数項をくらべると，

$$▲^2 = ■$$
$$3^2 = ■$$
$$■ = 9$$

だから，$x^2+6x-1=0$ は，次のように変形できることがわかるね！

$$x^2+6x-1=0$$

左辺の定数項を右辺に移項

$$x^2+6x=1$$

x の係数 6 の半分 3 を2乗した数 9 を両辺にたす

$$x^2+6x+9=1+9$$

(　　)^2 の形をつくる

$$(x+3)^2=10$$

あとは タイプ2 と同じように解くよ！

$x+3$ は10の平方根だから，

$$x+3=\pm\sqrt{10}$$
$$x=-3\pm\sqrt{10}$$ 答

x^2+6x から，乗法公式を利用して $(x+3)^2$ をつくる変形がポイントなんだね。ちょっと難しいなあ……

$(x+▲)^2$ の形にするときには，x の係数の半分を▲にするんだ。下の図のようにイメージするといいよ。

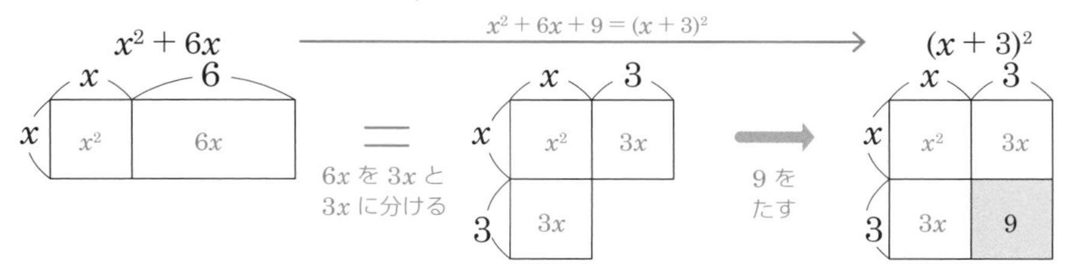

x^2+px という式を $(x+▲)^2$ の形に変形するときは，x の係数 p の $\frac{1}{2}$ を2乗した $\left(\frac{p}{2}\right)^2$ をたして，$\left(x+\frac{p}{2}\right)^2$ にするよ！

$$x^2+px+\left(\frac{p}{2}\right)^2=\left(x+\frac{p}{2}\right)^2$$

例題 2

次の2次方程式を解け。

(1) $9x^2-2=0$ (2) $6(x-7)^2=54$ (3) $x^2+4x-1=0$

解答と解説

(1) $9x^2-2=0$

定数項 -2 を右辺に移項

$9x^2=2$

両辺を9でわって タイプ1 の形に

$x^2=\frac{2}{9}$

x は2乗したら $\frac{2}{9}$ になる数

$x=\pm\sqrt{\frac{2}{9}}=\pm\frac{\sqrt{2}}{3}$ 答

(2) $6(x-7)^2=54$

両辺を6でわって タイプ2 の形に

$(x-7)^2=9$

$x-7=A$ とおくと，
$A^2=9$
$A=\pm3$

$x-7=\pm3$

$x=7\pm3$

$=10,\ 4$ 答

(3) $x^2+4x-1=0$

定数項 -1 を移項

$x^2+4x=1$

左辺を $(x+▲)^2$ の形にしたいから，x の係数4の半分の2を2乗した4を両辺にたす

$x^2+4x+4=1+4$

$(x+2)^2=5$

$x+2$ は2乗すると5になる数

$x+2=\pm\sqrt{5}$

$x=-2\pm\sqrt{5}$ 答

「$(x$の式$)^2=$●」の形をつくれば，$(x$の式$)=\sqrt{●}$ となって，x の値がわかるんだね♪

ポイント　平方根を利用した2次方程式の解き方

2次方程式の解をすべて求めることを，「2次方程式を解く」という。

タイプ1　$x^2=m$ の形
➡　平方根の考え方を利用する。

タイプ2　$(x+m)^2=n$ の形
➡　$x+m=\pm\sqrt{n}$ として解く。

タイプ3　$x^2+px+q=0$ の形
➡　$(x+m)^2$ をつくり，**タイプ2**にもちこむ。

3　因数分解を利用した2次方程式の解き方

2次方程式 $x^2+px+q=0$ が，

$$(x-a)(x-b)=0$$

と因数分解できるときは，

$$AB=0 \quad ならば \quad A=0 \quad または \quad B=0$$

を用いて求めることができるよ。

A が 0 のとき，B がどんな数でも，
$AB=0\times B=0$
B が 0 のとき，A がどんな数でも，
$AB=A\times 0=0$

例　2次方程式 $x^2-8x+12=0$ を解け。

左辺を因数分解するために，かけて12，たして-8の2つの数を探すと，-2と-6だよね。だから，次のように因数分解できるね。

$$(x-2)(x-6)=0$$

$x-2$ と $x-6$ をかけると0ということは，$x-2$ または $x-6$ が0だよね！

$$x-2=0 \quad または \quad x-6=0$$

$x-2=0$ のとき，$x=2$
$x-6=0$ のとき，$x=6$
以上より，$x=2,\ 6$　答

この「，」は「または」という意味だよ

例題 3

次の2次方程式を解け

(1) $x^2+6x-16=0$　(2) $x^2-6x+9=0$　(3) $x^2+2x=0$

解答と解説

(1) $x^2+6x-16=0$

$(x+8)(x-2)=0$

$x+8=0$ または $x-2=0$

$x=-8,\ 2$ 答

かけて -16，たして6の2数は，8と -2

(2) $x^2-6x+9=0$

$(x-3)^2=0$

$x-3=0$

$x=3$ 答

かけて9，たして -6 の2数は，-3 と -3 だから，$(x-3)^2$ の形に因数分解できるね！

$x-3$ の2乗が0ならば，$x-3$ 自体が0だよね！　一般に，

$A^2=0$ ならば $A=0$

(3) $x^2+2x=0$

$x(x+2)=0$

$x=0$ または $x+2=0$

$x=0,\ -2$ 答

共通因数 x をくくり出す

(3)は，$x^2=-2x$ と変形して，両辺を x でわって，

$x=-2$

としてはいけないよ！　数学では，「0でわってはいけない」というルールがあって，「x は0ではない」とわからない限り，x でわることはできないんだ。

同様に，$x(x+2)=0$ から，両辺を x でわるのもダメだから，注意しよう！

因数分解できるときは，因数分解したほうが楽に解けるね♪

ポイント　**因数分解を利用した2次方程式の解き方**

2次方程式を「(x の2次式)$=0$」の形にしたとき，左辺を因数分解できる場合，

$AB=0$ ならば $A=0$ または $B=0$

を利用して解く。

中学1年　中学2年　中学3年

4 2次方程式の解の公式

2次方程式 $ax^2+bx+c=0$ には，必ず解くことができる**解の公式**というものがあるんだ。

> **2次方程式の解の公式**
>
> **2次方程式 $ax^2+bx+c=0$ （a，b，c は定数，$a \neq 0$）の解は，**
>
> $$x=\frac{-b\pm\sqrt{b^2-4ac}}{2a}$$

この解の公式を利用すれば，すべての2次方程式を解くことができるよ！

例1 2次方程式 $3x^2-11x+2=0$ を解け。

解の公式に，$a=3$，$b=-11$，$c=2$ を代入して，

$$x=\frac{-(-11)\pm\sqrt{(-11)^2-4\times3\times2}}{2\times3}$$

$$=\frac{11\pm\sqrt{97}}{6}$$ 答

すごい!! この解の公式を利用すれば，どんな2次方程式も解けるのなら，全部これで解けばいいんじゃないの？

そういう手もアリだけれど，因数分解できるときは因数分解したほうがずっと楽だよ。

たとえば，2次方程式 $x^2-5x+6=0$ を解の公式で解くと，

$$x=\frac{-(-5)\pm\sqrt{(-5)^2-4\times1\times6}}{2\times1}$$

$$=\frac{5\pm\sqrt{1}}{2}$$

$$=\frac{5\pm1}{2}$$

$$=3,\ 2$$

「±」が「＋」の場合，$x=\frac{5+1}{2}=\frac{6}{2}=3$

「±」が「－」の場合，$x=\frac{5-1}{2}=\frac{4}{2}=2$

という計算が必要になるけれど，「かけて 6，たして -5」と気づけば，

$$(x-2)(x-3)=0$$
$$x=2,\ 3$$

と因数分解できて，すぐに解が出るよ。

なるほど。どういうときに因数分解できて，どういうときに解の公式を使わないと解けないのかな？

まず，2次方程式 $ax^2+bx+c=0$ で，a が平方数（整数の2乗）でないときは，今の段階では，解の公式を使うしかないよ。

$a=1$ で，2次方程式が $x^2+bx+c=0$ （b，c は整数）という形で与えられているとき，この2次方程式の解を解の公式で求めると，

$$x=\frac{-b\pm\sqrt{b^2-4c}}{2}$$ ← 解の公式で，$a=1$

となるよね。2次方程式が因数分解できるならば，解に $\sqrt{\ }$ は残らないはずだから，

$$\sqrt{b^2-4c}=(\text{整数})$$

とならなければいけないよね！　両辺を2乗すると，

$$b^2-4c=(\text{整数})^2$$

つまり，2次方程式 $x^2+bx+c=0$ （b，c は整数）は，

b^2-4c が整数の2乗になる　➡　因数分解できる

b^2-4c が整数の2乗にならない　➡　因数分解できない

ということなんだ。因数分解できるのかどうか迷ったときは，ここを計算して確認してみよう。

例2　$x^2+3x-10=0$

$3^2-4\times(-10)$

$=9+40=49=7^2$　➡　因数分解できる ← $(x+5)(x+2)=0$

例3　$x^2+3x-8=0$

$3^2-4\times(-8)$

$=9+32=41$　➡　因数分解できない

例題 4

次の２次方程式を解け。

(1)　$x^2-3x+1=0$　　(2)　$2x^2-x-6=0$

解答と解説

(1)　$x^2-3x+1=0$ ←

$(-3)^2-4\times1$
$=9-4=5$
だから因数分解できない

解の公式に $a=1$，$b=-3$，$c=1$ を代入すると，

$$x=\frac{-(-3)\pm\sqrt{(-3)^2-4\times1\times1}}{2\times1}$$

$$=\frac{3\pm\sqrt{9-4}}{2}$$

$$=\frac{3\pm\sqrt{5}}{2}$$ 答

(2)　$2x^2-x-6=0$ ←

x^2 の係数が平方数ではないので，解の公式で解くしかない

解の公式に $a=2$，$b=-1$，$c=-6$ を代入すると，

$$x=\frac{-(-1)\pm\sqrt{(-1)^2-4\times2\times(-6)}}{2\times2}$$

$$=\frac{1\pm\sqrt{1+48}}{4}$$

$$=\frac{1\pm\sqrt{49}}{4}$$

$$=\frac{1\pm7}{4}$$

$$=2,\ -\frac{3}{2}$$ 答

ところで，解の公式って，どこから出てきたの？

解の公式は，２次方程式 $ax^2+bx+c=0$ $(a\neq0)$ を変形することでみちびけるんだよ。やってみよう。

$$ax^2+bx+c=0$$

x^2 の係数を 1 にするため，両辺を a でわる

$$x^2+\frac{b}{a}x+\frac{c}{a}=0$$

定数項を移項

$$x^2+\frac{b}{a}x=-\frac{c}{a}$$

487ページの タイプ3 を使って $(x+▲)^2$ の形をつくるため，両辺に，x の係数の 半分を2乗したものをたすよ

$$x^2+\frac{b}{a}x+\left(\frac{b}{2a}\right)^2=-\frac{c}{a}+\left(\frac{b}{2a}\right)^2$$

左辺は $(x+▲)^2$ の形，右辺は通分する

$$\left(x+\frac{b}{2a}\right)^2=-\frac{4ac}{4a^2}+\frac{b^2}{4a^2}$$

$$\left(x+\frac{b}{2a}\right)^2=\frac{b^2-4ac}{4a^2}$$

平方根をとる

$$x+\frac{b}{2a}=\pm\sqrt{\frac{b^2-4ac}{4a^2}}$$

$$x=-\frac{b}{2a}\pm\sqrt{\frac{b^2-4ac}{4a^2}}$$

$$=-\frac{b}{2a}\pm\frac{\sqrt{b^2-4ac}}{\sqrt{4a^2}}$$

$$=-\frac{b}{2a}\pm\frac{\sqrt{b^2-4ac}}{2a}$$

$$=\frac{-b\pm\sqrt{b^2-4ac}}{2a}$$

ポイント

2次方程式の解の公式

2次方程式 $ax^2+bx+c=0$ （a，b，c は定数，$a \neq 0$）の解は，

$$x=\frac{-b\pm\sqrt{b^2-4ac}}{2a}$$

第2節 いろいろな2次方程式

1 いろいろな2次方程式

いろいろなタイプの**2次方程式**を解いていこう。

例1　$(x-2)(x-3)=6$ を解け。

これは，左辺は因数分解されているけれど，「$=0$」ではなく，「$=6$」となっているね。だから，いったん(　　)をはずして展開し，「$=0$」の形にもっていかなければいけないよ！

「$=0$」でないと，「$x-2=0$ または $x-3=0$」とはいえないね！

$$x^2-5x+6=6$$
$$x^2-5x=0$$
$$x(x-5)=0$$
$$x=0,\ 5 \quad \text{答}$$

$x=0$　または　$x-5=0$

例2　$\dfrac{(x+1)^2}{3}=\dfrac{(x-1)(x+2)}{2}$ を解け。

これは，分数の形になっているのが考えにくいね。係数が分数の場合は，分母の最小公倍数を両辺にかけて，分母をはらおう！　ここでは両辺に，3と2の公倍数6をかけるよ。

$$6\times\frac{(x+1)^2}{3}=\frac{(x-1)(x+2)}{2}\times 6$$
$$2(x+1)^2=3(x-1)(x+2)$$
$$2(x^2+2x+1)=3(x^2+x-2)$$
$$2x^2+4x+2=3x^2+3x-6$$
$$x^2-x-8=0$$

解の公式の $\sqrt{}$ の中身を計算すると，
$(-1)^2-4\times1\times(-8)=33$
となり，(整数)^2 ではないので，因数分解はできない。となると，解の公式だよ（492ページ）！

$$x=\frac{-(-1)\pm\sqrt{(-1)^2-4\times1\times(-8)}}{2\times1}$$
$$=\frac{1\pm\sqrt{33}}{2} \quad \text{答}$$

$ax^2+bx+c=0$ の解，
$x=\dfrac{-b\pm\sqrt{b^2-4ac}}{2a}$
に $a=1$，$b=-1$，$c=-8$ を代入！

例題 1

次の２次方程式を解け。

(1) $\dfrac{(x+2)(x-6)}{3}=\dfrac{x(x-1)}{4}$　　(2) $(2x+1)(x-1)=x(x+5)$

解答と解説

(1) 両辺に 12 をかけて，

（分母をはらうため，3 と 4 の最小公倍数 12 をかける）

$$4(x+2)(x-6)=3x(x-1)$$
$$4(x^2-4x-12)=3x^2-3x$$
$$4x^2-16x-48=3x^2-3x$$
$$x^2-13x-48=0$$

（$ax^2+bx+c=0$ の形に）

$$(x-16)(x+3)=0$$

（$x-16=0$　または　$x+3=0$）

$$x=16,\ -3$$ 答

(2) $(2x+1)(x-1)=x(x+5)$

（展開して，$ax^2+bx+c=0$ の形に整理しよう）

$$2x^2-x-1=x^2+5x$$
$$x^2-6x-1=0$$
$$x=\frac{-(-6)\pm\sqrt{(-6)^2-4\times1\times(-1)}}{2\times1}$$

（$ax^2+bx+c=0$ の解，$x=\dfrac{-b\pm\sqrt{b^2-4ac}}{2a}$ に $a=1$，$b=-6$，$c=-1$ を代入！）

$$=\frac{6\pm\sqrt{40}}{2}$$
$$=\frac{6\pm2\sqrt{10}}{2}$$
$$=3\pm\sqrt{10}$$ 答

まずは，$ax^2+bx+c=0$ の形にすることが大事なんだね！そのために，分母をはらったり，展開したりすればいいんだね♪

ポイント　いろいろな２次方程式

❶ $x^2=m$，$(x+m)^2=n$ の形は，平方根の考え方を利用して解く。

❷ それ以外のときは，$ax^2+bx+c=0$ の形に変形し，因数分解か解の公式を利用する。

2 2次方程式の解に関する問題

例1 2次方程式 $x^2+ax-18=0$ の解の1つが -2 であるとき，a の値と他の解を求めよ。

このように，**2次方程式の解**が与えられていて，係数などを求める問題では，

$x=p$ が $ax^2+bx+c=0$ の解ならば，
$ap^2+bp+c=0$ が成り立つ

ということを利用するんだ。つまり，方程式の解がわかっているときは，その解を方程式に代入するといいんだね。

この **例1** では，解の1つである $x=-2$ を代入して，a についての方程式をつくるよ。

2次方程式の解は，
2つあることが多い

$x^2+ax-18=0$ に，$x=-2$ を代入して，

$$(-2)^2+a\times(-2)-18=0$$
$$4-2a-18=0$$
$$-2a=14$$
$$a=-7 \quad \text{答}$$

解とは，代入して
「＝」が成り立つ x
の値のことだね！

$a=-7$ を $x^2+ax-18=0$ に代入して，

$$x^2-7x-18=0$$
$$(x-9)(x+2)=0$$
$$x=9,\ -2$$

したがって，他の解は，$x=9$ 答

例2 2次方程式 $x^2+ax+b=0$ の解が $x=-2$ と -3 であるとき，a と b の値を求めよ。

今度は，解が2つともわかっている場合だね。ここでも基本の解き方は，

解がわかれば，代入

だよ！　まず，一方の解 $x=-2$ を $x^2+ax+b=0$ に代入すると，

$$(-2)^2+a\times(-2)+b=0$$
$$4-2a+b=0$$
$$2a-b=4 \quad \cdots\cdots①$$

もう一方の解 $x=-3$ を $x^2+ax+b=0$ に代入すると,

$$(-3)^2+a\times(-3)+b=0$$
$$9-3a+b=0$$
$$3a-b=9 \quad \cdots\cdots ②$$

こうして, わからない値 a と b についての方程式が2つできたね。①・②を連立方程式として解くと, a と b の値がわかるね！

②−① より, $a=5$

$$\begin{array}{rl} & 3a-b=9 \\ -) & 2a-b=4 \\ \hline & a \quad\ =5 \end{array}$$

これを①に代入して,

$$10-b=4$$
$$b=6$$

以上より, $a=5$, $b=6$ 答

もちろんこの解き方でOKなんだけれど, 別の方法もあるんだ。たとえば,

$$(x-2)(x-5)=0$$

という方程式の解は,

$$x=2,\ 5$$

だね。ここから逆に考えると, $x=2$, 5 を解にもち, x^2 の係数が 1 の2次方程式は,

$$(x-2)(x-5)=0 \quad \cdots\cdots (*)$$

だね。x^2 の係数が 1 であるとは限らないから, 一般に $x=2$, 5 を解にもつ2次方程式は, $m \neq 0$ として,

$$m(x-2)(x-5)=0$$

両辺を m でわると(*)になるね

と表すよ！　つまり,

> **2つの解が p, q である2次方程式は,**
>
> $$\boldsymbol{m(x-p)(x-q)=0}$$
>
> **と表すことができる。**

そこで, **例2** の別解をやってみるよ。

$x=-2$ と $x=-3$ を解にもち, x^2 の係数が 1 の2次方程式は,

$$(x+2)(x+3)=0$$
$$x^2+5x+6=0$$

展開する

$x^2+ax+b=0$ の x の係数は1

これと, $x^2+ax+b=0$ の係数を比較して,

$$a=5,\ b=6$$ 答

解が2つともわかると，その2つを解にもつ2次方程式を復元できるのか！「解がわかれば代入」が基本だけれど，こういう考え方もあるんだね。

例題 2

x についての2次方程式 $x^2-6x+4a+5=0$ の解の1つが $a+2$ であるとき，a の値を求めよ。ただし，a は正の数とする。

解答と解説

$x^2-6x+4a+5=0$ に $x=a+2$ を代入して，

$$(a+2)^2-6(a+2)+4a+5=0$$
$$a^2+4a+4-6a-12+4a+5=0$$
$$a^2+2a-3=0$$
$$(a+3)(a-1)=0$$
$$a=-3,\ 1$$

解とは，代入して「＝」が成り立つ x の値のことだね！

a は正の数であるから，$a=1$ 答

例題 3

2次方程式 $x^2-4x+1=0$ の2つの解が p，q であるとき，次の値を求めよ。

(1) $p+q$，pq　(2) p^2+q^2-pq

考え方

$x^2-4x+1=0$ を解の公式で解くと，

$$x=\frac{4\pm2\sqrt{3}}{2}=2\pm\sqrt{3}$$

だから，$2+\sqrt{3}$ と $2-\sqrt{3}$ をたしたものとかけたものを計算してもいいよ。だけど，もっと簡単に計算する方法があるよ！

解答と解説

(1) $x=p$ と $x=q$ が解である，x^2 の係数が1の2次方程式は，

$$(x-p)(x-q)=0$$
$$x^2-(p+q)x+pq=0$$

展開する

これと，$x^2-4x+1=0$ の係数を比較して，

$p+q=4$，$pq=1$　㊟

(2)　p^2+q^2-pq

$=(p+q)^2-2pq-pq$

$=(p+q)^2-3pq$

$=4^2-3\times1$

$=13$　㊟

$(p+q)^2=p^2+2pq+q^2$ から，
$p^2+q^2=(p+q)^2-2pq$

$p+q$ と pq で表すことができれば，(1)の結果を代入できるね！

別　解

$x=p$，q は $x^2-4x+1=0$ の解であるから，

$p^2-4p+1=0$

$q^2-4q+1=0$

これらから，

$p^2=4p-1$

$q^2=4q-1$

係数が高い p^2 や q^2（2次の項）はすぐには値が出せないけれど，これらの式を使えば，次数を下げて p や q（1次）で表すことができる！

したがって，

$p^2+q^2-pq=(4p-1)+(4q-1)-pq$

$=4(p+q)-pq-2$

$=4\times4-1-2$

$=13$　㊟

(1)で求めた値を利用できる形にもっていく

すごい，こんな解き方もあるんだ！　2乗の項がなくなると，計算しやすくなった♪

ポイント　**2次方程式の解に関する問題**

❶　2次方程式の解が与えられたら，与えられた解を代入する。

❷　2次方程式 $x^2+ax+b=0$ の2つの解 $x=p$，q が与えられたら，解が $x=p$，q である2次方程式，

$$(x-p)(x-q)=0$$

をつくる。

第3節　2次方程式の利用

1　2次方程式の文章題

この節では，**2次方程式**を利用して，いろいろな文章題を解いていくよ！2次方程式を使う文章題は，次のような手順で解くといいんだ。

step 1：未知数の設定
求める数量，またはそれに関係する数量を x とおく。

step 2：等しい数量関係を見つける
問題文をよく読み，等しい（2通りに表すことができる）数量を見つける。

step 3：2次方程式を立てる
2通りに表した等しい数量を，「＝」でつなぐ。

step 4：2次方程式を解く
第1・2節で学習したように2次方程式を解く。

step 5：解を検討する
方程式を解いて得られた解が，問題の条件に適しているかどうかを調べる。

step 6：答えをかく

これ，**1次方程式**の文章題（中1／第3章／第3節，104ページ）や**連立方程式**の文章題（中2／第2章／第3節，283ページ）と同じ手順だね！

そう，方程式を利用して文章題を解く手順は，基本的には同じなんだよ！では，次の**例**で，実際に解きながら確認していこう。

例　**大小2つの整数があり，その差は3で，積は28である。この2つの整数を求めよ。**

まずはこの問題をよく分析してみよう。差が3，積が28の2つの整数を求める，ということだね。

step 1：未知数の設定

2つの整数を求めたいから，その2つを x，y とおいて連立方程式を立ててもいいんだけれど，この場合，まず小さいほうの整数を x とおいて，「差は 3」という条件を使えば，もう一方は $x+3$ と表せるね！

step 2：等しい数量関係を見つける

「2つの整数の積」と「28」が等しいね！

残っている(使っていない)条件は，もうこれしかないね

step 3：2次方程式を立てる

$$x(x+3)=28$$

step 4：2次方程式を解く

$$x^2+3x-28=0$$
$$(x+7)(x-4)=0$$
$$x=-7,\ 4$$

かけて -28，たして 3 となる2数は 7 と -4

step 5：解を検討する

2次方程式を解くことで，一方の整数 x が求められたね。もう一方の整数 $x+3$ も求めるよ。

$x=-7$ のとき，もう一方は，$-7+3=-4$

$x=4$ のとき，もう一方は，$4+3=7$

となり，これらはどちらもたしかに整数だから，問題に適するね！

step 6：答えをかく

したがって，求める2つの整数は，

-7 と -4，4 と 7 答

例題 1

連続した3つの自然数があり，この3つの自然数のそれぞれの2乗の和が245であるとき，この3つの自然数を求めよ。

考え方

3つの自然数を求めるんだけれど，その3つは，「連続した3つの自然数」といわれているね。つまり，「1，2，3」とか「100，101，102」みたいに，差が1ずつなんだね。この条件を利用すれば，求める3つの自然数は，真ん中の自然数を x として，

$x-1$，x，$x+1$

-1　$+1$

中学1年
中学2年
中学3年

とおけるよ！　もちろん，最初の自然数をxとして，

$$\underset{+1}{x,\ \ x+1},\ \ \underset{+1}{}x+2$$

とおいてもいいんだけれど，これだと計算が少しだけたいへんになってしまうよ。

解答と解説

連続した3つの自然数を，$x-1$，x，$x+1$ とおく。

3つの自然数のそれぞれの2乗の和が245であるから，

$$(x-1)^2+x^2+(x+1)^2=245$$
$$x^2-2x+1+x^2+x^2+2x+1=245$$
$$3x^2=243$$
$$x^2=81$$
$$x=\pm9$$

x は自然数であるから，9は問題に適しているが，-9 は問題に適さない。

したがって，$x=9$

以上より，連続した3つの自然数は，

8，9，10 **答**

step 1：未知数の設定

step 2：等しい数量関係を見つける
残った条件はこれしかないね！

step 3：2次方程式を立てる

step 4：2次方程式を解く
$(x-1)^2$ を展開したときの x の項と，$(x+1)^2$ を展開したときの x の項が打ち消しあうから，計算が楽になるよ！

step 5：解を検討する

step 6：答えをかく

ポイント　**2次方程式の文章題**

求めるものを x とおき，等しい数量関係を見つけて，2次方程式を立てる。

2　割合に関する問題

割合にかかわる文章題を，2次方程式で解いてみよう。割合の考え方は，中1／第3章／第3節や，中2／第2章／第3節で学習したけれど，復習してから問題に進むよ。

たとえば，「300円の2割増し」はどう計算するかな？

え～と，114ページでやったよね。300円を10等分したうちの2つ分増えたってことだから，

$$300+300\times\frac{2}{10}=300\left(1+\frac{2}{10}\right)=360\ (\text{円})$$

そのとおり！　じゃあ，同じ要領で今度は，「8000円の x 割増し」と「8000円の x 割引き」はどうなるかな？

これは287ページでやったね。「8000円の x 割増し」は，

$$8000+8000\times\frac{x}{10}=8000\left(1+\frac{x}{10}\right)\ (\text{円})$$

「8000円の x 割引き」は，

$$8000-8000\times\frac{x}{10}=8000\left(1-\frac{x}{10}\right)\ (\text{円})$$

OK！　「x %増し」や「x %引き」になっても，$\frac{x}{10}$ を $\frac{x}{100}$ にすればいいよ。ではこれをもとに，2次方程式を利用する文章題をやっていこう。

例　**原価8000円の品物に x 割の利益を見込んで定価をつけたが，売れないので定価の x 割引きで売ったところ，320円の損失が出た。このとき，x の値を求めよ。ただし，$0<x<10$ とする。**

原価や**売価**，**利益**などの問題では，

（売価）－（原価）＝（利益）

という関係から方程式を立てるんだったよね（115ページ）！　これにあてはめられるように，最初から整理していこう。

原価は，8000円

定価は，$8000\left(1+\frac{x}{10}\right)$ 円　←　8000円の x 割増し

売価は，（定価）$\times\left(1-\frac{x}{10}\right)=8000\left(1+\frac{x}{10}\right)\left(1-\frac{x}{10}\right)$ 円

売価は「定価の x 割引き」だね

利益は，－320円

これで，(売価) − (原価) ＝ (利益) にあてはめられるね！

step 2：等しい数量関係を見つける

$$8000\left(1+\frac{x}{10}\right)\left(1-\frac{x}{10}\right)-8000=-320$$

step 3：2次方程式を立てる

$(a+b)(a-b)=a^2-b^2$

$$8000\left\{1^2-\left(\frac{x}{10}\right)^2\right\}-8000=-320$$

$$8000\left(1-\frac{x^2}{100}\right)-8000=-320$$

両辺を 10 でわる

$$800\left(1-\frac{x^2}{100}\right)-800=-32$$

$$800-8x^2-800=-32$$

$$-8x^2=-32$$

$$x^2=4$$

$$x=\pm2$$

step 4：2次方程式を解く が完了

解が 2 つ出たけれど，$0<x<10$ だから，
−2 のほうは問題に適さないね！

step 5：解を検討する

したがって，$x=2$ 答

step 6：答えをかく

例題 2

ある商品に原価の x 割の利益を見込んで定価をつけたが，売れないので定価の $\frac{x}{3}$ 割引きで売ったところ，原価の 0.17倍の利益があった。このとき，x の値を求めよ。ただし，$0<x<10$ とする。

考え方

この**例題 2** がさっきの **例** と大きくちがっているのは，原価が与えられていないという点だね。原価をもとに定価や売価を計算していくから，原価を表せないと不便だね！　そこで，まずは原価を文字でおいてみよう！

解答と解説

原価を a 円とおくと (ただし，$a\neq0$)，

定価は，$a\left(1+\frac{x}{10}\right)$ 円

売価は，$a\left(1+\dfrac{x}{10}\right)\left(1-\dfrac{\frac{x}{3}}{10}\right)$ 円

利益は，$0.17a$ 円

（売価）－（原価）＝（利益）であるから，

step 2：等しい数量関係を見つける

$$a\left(1+\frac{x}{10}\right)\left(1-\frac{\frac{x}{3}}{10}\right)-a=0.17a$$

step 3：2次方程式を立てる

$a \neq 0$ であるから，両辺を a でわり，

「0 でわる」ことはできないけれど，a は 0 ではないから，両辺を a でわってOKだよ！

$$\left(1+\frac{x}{10}\right)\left(1-\boxed{\frac{\frac{x}{3}}{10}}\right)-1=0.17$$

分母と分子に 3 をかけて，分子の分母をはらう

$$\left(1+\frac{x}{10}\right)\left(1-\boxed{\frac{x}{30}}\right)=\frac{17}{100}+1$$

$$\frac{10+x}{10}\times\frac{30-x}{30}=\frac{17+100}{100}$$

両辺を 300 倍して分母をはらう

$$(10+x)(30-x)=3(17+100)$$

乗法公式を利用して展開

$$300-10x+30x-x^2=3\times117$$

$$-x^2+20x-51=0$$

両辺を -1 倍

$$x^2-20x+51=0$$

「かけて 51」「たして -20」の2つの整数は，-3 と -17

$$(x-3)(x-17)=0$$

$$x=3,\ 17$$

step 4：2次方程式を解く が完了

$0<x<10$ より，3 は適しているが，17 は適さない。

step 5：解を検討する

したがって，$x=3$ 答

step 6：答えをかく

ポイント 売買と割合に関する問題

❶ a 円の x 割増し：$a\left(1+\dfrac{x}{10}\right)$（円）

❷ a 円の x 割引き：$a\left(1-\dfrac{x}{10}\right)$（円）

❸ （売価）－（原価）＝（利益）に注意して，方程式を立てる。

中学1年 中学2年 中学3年

3 土地と通路に関する問題

例題 3

縦の長さが横の長さの2倍である長方形の花壇がある。この花壇の中に，右の図のように縦も横も同じ幅 2m の通路をつくったら，通路を除いた花壇の面積が $144\,\mathrm{m}^2$ になった。花壇全体の横の長さを求めよ。

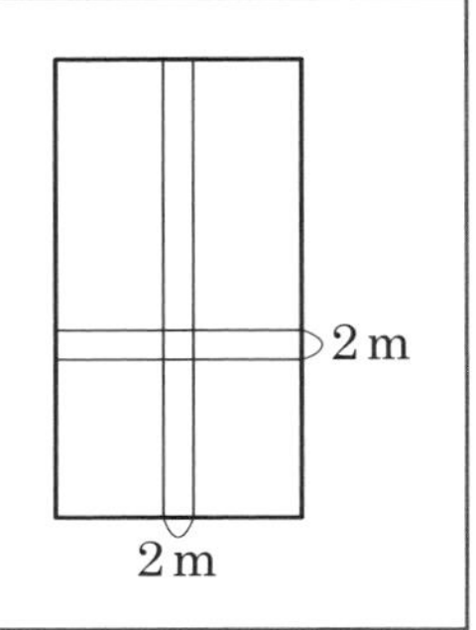

考え方

「花壇全体の横の長さを求めよ」とあるから，花壇全体の横の長さを xm とおこう（step 1：未知数の設定）。縦の長さはその2倍だから，$2x$m と表せるね。

長方形の花壇全体の面積は，(縦)×(横) で表せるね。これをもとに，通路を除いた花壇の面積を表して，それが $144\,\mathrm{m}^2$ と等しい（step 2：等しい数量関係を見つける）ことから方程式を立てればいいね（step 3：2次方程式を立てる）。

じゃあ，通路を除いた花壇の面積は，どう表せるかな。

花壇全体の面積から，縦の通路の面積と，横の通路の面積をひけばいいんじゃない？

xm

$2x$m

2m

2m

おしい！　それだと，縦の通路と横の通路が交差している部分（右の図のグレーの小さい正方形）の面積を，2回ひいてしまうことになるね。

ひくのは1回で十分だから，ひきすぎてしまった1回分をたして，つじつまを合わせる必要があるんだ。

花壇全体の面積は，(縦)×(横) $= x \times 2x = 2x^2$ (m^2)

縦の通路の面積は，$2x \times 2 = 4x$ (m^2)

横の通路の面積は，$2 \times x = 2x$ (m^2)

通路の幅は 2m

通路が交差する正方形の面積は，$2 \times 2 = 4$ (m^2)

通路を除いた花壇の面積について，

$$2x^2-(4x+2x)+4=144$$

あとはこの2次方程式を解けばいい……のだけれど，じつはもっと考えやすい方法があるよ！

この花壇の中の通路がどこにあったとしても，通路を除いた花壇の面積は変わらないよね。だから，縦の通路も横の通路も，端に寄せて考えるんだ。そうすると，通路を除いた面積が，1つの長方形になって，計算しやすいんだよ！

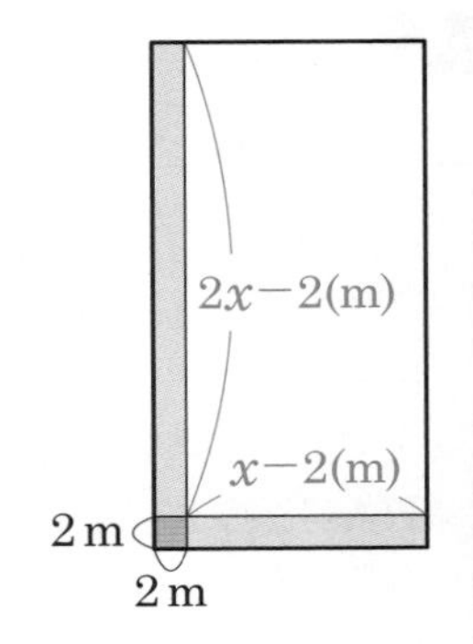

解答と解説

花壇全体の横の長さを x m（$x>0$）とおくと，縦の長さは，$2x$ m と表せる。

step 1：未知数の設定
花壇全体の横の長さは，正の数だよね

右上の図のように通路を端に寄せたとき，通路を除いた残りの長方形の面積は，

$$(2x-2)\times(x-2)\ \mathrm{m}^2$$

これは，通路を除いた花壇の面積144m²と等しいので，

step 2：等しい数量関係を見つける

$$(2x-2)(x-2)=144$$

$$2x^2-4x-2x+4=144$$

step 3：2次方程式を立てる

$$2x^2-6x-140=0$$

両辺を2でわる

$$x^2-3x-70=0$$

「かけて −70」「たして −3」は，−10と7

$$(x-10)(x+7)=0$$

$$x=10,\ -7$$

step 4：2次方程式を解く が完了

$x>0$ であるから，10 は問題に適しているが，−7 は問題に適さない。

step 5：解を検討する

したがって，花壇全体の横の長さは，

10m 答

step 6：答えをかく

ポイント　土地と通路に関する問題

通路を端に寄せて，面積に等しい長方形をつくって考える。

4 動点と面積に関する問題

例題 4

右の図のような AB＝BC＝8cm の直角二等辺三角形 ABC がある。点Pは点Aを出発して毎秒 1cm の速さで辺AB上を点Bまで動く。点Pを通り辺BCに平行な直線と辺ACとの交点をQ，点Qを通り辺ABに平行な直線と辺BCとの交点をRとするとき，四角形PBRQの面積が 15cm^2 となるのは，点Aを出発してから何秒後かを求めよ。

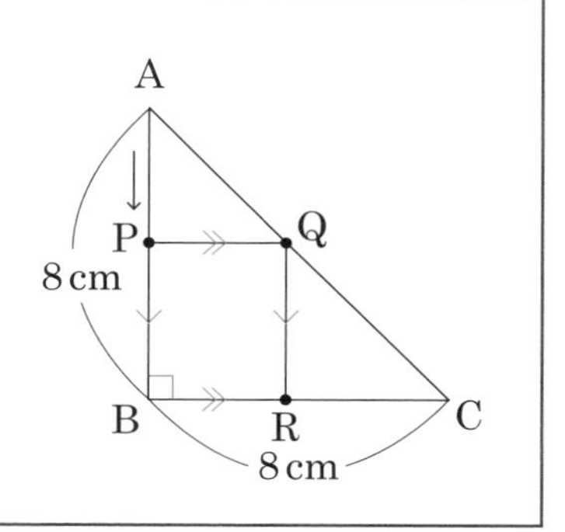

考え方

動く点と，図形の面積の問題だね。

「点が動く」から難しいと思うかもしれないけれど，まずは1秒後とか2秒後とかを具体的に考えてみよう。たとえば2秒後なら，右の図のようになるね。

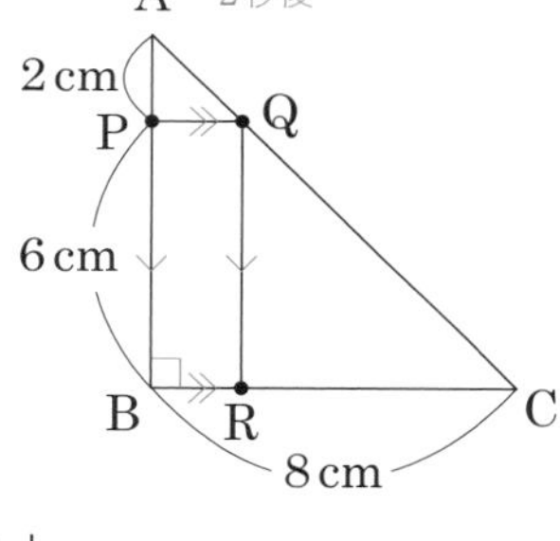

こういう問題は，x 秒後の図形をかいて，そのときの面積を，x を用いて表すんだ。

この問題では，x秒後に四角形PBRQの面積が 15cm^2 になるとすればいいね（step 1：未知数の設定）！

そして，x 秒後の四角形PBRQの面積を x を用いて表して，それが 15cm^2 と等しい（step 2：等しい数量関係を見つける）ということから，2次方程式を立てるよ（step 3：2次方程式を立てる）！

解答と解説

step 1：未知数の設定

x 秒後に四角形PBRQの面積が 15cm^2 になるとすると，そのとき，

$\mathrm{AP}=x\mathrm{cm}$

点Pは毎秒 1cm で x 秒進んだ

AB＝8cm であるから，

$\mathrm{PB}=8-x\,(\mathrm{cm})$

ここから，四角形PBRQの面積を，
x を使って表せるようにする

△ABCは直角二等辺三角形であるから，

$\angle BAC = \angle BCA = 45°$ ……①

PQ // BC であるから，同位角は等しく，

$\angle AQP = \angle ACB = 45°$ ……②

平行線の同位角は等しい（326ページ）

①・②より，△APQは2つの角∠PAQ，∠PQAが等しいので，

PQ＝AP

2つの角が等しい三角形は，二等辺三角形である（357ページ）

したがって，PQ＝AP＝x cm

ところで，四角形PBRQは，PQ // BR，PB // QR であるから，平行四辺形である。

また，∠PBR＝90° であるから，四角形PBRQは長方形である。

平行四辺形で，1つの内角が90°ならば，長方形になる（383ページ）

P　x cm　Q
$8-x$ (cm)　15 cm²
B　R

したがって，四角形PBRQの面積は，

$x(8-x) = -x^2 + 8x$ (cm²)

これが 15cm² となるので，　step 2：等しい数量関係を見つける

$-x^2 + 8x = 15$　step 3：2次方程式を立てる

$x^2 - 8x + 15 = 0$

$(x-3)(x-5) = 0$

「かけて 15」「たして −8」は，−3 と −5

$x = 3,\ 5$　step 4：2次方程式を解く が完了

点Pが点Aから点Bまで移動するとき，$0 \leqq x \leqq 8$ であるから，3 と 5 はともに問題に適する。

step 5：解を検討する
x には変域があるね！

したがって，3秒後と 5秒後　答　step 6：答えをかく

ポイント　**動点と面積に関する問題**

x 秒後の図をかき，x についての方程式を立てて解き，x の変域を考えて解を検討する。

第 1 節　関数 $y=ax^2$

1　関数 $y=ax^2$

ここからの第4章では，$y=ax^2$（a は 0 ではない定数）という形で表される関数について学習していくよ。

中1／第4章／第2節で，**比例**を学習したね。x と y という2つの変数があって，それらの関係が，

$y=ax$　（a は 0 ではない定数）　……①

の形で表されるとき，「y は x に比例する」といい，a を**比例定数**というんだったよね（124ページ）。

今，2つの変数 x，y について，

$y=ax^2$　（a は 0 ではない定数）　……②

という関係が成り立っているとしよう。この式は，x が2乗になっているところが①とはちがっているね。でも，ここで $x^2=X$ とおいてみると，②は，

$y=aX$　（a は 0 ではない定数）　……②′

となるね。この式で，X と y の関係はどうなっているかな？

②′は①と同じ形になっていて，y は X の定数倍だね。だから，y は X に比例する！

そうだね！　そして，$X=x^2$ とおいたんだから，X とは「x の2乗」だね。つまり，$y=ax^2$（a は 0 ではない定数）は，「y は x の2乗に比例する」という関数を表しているといえるよ！そしてこのとき，a を比例定数というよ。

y が x^2 の定数倍のとき，このようにいうよ！

例　**次ページの図のような，底面が1辺 x cmの正方形で，高さが 6 cmである正四角錐の体積を y cm^3 とする。x と y の関係を式に表せ。**

角錐（かくすい）の体積は，中1／第6章／第4節の 2 で学習したね。

$$（角錐の体積）=\frac{1}{3}\times（底面積）\times（高さ）$$

だから，ここに値をあてはめると，

$$y=\frac{1}{3}\times x^2\times 6$$

$$y=2x^2$$ 答

6 cm

x cm

x cm

これは，y が x の2乗に比例する $y=ax^2$ の形で，比例定数が2になっているね。

この $y=2x^2$ について，$x=1$，2，3……のときの y の値を調べてみよう！

$x=1$ のとき，$y=2\times1^2=2$

$x=2$ のとき，$y=2\times2^2=8$

$x=3$ のとき，$y=2\times3^2=18$

x	1	2	3	4	…
y	2	8	18	32	…

（x：2倍，3倍，4倍　y：4倍，9倍，16倍）

このように計算して表にまとめると，右のようになるね。x の値を決めると，それに対応する y の値がただ1つに決まるので，y は x の**関数**だといえるよね（119ページ）！

そして表からは，次のことがわかるね！

2乗に比例する関数の性質

x の値が2倍，3倍，4倍，……になると，
y の値は $4(=2^2)$ 倍，$9(=3^2)$ 倍，$16(=4^2)$ 倍，……になる。

例題 1

次のそれぞれについて，y を x の式で表し，y が x の2乗に比例しているかどうか調べよ。

(1) **半径が x cmの円の面積 y cm^2（ただし，円周率は π とする）**

(2) **y kmの道のりを時速 x kmで行くと3時間かかる**

解答と解説

(1) 円の半径と面積の関係は，

（円の面積）＝（円周率）×（半径）^{2}

であるから，

$$y=\pi x^2$$ 答

したがって，y は x の2乗に比例する。 答

(2) 道のりと速さと時間の関係は,

(道のり)＝(速さ)×(時間)

であるから,

$y=3x$ 答

これは比例を表す式であり, y は x の2乗に比例しない。 答

「y が x の2乗に比例するかどうか」は,「y を x で表したときに, y が x^2 の定数倍になっているかどうか」なんだね。

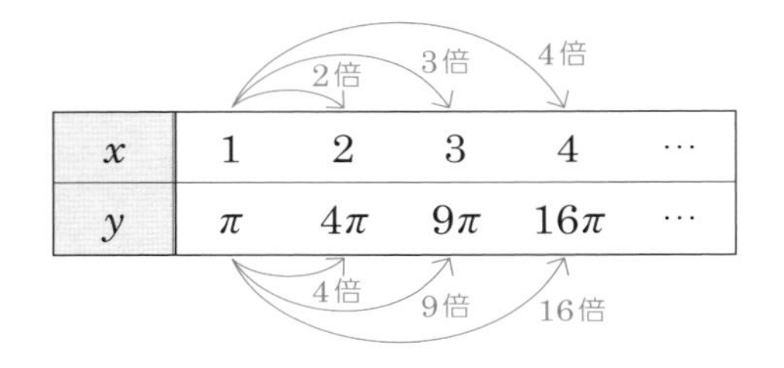

x	1	2	3	4	…
y	π	4π	9π	16π	…

(1)について, x と y の対応の表をつくると, 上のようになるね。

x の値が 2倍, 3倍, 4倍, ……になると,

y の値は 2^2倍, 3^2倍, 4^2倍, ……になる

ということが確認できるね!

ポイント **関数 $y=ax^2$**

y が x の関数で, $y=ax^2$ (a は0ではない定数)と表せるとき, y は x の2乗に比例するという。このとき, a を比例定数という。

y が x の2乗に比例するとき, x の値が 2倍, 3倍, 4倍……になると, y の値は 4(＝2^2)倍, 9(＝3^2)倍, 16(＝4^2)倍……になる。

2 関数 $y=ax^2$ のグラフ

今度は，**関数 $y=ax^2$ をグラフ**で表すと，どのようになるのかを学習しよう。比例 $y=ax$ や1次関数 $y=ax+b$ のグラフは直線だったけれど，$y=ax^2$ のグラフはどんな感じになるのかな？

例1 $y=x^2$ のグラフをかけ。

step 1：x と y の対応表をつくる

$y=x^2$ に $x=-3,\ -2,\ -1,\ 0,\ 1,\ 2,\ 3$ を代入して y の値を調べると，下のような対応表ができるね。

x	…	-3	-2	-1	0	1	2	3	…
y	…	9	4	1	0	1	4	9	…

step 2：対応表の値の組を座標平面上にとる

$(x,\ y)$ の値の組 $(-3,\ 9)$，$(-2,\ 4)$，$(-1,\ 1)$……を，座標平面上に点として打っていくと，下の 図1 のようになるね。表よりもさらに多く $(x,\ y)$ の値の組をとって点を打つと，下の 図2 のようになるよ！

図1

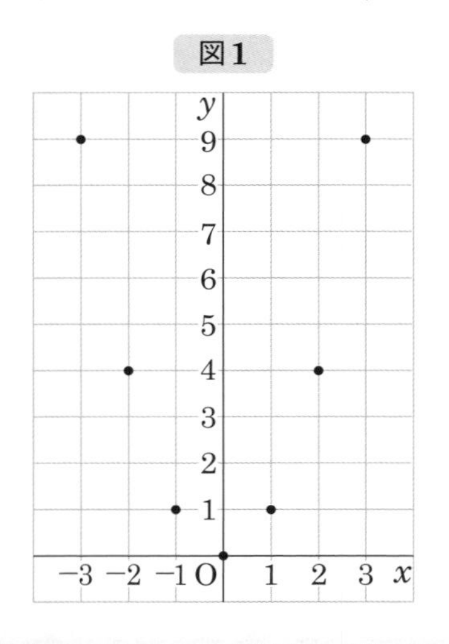

図2

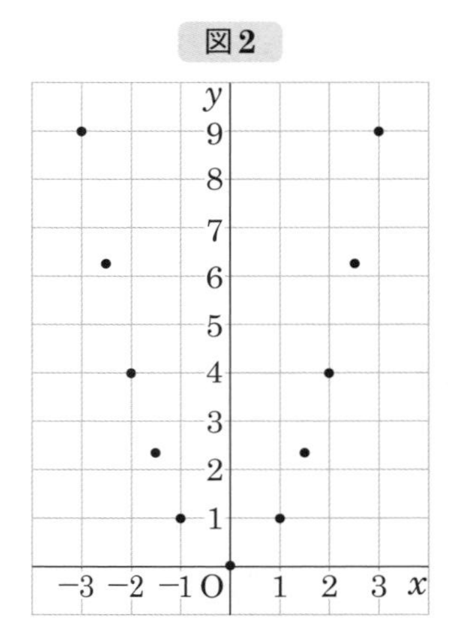

step 3：とった点をなめらかにつなぐ

$y=x^2$ を満たす点の集まりがグラフだから，点と点をなめらかにつなぐことで，グラフがかけるんだ。

中学1年 中学2年 中学3年

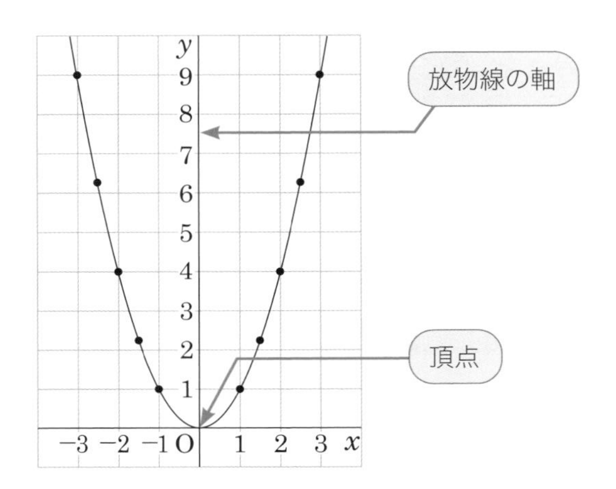

2乗に比例する関数のグラフは，上の図のような形の，限りなくのびる曲線になるよ。この形の曲線を，**放物線**（ほうぶつせん）というんだ。

放物線は，左右対称な形になっていて，その対称の軸を，放物線の**軸**というよ！　また，軸と放物線との交点を，放物線の**頂点**というんだ。

関数 $y = ax^2$ のグラフは，原点を通り，y 軸について対称な放物線だよ。原点が放物線の頂点，y 軸が放物線の軸になっているんだ。

例2　$y=\frac{1}{2}x^2$，$y=2x^2$，$y=-2x^2$ **のグラフをかけ。**

それぞれの関数について，x と y の対応表をつくってみよう。

$y=\frac{1}{2}x^2$ については，

x	…	-3	-2	-1	0	1	2	3	…
y	…	$\frac{9}{2}$	2	$\frac{1}{2}$	0	$\frac{1}{2}$	2	$\frac{9}{2}$	…

$y=2x^2$ については，

x	…	-3	-2	-1	0	1	2	3	…
y	…	18	8	2	0	2	8	18	…

$y=-2x^2$ については，

x	…	-3	-2	-1	0	1	2	3	…
y	…	-18	-8	-2	0	-2	-8	-18	…

それぞれ，対応表の値の組を座標平面上にとって，なめらかにつなぐと，下の図のようになるよ！

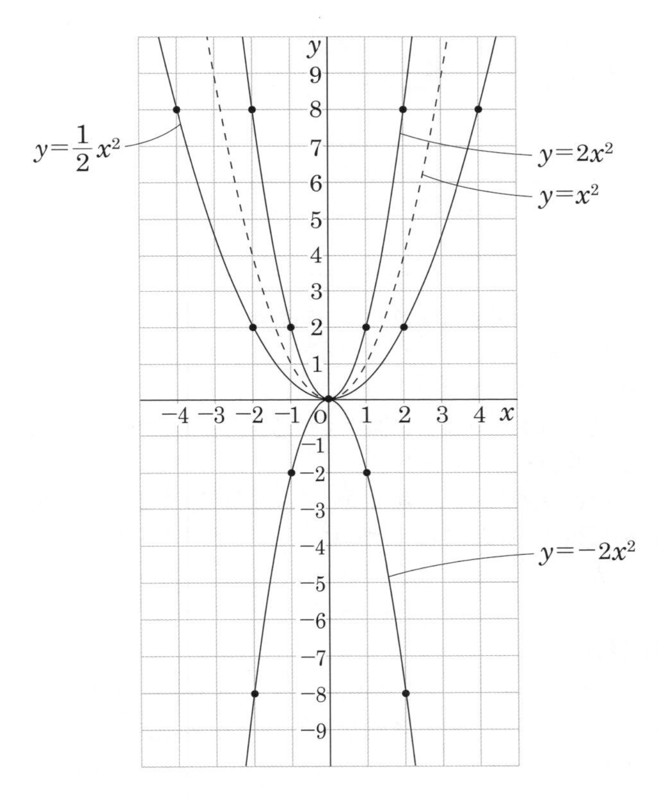

比例定数が正の数のときは，グラフは x 軸の上側にあり，上に開いているね。逆に，比例定数が負の数のときは，グラフは x 軸の下側にあり，下に開いているね。

$y=2x^2$ のグラフは，$y=-2x^2$ のグラフと，x 軸について対称になっていて，グラフの開き方が同じになっているね。比例定数と，グラフの開き方には関係があるのかな？

いいところに気づいたね！　$y=ax^2$ の比例定数 a の値の絶対値が大きいほど，グラフの開き方は小さくなるんだ。実際に，上のグラフを見てみると，

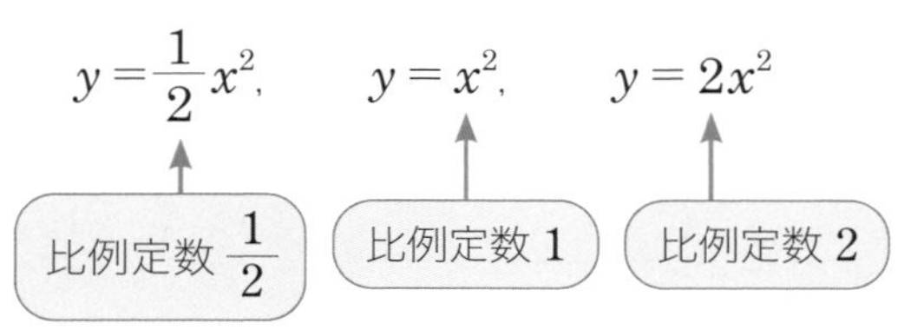

の順に，開き方が小さくなっているね！　また，$y=2x^2$ と $y=-2x^2$ は，比例定数が 2 と -2 で，絶対値が同じだね。だから，グラフの開き方が同じで，x 軸について対称になっているんだよ。

例題 2

y は x の2乗に比例する関数で，この関数のグラフが点 $(-3,\ -3)$ を通る。このとき，次の問いに答えよ。

(1)　**y を x の式で表せ。**

(2)　**この関数のグラフは上に開いているか，下に開いているか答えよ。**

(3)　**この関数のグラフをかけ。**

(4)　**この関数のグラフと x 軸について対称なグラフで表される関数を答えよ。**

(5)　**(4)の関数と $y=-3x^2$ について，グラフがより開いているのはどちらか答えよ。**

解答と解説

(1)　y は x の2乗に比例する関数であるから，その式は，$y=ax^2$ とおける。

$y=ax^2$ に $x=-3$，$y=-3$ を代入すると，

$$-3=a\times(-3)^2$$

$$a=-\frac{1}{3}$$

通る点は，座標を代入して「=」が成り立つね！

したがって，求める式は，$y=-\frac{1}{3}x^2$ 答

(2)　比例定数が負の数なので，グラフは下に開いている。　答

(3)　$y=-\frac{1}{3}x^2$ について，x と y の対応の表をつくると，

x	…	-4	-3	-2	-1	0	1	2	3	4	…
y	…	$-\frac{16}{3}$	-3	$-\frac{4}{3}$	$-\frac{1}{3}$	0	$-\frac{1}{3}$	$-\frac{4}{3}$	-3	$-\frac{16}{3}$	…

したがって，求めるグラフは次ページの図のようになる。

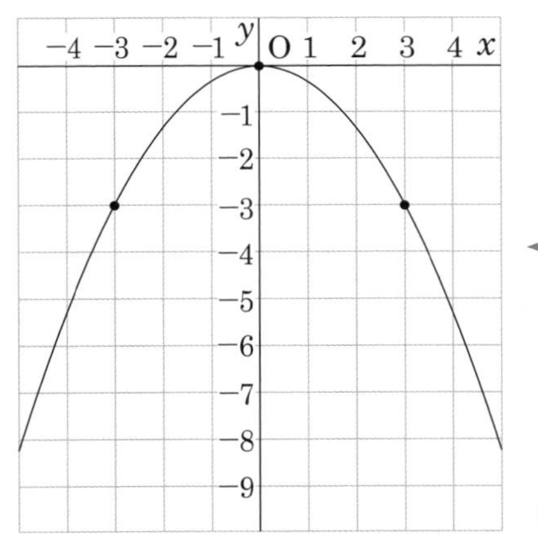

原点を通っていることと，y軸について対称になっていることに注意してグラフをかこう

答

(4)　$y=-\dfrac{1}{3}x^2$ のグラフと x 軸について対称なグラフは，

$y=\dfrac{1}{3}x^2$　答

比例定数の絶対値はそのまま（グラフの開き方はそのまま）で，符号を変えると，x軸について対称になる。一般に，$y=ax^2$ のグラフと $y=-ax^2$ のグラフは，x軸について対称だよ！

(5)　$y=\dfrac{1}{3}x^2$ について，

比例定数の絶対値は，$\dfrac{1}{3}$

$y=-3x^2$ について，

比例定数の絶対値は，3

したがって，グラフがより開いているのは，

$y=\dfrac{1}{3}x^2$　答

比例定数の絶対値が小さいほう

関数 $y=ax^2$ で，比例定数 a の絶対値が大きいほど，グラフの開き方は小さくなるんだったね！

たとえば，$y=x^2$ と $y=2x^2$ のそれぞれについて，x が 0 から 2 まで増加するときのことを考えてみよう。

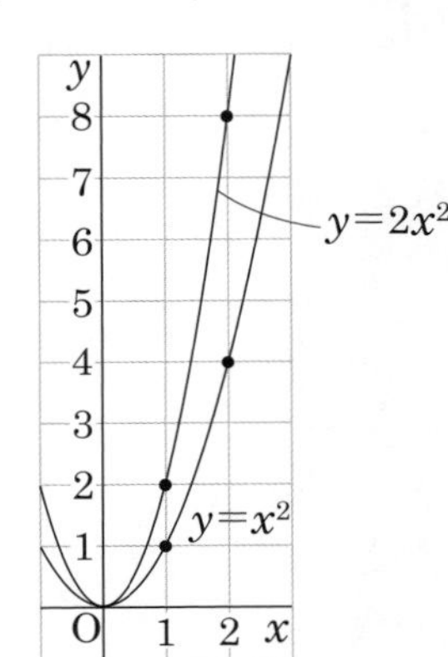

$y=x^2$ について，

$x=0$ のとき，$y=0$

$x=1$ のとき，$y=1$

$x=2$ のとき，$y=4$

$y=2x^2$ は，

$x=0$ のとき，$y=0$

$x=1$ のとき，$y=2$

$x=2$ のとき，$y=8$

比例定数の絶対値が大きい $y=2x^2$ のほうは，x の値の変化にともなって y の値が急激に変化しているから，グラフの開き方が小さいね。

逆に，比例定数の絶対値が小さい $y=x^2$ のほうは，x の値の変化にともなう y の値の変化がゆるやかだから，グラフの開き方が大きいんだね！

ポイント 関数 $y=ax^2$ のグラフ

関数 $y=ax^2$ （a は 0 ではない定数）のグラフは，

❶ 原点を通る y 軸について対称な**放物線**である。放物線の**頂点**は原点，放物線の**軸**は対称の軸であり，y 軸と一致する。

❷ a の絶対値が大きくなると，グラフの開き方は小さくなり，a の絶対値が小さくなると，グラフの開き方は大きくなる。

❸ $a>0$ のとき，グラフは x 軸の上側にあり，上に開く。
$a<0$ のとき，グラフは x 軸の下側にあり，下に開く。

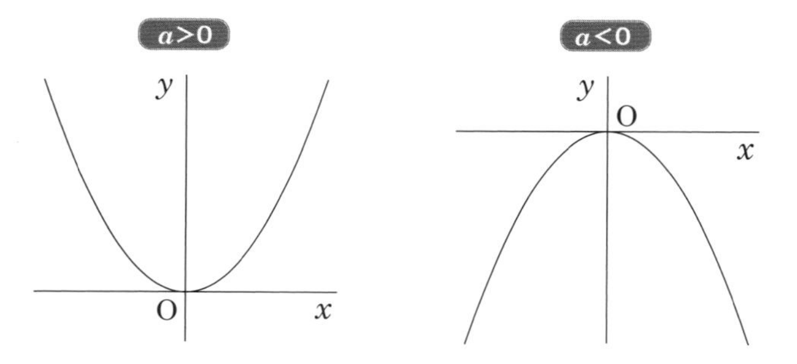

❹ x 軸について対称となるグラフの式は，$y=-ax^2$

第 2 節　関数 $y=ax^2$ の値の変化

1　関数 $y=ax^2$ の変域とグラフ

関数 $y=ax^2$（ただし，a は 0 ではない定数）の値の変化のしかたは，これまで学習してきた比例 $y=ax$ や1次関数 $y=ax+b$ とはかなり異なるんだ。関数 $y=ax+b$ とくらべて確認しよう。

関数 $y=ax+b$ は，**グラフ**が直線だから，x の値が増加するときに y の値が増加するか減少するかは，x の係数 a（直線の**傾き**）の符号によって決まるよね。

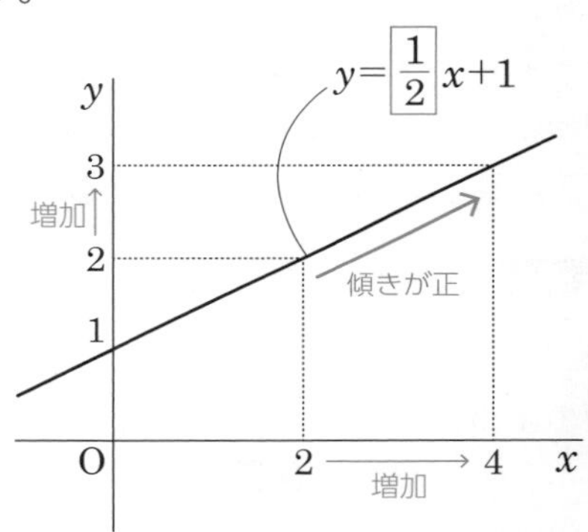

$a>0$（傾きが正）のときは，x が増加すると，y も増加するね。

例1　$y=\frac{1}{2}x+1$

$a<0$（傾きが負）のときは，x が増加すると，y は減少するね。

例2　$y=-\frac{1}{2}x+3$

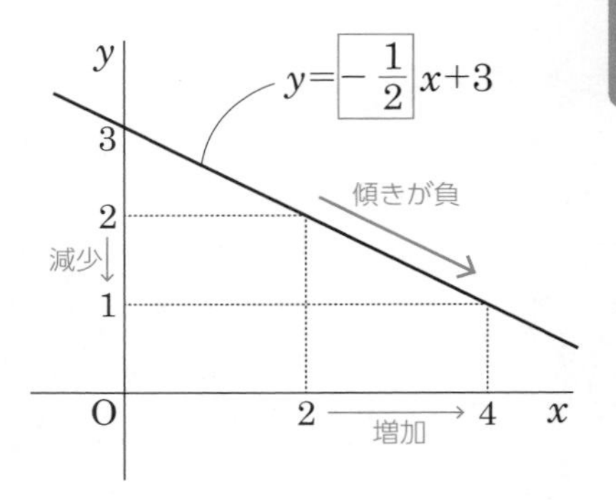

一方，関数 $y=ax^2$ のグラフは直線ではなく，原点を通って y 軸について対称な放物線だね。このような関数では，x の値が増加するときに y の値が増加するか減少するかは，x^2 の係数 a の符号だけでなく，x の変域によっても変わってくるんだよ。

例3　$y=x^2$

x^2 の係数が正だから，グラフは次ページの図のように，上開きの放物線になるね。

グラフを見ると，$x<0$ の範囲（y 軸の左側）では，x が増加すると，y は減少しているね。

逆に，$x>0$ の範囲（y 軸の右側）では，x が増加すると，y は増加しているね。

変わり目は$x=0$ のところだね！　$x=0$ のところで，y が減少しきって最も小さい値（**最小値**）$y=0$ をとり，そのあと増加していくのがグラフから読み取れるね。

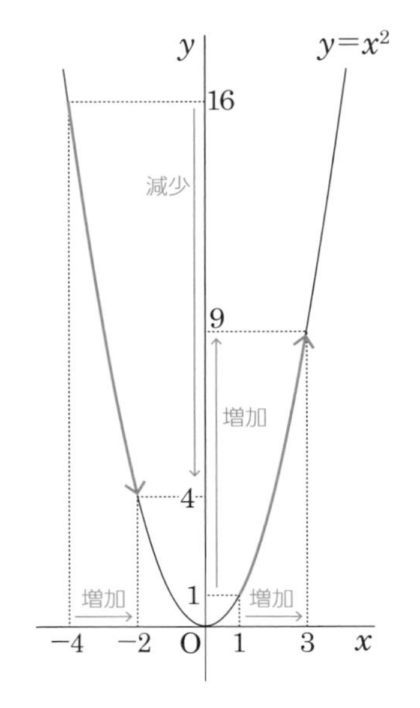

このように，関数 $y=ax^2$ で $a>0$ の場合は，頂点（原点O）で y が最小値 0 をとるんだ。そしてその左側（$x<0$）では x が増加すると y は減少し，右側（$x>0$）では x が増加すると y も増加するよ！

例4　$y=-x^2$

x^2 の係数が負だから，グラフは右下の図のように，下開きの放物線になるね。

このグラフは**例3**とは逆に，$x<0$ の範囲（y 軸の左側）では，x が増加すると y は増加しているね。

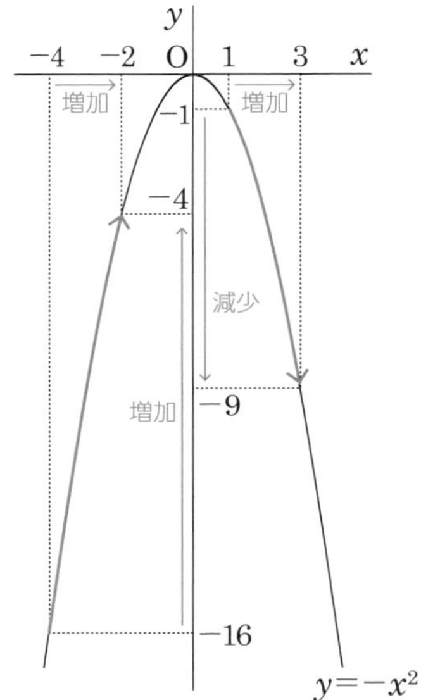

そして $x=0$ のところで y が最も大きい値（**最大値**）$y=0$ をとり，そのあと $x>0$ の範囲（y 軸の右側）では，x が増加すると y は減少していくね。

このように，関数 $y=ax^2$ で $a<0$ の場合は，頂点（原点O）で y が最大値 0 をとるんだ。そしてその左側（$x<0$）では x が増加すると y も増加し，右側（$x>0$）では x が増加すると y は減少するよ！

> 関数 $y=ax^2$ において x の値が増加するとき，y の値は，
> ❶　$a>0$ のとき，$x<0$ で減少，$x=0$ で最小値 0，$x>0$ で増加
> ❷　$a<0$ のとき，$x<0$ で増加，$x=0$ で最大値 0，$x>0$ で減少

これをふまえて，関数 $y=ax^2$ の**変域**について学習しよう。

例5 **関数 $y=x^2$ について，x の変域が $-3 \leqq x \leqq -1$ のとき，y の変域を求めよ。**

この問題の条件でまず注目するべきなのは，x^2 の係数だよ。x^2 の係数は1で正だから，グラフは上開きの放物線になるね。

次に，x の変域が，$x<0$ の範囲の中におさまっていることに注目しよう。上開きの放物線で，$x<0$ の範囲では，x が増加するにしたがって，y は減少していくね。

$x=-3$ のとき，$y=(-3)^2=9$

$x=-1$ のとき，$y=(-1)^2=1$

したがって，x の変域が $-3 \leqq x \leqq -1$ のときの $y=x^2$ のグラフは，右の図の実線部分になるね。

求める y の変域は，$1 \leqq y \leqq 9$ 答

このように，変域の問題は，グラフを利用して解いていこう。

でも，この問題では結局，x の変域の左端の値 $x=-3$ と，右端の値 $x=-1$ を代入したら，y の変域の端の値が出てきたよね。グラフをかかないで解いたほうが早いんじゃない？

いやいや，その考え方はあぶないぞ。試しに，次の**例6**をその方法でやってごらん。

例6 **関数 $y=x^2$ について，x の変域が $-1 \leqq x \leqq 2$ のとき，y の変域を求めよ。**

変域の左端の値と右端の値を代入して，

$x=-1$ のとき，$y=(-1)^2=1$

$x=2$ のとき，$y=2^2=4$

だから，$1 \leqq y \leqq 4$ でしょ？

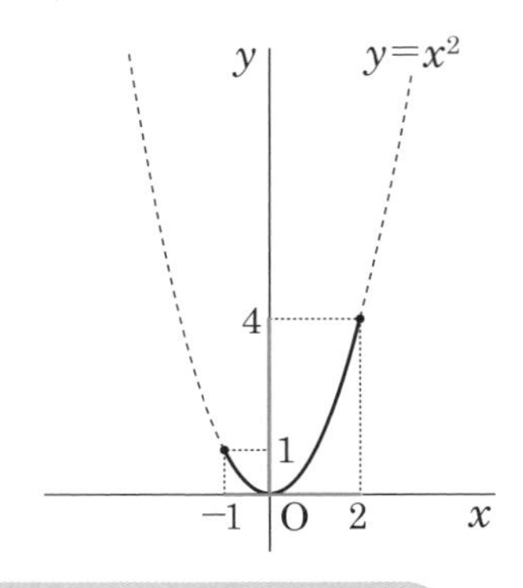

ところが，グラフをかくと，それは間違いであることがわかるんだ。

この場合，x の変域が，$x<0$ の範囲から $x>0$ の範囲までまたがっていて，グラフが原点Oを通るね。だから，y の最小値は 0 になるんだ。グラフは右の図のようになるので，求める y の変域は，

$0 \leqq y \leqq 4$ 答

なるほど……グラフをかくのがめんどうだからといって，端の値を代入して変域を求めようとすると，正しい変域がわからない場合もあるんだね。

1次関数は，増え続けるか減り続けるグラフだから，端の値を代入すれば，最大値と最小値を求めることができたけれど，2乗に比例する関数は，増え続けるか減り続けるグラフではないね。とくに 例6 のように，x の変域に 0 が含まれる場合は注意が必要だよ。

例題 1

関数 $y=ax^2$ について，x の変域が $-2 \leqq x \leqq 3$ のとき，y の変域が $-6 \leqq y \leqq 0$ であるような定数 a の値を求めよ。

考え方

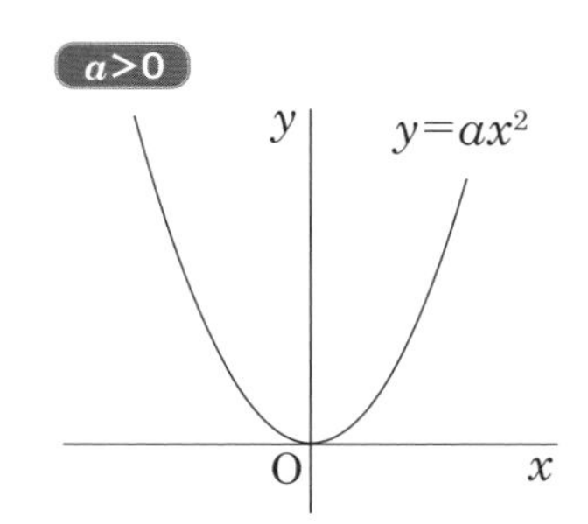

これもグラフを利用して考えるんだけれど，グラフをかくために，上に開いているのか下に開いているのかを知りたいね。それは，y の変域からわかるよ！

関数 $y=ax^2$ のグラフが上に開いているならば，y は 0 以上の値しかとらないね（原点で最小値 $y=0$）。

逆に，関数 $y=ax^2$ のグラフが下に開いているならば，y は 0 以下の値しかとらないね（原点で最大値 $y=0$）。

この問題では，y の変域が 0 以下だから，グラフが下に開いていることがわかるよ。だから，a の値は負だよね！

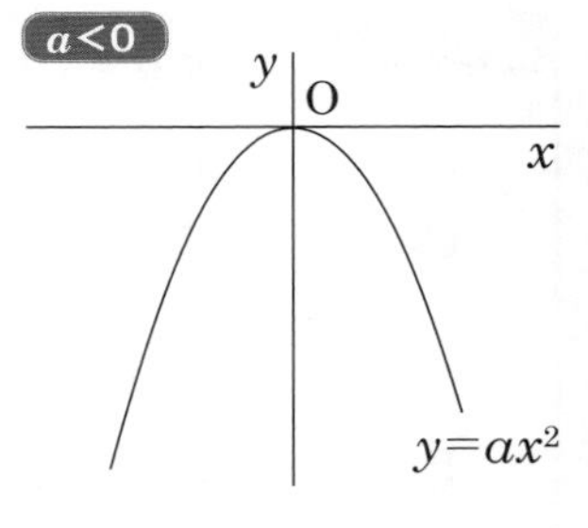

解答と解説

y の変域が 0 以下であるから，$a<0$

グラフは右の図のようになる。

グラフより，関数 $y=ax^2$ は，$x=3$ のとき最小値 $y=-6$ をとる。

左端の点よりも右端の点のほうが，軸から遠い分，y の値が小さくなることが，グラフが y 軸について対称であることからわかるよね！

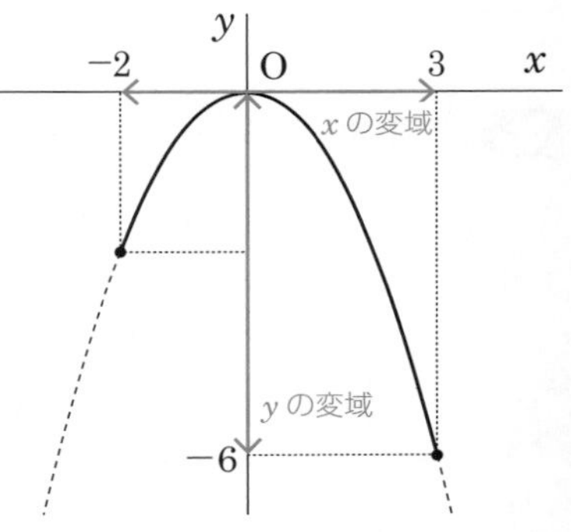

$y=ax^2$ に $x=3$，$y=-6$ を代入し，

$$-6=a\times9$$

$$a=-\frac{2}{3}$$ 答

変域の問題で重要なのは，変域の右端と左端の，どちらが軸（頂点）から離れているかだよ！

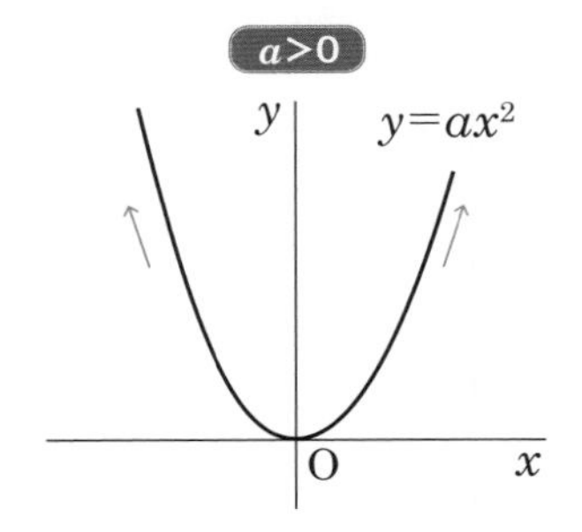

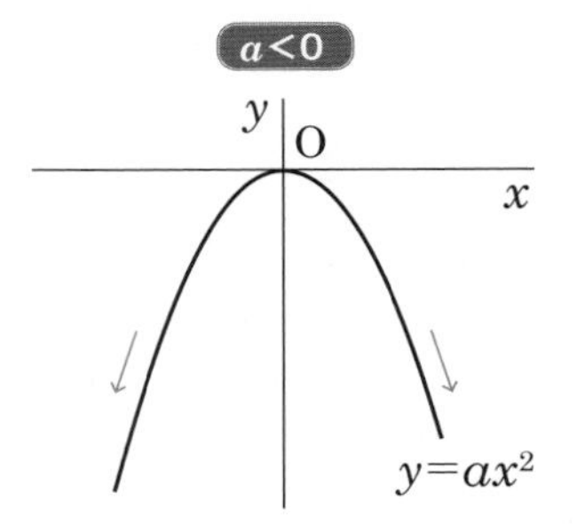

上に開いているグラフは，軸から離れれば離れるほど，y の値は大きくなるね。逆に，下に開いているグラフでは，軸から離れれば離れるほど，y の値は小さくなるね。つまり，次のことがいえるよ！

関数 $y=ax^2$ のグラフでは，軸から離れれば離れるほど，y の絶対値は大きくなる。

ポイント **関数 $y=ax^2$ の変域とグラフ**

関数 $y=ax^2$ の変域の問題では，

❶ グラフを利用して考える。

y の変域が 0 以上 ➡ $a>0$

y の変域が 0 以下 ➡ $a<0$

❷ x の変域に 0 が含まれる場合は，最大値か最小値が 0

2 関数 $y=ax^2$ の変化の割合

中2／第3章／第1節で学習した，**変化の割合**を覚えているかな？ x が 1 増加するときの y の増加量のことだったよね（293ページ）。

$$(\text{変化の割合})=\frac{(y\text{の増加量})}{(x\text{の増加量})}$$

1次関数 $y=ax+b$ では，変化の割合は一定で，x の係数 a に等しかったね（295ページ）。でも，

関数 $y=ax^2$ では，変化の割合は一定ではない

んだ。関数 $y=x^2$ を例として見てみよう！

x	…	0	1	2	3	4	…
y	…	0	1	4	9	16	…

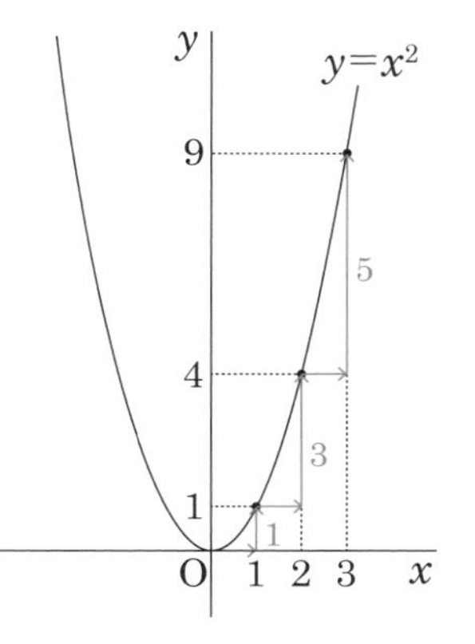

この表を使って，いろいろな範囲での変化の割合を調べると，x の値が 0 から 1 まで増加するときは，

$$(\text{変化の割合})=\frac{1-0}{1-0}=1$$

x の値が 1 から 2 まで増加するときは，

$$(\text{変化の割合})=\frac{4-1}{2-1}=3$$

x の値が 2 から 3 まで増加するときは，

$$(\text{変化の割合})=\frac{9-4}{3-2}=5$$

ほんとうだ！　$y=x^2$ では，調べる範囲を変えると，変化の割合が変わる……変化の割合が一定じゃないんだね。

同じように，関数 $y=-2x^2$ でも見てみよう。

x	…	0	1	2	3	4	…
y	…	0	-2	-8	-18	-32	…

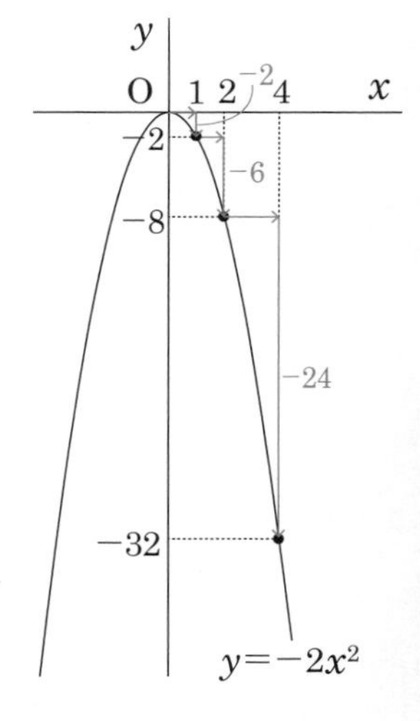

x の値が 0 から 1 まで増加するときは，

$$(\text{変化の割合})=\frac{-2-0}{1-0}=-2$$

x の値が 1 から 2 まで増加するときは，

$$(\text{変化の割合})=\frac{(-8)-(-2)}{2-1}=-6$$

x の値が 2 から 3 まで増加するときは，

$$(\text{変化の割合})=\frac{(-18)-(-8)}{3-2}=-10$$

またたとえば，x の値が 2 から 4 まで増加するときは，

$$(\text{変化の割合})=\frac{(-32)-(-8)}{4-2}=\frac{-24}{2}=-12$$

やっぱり，変化の割合は変わりつづけているね！

2乗に比例する関数は，変化の割合が一定じゃないから，「この範囲での変化の割合を求めよ」という問題が出たら，与えられた範囲の値を使って，計算して求めなきゃいけないんだね。

そうなんだ。でも，いちいち計算するのは，けっこうたいへんだよね。

そこで，この変化の割合の計算を，文字を使って一般的な形にしてみよう。そうすると，計算しやすい式ができるよ。

関数 $y=ax^2$ (ただし, a は 0 ではない定数)で, x の値が p から q まで変化するときのことを考えるとしよう(ただし, $p<q$ とする)。

文字を使って一般的に表す

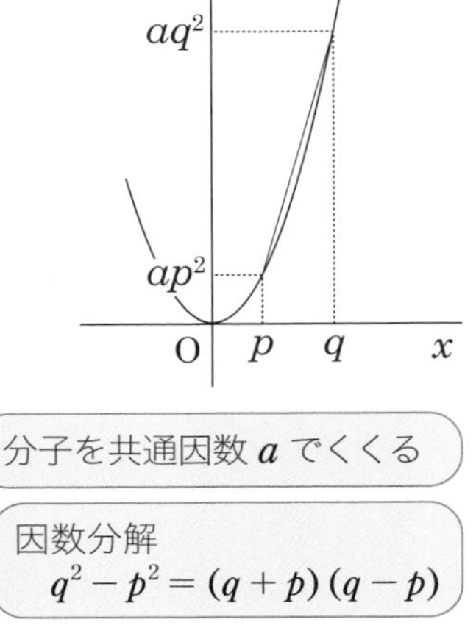

$x=p$ のとき, $y=ap^2$
$x=q$ のとき, $y=aq^2$

したがって, この範囲での変化の割合は,

$$
\begin{aligned}
(\text{変化の割合}) &= \frac{aq^2-ap^2}{q-p} \\
&= \frac{a(q^2-p^2)}{q-p} \\
&= \frac{a(q+p)(q-p)}{q-p} \\
&= a(q+p) \\
&= a(p+q)
\end{aligned}
$$

分子を共通因数 a でくくる

因数分解 $q^2-p^2=(q+p)(q-p)$

$q-p$ で約分

簡単な形になったね! まとめると, 次のようになるんだ。

> **関数 $y=ax^2$ において, x が p から q まで増加するとき,**
>
> **(変化の割合) $= a(p+q)$**
>
> (a: 比例定数, p: スタート, q: ゴール)

いくつか例を通して確認しておこう。

例 1 $y=2x^2$ において, x が 1 から 3 まで増加するときの変化の割合

(変化の割合) $=\dfrac{(y\text{の増加量})}{(x\text{の増加量})}$ を用いて計算すると,

(変化の割合) $=\dfrac{2\times3^2-2\times1^2}{3-1}=\dfrac{18-2}{2}=8$ ……①

一方, (変化の割合) $=a(p+q)$ を用いて計算すると,

(変化の割合) $=2\times(1+3)=8$ ……②

①と②は, たしかに一致するね!

例2　$y=-3x^2$ において，x が 3 から 5 まで増加するときの変化の割合

$(\text{変化の割合})=\dfrac{(y\text{の増加量})}{(x\text{の増加量})}$　を用いて計算すると，

$$(\text{変化の割合})=\frac{-3\times5^2-(-3)\times3^2}{5-3}=\frac{-75+27}{2}=-24\quad\cdots\cdots①$$

一方，$(\text{変化の割合})=a(p+q)$ を用いて計算すると，

$$(\text{変化の割合})=-3\times(3+5)=-24\quad\cdots\cdots②$$

この①と②もたしかに一致するね！

この式 $(\text{変化の割合})=a(p+q)$ の中には，変化のスタート地点の値 p と，変化のゴール地点の値 q が入っているね。このことからも，

関数 $y=ax^2$ では，変化の割合は一定ではなく，変化のスタート地点とゴール地点の値によって変わる

ということがわかるね！

例題 2

関数 $y=ax^2$ で，x の値が -3 から 1 まで増加するときの変化の割合が，関数 $y=4x-1$ の変化の割合と等しくなった。このときの a の値を求めよ。

解答と解説

関数 $y=ax^2$ で，x の値が -3 から 1 まで増加するときの変化の割合は，

$$a\times(-3+1)=-2a$$

（$a(p+q)$ に，$p=-3$，$q=1$ を代入）

また，関数 $y=4x-1$ の変化の割合は，4

（1次関数の変化の割合は，x の係数）

したがって，

$$-2a=4$$

$$a=-2\quad \text{答}$$

ポイント　関数 $y=ax^2$ の変化の割合

関数 $y=ax^2$ の x の値が p から q まで増加するときの変化の割合は，

$a(p+q)$

第 3 節　いろいろな事象と関数

1　関数 $y=ax^2$ の利用

さて，いろいろ学習してきた**関数 $y=ax^2$** だけど，僕たちの身のまわりにかかわりの深い例の1つとして，**自由落下**（じゆうらっか）というものがあるよ！

自由落下とは，物体が重力のはたらきだけを受けて落ちる現象だよ。くわしくは高校の物理で学習するけれど，物を高いところから自然に落とすとき，落ち始めてから x 秒後までに落ちる距離を ym とすると，x と y の関係は，

$$y=4.9x^2$$

となるんだ！　y は x の2乗に比例する関数になっているんだね。物体が「ある時間までに落ちる距離」(y) は，その物体の重さや大きさには直接関係なく，経過した時間 (x) の2乗に比例する，ということだよ！

例題 1

高いところからボールを落とすとき，落ち始めてから x 秒後までに落ちる距離を ym とすると，x と y の関係は，$y=4.9x^2$ となる。落ち始めて2秒後から5秒後までの平均の速さを求めよ。

解答と解説

2秒後から5秒後までに落下した時間は，

$$5-2=3(\text{秒})$$

2秒後までに落下した距離は，4.9×2^2(m)

5秒後までに落下した距離は，4.9×5^2(m)

落ち始めて2秒後から5秒後までに落下した距離は，

$$4.9\times 5^2-4.9\times 2^2=4.9\times(25-4)$$
$$=102.9(\text{m})$$

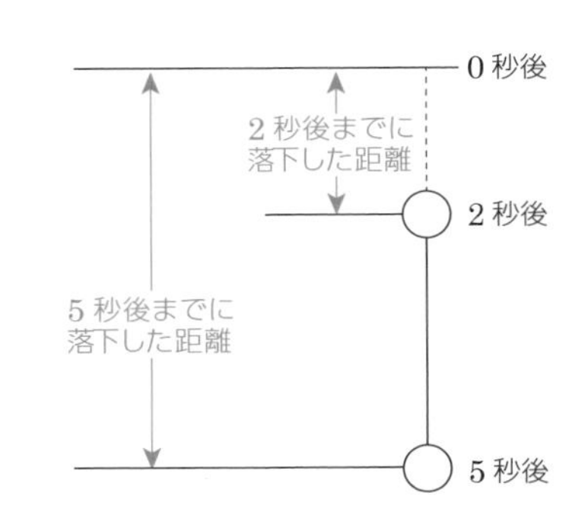

したがって，

$$(\text{平均の速さ})=\frac{102.9}{3}$$
$$=34.3(\text{m/s})$$ 答

(平均の速さ) ＝ $\dfrac{(\text{落下した距離})}{(\text{かかった時間})}$

別　解

$$（平均の速さ）=\frac{（落下した距離）}{（かかった時間）}$$
=（1秒間あたりに落ちる距離）
=（x が1増加するときの y の増加量）
=（変化の割合）

であるから，

$$（平均の速さ）=4.9\times(2+5)$$
$$=34.3(\text{m/s})$$ 答

← $y=ax^2$ において x が p から q まで増加するとき，
（変化の割合）$=a(p+q)$

平均の速さを求めたかったら，**変化の割合**を求めるって考えたほうが楽だね♪

ポイント　関数 $y=ax^2$ の利用

平均の速さは，変化の割合を利用して求める。

2 図形上の点の移動（関数 $y=ax^2$ の利用）

関数 $y=ax^2$ について学習したことは，他にもいろいろな問題に応用できるんだ。次は，図形上の点が移動する問題をあつかっていくよ。

例題 2

右の図の長方形ABCDで，点P，Qは頂点Aを同時に出発し，Pは辺AD上をDまで秒速1cm，Qは辺AB上をBまで秒速2cmで動く。いま，この2点がAを出発してから x 秒後の△APQの面積を $y\text{cm}^2$ とするとき，次の問いに答えよ。

(1)　x がとりうる値の範囲を求めよ。

(2)　y を x の式で表せ。

(3)　△APQ の面積が 9cm^2 となるのは何秒後かを求めよ。

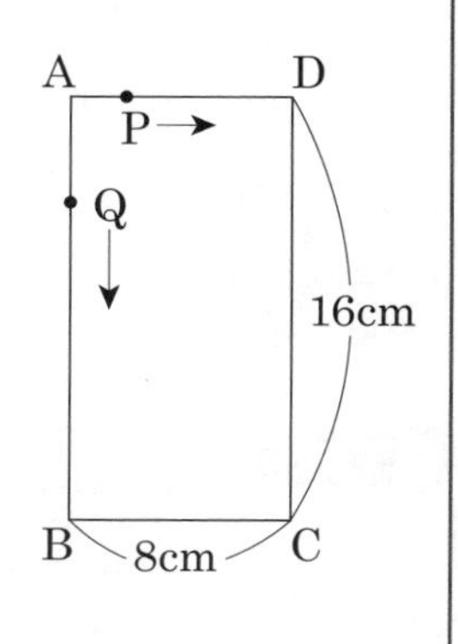

解答と解説

(1) xは，2点P，QがAを出発してからの経過時間であるから，

$x \geqq 0$ ……①

時間が負の数になることはないね！

△APQで，底辺をAP，高さをAQとすると，

x秒後には，

AP $= x$ cm，AQ $= 2x$ cm

PがDに到達するとき，

$x = 8$ ……②

QがBに到達するとき，

$2x = 16$

$x = 8$ ……③

①～③より，

$0 \leqq x \leqq 8$ 答

②・③より，Pは8秒後にDに着き，Qは8秒後にBに着く

(2) △APQ $= \frac{1}{2} \times$ AP $\times$ AQなので，

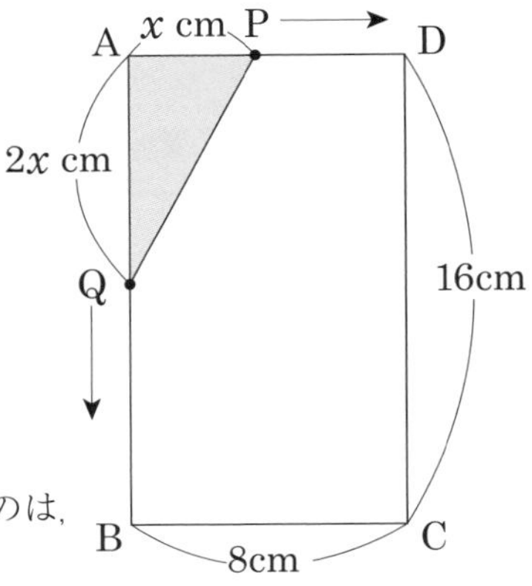

$y = \frac{1}{2} \times x \times 2x$

$y = x^2$ 答

(3) $y = x^2$に$y = 9$を代入すると，

$9 = x^2$

$x = \pm 3$

(1)より，$0 \leqq x \leqq 8$ であるから，

$x = 3$

したがって，△APQの面積が9cm^2となるのは，

3秒後 答

図形が変化する問題は，x秒後の図形を考えることがポイントなんだね！

ポイント 図形上の点の移動

x秒後の図形を考えて，条件から，y を x で表して考察する。

3 いろいろな関数

ここまでは，関数 $y=ax+b$ や関数 $y=ax^2$ を学習してきたけれど，じつは他にも，さまざまな**関数**があるんだよ。

例題 3

下の表は，ある電話会社の料金プランをまとめたものである。

	1か月の基本使用料	通話時間に応じて加算される料金
料金プラン	はじめの60分まで1750円	60分を超えると30分ごとに250円ずつ加算

この表をもとに，通話時間をx分としたときの通話料金をy円として，$0 \leqq x \leqq 150$ のときのxとyの関係をグラフに表せ。

解答と解説

料金が変わるところに気をつけて場合分けをする

60分までは1750円なので，

$0 \leqq x \leqq 60$のとき，$y=1750$

60分を超えると30分ごとに250円ずつ加算されるので，90分までは

$1750+250=2000$(円)だから，

$60 < x \leqq 90$のとき，$y=2000$

同じように考えて，

$90 < x \leqq 120$のとき，$y=2250$

$120 < x \leqq 150$のとき，$y=2500$

したがって，グラフは右のようになる。

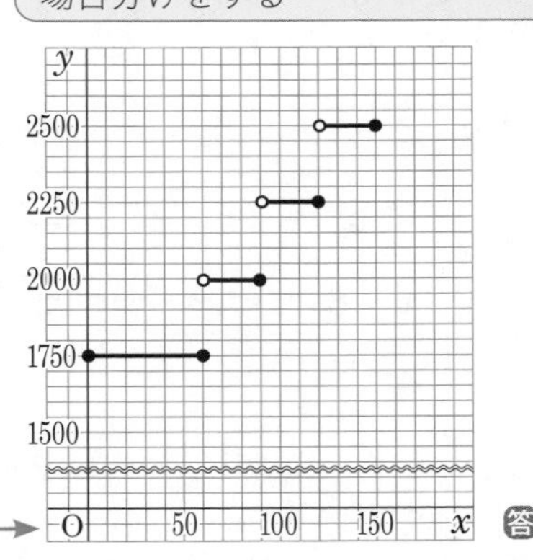

この例題の答えは，階段状のグラフになるね。図の中の「o」はグラフが端を含まないことを表し，「•」はグラフが端を含むことを表すよ！

$0 \leqq x \leqq 150$ の範囲において，xの値を1つ決めると，yの値もただ1つに決まるよね。だから，yはxの関数であるといえるね！

ポイント いろいろな関数

関数には，関数 $y=ax+b$ や関数 $y=ax^2$ などの他にも，さまざまな種類がある。

4 放物線と直線

次に，関数 $y=ax^2$ が表す放物線と，関数 $y=ax+b$ が表す**直線**について考えてみよう！

放物線と直線の交点は，放物線上にも，直線上にもあるよね。ということは，交点の座標は，放物線の式も，直線の式も満たすね！　だから，次のことがいえるよ！

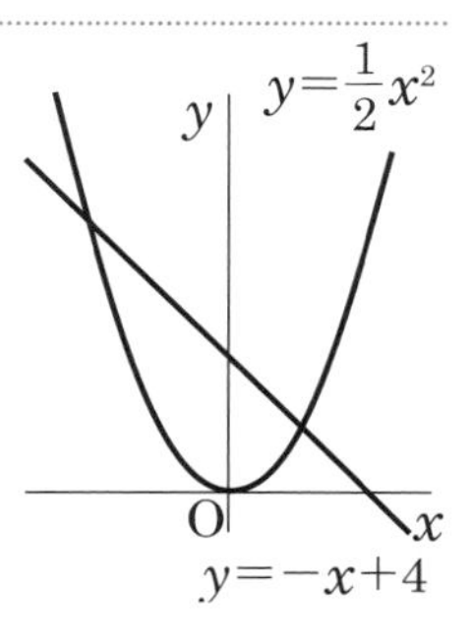

放物線の式と直線の式を連立方程式として解いた解が，交点の座標である。

例　**放物線 $y=\frac{1}{2}x^2$ と直線 $y=-x+4$ との交点を求めよ。**

$y=\frac{1}{2}x^2$ と $y=-x+4$ のグラフの交点の座標は，

連立方程式，

$$\begin{cases} y=\frac{1}{2}x^2 & \cdots\cdots① \\ y=-x+4 & \cdots\cdots② \end{cases}$$

の解の組 $(x,\ y)$ になるよ！　①・②より，

$$\frac{1}{2}x^2=-x+4$$

（yを消去したよ！）

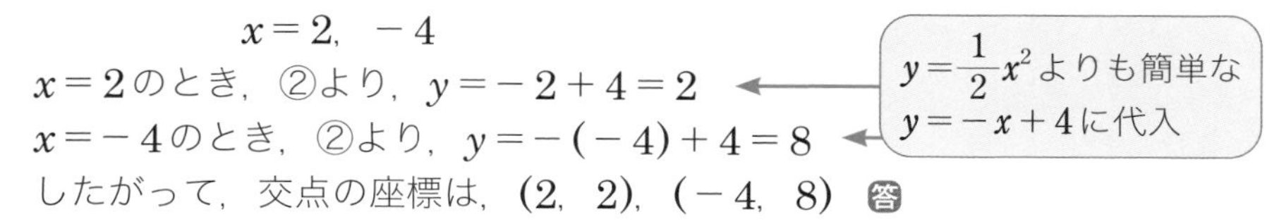

$$x^2+2x-8=0$$
$$(x-2)(x+4)=0$$
$$x=2,\ -4$$

$x=2$ のとき，②より，$y=-2+4=2$

$x=-4$ のとき，②より，$y=-(-4)+4=8$

したがって，交点の座標は，$(2,\ 2)$，$(-4,\ 8)$ 答

さて，もっと難しいパターンの問題を解けるようになるために，中点（ちゅうてん）の求め方を押さえておこう。

中　点

$A(x_1,\ y_1)$，$B(x_2,\ y_2)$ であるとき，
線分ABの中点Mの座標は，

$$\left(\frac{x_1+x_2}{2},\ \frac{y_1+y_2}{2}\right)$$

これを利用して，次の**例題4**を考えよう。

例題4

右の図で，Oは原点，関数 $y=\frac{1}{2}x^2$ のグラフ上に2点A，Bがあり，x座標はそれぞれ-4，2である。また，Cは直線ABとy軸との交点である。次の問いに答えよ。

(1) 直線ABの式を求めよ。

(2) △OABの面積を求めよ。

(3) 原点を通り，△OABの面積を2等分する直線の式を求めよ。

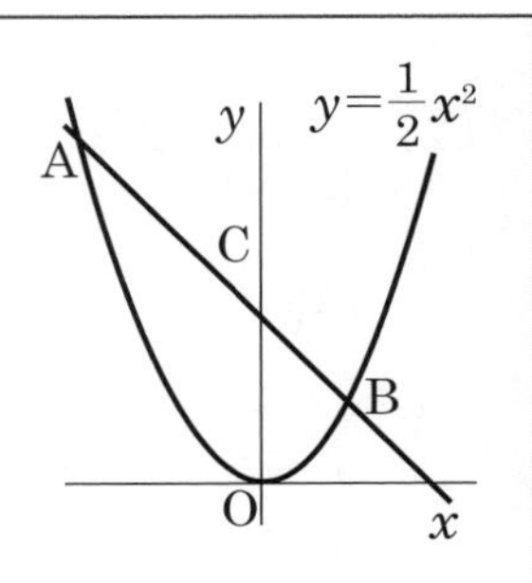

解答と解説

(1) 2点A，Bは関数 $y=\frac{1}{2}x^2$ のグラフ上にあるので，それぞれのx座標-4，2を代入してy座標を求める。

$x=-4$のとき，$y=\frac{1}{2}\times(-4)^2=8$であるから，A$(-4,\ 8)$

$x=2$のとき，$y=\frac{1}{2}\times2^2=2$であるから，B$(2,\ 2)$

2点A$(-4,\ 8)$，B$(2,\ 2)$を通る直線の傾きは，

$$\frac{2-8}{2-(-4)}=-\frac{6}{6}=-1$$

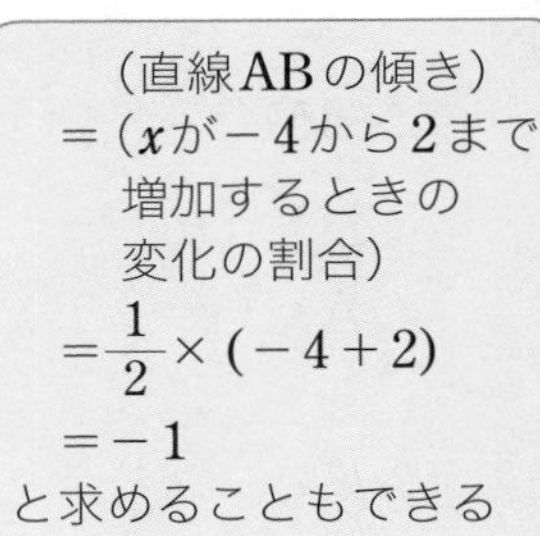

したがって，直線ABの式は，

$y=-x+b$

とおける。この直線は点B$(2,\ 2)$を通るから，

$2=-2+b$

$b=4$

したがって，求める直線ABの式は，$y=-x+4$ 答

(2) 右の図のように2点H，Kをとる。

$$\triangle OAC=OC\times AH\times\frac{1}{2}=4\times4\times\frac{1}{2}=8$$

$$\triangle OBC=OC\times BK\times\frac{1}{2}=4\times2\times\frac{1}{2}=4$$

したがって，求める面積は，

$\triangle OAB=\triangle OAC+\triangle OBC$

$=8+4=12$ 答

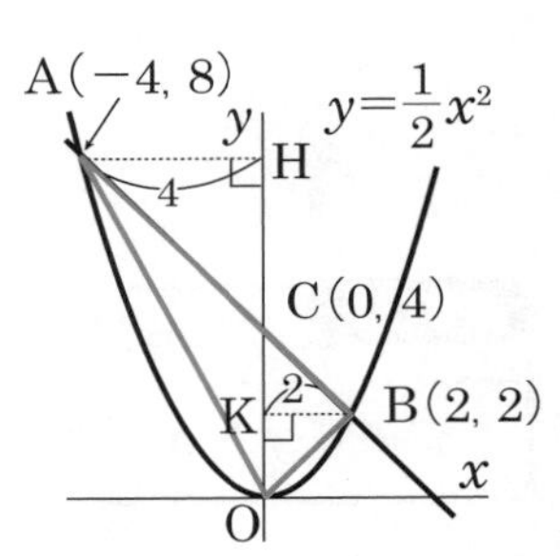

中学1年 中学2年 中学3年

(3)　求める直線は，原点O(0,　0)を通るので，

$y = ax$　……①

の形で表される。これが△OABの面積を2等分するには，辺ABの中点Mを通ればよい。

これがとても大事!!
すぐに下で説明するよ

中点Mの座標は，

$$\mathrm{M}\left(\frac{-4+2}{2},\ \frac{8+2}{2}\right) = (-1,\ 5)$$

直線①がこのM(−1,　5)を通るとき，

$5 = a \times (-1)$

$a = -5$

したがって，求める直線の式は，$y = -5x$　答

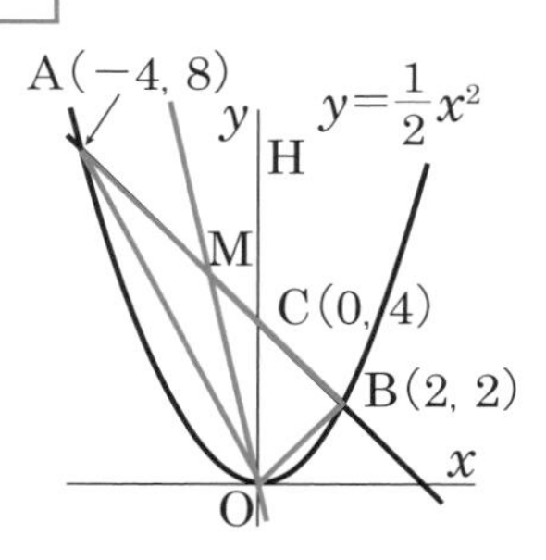

先生！　(3)の直線は，どうしてABの中点Mを通ればいいの？

△OABを，辺ABを底辺とした三角形だと考え，底辺ABから頂点Oまでの高さをhとおくと，△OABの中の△AMOと△BMOの面積は，

$$\triangle \mathrm{AMO} = \frac{1}{2} \times \mathrm{AM} \times h$$

$$\triangle \mathrm{BMO} = \frac{1}{2} \times \mathrm{BM} \times h$$

（三角形の面積）$= \frac{1}{2} \times$（底辺）×（高さ）

となるよね。このとき，MはABの中点で，AM＝BMだから，

$\triangle \mathrm{AMO} = \triangle \mathrm{BMO}$

となる。つまり，原点Oと点Mを通る直線OMは，△OABの面積を2等分するんだ。このパターンは，応用問題としてよく出題されるよ！

三角形の頂点と，底辺の中点を通る直線は，三角形の面積を2等分するんだね。覚えておく！

ポイント　**放物線と直線**

放物線 $y = ax^2$ と直線 $y = px + q$ との交点は，連立方程式の解。

第 1 節　相似な図形

1　相似な図形とその表し方

ここからは，図形について学習していくよ。

小学校の算数で，**拡大図**と**縮図**を学習したね。対応する辺の長さがそれぞれ2倍になるように拡大した図形を，もとの図形の「2倍の拡大図」というんだよね。それから，対応する辺の長さがそれぞれ $\frac{1}{2}$ になるように縮小した図形は，もとの図形の「$\frac{1}{2}$ の縮図」っていうんだよね。

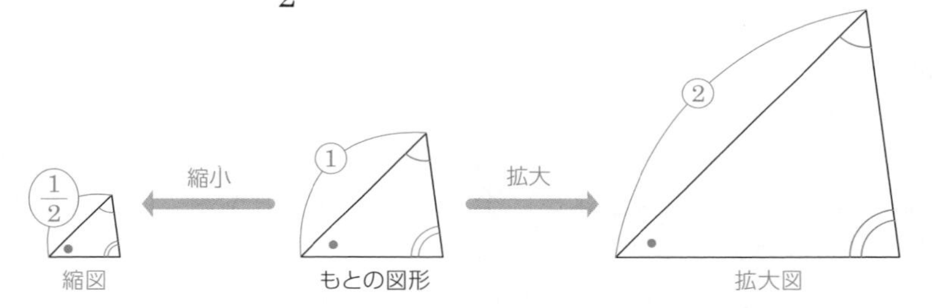

この第5章では，その拡大図・縮図の考え方にもとづいた，「相似」というものを学習するよ！

1つの図形を，一定の割合で拡大または縮小して得られる図形は，もとの図形と**相似**であるというんだ。

簡単にいうと，「図形Aと図形Bが相似である」とは，「AとBは，大きさはちがっても，形は同じ」ということだよ。

相似な図形では，それぞれの辺を一定の割合で拡大または縮小しているわけだから，

❶　対応する線分（辺）の長さの比が，すべて等しい

よ。ある辺は2倍したのに，別の辺は3倍して，また別の辺は4倍して……と比がバラバラになってしまったら，同じ形ではなくなるよね。

また，相似な図形では，大きさはちがっても形は同じだから，

❷　対応する角の大きさが，それぞれ等しい

ということもいえるよ。

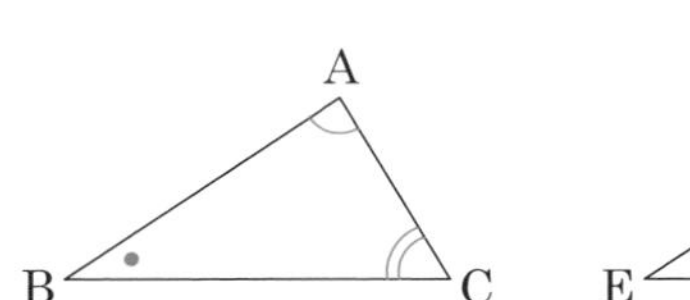

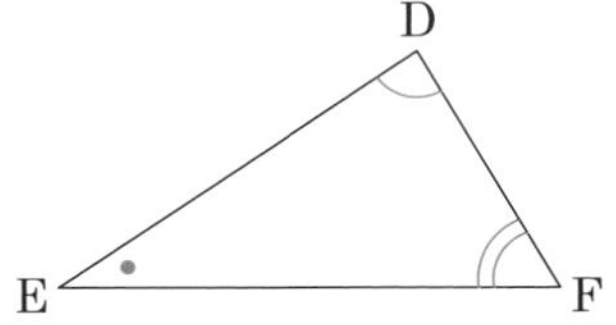

たとえば，上の図のように△ABCと△DEFが相似である場合，

❶　AB：DE＝BC：EF＝CA：FD

（対応する辺の長さの比／対応する辺の長さの比／対応する辺の長さの比）

ABとDE，BCとEF，CAとFDが対応する辺だね

❷　∠A＝∠D，∠B＝∠E，∠C＝∠F

となっているよ！　そして，△ABCと△DEFが相似であることを表すには，「∽」という記号を使って，

△ABC∽△DEF

とかくよ。このとき，中2／第4章／第4節で学習した**合同**の場合（340ページ）と同じように，対応順に注意しよう。対応する頂点が，同じ順番で出てくるようにしなければいけないよ！

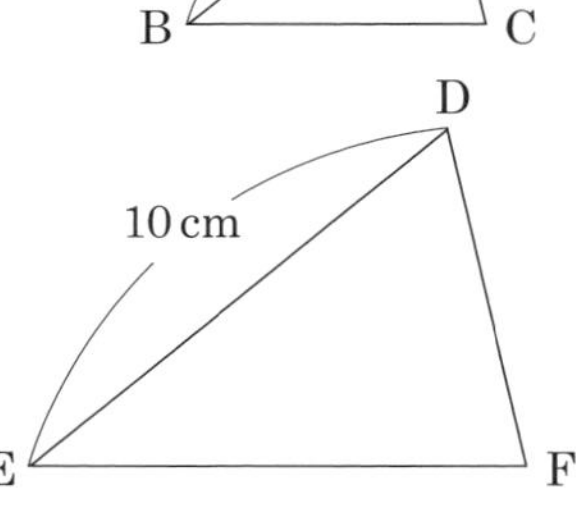

右の図のような，△ABC∽△DEF である2つの三角形があるとするよ。AB＝6cm，DE＝10cmだから，

AB：DE＝6：10＝3：5

だね。そして，2つの図形が相似であれば，対応するすべての辺の長さの比が，すべて同じになるはず（❶）だから，

AB：DE＝BC：EF＝CA：FD＝3：5

だとわかるね！

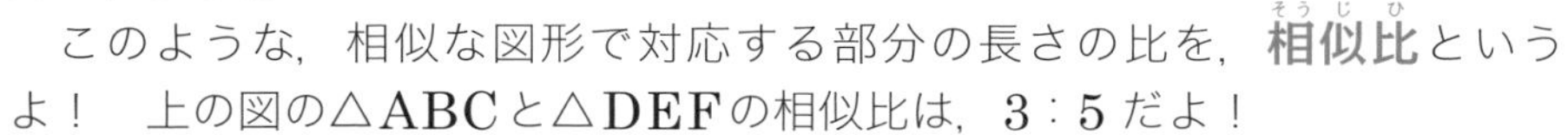

このような，相似な図形で対応する部分の長さの比を，**相似比**（そうじひ）というよ！　上の図の△ABCと△DEFの相似比は，3：5だよ！

例題 1

右の図で，△ABC∽△DEF である。
辺DEの長さを求めよ。

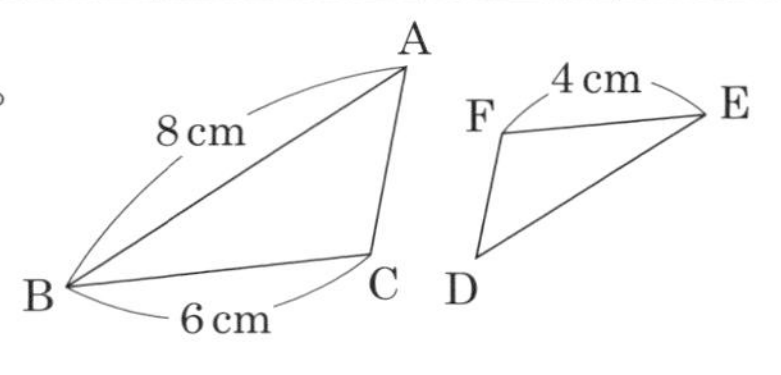

考え方

合同でもそうだったけれど，図形の向きがちがっていても，同じ形であれば相似だよ。どの辺とどの辺が，どの角とどの角が対応しているのかを見きわめよう。

△ABC∽△DEF といわれているから，この表記から，

AB：DE＝BC：EF＝CA：FD

∠A＝∠D，∠B＝∠E，∠C＝∠F

という対応を読み取ることができるね。ここから，△DEFを回転させて，△ABCと向きをそろえてみるといいよ。

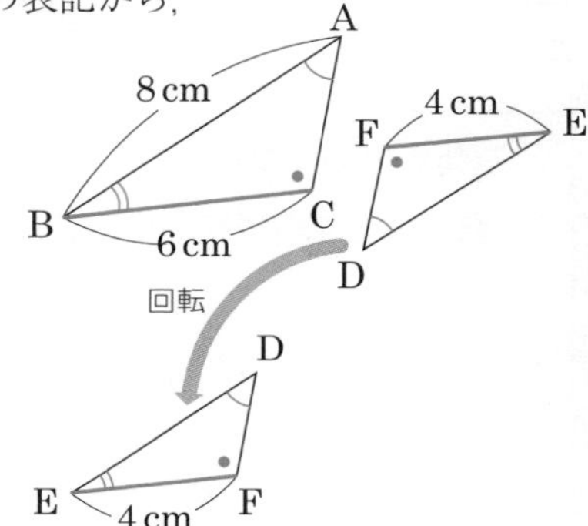

解答と解説

△ABC∽△DEFであるから，辺BCと辺EFが対応しており，

BC：EF＝6：4＝3：2

したがって，△ABCと△DEFの相似比は，3：2

辺ABに対応する辺が求める辺DEであるから，

AB：DE＝3：2

8：DE＝3：2

DE×3＝8×2

$\mathrm{DE}=\dfrac{16}{3}$ (cm) 答

相似な2つの三角形では，対応する辺の長さの比が，すべて等しいね。その比が相似比で，この場合の相似比は3：2だね！

ポイント　相　似

1つの図形を一定の割合で拡大または縮小して得られる図形は，もとの図形と**相似**であるという。相似な図形では，

❶ 対応する線分の長さの比が，すべて等しい。

❷ 対応する角の大きさが，それぞれ等しい。

△ABC∽△DEFのとき，

❶ AB：DE＝BC：EF＝CA：FD

❷ ∠A＝∠D，∠B＝∠E，∠C＝∠F

❶ の比を**相似比**という。

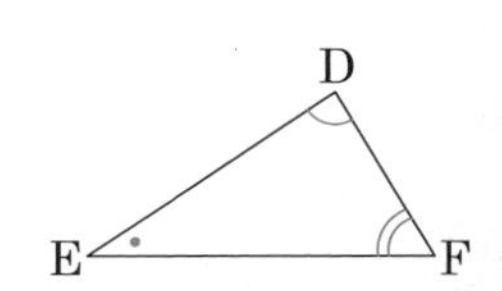

2 三角形の相似条件

中２／第４章／第４節で，三角形の合同条件を学習したよね。同じように，**三角形の相似条件**もあるよ！ 2つの三角形は，次の ❶〜❸ のうちいずれかが成り立つとき，相似であることがわかっているんだ。

三角形の相似条件

❶ 3組の辺の比が，すべて等しい。

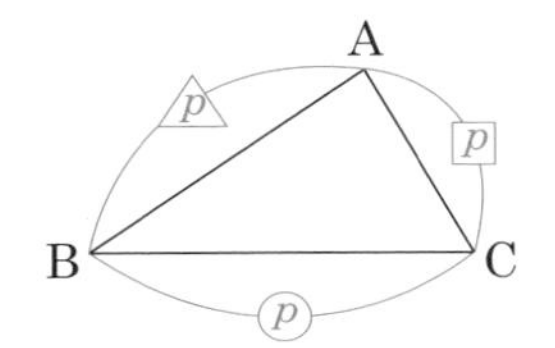

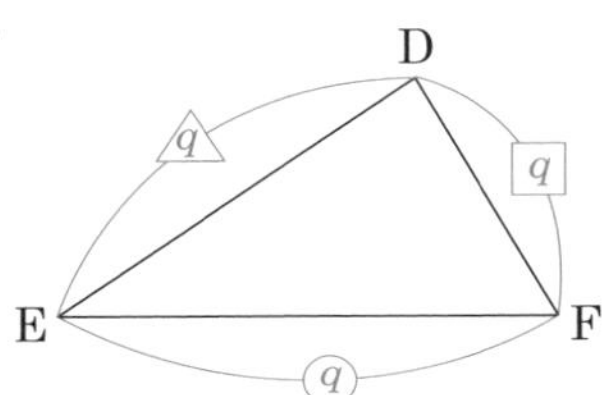

AB：DE＝BC：EF＝CA：FD
ならば，**△ABC∽△DEF**

❷ 2組の辺の比とその間の角が，それぞれ等しい。

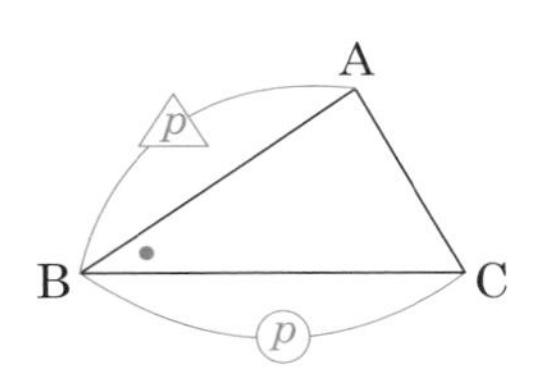

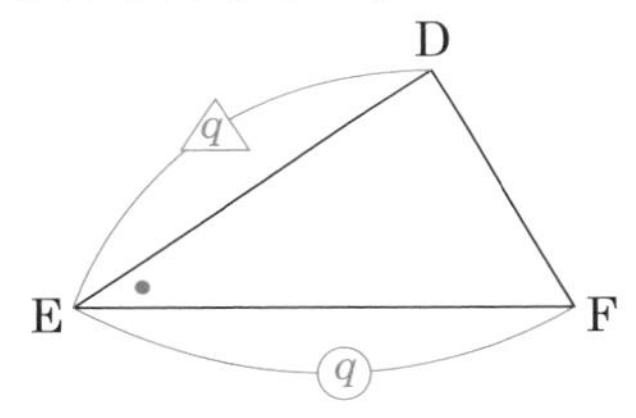

AB：DE＝BC：EF，∠B＝∠E
ならば，**△ABC∽△DEF**

❸ 2組の角が，それぞれ等しい。

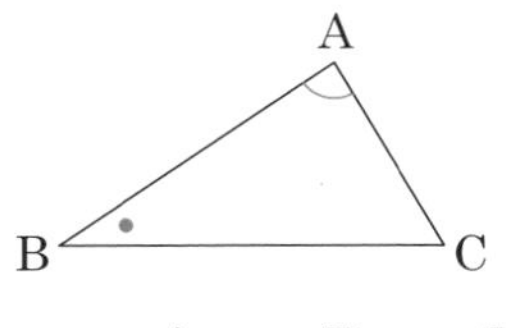

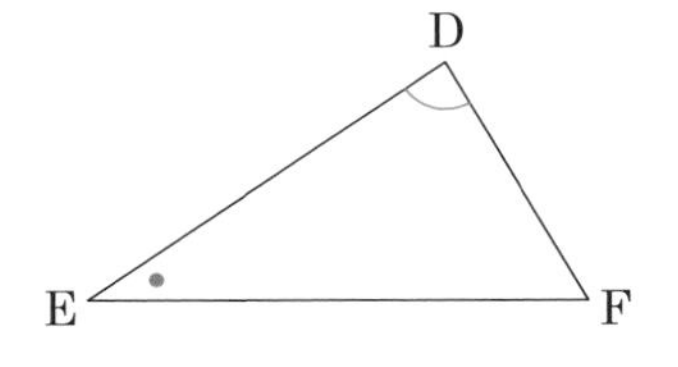

∠A＝∠D，∠B＝∠E
ならば，**△ABC∽△DEF**

合同条件のときと同じように，相似条件も3つ覚えるんだね……

そうだね。合同条件にも似たような条件があったから，比較してちがいをしっかり理解すると覚えやすいよ！

三角形の合同条件	三角形の相似条件
❶ 3組の辺がそれぞれ等しい。	❶ 3組の辺の比が，すべて等しい。
❷ 2組の辺とその間の角が，それぞれ等しい。	❷ 2組の辺の比とその間の角が，それぞれ等しい。
❸ 1組の辺とその両端の角が，それぞれ等しい。	❸ 2組の角が，それぞれ等しい。

❶ と ❷ は，辺そのものの長さが同じでなくても，比が同じであれば相似だといえる，ということだね！

❸ も，辺の長さは関係なく，2組の角の大きさが同じであれば相似だ，ということだよ。ちなみに，三角形の2組の角が等しければ，自動的にもう1組の角も等しくなるよね（下の図を参照）。

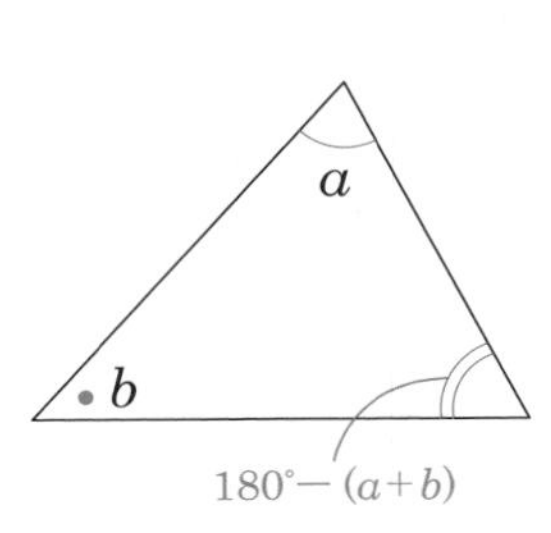

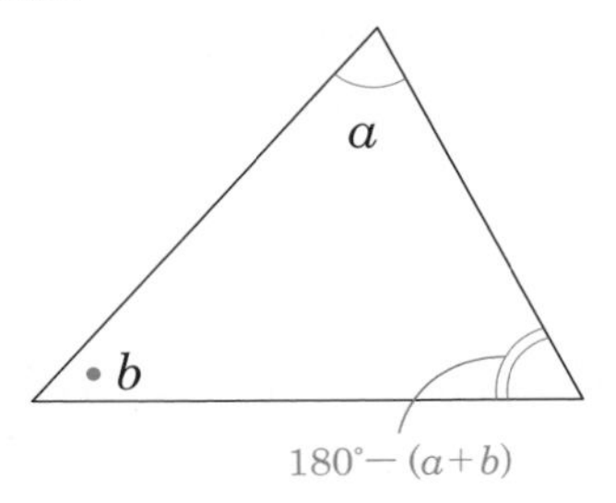

じつは，相似条件では，❸ を使うことが一番多いんだ。だから，❸ を一番最初に覚えてほしいな。

中学1年 中学2年 中学3年

例題 2

次の図の中から，相似な三角形の組を選び出し，相似条件を示したうえで記号∽を使って表せ。

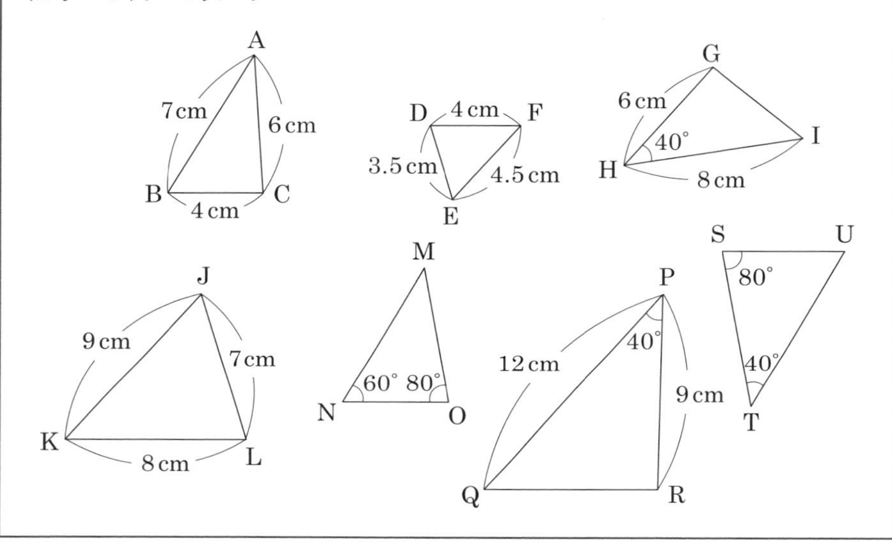

考え方

3つの相似条件それぞれについて，適用できるものを探してみよう。

❶「3組の辺の比が，すべて等しい」を使うためには，3辺の長さがわかっていることが必要だね。△ABC，△DEF，△JKLに注目しよう。

❷「2組の辺の比とその間の角が，それぞれ等しい」を使うためには，2辺の長さと，その間の角の大きさがわかっている必要があるね。辺の長さから，比を計算してたしかめるといいよ。△GHIと△PQRに注目だ。

❸「2組の角が，それぞれ等しい」を使うためには，2角の大きさがわかっていなければいけないね。△MNOと△STUに注目だよ！

ただし，ここで「△ABC」とか「△DEF」とかかいているのは，まだ対応順を考える前だからね。答案にかくときは，相似な三角形どうしの対応順を考えてかかなければいけないよ！

解答と解説

△DEFと△LJKで，

DE：LJ＝3.5：7＝1：2

EF：JK＝4.5：9＝1：2

FD：KL＝4：8＝1：2

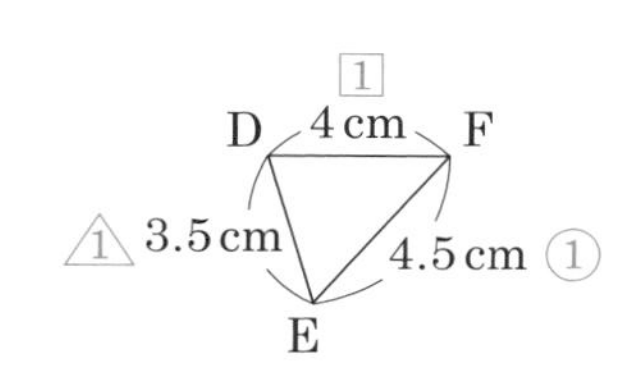

したがって，

$DE:LJ=EF:JK=FD:KL$

3組の辺の比がすべて等しいので，

△DEF∽△LJK 答

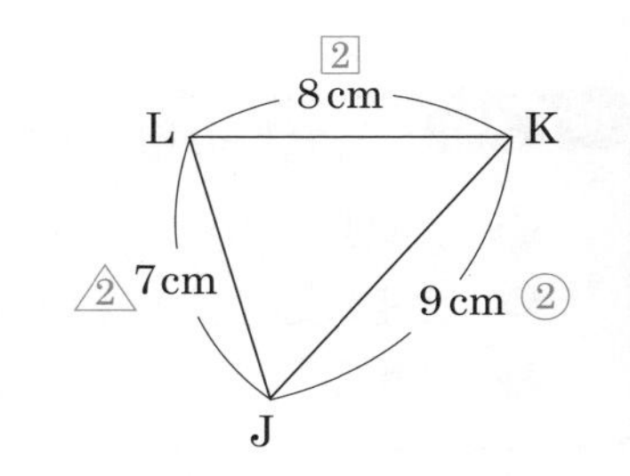

△GHIと△RPQで，

$GH:RP=6:9=2:3$

$HI:PQ=8:12=2:3$

したがって，$GH:RP=HI:PQ$

また，$\angle H=\angle P=40°$

2組の辺の比とその間の角がそれぞれ等しいので，

△GHI∽△RPQ 答

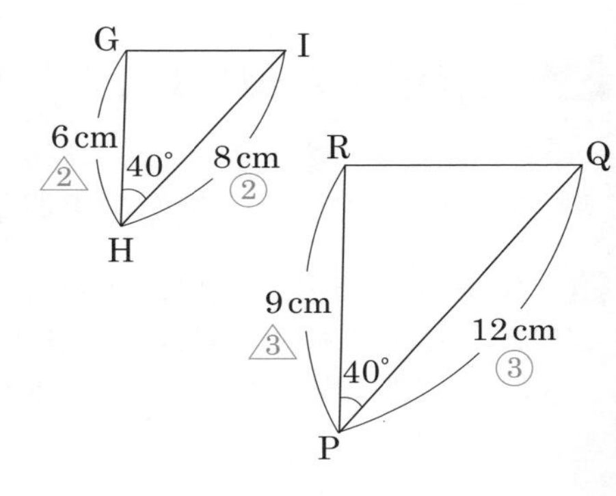

△MNOと△TUSで，

$\angle O=\angle S=80°$

$\angle M=180°-(\angle N+\angle O)$

$=180°-(60°+80°)$

$=40°=\angle T$

2組の角がそれぞれ等しいので，

△MNO∽△TUS 答

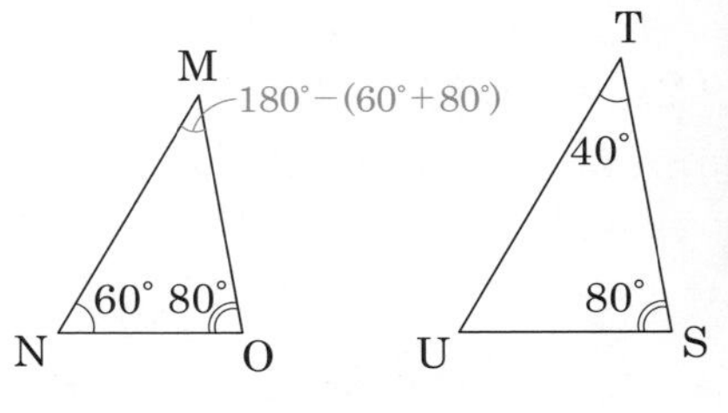

ここで，△DEFと△LJKを，もう一度見てもらえるかな？

△DEFの3辺の長さの比を調べると，

$DE:EF:FD=3.5:4.5:4$

$=7:9:8$

△LJKの3辺の長さの比を調べると，

$LJ:JK:KL=7:9:8$

このように，

相似な三角形では，3辺の長さの比が等しいということもいえるんだよ！

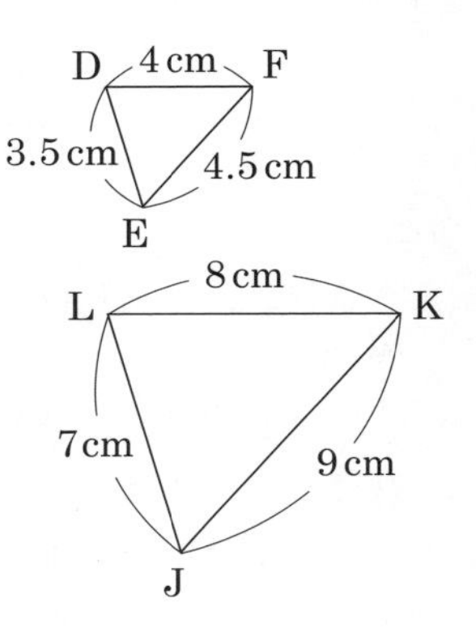

相似条件❶「3組の辺の比が，すべて等しい」とは，またちがうことがらだよね！

ポイント 三角形の相似条件

❶ 3組の辺の比が，すべて等しい。
❷ 2組の辺の比とその間の角が，それぞれ等しい。
❸ 2組の角が，それぞれ等しい。

3 三角形が相似であることの証明

中2／第4章／第5節で，三角形の合同条件を使った証明を学習したよね。基本的に同じ流れで，**三角形の相似条件**を使った**証明**もできるんだよ。

例 **右の図のように，△ABCの辺AB上に点Dをとり，辺AC上に ∠ADE＝∠ACB となる点Eをとる。このとき，△ABC∽△AEDであることを証明せよ。**

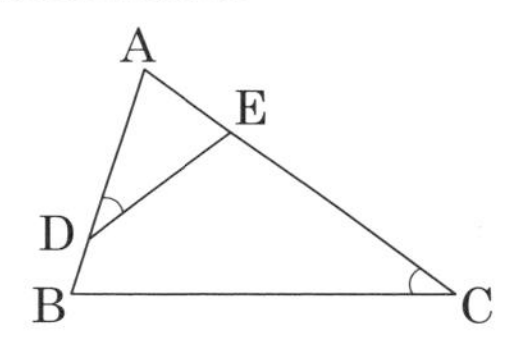

まず仮定から，3つの相似条件（❶「3組の辺の比が，すべて等しい」，❷「2組の辺の比とその間の角が，それぞれ等しい」，❸「2組の角が，それぞれ等しい」）のどれが使えるかを考えるよ。

∠Aが，2つの三角形の共通な角になっていることに着目しよう！

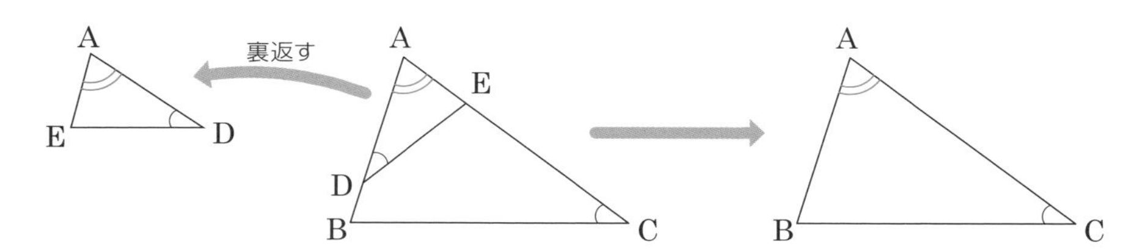

証明

△ABCと△AEDで，
仮定より，
　∠ACB＝∠ADE　……①
共通な角であるから，
　∠BAC＝∠EAD　……②
①・②より，2組の角がそれぞれ等しいので，
　△ABC∽△AED　**証明終わり**

例題 3

右の図のように，正三角形ABCの紙を，DFを折り目として，点Aが辺BC上の点Eに重なるように折り返した。このとき，△DBE∽△ECF であることを証明せよ。

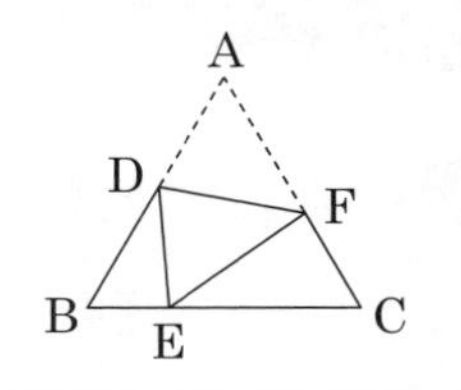

証　明

△ABCは正三角形であるから，

$\angle A = \angle B = \angle C = 60°$

また，$\angle A = \angle DEF$ であるから，

$\angle DEF = 60°$

△ADFは，線分DFで折り返したら，△EDFに重なるのだから，△ADF≡△EDFだね！

ここまで，まずはわかっていることを整理しておくよ。このあと，相似を証明したい2つの三角形について考えていこう！

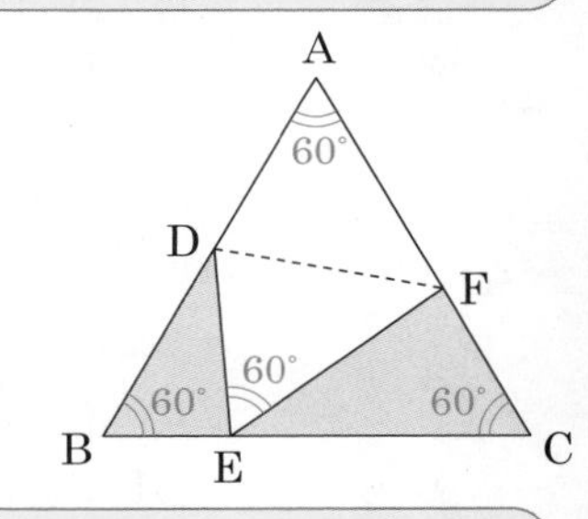

△DBEと△ECFで，

$\angle DBE = \angle ECF = 60°$ ……①

1組の角が等しいことを示せた。辺の長さ（の比）はわからないので，もう1組の角が等しいことを示したいね！

$\angle BDE = 180° - (\angle BED + \angle DBE)$
$= 180° - (\angle BED + 60°)$
$= 180° - (\angle BED + \angle DEF)$
$= 180° - \angle BEF$
$= \angle CEF$ ……②

①・②より，2組の角がそれぞれ等しいので，

△DBE∽△ECF　証明終わり

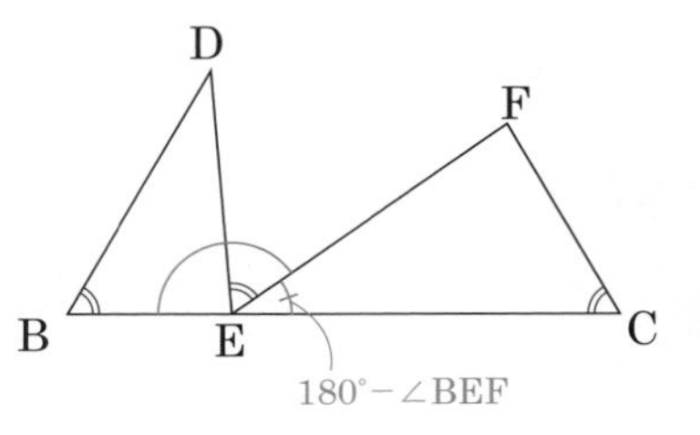

ポイント　三角形が相似であることの証明

仮定から，3つの相似条件のうちどれか1つが成立することを示し，結論をみちびく。

第 2 節　平行線と線分の比

1　平行線と線分の比 ❶ ――ピラミッド型と砂時計型

まずは，この 例 を解いてみてくれるかな？

例　右の図で，DE // BC のとき，x の値を求めよ。

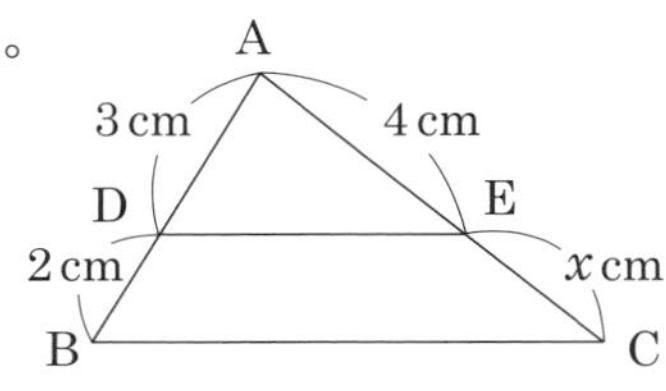

△ABCと△ADEは，相似なんじゃないかな。だとしたら，第 1 節で学習した相似比を利用して解けそう！

するどい！　与えられた図から相似を見抜くことが大事だよ。まずは，△ABCと△ADEが相似であることを説明してみて！

△ABCと△ADEで，∠Aは共通な角でしょ。あと，DE // BC から，平行線の同位角は等しいので，∠ABC＝∠ADE だよね。2組の角がそれぞれ等しいので，△ABC∽△ADE だよね。証明終わり！　どう？

OK！　平行線の同位角が等しいことから，同時に ∠ACB＝∠AED もいえて，3組の角がそれぞれ等しいことがわかるけれど，相似の証明には2組の角で十分だね。

じゃあ，いよいよ x の値を求めよう！

相似な図形の対応する辺の長さの比は，すべて等しいから，

$$AB : AD = AC : AE$$
$$5 : 3 = (4 + x) : 4$$
$$3 \times (4 + x) = 5 \times 4$$
$$12 + 3x = 20$$
$$3x = 8$$
$$x = \frac{8}{3}$$ 答

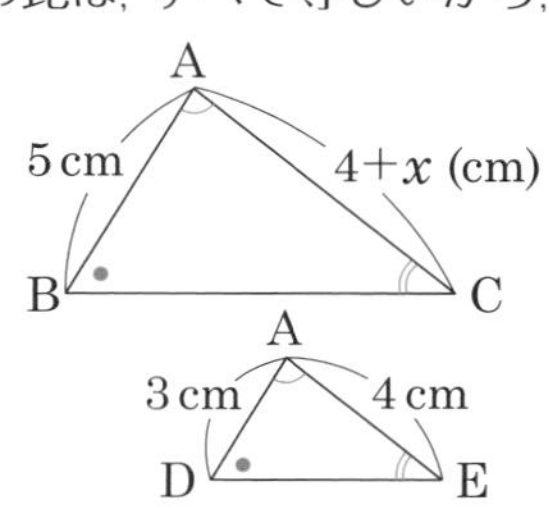

よく理解できているね！　正解だよ。

でもね，DE // BC がわかっているときは，次のようなやり方もできるんだ。

$$AD : DB = AE : EC$$
$$3 : 2 = 4 : x$$
$$x = \frac{8}{3}$$ 答

……めっちゃ簡単！　でもどうして……？

じつはね，次のことがいえるんだ。

右の図の△ABCで，DE // BC ならば，

❶ AD : AB = AE : AC = DE : BC

❷ AD : DB = AE : EC

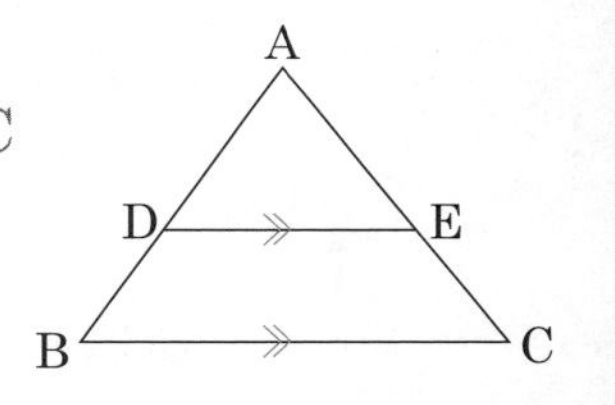

❶ は，すでに学習しているよね。△ADE∽△ABC から，対応する辺の長さの比が，すべて等しい（相似比）ということで，君の解答はこれを使ったんだよね。

新しく理解して，使えるようになってもらいたいのは，❷ のほうだよ。これから，

DE // BC ならば，AD : DB = AE : EC

を証明するよ！

証　明

点Dを通り，辺ACに平行な直線をひき，辺BCとの交点をFとする。 ← まずは補助線をひいて，相似の性質を利用できる三角形をつくる

△ADEと△DBFにおいて，DE // BC であるから，平行線の同位角は等しいので， ← △ADE∽△DBF を証明しておくよ

∠ADE＝∠DBF　……①

中学1年　中学2年　中学3年

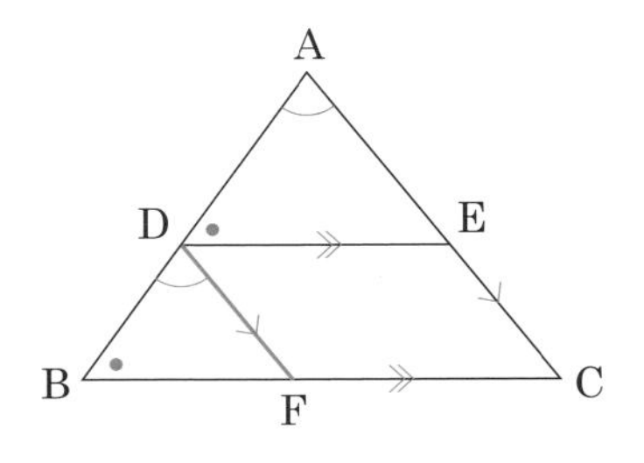

DF∥AE であるから，平行線の同位角は等しいので，

$\angle$DAE＝$\angle$BDF　……②

①・②より，2組の角がそれぞれ等しいので，

△ADE∽△DBF

相似な三角形の対応する辺の比は等しいので，

AD：DB＝AE：DF　……③

相似の性質を利用する。ここから最終目標の AD：DB＝AE：EC に行くためには，DF＝EC がいえればいいね！

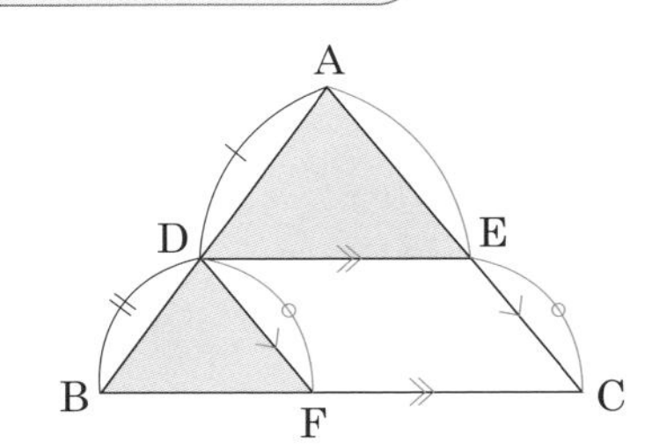

DE∥FC, DF∥EC であるから，四角形DFCEは平行四辺形である。

平行四辺形の向かいあう辺の長さは等しいので，

DF＝EC　……④

平行四辺形の性質（369ページ）を利用

③・④より，

AD：DB＝AE：EC　**証明終わり**

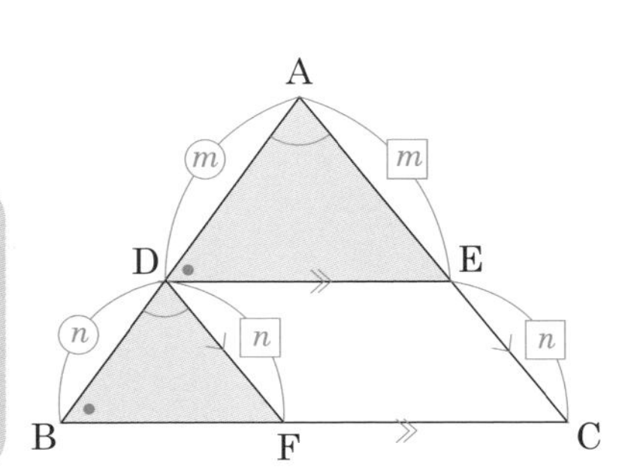

なるほど。かくれている相似な三角形を見つければ，
AD：DB＝AE：EC
がいえるんだね！

そうだよ！　この形を，**ピラミッド型**と呼ぶことにしよう！　証明を理解したら，この結果を使えるようになろうね。

例題 1

右の図で，DE // BC のとき，x の値を求めよ。

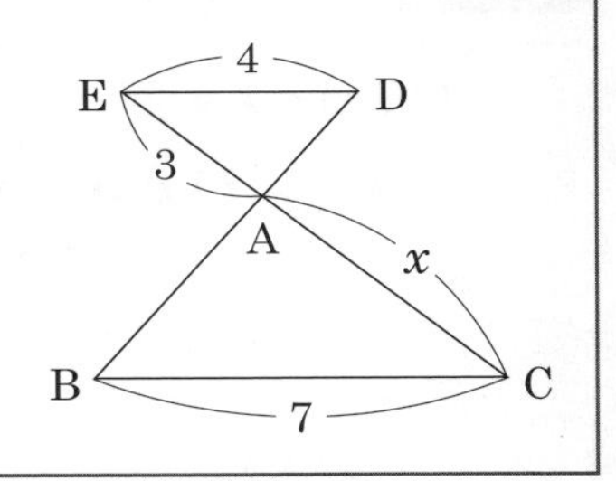

考え方

ピラミッド型 ではないけれど，△ABC と△ADE が相似っぽいのに気づけるかな？

△ABC と△ADE で，DE // BC であるから，平行線の錯角は等しいので，

∠ABC＝∠ADE，∠ACB＝∠AED

2組の角がそれぞれ等しいので，

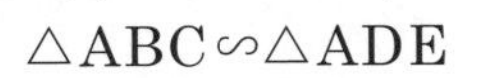

△ABC∽△ADE

ここから相似比で解けばいいよ。

∠BAC＝∠DAE（対頂角）を使ってもいいよ

この形を，砂時計型 と呼ぼう！

一般に，直線AB上の点Dと，直線AC上の点Eを結ぶ線分DEが，線分BCと平行であったら，点Dと点Eがどこにあっても（点Bや点Cの側ではなく，点Aの向こう側であっても），

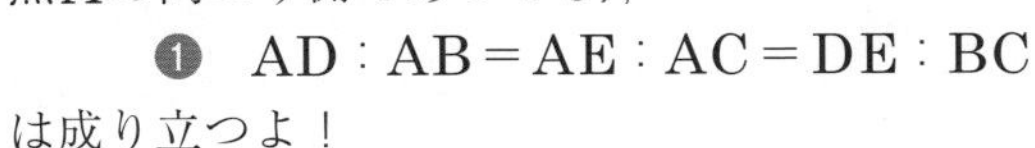

❶ AD：AB＝AE：AC＝DE：BC

は成り立つよ！

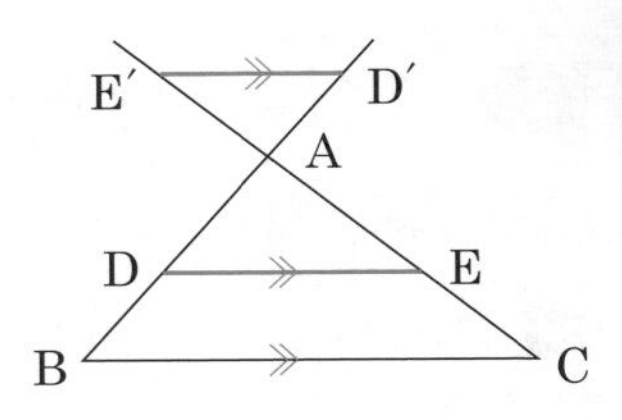

解答と解説

DE // BC であるから，

$$AE : AC = DE : BC$$

$$3 : x = 4 : 7$$

$$4x = 21$$

$$x = \frac{21}{4}$$ 答

相似な三角形の対応する辺を間違えないように気をつけよう！

ポイント ピラミッド型と砂時計型

下のそれぞれの図で，$DE \parallel BC$ならば，

❶ $AD : AB = AE : AC$
$= DE : BC$

❷ $AD : DB = AE : EC$

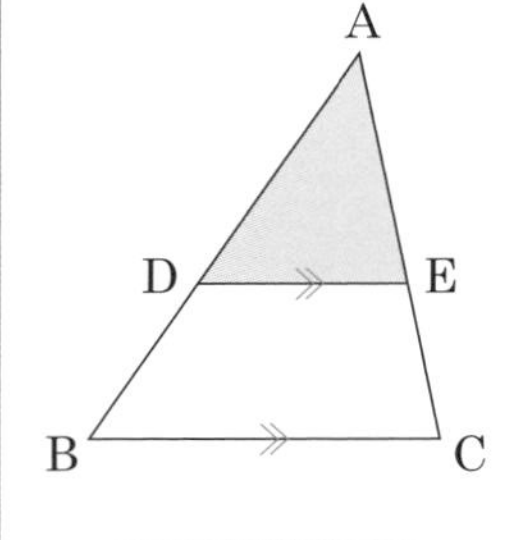

ピラミッド型

点D，点Eはそれぞれ線分AB，線分AC上にある

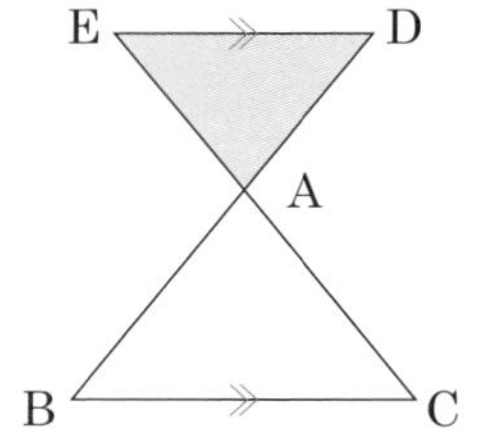

砂時計型

点D，点Eはそれぞれ線分AB，線分ACの延長上にある

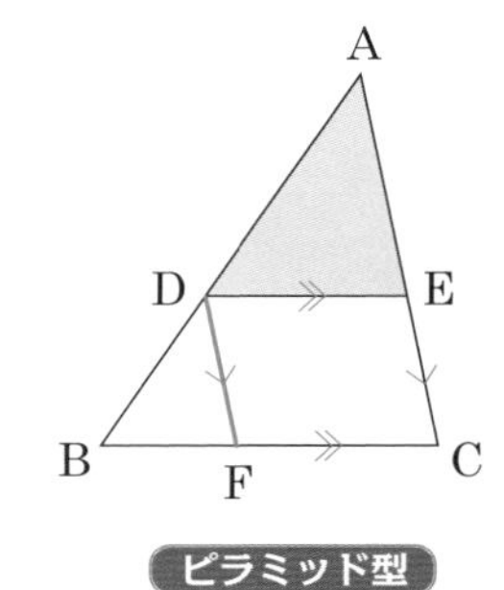

ピラミッド型

2 平行線と線分の比 ❷ ——平行線にはさまれた線分の比

平行線と**線分**の比の性質を使えば，次のような問題も解けるようになるよ。

例 右の図で，$\ell \parallel m \parallel n$ のとき，x の値を求めよ。

え〜，まったくちがう問題だと思うけど……だって三角形がないもん！

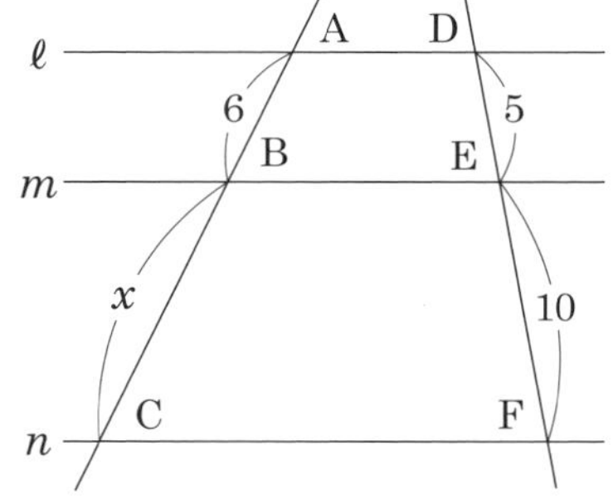

そうかなあ？　点Aを通って直線DFに平行な直線をひいてみよう。その直線と，直線 m，n との交点を，それぞれE′，Fとするよ。

あ，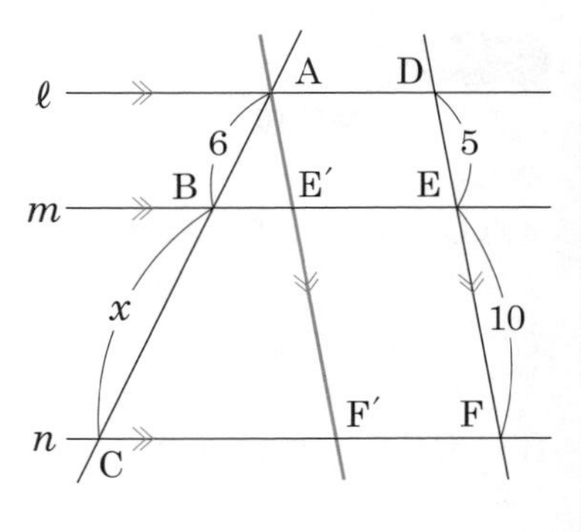

ピラミッド型 だ！

そうなんだ！　だから，

$AB : BC = AE' : E'F'$ ……①

がいえるよね。

また，$\ell \parallel m \parallel n$ と，$AF' \parallel DF$ から，2組の向かいあう辺がそれぞれ平行なので，四角形 AE′ED と四角形 E′F′FE は，どちらも平行四辺形だね（375ページ）！

平行四辺形では，向かいあう辺は等しいので，

$AE' = DE$ ……②

$E'F' = EF$ ……③

だよね。①〜③より，

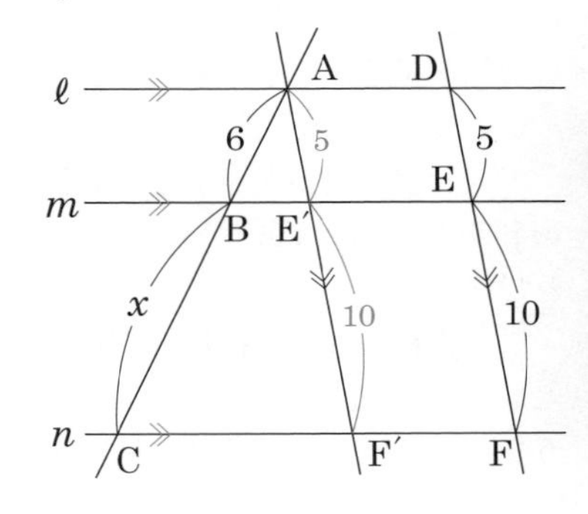

$AB : BC = DE : EF$

が成り立つよ！　だから，

$6 : x = 5 : 10$

$5x = 60$

$x = 12$ 答

相似では，かくれている ピラミッド型 や 砂時計型 が手がかりになる問題が多いよ！

例題 2

右の図で，$\ell \parallel m \parallel n$ のとき，x の値を求めよ。

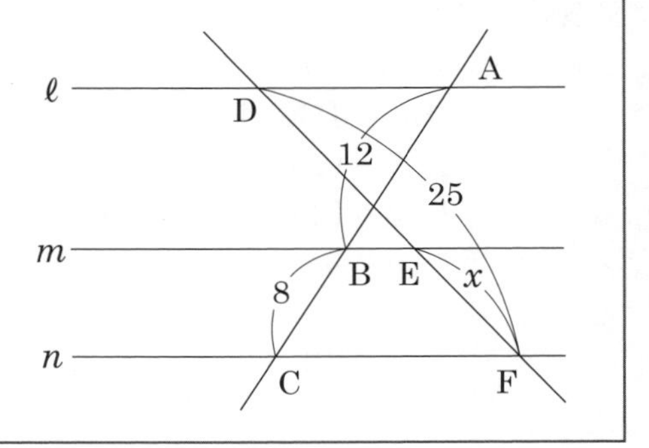

考え方

これも，**補助線**をひいてみると考えやすくなるよ。

点Dを通り，直線ACに平行な直線をひき，この直線と直線 m，n との交点を，それぞれB′，C′としよう。

すると，四角形DB′BAと四角形B′C′CBは，2組の向かいあう辺がそれぞれ平行だから，平行四辺形になるね。

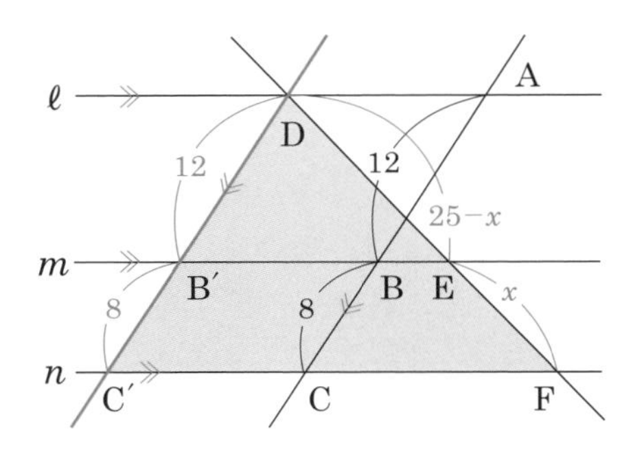

平行四辺形の向かいあう辺は等しいから，

$$DB' = AB = 12$$
$$B'C' = BC = 8$$

これで，$\triangle DC'F$で，

$$DB' : B'C' = DE : EF$$

を利用して解けばいいんだけれど，これは結局，

$$AB : BC = DE : EF$$

ということだよね！　一般に，右のような図で，$AD \parallel BE \parallel CF$ のとき，

$$AB : BC = DE : EF$$

が成り立つよ！　理解したら利用していいよ！

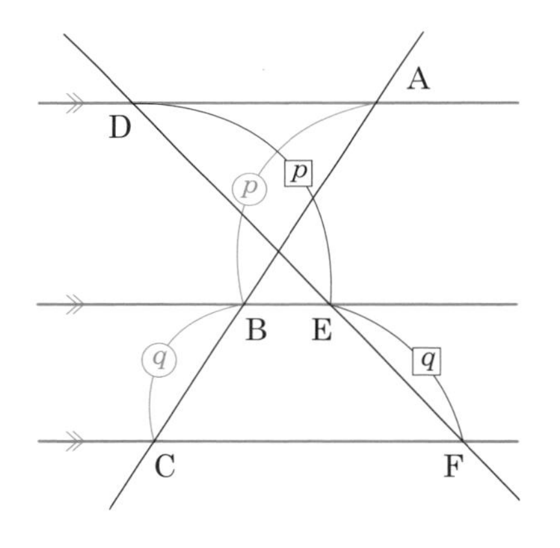

解答と解説

$\ell \parallel m \parallel n$ であるから，

$$AB : BC = DE : EF$$
$$12 : 8 = (25 - x) : x$$
$$3 : 2 = (25 - x) : x$$

比を簡単にする

$$2 \times (25 - x) = 3x$$
$$50 - 2x = 3x$$
$$5x = 50$$
$$x = 10$$ 答

ポイント　平行線にはさまれた線分の比

右の図で，$\ell \parallel m \parallel n$ のとき，

$$AB : BC = A'B' : B'C'$$

また，次のこともいえる。

$$AB : A'B' = BC : B'C'$$

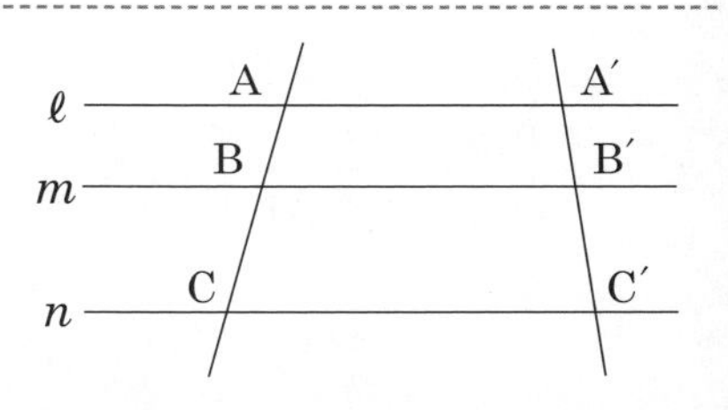

3 平行線と線分の比 ❸ ―― 角の二等分線

平行線と**線分**の比の性質を使えば，次のような**角の二等分線**の性質も証明できるよ。

△ABCの∠Aの二等分線と辺BCとの交点をDとすると，

$$AB : AC = BD : DC$$

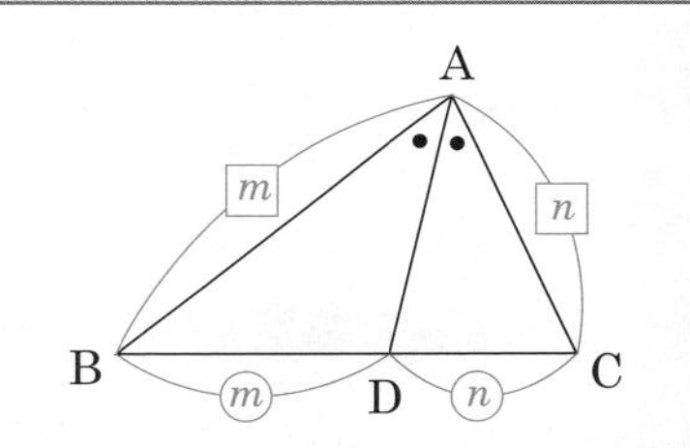

え……？　これ，どこに平行線があるの？　平行線と線分の比の性質と，どういう関係があるの？

それでは，線分ADが∠Aの二等分線ならば，$AB : AC = BD : DC$ であることを証明しよう。

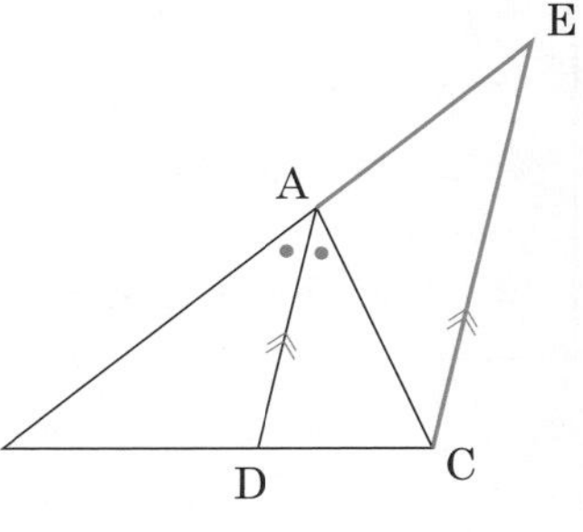

証　明

仮定より，

$$\angle BAD = \angle DAC \quad \cdots\cdots ①$$

点Cを通り，線分ADに平行な直線をひき，この直線と辺BAの延長との交点を点Eとする。

平行線と線分の比を利用できるように，補助線をひくよ！

$AD /\!/ EC$ であるから，平行線の同位角は等しいので，

$$\angle BAD = \angle AEC \quad \cdots\cdots ②$$

平行線の錯角は等しいので，

$$\angle DAC = \angle ACE \quad \cdots\cdots ③$$

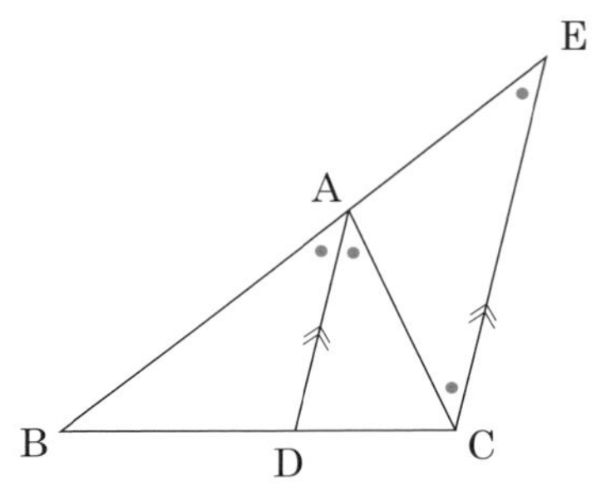

平行線であることを利用して，
等しい角を洗い出しておくよ！

①～③より，

$$\angle AEC = \angle ACE$$

であり，三角形AECは2つの角が等しいので，二等辺三角形である。

$$AE = AC \quad \cdots\cdots ④$$

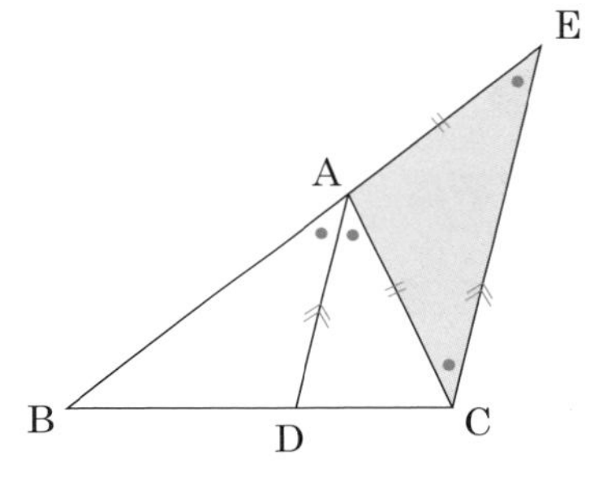

ここで，$AD /\!/ EC$ であるから，

$$BA : AE = BD : DC \quad \cdots\cdots ⑤$$

△BCEで，平行線と線分の比
の **ピラミッド型** を利用する！

④・⑤より，$AB : AC = BD : DC$

証明終わり

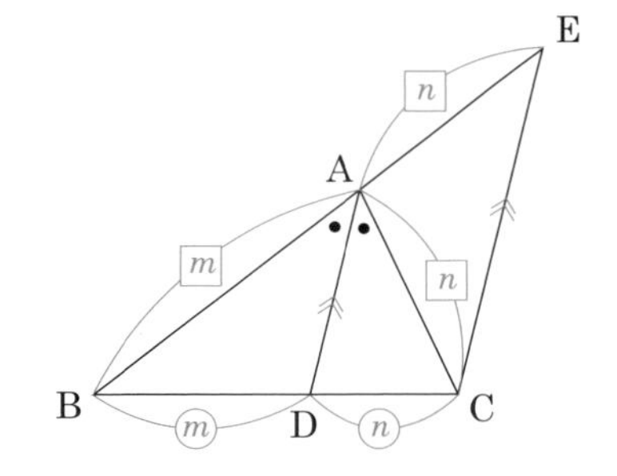

例題 3

右の図のように，△ABCの∠Aの二等分線と辺BCとの交点をDとし，辺AC上に $AE : EC = 3 : 4$ となる点Eをとり，線分ADと線分BEの交点をFとする。

$AB = 15\text{cm}$，$AC = 10\text{cm}$ とするとき，$BF : FE$ を求めよ。

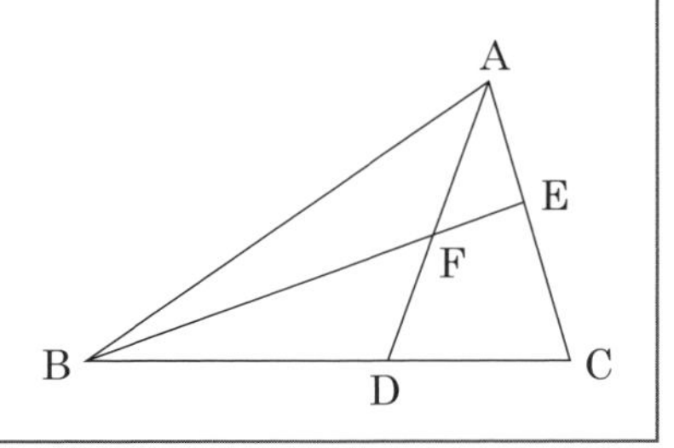

解答と解説

△ABEで，線分AFは∠Aの二等分線であるから，

$$AB : AE = BF : FE \quad \cdots\cdots①$$

また，AE：EC＝3：4であるから，

$$AE = AC \times \frac{3}{3+4}$$

$$= 10 \times \frac{3}{7}$$

$$= \frac{30}{7}\ (\text{cm})$$

したがって，①より，

$$AB : AE = BF : FE$$

$$= 15 : \frac{30}{7}$$

$$= 7 : 2$$ 答

△ABCではなく，△ABEで角の二等分線の性質を利用することに気づけるかどうかが，この問題のポイントだよ！　あとは，線分AEの長さを求めればいいね

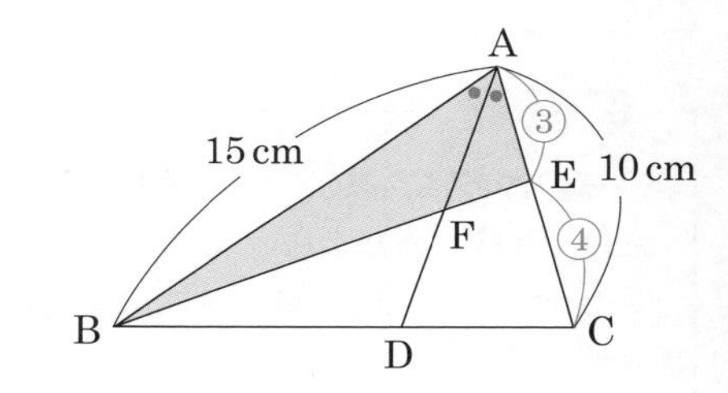

ポイント　角の二等分線と比

△ABCの∠Aの二等分線と辺BCとの交点を点Dとすると，

AB：AC＝BD：DC

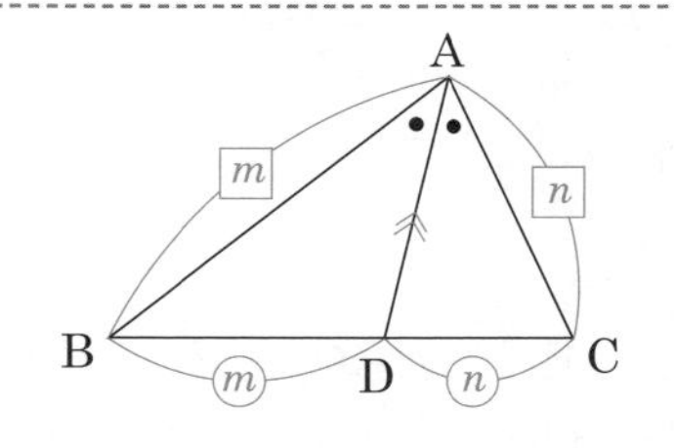

4　線分の比と平行線

1 では，右の△ABCでDE // BCならば，

❶　AD：AB＝AE：AC

❷　AD：DB＝AE：EC

であることを学習したけれど，じつはその**逆**も成り立つよ。**線分**の比と**平行線**に関する，次の証明にチャレンジしよう！

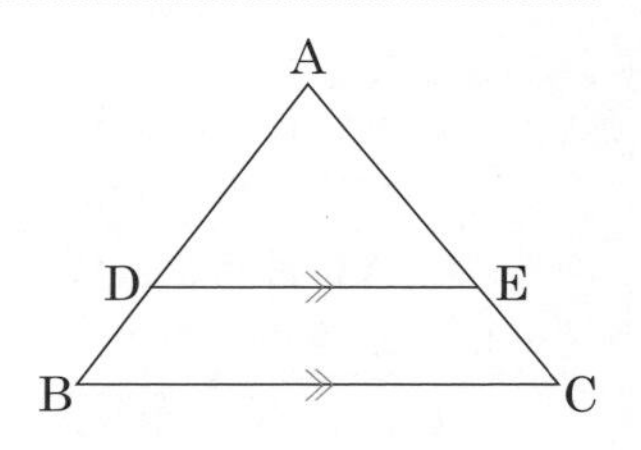

中学1年　中学2年　中学3年

右の図において，

❶ **AD：AB＝AE：AC ならば，**
DE // BC

❷ **AD：DB＝AE：EC ならば，**
DE // BC

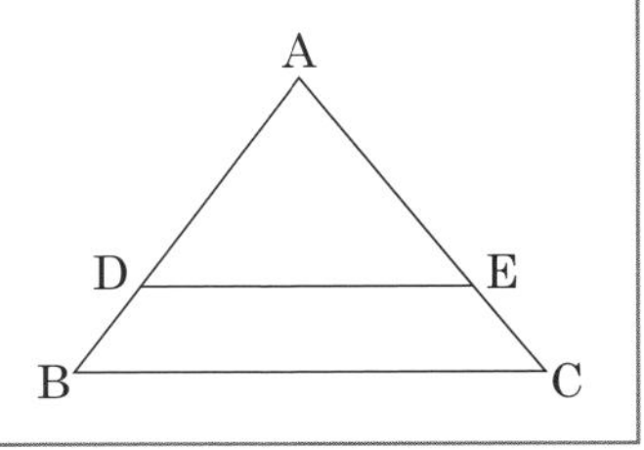

例題 4

右の図の△ABCで，辺AB，辺AC上に AD：AB＝AE：AC となるように点D，点Eをとるとき，DE // BC になることを証明せよ。

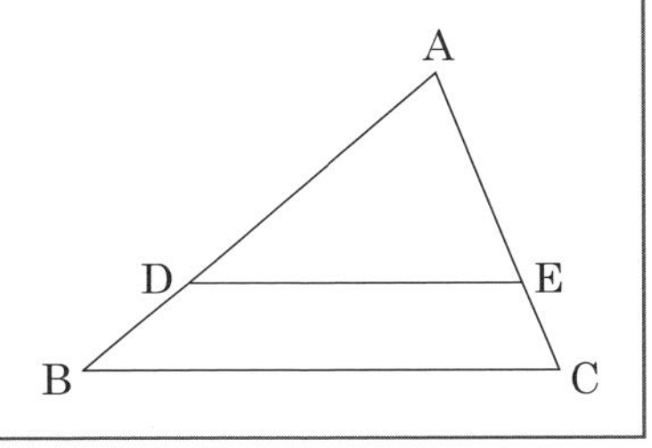

考え方

2つの三角形△ADEと△ABCを見ると，∠Aが共通で，2組の辺の比が等しいことが仮定として与えられているから，相似であることを証明できるね。そこから相似の性質を利用して，辺DEと辺BCが平行であることを証明しよう。

証　明

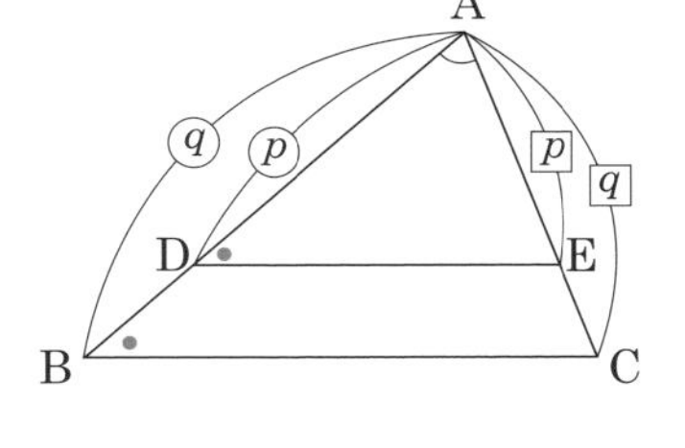

△ADEと△ABCで，仮定より，

AD：AB＝AE：AC　……①

また，共通な角であるから，

∠DAE＝∠BAC　……②

①・②より，2組の辺の比とその間の角がそれぞれ等しいから，

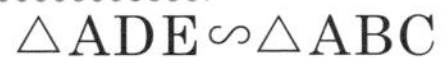

△ADE∽△ABC

相似な図形では，対応する角の大きさは等しいので，

∠ADE＝∠ABC

同位角が等しいので，

DE // BC　**証明終わり**

同位角が等しいならば，2直線は平行（326ページ）

これで，❶「AD：AB＝AE：AC ならば，DE∥BC」が証明できたね。次は ❷ を証明しよう。

AD：DB＝AE：EC ならば，DE∥BC

これは，❶ を利用して証明できるよ。❶ は **例題4** で証明しているから，使っていいよね！「AD：DB＝AE：EC」から❶にもち込むことを考えるよ。

証　明

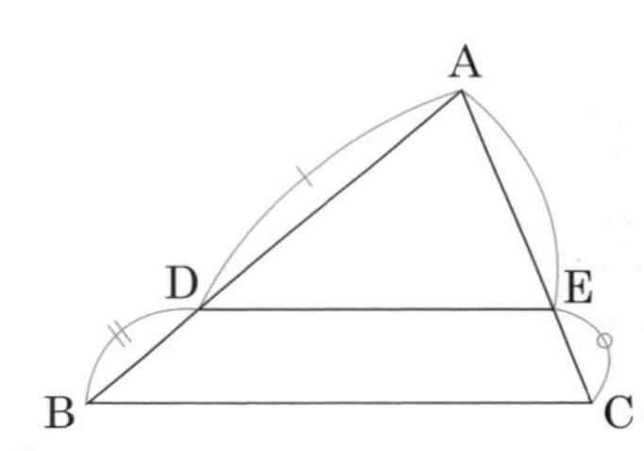

仮定より，AD：DB＝AE：EC

DB＝AB－AD，EC＝AC－AE

であるから，

AD：(AB－AD)＝AE：(AC－AE)

AD×(AC－AE)＝AE×(AB－AD)

AD×AC－AD×AE＝AE×AB－AE×AD

AD×AC＝AE×AB

したがって，AD：AB＝AE：AC

例題4 より，AD：AB＝AE：AC のとき，

DE∥BC　証明終わり

$a：b＝c：d$ ならば $bc＝ad$ を逆に利用して，$bc＝ad$ から $a：b＝c：d$ をつくったよ

ポイント　**線分の比と平行線**

△ABCで，辺AB，辺AC上に，それぞれ点D，点Eがあるとき，

❶ **AD：AB＝AE：AC** ならば，**DE∥BC**

❷ **AD：DB＝AE：EC** ならば，**DE∥BC**

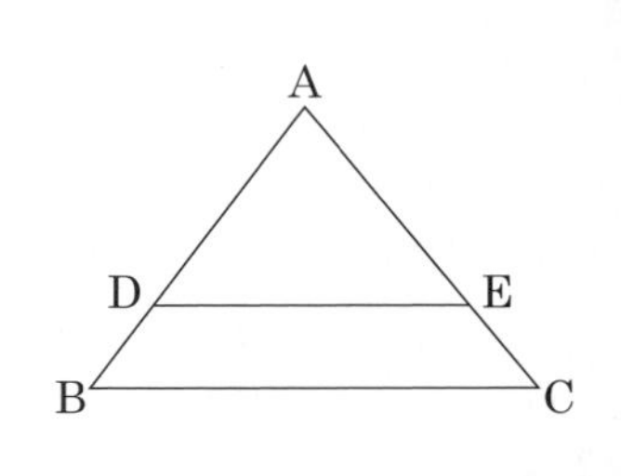

5 中点連結定理

今度は，平行線と線分の比の特殊な場合として，三角形の2辺の中点どうしを結んだ線分について考えてみるよ。**中点連結定理**（ちゅうてんれんけつていり）と呼ばれる，次のような定理があるんだ。

中点連結定理

△ABCの2辺AB，ACの中点を，
それぞれM，Nとすると，

$$\mathrm{MN} \parallel \mathrm{BC},\quad \mathrm{MN} = \frac{1}{2}\mathrm{BC}$$

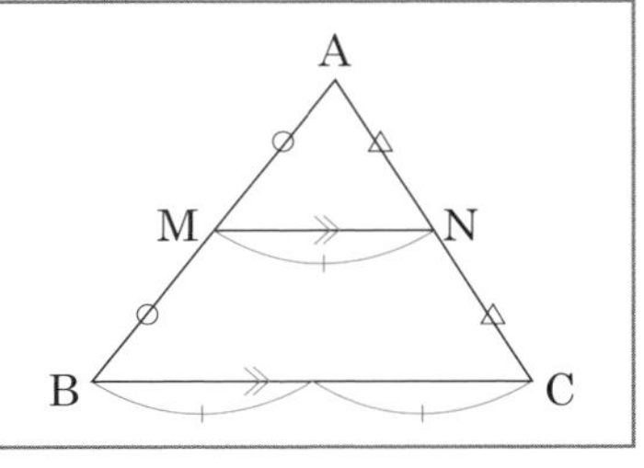

まずは，

2点M，Nがそれぞれ辺AB，辺ACの中点ならば，MN // BC

から説明（証明）してみよう。2点M，Nが，それぞれ辺AB，辺ACの中点であることを，比の形で表すと，

AM：MB＝AN：NC＝1：1

あ，これは，ついさっきやった（557ページ），
❶ AD：DB＝AE：EC ならば，DE // BC
の仮定部分「AD：DB＝AE：EC」と同じだ！　DがMに，EがNになっていて，比が 1：1 とわかっているってだけだね。

そのとおりだよ！　そしてその「AD：DB＝AE：EC ならば，DE // BC」はもう証明ずみだから，

MN // BC

がいえるね！　以上より，

三角形の2辺の中点どうしを結んだ線分は，
もう1つの辺と平行になる

ということが証明できたよ！

じゃあ次に，もう1つのほうを説明（証明）しよう。

2点M，Nがそれぞれ辺AB，辺ACの中点ならば，$\mathrm{MN} = \frac{1}{2}\mathrm{BC}$

2点M，Nがそれぞれ辺AB，辺ACの中点ならば，MN // BC であることは，今証明したばかりだよね。これを利用しよう。

MN // BC なら，ピラミッド型だよね！

$$AM : AB = AN : AC = MN : BC \quad \cdots\cdots ①$$

そして，点Mは辺ABの中点で，点Nは辺ACの中点だから，

$$AM : AB = AN : AC = 1 : 2 \quad \cdots\cdots ②$$

①・②より，MN : BC = 1 : 2 だから，

$$MN = \frac{1}{2} BC$$

そうだよ！　ここまで学習したことを，よく理解できているね♪　これで，

三角形の2辺の中点どうしを結んだ線分は，もう1つの辺の半分の長さになる

ということが証明できたよ！　そして，これら2つを合わせた，

三角形の2辺の中点どうしを結んだ線分は，もう1つの辺と平行になり，もう1つの辺の半分の長さになる

というのが，中点連結定理なんだ。

そして，この中点連結定理も，**逆**が成り立つよ。

中点連結定理の逆

△ABCの辺ABの中点をMとし，MN // BC となるように辺AC上に点Nをとる。このとき，Nは辺ACの中点である。

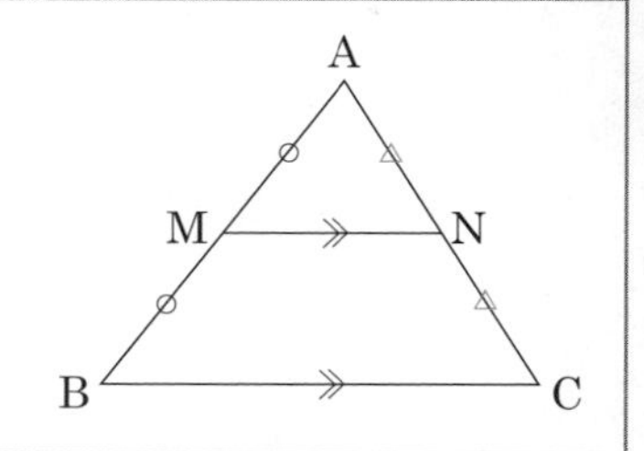

証　明

MN // BC であるから，

$$AM : MB = AN : NC \quad \cdots\cdots ①$$

また，点Mは辺ABの中点であるから，

$$AM : MB = 1 : 1 \quad \cdots\cdots ②$$

①・②より，

$$AN : NC = 1 : 1$$

したがって，点Nは辺ACの中点である。 証明終わり

例題 5

右の図のように，Mは線分ABの中点であり，D，Eは線分ACを3等分する点である。Fは，線分BEと線分CMの交点である。MD＝5cmであるとき，線分BFの長さを求めよ。

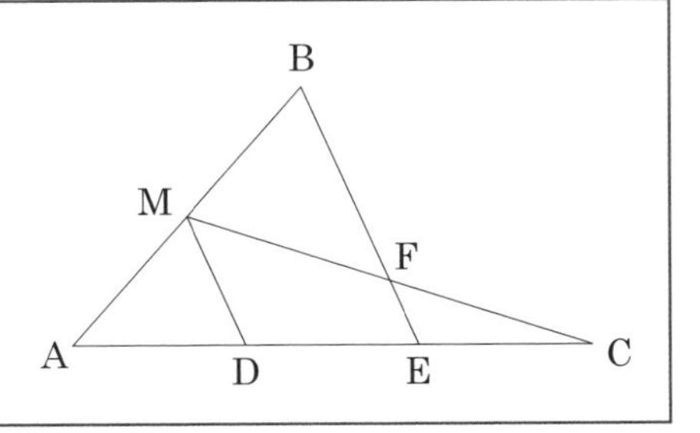

解答と解説

△ABEで，Mは辺ABの中点，Dは辺AEの中点であるから，
中点連結定理より，

$$MD \parallel BE \quad \cdots\cdots ①$$

$$MD = \frac{1}{2}BE \quad \cdots\cdots ②$$

点D，点Eは，線分ACを3等分するので，
AD＝DE＝EC

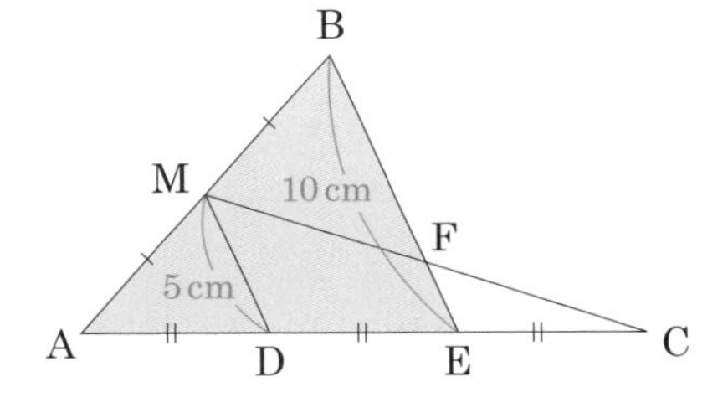

②より，

$$BE = 2MD = 2\times5 = 10\ (\mathrm{cm})$$

また，△CMDで，Eは辺CDの中点であり，①より FE // MD であるから，中点連結定理の逆より，Fは，辺CMの中点である。

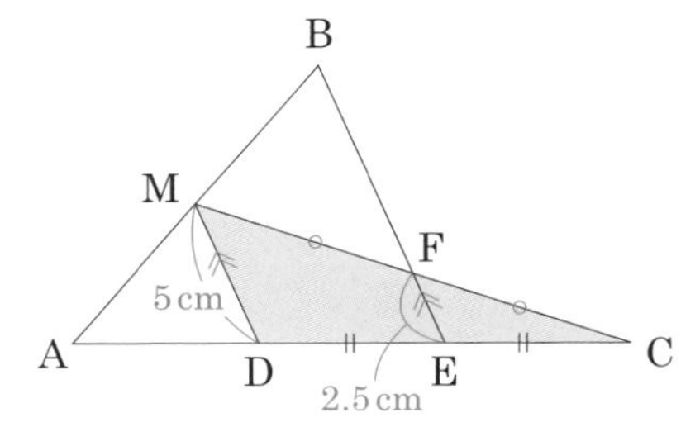

したがって，中点連結定理より，

$$FE = \frac{1}{2}MD = \frac{1}{2}\times5 = 2.5\ (\mathrm{cm})$$

以上より，

$$BF = BE - FE$$
$$= 10 - 2.5 = 7.5\ (\mathrm{cm})$$ 答

ポイント　中点連結定理とその逆

△ABCの2辺AB，ACの中点を，それぞれM，Nとすると，

$$MN \parallel BC,\quad MN = \frac{1}{2}BC$$

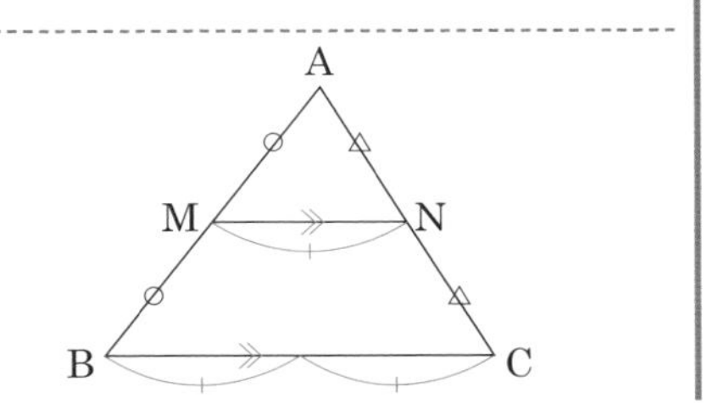

また，△ABCの辺ABの中点をMとし，MN // BC となるように辺AC上に点Nをとると，Nは辺ACの中点である。

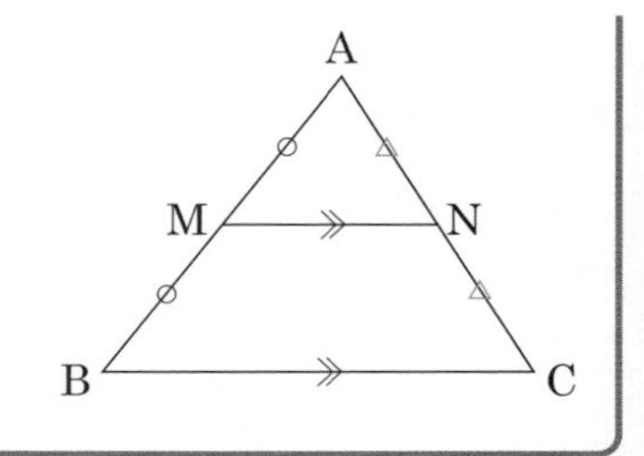

6 平行線と線分の比の応用

求めたい辺をもつ ピラミッド型 や 砂時計型（相似な図形）を探して，問題を解こう。もし ピラミッド型 や 砂時計型（相似な図形）が見つからなければ，**補助線**をひいて自分でつくってみよう！

例題 6

右の図の平行四辺形ABCDの2辺BC, CD上にそれぞれ点E，点Fをとり，BE：EC＝3：2，DF：FC＝1：1とする。線分AEと線分BFの交点をGとするとき，AG：GE を求めよ。

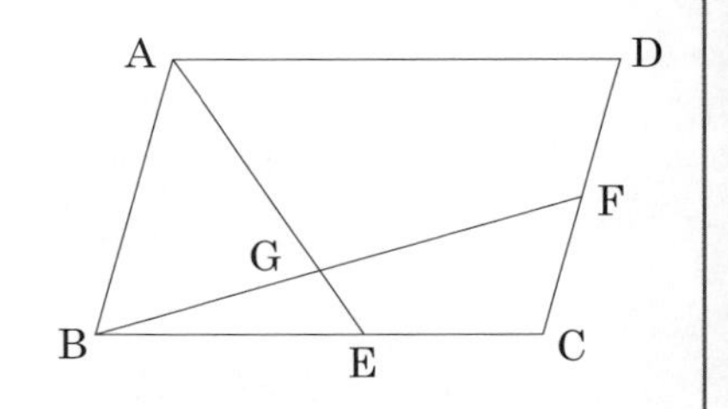

考え方

AG：GE を求めるために，いい ピラミッド型 や 砂時計型 はないかな？ と考えてみよう。足りない部分は補助線で補って，うまく利用しようね。

解答と解説

辺ADの延長線と線分BFの延長線との交点を点Hとする。

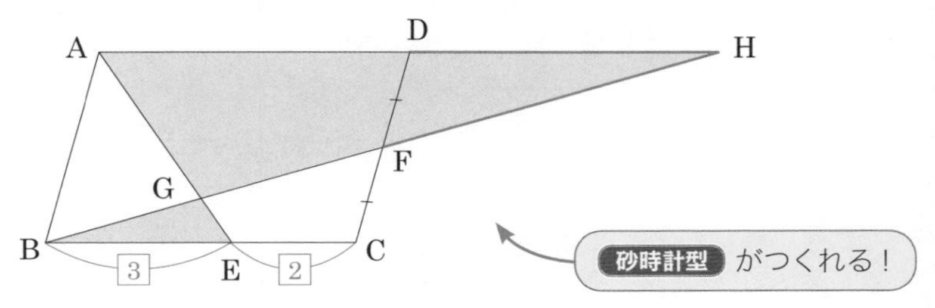

△GAHと△GEBについて，AH // BC であるから，平行線の錯角は等しいので，

$\angle HAG = \angle BEG$，$\angle AHG = \angle EBG$

2組の角がそれぞれ等しいので，

△GAH ∽ △GEB

相似な図形の対応する辺の比は等しいので，

AG : EG = AH : EB ……①

AG : GE を求めるには，AH : EB を求めればいいことがわかったね。ここで，ちょっと先のことを考えてみよう。BE : EC = 3 : 2 だから，EBはBCの $\frac{3}{5}$ だとわかるね。また，AHのうちのADの部分は，BCと等しいね（平行四辺形の向かいあう辺だから）。するとあとは，AHのうちのDHの部分を調べればいいね！　そこで，DHの部分にからむ，別の 砂時計型 を探してみるよ！

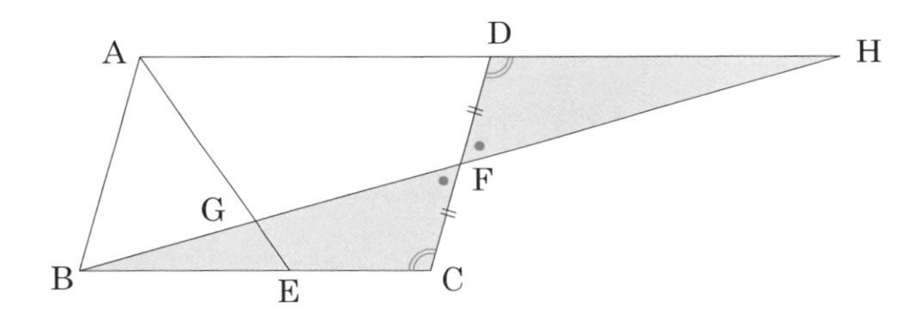

また，△FDHと△FCBについて，DF : FC = 1 : 1 であるから，

FD = FC ……②

対頂角は等しいので，

$\angle DFH = \angle CFB$ ……③

平行線の錯角は等しいので，

$\angle HDF = \angle BCF$ ……④

②～④より，1組の辺とその両端の角がそれぞれ等しいので，

△FDH ≡ △FCB

ここにももう1つ，砂時計型 を見つけるのがポイント！
しかもこの 砂時計型 は，対応する辺の長さが等しいので，相似だけではなく合同になりそうだよ！

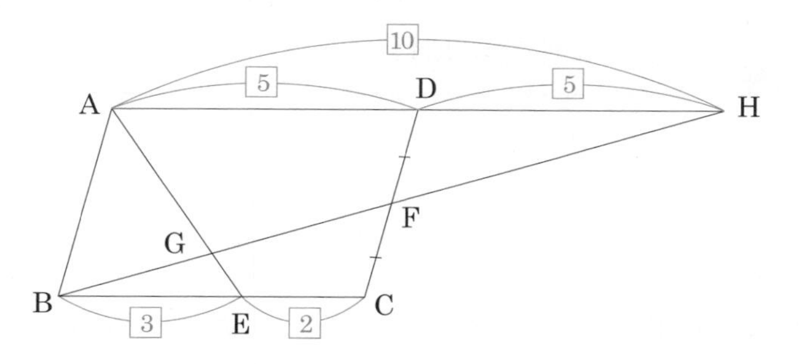

合同な図形の対応する辺は等しいので,

$HD = BC$ ……⑤

また, 平行四辺形ABCDにおいて, 向かいあう辺は等しいので,

$AD = BC$ ……⑥

⑤・⑥より,

$AH = AD + DH$

$= BC + BC$

$= 2BC$ ……⑦

①の AH : EB をめざして, まずはAHの長さを, BCを使って表してみたよ!

一方, BE : EC = 3 : 2 であるから,

$BE = \frac{3}{5}BC$ ……⑧

①の AH : EB のうち, EB(BE)のほうの長さも, BCを使って表せた!

①・⑦・⑧より,

$AG : GE = AH : BE$

$= 2BC : \frac{3}{5}BC$

$= 2 : \frac{3}{5}$

$= 10 : 3$ 答

ポイント **平行線と線分の比の応用**

求めたい辺をもつ ピラミッド型 や 砂時計型 (相似な図形) を探して, 問題を解く。適切な ピラミッド型 や 砂時計型 (相似な図形) が見つからなければ, 補助線をひいて, 相似な図形を自分でつくる。

第3節　相似な図形の計量

1　相似比と面積比

ここでは，**相似**を利用して，面積や体積，距離などをくらべたり測ったりする方法を学習するよ！

下の図のような平行四辺形の形をした土地が，(ア)～(エ)の4つに分けられているとしよう。どの土地が一番大きいか，わかるかな？

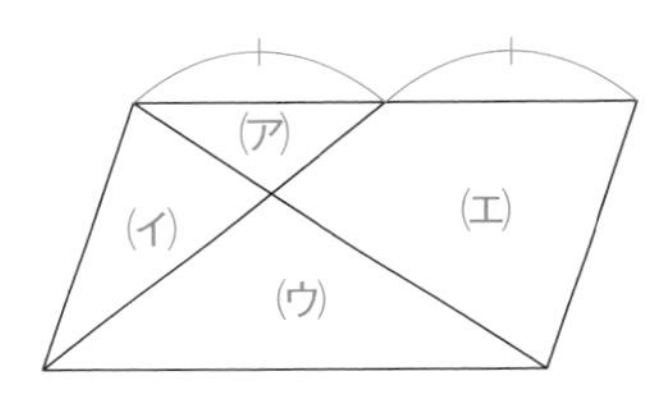

う～ん，(ウ)か(エ)じゃないかな？

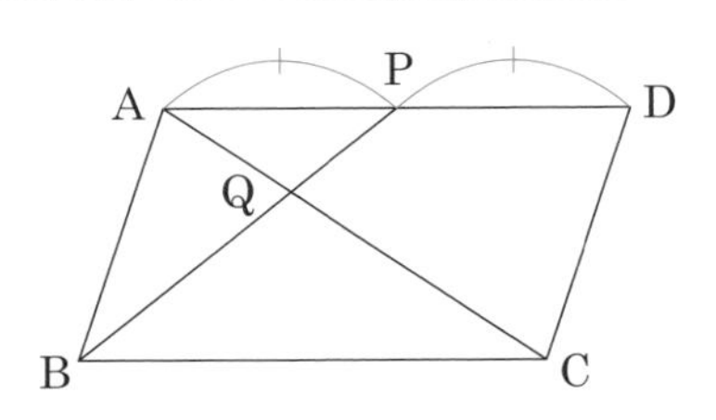

それぞれの土地の面積の比を求めて，くらべてみよう。右のように，この土地を平行四辺形ABCDとして，辺ADの中点をPとし，対角線ACと線分BPの交点をQとするね。

このとき，△QAPと△QCBは，**砂時計型**（549ページ）に見えるね。この2つの三角形の相似を利用することから考えるよ！

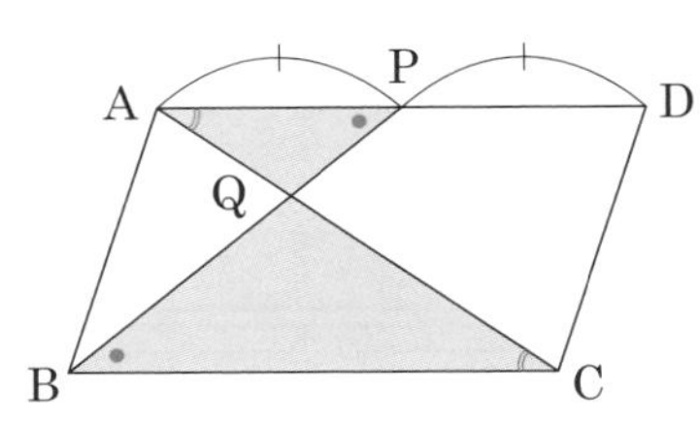

AD // BC であるから，平行線の錯角は等しいので，

$\angle QAP = \angle QCB$

$\angle QPA = \angle QBC$

2組の角がそれぞれ等しいので，

$\triangle QAP \backsim \triangle QCB$

相似であることがわかったから，次は△QAPと△QCBの**相似比**を調べよう。相似比は，

$$AQ : CQ = PQ : BQ = AP : CB \quad \cdots\cdots ①$$

だけれど，AP : CB が調べられそうだよ！　Pは辺ADの中点だから，

$$AP : AD = 1 : 2$$

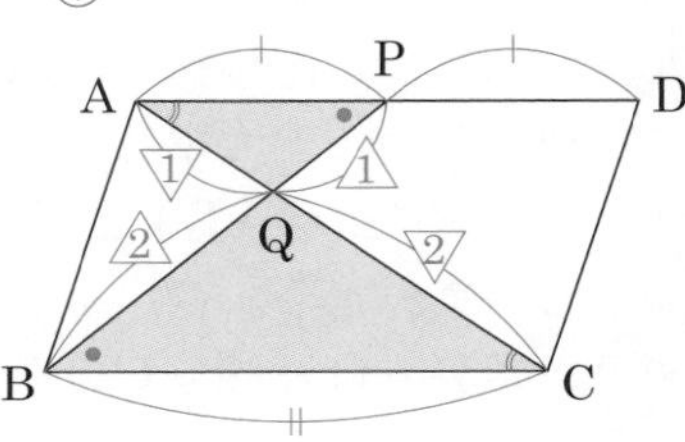

四角形ABCDは平行四辺形なので，AD＝BC だね！　だから，

$$AP : CB = 1 : 2$$

これで，△QAPと△QCBの相似比が 1 : 2 だとわかったよ！

$$AQ : CQ = PQ : BQ = AP : CB = 1 : 2 \quad \cdots\cdots ①'$$

この相似比を利用すれば，4つの土地，

(ア)　△QAP
(イ)　△QAB
(ウ)　△QCB
(エ)　四角形PQCD

の面積を，正確にくらべることができるんだ！

まずは，(ア)（△QAP）と(イ)（△QAB）をくらべてみよう。

それぞれ，線分PQと線分BQを底辺とする三角形と見ると，高さは同じになるね。この高さを，h とおくよ！

底辺は，①′より PQ : BQ＝1 : 2 だから，線分PQの長さを a とおくと，線分BQの長さは $2a$ と表されるね！

このaとhを用いると，それぞれの三角形の面積は，

$$\triangle QAP = \frac{1}{2} \times a \times h = \frac{1}{2}ah$$

$$\triangle QAB = \frac{1}{2} \times 2a \times h = ah$$

と表されるね！　これらの面積の比を考えると，

$$\triangle QAP : \triangle QAB = \frac{1}{2}ah : ah = \frac{1}{2} : 1$$

$$= 1 : 2 \quad \cdots\cdots ②$$

最も簡単な整数比に直す

この面積比は，底辺の長さの比 PQ：BQ＝1：2 と，結局同じになっているね！　つまり，

高さが同じ三角形の面積比は，底辺の長さの比と等しい

んだ。これは，面積比の問題では必ずといっていいほど使う，大事な定理だよ！

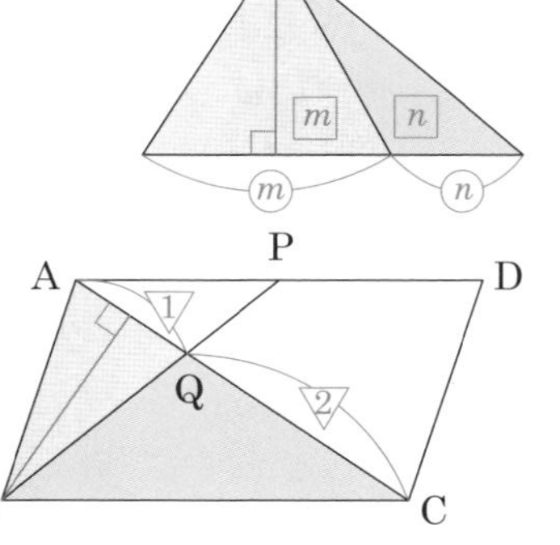

次は，(イ)（△QAB）と(ウ)（△QCB）をくらべてみよう。今度はこれらをそれぞれ，線分AQと線分CQを底辺とする三角形と見るよ！

そうすると，高さは同じで，底辺の比が，

AQ：CQ＝1：2

だから，面積比は，

△QAB：△QCB＝1：2　……③

さっそく使いこなせているね！

②と③から，(ア)・(イ)・(ウ)の面積比がわかるよね！　一番小さい△QAPの面積を S とおくと，

文字でおくと，比を別の形で表して計算することができるよ！

(ア)　△QAP＝S

(イ)　△QAB＝△QAP×2＝$2S$

(ウ)　△QCB＝△QAB×2＝$4S$

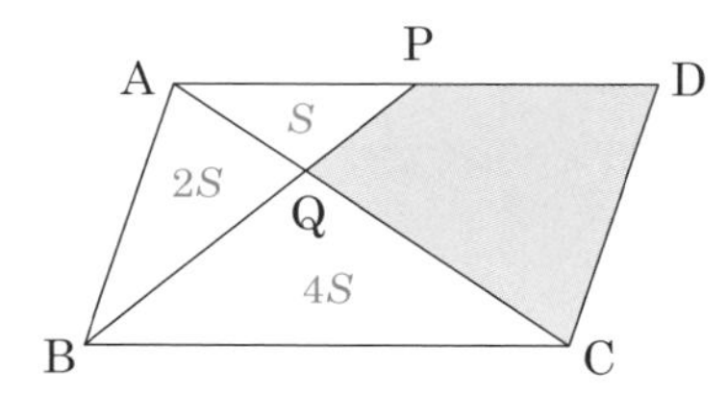

これであとは，(エ)の四角形PQCDだけだね！　ここで，

（四角形PQCD）＝△CDA－△QAP　……④

であることに注目しよう！　　じゃあ，△CDAの面積は？

あっ！　△CDAは，△ABCと合同だ！

CA＝AC　（共通な辺）

∠DAC＝∠BCA　（平行線の錯角）

∠ACD＝∠CAB　（平行線の錯角）

で，1組の辺とその両端の角がそれぞれ等しいので，

△CDA≡△ABC

そのとおりだよ！　そして，合同な三角形はもちろん面積が等しいから，

$\triangle CDA = \triangle ABC$　……⑤

だよ！　一般に，

平行四辺形の面積は，対角線によって2等分される

ということを覚えておこう！

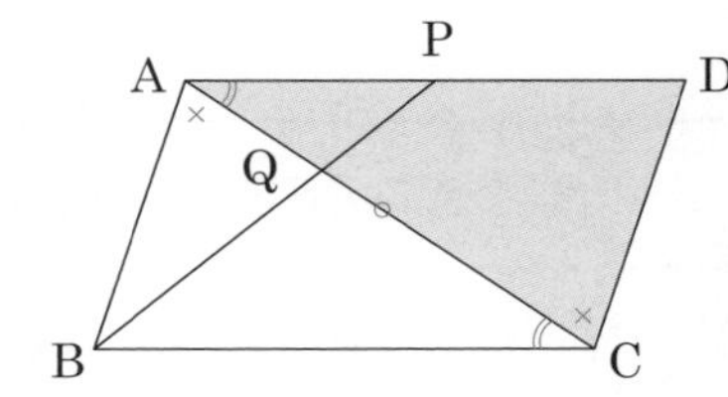

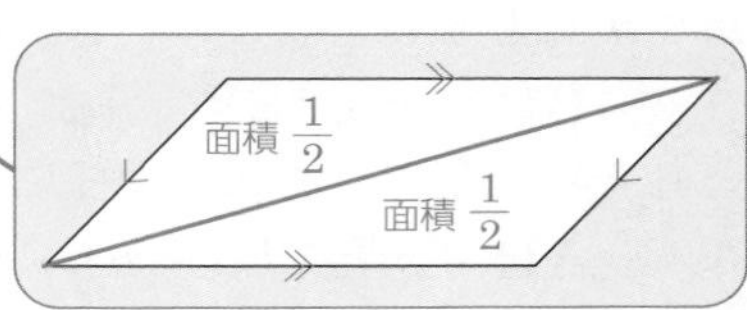

④と⑤から，(エ)の面積は，

(四角形PQCDの面積)

$= \triangle CDA - \triangle QAP$

$= \triangle ABC - \triangle QAP$

$= \triangle QAB + \triangle QCB - \triangle QAP$

$= 2S + 4S - S$

$= 5S$

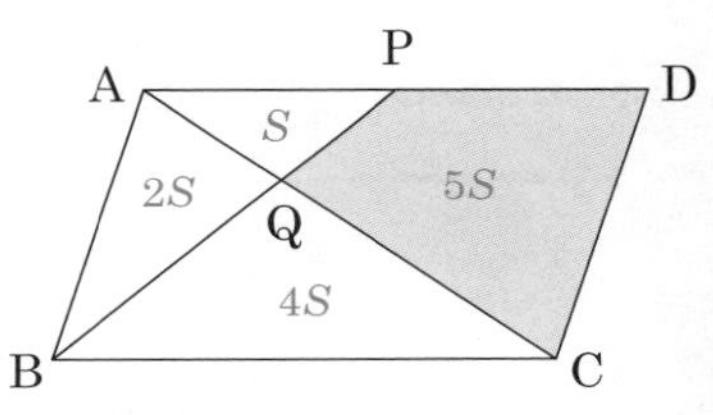

以上より，(ア)～(エ)の面積の比は，

$\triangle QAP : \triangle QAB : \triangle QCB :$ 四角形PQCD

$= S : 2S : 4S : 5S = 1 : 2 : 4 : 5$

ということは，(エ)の土地が一番大きかったんだね。面積比って便利だね♪

さて，ここからさらに，新しいことを学習するよ。(ア)の土地$\triangle QAP$と，(ウ)の土地$\triangle QCB$を，もう一度見てくれるかな。

これらは相似な三角形で，相似比は，

$AQ : CQ = PQ : BQ = AP : CB$

$= 1 : 2$

だったよね。でも，面積比では，

$\triangle QAP : \triangle QCB = S : 4S = 1 : 4$

になっているね！　じつはこの面積比$1 : 4$は，相似比のそれぞれの項を2乗した，$1^2 : 2^2$なんだ。

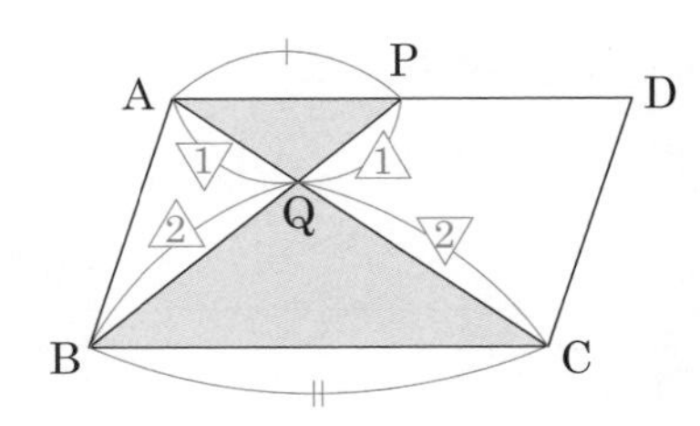

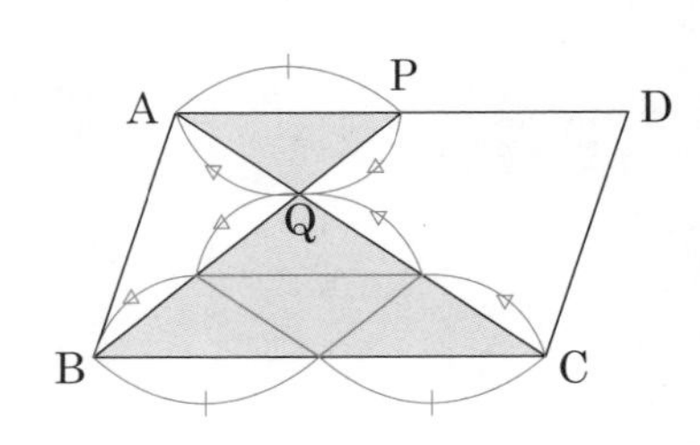

一般に，次のことがいえるよ！

> **相似な2つの図形で，相似比が $m：n$ ならば，面積比は $m^2：n^2$**

これをたしかめよう！　下の図の△ABCと△DEFは相似で，相似比は $m：n$ だとするよ。このとき，それぞれの底辺を，

$$BC = ma,\ EF = na$$

とおくことができるね。同様に，それぞれの高さは，

$$AH = mh,\ DI = nh$$

> 比 $m：n$ が与えられたら，このようにおくと考えやすいよ！

とおけるよ！　これらを使って，△ABCと△DEFの面積を表すと，

$$\triangle ABC = \frac{1}{2} \times BC \times AH$$
$$= \frac{1}{2} \times ma \times mh$$
$$= \frac{1}{2} m^2 ah$$

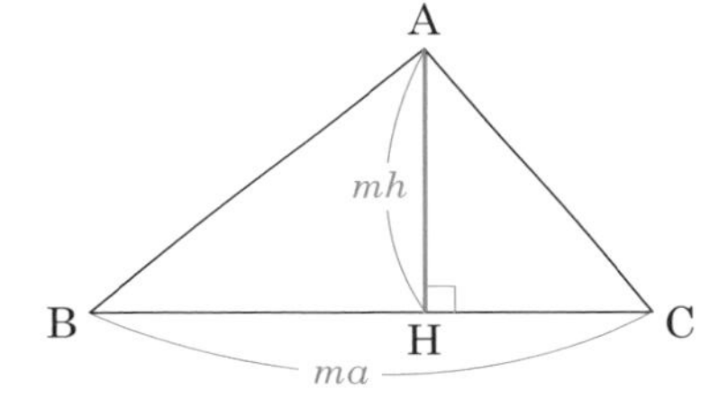

$$\triangle DEF = \frac{1}{2} \times EF \times DI$$
$$= \frac{1}{2} \times na \times nh$$
$$= \frac{1}{2} n^2 ah$$

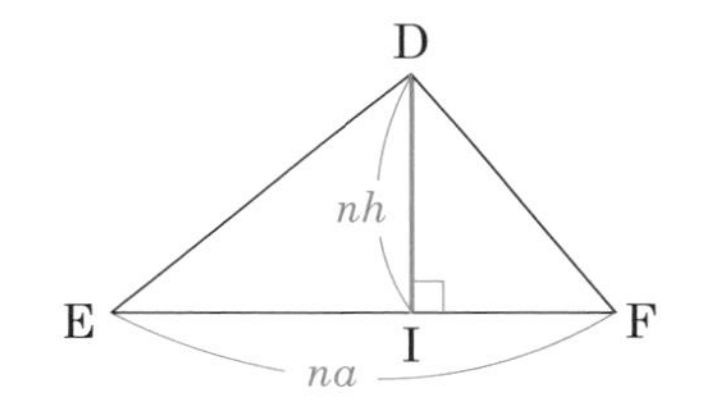

これらの比を調べると，

$$\triangle ABC：\triangle DEF = \frac{1}{2} m^2 ah：\frac{1}{2} n^2 ah$$
$$= m^2：n^2$$

ほんとうだね。辺の比は相似比だけれど，面積の比は相似比の2乗になるってわけか。

例題 1

右の図のように，△ABCで，辺ABを4等分する点をD，E，F，辺ACを4等分する点をG，H，Iとする。図の(ア)～(エ)の図形について，面積比 (ア)：(イ)：(ウ)：(エ) を，最も簡単な整数の比で表せ。

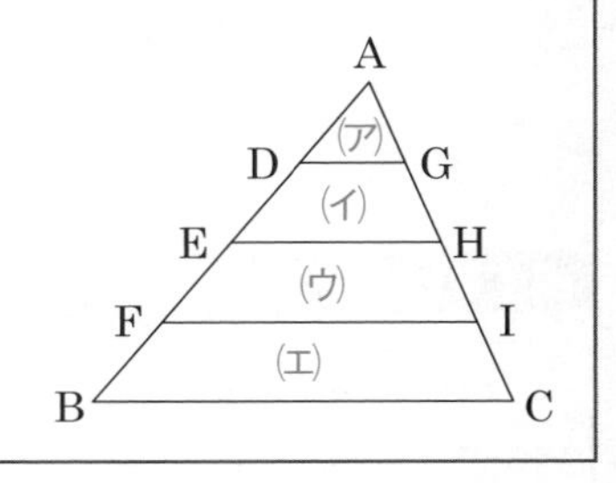

考え方

これは，**ピラミッド型**（548ページ）が何重にも重なったものだね。△ADG，△AEH，△AFI，△ABCが相似であることがたしかめられれば，相似比から面積比を求められそうだね！　まずは相似を確認しよう。

解答と解説

△ADGと△ABCで，

AD：AB＝AG：AC＝1：4，∠Aは共通

したがって，2組の辺の比とその間の角がそれぞれ等しいので，

△ADG∽△ABC，その相似比は 1：4

同様に調べて，

△ADG∽△AEH∽△AFI∽△ABC

その相似比は 1：2：3：4

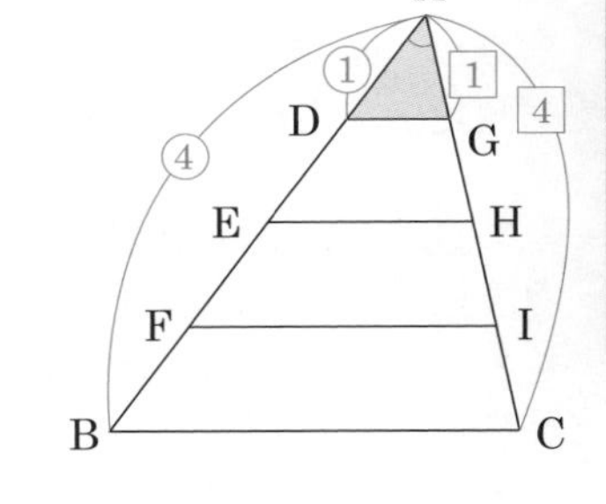

したがって面積比は，

△ADG：△AEH：△AFI：△ABC

$=1^2:2^2:3^2:4^2$

$=$ 1：4：9：16

ここから，

△ADG＝S

△AEH＝$4S$

△AFI＝$9S$

△ABC＝$16S$

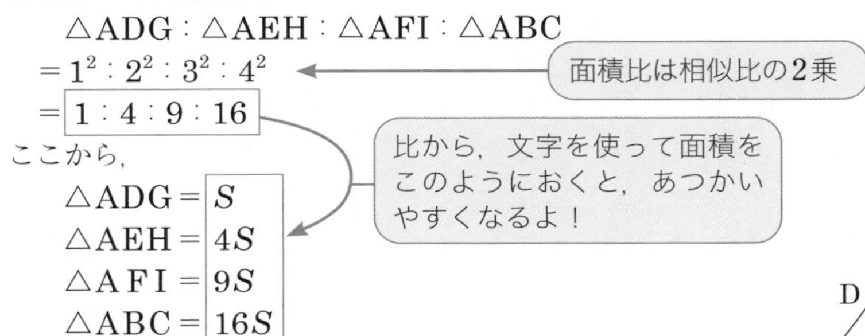

とおける。

(ア)の面積は，△ADG＝S

(イ)の面積は，△AEH－△ADG＝$4S-S=3S$

(ウ)の面積は，△AFI－△AEH＝$9S-4S=5S$

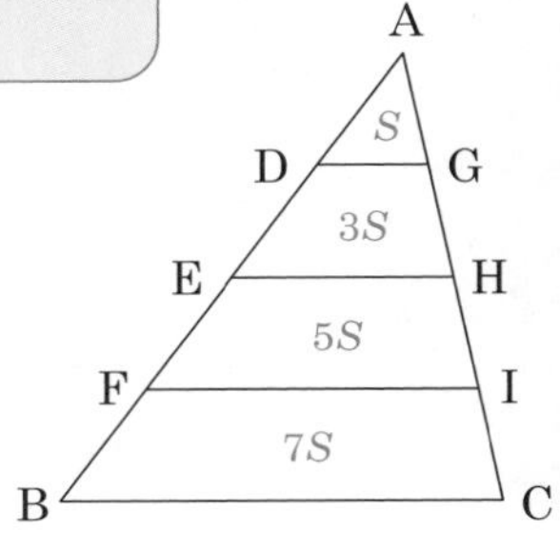

(エ)の面積は，$\triangle ABC-\triangle AFI=16S-9S=7S$
以上より，求める面積比は，

$$(ア):(イ):(ウ):(エ)=S:3S:5S:7S$$
$$=1:3:5:7$$ 答

ポイント 相似比と面積比

相似な2つの図形で，
相似比が $m:n$ ならば，
面積比は $m^2:n^2$

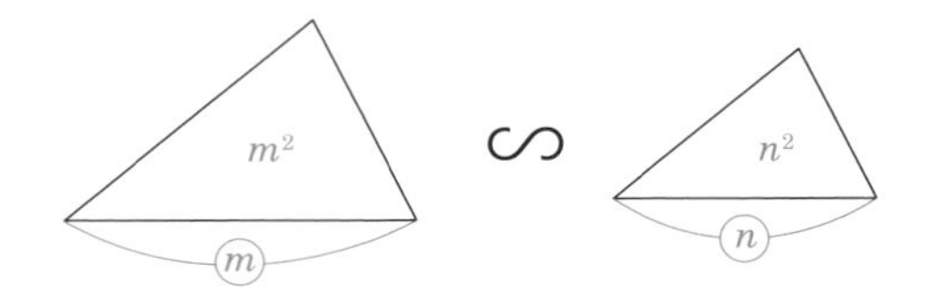

2 1つの角を共有する三角形の面積比

例 右の図のように，△ABCの辺AB上に点D，辺AC上に点Eをとる。このとき，面積比 △ABC：△ADE を求めよ。

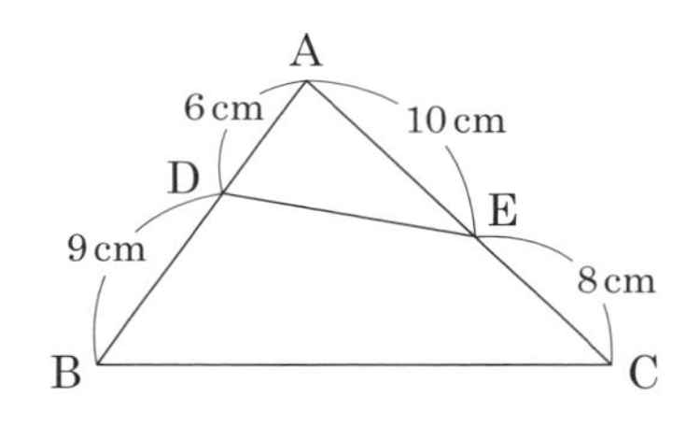

高さが等しい**三角形**をつくると，底辺の長さの比が面積比になってくれるから，考えやすくなるね。補助線をひいて，高さが等しい三角形をつくろう！

2点B, Eを結ぶよ。すると，△ADEと△BDEは，それぞれ線分ADと線分BDを底辺とし，高さが等しい三角形だね！だから，

$$\triangle ADE:\triangle BDE=6:9=2:3$$

したがって，

$$\triangle ADE=2S,\quad \triangle BDE=3S$$

とおける。

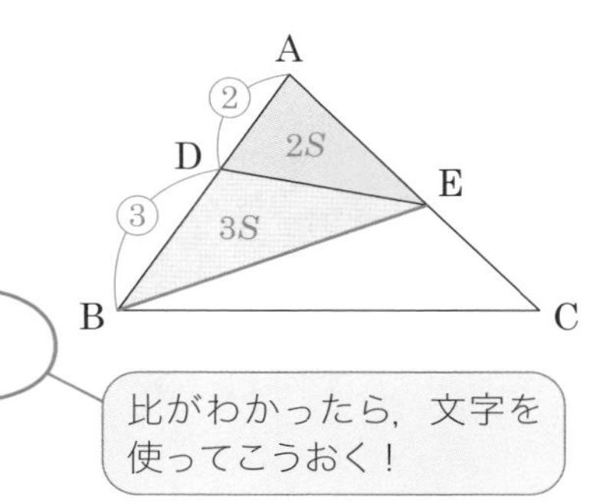

また，△AEBと△CEBは，それぞれ線分AEと線分CEを底辺とし，高さが等しい三角形だね！だから，

$$\triangle AEB:\triangle CEB=10:8=5:4$$

ここで,

$$\triangle AEB = \triangle ADE + \triangle BDE$$
$$= 2S + 3S$$
$$= 5S$$

したがって,

$$\triangle CEB = 4S$$

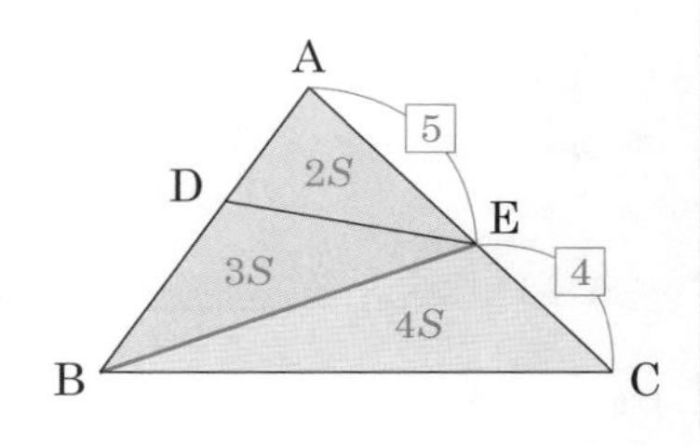

以上より，求める面積比は,

$$\triangle ABC : \triangle ADE = (\triangle AEB + \triangle CEB) : \triangle ADE$$
$$= (5S + 4S) : 2S$$
$$= 9S : 2S = 9 : 2$$ 答

わかってきた。おもしろい♪　面積比を求めるときは，三角形をベースにして，段階的に面積をくらべていくんだね。

そう，それが基本だね。でもね，この例では，面積をくらべたい△ABCと△ADEが，∠Aという1つの角を共有しているよね。じつは，このような三角形の場合，一気に面積比を求めてしまう方法もあるんだ。

1つの角を共有する三角形の面積比は，角をはさんだ2辺の積と等しくなる。

$$\triangle ADE : \triangle ABC = ac : bd$$

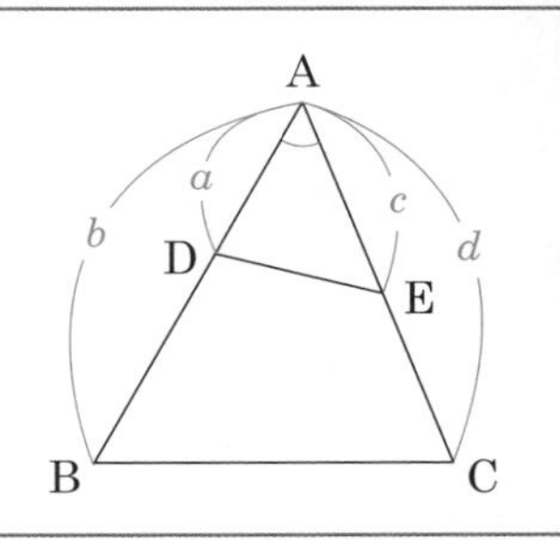

これを使うと，例の問題は一発で解けるよ。

$$\triangle ABC : \triangle ADE$$
$$= (AB \times AC) : (AD \times AE)$$
$$= \{(6 + 9) \times (10 + 8)\} : (6 \times 10)$$
$$= (15 \times 18) : (6 \times 10)$$
$$= (3 \times 3) : (1 \times 2)$$
$$= 9 : 2$$

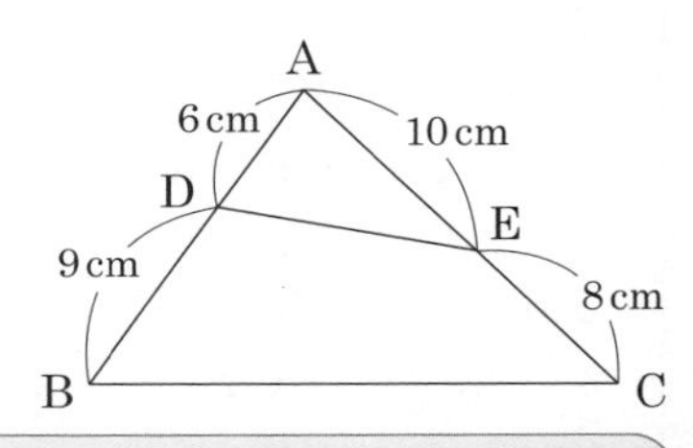

15÷5＝3，10÷5＝2，18÷6＝3，6÷6＝1

ほ，ほんとうだ……すごいけれど，どうしてこれで面積比がわかるの？

証　明

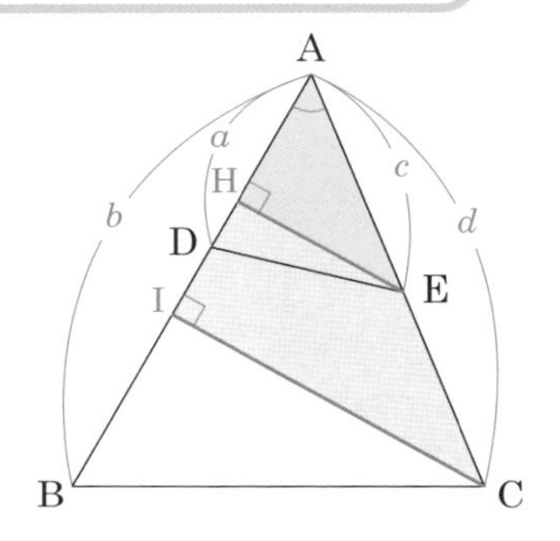

右の図のように点Eと点Cから辺ABに垂線をひき，その足をそれぞれ点H，点Iとする。

△AEHと△ACIについて，

∠Aは共通，∠AHE＝∠AIC＝90°

であるから，2組の角がそれぞれ等しいので，

△AEH∽△ACI

相似比は，AE：AC＝c：d

したがって，相似な△AEHと△ACIの対応する辺EHとCIの長さを，

EH＝ch，CI＝dh

比がわかったら，文字を使っておく

とおける。これを使って，△ADEと△ABCの面積を表すと，

$$\triangle \mathrm{ADE}=\frac{1}{2}\times \mathrm{AD}\times \mathrm{EH}=\frac{1}{2}ach$$

$$\triangle \mathrm{ABC}=\frac{1}{2}\times \mathrm{AB}\times \mathrm{CI}=\frac{1}{2}bdh$$

したがって，面積比は，

$$\triangle \mathrm{ADE}:\triangle \mathrm{ABC}=\frac{1}{2}ach:\frac{1}{2}bdh$$

$$=ac:bd$$ 証明終わり

例題 2

右の図の△ABCで，

AD：DB＝3：4

AE：EC＝3：2

である。△ABCの面積が $70\mathrm{cm}^2$ のとき，四角形DBCEの面積を求めよ。

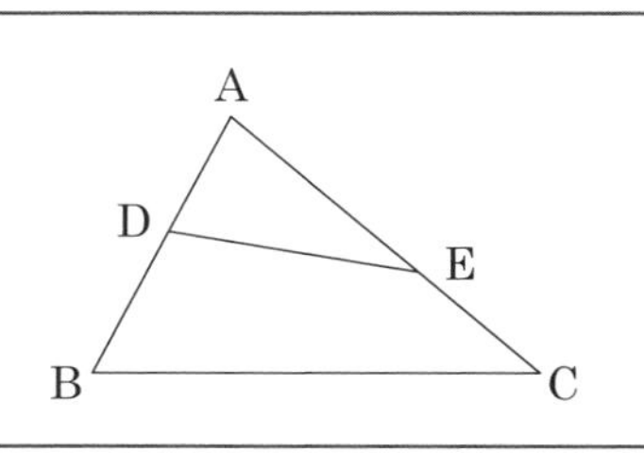

解答と解説

△ADEと△ABCは∠Aを共有する三角形で,

$\mathrm{AD}:\mathrm{AB}=3:(3+4)=3:7$

であるから,

$\mathrm{AD}=3p,\ \mathrm{AB}=7p$

とおける。また,

$\mathrm{AE}:\mathrm{AC}=3:(3+2)=3:5$

であるから,

$\mathrm{AE}=3q,\ \mathrm{AC}=5q$

とおける。

比が出たら文字でおく

比が出たら文字でおく

$\triangle\mathrm{ADE}:\triangle\mathrm{ABC}=(3p\times3q):(7p\times5q)$

$=9pq:35pq$

$=9:35$

おいた文字は,比だからこうして消えてくれる!

ここで,$\triangle\mathrm{ADE}=x\,\mathrm{cm}^2$ とおくと,$\triangle\mathrm{ABC}=70\mathrm{cm}^2$ であるから,

$x:70=9:35$

$x=18$

以上より,求める面積は,

(四角形DBCEの面積)

$=\triangle\mathrm{ABC}-\triangle\mathrm{ADE}$

$=70-18=52\ (\mathrm{cm}^2)$ 答

ポイント **1つの角を共有する三角形の面積比**

1つの角を共有する三角形の面積比は,角をはさんだ2辺の積と等しくなる。

$\triangle\mathrm{ADE}:\triangle\mathrm{ABC}=ac:bd$

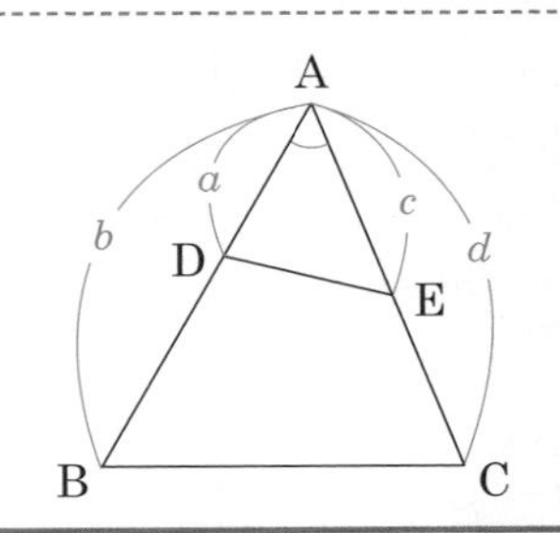

3 相似な立体の表面積比と体積比

今度は,**相似**な**立体**の性質について考えていこう!

1つの立体を,形を変えずに一定の割合に拡大または縮小した立体は,もとの立体と相似だよ。

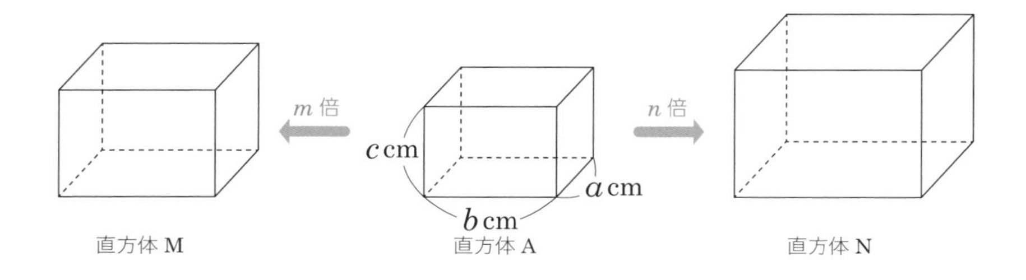

上の図の直方体Mは，直方体Aを縦・横・高さのすべての方向にm倍したもので，直方体Nは，直方体Aを縦・横・高さのすべての方向にn倍したものだとするよ。このとき，直方体A，M，Nは，すべて相似な立体だよ。

平面図形のときと同様に，相似な立体では，対応する線分の比は，すべて等しくなっているよ。その比が，**相似比**だね。

対応する角の大きさも，それぞれ等しくなっているの？

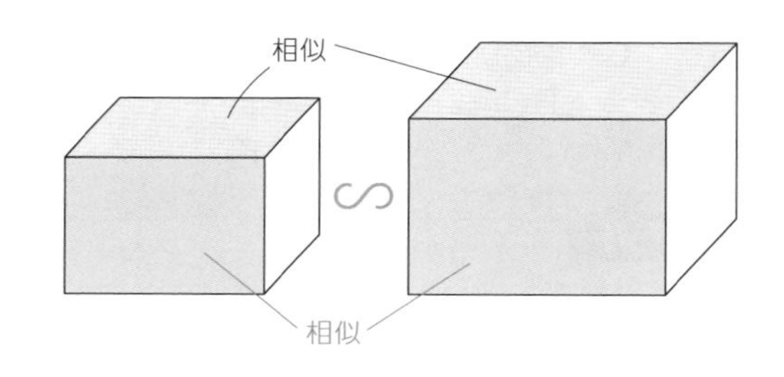

そのとおり！　さらに，立体だから，対応する面もあるんだけど，対応する面どうしもそれぞれ相似になっているよ！

そして，すべての面の面積の和である**表面積**についても，次のことがいえるんだよ。

相似な**2**つの立体で，相似比が $m:n$ ならば，表面積比は $m^2:n^2$

じゃあ，体積はどうなっているのかな？　前のページの相似な直方体M，Nで調べてみよう。

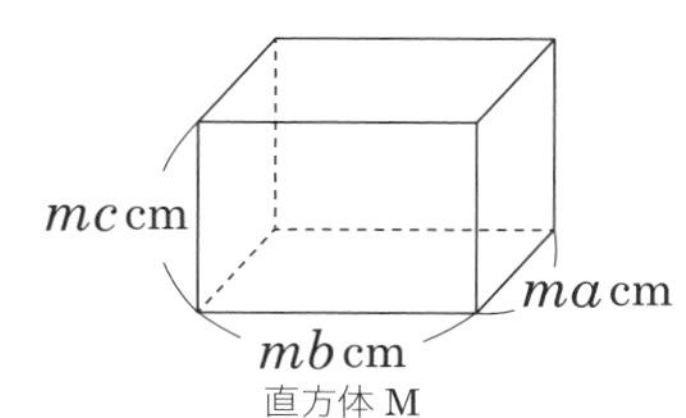

直方体Mは，縦が a cm，横が b cm，高さが c cm の直方体Aを m 倍に拡大した立体だから，

縦は，ma cm
横は，mb cm
高さは，mc cm

また，直方体Nは直方体Aをn倍に拡大した立体だから，

縦は，na cm
横は，nb cm
高さは，nc cm

直方体 N

ちなみにこの直方体Mと直方体Nの相似比は，それぞれの辺の長さの比だから，

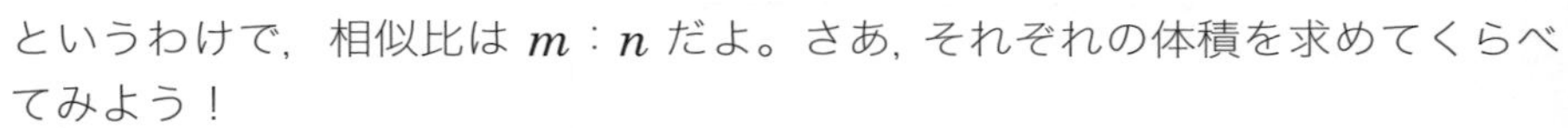

$$ma : na = mb : nb = mc : nc = \boxed{m : n}$$

というわけで，相似比は $m : n$ だよ。さあ，それぞれの体積を求めてくらべてみよう！

$$(\text{直方体Mの体積}) = ma \times mb \times mc = m^3 \times abc$$
$$(\text{直方体Nの体積}) = na \times nb \times nc = n^3 \times abc$$

したがって体積比は，

$$(\text{直方体Mの体積}) : (\text{直方体Nの体積})$$
$$= (m^3 \times abc) : (n^3 \times abc)$$
$$= m^3 : n^3$$

となるね。ここから，次のことがわかるよ！

> 相似な2つの立体で，相似比が $m : n$ ならば，体積比は $m^3 : n^3$

例題 3

右の図のような相似な2つの三角錐A，Bがあり，高さはそれぞれ8cm，12cm である。次の問いに答えよ。

(1) **三角錐Aの表面積が 48cm^2 のとき，三角錐Bの表面積を求めよ。**

(2) **三角錐Bの体積が 108cm^3 のとき，三角錐Aの体積を求めよ。**

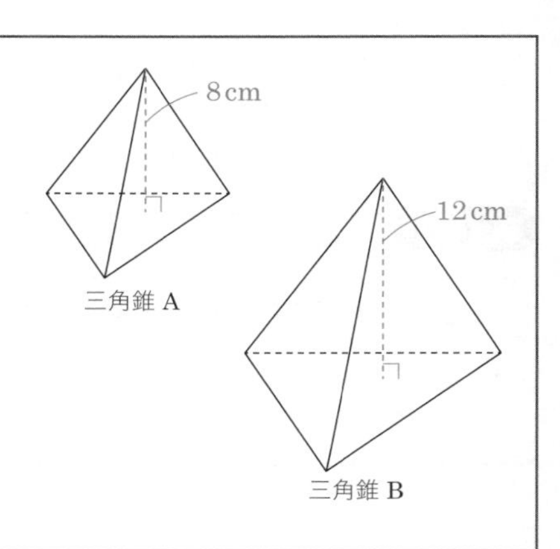

考え方

相似な三角錐A，Bでは，辺の長さの比が相似比になるよね。表面に見えている辺ではないけれど，高さの比も相似比に等しいよ！

解答と解説

(1) 三角錐AとBの相似比は，

$8:12=2:3$

したがって，

(三角錐Aの表面積)：(三角錐Bの表面積)

$=2^2:3^2$ ← 相似な立体の表面積の比は，相似比の2乗に等しい！

$=4:9$

三角錐Aの表面積は 48cm^2 であるから，求める三角錐Bの表面積を $x\ \text{cm}^2$ とおくと，

$4:9=48:x$

$9\times48=4x$

$x=9\times12=108$

したがって，三角錐Bの表面積は，108cm^2 答

(2) (三角錐Aの体積)：(三角錐Bの体積)

$=2^3:3^3$ ← 相似な立体の体積の比は，相似比の3乗に等しい！

$=8:27$

三角錐Bの体積は 108cm^3 であるから，求める三角錐Aの体積を $y\ \text{cm}^3$ とおくと，

$8:27=y:108$

$27y=8\times108$

$y=32$

したがって，三角錐Aの体積は，32cm^3 答

ポイント　相似な立体の表面積比と体積比

相似な2つの立体で，相似比が $m:n$ ならば，

❶ 表面積比は，$m^2:n^2$

❷ 体積比は，$m^3:n^3$

4 相似の利用

相似な図形の性質を利用して，実際には測ることが難しい2地点間の距離や高さを求めてみよう！

例 **下の図のような高い特別な電柱がある。生徒が，電柱の真下のQ地点から20m離れたP地点に立ち，その目の位置Bから電柱の上端Aを見上げた∠ABCの角度を測ったところ，35°であった。生徒の目の高さBPを1.5mとして，電柱の高さを求めよ。ただし，ものさしと分度器を使ってもよい。**

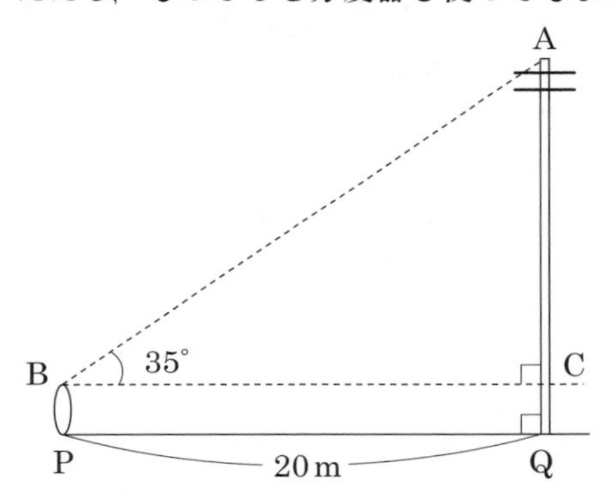

これはね，△ABCの**縮図**をかいて考えるんだ！　今回はノートにかけるサイズということで，BCの20mを4cmに縮小して，△ABCの縮図△A′B′C′をかいてみよう。

BC＝PQ＝2000cmを，B′C′＝4cmに縮めるから，縮尺は，

$$\frac{4}{2000}=\frac{1}{500}$$

だね。△ABCと△A′B′C′は相似で，相似比は500：1ということだよ。

その縮図△A′B′C′は，右の図のようになるよ。線分A′C′の長さは，ものさしで測ったら約2.8cmだったよ。これを500倍したら，もとのACの長さになるね！

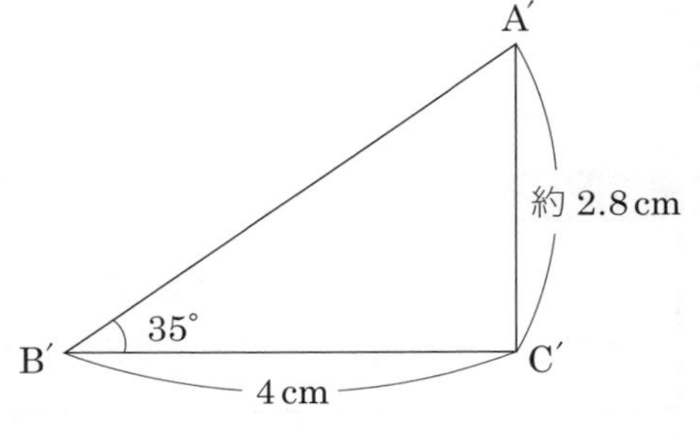

AC＝2.8×500
＝1400 (cm)

これは，14mだね。最後に忘れずに，生徒の目の高さをたして，

$14 + 1.5 = 15.5$ (m) 答

相似を学習した今なら，縮図を利用して，簡単に実際の長さを求められちゃうんだね。それにしても，めっちゃ高い電柱だなあ……

例題 4

今，ある建物の影の長さを調べたら，9.6 m あった。同じ時刻，身長 1.6 m の生徒の影の長さは，0.8 m だった。建物の高さを求めよ。

解答と解説

次の図のように，生徒と影がつくる直角三角形と，建物と影がつくる直角三角形は相似である。

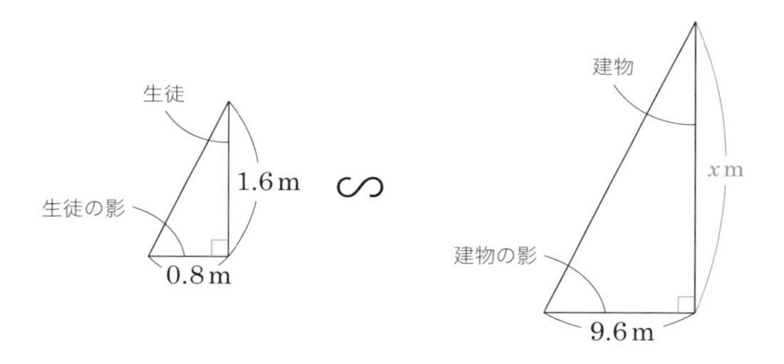

相似な図形の対応する辺の比は等しいので，求める建物の高さを x m とおくと，

$$1.6 : x = 0.8 : 9.6$$

$$x \times \overset{1}{0.8} = \overset{2}{1.6} \times 9.6$$

$$x = 19.2$$

したがって，求める建物の高さは，19.2 m 答

ポイント 相似の利用

相似な図形の対応する辺の比が等しくなることを利用して，実際には測ることが難しい 2 地点間の距離や高さを求めることができる。

第 1 節　円周角の定理

1　円周角の定理

ここからの第6章では，円についてのさまざまな性質について考えていこう。まずは，「円周角（えんしゅうかく）」と「中心角」について解説するね。

∠AOBは，弧AB（$\overset{\frown}{AB}$）に対する**中心角**といったね（178ページ）。一方，$\overset{\frown}{AB}$を除いた円周上に点Pをとるとき，∠APBを$\overset{\frown}{AB}$に対する**円周角**っていうんだ！

円周の一部が弧ABとなっているとき，円周のうち弧AB以外の部分に点Pをとる，ということだよ！

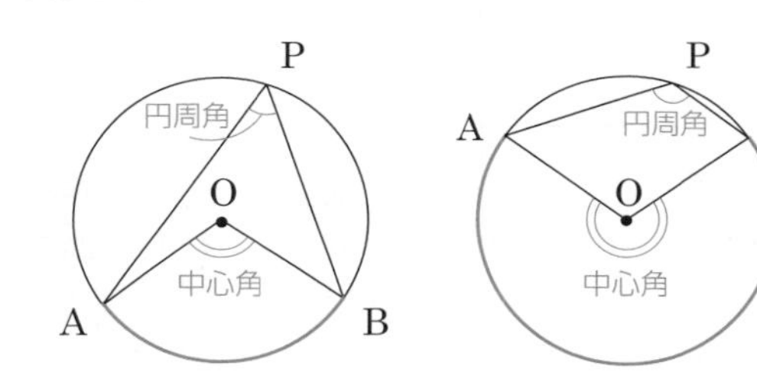

円周角には，これから説明する ❶・❷ の性質があるよ。

❶　1つの弧に対する円周角の大きさは，その弧に対する中心角の大きさの半分になる。

$$\angle AOB = 2\angle APB$$

「∠APBの2倍」という意味

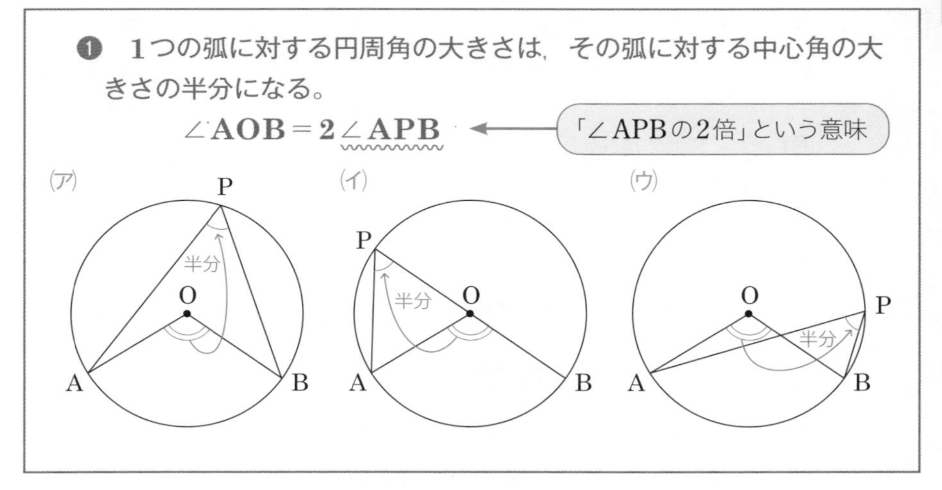

上図の(ア)の場合で，∠AOB＝2∠APB を証明しよう。

証　明

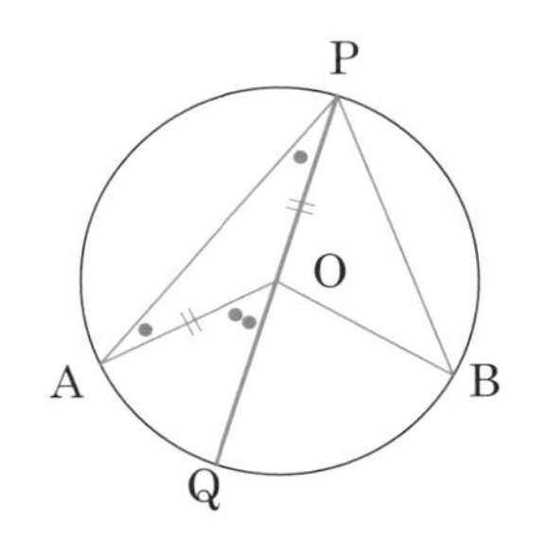

線分POを延長し，円Oの円周との交点を点Qとすると，

$\boxed{\angle \mathrm{APB}} = \angle \mathrm{OPA} + \angle \mathrm{OPB}$ ……①

円周角

$\boxed{\angle \mathrm{AOB}} = \angle \mathrm{AOQ} + \angle \mathrm{BOQ}$ ……②

中心角

△OAPで，辺OAと辺OPは同じ円Oの半径であるから，

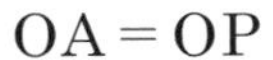

$\mathrm{OA} = \mathrm{OP}$

したがって，△OAPは二等辺三角形であるから，

$\angle \mathrm{OAP} = \angle \mathrm{OPA}$ ……③

二等辺三角形の2つの底角は等しい

△OAPで，内角と外角の関係より，

$\angle \mathrm{OAP} + \angle \mathrm{OPA} = \angle \mathrm{AOQ}$

三角形の外角は，それととなりあわない2つの内角の和に等しい（334ページ）

③より，

$\angle \mathrm{AOQ} = \angle \mathrm{OAP} + \angle \mathrm{OPA} = 2\angle \mathrm{OPA}$ ……④

同様に，△OBPで，$\mathrm{OB} = \mathrm{OP}$ であるから，

$\angle \mathrm{OBP} = \angle \mathrm{OPB}$ ……⑤

△OBPで，内角と外角の関係より，

$\angle \mathrm{OBP} + \angle \mathrm{OPB} = \angle \mathrm{BOQ}$

⑤より，

$\angle \mathrm{BOQ} = 2\angle \mathrm{OPB}$ ……⑥

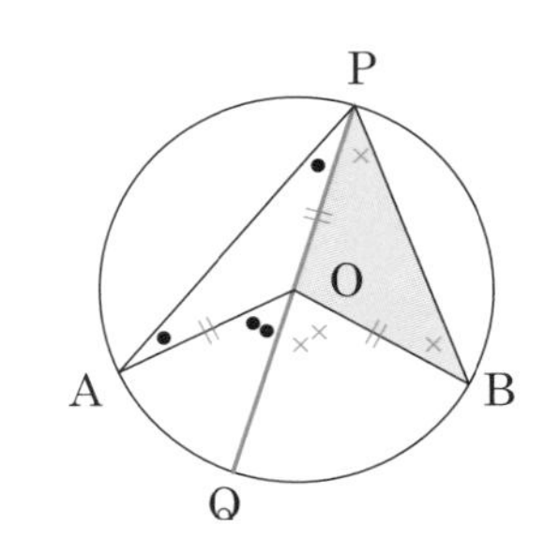

④・⑥と②より，

$$\begin{aligned}\angle \mathrm{AOB} &= \angle \mathrm{AOQ} + \angle \mathrm{BOQ} \\ &= 2\angle \mathrm{OPA} + 2\angle \mathrm{OPB} \\ &= 2(\angle \mathrm{OPA} + \angle \mathrm{OPB})\end{aligned}$$

①より，

$\angle \mathrm{AOB} = 2\angle \mathrm{APB}$ **証明終わり**

(イ)や(ウ)の場合も同じように，$\angle \mathrm{AOB} = 2\angle \mathrm{APB}$ を証明できるよ！

(イ)の場合，△OAPは二等辺三角形であるから，

$\angle \mathrm{OAP} = \angle \mathrm{OPA}$

△OAPで，内角と外角の関係より，

$\angle \mathrm{AOB} = \angle \mathrm{OAP} + \angle \mathrm{OPA}$
$= 2\angle \mathrm{OPA}$
$= 2\angle \mathrm{APB}$

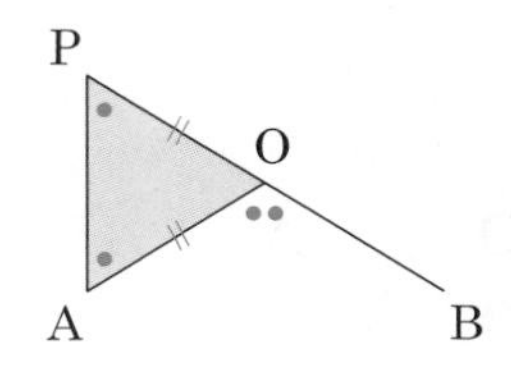

(ウ)の場合，点Pと点Oを結び，直線と円Oの円周との交点を点Qとすると，△OAPは二等辺三角形であるから，

$\angle \mathrm{OAP} = \angle \mathrm{OPA}$

△OAPで，内角と外角の関係より，

$\angle \mathrm{QOA} = \angle \mathrm{OAP} + \angle \mathrm{OPA}$
$= 2\angle \mathrm{OPA}$ ……①

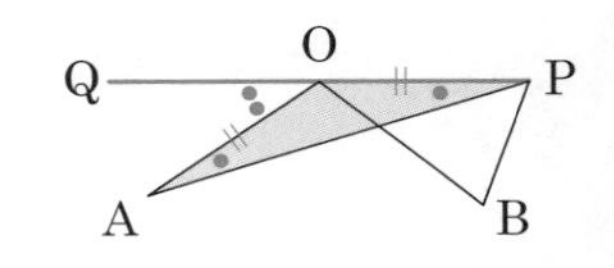

また，△OBPも二等辺三角形であるから，

$\angle \mathrm{OBP} = \angle \mathrm{OPB}$

△OBPで，内角と外角の関係より，

$\angle \mathrm{QOB} = \angle \mathrm{OBP} + \angle \mathrm{OPB}$
$= 2\angle \mathrm{OPB}$ ……②

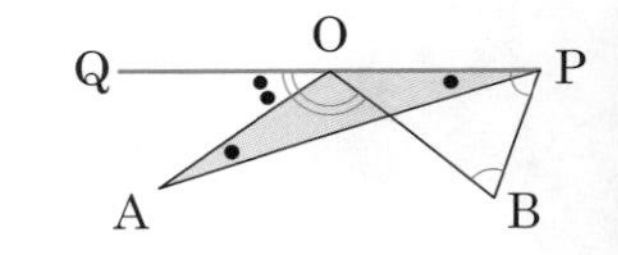

①・②より，

$\angle \mathrm{AOB} = \angle \mathrm{QOB} - \angle \mathrm{QOA}$
$= 2\angle \mathrm{OPB} - 2\angle \mathrm{OPA}$
$= 2(\angle \mathrm{OPB} - \angle \mathrm{OPA})$
$= 2\angle \mathrm{APB}$

円の中心と円周上の点を結んだ線分は，どれも長さが等しくなる（半径）から，二等辺三角形ができるんだね。それと，三角形の内角と外角の関係をうまく使えば証明できるってわけか。

そういうことだよ。じゃあ，円周角に関するもう1つの性質を紹介するね！

❷ 同じ弧に対する円周角の大きさは等しい。

$\angle \mathbf{APB} = \angle \mathbf{AQB}$

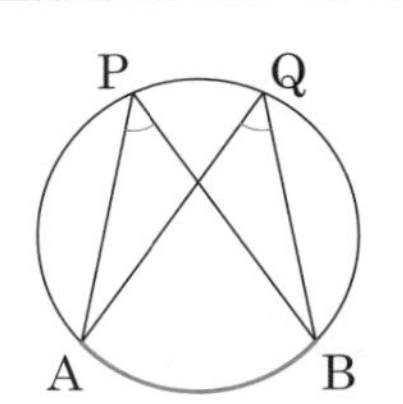

中学1年
中学2年
中学3年

つまり，同じ弧から，円周上のどこに点をとって円周角をつくっても，円周角の大きさは同じなんだ。

これをたしかめよう。右の図のように，円の中心Oと，点A，点Bそれぞれを結ぶよ。すると，さっきの ❶ から，

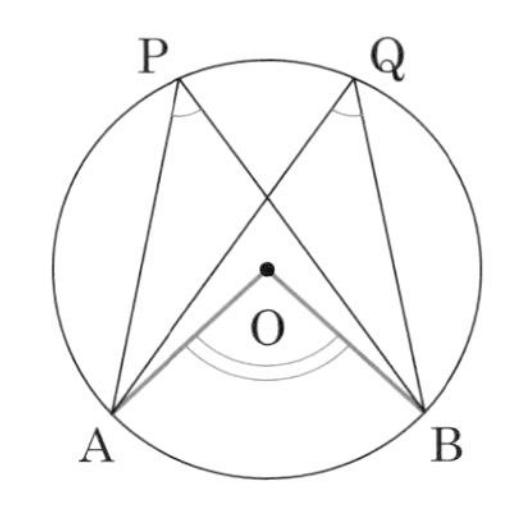

$$\angle APB = \frac{1}{2}\angle AOB$$

$$\angle AQB = \frac{1}{2}\angle AOB$$

となるね！　だから

$$\angle APB = \angle AQB$$

❶ と ❷ を合わせると，

1つの弧に対する円周角の大きさは等しく，その弧に対する中心角の大きさの半分になる

ってことかな。

そういうことだよ。この ❶・❷ を合わせて，**円周角の定理**というよ！

また，円周角の定理の特殊な例として，次のようなものもあるよ！　これもよく使うから，ぜひ覚えてね。

> **弧が半円のとき（弦が円の直径のとき），その弧に対する円周角は直角になる。**
>
> $\angle \mathbf{APB} = \mathbf{90^\circ}$
>
> 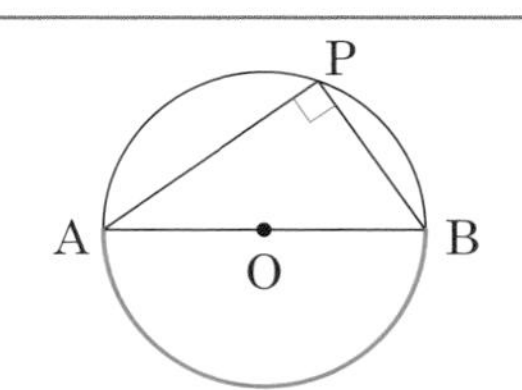
>

これはなぜだかわかるかな？

この場合，中心角がないよね……

ん，ちょっと待って！　中心角は，

$\angle AOB = 180^\circ$

だ！　だから，円周角はその半分の 90° になるんだ！

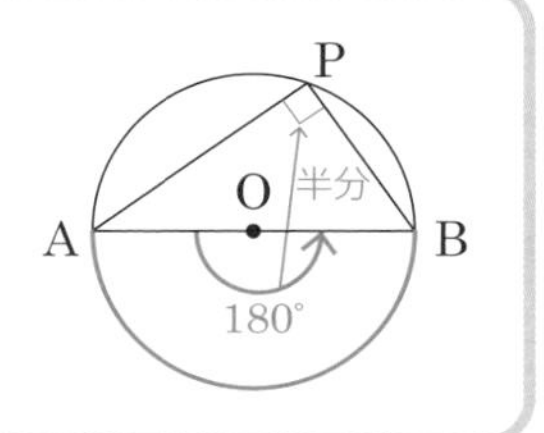

そのとおり！　よく気づいたね♪

例題 1

次の図において，$\angle x$ の大きさを求めよ。ただし，点Oは円の中心とする。

(1)

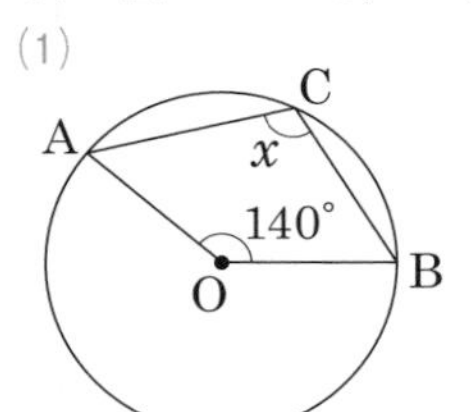

(2)

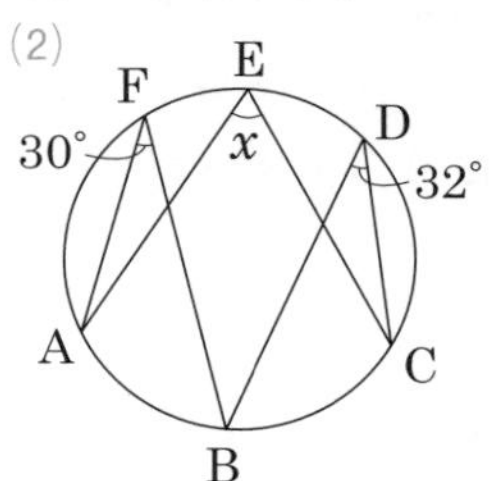

(3)

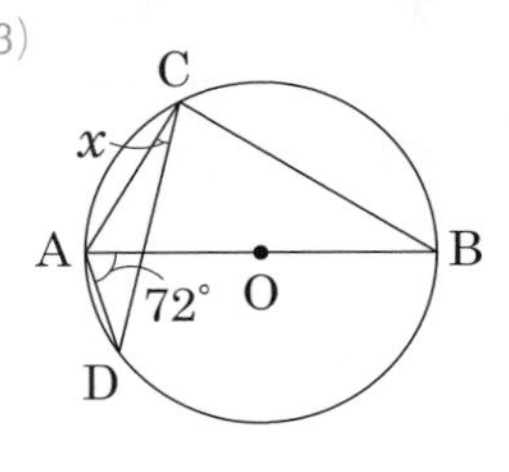

解答と解説

(1) 点Cのない側の$\overset{\frown}{AB}$に対する中心角$\angle AOB$の大きさは，

$$\angle AOB = 360^\circ - 140^\circ = 220^\circ$$

円周角の定理より，

$$\angle ACB = \frac{1}{2}\angle AOB$$

$$\angle x = \frac{1}{2} \times 220^\circ = 110^\circ$$ 答

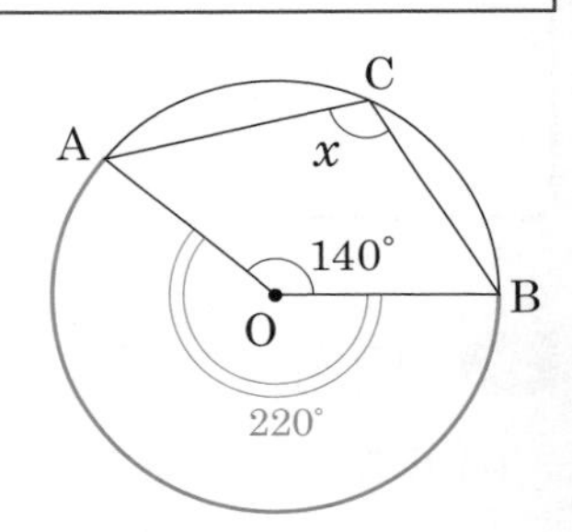

(2) 点Bと点Eを結ぶ。

$\overset{\frown}{AB}$に対する円周角と，$\overset{\frown}{BC}$に対する円周角を利用するためだよ！

$\overset{\frown}{AB}$に対する円周角は等しいので，

$$\angle AFB = \angle AEB = 30^\circ$$

$\overset{\frown}{BC}$に対する円周角は等しいので，

$$\angle BDC = \angle BEC = 32^\circ$$

したがって，

$$\angle x = \angle AEB + \angle BEC$$
$$= 30^\circ + 32^\circ = 62^\circ$$ 答

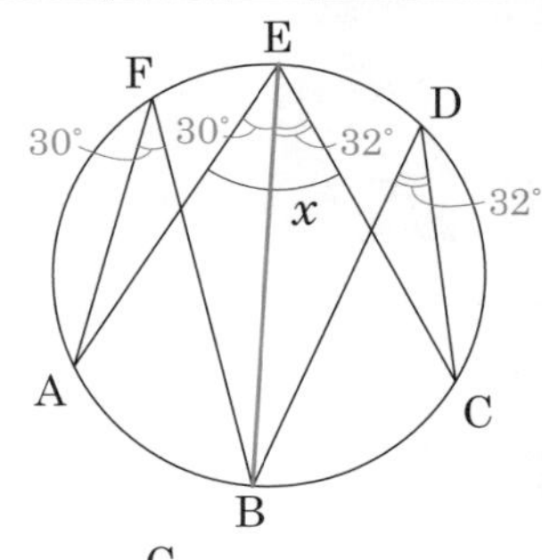

(3) $\overset{\frown}{BD}$に対する円周角は等しいので，

$$\angle BAD = \angle BCD = 72^\circ$$

また，ABは直径であるから，

$$\angle ACB = 90^\circ$$

$\angle ACB$は，半円の弧（$\overset{\frown}{AB}$）に対する円周角

したがって，

$$\angle x = \angle ACB - \angle BCD$$
$$= 90^\circ - 72^\circ$$
$$= 18^\circ$$ 答

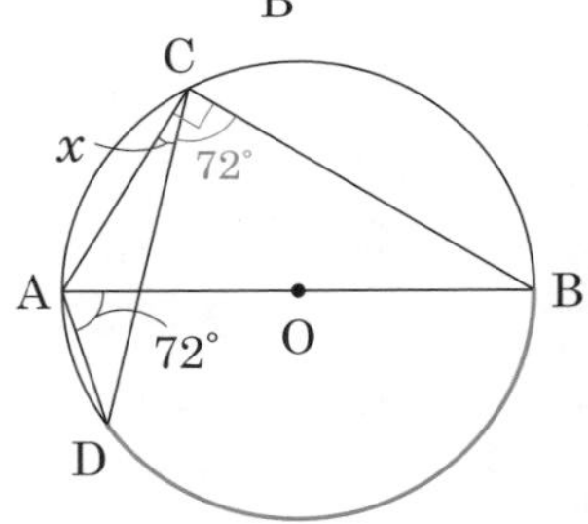

ポイント **円周角の定理**

❶ 1つの弧に対する円周角の大きさは，その弧に対する中心角の大きさの半分になる。

❷ 同じ弧に対する円周角の大きさは等しい。

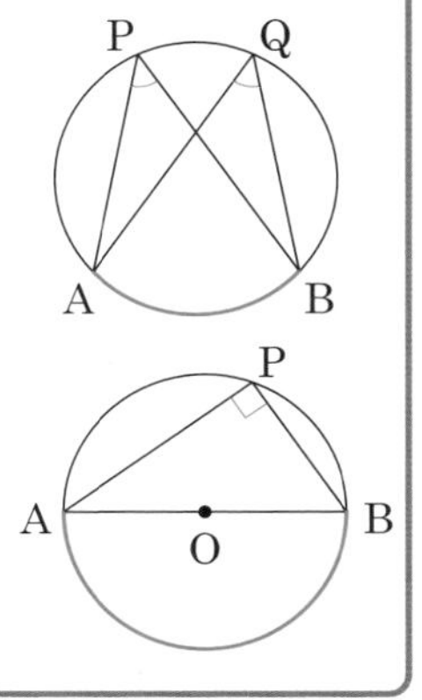

とくに，半円の弧に対する円周角は，直角である。

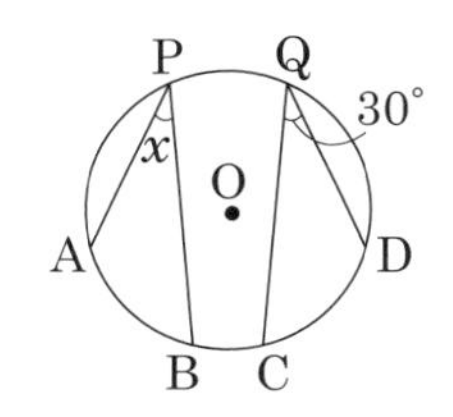

2 円周角と弧

円周角と**弧**の関係について考えてみよう。

例 右の図で，$\overset{\frown}{AB} = \overset{\frown}{CD}$ のとき，$\angle x$ の大きさを求めよ。

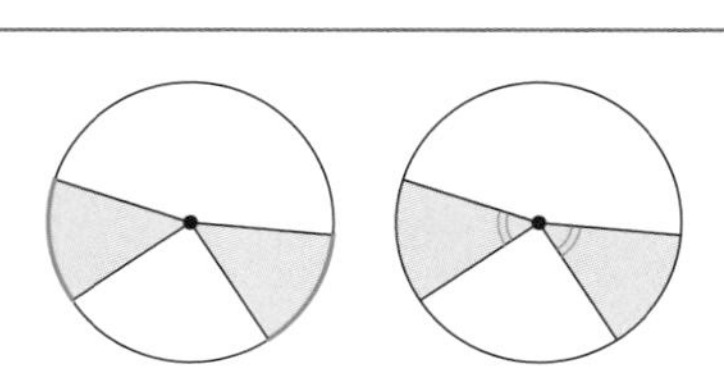

う～ん，$\angle x$ は，$\angle$CQDと同じ角度になるんじゃないかなあ……

そうなんだ！　なぜだかたしかめていくよ。まず，一般に次のことがいえるんだ。

1つの円で，弧や中心角の等しいおうぎ形は，合同になる。

したがって，

❶ 等しい弧に対する中心角の大きさは等しい。

❷ 等しい中心角に対する弧の長さは等しい。

この**例**では，右の図のように，4つの点A，B，C，Dそれぞれと円の中心Oを結んでみよう。$\overset{\frown}{AB}=\overset{\frown}{CD}$ で，弧が等しいおうぎ形OABとおうぎ形OCDは合同だよ。だから，対応する角である中心角も等しくなり，

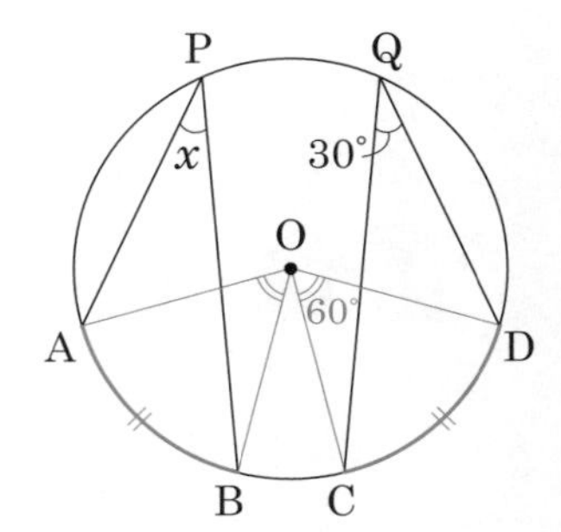

$$\angle AOB=\angle COD$$

円周角の定理より，

$$\angle APB=\frac{1}{2}\angle AOB$$

$$\angle CQD=\frac{1}{2}\angle COD$$

であるから，

$$\angle APB=\angle CQD$$
$$=30°$$ 答

中心角どうしが等しければ，中心角の半分である円周角どうしも等しい

この**例**を通して，次のことがわかるよ！

弧と円周角

❶ 1つの円で，等しい弧に対する円周角の大きさは等しい。

❷ 1つの円で，等しい円周角に対する弧の長さは等しい。

さらに，右の図のように，

$$\overset{\frown}{AB}=\overset{\frown}{BC}=\overset{\frown}{CD}$$

と，等しい長さの弧がくっついて並んでいる場合を考えるよ。それぞれの弧に対する円周角は，

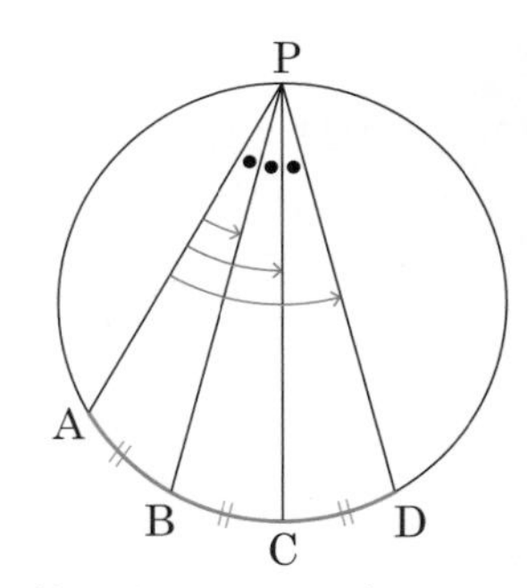

$$\angle APB=\angle BPC=\angle CPD$$

だよね。だから，

$$\overset{\frown}{AC}=2\overset{\frown}{AB},\ \angle APC=2\angle APB$$

というふうに，弧の長さが2倍になると，円周角も2倍になっているね！

同じように考えると……

$\overset{\frown}{AD} = 3\overset{\frown}{AB}$, $\angle APD = 3\angle APB$
だから，弧の長さが3倍になると，円周角も3倍になってる！

そう！　弧の長さが変化すると，同じ割合で，円周角の大きさも変化するんだ。逆に，円周角の大きさが変化すると，同じ割合で，弧の長さが変化するともいえるよ。つまり，次のことがいえるんだ！

> 1つの円で，円周角の大きさと弧の長さは比例する。

例題 2

右の図で，Pは円の弦AC，BDの交点で，$\angle APB = 84°$ である。$\overset{\frown}{AB} = 3\overset{\frown}{CD}$ のとき，$\angle x$ の大きさを求めよ。

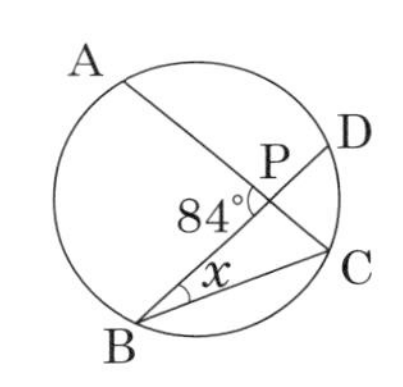

解答と解説

$\overset{\frown}{AB} = 3\overset{\frown}{CD}$ であるから，

$\angle ACB = 3\angle CBD$

問題で与えられた弧について，円周角を考えるよ。1つの円において，弧の長さは円周角の大きさに比例するんだよね！

$\angle CBD = x$ であるから，

$\angle ACB = 3x$

$\triangle PBC$ で，内角と外角の関係から，

$\angle PBC + \angle PCB = \angle APB$

$x + 3x = 84°$

$4x = 84°$

$x = 21°$ 答

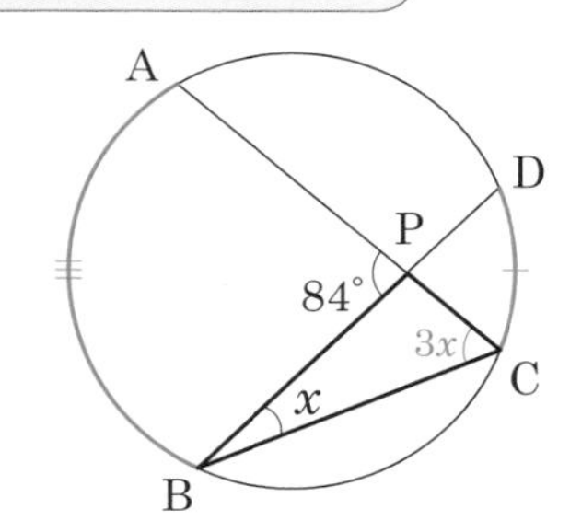

ポイント　円周角と弧

❶ 1つの円で，等しい弧に対する円周角の大きさは等しい。
❷ 1つの円で，等しい円周角に対する弧の長さは等しい。
❸ 1つの円で，円周角の大きさと弧の長さは比例する。

3 円周角の定理の逆

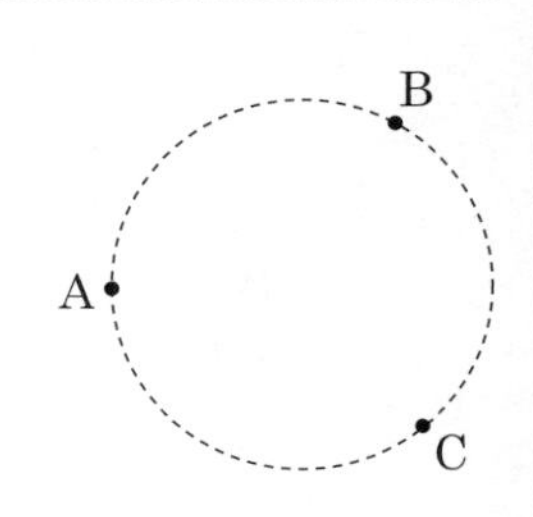

中1／第5章／第3節で，3点を通る円の作図のしかたを学習したけれど，覚えているかな（169ページ）？　一般に，平面上の同じ直線上にない異なる3点がある場合，その3点を通る円を作図することができるんだ。つまり，同じ直線上に3点が並んでいるのでなければ，どんな3点であっても，その3点を通る円があるってことだよ。

でもね，それが「4点」でもいえるかというと，そうはいかないんだ。

平面上の一直線上にない異なる4点が与えられたとき，その4点すべてを通る1つの円周があるとはかぎらないよ。むしろ，4点が同一の円周上にあるのは，ごく限られた特殊な場合だけなんだ。そのことを見ていこう。

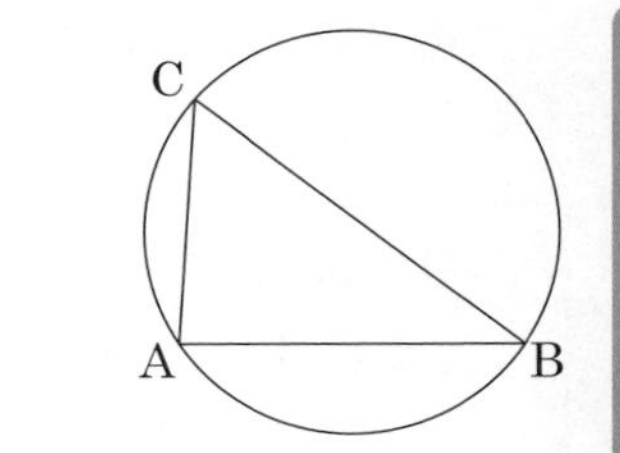

まず，同一直線上にない3点A，B，Cと，その3点を通る1つの円をかくよ。そして，この図に4つめの点Pを，直線ABに対してCと同じ側にかき込もう。そのとき，点Pのかき込み方は，

- **パターン1**　点Pを円の内側にかき込む
- **パターン2**　点Pを円周上にかき込む
- **パターン3**　点Pを円の外側にかき込む

の3つのパターンがありうるよね！　それぞれくわしく見るよ。

パターン1　点Pが円の内部にある場合

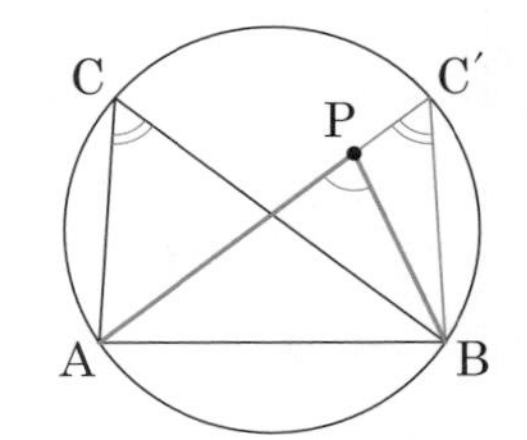

右の図のように，点Aと点Pを結んだ線分と円周との交点を点C′とし，点C′と点Bも結ぶ。

△PC′Bで，内角と外角の関係より，

$$\angle APB = \angle PC'B + \angle PBC'$$
$$= \angle AC'B + \angle PBC'$$
$$= \angle ACB + \angle PBC'$$

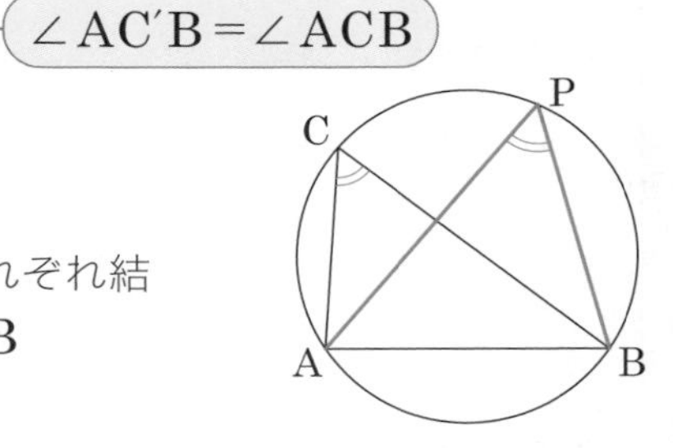

したがって，$\angle APB > \angle ACB$

パターン2　点Pが円周上にある場合

右の図のように，点Pと点A，点Bをそれぞれ結ぶ。円周角の定理より，$\angle APB = \angle ACB$

パターン3 点Pが円の外部にある場合

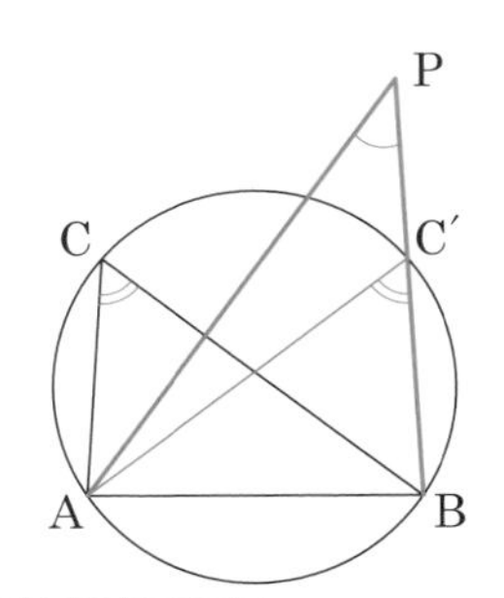

右の図のように，点Pと点A，点Bをそれぞれ結ぶ。また，線分PBと円周の交点を点C′とし，点C′と点Aも結ぶ。

△APC′で，内角と外角の関係より，

$\angle AC'B = \angle APC' + \angle PAC'$

$\angle APC' = \angle AC'B - \angle PAC'$

$\angle APB = \angle ACB - \angle PAC'$

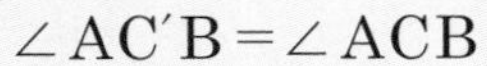

したがって，$\angle APB < \angle ACB$

以上，まとめると次のようになるね！

点Pが円の内部 ➡ $\angle APB > \angle ACB$

点Pが円周上 ➡ $\angle APB = \angle ACB$

点Pが円の外部 ➡ $\angle APB < \angle ACB$

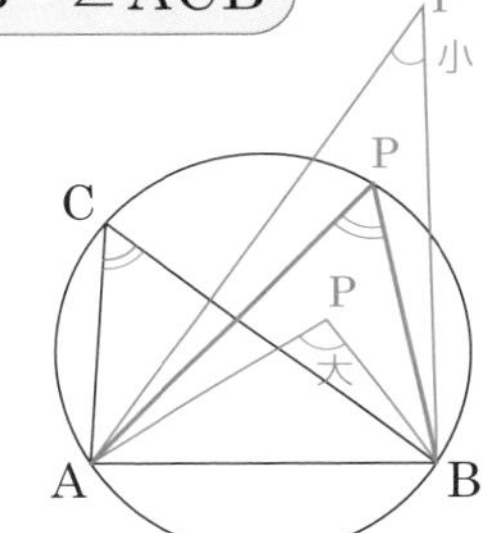

この性質から，次のような**円周角の定理の逆**がいえるよ。

円周角の定理の逆

2点C，Pが，直線ABについて同じ側にあるとき，

$\angle APB = \angle ACB$

ならば，点Pは3点A，B，Cを通る円周上にある。

つまり，4点A，B，C，Pは同一円周上にある。

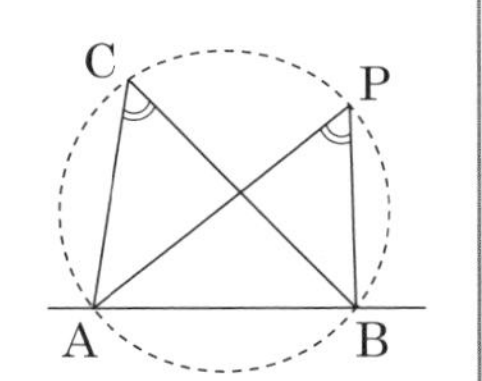

つまり，「4つの点が同じ円周上にあるかどうか」を知りたいときは，

$\angle APB = \angle ACB$

のような等しい角（同じ弧に対する円周角）があるかどうかを調べればいいってことだよ！

例題 3

右の図で，$\angle x$，$\angle y$ の大きさを求めよ。

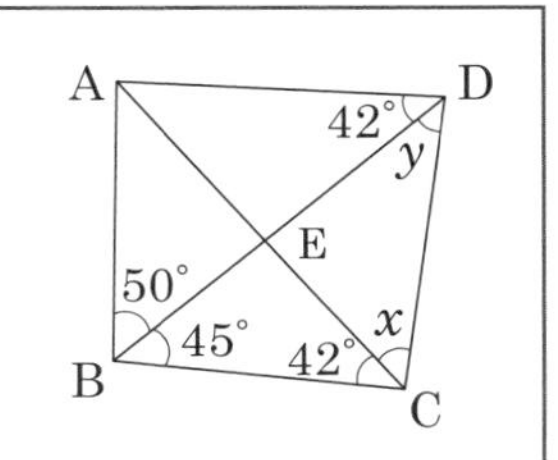

考え方

$\triangle$EBCで，内角の和が180°ということで，

$\angle$BEC = 93°

はわかるし，同じく$\triangle$EBCで内角と外角の関係より，

$\angle$AEB = $\angle$CED = 87°

もわかるけれど，ここから$\angle x$，$\angle y$ の大きさまでは出せないね。

でも，もし4点A，B，C，Dが同じ円周上にあるとしたら，円周角の定理から$\angle x$ も $\angle y$ も求められそうだよね！

そこで，円周角の定理の逆を使って，4点が同一円周上にあることをたしかめよう。

解答と解説

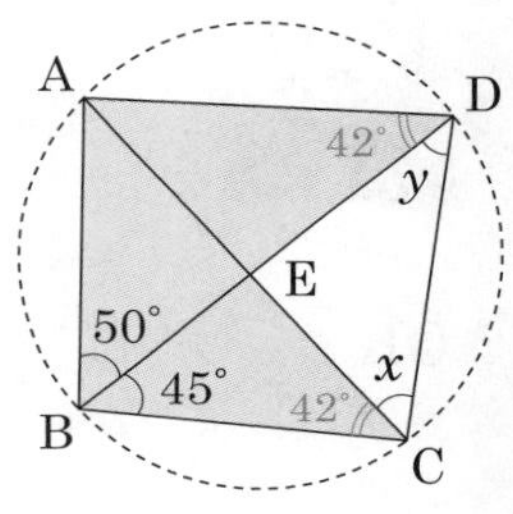

2点C，Dは直線ABについて同じ側にあり，

$\angle$ADB = $\angle$ACB = 42°

であるから，円周角の定理の逆より，4点A，B，C，Dは同一円周上にある。

$\overset{\frown}{AD}$に対する円周角は等しいので，

$\angle x = \angle$ABD = 50° 答

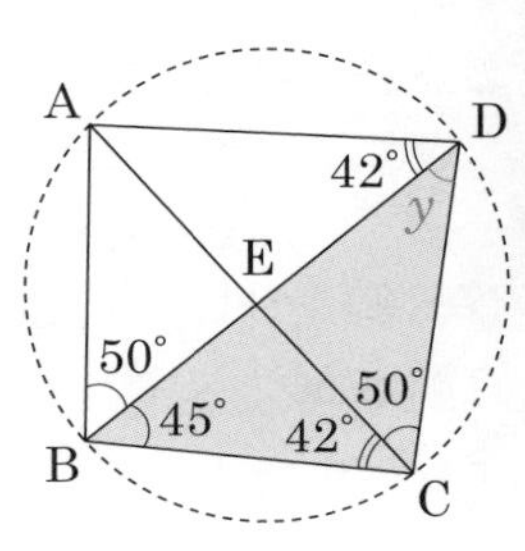

$\triangle$BCDで，

$\angle$DBC + $\angle$BCD + $\angle$CDB = 180°

45° + (42° + 50°) + $\angle y$ = 180°

$\angle y$ = 180° − 137°

= 43° 答

ポイント 円周角の定理の逆

2点C，Pが，直線ABについて同じ側にあるとき，

$\angle$APB = $\angle$ACB

ならば，点Pは3点A，B，Cを通る円周上にある。

つまり，4点A，B，C，Pは同一円周上にある。

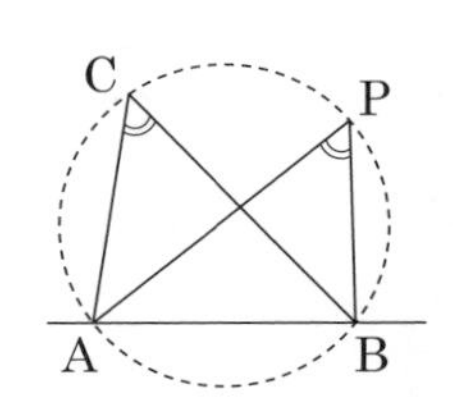

第 2 節　円の性質の利用

1　円の接線の長さ

中1／第5章／第4節で，**円の接線**について学習したことは覚えているかな？

覚えてるよ！　円の接線は，その**接点**を通る半径に垂直なんだよね。この接点と円の中心を結ぶ線分は，問題を解くときの手がかりになるって教えてもらったよ♪

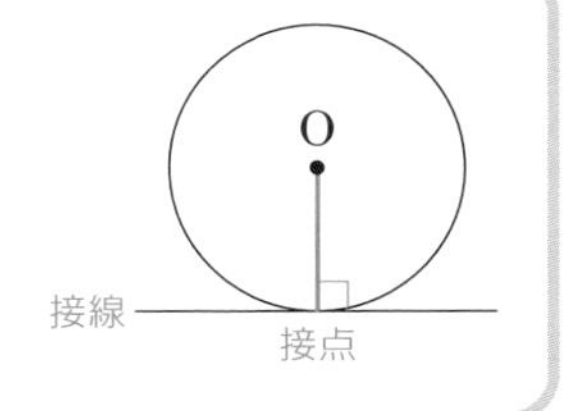

OK！　じゃあここではまず，接線の作図方法を学習しようか。

右の図のように，円Oがあって，円Oの外部の点Pを与えられたとき，点Pから円Oに接線をひくやり方を教えるよ！

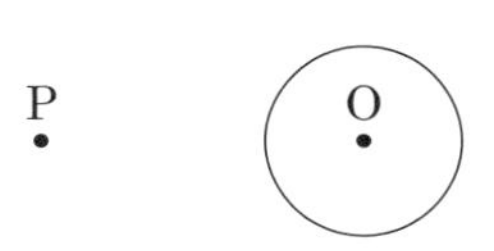

まず，点Pと点Oを結び，線分POの**垂直二等分線**をひいて（168ページ），線分POとの交点を点Mとするよ。この点Mは，線分POの中点だよね！

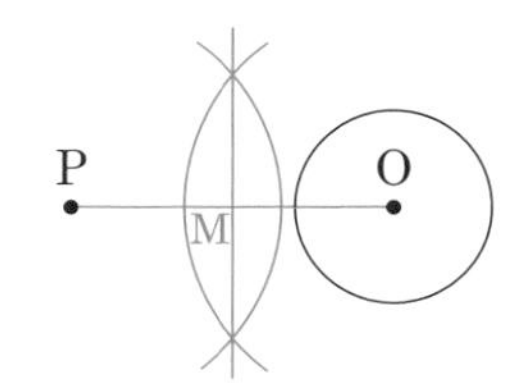

次に，点Mを中心としてMOを半径とする円Mをかいて，円Mと円Oの2つの交点を，点Q，点Rとしよう。

最後に，点Pと点Q，点Rをそれぞれ直線で結ぶと，直線PQと直線PRが，求める接線になるんだ！

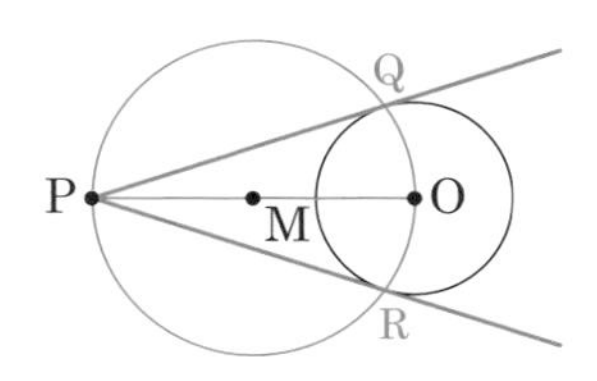

たしかにできてる……でも，直線PQと直線PRは，どうして円Oの接線になるの？

そこには，円の性質が関係しているんだ！

接線をひくためには，その接線が円に接する接点を見つけなければいけないよね。その接点を，仮に点Aとすると，点Aは次の2つの条件㋐・㋑を満たす必要があるね！

㋐　点Aは円Oの円周上にある。 ← これは当然だよね！

㋑　∠PAO = 90°

円の接線は，その接点を通る半径に垂直なんだよね！

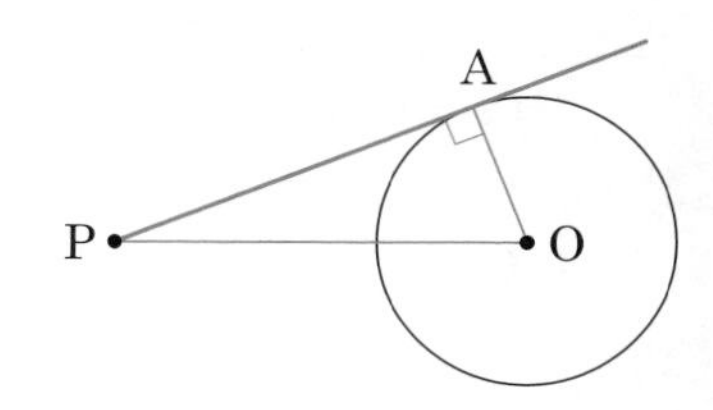

㋑から考えると，90°の角をつくるには，**円周角の定理**を利用すればいいんだよ。直径を弦とする円周角は直角になるんだよね（582ページ）！　線分POが直径になるような円Mを作図すれば，円Mの円周上のどこに点Aをとっても，

∠PAO = 90°

になるはずだね。この円Mを作図するのがポイントで，線分POの中点Mをとったのは，円Mの中心にするためなんだ。

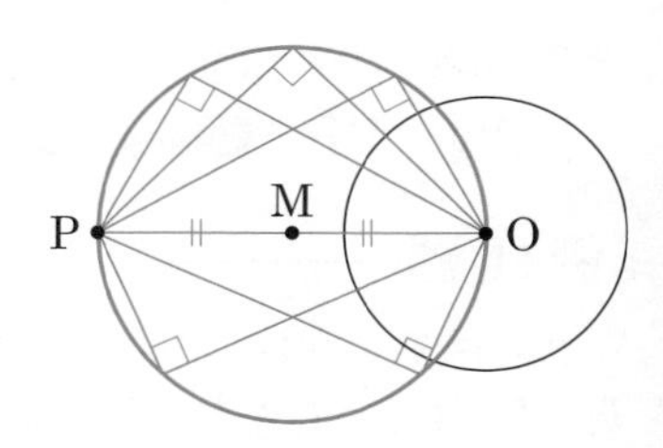

さらに，点Aは㋐の条件も満たさなければならないね。だから，円Mと円Oの交点が，接点Aになるよ。交点は2つあり，2つとも接点だ。その2点が，点Qおよび点Rだよ！

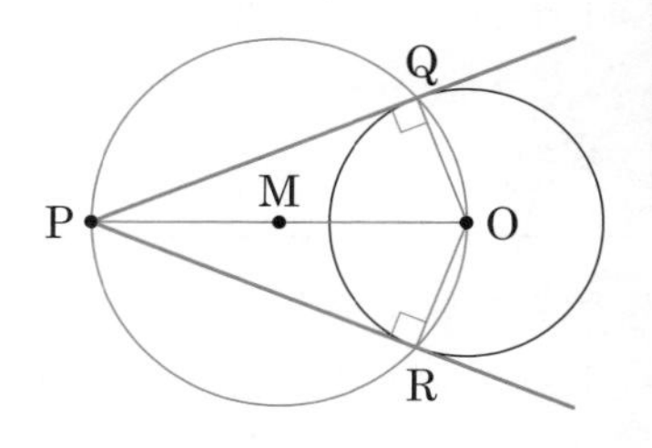

このように，円の外部の点から円に接線をひくとき，外部の点と接点との間の距離を，接線の長さというんだ（この場合は，線分PQと線分PRの長さ）。接線の長さについては，次のことがいえるよ！

円の外部の点からその円にひいた2本の接線の長さは等しい。

PQ = PR

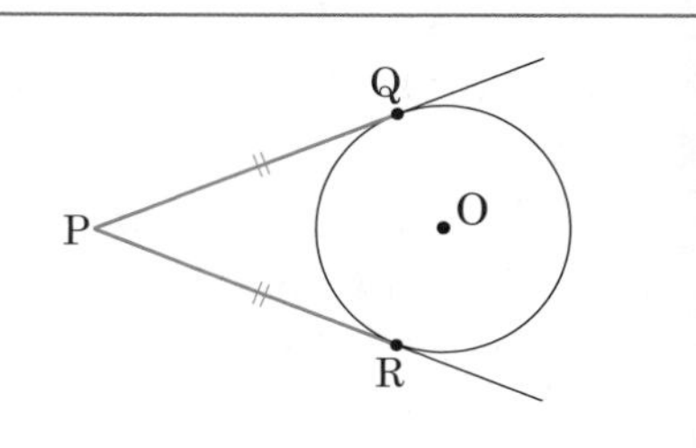

証　明

円の中心OとP，Q，Rをそれぞれ結ぶ。

△OPQと△OPRで，PQ，PRは円Oの接線であるから，

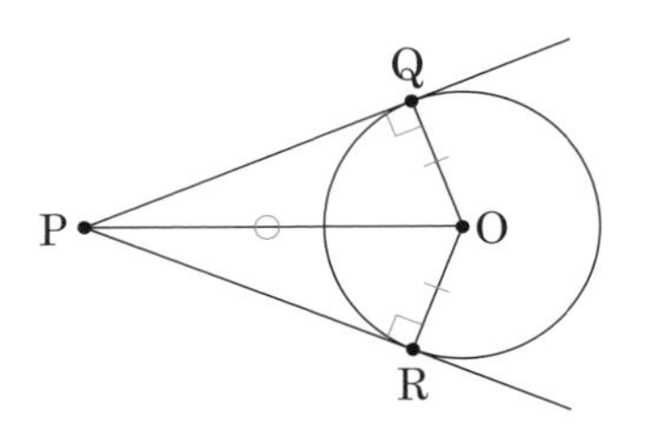

$\angle OQP = \angle ORP = 90^\circ$……①

辺POは共通な辺であるから，

$PO = PO$ ……②

円Oの半径は等しいので，

$OQ = OR$ ……③

①・②・③より，直角三角形の斜辺と他の1辺がそれぞれ等しいので，

$\triangle OPQ \equiv \triangle OPR$

合同な図形の対応する辺の長さは等しいので，

$PQ = PR$ 証明終わり

直角三角形の合同条件（363ページ）

例 題 1

右の図のように，円Oは△ABCの辺AB，BC，CAと点P，Q，Rで接している。AB＝12cm，BC＝14cm，AC＝8cm のとき，線分BPの長さを求めよ。

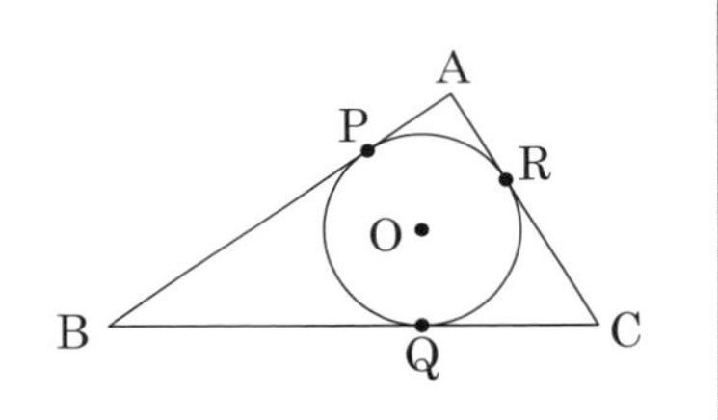

解答と解説

求める線分BPの長さを $x$cmとおく。

点Bから円Oにひいた2本の接線の長さは等しいから，

$BP = BQ = x$cm

AB＝12cm であるから，

$AP = AB - BP = 12 - x$ (cm)

点Aから円Oにひいた2本の接線の長さは等しいから，

$AR = AP = 12 - x$ (cm)

また，BC＝14cm であるから，

$CQ = BC - BQ = 14 - x$ (cm)

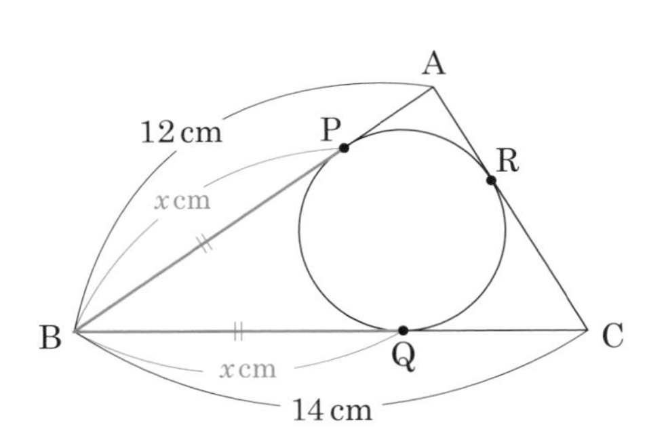

点Cから円Oにひいた2本の接線の長さは等しいから，

$CR = CQ = 14 - x\,(cm)$

$AC = 8cm$ であるから，

$AC = AR + CR$

$8 = (12 - x) + (14 - x)$

$8 = 26 - 2x$

$x = 9$

したがって，$BP = 9cm$ 答

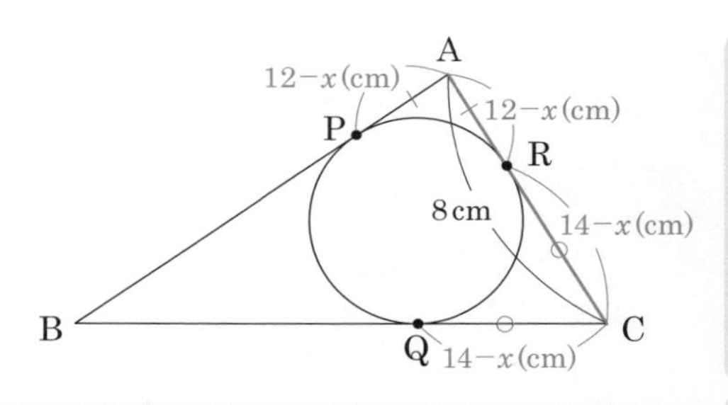

ポイント **円の接線の長さ**

円の外部の点からその円に接線をひくとき，外部の点と接点の間の距離を接線の長さという。

右の図のように，円の外部の点Pから円Oにひいた2本の接線の長さは等しい。

PQ = PR

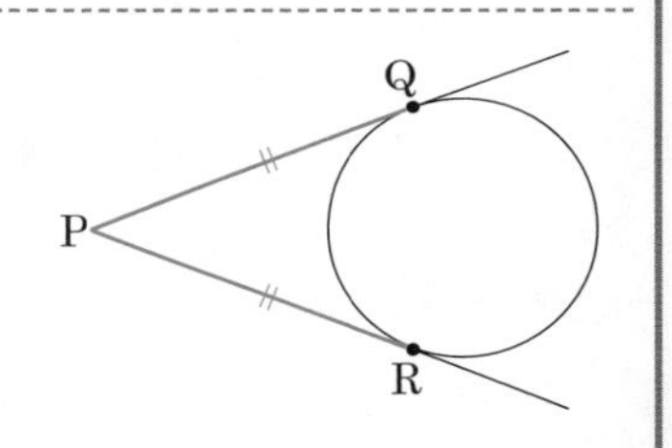

2 円と相似

円と相似は，相性がいいんだ。第１節で，「同じ弧に対する円周角は等しい」ということを学習したけれど（581ページ），これを利用すると，相似な図形が見つけやすいんだよ。

例 **右の図のように，円の２つの弦AB，CDが点Pで交わっている。このとき，△ACP∽△DBPであることを証明せよ。**

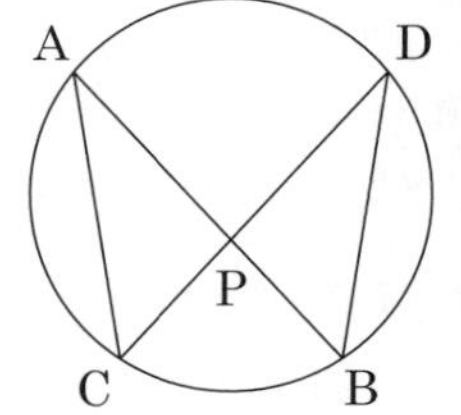

わかった！ $\overset{\frown}{BC}$に対する２つの円周角が等しいから，１組の角が等しいでしょ。それから，$\overset{\frown}{AD}$に対する２つの円周角も等しいから，もう１組の角も等しいよね。2組の角がそれぞれ等しいから，相似だといえるよ♪

よく理解できているね！　対頂角は等しいから，$\angle APC = \angle DPB$ もいえるけれど，この場合は円周角だけで相似条件は満たせるね！

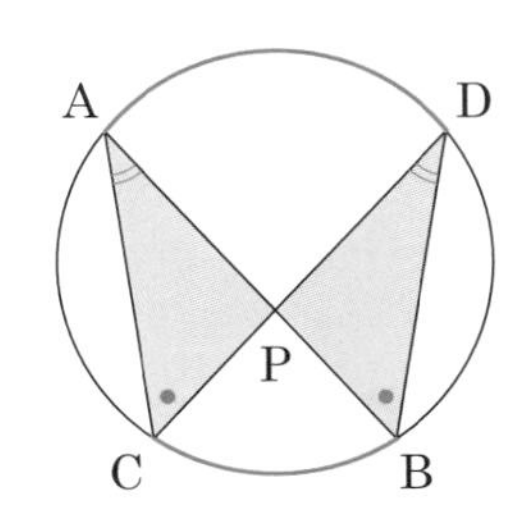

証　明

$\triangle ACP$ と $\triangle DBP$ で，

$\overset{\frown}{BC}$ に対する円周角は等しいから，

$\angle CAP = \angle BDP$ ……①

$\overset{\frown}{AD}$ に対する円周角は等しいから，

$\angle ACP = \angle DBP$ ……②

①・②より，2組の角がそれぞれ等しいから，

$\triangle ACP \backsim \triangle DBP$ 　**証明終わり**

例題 2

右の図のように，4点A，B，C，Dは同じ円の円周上の点で，ADの延長とBCの延長の交点を点Pとする。また，点Qは線分BDと線分ACの交点である。

$PC = 4$cm, $PD = 3$cm, $BC = 5$cm のとき，線分ADの長さを求めよ。

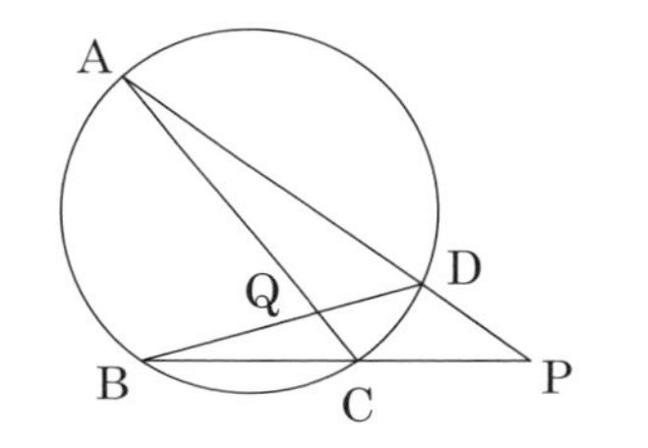

考え方

相似な三角形を見つけて利用しよう。$\triangle QAD$ と $\triangle QBC$ は相似だけれど，相似比がわからないね。与えられている長さから相似比がわかる三角形を利用するんだよ。

解答と解説

$\triangle APC$ と $\triangle BPD$ で，

$\angle APC = \angle BPD$ （共通な角） ……①

$\overset{\frown}{CD}$ に対する円周角は等しいので，

$\angle CAD = \angle CBD$

つまり，$\angle CAP = \angle DBP$ ……②

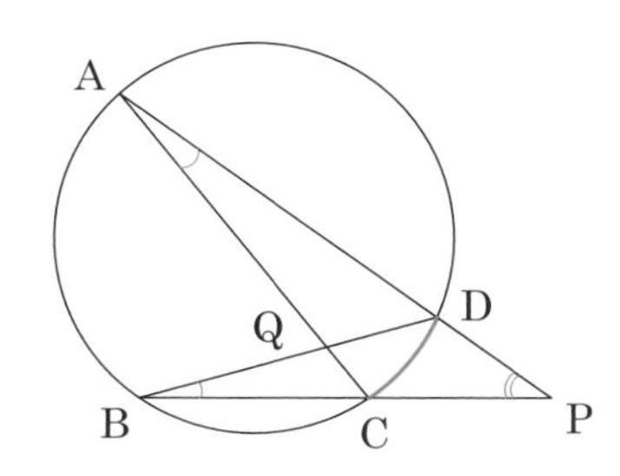

①・②より，2組の角がそれぞれ等しいので，

$\triangle APC \backsim \triangle BPD$

相似な図形の対応する辺の比は等しいので，

PA：PB＝PC：PD

PC＝4cm，PD＝3cm，BC＝5cm であるから，

$PA : (4+5) = 4 : 3$

$3PA = 36$

$PA = 12$

$AD + PD = 12$

$AD = 12 - 3 = 9$ (cm) 答

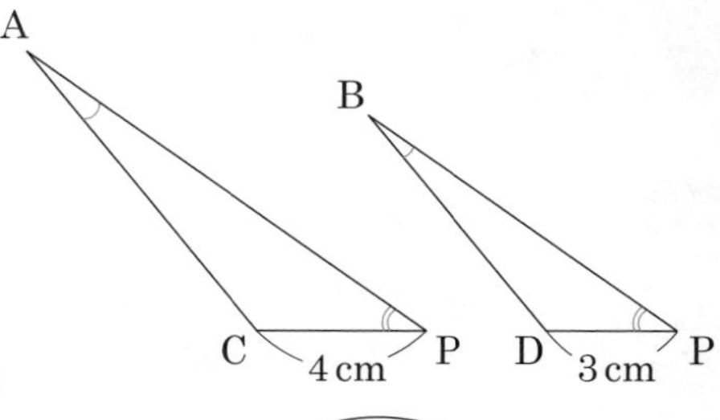

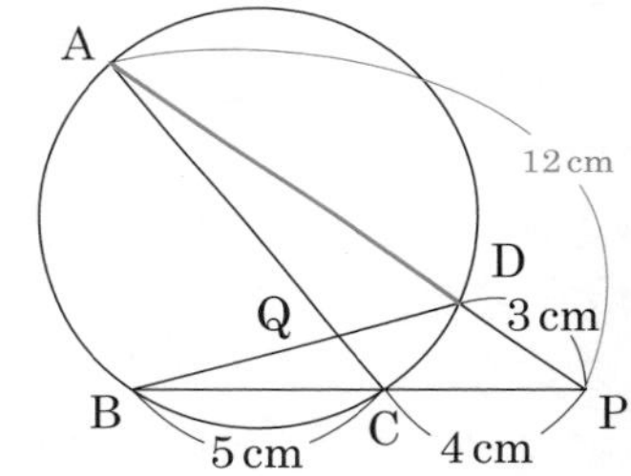

ポイント 円と相似

同じ弧に対する円周角は等しいことを利用して，相似な三角形を見つける。

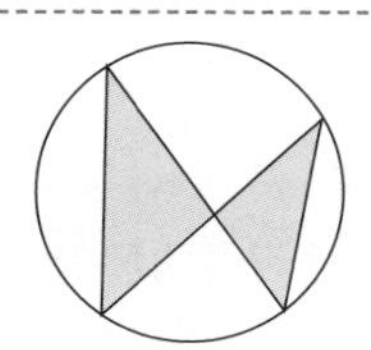

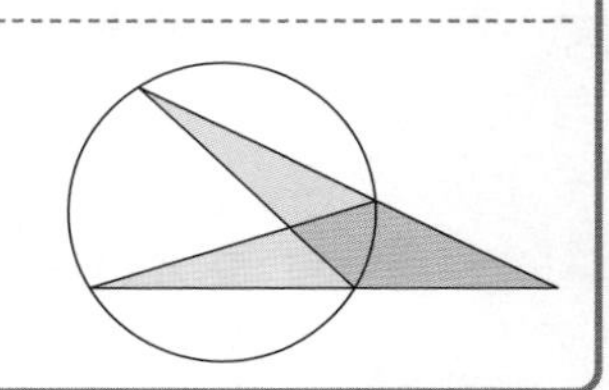

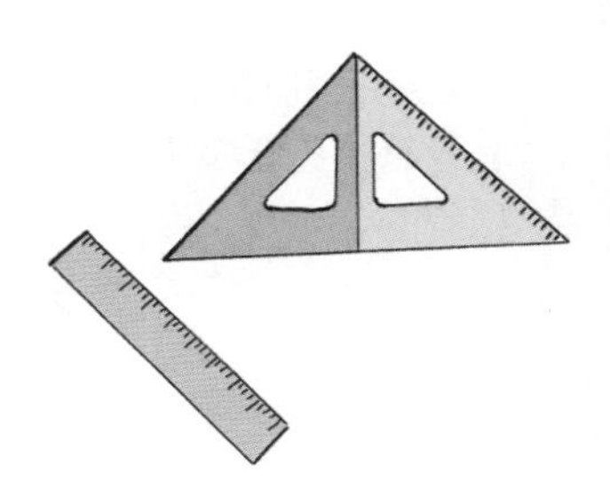

第1節　三平方の定理

1　三平方の定理

今から約2500年前に，古代ギリシアの哲学者ピタゴラスは，ある発見をしたといわれているよ。

右の模様を見てごらん。赤い直角二等辺三角形があって，その3辺それぞれに，その辺を1辺とするグレーの正方形がくっついているね。

この3つのグレーの正方形P，Q，Rの面積の間には，ある関係があるんだけれど，わかるかな？

ヒントをあげよう。この模様を形づくっている一番小さな直角三角形は，すべて合同で，面積が等しいよ。

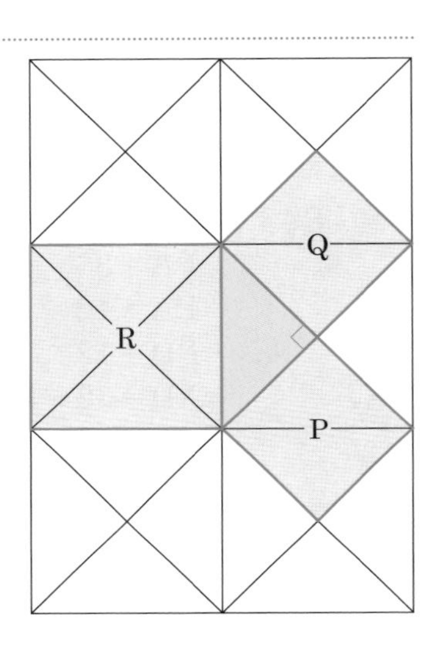

赤い直角二等辺三角形の，直角をはさむ辺にくっついている正方形Pと正方形Qは，一番小さな直角三角形が2つずつ。一方，赤い直角二等辺三角形の斜辺にくっついている正方形Rは，一番小さな直角三角形が4つだね。ということは……

(Pの面積)＋(Qの面積)＝(Rの面積)

になってる！

そうだね！　じつはこれは，どんな直角三角形でも成り立つんだよ！

直角三角形の各辺を1辺とする正方形をかいたとき，斜辺以外の辺を1辺とする2つの正方形の面積の和は，斜辺を1辺とする正方形の面積に等しい

ということを，文字を使って一般的に表すと，次のようになるね。

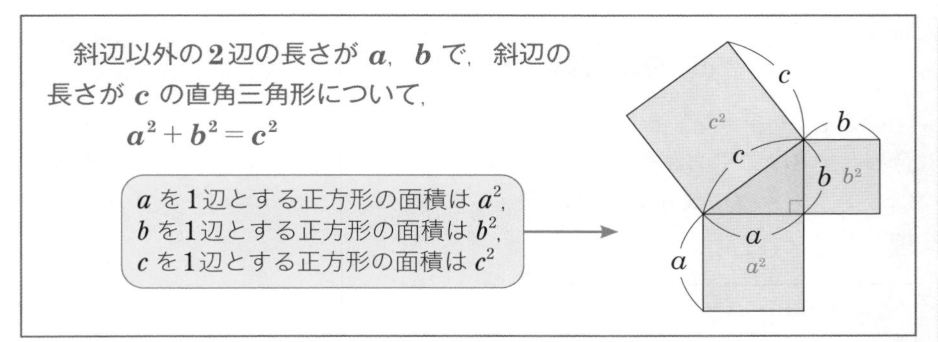

このことの証明のしかたはたくさんあるんだけれど，有名な証明を1つ紹介しておくね。

証　明

右のような図形において，正方形PQRSの面積を T とおく。

「1辺の長さが c の正方形」（正方形PQRS）が，「斜辺以外の2辺の長さが a，b で，斜辺の長さが c の直角三角形」に取り囲まれている図を考えるよ

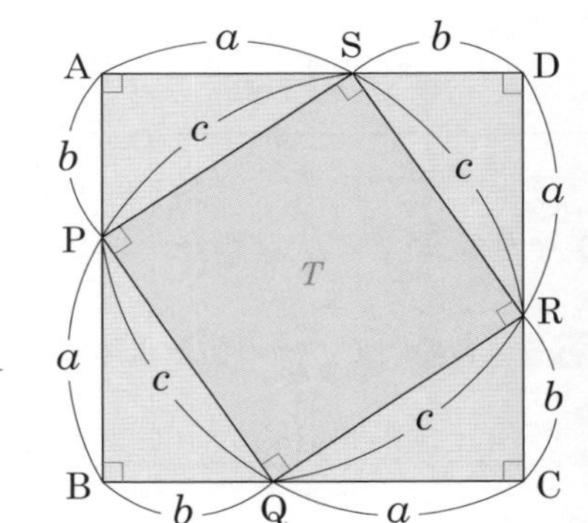

正方形PQRSは，1辺の長さが c の正方形であるから，

$$T=c\times c=c^2 \quad \cdots\cdots①$$

← T を1つのやり方で表した

また，正方形PQRSは，正方形ABCDから4つの直角三角形をひいたものでもあるから，

T をもう1つ別のやり方で表す

$$T=(\text{正方形ABCDの面積})-(\triangle\text{APS}+\triangle\text{BQP}+\triangle\text{CRQ}+\triangle\text{DSR})$$

ここで，△APS，△BQP，△CRQ，△DSRは，3組の辺の長さがそれぞれ等しいので合同であり，面積が等しい。したがって，

$$T=(a+b)^2-4\times\boxed{\frac{1}{2}ab}$$

（$(a+b)^2$：正方形ABCDの1辺は $a+b$）（$\frac{1}{2}ab$：直角三角形1つの面積）

$$=a^2+2ab+b^2-2ab$$
$$=a^2+b^2 \quad \cdots\cdots②$$

①・②より，

$a^2 + b^2 = c^2$ **証明終わり** ← ①も②も，同じTという面積を表したものだから，「＝」とすることができる

この $a^2 + b^2 = c^2$ という式には，a の平方（2乗）と b の平方と c の平方，合わせて3つの平方が登場しているね。だからこの定理を，**三平方の定理**（さんへいほう）というよ。ピタゴラスが発見したという伝説があることから，**ピタゴラスの定理**とも呼ばれるよ。

三平方の定理

右の図のように，直角三角形の直角をはさむ2つの辺の長さを a，b として，斜辺の長さを c とすると，

$$a^2 + b^2 = c^2$$

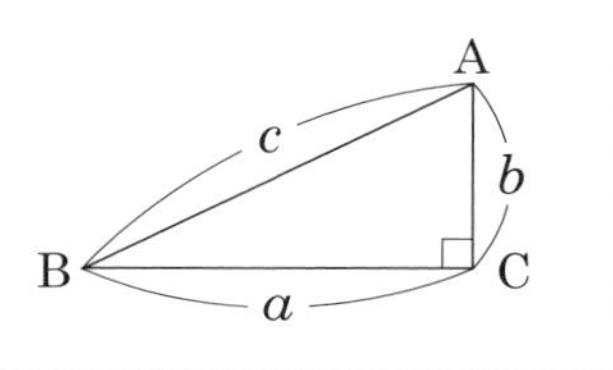

三平方の定理は，シンプルだけれどいろいろな問題に応用できる，とても重要な定理だよ。問題を解きながら，理解を深めていこうね！

例1 右の図で，x の値を求めよ。

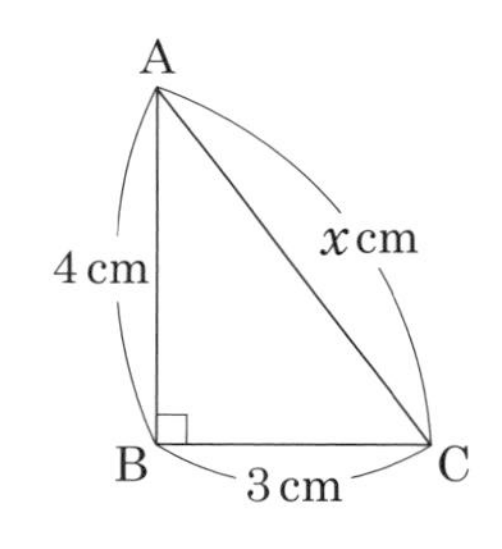

直角三角形の3辺のうち，1辺の長さだけがわからないときは，三平方の定理を使うと，わからない1辺の長さを求めることができるんだ。

三平方の定理から，

$$BC^2 + AB^2 = CA^2$$ ← 斜辺はCAだね！

$$3^2 + 4^2 = x^2$$

$$x^2 = 9 + 16$$

$$= 25$$

ここから x を求めるには，平方根の計算だね！　25の平方根だから，

$$x = \pm 5$$

となるけれど，x は辺CAの長さだから，負になることはないよね！

$x > 0$ より，$x = 5$ **答**

例2 右の図で，x の値を求めよ。

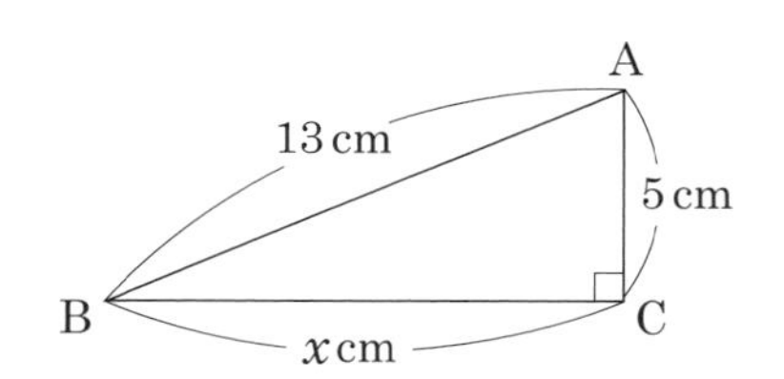

三平方の定理から，

$$BC^2 + CA^2 = AB^2$$

$$x^2+5^2=13^2$$
$$x^2=13^2-5^2$$
$$=169-25$$
$$=144$$
$$x=\pm 12$$

$x>0$ であるから，$x=12$ 答

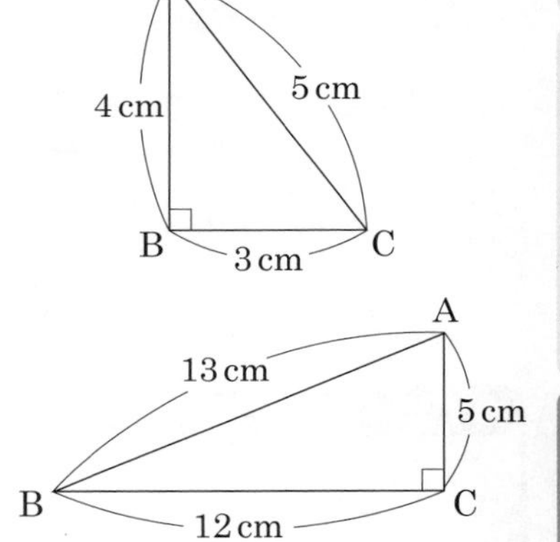

例1 でやった 3：4：5 の直角三角形と，例2 でやった 5：12：13 の直角三角形は，よく出題されるよ！　これらの比と，

$$12^2=144,\ 13^2=169$$

は，覚えておくと計算が楽だよ♪

また，三平方の定理に慣れてきたら，手順をショートカットしてもいいよ。「2乗を計算してから平方根をとり，正のほうを選ぶ」のではなく，

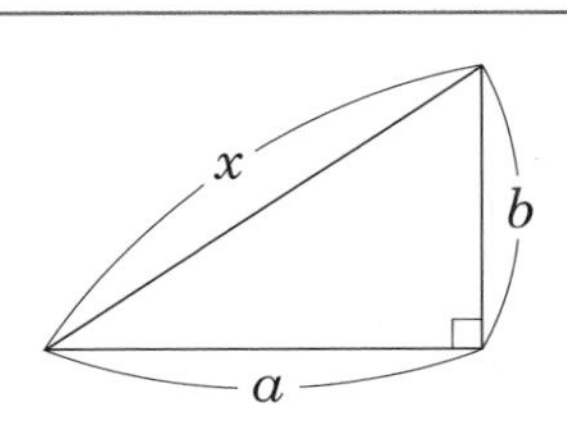

求める辺が斜辺のとき

$$x=\sqrt{a^2+b^2}$$

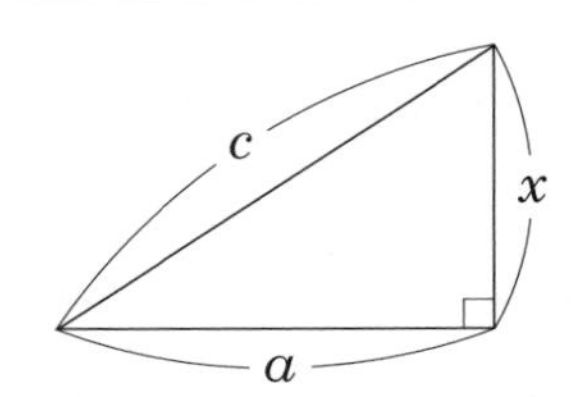

求める辺が斜辺ではないとき

$$x=\sqrt{c^2-a^2}$$

で求めてもいいからね！

例題 1

右の図で，x の値を求めよ。

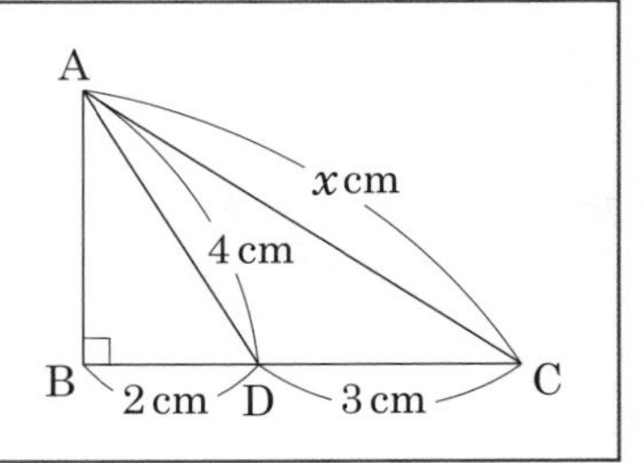

解答と解説

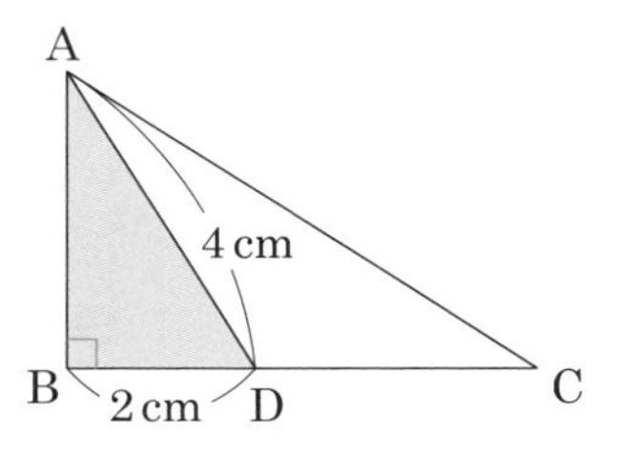

△ABDで，三平方の定理より，

$$AB = \sqrt{4^2 - 2^2}$$
$$= \sqrt{12}$$

まずは辺ABの長さを求めよう。
求める辺が斜辺ではないから，
√ の中が引き算になる

△ABCで，三平方の定理より，

$$x = \sqrt{(\sqrt{12})^2 + 5^2}$$
$$= \sqrt{12 + 25}$$
$$= \sqrt{37}$$

求める辺が斜辺なので，
√ の中が足し算になる

したがって，$x = \sqrt{37}$ 答

ポイント 三平方の定理

$$a^2 + b^2 = c^2$$

3：**4**：**5**の直角三角形と，
5：**12**：**13**の直角三角形は
よく出題される。

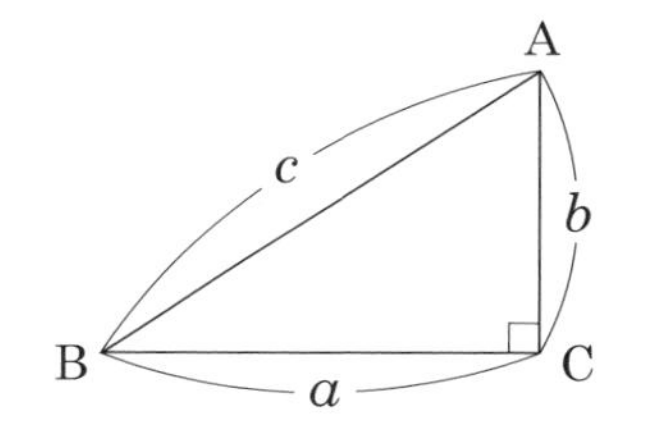

2 三平方の定理の逆

三平方の定理は，

△**ABC**について，∠**C** = **90°** ならば，$\boldsymbol{a^2 + b^2 = c^2}$

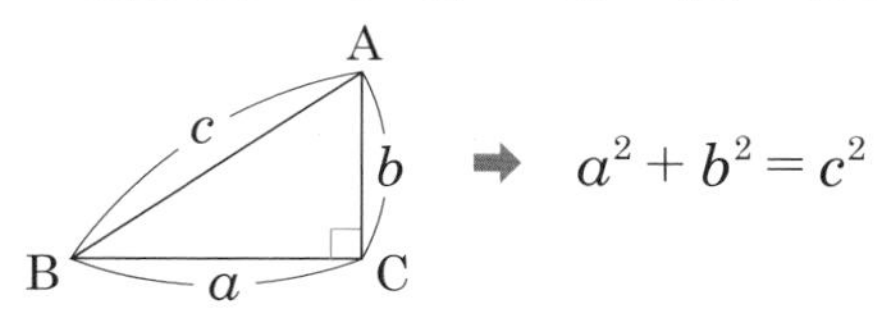

だよね。では，これの**逆**も成り立つのかどうか，考えてみよう。つまり，

△**ABC**について，$\boldsymbol{a^2 + b^2 = c^2}$ ならば，∠**C** = **90°**

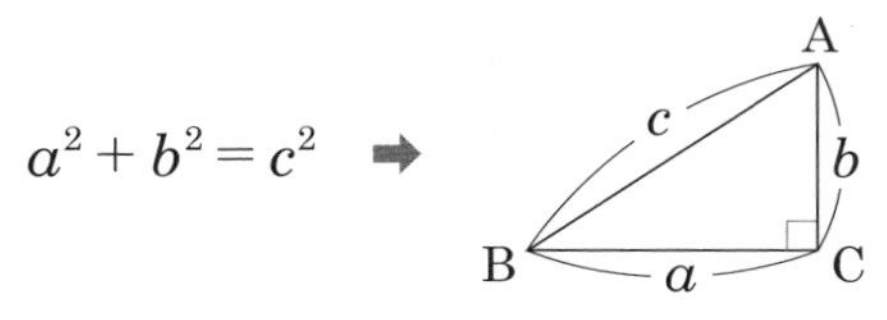

はいえるかな？

じつは，これも成り立つんだ。つまり，三角形で，最も長い辺の2乗がほかの2辺の2乗の和と等しくなったら，その三角形は必ず直角三角形になるんだよ。

この**三平方の定理の逆**が成り立つことは，次のように証明するよ！

証　明

右の図のような△ABCで，

$$BC = a,\ CA = b,\ AB = c$$

として，

$$a^2 + b^2 = c^2 \quad \cdots\cdots ①$$

が成り立っているとする。

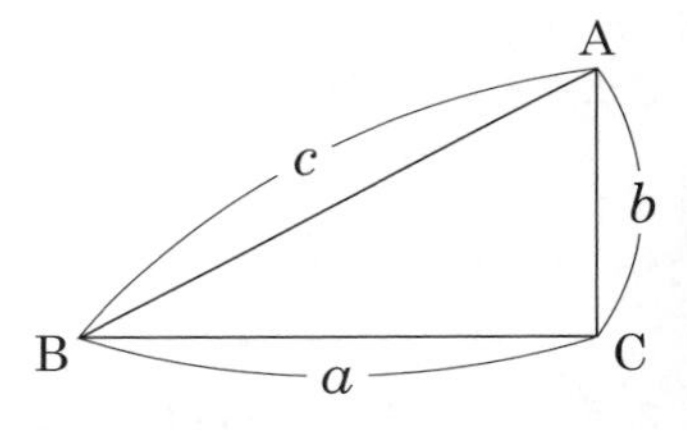

↑ この△ABCは，**仮定**である「最も長い辺の2乗が，ほかの2辺の2乗の和と等しい」を表しているよ

また，△ABCとは別に，

$$EF = a,\ FD = b$$

$$\angle F = 90^\circ$$

である右図のような△DEFを考える。

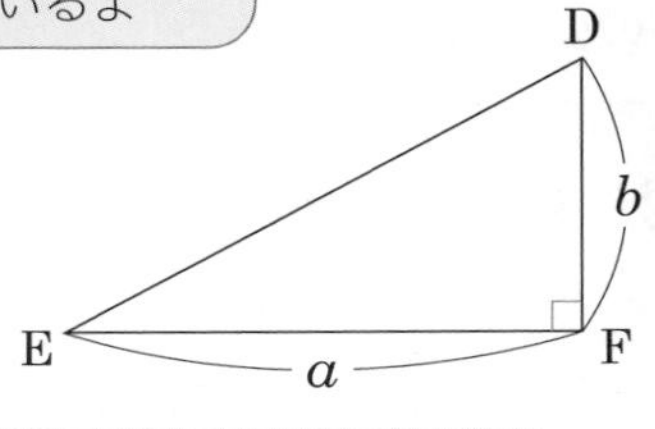

↑ この△DEFは，**結論**である「直角三角形になる」を表しているよ

△ABCと△DEFで，

$$BC = EF = a \quad \cdots\cdots ②$$

$$CA = FD = b \quad \cdots\cdots ③$$

← もし，仮定を表す△ABCが，結論を表す△DEFと合同であることを示せたら，「最も長い辺の2乗がほかの2辺の2乗の和と等しい三角形は，必ず直角三角形になる」ことがわかる（証明される）ね！　だからここから，△ABCと△DEFの合同を証明していくよ！

また，△DEFで，三平方の定理より，

$$EF^2 + FD^2 = DE^2$$

$$a^2 + b^2 = DE^2 \quad \cdots\cdots ④$$

①・④より，

$$c^2 = DE^2$$

$c = \mathrm{AB} > 0$，$\mathrm{DE} > 0$ であるから，　← 辺の長さは正の値だよね

$\mathrm{AB} = \mathrm{DE}$　……⑤

②・③・⑤より，3組の辺がそれぞれ等しいから，

$\triangle\mathrm{ABC} \equiv \triangle\mathrm{DEF}$

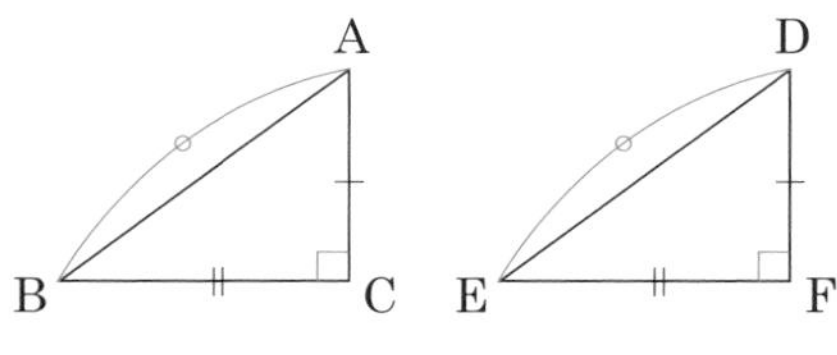

合同な図形の対応する角の大きさは等しいので，

$\angle\mathrm{C} = \angle\mathrm{F} = 90^\circ$

以上より，△ABCについて，

$a^2 + b^2 = c^2$ ならば，$\angle\mathrm{C} = 90^\circ$　**証明終わり**

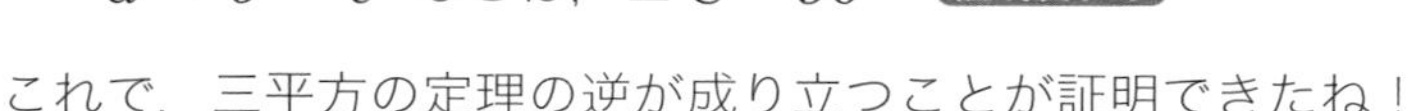

これで，三平方の定理の逆が成り立つことが証明できたね！

三平方の定理の逆

右の図のように3辺の長さが $\boldsymbol{a}$，$\boldsymbol{b}$，$\boldsymbol{c}$ である△ABCで，

$$\boldsymbol{a^2 + b^2 = c^2}$$

が成り立てば，△ABCは，

$$\boldsymbol{\angle\mathrm{C} = 90^\circ}$$

の直角三角形である。

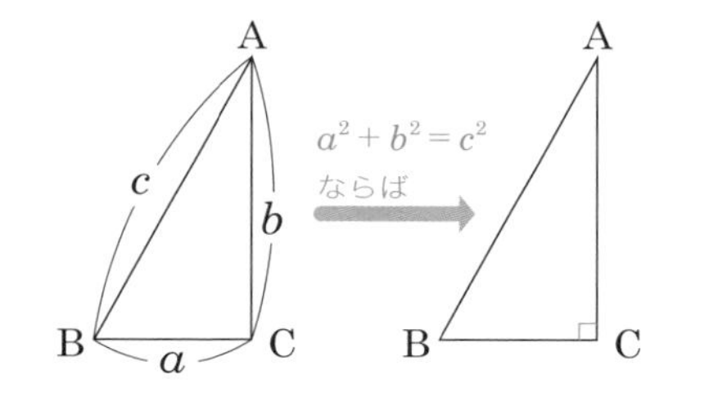

例　**3辺の長さが1cm，2cm，$\sqrt{5}$ cmである三角形は，直角三角形かどうかを答えよ。**

三平方の定理の逆を使えばいいよ。つまり，一番長い辺の長さの2乗が，他の2辺の長さの2乗の和と一致するかを見ればいいね。

一番長い辺は $\sqrt{5}$ cmであるから，長さの2乗は，

$(\sqrt{5})^2 = 5$　……①

また，他の2辺の長さの2乗の和は，

$1^2 + 2^2 = 5$　……②

①・②より，

$1^2 + 2^2 = (\sqrt{5})^2$

したがって，3辺の長さが1cm，2cm，$\sqrt{5}$ cmである三角形は，直角三角形である。 **答**

中学1年
中学2年
中学3年

例題 2

下の(ア)〜(ウ)はそれぞれ，1つの三角形の3辺の長さである。(ア)〜(ウ)の三角形の中から，直角三角形をすべて選び，記号で答えよ。

(ア)　5cm，6cm，10cm　　(イ)　9cm，12cm，15cm

(ウ)　$2\sqrt{3}$ cm，$2\sqrt{7}$ cm，$2\sqrt{10}$ cm

解答と解説

(ア)の三角形について，最長の辺は10cmであるから，

$10^2 = 100$　……①

$5^2 + 6^2 = 61$　……②

①・②より，

$5^2 + 6^2 < 10^2$

であるから，(ア)は直角三角形ではない。

(イ)の三角形について，最長の辺は15cmであるから，

$15^2 = 225$　……③

$9^2 + 12^2 = 81 + 144 = 225$　……④

③・④より，

$9^2 + 12^2 = 15^2$

これは3：4：5の直角三角形だね。気がついたかな？

であるから，(イ)は直角三角形である。

(ウ)の三角形について，最長の辺は$2\sqrt{10}$ cmであるから，

$(2\sqrt{10})^2 = 40$　……⑤

$(2\sqrt{3})^2 + (2\sqrt{7})^2 = 12 + 28 = 40$　……⑥

⑤・⑥より，

$(2\sqrt{3})^2 + (2\sqrt{7})^2 = (2\sqrt{10})^2$

であるから，(ウ)は直角三角形である。

以上より，直角三角形は，(イ)・(ウ)　答

ポイント　三平方の定理の逆

右の図のように3辺の長さがa，b，cである△ABCで，

$a^2 + b^2 = c^2$

が成り立てば，△ABCは，

$\angle C = 90°$

の直角三角形である。

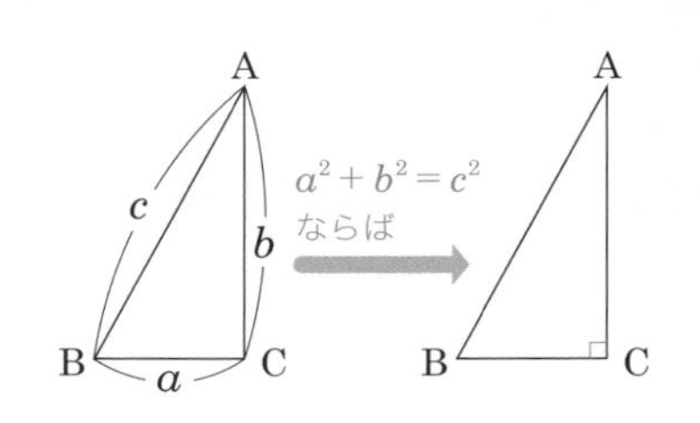

第 2 節　三平方の定理の利用❶——平　面

1 三角定規の3辺の長さの比

この節では，**三平方の定理**を利用して，線分の長さや面積を求めていこう！　ポイントは，図形の中に隠れている直角三角形を見つけること！　まず注目してもらいたいのは，**三角定規**（さんかくじょうぎ）だ。

なぜ三角定規が大切なの？

三角定規の三角形は，3辺の長さの比が決まっているんだ。この長さの比を使えば，辺の長さを簡単に求めることができるんだよ。

三角定規❶
内角が30°，60°，90°の
直角三角形

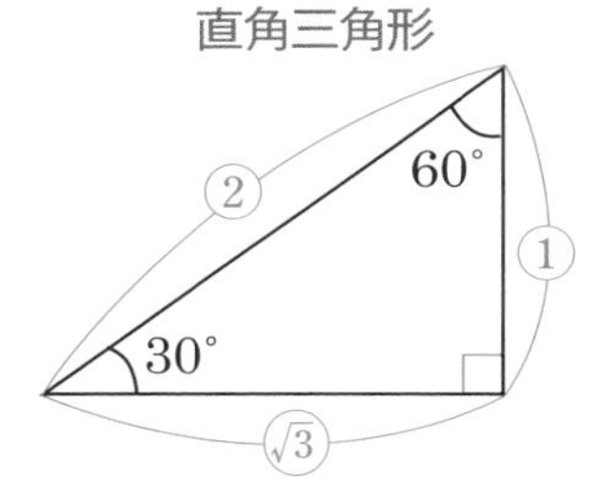

三角定規❷
内角が45°，45°，90°の
直角二等辺三角形

45°
$\sqrt{2}$
1
45°
1

三角定規❶（内角が30°，60°，90°の直角三角形）は，右のような，1辺の長さが2の正三角形ABCをもとにして考えよう。

正三角形は，すべての内角が60°の三角形だから，右図のように頂角Aの二等分線AMをひいてできた△ABMについて，

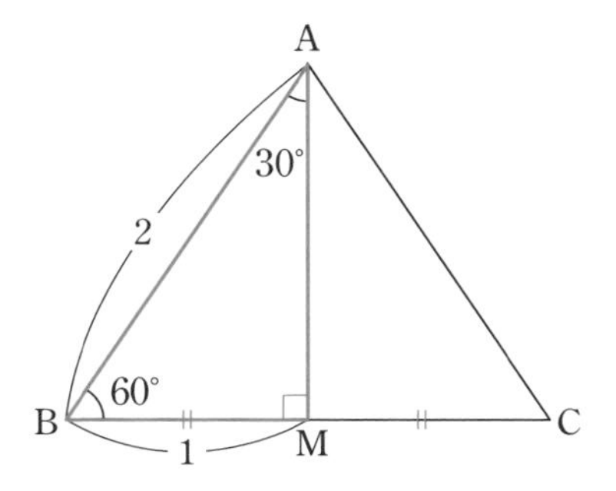

$\angle \mathrm{ABM} = 60^\circ$ ← 正三角形ABCの内角はすべて60°

$\angle \mathrm{BAM} = \dfrac{60^\circ}{2} = 30^\circ$ ← AMは∠BAC(60°)の二等分線

$\angle \mathrm{AMB} = 180^\circ - (60^\circ + 30^\circ) = 90^\circ$ ← 三角形の内角の和は180°

となるね。つまり，この△ABMは，内角が30°，60°，90°の直角三角形で，**三角定規①**の形になるんだ。

この△ABMの，3辺の長さを考えてみよう。

まず，もともとAB＝2だね。

次に，∠BACの二等分線AMは，底辺BCを垂直に2等分するから，

> 正三角形は，すべての辺の長さが等しい三角形だから，二等辺三角形（2つの辺の長さが等しい三角形）の一種だともいえるね。二等辺三角形の頂角を2等分する直線は，底辺を垂直に2等分するよ（354ページ）！

$$\mathrm{BM} = \frac{1}{2}\mathrm{BC} = 1$$

そして問題はAMだ。ここで，AMをxとおいて，直角三角形ABMで三平方の定理を使うよ！

$$1^2 + x^2 = 2^2$$
$$x^2 = 3$$

$x > 0$ であるから，$x = \sqrt{3}$

以上より，$\mathrm{BM} = 1$，$\mathrm{AM} = \sqrt{3}$，$\mathrm{AB} = 2$ だとわかったね。

そして，大きさがちがっても，内角が30°，60°，90°の直角三角形はすべて**相似**だよね。

> 「2組の角がそれぞれ等しい」という相似条件を満たすから！

相似な図形どうしは，3辺の長さの比がすべて等しいはずだ（543ページ）。したがって，三角形の大きさは変わっても，内角が30°，60°，90°の直角三角形の3辺の長さの比はつねに，

$$1 : \sqrt{3} : 2$$

となるんだよ！

次は，**三角定規②**（内角が45°，45°，90°の直角三角形）だ。2つの角の大きさが等しいから，直角二等辺三角形だとわかるね。右の図のように，

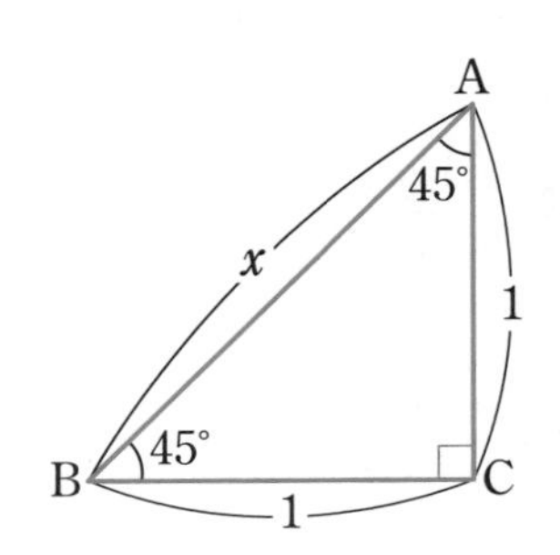

$$\mathrm{AC} = \mathrm{BC} = 1,\ \mathrm{AB} = x$$

とおいて，三平方の定理を使おう！

$$x^2 = 1^2 + 1^2 = 2$$

$x > 0$ であるから，$x = \sqrt{2}$

これで，$AC = BC = 1$，$AB = \sqrt{2}$ だとわかったね。

そして 三角定規❶ のときと同様に，内角が45°，45°，90°の直角三角形は，大きさが変わってもすべて相似だから，3辺の長さの比はつねに，

$$1 : 1 : \sqrt{2}$$

となるよ！

例題 1

右の図のようなAB＝6cm，∠B＝60°，∠C＝45°の△ABCがある。ACの長さを求めよ。

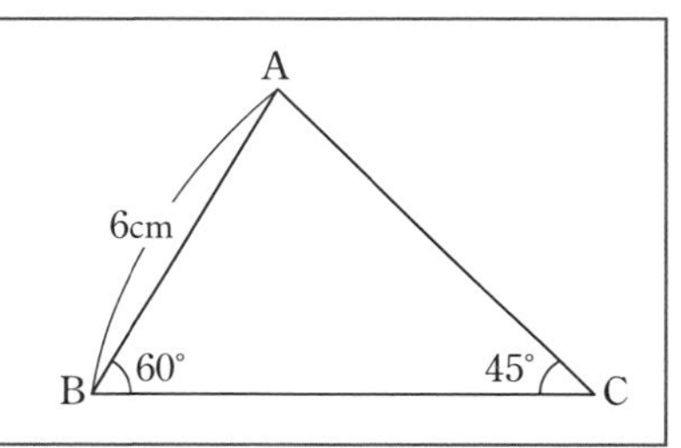

考え方

60°，45°という角度を見たら，「三角定規を利用できないかな？」と考えよう！
三角定規のような直角三角形をつくるには，AからBCに垂線をひくといいよ！

解答と解説

AからBCに垂線AHをひく。← こうすればかくれている三角定規を見つけられる！

△ABHは内角が30°，60°，90°の直角三角形であるから，

$$AB : AH = 2 : \sqrt{3}$$
$$6 : AH = 2 : \sqrt{3}$$
$$2AH = 6\sqrt{3}$$
$$AH = 3\sqrt{3}\ (\text{cm})$$

また，△ACHはAH＝CHの直角二等辺三角形であるから，

$$AH : AC = 1 : \sqrt{2}$$
$$3\sqrt{3} : AC = 1 : \sqrt{2}$$
$$AC = 3\sqrt{6}\ (\text{cm})$$ 答

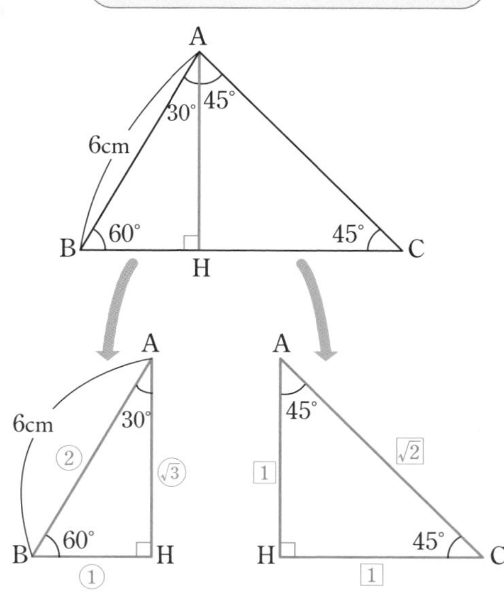

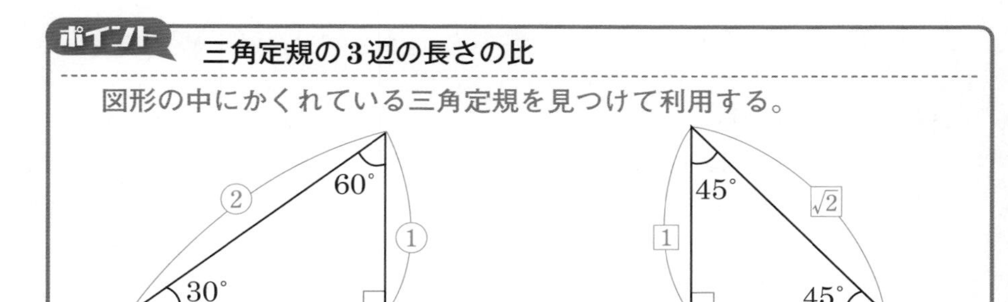

2 三平方の定理を利用した三角形の面積の求め方

次は，**三角形**の面積を求めることに，**三平方の定理**を利用するよ。

例1 右の図のような三角形ABCの面積を求めよ。

求められません！　だって，どの辺を底辺と考えても，高さがわからないもん！

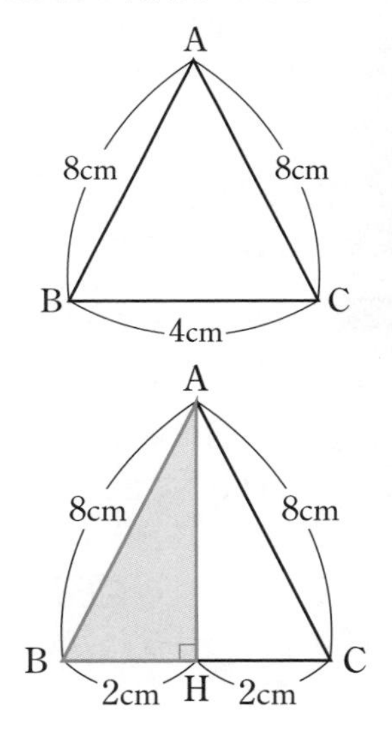

あきらめが早すぎないかい？　高さは，三平方の定理を利用して求められるよ！

AからBCに垂線AHをひこう。辺BCを底辺とすれば，AHが高さになるね。

また，△ABHと△ACHは，直角三角形の斜辺（ABとAC）と他の1辺（AH）が等しいので合同だね！　だから対応する辺BHとCHについて，

$$BH = CH = \frac{1}{2}BC = 2\ (\text{cm})$$

あっ！　こうしてできた直角三角形ABHで三平方の定理を利用すれば，高さAHが求められるんだ♪

$$AB^2 = BH^2 + AH^2$$
$$AH^2 = 8^2 - 2^2 = 60$$
$AH > 0$ であるから,
$$AH = \sqrt{60} = 2\sqrt{15}\ (\mathrm{cm})$$
したがって，求める面積は,
$$\frac{1}{2} \times 4 \times 2\sqrt{15} = 4\sqrt{15}\ (\mathrm{cm}^2)$$ 答

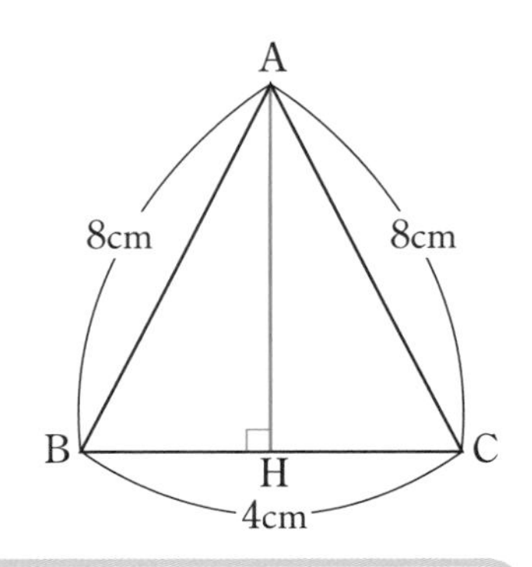

すごい！　三平方の定理って便利♪　でも，二等辺三角形じゃないと，面積は求められないんじゃないかな？

おっ，するどい！　たしかに，いま解いた問題の三角形は二等辺三角形で，Hが辺BCの中点だったから，うまく三平方の定理が利用できたよね。

だけどじつは，二等辺三角形じゃない場合でも，3辺の長さがわかっていれば，高さを出して面積を求めることができるんだ！

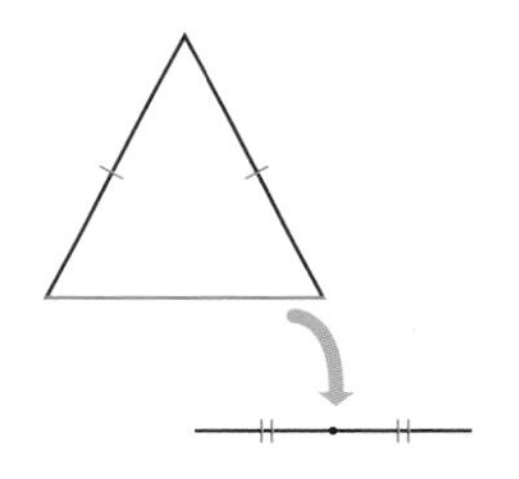

例2　**右の図のような三角形ABCの面積を求めよ。**

まず，二等辺三角形のときと同じように，AからBCに垂線AHをひいてみよう。そのAHの長さがわかれば，△ABCの面積は求められるね。だから，AHを求めるのが，この 例2 の大きな目標だ。

じゃあ，どうすればこのAHを求められると思う？

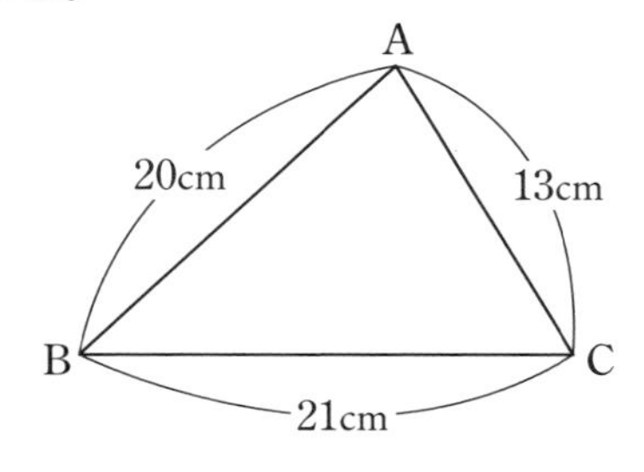

さっきの 例1 では，垂線AHをひいてできた直角三角形で三平方の定理を利用して，高さAHを求めたよね。だけど今度は，垂線AHをひいてできた直角三角形ABHでもBHの長さがわからないし，直角三角形ACHでもCHの長さがわからないから，三平方の定理が使えないよ！

そこでひと工夫しよう！　ここがポイントだよ。君の言うとおり，BHの長さは「わからない」よね。そこでその「わからない」長さを，未知数xを使って，

$$BH = x \text{ cm}$$

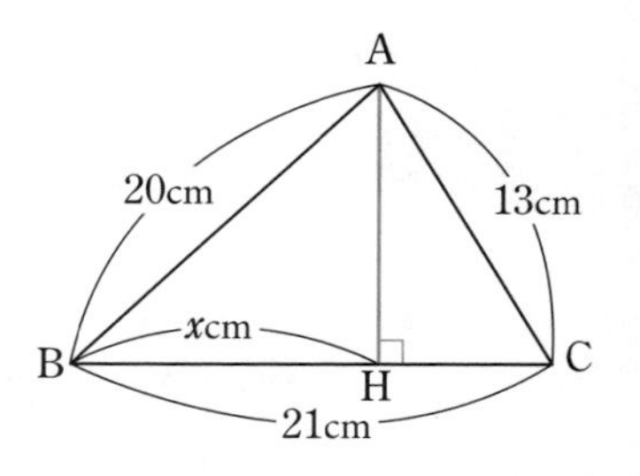

とおいてみよう。そうすると，もうひとつの「わからない」CHの長さは，

$$CH = BC - BH = 21 - x \text{ (cm)}$$

と表せるよね。そして，このxさえわかれば，AHの長さもわかるはずだね！　だからここからは，xを求めることにするよ！

xがわかればAHがわかり，求める面積がわかるはず！

そして，xを求めるためのポイントは，AHに注目すること！

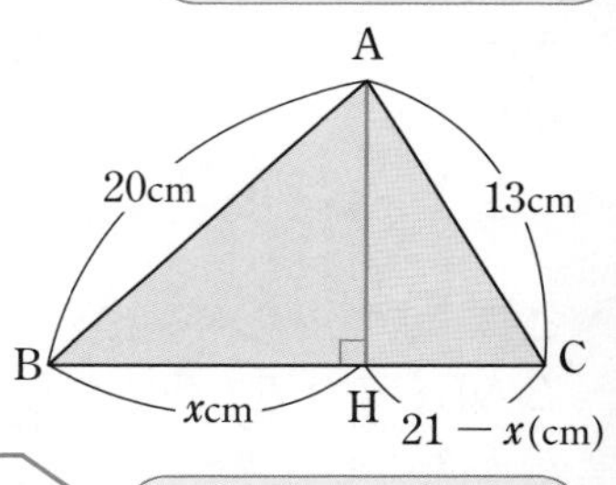

AHは，直角三角形ABHの1辺だから，△ABHで三平方の定理を使って，

$$AB^2 = BH^2 + AH^2$$
$$AH^2 = AB^2 - BH^2 \quad \cdots\cdots ①$$

と表せる。また，AHはもう1つの直角三角形ACHの1辺でもあるから，△ACHで三平方の定理を使って，

$$AC^2 = CH^2 + AH^2$$
$$AH^2 = AC^2 - CH^2 \quad \cdots\cdots ②$$

垂線AHは，垂線をひいたことによってできた2つの直角三角形の，共通な辺になっている！

と表すこともできる。①と②は同じAH^2を別の方法で表した式であるから，

$$AB^2 - BH^2 = AC^2 - CH^2$$

というふうに，AH^2を消去することができるね。そして，ABとACは長さがわかっているし，BHとCHはxを使って表してあるね！

$$20^2 - x^2 = 13^2 - (21 - x)^2$$
$$400 - x^2 = 169 - (441 - 42x + x^2)$$
$$400 - x^2 = 169 - 441 + 42x - x^2$$
$$42x = 672$$
$$x = 16$$

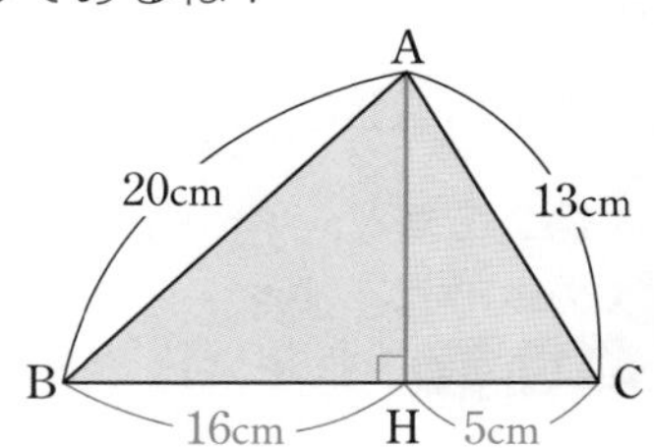

すごい，ほんとうにxがわかった！　あとは，直角三角形ABHで三平方の定理を使えば，AHの長さがわかって，求める面積もわかるね♪

①より，

$$\begin{aligned} AH^2 &= 20^2 - 16^2 \\ &= (20+16)\times(20-16) \\ &= 36\times4 \\ &= 2^2\times3^2\times2^2 \\ &= (2^2\times3)^2 \\ &= 12^2 \end{aligned}$$

$a^2 - b^2 = (a+b)(a-b)$

ゴリゴリ計算してもいいんだけど，このあと左辺のAH^2をAHにしたいから，右辺も(　　　)^{2}の形にすればいいよね！

AH＞0であるから，AH＝12

辺BCを底辺にしたときの，△ABCの高さAHがわかった！

したがって，求める面積は，

$$\frac{1}{2}\times21\times12 = 126\ (\text{cm}^2)$$ 答

ここまでをまとめよう。

△ABCの3辺の長さが与えられていて，そこから面積を求めるときは，まずは頂点Aから底辺BCに垂線AHをひいてみるんだ。その垂線AHの長さが，面積を求めるときの高さになる。AHの長ささえわかれば，求める面積がわかるよね。

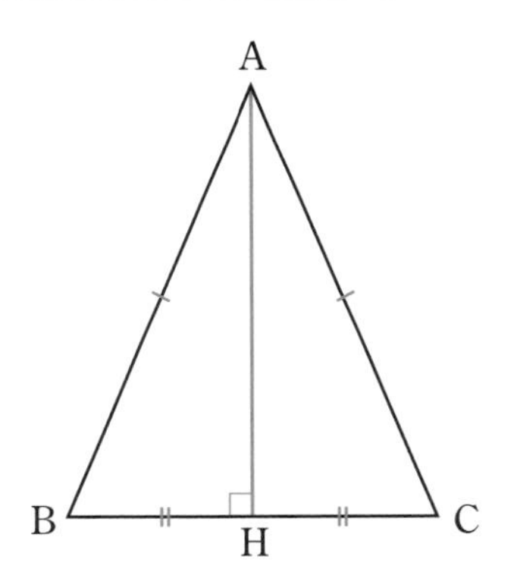

❶　△ABCがAB＝ACの二等辺三角形の場合（**例1**）は，垂線AHが底辺BCを2等分するから，垂線AHによってつくられた直角三角形ABHで，すぐに三平方の定理を利用してAHが求められる。求める面積は，

$$\triangle ABC = \frac{1}{2}\times BC\times AH$$

$$AH = \sqrt{AB^2 - \left(\frac{1}{2}BC\right)^2}$$

❷　二等辺三角形ではない場合（**例2**）は，次のような手順をとるよ。

step 1　垂線AHをひいてできた2つの直角三角形のうち，△ABHの底辺BHの長さをxとおくと，△ACHの底辺CHも，BC－xと表せる。

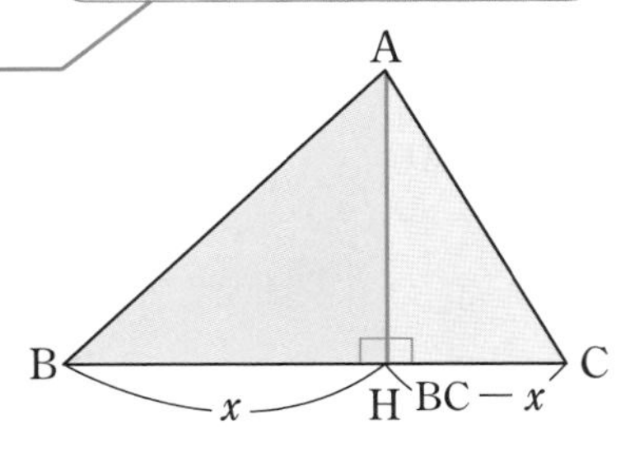

step 2　△ABHと△ACHそれぞれについて三平方の定理を使い，「$AH^2 =$●」の形の式を2つつくる。

step 3　2つの式からAH^2を消去すると，xが求められる。

step 4　わかったxの値を用いて，△ABHで三平方の定理を利用すると，AHが求められる。

step 5　求める面積は，

$$\triangle ABC = \frac{1}{2} \times BC \times AH$$

△ABHで，

$AH^2 = AB^2 - x^2$

△ACHで，

$AH^2 = AC^2 - (BC - x)^2$

➡　AH^2を消去してxを出す

➡　AHを出す

➡　$\triangle ABC = \frac{1}{2} \times BC \times AH$

ポイント　三平方の定理を利用した三角形の面積の求め方

❶　二等辺三角形の場合

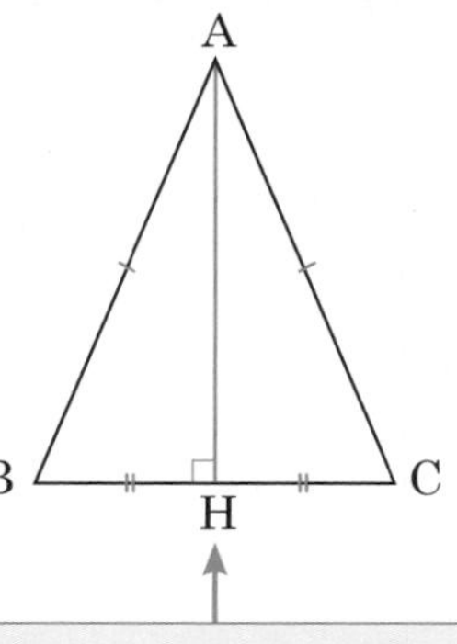

$$AH = \sqrt{AB^2 - \left(\frac{1}{2}BC\right)^2}$$

$$\triangle ABC = \frac{1}{2} \times BC \times AH$$

❷　二等辺三角形ではない場合

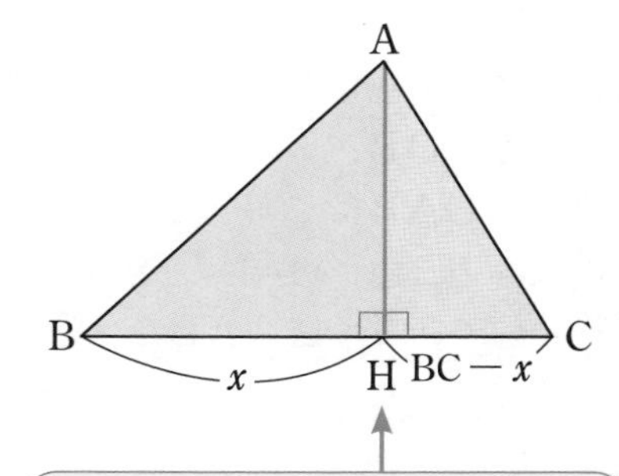

△ABHで，

$AH^2 = AB^2 - x^2$

△ACHで，

$AH^2 = AC^2 - (BC - x)^2$

➡　AH^2を消去してxを出す

➡　AHを出す

➡　$\triangle ABC = \frac{1}{2} \times BC \times AH$

3 円と三平方の定理

第6章で，**円**は相似と相性がよくて，円と相似を融合させた問題がよく出題されることを教えたよね？

じつは，円と**三平方の定理**も相性がいいんだ。だから，円の問題に三平方の定理を利用できる場合も多いんだよ！

三平方の定理を利用するには，やっぱり図形の中にかくれている直角三角形を見つけることがカギになるのだけれど，よく出るポイントが2つあるよ。**弦**と**接線**だ！

弦

円の中心**O**から弦**AB**に垂線**OH**をひくと，

$\angle \mathrm{OHA} = 90^\circ$

Hは弦**AB**の中点

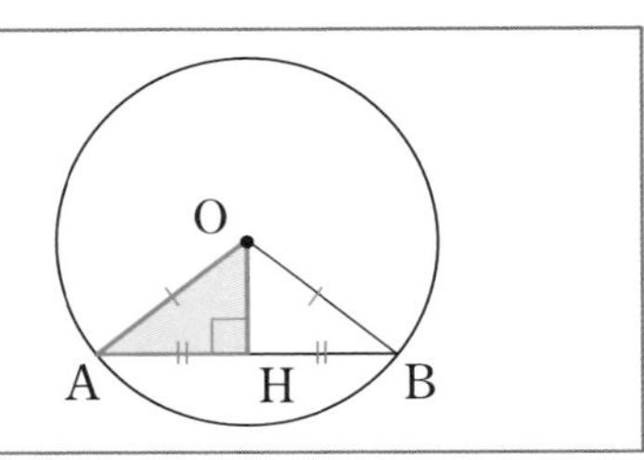

上の図で，OAとOBは円の半径だから，

OA＝OB

となり，△OABは二等辺三角形だとわかるね。

607ページと同じ考え方だよ

この二等辺三角形OABの頂点Oから底辺ABにひいた垂線OHは，∠AOBの二等分線であり，底辺ABを2等分するから，AH＝BH だね。だから，弦の長さABは，AHの長さを2倍すれば求められるね！

例1 **右の図のような半径10cmの円Oで，中心Oからの距離が7cmである弦ABの長さを求めよ。**

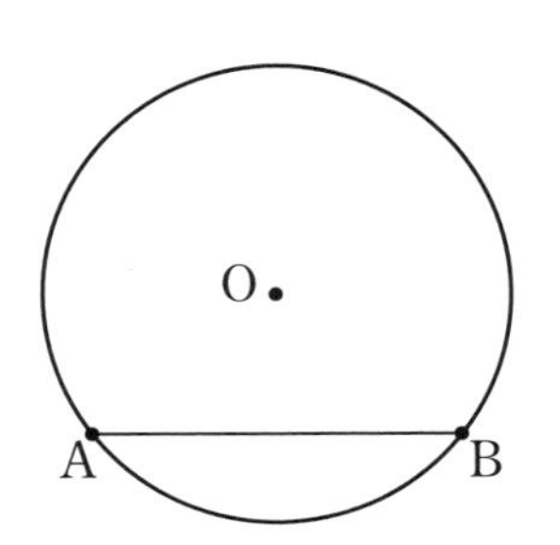

「中心Oからの距離が7cmである弦AB」とあるから，次ページの図のように，中心Oから弦ABにひいた垂線OHの長さが7cmになるね。

直角三角形OAHで三平方の定理より,

$$OA^2 = AH^2 + OH^2$$
$$10^2 = AH^2 + 7^2$$
$$AH^2 = 100 - 49 = 51$$

$AH > 0$ であるから，$AH = \sqrt{51}$

したがって，求める弦ABの長さは,

$$AB = 2AH = 2\sqrt{51}\ (cm)$$ 答

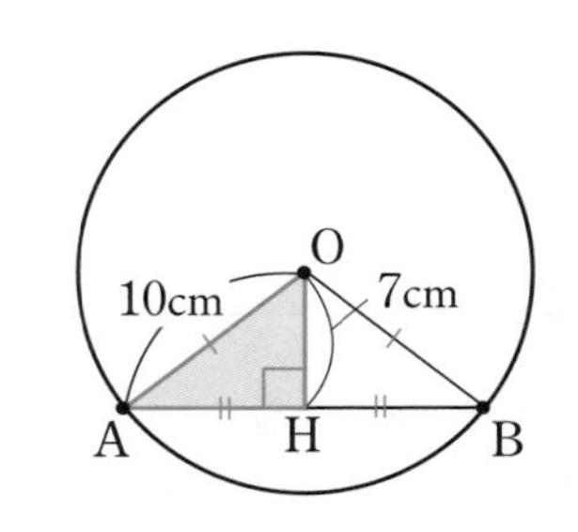

接　線

PAはAを接点とする円Oの接線，PBはBを接点とする円Oの接線である。このとき,

$OA \perp PA$，$OB \perp PB$

$PA = PB$

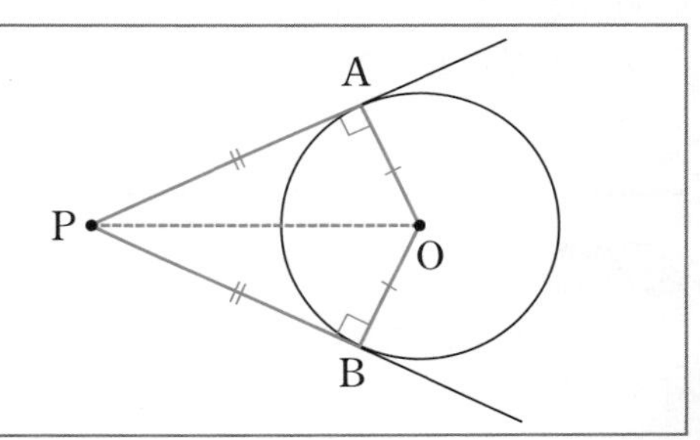

円上のある点における接線は，円の中心とその点を結んだ直線(半径)と垂直になることを，中1／第5章／第4節で学んだね。だから，上の図のような接線にかかわる問題が出たときは，とりあえず円の中心Oと，接点AやBとを結ぶ半径を補助線としてひいてみると，直角三角形ができて，三平方の定理が使えるようになるよ！

例2　右の図のように，直線PAは，点Aを接点とする円Oの接線である。円Oの半径を5cm，線分POの長さを11cmとするとき，線分PAの長さを求めよ。

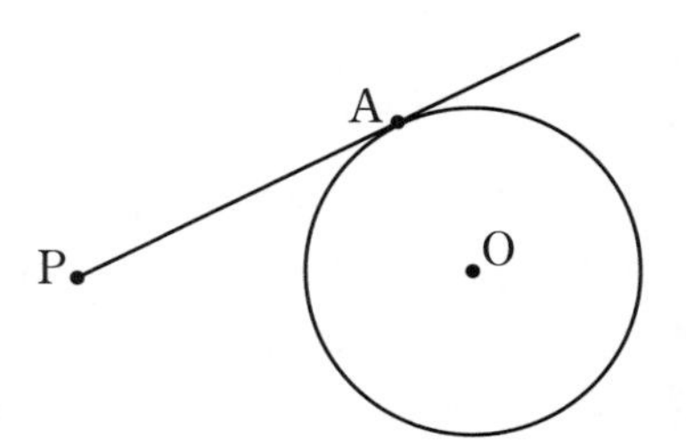

まずは円の中心Oと点P，Aをそれぞれ結ぼう。接線PAは半径OAに垂直になるから，△OPAは直角三角形だね。

△OPAで三平方の定理より,

$$PO^2 = PA^2 + OA^2$$
$$PA^2 = 11^2 - 5^2$$
$$= 96$$

$PA > 0$ であるから，求める線分の長さは,

$$PA = \sqrt{96} = 4\sqrt{6}\ (cm)$$ 答

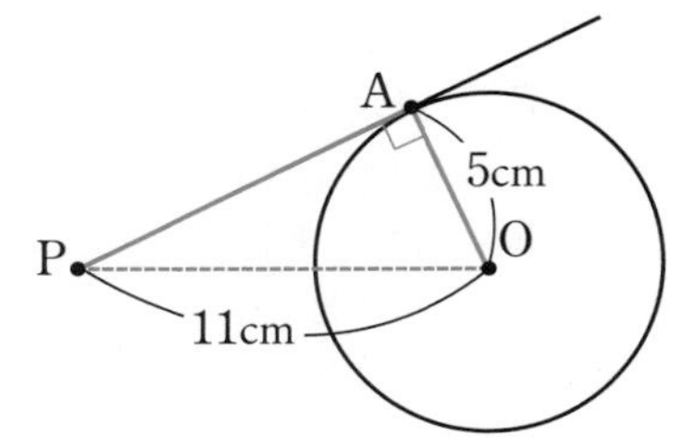

もちろん，テストでは「弦の長さ」や「接線の長さ」以外も出題されるけれど，大切なことは，カギになる直角三角形をつくって，三平方の定理を利用していくことだよ！

例題 2

右の図のような，1辺の長さが12cmの正方形がある。辺BCを直径とする半円と直線DEが点Fで接しているとき，線分DEの長さを求めよ。

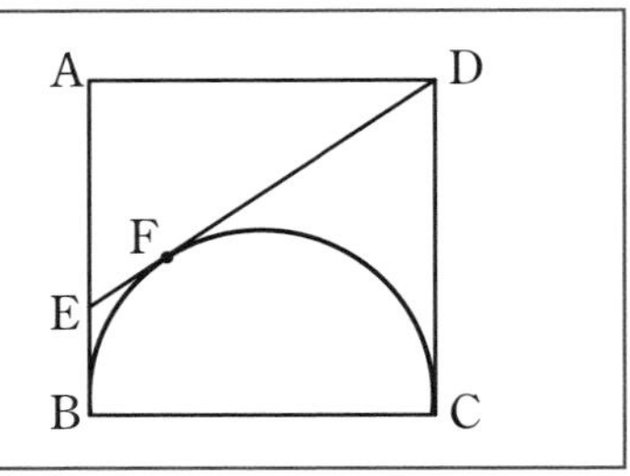

考え方

半円と直線DEが接しているから，接線の考え方を使うんだけれど，ここでポイントになるのは，半円に接しているのは直線DEだけではないということだ。

直径BCの中点をOとして，OC⊥DC，OB⊥EB であるから，DCとEBは半円の接線だね！

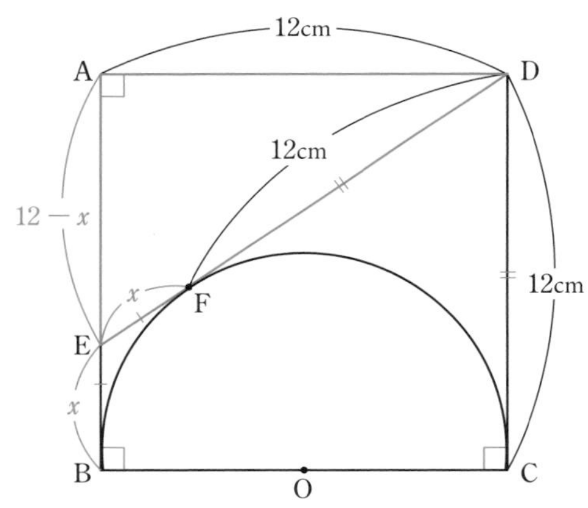

解答と解説

求める線分の長さについて，

$$DE = DF + EF \quad \cdots\cdots ①$$

ここで，DFとDCはともに，BCを直径とする半円に点Dからひいた接線であるから，

$$DF = DC = 12\ (\text{cm})$$

また，EFとEBはともに，BCを直径とする半円に点Eからひいた接線であるから，

$$EF = EB = x\,\text{cm}$$

このxの値がわかれば，①から答えがわかる！

とおける。すると，

$$AE = AB - EB$$
$$= 12 - x\ (\text{cm})$$
$$DE = DF + FE$$
$$= 12 + x\ (\text{cm})$$

△AEDで三平方の定理より，

$$DE^2 = AE^2 + AD^2$$

$$(12+x)^2=(12-x)^2+12^2$$
$$144+24x+x^2=144-24x+x^2+144$$
$$48x=144$$
$$x=3$$

①より，求める線分の長さは，

$\mathrm{DE}=12+3=15\ (\mathrm{cm})$ 答

このように，直角三角形の3辺をxを使って表し，三平方の定理を利用して方程式をつくってから解く問題は，たくさん出題されるよ！

ポイント **円と三平方の定理**

❶ 弦AB

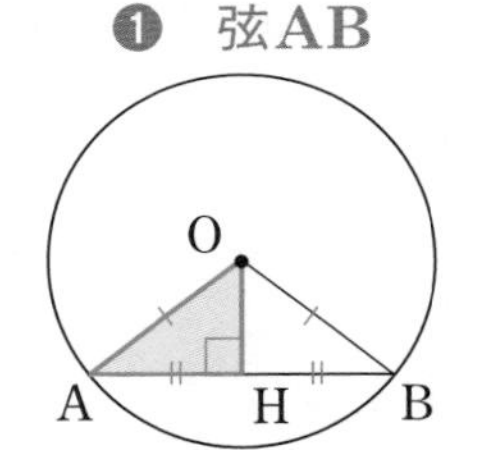

$\angle \mathrm{OHA}=90^\circ$

Hは弦ABの中点

❷ 接線PA・PB

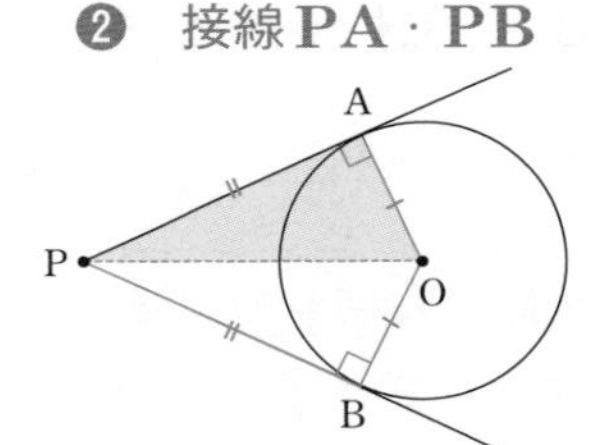

$\mathrm{OA}\perp\mathrm{PA}$，$\mathrm{OB}\perp\mathrm{PB}$

$\mathrm{PA}=\mathrm{PB}$

➡ カギになる直角三角形をつくって，三平方の定理を利用する。

4 座標平面上の2点間の距離

三平方の定理は，**座標平面**の問題にも利用することができるよ！

例 A(5, 6)，B(2, 1)のとき，線分ABの長さを求めよ。

いままではこんなの無理だったけど……直角三角形をかいて，三平方の定理を利用すればいいのかな？

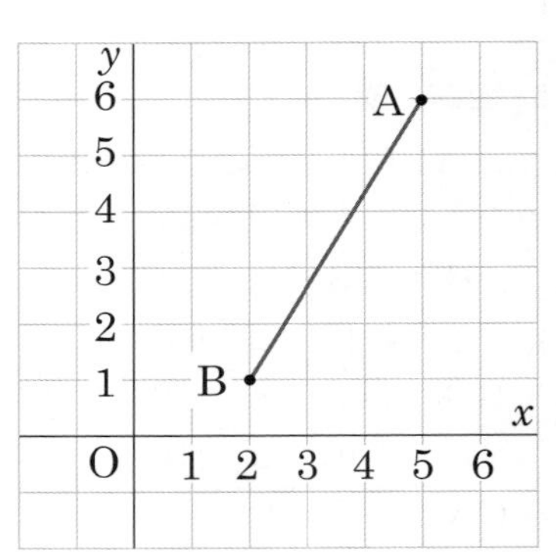

そのとおり！　次のページの図を見てみよう。

ABを斜辺として，座標軸に平行な2辺をもつ直角三角形ABHをかいたよ。

$BH = (A の x 座標) - (B の x 座標)$
$= 5 - 2 = 3$
$AH = (A の y 座標) - (B の y 座標)$
$= 6 - 1 = 5$

となるね。そこで，△ABHで三平方の定理を利用して，

$AB^2 = BH^2 + AH^2$
$= 3^2 + 5^2 = 34$

$AB > 0$ より，$AB = \sqrt{34}$ 答

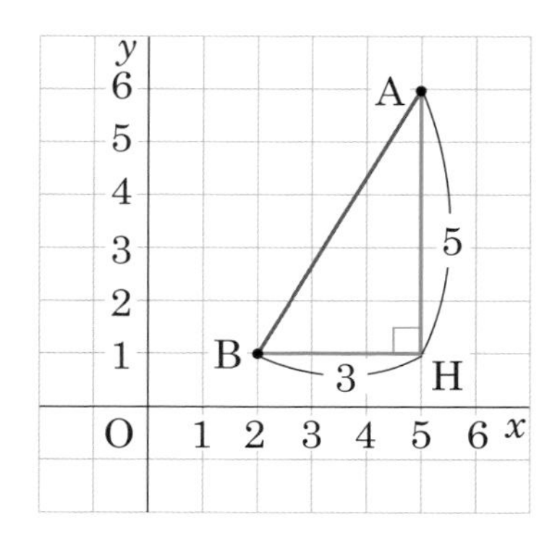

座標平面上の2点間の距離

次のように覚えてもよい（高校では公式として習う）。

$$(2点間の距離) = \sqrt{(x座標の差)^2 + (y座標の差)^2}$$

このように，2点を結ぶ線分を斜辺にもつ直角三角形をつくって，三平方の定理を利用すれば，座標平面上の2点間の距離を求めることができるんだよ♪
三平方の定理は，ほんとうにいろいろな分野に応用できて便利だよね！

例題 3

座標平面上に3点A(3, 4)，B(−3, 2)，C(−1, −4)がある。このとき，△ABCはどのような形の三角形になるか答えよ。

解答と解説

△ABCの3辺の長さを求めて，どのような形の三角形であるかを考える。

$AB = \sqrt{\{3-(-3)\}^2 + (4-2)^2}$
$= \sqrt{40} = 2\sqrt{10}$
$BC = \sqrt{\{-1-(-3)\}^2 + \{2-(-4)\}^2}$
$= \sqrt{40} = 2\sqrt{10}$
$CA = \sqrt{\{3-(-1)\}^2 + \{4-(-4)\}^2}$
$= \sqrt{80} = 4\sqrt{5}$

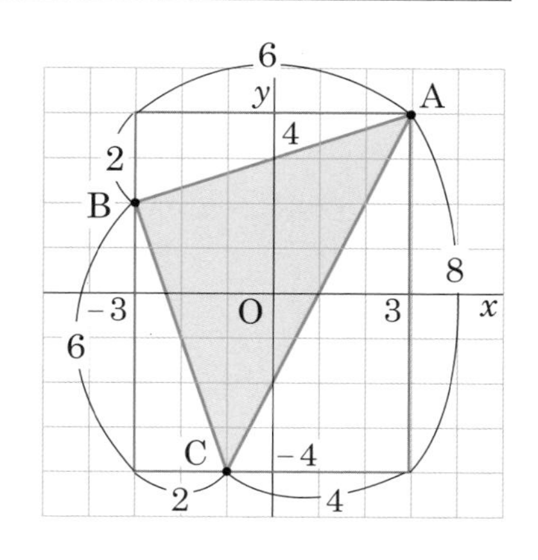

以上より，AB＝BCであるから，

　△ABCは二等辺三角形　……①

また，$AB^2=40$，$BC^2=40$，$CA^2=80$なので，

　$AB^2+BC^2=CA^2$

したがって，∠ABC＝90°　……②

三平方の定理の逆（601ページ）だね！

①・②より，△ABCは，

　∠ABC＝90°の直角二等辺三角形である。答

どの角が90°かをかくべきだよ！

私，「二等辺三角形」って答えちゃったんだけど……

たしかに二等辺三角形ではあるんだけれど，それだけだと△ABCのもつ性質を十分に表現できたとはいえないんだ。「直角をもっている」というのは，三角形にとってとても重要な性質だからね。だから，3辺の長さを調べるときは，「三平方の定理の逆は成り立たないか」もチェックするようにしよう！

もう1つ，比を考えて各辺の長さを求める方法も紹介しておくね。

別　解

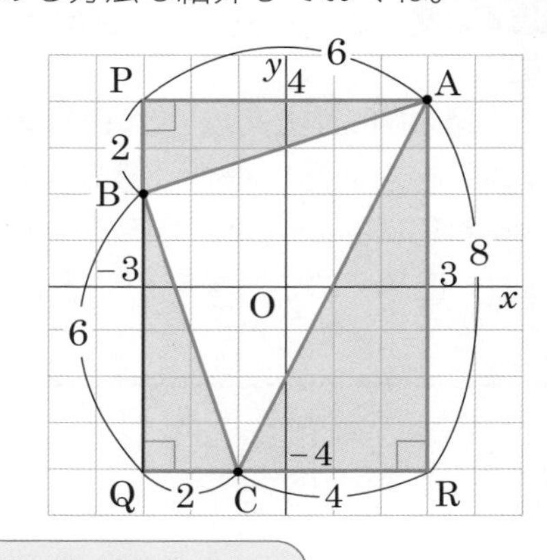

右の図の直角三角形PABで，

　PA：PB＝6：2＝3：1

であるから，三平方の定理を利用して，

　PA：PB：AB

$=3:1:\sqrt{3^2+1^2}$

$=3:1:\sqrt{10}$

したがって，$AB=2\sqrt{10}$　……①

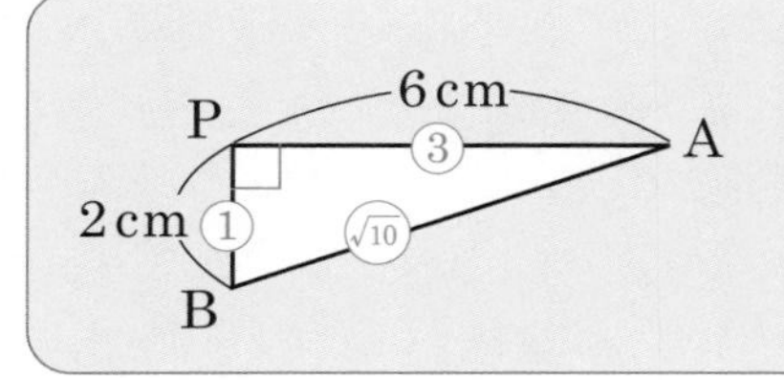

また，$\triangle PAB \equiv \triangle QBC$であるから，

$BC = AB = 2\sqrt{10}$　……②

最後に，直角三角形RACで，

$RA : RC = 8 : 4 = 2 : 1$

であるから，三平方の定理を利用して，

$RA : RC : CA$

$= 2 : 1 : \sqrt{2^2 + 1^2}$

$= 2 : 1 : \sqrt{5}$

したがって，$CA = 4\sqrt{5}$　……③

①～③より，$AB^2 = 40$，$BC^2 = 40$，$CA^2 = 80$であるから，

$AB^2 + BC^2 = CA^2$

以上より，$\triangle ABC$は，

$AB = BC$，$\angle ABC = 90^\circ$の直角二等辺三角形である。 答

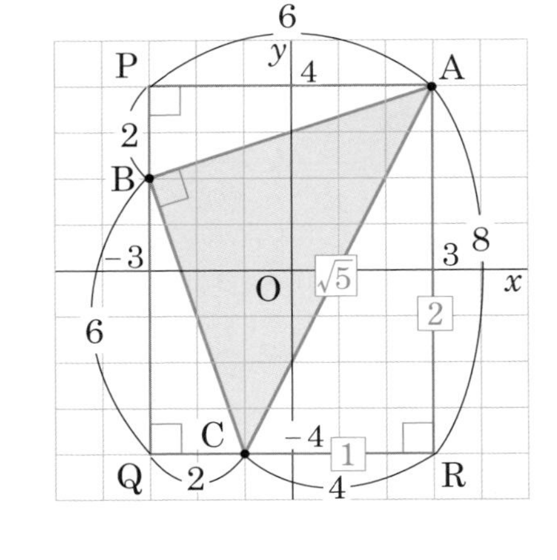

このように，最も簡単な比にして三平方の定理を使い，そのあとで何倍かして実際の大きさを出すというテクニックがあるんだ。この方法を使えると，計算がほぼ暗算ですむようになるよ。

ポイント　座標平面上の2点間の距離

座標平面上の2点AB間の距離を求めたい場合，線分ABを斜辺にもつ直角三角形をつくり，三平方の定理を利用する。

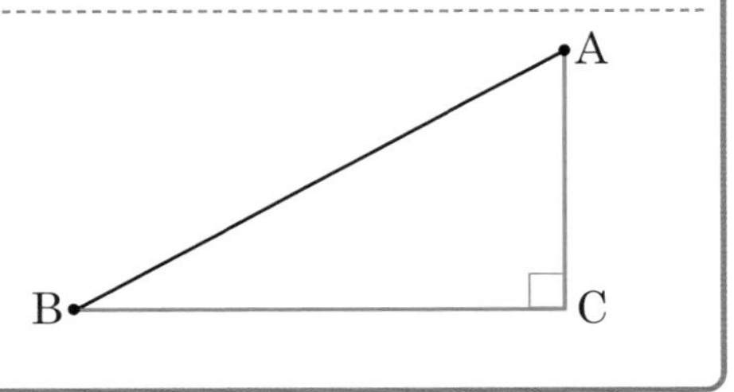

第3節　三平方の定理の利用❷ —— 空　間

1 直方体の対角線

この節では，空間図形の中で**三平方の定理**を利用していくよ！

基本は平面図形と同じだよ。やはりカギになる直角三角形を抜き出して，三平方の定理を用いるんだ！

まずは，**直方体**（216ページ）の**対角線**の長さを求めてみよう。

例　右の図のような直方体でAD＝2cm，AB＝4cm，AE＝3cmのとき，対角線AGの長さを求めよ。

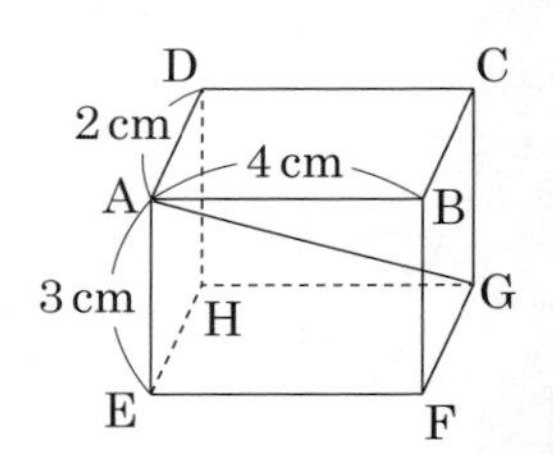

三平方の定理を利用して対角線AGの長さを求めるには，線分AGを1つの辺とする直角三角形を見つける必要があるね。

△AEGはどう？　辺AEは平面EFGHに垂直だから，

∠AEG＝90°

で，線分AGを斜辺とする直角三角形になるよ♪

いいところに目をつけたね！　でも，

AE＝3cm

はわかっているけれど，辺EGの長さがわからないから，すぐには三平方の定理は使えないね。

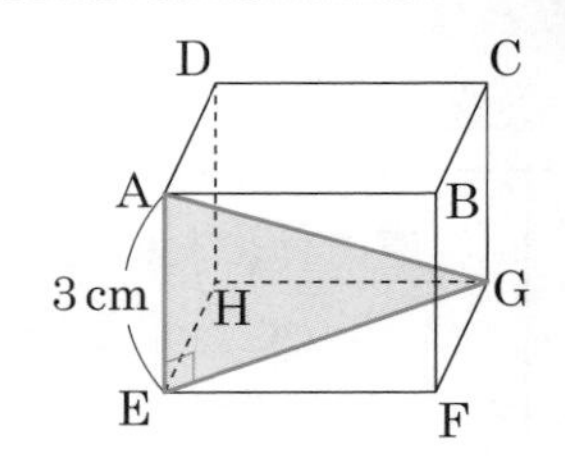

あっ，わかった！　線分EGを1つの辺とする△EFGも，

∠EFG＝90°

の直角三角形でしょ。この△EFGで三平方の定理を使えば，辺EGの長さを求められるんじゃない？

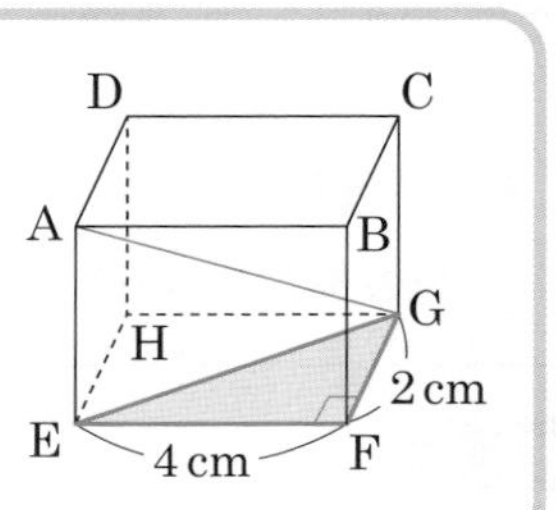

すばらしい！　このように，直方体や立方体ではいろいろなところに直角ができるから，利用できる直角三角形は1つだけではないと考えてね。じゃあ解くよ！

$\triangle$AEGで，$\angle$AEG＝90°であるから，

$AE^2 + EG^2 = AG^2$　……①

また，$\triangle$EFGで，$\angle$EFG＝90°であるから，

$EF^2 + FG^2 = EG^2$　……②

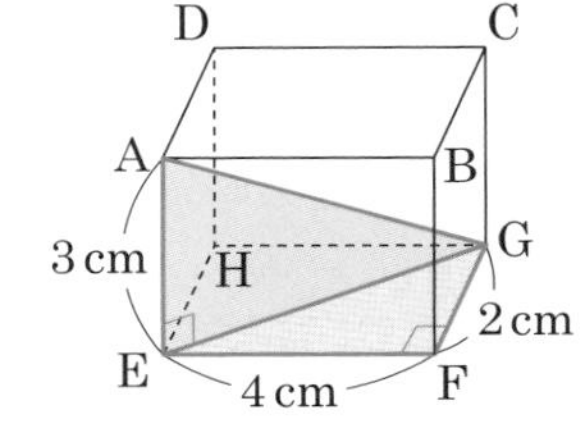

①・②より，

$AE^2 + (EF^2 + FG^2) = AG^2$

$\boxed{AG}^2 = \boxed{AE}^2 + \boxed{EF}^2 + \boxed{FG}^2$　……(＊)

対角線　高さ　横　縦

AE＝3cm，EF＝AB＝4cm，FG＝AD＝2cm，AG＞0であるから，

$$AG = \sqrt{3^2+4^2+2^2}$$
$$= \sqrt{9+16+4}$$
$$= \sqrt{29}\ (cm)$$ 答

答えは出たけれど，ここで(＊)のところに注目して！

これを並べかえると，

(対角線の長さ)^2＝(縦)^2＋(横)^2＋(高さ)^2

となっているね！　一般に，直方体の対角線の長さの2乗は，縦・横・高さの2乗の和と等しいんだよ。

> 直方体において，
>
> (対角線の長さ)^2＝(縦)^2＋(横)^2＋(高さ)^2
>
> (対角線の長さ)＝$\sqrt{(縦)^2+(横)^2+(高さ)^2}$

ちなみに，直方体においては，対角線の長さはすべて等しくなるよ。

例題 1

1辺の長さが3cmの立方体の対角線の長さを求めよ。

考え方

立方体は，直方体の一種(すべての面が正方形である直方体)だよね。だから，直方体と同じ要領で対角線の長さを求められるよ！

$$(\text{対角線の長さ}) = \sqrt{(\text{縦})^2 + (\text{横})^2 + (\text{高さ})^2}$$

は，立方体の場合には，

$$(\text{対角線の長さ}) = \sqrt{(1\text{辺})^2 + (1\text{辺})^2 + (1\text{辺})^2}$$

になるよね！

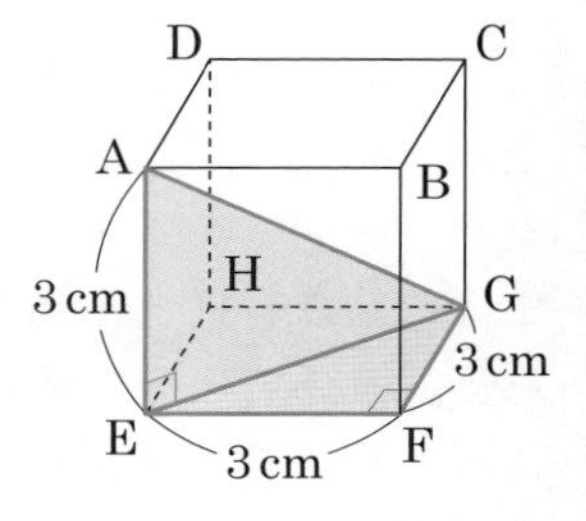

解答と解説

求める立方体の対角線の長さは，

$\sqrt{3^2+3^2+3^2}$

$=\sqrt{3^2\times 3}$

$=3\sqrt{3}$ (cm) 答

「3の2乗が3つ」をこう表すと，計算がちょっとだけ楽になるよ！

ポイント 直方体の対角線

直方体の対角線の長さは，三平方の定理を2回使うと，

$$(\text{対角線の長さ}) = \sqrt{(\text{縦})^2 + (\text{横})^2 + (\text{高さ})^2}$$

で求められる。

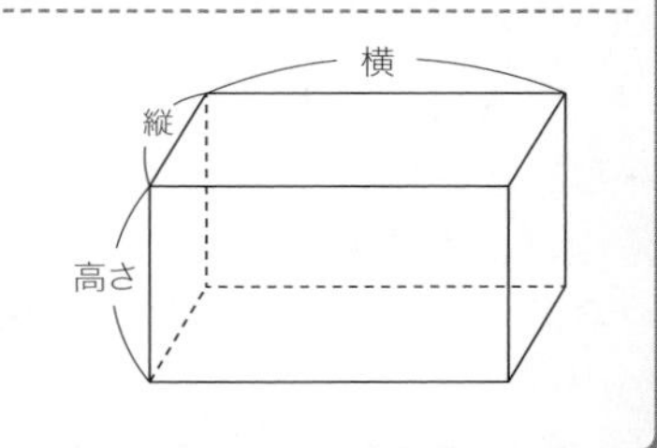

2 角錐・円錐の高さと体積

平面図形の三角形では，3辺の長さがわかっていれば，三平方の定理を利用して高さを求めて，面積を求めることもできたよね（608～610ページ）。

では，空間図形ではどうかな？

例 **正四角錐OABCDがある。底面ABCDは，1辺の長さが4cmの正方形で，他の辺はすべて6cmである。この正四角錐の体積を求めよ。**

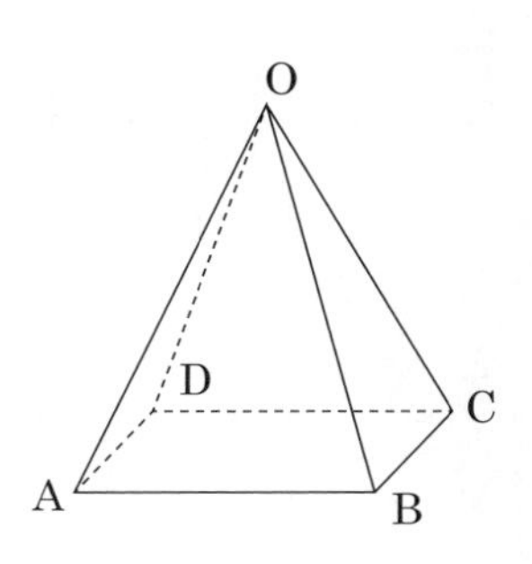

正角錐（せいかくすい）のことは，中1／第6章／第1節で学習したね。側面がすべて互いに合同な二等辺三角形で，底面が正多角形になっている角錐だよ（190ページ）。正四角錐OABCDでは，次のことがわかっているといえるね！

$\triangle OAB \equiv \triangle OBC \equiv \triangle OCD \equiv \triangle ODA$

$OA = OB = OC = OD = 6\text{cm}$

$AB = BC = CD = DA = 4\,cm$

$\angle ABC = \angle BCD = \angle CDA = \angle DAB = 90^\circ$

底面の正方形の面積は,

$4^2 = 16\ (cm^2)$ ……①

だね。あとは，この正四角錐の高さがわかれば，体積が求められるね。

今，底面である正方形ABCDの対角線AC, BDの交点をHとするよ。じつは，この点Hと頂点Oを結んだ線分の長さが，この正四角錐の高さになるんだ。そのことを証明しておこう。

正方形の対角線は長さが等しく，それぞれの中点で交わるよ！　だから，△OAHと△OCHを見ると,

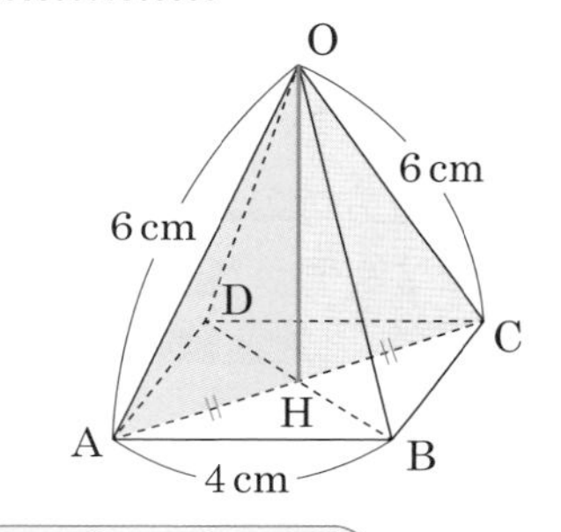

OHは共通な辺

$OA = OC$

$AH = CH$

から，3組の辺がすべて等しいので,

$\triangle OAH \equiv \triangle OCH$

合同な図形では対応する角の大きさは等しいので,

$\angle OHA = \angle OHC = 90^\circ$

∠AHC＝180°を2等分するから，90°だね

したがって，$OH \perp AC$ ……②

同様に，$\triangle OBH \equiv ODH$ なので,

$\angle OHB = \angle OHD = 90^\circ$

したがって，$OH \perp BD$ ……③

②・③から，線分OHは，平面ABCD上の2つの直線AC，BDと垂直になっているので，正方形ABCDに垂直だといえるね！

中1／第6章／第2節の3で学習したね（201ページ）！

だから，OHは正四角錐OABCDの高さになるよ。一般に,

正四角錐は，頂点から底面に垂線をひくと，底面の正方形の対角線の交点と交わる

ということを覚えておくといいよ！

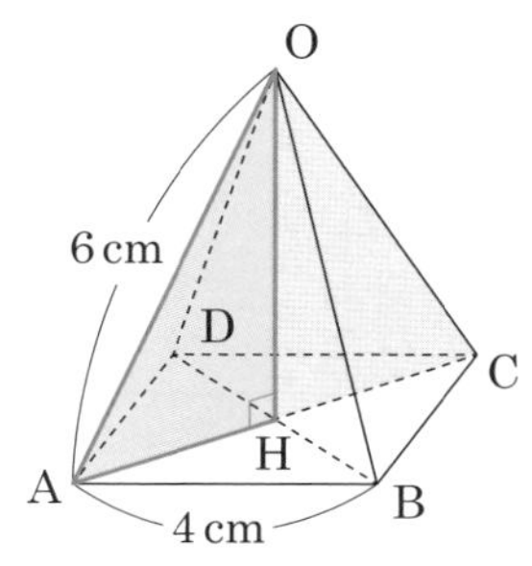

さて，三平方の定理を使って，高さOHを求めよう。△OAHで,

$OH = \sqrt{OA^2 - AH^2}$ ……④

であり，$OA = 6\,cm$ もわかっているから，あとは線分AHの長さがわかればいいね。そこで,

底面ABCDをくわしく見てみよう。

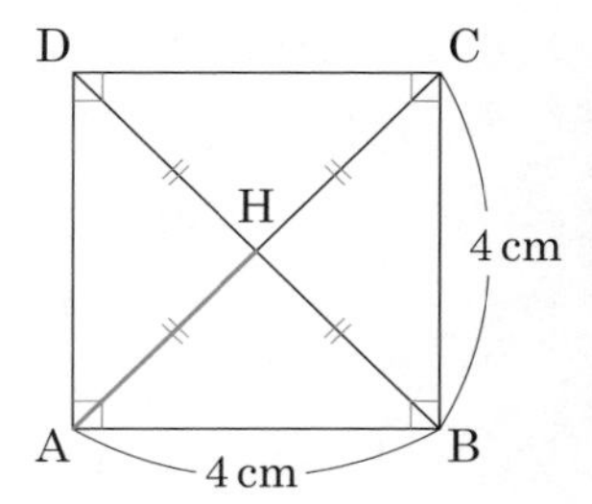

正方形の対角線は長さが等しく，それぞれの中点で交わるから，

$$AH = BH = CH = DH$$

だね。だから，

$$AH = \frac{1}{2}AC$$

あっ！　∠ABC＝90° だから，△ABCで三平方の定理が使える！

$$AC = \sqrt{AB^2 + BC^2}$$
$$= \sqrt{4^2 + 4^2} = \sqrt{4^2 \times 2}$$
$$= 4\sqrt{2}\ (\text{cm})$$

AHはこの半分で，$2\sqrt{2}$ cmだね！

OK！　ただ，AHの求め方は他にもあるよ。

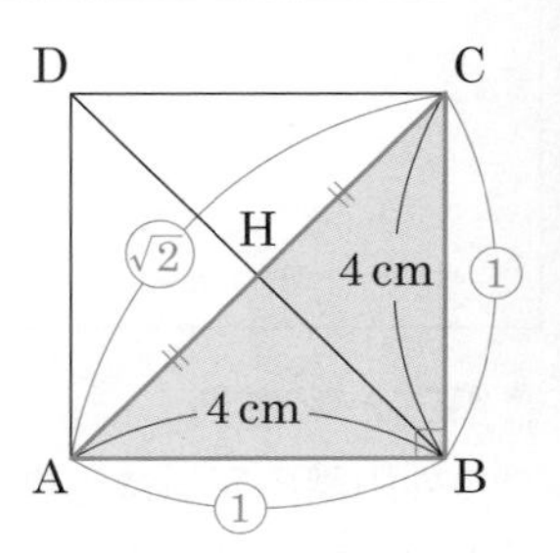

△ABCは，AB＝BCだから，第2節で学習した 三角定規❷ の形（604ページ参照）で，

$$AB : BC : AC = 1 : 1 : \sqrt{2}$$

なんだ。AB＝BC＝4cmだから，AC＝$4\sqrt{2}$ cmで，AH＝$2\sqrt{2}$ cmと，比に気づけばパッと計算できるよ！

比を利用するやり方はもう1つあるんだ。正方形の対角線は垂直に交わる（381ページ）という性質に注目すると，△AHBも，

$$AH : HB : AB = 1 : 1 : \sqrt{2}$$

の 三角定規❷ だとわかるね。AB＝4cm だから，

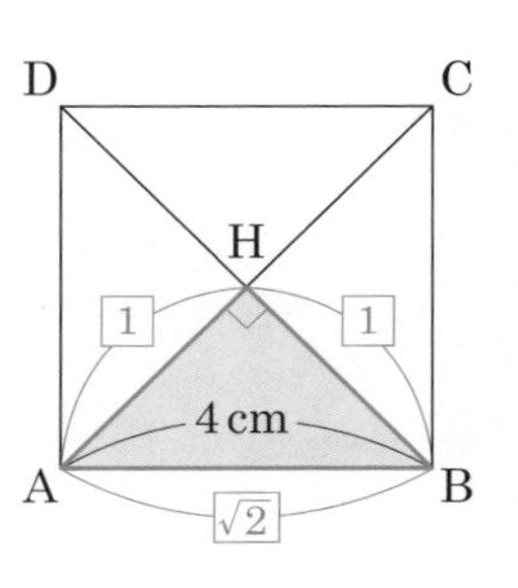

$$AH : 4 = 1 : \sqrt{2}$$
$$\sqrt{2} \times AH = 4$$

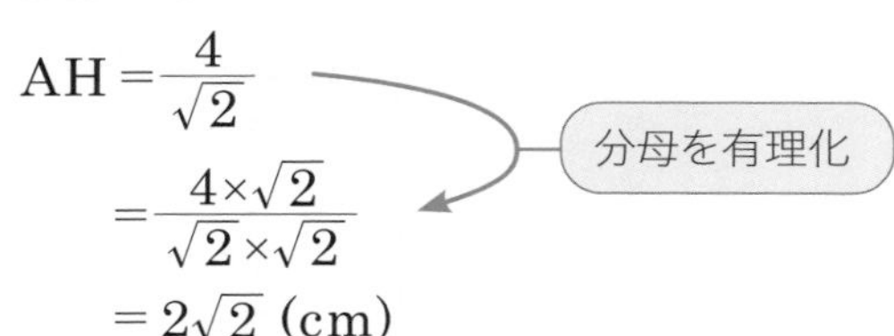

$$AH = \frac{4}{\sqrt{2}}$$
$$= \frac{4 \times \sqrt{2}}{\sqrt{2} \times \sqrt{2}}$$
$$= 2\sqrt{2}\ (\text{cm})$$

さて，AHの長さもわかったところで，④からOHを求めよう！

$$\mathrm{OH}=\sqrt{6^2-(2\sqrt{2})^2}$$
$$=\sqrt{36-8}=\sqrt{28}$$
$$=2\sqrt{7}\ (\mathrm{cm}) \quad \cdots\cdots④'$$

①・④′より，求める正四角錐OABCDの体積は，

$$\frac{1}{3}\times\underbrace{(\text{正方形ABCDの面積})}_{\text{底面積}}\times\underbrace{\mathrm{OH}}_{\text{高さ}}$$
$$=\frac{1}{3}\times16\times2\sqrt{7}$$
$$=\frac{32\sqrt{7}}{3}\ (\mathrm{cm}^3)$$ 答

角錐・円錐の体積は，
$\frac{1}{3}\times(\text{底面積})\times(\text{高さ})$

例題 2

右の図のような，底面の半径が 5cm，母線の長さが 8cm である円錐の体積を求めよ。

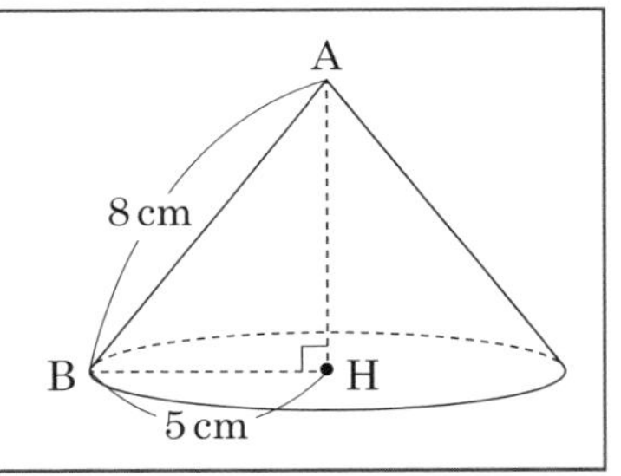

解答と解説

この円錐の底面は半径 5cmの円であるから，その面積は，

$$5^2\times\pi=25\pi\ (\mathrm{cm}^2)$$

△ABHは，∠AHB＝90° の直角三角形であるから，三平方の定理より，

$$\mathrm{AH}=\sqrt{\mathrm{AB}^2-\mathrm{BH}^2}$$
$$=\sqrt{8^2-5^2}=\sqrt{39}\ (\mathrm{cm})$$

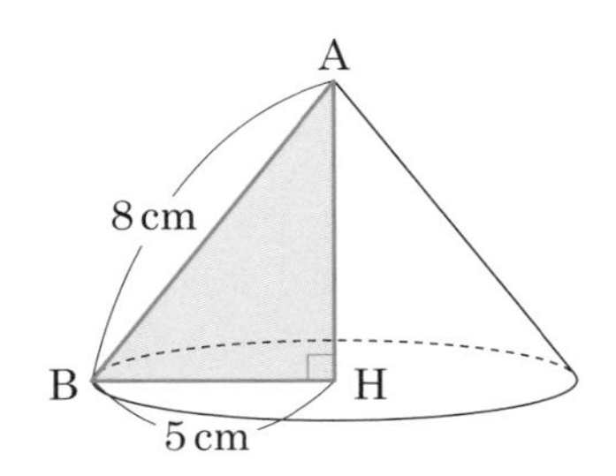

したがって，求める円錐の体積は，

$$\frac{1}{3}\times\underbrace{25\pi}_{\text{底面積}}\times\underbrace{\sqrt{39}}_{\text{高さ}}=\frac{25\sqrt{39}\pi}{3}\ (\mathrm{cm}^3)$$ 答

ポイント 高さが不明の角錐・円錐の体積の求め方

step 1 頂点から底面にひいた垂線の長さ（高さ）を，三平方の定理から求める。

step 2 （角錐・円錐の体積）

$=\frac{1}{3}\times$(底面積)$\times$(高さ)

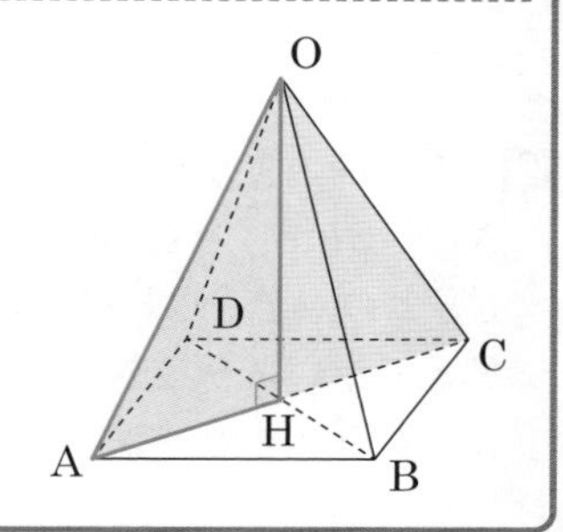

3 最短距離の問題

例 右の図のように，立方体に赤い糸を貼りつけた。△BDEはどんな三角形か答えよ。

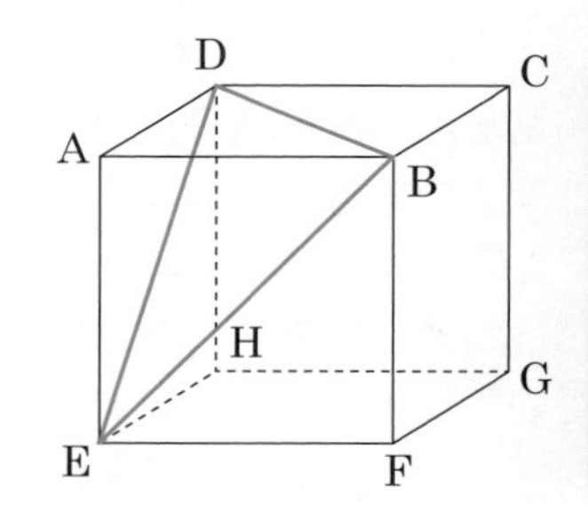

わかった♪

BE＝DE

だから，二等辺三角形でしょ！

残念！ たしかに二等辺三角形ではあるけれど，それだけでは不十分なんだ。

まず，君の言うように，正方形AEFBと正方形AEHDは合同で，線分BEと線分DEはそれぞれの対角線だから，

BE＝DE

だね。でもそれだけではなく，正方形ABCDも合同だから，

BE＝DE＝BD

となるよね！

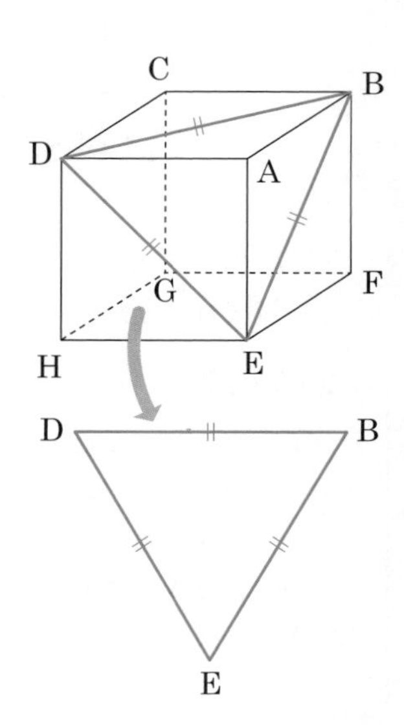

そうか，正三角形か。

空間図形の辺の長さなどを，見取図だけから正確につかむのは，かなり難しいんだ。空間図形の問題では，必要な部分を抜き出して，**展開図**（209ページ）にするなどして平面図形として考えるのがコツだよ！

例 右の図のような，AB＝5cm，AD＝2cm，AE＝5cm の直方体がある。点Aから，辺EF上の点P，辺HG上の点Qを通って，点Cまで赤い糸を巻きつける。糸の長さが最も短くなるときの長さを求めよ。

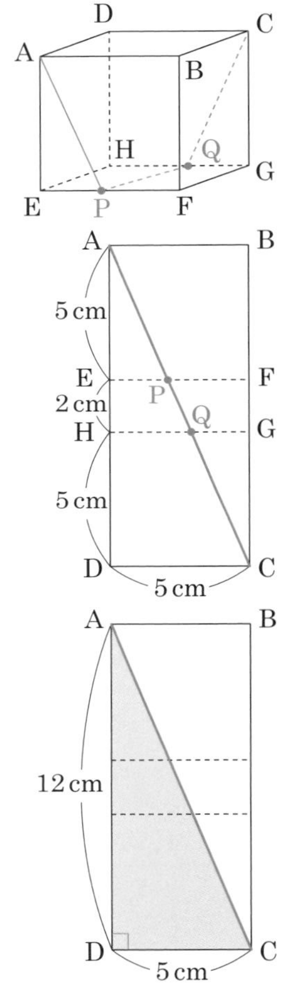

この問題も，見取図のままだと，最短の長さを考えることは難しいね。必要な部分，つまり，糸が巻きついている部分の展開図をかいて考えてみよう！

糸が巻きつく部分の展開図は右のとおりで，点Aから点Cまでの最短コースは，2点間をまっすぐ結んだ赤い線分ACになるよね！

この線分の長さが，求める最短の長さだよ。線分ACの長さを求めよう！

△ADCで，∠ADC＝90°であるから，三平方の定理より，

$$
\begin{aligned}
\mathrm{AC} &= \sqrt{\mathrm{AD}^2+\mathrm{DC}^2} \\
&= \sqrt{(\mathrm{AE}+\mathrm{EH}+\mathrm{HD})^2+\mathrm{DC}^2} \\
&= \sqrt{(5+2+5)^2+5^2} \\
&= \sqrt{144+25} = \sqrt{169} \\
&= 13\ (\mathrm{cm})
\end{aligned}
$$

したがって，求める糸の長さは，

例題 3

Oを頂点とし，底面の半径が2cm，母線の長さが8cmの円錐がある。右の図のように，点Aから再び点Aに戻るように，底面の円周上の円錐の側面を1周して糸を巻きつける。この糸の長さが最も短くなるときの糸の長さを求めよ。

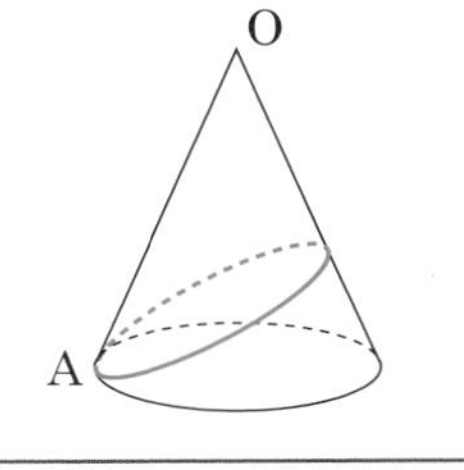

考え方

これに似た問題は一度，中１／第６章／第３節でやったね（210ページ）。ここでは糸の最短の長さを求めるよ。

そのために，糸が巻きついている側面の展開図をかくのだけれど，**円錐**の側面の展開図は**おうぎ形**になるよね。このおうぎ形の中心角は，どれくらいの大きさになるのかな？

解答と解説

側面のおうぎ形の中心角は，

$$360^\circ \times \frac{(\text{底面の円の半径})}{(\text{母線の長さ})} = 360^\circ \times \frac{2}{8} = 360^\circ \times \frac{1}{4} = 90^\circ$$

214ページ参照

したがって，糸が巻きついている円錐の側面の展開図は右の図のようになり，求める糸の最短の長さは，線分AA′である。

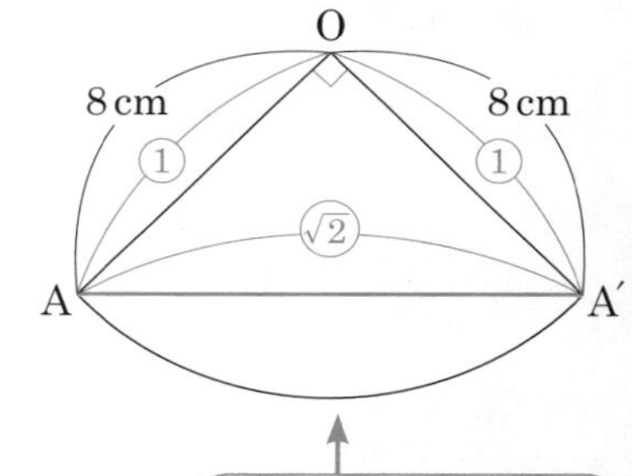

△OAA′は，

OA＝OA′＝8cm

∠AOA′＝90°

の直角二等辺三角形なので，

$OA : OA' : AA' = 1 : 1 : \sqrt{2}$

したがって，

$8 : AA' = 1 : \sqrt{2}$

$AA' = 8\sqrt{2}$ (cm)

求める最短の糸の長さは，$8\sqrt{2}$ cm 答

三角定規❷の直角二等辺三角形が見つかった！　もちろん，三平方の定理で線分AA′の長さを求めてもいいよ！

ポイント　空間図形の攻略

❶　空間図形から，必要な部分の平面図形を抜き出して考える。

❷　最短距離を考える問題では，関係のある面の展開図をかいて，平面図形の問題として考える。

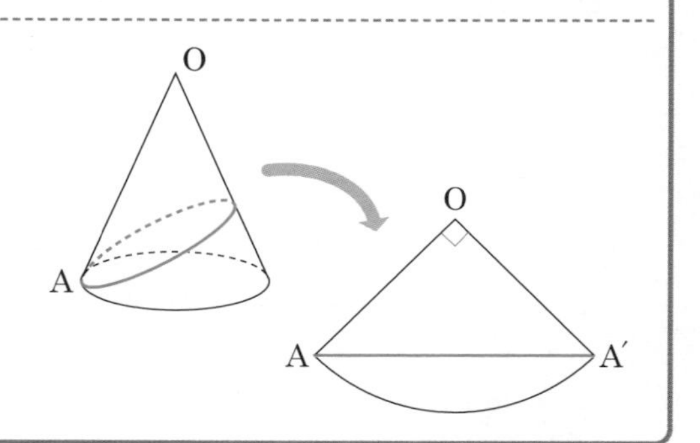

第 1 節　標本調査

1　全数調査・標本調査

この第8章では，集団の性質などを調べるための調査について学習するよ。君は最近，何かアンケート調査のようなものを受けたことはないかな？

調査ねえ……そうだ，学校で，「自分のスマートフォンをもっていますか？」っていうアンケート調査があったよ。

そのアンケート調査は，どういう人を対象に行われたのかな？

私の中学の，全校生徒が対象だったよ。

なるほど。ありがとう！

一般に，ある集団について特徴や傾向などの性質を調べるとき，2つの調査方法があるよ。

> ❶ **全数調査**（ぜんすうちょうさ）：集団のすべてを対象として行う調査。
> ❷ **標本調査**（ひょうほんちょうさ）：集団の一部を対象として行う調査。調査結果から，集団の性質を推定する。

君が受けたアンケート調査は，君の中学に対する全数調査だね。

全部調べるのが全数調査で，一部だけ調べるのが標本調査かあ。全数調査のほうが，集団の性質をしっかり調べられるんじゃないかな？

でもね，対象になる集団が大きすぎたり，調査に時間がかかりすぎたりして全数調査自体が不可能だったり，現実的でなかったりする場合があるね。

たとえば，テレビの視聴率。日本の全世帯を調査するなんて，現実的ではないよね。だから，テレビの視聴率は，一部の世帯を対象とする標本調査によって調べているよ。

標本調査を行うとき，性質などを調べたい集団全体のことを**母集団**（ぼしゅうだん）と呼び，母集団から取り出して調査の対象とする一部の集団のことを**標本**（ひょうほん）と呼ぶよ。また，標本となった人やものの数のことを，標本の大きさというよ。

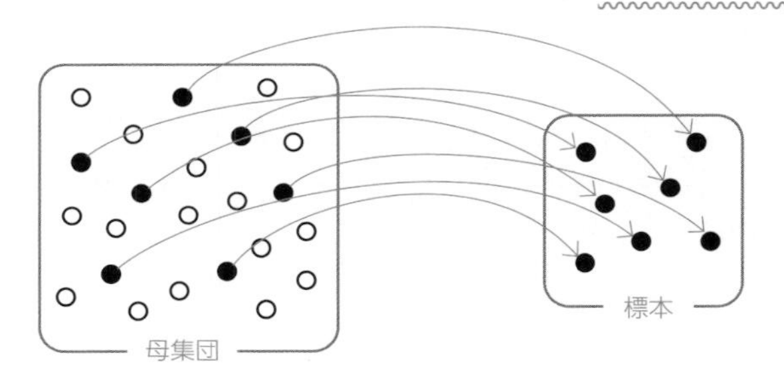

母集団から標本を取り出すことは，標本の**抽出**（ちゅうしゅつ）というんだ。

標本を調べることによって，母集団の性質を正しく知るためには，標本をかたよりなく取り出す必要があるよ。

たとえば，中学3年生300人が通学している距離（家から学校までの遠さ）を調査するのに，自転車通学している40人を標本として抽出するのは，適切だといえるかな？

う～ん，自転車通学ってことは，比較的遠くから通ってきている人が多いんじゃない？　かたよりが生じるかも……。

そうだよね！　調べたいことがらに関して，標本をかたよりなく取り出さないと，調査結果が信頼できなくなってしまうんだ。母集団からかたよりなく標本を取り出すことを，**無作為抽出**（むさくい）というよ。

母集団からかたよりなく標本を取り出す方法はいくつもあるけれど，たとえば，0～9の数字が2回ずつかかれた「乱数さい」（らんすう）という正二十面体のさいころを使ってランダムな数を出して，その数を利用したりするんだ。

例題 1

次の(ア)〜(エ)の調査それぞれについて，全数調査と標本調査のどちらが適しているか答えよ。

(ア) 学校での健康診断　(イ) ある工場でつくる蛍光灯の寿命の検査

(ウ) 高校の入学試験　(エ) 15歳の日本人における睡眠時間の調査

解答と解説

(ア) 全数調査 答

そもそも「健康診断」は，1人ひとりの健康状態を知るのが目的の調査だよね。「一部の人の健康状態を調べて，全体の傾向を推定すればいい」というものではないよね！

(イ) 標本調査 答

「蛍光灯の寿命」の全数調査をするなら，「すべての蛍光灯を，切れるまで点灯しつづける」という調査をしなければならないね。それでは，せっかくつくった蛍光灯が，全部売り物にならなくなってしまうね！

(ウ) 全数調査 答

入学を希望する生徒全員を「試験」という形で調査して，ひとりずつ成績をチェックして入学可能かどうかを決めるのが「入学試験」だね。「希望者のうち一部の成績から，希望者全体の傾向を推定する」ことが目的ではないよね！

(エ) 標本調査 答

「全数調査」をするには，「15歳の日本人全員」に対して調査をしなければならないけれど，それでは母集団が大きすぎて，現実的ではないね。「15歳の日本人全体の傾向」がわかればいいから，一部の標本からの推定で十分だよ！

ポイント 全数調査・標本調査

❶ 全数調査：集団のすべてを対象として，集団の性質を調べる調査。

例 学校の健康診断

❷ 標本調査：集団の一部を対象とした調査。調査結果から集団の性質を推定する。

例 テレビの視聴率調査

母集団：標本調査をするときの対象となる集団全体。
標本：母集団から取り出した一部の集団。
標本の大きさ：標本となった人やものの数。
無作為抽出：母集団からかたよりなく標本を取り出すこと。

中学1年
中学2年
中学3年

2 標本調査の利用

標本調査では，標本の大きさが大きいほど，標本の性質は母集団の性質に近づくことが多くなるよ。だけど，標本の大きさが大きいと，調査がたいへんになることが多いので，目的に応じて標本の大きさを決めることが大切になるね。

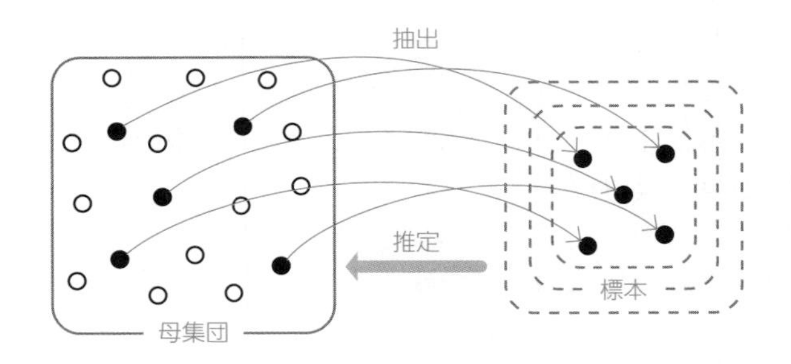

では，標本調査の結果から，母集団の性質を推定してみよう。

629ページで，中学3年生300人の通学距離の調査について考えたとき，自転車通学している人を標本として抽出するとかたよりが出るから，標本は無作為に抽出するべきだ，という話をしたよね。そこで，無作為に40人を抽出したとするよ。

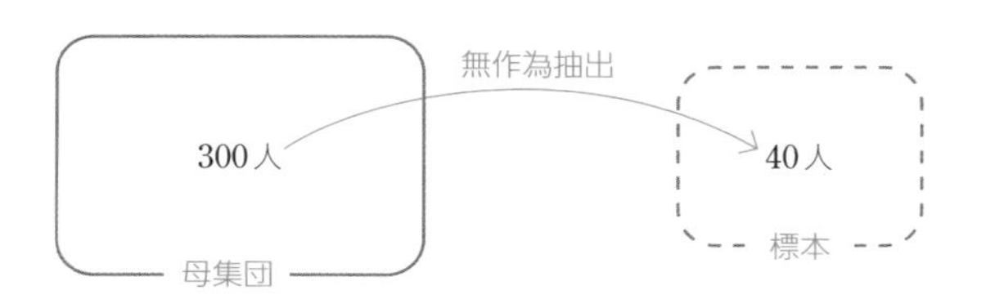

この40人は，無作為に選ばれた標本だから，かたよりがないと考えることができるよ。ここから，生徒の通学距離について，

標本の平均値（標本平均）は，母集団の平均値にほぼ等しいと推定することができる

んだ。このように，標本調査の結果から，母集団の性質を調べられるんだよ。

例 **全校生徒1200人の中学校で，100人を無作為に抽出して，数学が好きか嫌いかの調査を行ったところ，100人のうち40人が，数学が好きだと答えた。全校生徒のうち，数学が好きな生徒はおよそ何人と推定されるか。**

今度は平均値ではなく，人数の推定だね。標本調査によってわかった，数学が好きな生徒の**割合**から，母集団の中での数学が好きな生徒の人数を推定するよ。

標本調査における数学が好きな生徒の割合は，

$$\frac{(\text{標本のうち数学が好きな生徒の人数})}{(\text{標本の大きさ})}=\frac{40}{100}=0.4$$

標本は無作為に抽出されたものだから，この割合は，母集団における数学が好きな生徒の割合と，大きくちがってくる危険は少なそうだよね。だから，全校生徒のうちの数学が好きな生徒の割合も，0.4 と考えられるんだ！

したがって，全校生徒のうち，数学が好きな生徒の人数は，

$$1200\times0.4=480\ (\text{人})$$

と推定されるよ。

求める人数は、およそ 480 人 答

例題 2

赤玉と黒玉が合わせて 400個入っている箱がある。この箱から無作為に 20個を取り出したら，そのうち 7個は黒玉であった。このとき，この箱の中におよそ何個の赤玉があると考えられるか。

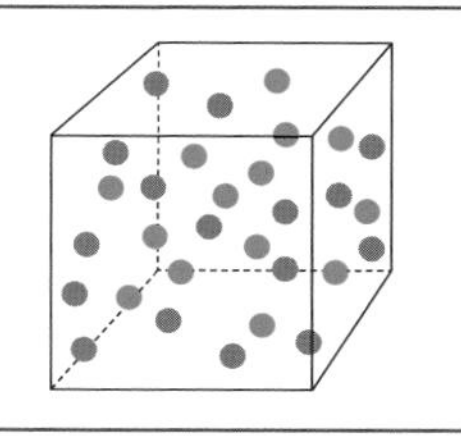

解答と解説

赤玉と黒玉合わせて 400個の母集団から，無作為に取り出した標本20個において，

黒玉の個数は，7個

赤玉の個数は，13個 ← 20(個)－7(個)＝13(個)

標本における赤玉の割合は，

$$\frac{（標本のうち赤玉の個数）}{（標本の大きさ）}=\frac{13}{20}$$

ここから，母集団における赤玉の割合も，$\frac{13}{20}$ と推定できる。

したがって，箱の中に入っていると考えられる赤玉の個数は，

$$400\times\frac{13}{20}=260\ (個)$$

求める個数は，およそ260個 答

別　解

箱の中の赤玉の数を x 個とすると，

$$20:13=400:x$$

と考えられる。

$$13\times400=20\times x$$

$$x=260\ (個)$$ 答

比を使った別解だよ！「比」と「割合」は結局，同じものだから，このように計算することもできるんだね。

（標本の大きさ）：（標本内の赤玉）＝（母集団の大きさ）：（母集団内の赤玉）

標本内の赤玉の割合　　母集団での赤玉の割合

ポイント　標本調査の利用

標本調査の結果から，母集団の性質を推定できる（ただし，「標本が無作為に抽出されているか」など，その標本が母集団の状況をよく映し出しているかどうかをチェックすることが大切）。

❶ 標本平均と母集団の平均は，ほぼ等しくなる。

❷ 標本の中の割合と母集団の中の割合は，ほぼ等しくなる。

さくいん

＊日本語表記と欧文表記が混在している項目は，日本語として読み，各行に分類しています。

例　「x座標」➡「えっくすざひょう」と日本語として読み，「あ行」に分類。

記号・数式

あ

か

さ

た

な

は

ま

や

ら

わ

小倉　悠司（おぐら　ゆうじ）
河合塾講師。ZEN Study・N高等学校・S高等学校・N中等部数学担当。すうがくぶんか数学担当。赤本チャンネル出演。数学教育フェス主演。
河合塾では最難関クラスから共通テストレベルまで、幅広く授業を担当。自力で問題を解く力が身につくと絶大な支持を受ける。映像・出張授業、模試・テキスト作成などでも幅広く活躍。ZEN Studyでは「高校数学」に加え「中学復習講座　数学」など、N高等学校・S高等学校では必修授業を担当。また、「数学の楽しさ」を伝える活動をもっとしていきたいと思っている。
単著に『改訂版　日常から入試まで使える　小倉悠司のゼロから始める数学I・A』（KADOKAWA）、『試験時間と得点を稼ぐ最速計算　数学I・A/数学II・B』（旺文社）、『小倉のここからはじめる数学I/数学Aドリル』、『小倉のここからつなげる数学I/数学Aドリル』（Gakken）、共著に『入試問題を解くための発想力を伸ばす　解法のエウレカ　数学I・A/数学II・B』、『マンガでカンタン！中学数学は7日間でやり直せる』（Gakken）がある。また、監修書に『キリトリ式でペラっとスタディ！中学数学の総復習ドリル』（Gakken）がある。

田村　高之（たむら　たかゆき）
河合塾講師。母校の早稲田大学では「教育コミュニケーション情報科学」を専攻し、情報メディア教育論やインストラクショナルデザインを学ぶ。大学卒業後、大手予備校勤務を経て、2003年から河合塾で算数・数学の指導を開始。パワーと情熱にあふれ緻密に設計された授業は、すべての受講生から圧倒的な支持を受ける。

塾（じゅく）よりわかる中学数学（ちゅうがくすうがく）

2022年12月23日　初版発行
2024年11月10日　3版発行

著者／小倉（おぐら） 悠司（ゆうじ）・田村（たむら） 高之（たかゆき）

発行者／山下 直久

発行／株式会社KADOKAWA
〒102-8177　東京都千代田区富士見2-13-3
電話　0570-002-301（ナビダイヤル）

印刷所／株式会社加藤文明社

●お問い合わせ
https://www.kadokawa.co.jp/（「お問い合わせ」へお進みください）
※内容によっては、お答えできない場合があります。
※サポートは日本国内のみとさせていただきます。
※Japanese text only

定価はカバーに表示してあります。

ISBN 978-4-04-602091-8　C6041